Wilfried Kuhn

Physik

Band II
1. Teil: Klasse 11

Bearbeiter des Teilbandes:

Manfred Euler
Kurt Kreß
Wilfried Kuhn
Horst Lochhaas
Karl-Heinz Zwittlinger

westermann

Lehrbuch der Physik

Herausgegeben von:
Prof. Dr. Wilfried Kuhn
Institut für Didaktik der Physik der Universität Gießen

Bearbeitet von:
Prof. Dr. Manfred Euler, Hannover
Dr. Stefan Hoppenau, Hamburg
Studiendirektor Kurt Kreß, Frankfurt
Prof. Dr. Wilfried Kuhn, Gießen
Oberstudiendirektor Horst Lochhaas, Darmstadt
Dr. Alfred Pflug, Wien
Studiendirektor Herbert Pientka, Meppen
Dr. Manfred Stöckler, Heidelberg
Studiendirektor Karl-Heinz Zwittlinger, Bad Kreuznach

1. Auflage Druck 5
Herstellungsjahr 1994 1993
Alle Drucke dieser Auflage können im Unterricht parallel verwendet werden.

Verlagslektorat: Jürgen Diem
Herstellung: westermann druck GmbH, Braunschweig

ISBN 3-14-**15 21 31** - x

Inhaltsverzeichnis

Elemente der Mechanik

Erhaltungssätze

Drehbewegungen und Himmelsmechanik

Mechanische Schwingungen und Wellen

Elemente der Thermodynamik

Anhang: Elemente der Elektrik

Vorwort

Das neue Unterrichtswerk für die Oberstufe steht vor dem wissenschaftlichen Hintergrund aktueller Physik und verfolgt ein an naturphilosophischen Positionen heutiger Wissenschaftstheorie orientiertes klares methodologisches Konzept.

In dem vorliegenden 1. Teilband sind die in den Lehrplänen der Bundesländer vorgeschriebenen Themenbereiche für die Klasse 11 dargestellt.

Neue Wege der Forschung lassen die traditionellen physikalischen Inhalte nicht nur in einem vielfach überraschend neuen Lichte erscheinen, sondern sie erweisen sich auch als sehr wesentlich zur inneren, konstruktiven Stoffbeschränkung.

Die Inhalte stehen dann nicht mehr zusammenhanglos nebeneinander, sondern sie sind **nach grundlegenden physikalischen Konzepten geordnet.** Als solche erweisen sich die fundamentalen Austauschgrößen *Energie, Impuls, Drehimpuls* und ihre *Erhaltungssätze,* das *Relativitätsprinzip, kybernetische Prinzipien* (Steuerung und Regelung), *Information* und das *synergetische Konzept* der *Selbstorganisation* bei der Entstehung komplexer *Ordnungsstrukturen aus dem Chaos.* Grundlegende physikalische Begriffe, Definitionen, Hypothesen und ihre gesetzmäßigen Verknüpfungen werden nicht einfach mitgeteilt, sondern Schritt für Schritt an der die moderne Naturwissenschaft kennzeichnenden **richtigen methodischen Einschätzung des unauflösbaren Wechselspiels von Theorie und Experiment** erarbeitet. Dabei wird auch die methodische Rolle von *Analogien* deutlich, d. h., das Aufspüren gleicher mathematischer Strukturen bei „ähnlichen" Erscheinungen (z. B. Wasser- und Schallwellen) und *Symmetriebetrachtungen,* die es erlauben (z. B. aus der Spiegelsymmetrie im Graph eines physikalischen Gesetzes), vermutete tiefer liegende Strukturen zu analysieren.

Der ideengeschichtlich bedeutsame Prozeß des *Übergangs von der antiken Naturphilosophie zur modernen Naturwissenschaft* ist gekennzeichnet durch das Konzept, von unseren Sinnen wahrgenommene *Qualitäten* der Naturerscheinungen wie langsam und schnell, leicht und schwer, stark und schwach oder heiß und kalt *durch zahlenmäßig* erfaßbare *physikalische Größen* wie Geschwindigkeit, Beschleunigung, Gewicht, Masse, Kraft oder Temperatur zu erfassen. Dies ist — wie *Galilei* uns gelehrt hat — aber nur dadurch möglich, daß wir die Erscheinungen durch ein *mathematisches Modell* idealisieren, in dessen Rahmen es überhaupt erst möglich wird, *Hypothesen experimentell zu überprüfen.*

Die gewaltige Tragfähigkeit dieses Konzeptes zeigt sich z. B. darin, daß es Newton gelang, aufgrund mathematischer Verknüpfungen das Fallen eines Steines und die Bewegung des Mondes aus dem gleichen Grundgesetz der Gravitation zu erklären, während die antiken Naturphilosophen diese beiden Erscheinungen als völlig verschieden ansahen. Dies zeigt schlaglichtartig die **Bedeutung mathematischer Methoden für ein tieferes Verständnis physikalischer Zusammenhänge.**

Und wer wollte schon nur etwas lernen und handhaben, ohne die Zusammenhänge zu verstehen? *Die für unsere Darstellung benötigten mathematischen Hilfsmittel* sind bewußt einfach gehalten. Oft sind sie auch nur als eine äußerst bequeme Form mathematischer Stenografie für sonst langatmige und unübersichtliche rein sprachliche Formulierungen anzusehen.

Bei der mathematischen Behandlung physikalischer Probleme hat heute der **Computer** eine zunehmend wichtiger werdende Funktion. Einerseits nimmt er uns längere Rechenarbeit ab und bietet zum anderen faszinierende Möglichkeiten, selbsttätig und kreativ interessante Probleme zu bearbeiten.

Die große Zahl der **Aufgaben** dient der Einübung und Befestigung des Gelernten, um es auf neue Probleme anwenden zu können. Zahlreiche Aufgaben haben einen aktuellen **Anwendungsbezug zu Technik, Verkehr und Sport.**

Ein besonderes Kapitel befaßt sich mit Fragen heutiger und zukünftiger **Energieversorgung,** wobei auch unter dem wichtigen **ökologischen Gesichtspunkt der Umweltverträglichkeit** alternative Konzepte diskutiert werden.

Das den denkenden Menschen auszeichnende geistige **Ringen um Erkenntnis** dessen, „was die Welt im Innersten zusammenhält", wird in dem ideengeschichtlich bestimmten Kapitel **Himmelsmechanik** im historischen Kontext thematisiert.

Die einzelnen Kapitel sind so abgefaßt, daß sie die Stoffpläne aller Bundesländer für *Fachoberschulen, Grund-* und *Leistungskurse* abdecken, wobei die innere Differenzierung durch die Verwendung zweier Druckfarben gekennzeichnet ist. Das physikalische Grundwissen dieser Kurse ist auf **Basisseiten** übersichtlich zusammengestellt.

Viel Freude und Erfolg bei der Arbeit mit dem Buch!

Wilfried Kuhn

Elemente der Mechanik

1. Geradlinige Bewegungen

1.1 Bahnkurven

Die uns umgebende Welt besteht aus einer Vielzahl von Objekten und Erscheinungen. Als denkende Menschen suchen wir das „Bleibende" in der „Flucht der Erscheinungen". Bei genauerer Betrachtung erkennt man, daß der beständige Wandel der vielfältigen Naturerscheinungen auf **Bewegungsvorgänge** zurückgeführt werden kann. Das Bleibende sind offenbar die **Gesetzmäßigkeiten,** die diesem ewigen Wandel zugrundeliegen.
Die Mechanik untersucht diese Gesetze ausgehend von Objekten unserer Alltagswelt. Sie ist das älteste Teilgebiet der Physik. Kurz gefaßt läßt sich ihr Ziel so formulieren:

> Die **Mechanik** erklärt das durch Kräfte verursachte raum-zeitliche Verhalten von Körpern.

In dieser vereinfachenden Sicht der Mechanik besteht die Welt aus einer Vielzahl von unterscheidbaren Objekten, die ihren Ort im Raum zeitlich ändern und deren Bewegung durch Kräfte beeinflußt wird.
Dies ist eine *bewußte Einengung* der Naturbetrachtung. Es spielt dabei keine Rolle, ob es sich bei den Körpern um Autos, Flugzeuge, Moleküle oder Schmetterlinge handelt. Von den speziellen Eigenschaften dieser Körper sehen wir ab, nur ihre Orte zu verschiedenen Zeiten finden Beachtung. Auch hierbei sind noch viele unterschiedliche Aspekte möglich. Man kann Bewegungen unter ästhetischen Gesichtspunkten studieren, nach ihrem wirtschaftlichen Nutzen fragen und vieles mehr.

> Wir beschränken uns darauf, von den Bewegungen das zu erfassen, was meßbar ist.

Trotz oder gerade wegen dieser Einschränkung ist die Methode der Physik so erfolgreich. Sie beschränkt sich auf wenige *wesentliche Aspekte* der Naturphänomene und *idealisiert* durch Vereinfachung.
Reiht man die Orte aneinander, die ein Körper im Raum nacheinander zurücklegt, so erhält man dessen Bahnkurve.

> Die **Bahnkurve** beschreibt die zeitliche Ortsveränderung der Körper im Raum.

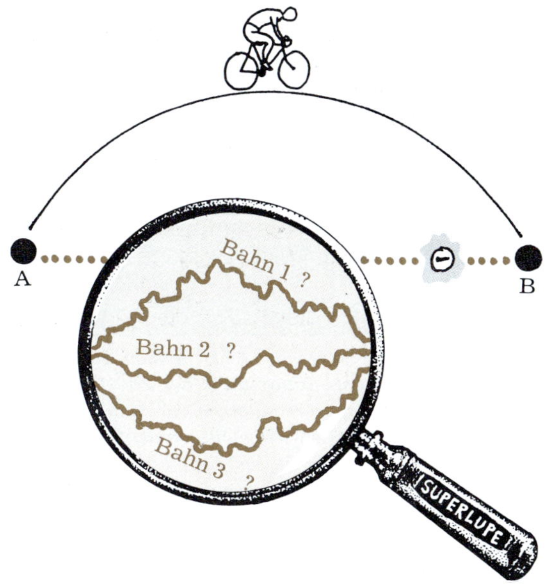

Abb. 1.1 Wie kommt ein Körper von A nach B? Makroskopische Objekte der Alltagswelt (Autos, Tennisbälle, Menschen...) bewegen sich längs Bahnkurven in Raum und Zeit. Für mikroskopische Objekte (z.B. Elektronen) versagt die anschauliche Vorstellung einer Bahnkurve. In der Physik werden wir lernen, auch in solche Bereiche vorzudringen, die einer unmittelbaren Anschauung nicht mehr zugänglich sind und in denen unsere naive Alltagsrealität nicht mehr gilt

Die Vorstellung einer Bahnkurve geht davon aus, daß zu jedem Zeitpunkt der Körper sich an einem angebbaren Ort auf der Bahnkurve befindet. Für nahe beieinander liegende Zeiten sind auch die Orte benachbart. Ein Körper kann erfahrungsgemäß nicht an einem Ort verschwinden und später an einem anderen Ort wieder auftauchen. Wir gehen davon aus, daß der Ort eines Objektes längs seiner Bahnkurve unabhängig von der Beobachtung immer exakt angebbar ist.
Aufgrund der Erfahrung mit Objekten unserer Alltagswelt halten wir das für so selbstverständlich, daß es keiner weiteren Erwähnung bedarf. Diese naive Sichtweise der Realität wird sich jedoch als veränderungsbedürftig zeigen, wenn wir in die physikalische Mikrowelt hinabsteigen. So erweist sich für die Bewegung von Elektronen im Innern von Atomen, die der direkten Erfahrung nicht mehr zugänglich ist, die Vorstellung der Bahnkurve als nicht mehr haltbar (Abb. 1.1).
Nach der geometrischen Gestalt der Bahnkurve können wir verschiedene *Grundformen* unterscheiden: geradlinige Bewegung, Kreisbewegung usw. Wir beginnen mit der einfachsten Bewegung, deren Bahnkurve eine Gerade ist.

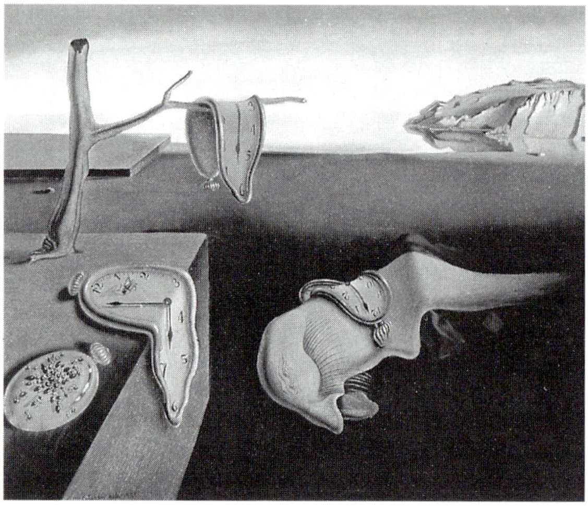

Abb. 2.1 Zeit in der surrealistischen Vision von S. Dali. Durch eine konsequente Anwendung der Physik erfahren wir, daß unsere Alltagsvorstellungen von Raum und Zeit nur näherungsweise gelten! Was wir von der Physik neben ihren vielfältigen Anwendungsmöglichkeiten noch lernen können, ist, daß sie eine aufregende, hinter den Phänomenen verborgene, tiefere Realitätsebene beschreibt

Um genau zu bezeichnen, an welchem Ort der Bahnkurve sich der Körper befindet, muß diese mit einer *Längenskala* versehen werden. An der Landstraße hat man zu diesem Zweck Kilometersteine aufgestellt. Sie geben die Entfernung von einem willkürlich gewählten Anfangspunkt an. Durch die Kilometersteine wird jedem Ort an der Straße ein Zahlenwert zugeordnet. Das „Produkt" aus der eingemeißelten Maßzahl und der vereinbarten Längeneinheit (Kilometer) gibt die Länge der Strecke bis zum Anfangspunkt der Skala an. Eine solche Längenangabe, z. B. 7 km oder 0,2 mm, bezeichnen wir als **Produkt aus Maßzahl und Maßeinheit,** weil wir beim Umgang mit physikalischen Formeln stets so rechnen dürfen, als ob es sich um zwei multiplikativ verknüpfte Faktoren handeln würde. So ist beispielsweise erlaubt, mit Maßeinheiten zu kürzen oder Maßeinheiten zu potenzieren. Letzteres tun wir, wenn wir die Fläche eines Quadrates mit der Seitenlänge $a = 2$ m nach der Formel $A = a^2 = 4\ \text{m}^2$ berechnen.

Die Maßeinheit für die Länge ist heute in fast allen Ländern der Welt das Meter. Durch angehängte Vorsilben kennzeichnet man Vielfache oder Teile der Maßeinheit, wenn dies zweckmäßig ist. Diese Vorsilben werden auch bei anderen physikalischen Maßeinheiten benutzt.

Der Zeitpunkt, zu dem der Körper an einem bestimmten Ort ist, muß durch eine Zeitmessung bestimmt werden. Wieder braucht man einen (prinzipiell willkürlichen) Anfangspunkt der Zeitskala, z. B. „Mitternacht", „Christi Geburt" oder den Zeitpunkt, an dem der Körper den Kilometerstein Null passiert. Die Zeitmessung beruht dann stets auf dem Abzählen von periodischen Vorgängen wie etwa der Schwingung eines Uhrpendels oder einer Unruh. Auch die Maßeinheit für die Zeit, die Sekunde, ist als Vielfaches eines periodischen Vorganges definiert.

1.2 Raum und Zeit

Eine Betrachtung von Bewegung setzt voraus, daß wir bereits über eine Vorstellung von *Raum* und *Zeit* verfügen. Was „ist" Raum, was „ist" Zeit? Diese Frage erscheint uns kaum des Nachdenkens wert; denn nach unserer Erfahrung ist der Raum doch einfach da und die Zeit läuft unerbittlich und gleichmäßig ab. Wir wollen zunächst nicht über das Wesen von Raum und Zeit spekulieren, sondern nur das oben umschriebene physikalische Programm verfolgen und uns auf die Aspekte von Raum und Zeit beschränken, die physikalisch meßbar sind.

Stark vereinfacht können wir sagen:

Raum ist das, was wir mit einem Maßstab ausmessen können. Zeit ist das, was wir mit einer Uhr messen können.

Diese so simpel aussehende Beschränkung auf das Meßbare von Raum und Zeit hat es jedoch in sich! Ihre konsequente Anwendung in der Physik wird die uns so selbstverständlich erscheinenden Alltagsvorstellungen von Raum und Zeit grundlegend verändern.

Abb. 2.2 Die Bahnkurve eines Sportlers ist aus Stroboskopaufnahmen rekonstruierbar

1.3 Einheiten von Länge und Zeit

Längennormale – der lange Weg vom Daumen zum Licht

Zur Längenmessung vergleicht man die zu messende Länge mit einer **Vergleichslänge,** der **Längeneinheit.** In deren Wahl ist man prinzipiell frei, doch sollte sie so festgesetzt werden, daß sie ‚handlich' ist und einen einfachen Umgang erlaubt. Daneben muß die **Reproduzierbarkeit** gegeben sein: die Einheit sollte beliebig oft aus einem Längennormal wieder abgeleitet werden können, ohne daß das Normal zeitlichen Schwankungen oder Umwelteinflüssen unterliegt.

Die Geschichte der Längennormale ist kultur- wie auch physikhistorisch interessant. Vor der Einführung der Längeneinheit Meter waren je nach Land eine Vielfalt unterschiedlicher Längenmaße im Gebrauch. Füße, Ellen und Spannen, ja sogar Daumenbreiten (englisches Inch), die von den Körpermaßen lokaler Potentaten abgeleitet waren, sind zwar ganz ‚menschliche' Einheiten, doch ihre Reproduzierbarkeit ist nur ungenügend. Schon im alten China hat man versucht, Längeneinheiten auf elegantere Weise herzustellen. Man legte die Länge einer Pfeife zugrunde, die einen ganz bestimmten Ton erzeugt. Der Idee, die Wellenlänge einer Schwingung zur Längendefinition zu verwenden, begegnen wir in anderer Form in der modernen Physik wieder (s. u.).

Auf das Meter als **Basiseinheit** im Internationalen Einheitensystem (**SI-System**) einigte man sich im Jahr 1889 in Paris. Es wurde bis zum Jahr 1960 durch einen **Meterprototyp** (Pariser Urmeter) dargestellt, der aus einem besonders geformten Stab aus einer Platin-Iridium-Legierung besteht. Auf dem Stab sind zwei Striche eingeritzt, deren Abstand das Meter festlegt. Vom Pariser Urmeter wurden Kopien als nationale Prototypen hergestellt. In nationalen Instituten entstand so eine ganze Hierarchie von weiteren Maßstäben abnehmender Genauigkeit. In der Bundesrepublik Deutschland ist die Physikalisch Technische Bundesanstalt (PTB) in Braunschweig für diese amtlichen Eichaufgaben und für die Herstellung nationaler Bezugsnormale zuständig.

Da die Strichmarken von Urmeter und dessen Kopien nur bis auf eine Genauigkeit von $\pm 10^{-7}$ m miteinander verglichen werden können, ist eine weitere Erhöhung der Genauigkeit nicht möglich. Abgesehen von diesem Mangel an Reproduzierbarkeit, kann man beim Urmeter nie völlig sicher sein, ob seine Länge etwa durch Strukturänderungen im Material sich langfristig doch ändert (Alterungsprozesse).

Daher ging man im Jahr 1960 zu einer neuen Festlegung über, die nicht mehr an einen materiell vorhandenen Maßstab gebunden ist. Die Wellenlänge des orangen Lichtes, das von einer ganz bestimmten Sorte von Krypton-Atomen ausgesandt wird, wurde als Vergleichsmaßstab gewählt. Mit entsprechendem Aufwand kann in jedem Labor ein Meternormal bei Bedarf erstellt werden. Wellenlängen von Licht sind mit optischen Methoden sehr genau meßbar.

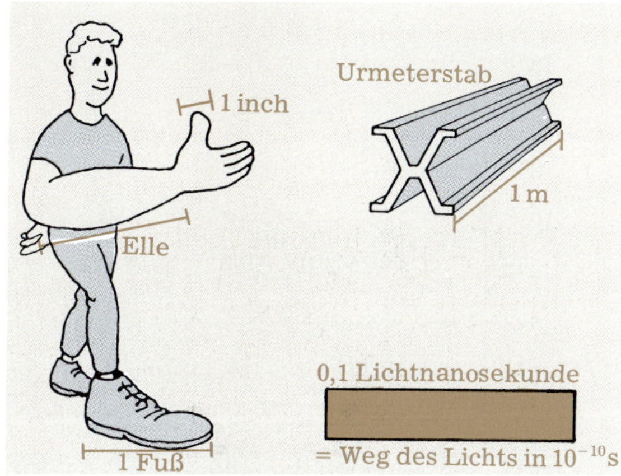

Abb. 3.1 Längennormale einst und jetzt: vom königlichen Daumen über das Urmeter zum Lichtweg

Die **Güte** eines physikalischen Meßverfahrens drückt sich im **relativen Fehler** aus, im Verhältnis der möglichen Abweichung Δl zur Länge l der zu messenden Größe. Optisch können Längen bis zu einem relativen Fehler $\Delta l/l = \pm 10^{-9}$ gemessen werden.

Aber auch diese Meterdefinition ist mittlerweile schon überholt. Da man Zeiten noch viel genauer messen kann als Längen (s. u.), bietet es sich an, den vom Licht in einer bestimmten Zeit zurückgelegten Weg als Längennormal heranzuziehen. Man legt die Lichtgeschwindigkeit im Vakuum auf $c = 299\,792\,458$ m/s fest. Damit ist die Meterdefinition mit der Sekundendefinition verkoppelt. Seit 1983 gilt die folgende **Meterdefinition:**

> Ein **Meter** ist die Länge der Strecke, die Licht im Vakuum während des Zeitintervalls 1/299 792 458 Sekunden durchläuft.

Die Zeiteinheit Sekunde

Der Zeit begegnen wir in zwei Zusammenhängen, die wir als **Zeitpunkt** und **Zeitspanne** bezeichnen. Man benötigt eine Zeitskala, um angeben zu können, wann ein Ereignis stattgefunden hat und welche Zeit zwischen zwei Ereignissen verstrichen ist. Das Skalenmaß dieser Zeitskala, die **Einheit der Zeit,** ist die **Sekunde** (abgekürzt s).

Anders als die Länge ist die Zeit gegenständlich nicht faßbar. Zeit beruht auf dem Ablauf von Vorgängen, auf Bewegung und Veränderung. Die Zeit hat jedoch eine Ausnahmestellung. Das Rad der Zeit läßt sich bekanntlich nicht zurückdrehen. Zeit läuft nur in eine Richtung ab, so wie bestimmte physikalische Vorgänge von selbst nur in eine Richtung laufen. Man spricht daher vom *Pfeil der Zeit.* Das Auslaufen von Sand in der Sanduhr gibt ein zutreffendes Bild für das einseitige *Verrinnen* von Zeit, und zeigt eine Möglichkeit, Zeit zu messen. Das Verfahren ist bereits recht präzise und seit alters her benutzt (antike Wasseruhren), doch zur Definition der Zeiteinheit wenig geeignet. Besser ist es, Vorgänge zu benutzen, die sich

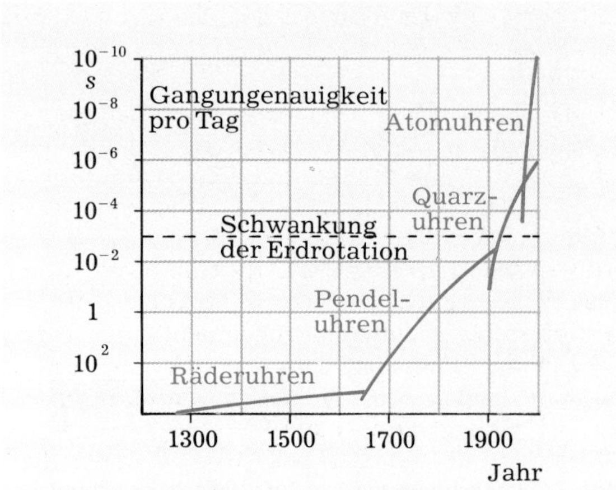

Abb. 4.1 Die Entwicklung der Genauigkeit der Zeitmessung. Neue Uhrentypen führen zu einer sprunghaften Verbesserung der Meßgenauigkeit

Abb. 4.2 Die Atomuhr der PTB in Braunschweig. Die Cs-Atome fliegen als Atomstrahl durch das ca. 3 m lange Rohr. Die Länge ergibt sich aus der Bedingung, daß die Atome möglichst lange ungestört bleiben müssen, um ungehindert zu schwingen

immer in der gleichen Weise wiederholen (periodische Vorgänge).

Zur Festlegung einer Zeiteinheit eignet sich jeder streng periodisch ablaufende Vorgang. Per definitionem wird jeder Wiederholung des Vorgangs die gleiche Zeitdauer zugeordnet.

Zunächst benutzte man zur Sekundendefinition den periodischen Vorgang, der mit der damals verfügbaren größten Genauigkeit vorgegeben war: die Erddrehung. Der natürliche Wechsel von Tag und Nacht ist die wichtigste Periodizität, die menschlichen Lebensvorgängen aufgeprägt wird. Man definierte die Sekunde so, daß sie dem 86 400ten Teil eines mittleren Tages des Jahres 1900 entsprach. Die Erde als Zeitnormal ist für mittlere Genauigkeitsansprüche durchaus brauchbar. Genauere Messungen ergaben, daß die Tageslänge jahreszeitlichen Schwankungen unterliegt und sich vergrößert, da die Rotationsgeschwindigkeit durch Gezeitenreibung (Ebbe–Flut) abgebremst wird. Der Tag verlängert sich in einem Jahr um $1{,}7 \cdot 10^{-5}$ s. Dieser Effekt ist mit mechanischen Uhren noch nicht meßbar.

Mechanische Uhren beruhen auf der periodischen Bewegung von Pendeln oder Unruhen. Sie arbeiten deswegen recht präzise, weil ihre Schwingungsdauer durch kleine Änderungen des Pendelausschlags nicht beeinflußt wird. Durch Kompensation der Wärmeausdehnung des Pendels und weitgehende Ausschaltung von Reibung gelang es, die Ganggenauigkeit auf ca. 10^{-4} s pro Tag zu steigern (Abb. 4.2). Man hat hier die Grenze des Machbaren erreicht. Eine weitere Steigerung der Genauigkeit ist mit dieser Uhrengeneration nicht mehr möglich. Einen Präzisionssprung brachten die 1928 erfundenen **Quarzuhren.** Diese beruhen auf den mechanischen Schwingungen eines Quarzkristalls, die elektrisch angeregt und stabilisiert werden. Als Zeitnormal sind Quarzuhren jedoch nicht geeignet, da sie einen Schwingquarz enthalten, der herstellungsbedingten Schwankungen und Alterungsprozessen unterliegen kann.

Erst mit den **Atomuhren** gelang es, die naturgegebenen Schwingungen von Atomen, die keinen Alterungseinflüssen unterliegen, zur Zeitmessung und schließlich zur Sekundendefinition zu benutzen. In Atomuhren werden Atome so präpariert, daß sie eine ganz bestimmte elektromagnetische Strahlung aussenden, deren Frequenz alleine durch die Eigenschaften der Atome bestimmt wird (man nimmt das Cäsium-Isotop mit der Nummer 133).

Seit 1967 gilt folgende **Sekundendefinition:**

> Die **Sekunde** ist das 9 192 631 770fache der Periodendauer der Strahlung, die dem Übergang zwischen zwei Hyperfeinstrukturniveaus des Grundzustands von Atomen des Nuklids ^{133}Cs entspricht.

Die zweite Satzhälfte klingt sehr kompliziert. Wir können sie erst nach der Beschäftigung mit der Atom- und Kernphysik verstehen.

Der relative Gangfehler der Atomuhren beträgt 10^{-14}. Diese kaum vorstellbare Genauigkeit ermöglicht es u. a., die Vorhersagen der Relativitätstheorie zu überprüfen. Deren wohl berühmteste Folgerung, die dem Alltagsverstand verrückt erscheint, lautet: Bewegte Uhren gehen langsamer. Mit Atomuhren wurde gemessen, daß beim Flug mit einem Verkehrsjet die Zeit an Bord tatsächlich langsamer abläuft (einige 10^{-9} s pro Tag).

Mit der Festlegung der Zeiteinheit ist das Problem der **Zeitskala** noch nicht gelöst. Durch weltweite Mitteilung der Zeitangaben von Atomuhren und deren **Synchronisation** gelangt man zur internationalen Atomzeit. Das ist allerdings noch nicht die Zeit, die für den Alltag maßgebend ist und die über Rundfunksender verbreitet wird. Bei letzterer handelt es sich um die sog. **UTC-Zeit** (Universal Time Coordinated). Zwischen der int. Atomzeit und der UTC-Zeit liegt eine bestimmte Zahl von Schaltsekunden. Diese muß von Zeit zu Zeit neu angepaßt werden, um den gleichmäßigen Gang der Atomuhren an die sich ändernde Erdrotation, die unserer Alltagszeit zugrundeliegt, anzugleichen.

Dieser knappe Abriß zur Geschichte der Längen- und Zeitmessung zeigt einen Gang auf, wie er für die Physik typisch ist: Die menschliche Anschauung und der Alltag (hier: das Bedürfnis nach allgemein gültigen Maßen) liefern den Ausgangspunkt. Im Laufe ihrer Entwicklung verschärft die Physik ihr Instrumentarium und vergrößert z. B. die Meßgenauigkeit. Das wird aber erkauft durch eine zunehmende Unanschaulichkeit der Methoden. Das gilt nicht nur für das Messen, sondern noch stärker für die physikalische Theoriebildung! Doch nur Mut – Physik wird von Menschen für Menschen betrieben. In einem Buch des bekannten amerikanischen Physikers *R. P. Feynman* findet sich ein Trost: Was ein Narr verstanden hat, kann ein zweiter auch verstehen.

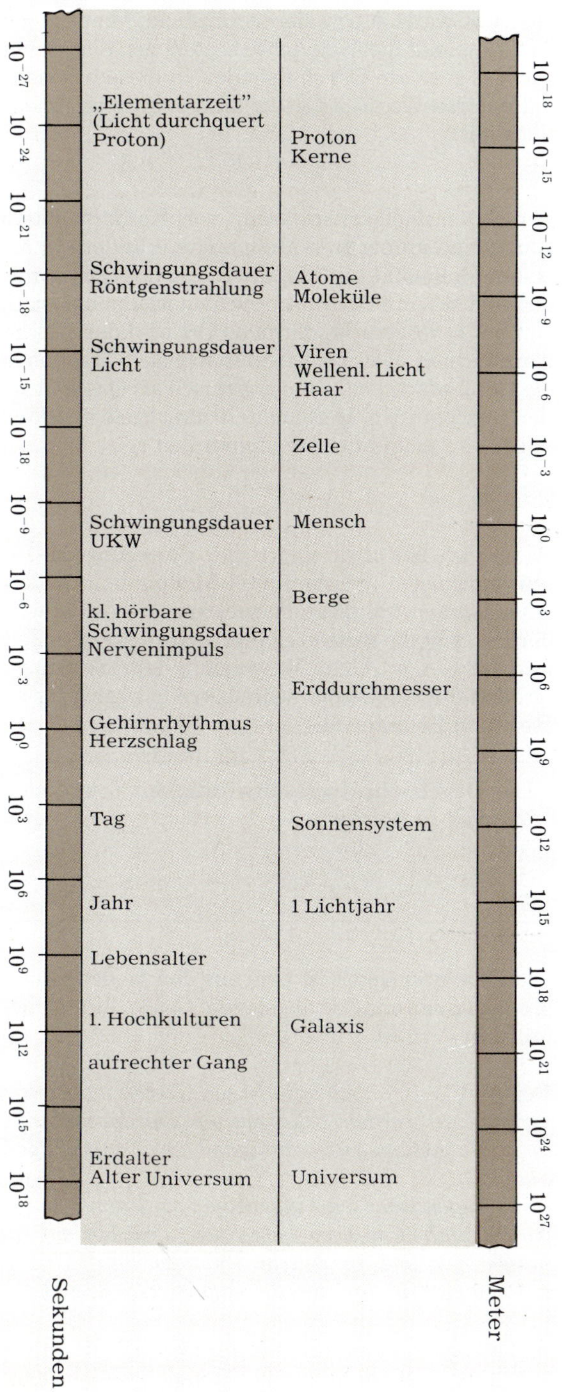

Abb. 5.1 Größenordnungen von Längen und Zeiten. Nur die mittleren Bereiche sind den Sinnesorganen direkt zugänglich. Sie sind anschaulich. In der Physik erarbeiten wir Hilfsmittel zur Erweiterung dieses Erfahrungsbereichs und dringen in immer unanschaulichere Bereiche vor. Eine Herausforderung und Erweiterung unseres Denkens!

Aufgaben:

1. Das Urmeter sollte ursprünglich genau den zehnmillionsten Teil des Erdmeridianquadranten vom Pol über Paris zum Äquator darstellen. Der tatsächliche Erdumfang beträgt 39 600 km. Um wieviel ist das Urmeter zu kurz ausgefallen? Wie groß ist der relative Fehler in %?
2. Zeitmaschinen, die Reisen in die Vergangenheit erlauben, sind nicht möglich! Überlegen Sie sich logische Widersprüche, die aus der Existenz von Zeitmaschinen folgen würden!
3. Nennen Sie Beispiele, aus denen der einsinnige Ablauf von Zeit folgt.
4. Anhand welcher unmöglichen Vorgänge erkennen wir in rückwärts laufenden Filmen, daß die Zeit die verkehrte Richtung hat?
5. Zeit und Ewigkeit: In 22,4 l Luft befinden sich $6 \cdot 10^{23}$ Moleküle. Wie lange würde es dauern, bis Sie die Teilchen, eines nach dem anderen, wie Erbsen, gezählt hätten? Man schätzt, daß unser Universum seit rund 10^{15} Jahren existiert.
6. Die Lichtgeschwindigkeit begrenzt die Rechenfähigkeit! Ein Computer soll mit einer Taktzeit von 10^{-9} s arbeiten. In dieser Zeit muß ein Signal z. B. von der Zentraleinheit zum Speicher gelaufen sein. Die maximal mögliche Signalgeschwindigkeit ist die Lichtgeschwindigkeit. Wie groß darf der Computer maximal werden?
7. Wie viele Sekunden geht eine Atomuhr im Jahr falsch? Wie viele Jahre dauert es daher, bis sie eine Gangungenauigkeit von 1 s aufweist?
8. Wie genau müßte man den Abstand Erde–Sonne (ca. 150 Millionen km) angeben, wenn man Längen mit der gleichen Präzision wie Zeiten messen könnte?
9. Durch Gezeitenreibung verlangsamt sich die Erdrotation um $1{,}7 \cdot 10^{-5}$ s pro Jahr. Wie lang wäre demnach die Tageslänge im Devon (vor 400 Millionen Jahren)? Die so berechnete Tageslänge ist aus dem Wachstum von Korallenfunden aus dieser Zeit nachgeprüft worden („Korallenuhr").
10. Heimexperiment: Bestimmen Sie die absolute und die relative „Ganggenauigkeit" einer Eieruhr mittels einer Digitalstoppuhr!

1.4 Bewegungen mit konstanter Geschwindigkeit

Wir beginnen mit der Bewegung bei konstanter Geschwindigkeit, da sie sich am *einfachsten* beschreiben läßt. In der Natur oder bei technischen Vorgängen treten Bewegungen mit konstanter Geschwindigkeit jedoch nur für kurze Zeit oder näherungsweise auf. Beispiele sind ein auf gerader Straße fahrendes Auto, herabschwebende Fallschirmspringer oder fallende Regentropfen. Konstante Geschwindigkeit bedeutet gleichförmiger Ablauf der Bewegung: In gleichen Zeitabschnitten werden immer gleich große Wegstrecken zurückgelegt. $\Delta s \sim \Delta t$

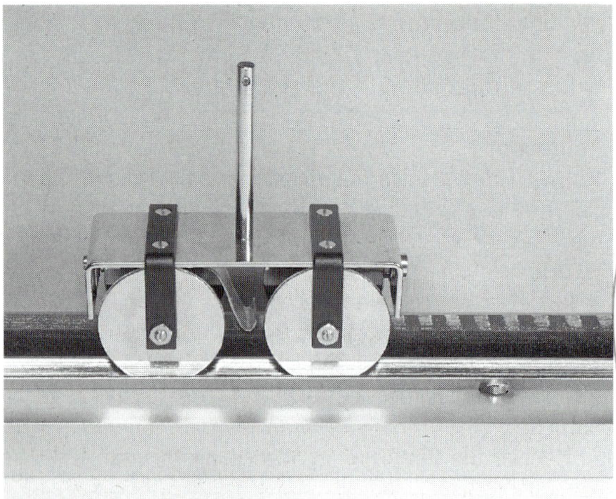

Abb. 6.1 Zeitmarken nach dem Staubfigurenverfahren zeigen die gleichförmige Bewegung des Wagens

Wir definieren: Eine Bewegung mit konstanter Geschwindigkeit heißt **gleichförmige Bewegung.**
Stellt man bei diesem Bewegungstyp den zurückgelegten *Weg s* in Abhängigkeit von der verstrichenen *Zeit t* grafisch dar, so ergibt sich eine Gerade. Der Weg ist eine lineare Funktion der Zeit.

Weg-Zeit-Gesetz der gleichförmigen Bewegung:

$$s = v \cdot t + s_0 .$$

Im Funktionsterm sind zwei kennzeichnende Größen enthalten: die Steigung v und der Abschnitt s_0 auf der Weg-Achse. Zur Zeit $t = 0$, dem Anfangspunkt der Zeitzählung, befindet sich der Körper am Ort mit der Koordinate s_0. Da man die Punkte, denen die Koordinaten $s = 0$ und $t = 0$ zugeordnet sind, beliebig wählen kann, wird häufig weiter vereinfacht. Man legt den Anfangspunkt der Weg-Achse so, daß der Körper sich zur Zeit $t = 0$ am Ort s_0 befindet. In diesem Sonderfall hat das Weg-Zeit-Gesetz die Form einer Proportionalität:

$$s = v \cdot t .$$

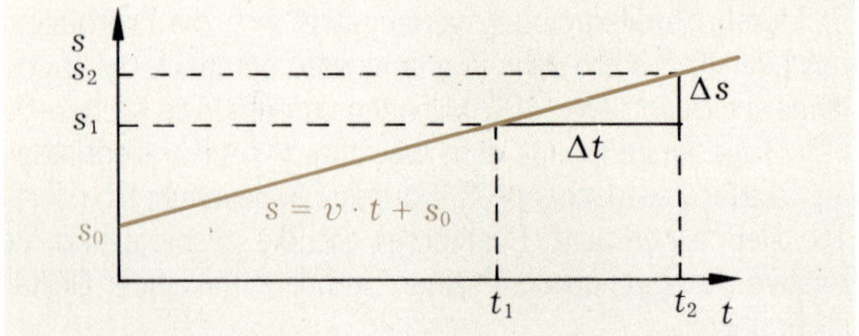

Abb. 6.2 Weg-Zeit-Diagramm einer gleichförmigen Bewegung. Die konstante Geschwindigkeit v ergibt sich aus dem Steigungsdreieck

$$v = \frac{\Delta s}{\Delta t}$$

Zur Geschwindigkeitsmessung von Körpern mittels Uhren sind immer zwei Meßpunkte erforderlich. Am ersten Meßpunkt zeigt die Uhr t_1, der bewegte Körper befindet sich am Ort s_1. Am zweiten Meßpunkt ist die Uhr auf t_2 vorgerückt, der neue Ort wird durch s_2 gekennzeichnet. Die Steigung des Weg-Zeit-Graphen ist die Geschwindigkeit v. Sie ergibt sich als Quotient aus der zwischen den Meßpunkten zurückgelegten Wegstrecke $s_2 - s_1$ und der benötigten Zeit $t_2 - t_1$:

$$v = \frac{s_2 - s_1}{t_2 - t_1} .$$

Wenn sich bei ungleichförmiger Bewegung die Geschwindigkeit v zwischen zwei Meßpunkten ändert, dann können wir diese Formel immer noch anwenden. Sie gibt die **mittlere Geschwindigkeit** im Zeitintervall $t_2 - t_1$ an. Unter Verwendung der Abkürzung Δ (gr. delta) für Differenz schreiben wir künftig für die Weg- und Zeitintervalle $\Delta s = s_2 - s_1$ bzw. $\Delta t = t_2 - t_1$.

Die **Durchschnittsgeschwindigkeit** $\bar{v}$ im Zeitintervall Δt beträgt:

$$\bar{v} = \frac{s_2 - s_1}{t_2 - t_1} = \frac{\Delta s}{\Delta t} .$$

Die Geschwindigkeit ist eine aus den beiden Grundgrößen Länge und Zeit abgeleitete Größe. Ihre Einheit im SI-System ist 1 m/s.

Beispiel 1: *Um auch mit kleinen Geschwindigkeiten vertraut zu werden, schätzen wir die durchschnittliche Wachstumsgeschwindigkeit von Fingernägeln ab.*
In 14 Tagen wachsen Fingernägel ca. 1 mm. Um v in der SI-Einheit m/s zu berechnen, drücken wir die Länge in m und die Zeit in Sekunden aus:
$s = 1\ mm = 10^{-3}\ m$, $t = 14\ Tage = 14 \cdot 86\,400\ s$.

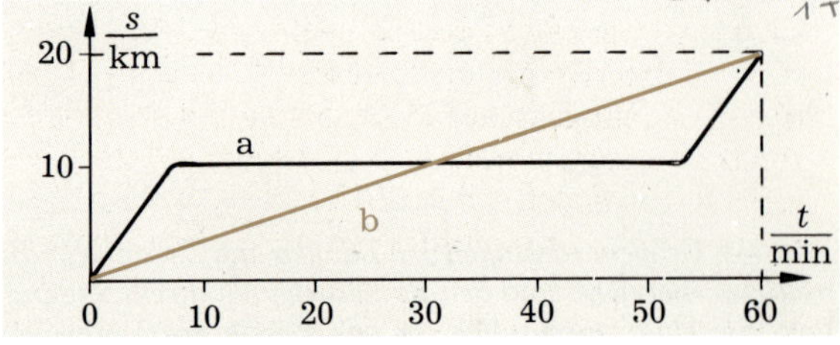

Abb. 6.3 Weg-Zeit-Diagramm zweier Bewegungen mit gleicher Durchschnittsgeschwindigkeit:
a) Auto mit einer Panne unterwegs, b) Radfahrer

$$v = \frac{s}{t} = \frac{10^{-3}}{14 \cdot 86\,400}\,\frac{m}{s} \approx 8 \cdot 10^{-10}\,\frac{m}{s}\,.$$

Diese kleine Geschwindigkeit entspricht dem Aufwachsen von einer Schicht von etwa 100 Atomen in einer Sekunde.

Die Durchschnittsgeschwindigkeit kennzeichnet einen Bewegungsablauf nur unzureichend. Wir fahren mit dem Auto 5 Minuten lang mit einer Geschwindigkeit von 120 km/h. Dann zwingt uns eine Reifenpanne zu einem Aufenthalt von 50 Minuten. Anschließend fahren wir wieder 5 Minuten mit 120 km/h. Die Durchschnittsgeschwindigkeit während einer Stunde ist 20 km/h, gerade so viel wie bei einem Radfahrer, der ohne Panne unterwegs war. Dem Mittelwert über eine Stunde sieht man den unterschiedlichen Bewegungsverlauf nicht mehr an (Abb. 6.3).

Messungen von Bewegungsvorgängen im Labor

Wir wollen die gleichförmige Bewegung experimentell genauer untersuchen und dabei gleichzeitig Meßmethoden kennenlernen, wie man den Bewegungsablauf mit unterschiedlichen Genauigkeitsansprüchen erfassen kann.

Versuch 1: Wir setzen einen Wagen auf eine geneigte Fahrbahn. Der Neigungswinkel wird gerade so eingerichtet, daß der Wagen nicht schneller aber auch durch Reibung nicht abgebremst wird.

Zur Überprüfung, ob der Wagen sich gleichförmig bewegt, halten wir den Zusammenhang zwischen Zeit und zurückgelegtem Weg geeignet fest. Dazu eignet sich eines der folgenden Verfahren:

1. Die Schläge eines Metronoms geben gleich lange Zeitabschnitte an. Bei jedem Schlag markieren wir den Ort des Wagens.
2. Die Periodendauer des Wechselstroms kann zur Erzeugung von Zeitmarken verwendet werden (Abstand: $^1\!/_{50}$ s). Durch Reibung aufgeladenes Schwefelpulver haftet je nach Polung auf einer Schiene (Abb. 6.1). Das „Staubfiguren-Verfahren" hält fest, wie viele Perioden zwischen zwei Ereignissen abgelaufen sind.
3. Bei stroboskopisch beleuchteten Fotos erzeugt eine periodisch aufblitzende Lampe die Zeitmarken. Das mehrfach belichtete Bild hält eine Folge von Orten fest, die im gleichen Zeitabstand durchlaufen wurden (Abb. 2.2).
4. Die zwischen zwei Ereignissen verstrichene Zeit kann mit einer Stoppuhr bestimmt werden. Der bewegte Körper öffnet und schließt Kontakte, die eine Uhr steuern. Da die mechanische Kontaktbetätigung den Bewegungsablauf stört, ist es genauer, berührungsfreie Lichtschranken zu verwenden. Damit kann z. B. die eingebaute Uhr in Mikrocomputern gesteuert werden. Ein Computerprogramm übernimmt den Meß- und Auswertevorgang.

Wir betrachten die am wenigsten perfektionierte erste Methode. Nach den Taktschlägen des Metronoms ermitteln wir *s*-*t*-**Wertepaare.** Die Meßdaten können wir unterschiedlich aufbereiten.

Zeit t in s	0	0,5	1	1,5	2	2,5
Weg s in cm	5	10,5	14	21	24,5	30

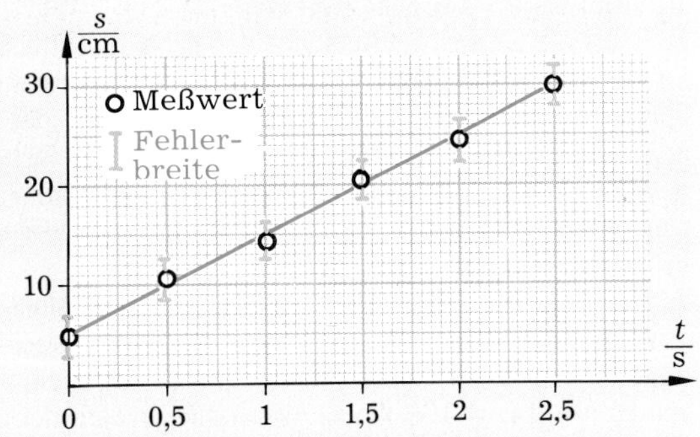

Abb. 7.1 Wertetabelle und Weg-Zeit-Diagramm der Messung einer gleichförmigen Bewegung

Anhand der **Wertetabelle** bilden wir Weg- und Zeitdifferenzen und prüfen nach, ob in gleichen Zeitabschnitten gleiche Wege zurückgelegt werden. Wegen des unvermeidlichen Meßfehlers können wir nur angenähert feststellen, daß der Quotient aus Δs und Δt konstant ist. Übersichtlicher ist es, die Wertepaare in ein Weg-Zeit-Diagramm einzutragen (Abb. 7.1). Die grafische Darstellung hat den Vorteil der größeren Anschaulichkeit. Aus ihr ersehen wir eher mögliche mathematische Zusammenhänge.

Wir erkennen, daß die Meßpunkte ungefähr auf einer Geraden liegen. Abweichungen sind offenbar durch **Meßfehler** bedingt. Wir könnten die Genauigkeit durch bessere Meßmethoden steigern. Aber auch diese enthalten Fehler.

Wir können nie aus Meßdaten die Gültigkeit einer Formel „beweisen", sondern nur überprüfen, ob im Rahmen der Meßgenauigkeit die experimentellen Daten mit der Theorie verträglich sind.

Aufgaben:

1. Ein Staffelläufer braucht für 100 m genau 10 s. Berechnen Sie seine Geschwindigkeit. Geben Sie das Ergebnis mit den Einheiten m/s und km/h an!
2. Berechnen Sie die Laufzeiten des Lichtes von der Sonne zu den Planeten unseres Sonnensystems. Ihre Abstände zur Sonne betragen:

Merkur	$57{,}91 \cdot 10^6$ km	Saturn	$1{,}43 \cdot 10^9$ km
Venus	$108{,}21 \cdot 10^6$ km	Uranus	$2{,}87 \cdot 10^9$ km
Erde	$149{,}6 \cdot 10^6$ km	Neptun	$4{,}50 \cdot 10^9$ km
Mars	$227{,}9 \cdot 10^6$ km	Pluto	$5{,}91 \cdot 10^9$ km
Jupiter	$778{,}3 \cdot 10^6$ km		

3. Ein Radfahrer überquert den Gotthard-Paß (2108 m über NN). Von Andermatt bis zum Hospiz muß er 13 km lang schieben. Seine Geschwindigkeit beträgt 4 km/h. Dann kann er 13 km bis Airolo mit einer durchschnittlichen Geschwindigkeit von 26 km/h abfahren. Wie groß ist die Durchschnittsgeschwindigkeit für die ganze Paßfahrt?
4. Ein Mann überquert eine Straße. In der Mitte der Straße bleibt er kurz stehen, um den Verkehr vorbeizulassen. Welches ist das entsprechende Weg-Zeit-Diagramm?

5. Ein Schüler läuft morgens zwischen 7.30 und 8 Uhr in die Schule. Er legt dabei 3 km zurück. Um 11 Uhr läuft er wieder zurück. Dabei läßt er sich 45 Minuten Zeit für die Strecke. Zeichnen Sie ein Weg-Zeit-Diagramm!

6. Besorgen Sie sich ein Kursbuch der Bahn. Es enthält die Entfernungsangaben zwischen den Stationen und die zugehörigen Zeiten. Erstellen Sie für einen Streckenabschnitt von ca. 10 Stationen Weg-Zeit-Diagramme der in beiden Richtungen verkehrenden Züge. Sie erhalten einen grafischen Fahrplan, der übersichtlich Begegnungspunkte und Geschwindigkeiten der einzelnen Zugtypen zeigt.

7. Ein Lkw fährt um 12 Uhr von Frankfurt nach München (Entfernung 500 km). Seine mittlere Geschwindigkeit beträgt 60 km/h. Eine halbe Stunde später startet ein Pkw von Frankfurt ($v = 100$ km/h). Wo und wann wird der Lkw überholt? Wo und wann begegnen beide Fahrzeuge einem Motorradfahrer, der um 13 Uhr von München in der umgekehrten Richtung gestartet ist ($v = 80$ km/h).

8. Bei einem Autorennen schafft ein Wagen in der ersten Runde nur eine durchschnittliche Geschwindigkeit von 100 km/h. Der Fahrer möchte unbedingt aufholen und über die beiden ersten Runden eine durchschnittliche Geschwindigkeit von 200 km/h einhalten. Kann er das schaffen und wie schnell müßte er gegebenenfalls fahren? Achtung – erst denken, dann antworten!

9. Wie lange ist die Überholzeit für 2 Lastzüge, die 97 km/h bzw. 100 km/h fahren (trotz Tempobegrenzung!). Ihre Länge beträgt 18 m, der Abstand beim Aus- und Einscheren sei 20 m. Wie lang ist die Überholstrecke?

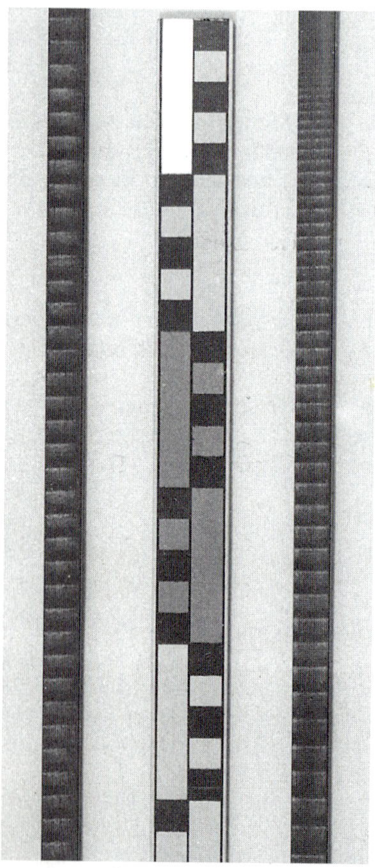

Abb. 8.1 Staubspuren einer gleichförmigen Bewegung und einer gleichmäßig beschleunigten Bewegung. Der zeitliche Abstand zweier Marken beträgt $\Delta t = 0{,}02$ s

1.5 Gleichmäßig beschleunigte Bewegung

Bewegungen mit konstanter Geschwindigkeit sind in der Praxis ein selten auftretender und gewöhnlich nur kurz andauernder Vorgang. Beim Auto ändert sich die Geschwindigkeit beim Anfahren, Bremsen, in Kurven und an Steigungen. Der zurückgelegte Weg wächst nicht mehr linear mit der Zeit an.

> Alle Bewegungsformen, bei denen sich die Geschwindigkeit ändert, werden als **beschleunigte Bewegungen** bezeichnet.

Ein Auto, das beim Bremsen seine Geschwindigkeit vermindert, führt nach dieser Definition eine beschleunigte Bewegung aus. Der Sprachgebrauch erscheint ungewöhnlich, ist aber kurz und einfach. Alle Aussagen über (positiv) beschleunigte Bewegungen lassen sich auf verzögerte (d. h. negativ beschleunigte) Bewegungen übertragen, wenn man nur das Vorzeichen der Beschleunigung ändert.
Wir können nicht mit der allgemeinsten Form von beschleunigter Bewegung beginnen, sondern wollen uns überlegen, ob es einen *einfachsten Fall* von Geschwindigkeitsänderung gibt. Dazu beschränken wir uns wieder auf geradlinige Bewegungen. Was kann als „einfache“ Änderung gelten? Die einfachste geradlinige Bewegung ist die gleichförmige mit $v = \text{const}$. Bei ihr nimmt der Weg proportional zur Zeit zu. Entsprechend sollte der einfachste Fall der Beschleunigung derjenige sein, bei dem sich die Geschwindigkeit auf eine einfache Weise ändert und proportional zur Zeit zunimmt. Ist das eine sinnvolle Vorstellung von beschleunigter Bewegung und tritt diese wirklich auf? Verhält sich die Natur in dieser einfachen experimentellen Situation auch in der einfachen Weise, wie wir hoffen?
Versuch 2: Wir verändern den Fahrbahnversuch, indem wir die Fahrbahn neigen. Wir registrieren, wie sich ein ruhender Körper in Bewegung setzt.
Eine derart geneigte Bahn nennt man **schiefe Ebene.**
Die stroboskopische Aufnahme der Bewegung längs einer schiefen Ebene zeigt, daß die zwischen den Blitzen zurückgelegten Wege mit zunehmender Zeit immer größer werden (Abb. 8.2). Die Bewegung ist beschleunigt; in gleichen Zeitintervallen werden immer größere Wegstrecken zurückgelegt.

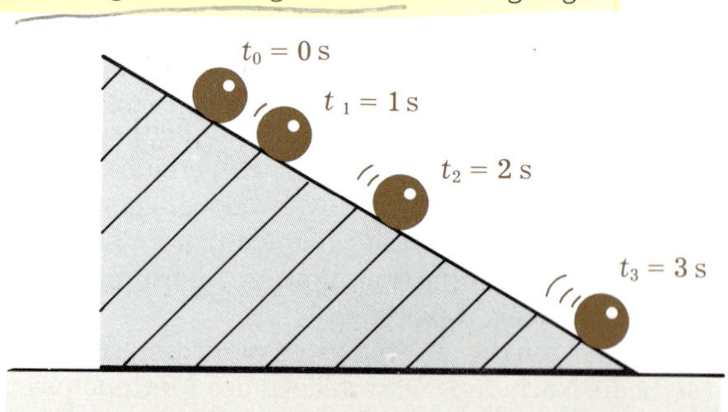

Abb. 8.2 Gleichmäßig beschleunigte Bewegung

Zeit t in s	0	1	2	3	4
Weg s in cm	0	5	19,5	45	79

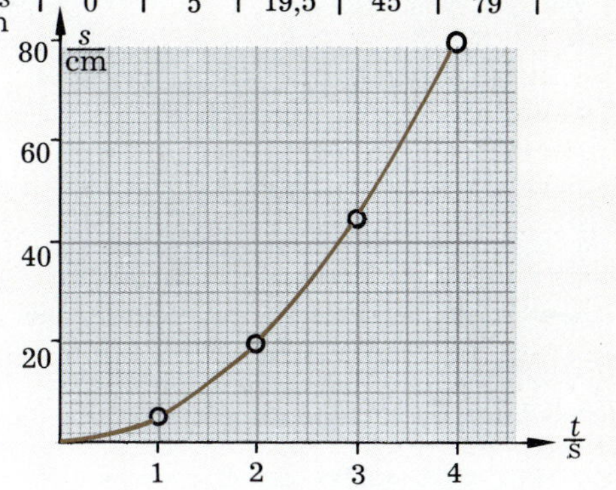

Abb. 9.1 Wertetabelle und Weg-Zeit-Diagramm einer gleichmäßig beschleunigten Bewegung

Tab. 1 zeigt die nach jedem Zeittakt zurückgelegten Wegstrecken. Das zugehörige Weg-Zeit-Diagramm (Abb. 9.1) läßt erkennen, daß der Weg stärker als linear mit der Zeit anwächst.
Wir betrachten daher die Abstände zwischen den jeweils aufeinanderfolgenden Positionen des Körpers. Die zwischen zwei Lichtblitzen zurückgelegten Strecken wachsen immer um den gleichen Betrag an. In Tab. 1 ist die mittlere Geschwindigkeit $\bar{v}$ zwischen zwei Zeitmarken berechnet:

$$\bar{v} = \frac{s_2 - s_1}{t_2 - t_1} = \frac{\Delta s}{\Delta t}\,.$$

Sie wächst, wie man aus dem $v(t)$-Graphen ersehen kann, linear mit der Zeit an. Damit haben wir gezeigt, daß sich mit diesem einfachen Typ von beschleunigter Bewegung, den wir uns theoretisch erdacht haben, unsere reale Bewegung an der schiefen Ebene tatsächlich beschreiben läßt.

Das Weg-Zeit-Gesetz der beschleunigten Bewegung

Aufgrund der bisherigen Überlegungen und Erfahrungen definieren wir die gleichmäßig beschleunigte Bewegung durch die Beziehung $v = a\,t$. Die Konstante $a = v/t$ gibt dann an, wie schnell sich die Geschwindigkeit in Abhängigkeit von der Zeit ändert. Diese Konstante bezeichnet man als *„Beschleunigung"*. Analog zur Definition der mittleren Geschwindigkeit als Änderung des Weges in dem entsprechenden Zeitintervall definieren wir:

> Die **mittlere Beschleunigung** im Zeitintervall Δt ist der Quotient aus der Geschwindigkeitsänderung und der entsprechenden Zeitspanne:
>
> $$\bar{a} = \frac{v_2 - v_1}{t_2 - t_1} = \frac{\Delta v}{\Delta t}\,.$$
>
> Bei einer gleichmäßig beschleunigten Bewegung ist die Beschleunigung konstant.

Da die Geschwindigkeit die Maßeinheit m/s hat, ist die Einheit der Beschleunigung m/s^2 oder ms^{-2}.

Aus der Definition der gleichmäßig beschleunigten Bewegung können wir nun rein theoretisch das Weg-Zeit-Gesetz dieses idealisierten Bewegungsablaufes gewinnen.
Bei der gleichförmigen Bewegung gilt $\Delta s = v \cdot \Delta t$. Das im Zeitintervall Δt zurückgelegte Wegstück ist das Produkt aus Geschwindigkeit und der für den Weg benötigten Zeit. In der grafischen Darstellung entspricht der Weg der Rechteckfläche von der Breite Δt, die von der Zeitachse und der Geraden v = const. eingeschlossen wird (Abb. 9.2).
Nimmt die Durchschnittsgeschwindigkeit zeitproportional zu, dann setzen wir das $v(t)$-Diagramm treppenartig aus vielen kleinen Rechtecken mit der Breite Δt und der jeweiligen Durchschnittsgeschwindigkeit als Höhe zusammen. Durch Verfeinern der Zeitintervalle kann man die Stufen immer schmaler machen, so daß sich die Treppenfunktion beliebig genau an die Gerade $v = at$ annähern läßt. Der zurückgelegte Weg, die Summe der Rechteckflächen, ist identisch mit der Dreiecksfläche unter der Geraden $v = at$ und der Zeitachse (Abb. 9.2). Diese ist gerade die Hälfte des Produktes aus Breite t und Höhe $v = at$.

$$s = \tfrac{1}{2} v \cdot t = \tfrac{1}{2}(at) \cdot t = \tfrac{1}{2} a t^2.$$

Da wir die Zeit t beliebig wählen können, gilt diese Beziehung für alle gleichmäßig beschleunigten Bewegungen. Sie gilt jedoch nicht mehr, wenn sich die Beschleunigung ändert!
Wir fassen zusammen:

> Bei einer **gleichmäßig beschleunigten Bewegung** ist die Beschleunigung a konstant.
>
> Es besteht ein quadratisches **Weg-Zeit-Gesetz:**
>
> $$s = \tfrac{1}{2} a t^2\,.$$
>
> Die Geschwindigkeit wächst linear mit der Zeit an:
>
> $$v = at\,.$$

Nachdem wir *theoretisch* das Weg-Zeit-Gesetz der gleichmäßig beschleunigten Bewegung gefunden haben, kommen wir zurück zu dem experimentell aufgenommenen Weg-Zeit-Diagramm (Abb. 9.1) unserer Bewegung an der schiefen Ebene. Der Graph

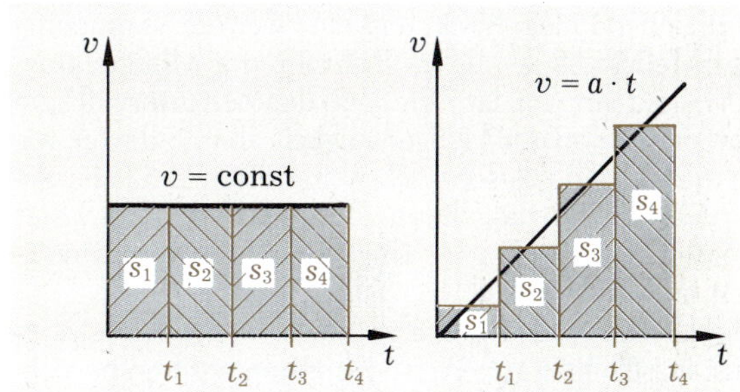

Abb. 9.2 Weg als Flächeninhalt bei gleichförmiger und gleichmäßig beschleunigter Bewegung

des Weg-Zeit-Gesetzes ist eine Parabel. Wenn sich unsere reale Bewegung als gleichmäßig beschleunigte Bewegung beschreiben läßt, dann müßten die Meßwerte in Abb. 9.1 annähernd auf einer Parabel der Form $s = k \cdot t^2$ liegen. Dies ist in der Tat der Fall. Der Faktor k ergibt sich in Übereinstimmung mit den experimentellen Daten zu

$$k = \frac{1}{2}\, a.$$

Bei der gleichförmig geradlinigen Bewegung, die durch das Weg-Zeit-Gesetz $s = v \cdot t$ beschrieben wird, gibt die Steigung der dieses Gesetz darstellenden Geraden die Geschwindigkeit v dieser Bewegung an. Es erhebt sich nun die Frage, ob wir aus dem Graph der gleichmäßig beschleunigten Bewegung, d. h. der Parabel, auch zum jeweiligen Zeitpunkt die Geschwindigkeit bestimmen können.

Wir betrachten dazu die mittlere Geschwindigkeit im Zeitintervall Δt, das wir sehr groß wählen. Der tatsächliche $s(t)$-Verlauf wird durch das Geradenstück mit konstanter Geschwindigkeit (Sekante) nur schlecht angenähert. Die Übereinstimmung mit der Parabel wird immer besser, je kleiner Δt gewählt wird. Der zweite Schnittpunkt P_2 der Sekante rückt dabei immer näher an P_1 heran. Aus der Sekanten wird die Tangente an die $s(t)$-Parabel im Punkt P_1.

Was ist die physikalische Bedeutung der Tangente? Die Steigung der Sekanten entspricht der mittleren Geschwindigkeit $v = \Delta s/\Delta t$ im Zeitintervall von t_1 bis t_2. Verkleinern wir Δt, dann nähert sich die Intervallgeschwindigkeit immer mehr der „momentanen" Geschwindigkeit an, die der Körper zur Zeit t_1 besitzt. Der Wert dieser Momentangeschwindigkeit entspricht der Steigung der Tangenten an die $s(t)$-Parabel zur Zeit t_1. Künftig wollen wir unter Geschwindigkeit immer nur die Momentangeschwindigkeit verstehen. Das Verkleinern des Meßzeitintervalls symbolisieren wir durch $\Delta t \to 0$.

> Die **Momentangeschwindigkeit** eines Körpers (kurz Geschwindigkeit) ist der Quotient aus der zurückgelegten Strecke und der dafür benötigten Zeit bei hinreichend kleinem Zeitintervall Δt:
>
> $$v = \frac{\Delta s}{\Delta t} \qquad \text{mit} \qquad \Delta t \to 0.$$

Hinreichend klein heißt, daß eine weitere Verkürzung des Meßzeitintervalls im Rahmen der Meßgenauigkeit nicht sinnvoll ist. Wie groß das Zeitintervall sein darf, hängt von der Meßgenauigkeit ab und davon, wie schnell sich die Geschwindigkeit ändert. Bei konstanter Geschwindigkeit kann Δt beliebig groß gewählt werden. Durchschnitts- und Momentangeschwindigkeit sind hier gleich.

Die gleichmäßige Zunahme der Momentangeschwindigkeit bei einer $s(t)$-Parabel können wir nun berechnen. Wir gehen vom Weg-Zeit-Gesetz der Form $s = kt^2$ aus und berechnen die mittlere Geschwindigkeit $\bar{v}$ im Zeitintervall $\Delta t = t_2 - t_1$:

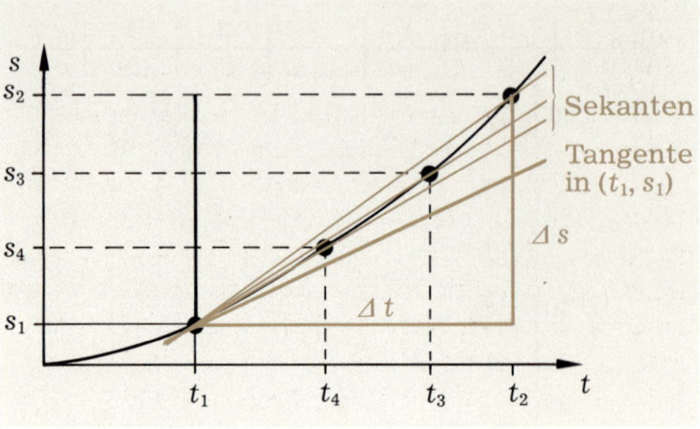

Abb. 10.1 Zur Berechnung der Momentangeschwindigkeit: $\Delta t \to 0$

$$\bar{v} = \frac{s_2 - s_1}{t_2 - t_1} = \frac{k\,(t_2^2 - t_1^2)}{t_2 - t_1} = \frac{k\,(t_2 - t_1)\cdot(t_2 + t_1)}{t_2 - t_1} = k \cdot (t_2 + t_1).$$

Wir setzen für $t_2 = t_1 + \Delta t$ und erhalten:

$$v = k\,(2\,t_1 + \Delta t).$$

Um von der mittleren zur momentanen Geschwindigkeit zu kommen, müssen wir Δt immer weiter verkleinern, es „gegen Null gehen lassen". Damit erhalten wir für die Geschwindigkeit zum Zeitpunkt t_1:

$$v = 2\,k\,t_1.$$

Die Geschwindigkeit wächst also linear mit der verstrichenen Zeit t_1 an. Die Beschleunigung beträgt:

$$a = \frac{\Delta v}{\Delta t} = \frac{2\,k\,(t_2 - t_1)}{t_2 - t_1} = 2\,k.$$

Gegenüberstellung von v = const. und a = const.

Die beiden behandelten Formen der geradlinigen Bewegung sind in Abb. 10.2 miteinander verglichen. Der Zusammenhang zwischen den Diagrammen ist folgendermaßen zu verstehen: Von links nach rechts gelangt man durch Bildung der Steigung. Aus dem $s(t)$-Diagramm ergibt sich das $v(t)$-Diagramm durch Bildung von $\Delta s/\Delta t$. Aus diesem wiederum folgt $a(t) = \Delta v/\Delta t$. Die gleichförmige Bewegung mit $v = \text{const.}$ ist

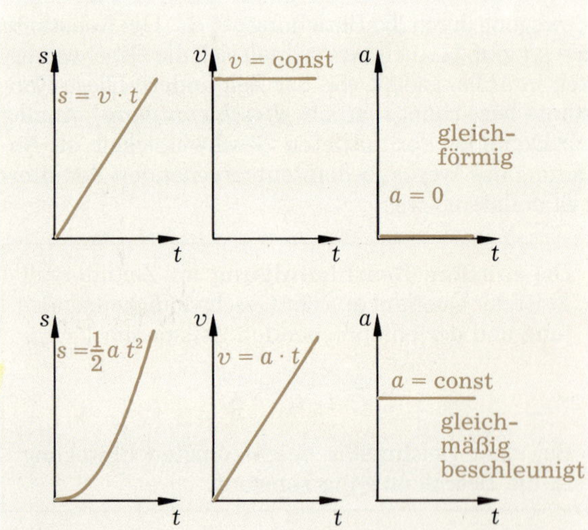

Abb. 10.2 Gleichförmige (a) und gleichmäßig beschleunigte Bewegung (b)

gewissermaßen eine Stufe einfacher als die gleichmäßig beschleunigte Bewegung, bei der erst die Beschleunigung eine konstante Größe der Bewegung ist. Diese qualitative Betrachtung soll für ein vorläufiges Verständnis von Bewegungsvorgängen genügen. Im Mathematikunterricht werden diese Zusammenhänge vertieft und in der Sprache der Differentialrechnung ausgedrückt: Die Geschwindigkeit ist die erste Ableitung des Weges nach der Zeit. Die Beschleunigung ist die erste Ableitung der Geschwindigkeit nach der Zeit und damit die zweite Ableitung vom Weg nach der Zeit.

Aufgaben:

1. In einer Autoreklame heißt es: Von 0 auf 100 km/h in 8,7 Sekunden. Wie groß ist die Beschleunigung?
2. Ein Auto fährt bei Grün an der Verkehrsampel an und beschleunigt gleichmäßig über 10 Sekunden, bis es eine Geschwindigkeit von 100 km/h erreicht hat, die es beibehält. Beim Start wird es von einem Auto überholt, das mit der konstanten Geschwindigkeit $v = 50$ km/h auf der grünen Welle fährt. Wann sind beide Fahrzeuge gleich schnell? Wo und nach welcher Zeit wird das zweite Fahrzeug eingeholt? (Rechnerische und zeichnerische Lösung!)
3. Zeichnen Sie zu dem $v(t)$-Diagramm in Abb. 11.1 die zugehörigen $s(t)$- und $a(t)$-Diagramme!

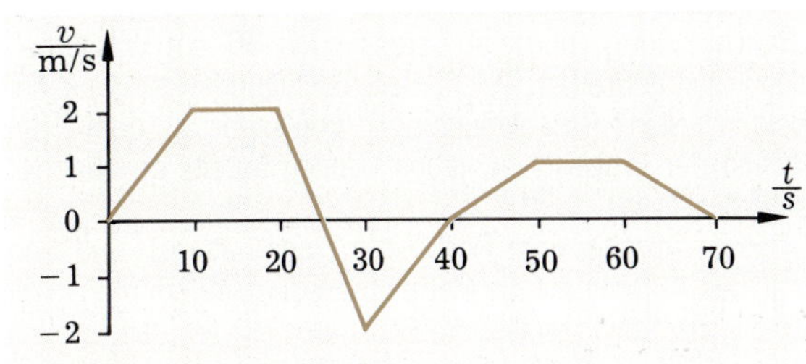

Abb. 11.1 Zu Aufgabe 3

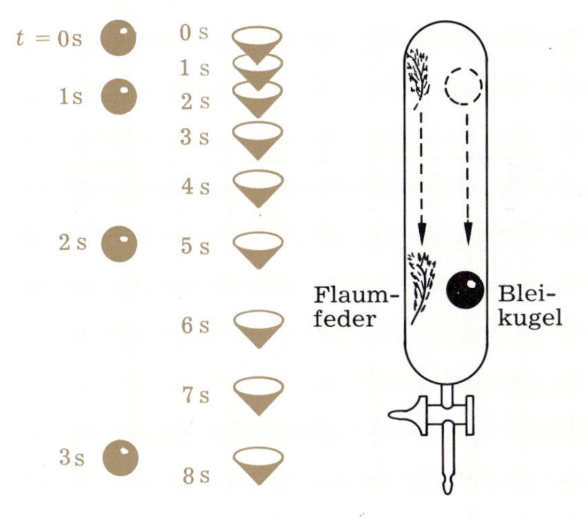

Abb. 11.2 a) Erst im Vakuum fallen alle Körper gleich schnell. b) Stroboskopische Aufnahme des freien Falls

1.6 Der freie Fall

Aus Erfahrung wissen wir, daß beim Fallen von Körpern die Geschwindigkeit zunehmend größer wird. Handelt es sich bei Fallvorgängen um gleichmäßig beschleunigte Bewegungen?

Versuch 3: Wir lassen eine Stahlkugel und ein Blatt Papier gleichzeitig aus gleicher Höhe fallen. Die Stahlkugel kommt zuerst auf dem Boden an. Knüllen wir das Blatt kräftig zu einem kleinen Ball zusammen, so fällt es kaum merklich langsamer als die Stahlkugel. Aus derartigen Erfahrungen vermuten wir, daß alle Körper mit der gleichen Beschleunigung fallen, solange der Luftwiderstand nicht störend in Erscheinung tritt. Beseitigt man den Einfluß der Luft auf die Fallbewegung, indem man ein Rohr luftleer pumpt, so fallen dort eine Flaumfeder und ein Metallstück gleich schnell (Abb. 11.2)

Fallbewegungen, bei denen der Luftwiderstand vernachlässigbar klein ist, heißen **freier Fall.**

Der freie Fall stellt somit eine **Idealisierung** dar, bei der die *störende Luftreibung* vernachlässigbar ist. Stahlkugeln führen noch bei Fallhöhen von einigen Metern einen freien Fall aus, denn sie sind strömungsgünstig geformt und haben bei großem Gewicht eine kleine Oberfläche.
Um nachzuprüfen, ob der freie Fall eine gleichmäßig beschleunigte Bewegung darstellt, müssen wir untersuchen, ob der Fallweg eine quadratische Funktion der Zeit ist oder ob die Geschwindigkeit proportional zur Fallzeit anwächst. Beide Feststellungen sind, wie wir gesehen haben, gleichwertig. Wir benutzen dazu die in Abb. 11.3 dargestellte Apparatur.

Versuch 4: An einem Elektromagnet hängt eine Eisenkugel. Durch Tastendruck kann der Haltestrom

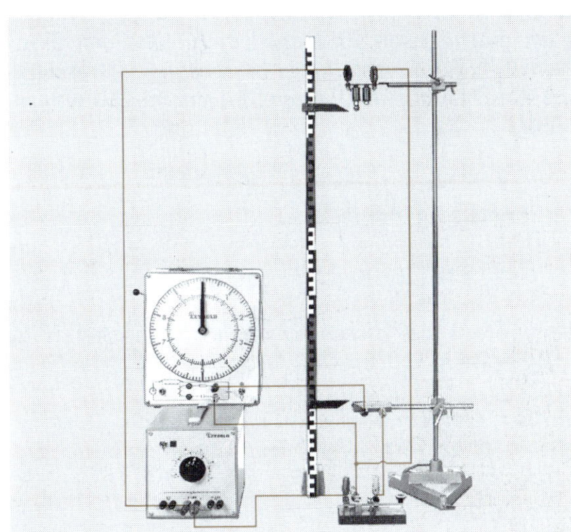

Abb. 11.3 Versuchsaufbau zur Messung des Zusammenhangs zwischen Fallweg und Fallzeit

des Magneten ausgeschaltet werden. Die Kugel beginnt zu fallen und schaltet dabei eine elektronische Uhr ein. Durch den Aufprall auf eine Kontaktplatte wird die Stoppuhr wieder ausgeschaltet. Auf diese Weise bestimmen wir für verschiedene Fallstrecken die zugehörigen Fallzeiten.
Wenn die Meßwerte alle zur gleichen Weg-Zeit-Funktion $s = (a/2)\,t^2$ gehören, so muß man aus jedem Wertepaar von s und t denselben Wert der Beschleunigung $a = 2\,s/t^2$ erhalten. Das Experiment ergibt im Rahmen der Meßgenauigkeit, daß die zurückgelegten Fallwege sich wie die Quadrate der Fallzeiten verhalten.

Der freie Fall stellt eine gleichmäßig beschleunigte Bewegung dar.

Wiederholt man das Experiment mit Körpern verschiedener Massen, so findet man den gleichen Wert der Beschleunigung.
Beim freien Fall erfahren daher alle Körper die gleiche Beschleunigung, die wir als **Fallbeschleunigung** bezeichnen. Wegen ihrer Bedeutung für die Mechanik erhält diese als eigenes Formelzeichen g (von lat. gravis = schwer). Der Wert von g hängt u. a. von der geografischen Breite ab.
In Mitteleuropa beträgt die

Fallbeschleunigung $g = 9{,}81\ \mathrm{m/s^2}$.

Für viele Anwendungen genügt es, $g = 10\ \mathrm{m/s^2}$ anzunehmen. Der relative Fehler, den man dabei begeht, liegt bei nur 2 %!

> Der **freie Fall** ist eine gleichmäßig beschleunigte Bewegung. Beim freien Fall aus der Ruhe gelten die Gesetze:
>
> **Weg-Zeit-Gesetz:** $s = \frac{1}{2} g t^2$
>
> **Geschwindigkeit-Zeit-Gesetz:** $v = g t$.

Beispiel: *Welche Geschwindigkeit hat ein Mensch nach einem freien Fall aus einer Höhe von 2 m? Zwischen der durchfallenen Strecke und der erreichten Geschwindigkeit besteht folgender Zusammenhang:*

$$v = g t \text{ bzw. } v^2 = g^2 t^2 = 2 g s \text{ oder } v = \sqrt{2 g s}\,.$$

Die Endgeschwindigkeit ist

$$v = \sqrt{2 \cdot 10 \cdot 2 \frac{\mathrm{m}}{\mathrm{s}^2} \cdot \mathrm{m}} = 6{,}3\ \mathrm{m/s}\,.$$

Beim Sturz aus dieser scheinbar harmlosen Höhe wie sie für häusliche Unfälle typisch ist, besteht erhebliche Verletzungsgefahr, wenn der Sturz nicht mit den Muskeln abgefedert werden kann. Zum Vergleich: 6 m/s ist schon eine stramme Dauerlaufgeschwindigkeit. Freiwillig würde mit dieser Geschwindigkeit niemand frontal gegen eine Wand rennen.

Aufgaben:
(Bitte, falls nicht anders verlangt, mit $g = 10\ \mathrm{m/s^2}$ rechnen!)

1. Bei einem Fallexperiment nach Abb. 11.3 wurden folgende Werte ermittelt:

s in m:	0,1	0,4	0,9
t in s:	0,14	0,29	0,43

Berechnen Sie daraus die Fallbeschleunigung g!

2. Mit welcher Geschwindigkeit trifft ein Springer auf die Wasseroberfläche, der vom 5-m-Brett springt?
Geben Sie das Ergebnis in m/s und km/h an!
Um welchen Faktor vergrößert sich die Geschwindigkeit, wenn vom 10-m-Turm gesprungen wird?
Aus welcher Höhe müßte er springen, um eine doppelt so große Endgeschwindigkeit zu erzielen!

3. Ein Pkw fährt mit der Geschwindigkeit von 50 km/h gegen eine Mauer. Sie erhalten ein völlig anderes Gefühl für diese scheinbar harmlose Geschwindigkeit, wenn Sie diese in eine ihr entsprechende Fallhöhe umrechnen. Aus welcher Höhe müßte der Pkw frei gefallen sein, um ebenfalls mit 50 km/h am Boden aufzutreffen?

„Sportliche" Beschleunigungswerte. Geben Sie in den folgenden Aufgaben die negativen Beschleunigungen (= Verzögerungen) in Vielfachen der Fallbeschleunigung g an. Später werden Sie in der Lage sein, die dabei auf den Organismus wirkenden Bremskräfte zu berechnen und ihre Gesundheitsschädlichkeit abzuschätzen!

4. Nach einem Sprung vom 10-m-Turm taucht eine Springerin elegant senkrecht ins Wasser ein und bremst auf einer Wassertiefe von 2,50 m ab. Ein Springer macht dagegen eine „Bauchlandung" und hat bereits nach 50 cm Wassertiefe den Fall abgebremst. Welche Beschleunigungswerte wirken in beiden Fällen? Beschleunigungen von mehr als dem Zehnfachen der Erdbeschleunigung können bereits gesundheitsschädlich sein!

5. Beim Abgang vom Reck ist es ganz natürlich und sinnvoll, den Aufprall auf die Matte abzufedern, indem man in die Knie geht. Schätzen Sie die Beschleunigungen, die auf Fuß, Knie und Kopf wirken! Diskutieren Sie unter diesem Aspekt die Abgangsregeln beim Turnen, nach denen der Athlet möglichst „zackig" zum Stand kommen soll!

$t = ?$
$t^2 = \frac{2s}{g} \Rightarrow t = \sqrt{\frac{2s}{g}}$

1.7 Beschleunigungsvorgänge im Straßenverkehr

Brems- und Anhaltewege von Fahrzeugen

Der Bewegungsablauf beim Bremsen eines Autos ist recht kompliziert. In guter Näherung kann man aber bei der Berechnung von Brems- und Anhaltewegen davon ausgehen, daß während der Bremsung eine gleichmäßig negativ beschleunigte Bewegung erfolgt. Davon gehen auch die gesetzlichen Vorschriften aus. So steht im § 41, Abs. 4 der StVZO:

„Mit der Betriebsbremse muß eine mittlere Verzögerung von mindestens 2,5 m/s^2 erreicht werden, mit der Feststellbremse eine solche von 1,5 m/s^2."

Bei einem Pkw ist die Fußbremse die „Betriebsbremse".

Beispiel: *Wie groß ist der Bremsweg für ein Auto, dessen Bremse gerade die gesetzliche Mindestanforderung erfüllt? Die Geschwindigkeit beträgt 50* km/h.
Zunächst rechnen wir die Geschwindigkeit in die Einheit m/s *um:*

$$v = 50\ \frac{\text{km}}{\text{h}} = \frac{50\,000\ \text{m}}{3\,600\ \text{s}} = 13{,}89\ \frac{\text{m}}{\text{s}}\ .$$

Die Dauer des Bremsvorganges gewinnen wir aus der Formel $v = a\,t$:

$$t = \frac{13{,}89\ \text{m/s}}{2{,}5\ \text{m/s}^2} = 5{,}56\ \text{s}\ .$$

Der Bremsweg folgt dann aus:

$$s = \frac{a}{2}\,t^2 = 1{,}25\ \frac{\text{m}}{\text{s}^2}\ 5{,}56^2\ \text{s}^2 = 38{,}58\ \text{m}\ .$$

Zum Anhalten ist der längere „Anhalteweg" erforderlich. Er setzt sich zusammen aus dem Bremsweg und dem bis zum Einsetzen der Bremswirkung zurückgelegten Weg. Entscheidend ist hier die Reaktionszeit des Fahrers. Reaktionszeiten liegen zwischen 0,3 s *und* 1,7 s. *Rechnen wir mit einer mittleren Reaktionszeit von* 1 s, *so legt während dieser Zeit das ungebremste Auto* 13,89 m *zurück. Der Anhalteweg beträgt:*

$$38{,}58\ \text{m} + 13{,}89\ \text{m} = 52{,}47\ \text{m}\ .$$

Das ist ein beträchtliches Stück, wenn man an eine Ortsstraße mit spielenden Kindern denkt!

Warum unterschätzt man leicht die Länge des Bremsweges? Wir sind gewohnt, „linear" zu denken. Dieses Denkmuster ist der gleichförmigen Bewegung bestens angepaßt. Der zurückgelegte Weg ist proportional zur Geschwindigkeit. Wir können mit einfachen Je-Desto-Beziehungen und dem Dreisatz argumentieren. Ist dagegen nicht die Geschwindigkeit, sondern die Beschleunigung konstant, so müssen wir „eine Stufe weiter denken".

Hier ändert sich die Geschwindigkeit und nicht der Weg proportional zur Zeit. Für die Bremszeit gilt $t = v/a$. Mit $s = (a/2)\,t^2$ ergibt das eine quadratische Abhängigkeit des Bremsweges von der Geschwindigkeit $s = v^2/(2\,a)$. Wir müssen unsere Erfahrung vorsichtig daran gewöhnen, daß eine Verdoppelung der Geschwindigkeit eine Vervierfachung des Bremsweges mit sich bringt.

Leistungsfähige Bremsen und gute Reifen führen auf trockener Straße zu erheblich höheren Verzögerungswerten als gesetzlich gefordert. Man kann bei guten Bremsen mit einem Verzögerungswert rechnen, der beim Zehnfachen der Haftreibungszahl (vgl. S. 42) liegt. Nach dieser Faustregel sind die in der Tabelle angegebenen Verzögerungen für Reifen angesetzt. Es handelt sich um Näherungswerte, von denen im Einzelfall beträchtliche Abweichungen möglich sind.

Tabelle 13: Beträge der Bremsbeschleunigung a bei PKW-Bereifung

Untergrund	a in m/s^2
Beton (trocken)	6,5
Beton (naß)	3,5
Asphalt (trocken)	6
Asphalt (naß)	2,5
Vereiste Fahrbahn	0,6 ... 1,2

Beispiel: Wie lange dauern Überholvorgänge?
Das Schätzen von Überholwegen erfordert viel Erfahrung. Als Beispiel betrachten wir einen Personenwagen, der mit Sicherheitsabstand hinter einem Lkw fährt und während des gesamten Überholvorgangs gleichmäßig beschleunigt.
Beide Fahrzeuge haben eine Geschwindigkeit von 80 km/h = 22,22 m/s. *Der Sicherheitsabstand soll der in der Reaktionszeit zurückgelegten Wegstrecke entsprechen. In der Rechtsprechung wird oft von einer Reaktionszeit von* 1,5 s *ausgegangen. Demnach sollte der Sicherheitsabstand hier* 33,33 m *betragen.*
Zum Überholen des Lkw muß nun der Pkw folgende Wegstrecke aufholen:

1. *Den Sicherheitsabstand hinter dem Lkw* 33,33 m
2. *Die Länge des Lkw* 11,00 m
3. *Die Länge des Pkw* 4,34 m
4. *Den Sicherheitsabstand vor dem Lkw* 33,33 m.

Der Aufholweg beträgt insgesamt 82 m. *Während des Überholvorganges soll der Pkw mit* $a = 1$ m/s^2 *beschleunigen. Die Dauer des Manövers errechnet sich dann aus:*

$$s = \frac{a}{2}\,t^2 \quad \text{zu} \quad t = \sqrt{\frac{2\,s}{a}} = \sqrt{164\ \text{s}^2} = 12{,}8\ \text{s}\ .$$

Während dieser Zeit hat der Lkw mit konstanter Geschwindigkeit den Weg 22,22 m/s · 12,8 s = 284,4 m *zurückgelegt. Die gesamte Überholstrecke ist die Summe aus diesem Weg und dem Aufholweg, zusammen* 366,4 m.
Natürlich genügt es für diesen Überholvorgang nicht, eine Strecke von 366,4 m *mit freier Sicht zu haben. Man muß schließlich damit rechnen, daß während der* 12,8 s *ein entgegenkommendes Fahrzeug auftaucht. Ein solches Fahrzeug könnte z. B. bei einer Geschwindigkeit von* 100 km/h *sich um* 355,6 m *nähern. Risikoloses Überholen würde also in diesem Fall eine am Anfang freie Sicht von über* 722 m *erfordern.*

Tatsächlich sollte die freie Sicht noch größer sein, denn der Autofahrer überschreitet bei dem vorliegenden, in der Praxis häufig vorkommenden Überholmanöver die auf Landstraßen zulässige Höchstgeschwindigkeit von 100 km/h = 27,78 m/s. *Er erreicht eine Endgeschwindigkeit* $v = v_0 + at = (22{,}22 + 12{,}8)$ m/s = 35 m/s = 126 km/h. *Würde er beim Erreichen der Höchstgeschwindigkeit den Fuß vom Gas nehmen und mit konstanter Geschwindigkeit weiterfahren, was in der Hektik des Überholmanövers praktisch kein Autofahrer tut, dann dauert der gefährliche Vorgang noch länger. In diesem Fall benötigt er die Zeit* $t_1 = 5{,}56$ s, *um von* 80 km/h *auf* 100 km/h *zu beschleunigen. Er legt dabei relativ zum Lkw die Strecke* $s_1 = (a/2)t_1^2 = 15{,}46$ m *zurück. Die restlichen* (82 − 15,56) m = 66,54 m *legt er dann mit einer Relativgeschwindigkeit von* 20 km/h = 5,56 m/s *zurück und benötigt dafür die Zeit* $t_2 = 11{,}97$ s, *so daß sich die gesamte Überholzeit auf* 17,53 s *verlängert. Damit erhöht sich die Länge der einsehbaren freien Strecke auf über* 850 m.

Aufgaben:

1. Wie groß ist der Bremsweg eines Pkw mit 162 km/h auf trockener Betonfahrbahn der Autobahn, wenn die mittlere Verzögerung $a = 6$ m/s² beträgt? Wie groß ist der zugehörige Anhalteweg bei einer Reaktionszeit von 1 s? Wie ändern sich beide Werte, wenn wegen Nässe nur eine Verzögerung von 3 m/s² erreicht werden kann?

2. In Fahrschulen lernt man für den Bremsweg die Faustformel:

$$s = \left(\frac{v}{10\ \text{km/h}}\right)^2 \text{m}.$$

Welche Verzögerung muß beim Bremsen erreicht werden, damit diese Formel exakt gilt?
Wie beurteilen Sie die Faustformel im Hinblick auf nasse Straßen?

3. Auf Autobahnen liest man manchmal den Hinweis „Sicherheitsabstand = halber Tachostand". Damit ist gemeint, daß man bei einer Geschwindigkeit von z. B. 100 km/h zum vorausfahrenden Wagen einen Abstand von 50 m einhalten soll. Kann diese Regel mit der Länge des Bremsweges begründet werden? In welcher Zeit legt ein Autofahrer diesen Sicherheitsabstand zurück, wenn er seine Geschwindigkeit nicht vermindert?

4. Ein Pkw biegt mit 108 km/h um eine leichte Kurve. 100 m dahinter liegt ein Baum quer über der Straße. Der Fahrer hat eine Reaktionszeit bis zum vollen Ansprechen der Bremsen von 0,8 s.
Mit welcher Geschwindigkeit trifft der Wagen das Hindernis, wenn eine mittlere Bremsverzögerung von $a = 4$ m/s² erreicht wird? Welche Bremsverzögerung ist erforderlich, um den Wagen gerade noch zum Stehen zu bringen?

5. Welche Geschwindigkeit hat der Pkw im 2. Beispiel der vorigen Seite am Ende des Überholvorganges nach der Beschleunigungsdauer von rund 9 s erreicht?

6. Bei einem Pkw mit 44 kW (60 PS) werden folgende Zeiten genannt, bei denen die jeweilige Geschwindigkeit erreicht wird:
60 km/h – 6,3 s; 80 km/h – 10,3 s; 100 km/h – 14,6 s; 120 km/h – 24,6 s; 140 km/h – 50,5 s.

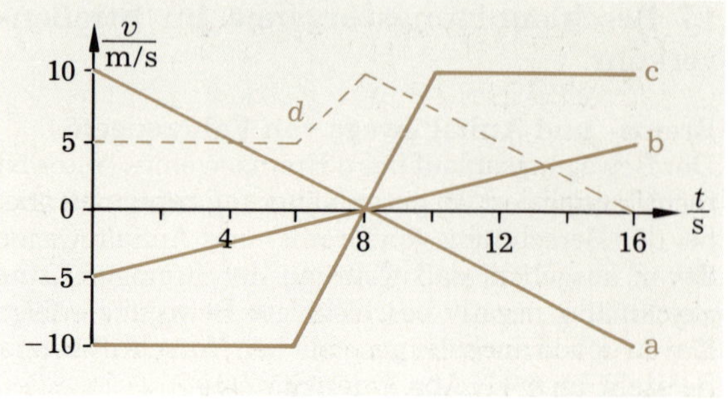

Abb. 14.1 Geschwindigkeit-Zeit-Diagramme zu Aufg. 9

Wie groß ist die mittlere Beschleunigung im Bereich zwischen 80 km/h und 100 km/h? Errechnen Sie mit diesem Beschleunigungswert die Überholstrecke für das obige Beispiel!

7. Auf einer Rennstrecke folgen zwei Spitzkehren im Abstand von 150 m. Ein Fahrer behauptet, zwischen den Kehren mehr als 100 km/h zu erreichen. Kann seine Behauptung stimmen, wenn sein Wagen in 6 s von 0 auf 100 km/h beschleunigt werden kann und mit Rennreifen eine mittlere Bremsverzögerung von $a = 8$ m/s² möglich ist?

8. Eine eingleisige Bahnstrecke hat eine Länge von 12 km. Um 12 Uhr fuhr ein Zug mit $v_1 = 72$ km/h auf diese Strecke. Von der anderen Seite fuhr ein zweiter Zug mit $v_2 = 54$ km/h ein. An welcher Stelle und zu welcher Uhrzeit wären die Züge zusammengestoßen, wenn keine Bremsung erfolgte?
Ein Unfall konnte verhütet werden, da die Lokführer gleichzeitig die Gefahr erkannten, als der Abstand noch 500 m betrug. Nach einer Reaktionszeit von 1,5 s erfolgte bei den Zügen eine Bremsung mit $a = 1$ m/s². In welchem Abstand kamen die Lokomotiven zum Stehen?

9. Konstruieren Sie aus den Geschwindigkeit-Zeit-Diagrammen von Abb. 14.1 die zugehörigen Weg-Zeit-Diagramme!

10. *Galilei* (s. S. 25) fand, daß beim Rollen einer Kugel längs einer Fallrinne (schiefe Ebene) die Abstände zwischen aufeinanderfolgenden Orten auf einfache Weise zunehmen. Die im Takt seines Pulsschlags zurückgelegten Teilstrecken verhalten sich wie die ungeraden Zahlen 1 : 3 : 5 : 7 usw. Zeigen Sie daraus, daß der Weg quadratisch mit der verstrichenen Zeit zunimmt!

Heimexperimente

11. **(Versuch 5:)** *Messung der Reaktionszeit.*
Sie können ohne Uhr, nur mit einem Lineal ausgestattet, die Reaktionszeit einer anderen Person bestimmen.
Sie bitten die Versuchsperson, Daumen und Zeigefinger auf der Höhe der Nullmarke so zu halten, daß das Lineal dazwischen liegt. Lassen Sie das Lineal plötzlich los, dann fällt es je nach Reaktionszeit verschieden weit, bis die Versuchsperson zupackt. Um die Umrechnung von Fallstrecke auf Zeit zu ersparen, bringen Sie bitte am Lineal eine neue Skala an, aus der man direkt die Reaktionszeit ablesen kann!

12. **(Versuch 6:)** *Beschleunigung hören.*
Basteln Sie zwei „Fallschnüre", indem sie auf Fäden in bestimmten Abständen Eisenmuttern verknoten. Auf einer Schnur sind 5 Muttern im Abstand von 50 cm aufgereiht. Auf der zweiten Schnur betragen die Abstände 10 cm, 30 cm, 50 cm, 70 cm und 90 cm. Sie halten die Schnur vor dem Loslassen so, daß die erste Mutter gerade den Boden berührt. In welchem zeitlichen Abstand prasseln die Muttern zu Boden?

2. Zusammengesetzte Bewegungen

2.1 Relativitätsprinzip und Bezugssysteme

Wir fahren mit dem Zug und wollen seine Geschwindigkeit bestimmen. Dazu schauen wir aus dem Fenster auf die Kilometersteine an der Strecke. Wenn wir zwei aufeinanderfolgende Kilometersteine in einem zeitlichen Abstand von 30 s erkennen, so schließen wir daraus auf eine Geschwindigkeit des Zuges von 120 km/h. Von den Kilometersteinen nehmen wir dabei selbstverständlich an, sie seien in Ruhe. Diese Steine sind unsere Bezugspunkte, ihre Gesamtheit stellt ein Bezugssystem dar, mit dessen Hilfe Entfernungen und Geschwindigkeiten festgelegt werden können.
Sind die Kilometersteine an der Bahnstrecke wirklich in Ruhe? Sie sind fest in der Erde verankert. Die Erde dreht sich in 24 Stunden um ihre Achse. Jeder Kilometerstein beschreibt somit einen täglichen Kreis um die Erdachse. Außerdem läuft die Erde im Abstand von ungefähr 150 Millionen Kilometern um die Sonne. Jedes Jahr legt sie etwa eine Milliarde Kilometer zurück. Die Bahngeschwindigkeit der Erdkugel beträgt dabei 30 km/s oder rund 100 000 km/h. An dieser Bewegung nimmt jeder Kilometerstein teil. Wie kann man dann davon ausgehen, daß die Steine in Ruhe sind? Welchen Wert hat die Angabe, der Zug fahre mit 120 km/h, wenn doch die Erdkugel mit 100 000 km/h mit ihm durch das All schwebt?
Man erkennt, daß nicht objektiv entschieden werden kann, ob die Kilometersteine in Ruhe oder in Bewegung sind. Gegenüber der Erde sind sie in Ruhe, gegenüber dem fahrenden Eisenbahnzug bewegen sie sich nach rückwärts. Von der Sonne aus gesehen, führen sie eine andere Bewegung aus als gegenüber dem Mond. Bewegungen können deshalb nur eindeutig beschrieben werden, wenn man angibt, auf welches System sich die Geschwindigkeitsangaben beziehen. Oft wird dies allerdings nicht explizit angegeben, sondern muß aus dem Zusammenhang erschlossen werden. So wissen wir, daß die Bewegungen von Fahrzeugen gewöhnlich bezüglich der Erde angegeben werden.
In anderen Fällen kann ein gegenüber der Erde bewegtes Bezugssystem praktischer sein. So haben wir die Bahngeschwindigkeit der Erde bei ihrem jährlichen Umlauf in einem System berechnet, in dem die Sonne ruht, die Erde hingegen in Bewegung ist. Ein fahrendes Schiff oder ein Eisenbahnwagen sind ebenfalls mögliche Bezugssysteme. Man wird sie benutzen, wenn man die Bewegung der Matrosen oder der Kellner im Speisewagen beschreiben will. So wird man sagen, der Kellner läuft mit einer Geschwindigkeit von 4 km/h, obwohl er doch gegenüber dem Bahndamm eine Geschwindigkeit von 124 km/h hat. Diesen Sachverhalt bringt die folgende Formulierung zum Ausdruck:

> **Geschwindigkeit** ist nur relativ zu einem als ruhend betrachteten **Bezugssystem** zu verstehen.

In den bisherigen Beispielen waren die jeweiligen Bezugssysteme festgelegt durch die Angabe, welche Körper in ihnen in Ruhe sind. So benutzten wir Systeme, in denen die Erde, die Sonne, ein Zug oder ein Schiff ruhen.
Bewegungen auf andere Systeme als die ruhende Erde zu beziehen, ist dem Menschen zunächst ungewohnt. Deshalb glaubte man in früheren Zeiten ganz selbstverständlich, die Erde befände sich tatsächlich in Ruhe. Eine Drehung der Erde um ihre Achse und einen Umlauf um die Sonne hielten viele für unvorstellbar. Sie glaubten, auf einer sich drehenden Erdkugel, bei der jeder Ort mit großer Geschwindigkeit nach Osten rast, müßte dauernd heftiger Ostwind wehen. Steine sollten nicht lotrecht fallen und dergleichen mehr. Da diese Erscheinungen nicht beobachtet wurden, wurde daraus auf absolute Ruhe der Erde im Raum geschlossen.
Galileo Galilei (1564–1642) dachte über diese Fragen genauer nach. Er wußte, daß man bei ruhiger See im Innern eines gleichförmig bewegten Schiffes nichts von dessen Bewegung merkt. Dort fallen Steine in der gleichen Weise lotrecht, wie wenn das Schiff am Kai vertäut ist. Diese und ähnliche Erfahrungen sind im **Relativitätsprinzip** zusammengefaßt. Es besagt, daß eine Bewegung, die allen Körpern eines Systems gemeinsam ist, durch Beobachtungen in diesem System nicht nachgewiesen werden kann. Es gibt kein mechanisches Experiment, mit dem man ohne Kontakt zur Außenwelt feststellen kann, ob das System ruht oder sich in eine beliebige Raumrichtung mit konstanter Geschwindigkeit bewegt. In diesem Fall gilt:

> **Relativitätsprinzip:**
> Die Gesetze der Physik sind in allen Bezugssystemen gleich, die sich mit *konstanter* Geschwindigkeit gegeneinander bewegen.

Das Relativitätsprinzip besagt z. B., daß Tischtennisspielen im Inneren eines mit konstanter Geschwindigkeit fahrenden Schiffes sich nicht vom Spiel in einer Turnhalle unterscheidet. Wir erkennen seine Gültigkeit auch daran, daß Passagiere in einem Airbus, der mit 900 km/h durch die Lüfte rast, wie gewohnt ihre Getränke einnehmen können. Die Oberfläche des Kaffees im Becher bleibt eben; der Steward kann wie gewohnt den Kaffee aus der Kanne eingießen.
Wehe jedoch, wenn das Flugzeug in Turbulenzen kommt, die es beschleunigen und damit von seiner gleichförmigen geradlinigen Bewegung abbringen. Über beschleunigte Bezugssysteme macht das Relativitätsprinzip keine Aussage. Wir wissen aus Erfahrung, daß dann zusätzliche Erscheinungen auftreten.

Wir verspüren Kräfte! Wir müssen uns festhalten, wenn ein Auto heftig anfährt, bremst oder um die Kurve fährt. In all diesen Fällen ist die Geschwindigkeit nicht konstant und wir bemerken, daß das Bezugssystem Auto beschleunigt. Auf die Betrachtung beschleunigter Bezugssysteme kommen wir in Kap. 7 zurück.
Das Relativitätsprinzip ist gewissermaßen ein ausgleichendes, „demokratisches" Prinzip der Natur. Es sorgt dafür, daß alle gleichförmig bewegten Bezugssysteme *gleichberechtigt* sind. Keines ist vor den anderen ausgezeichnet. Es herrscht **Symmetrie!**
Erstaunlich ist, daß man in der Physik aus derart allgemeinen Prinzipien Gesetze folgern kann, die einer strengen experimentellen Überprüfung standhalten.
In den folgenden Kapiteln wollen wir das Relativitätsprinzip zusammen mit den bereits erarbeiteten Kenntnissen über den freien Fall benutzen, um komplizierte Wurfbewegungen zu verstehen.

Welches weitere Geheimnis verbirgt das Relativitätsprinzip?
Das unscheinbare galileische Relativitätsprinzip ist außerordentlich weitreichend. Würde ein Raumschiff mit konstanter Geschwindigkeit durch das Weltall gleiten, dann könnten die Astronauten in seinem Innern beliebig genaue mechanische Experimente anstellen (z. B. die Bahnkurven von geworfenen Gegenständen ausmessen). Sie wären damit prinzipiell nicht in der Lage zu entscheiden, ob oder wie schnell sich ihr Raumschiff bewegt.
Wie wir noch sehen werden, gibt es nicht nur keine mechanischen Experimente, die diese Frage klären könnten, sondern alle physikalischen Gesetze lassen das nicht zu! Beispielsweise ist es auch nicht möglich, aus der Ausbreitung von Radiowellen oder von Licht auf die konstante Geschwindigkeit des Raumschiffes zu schließen. Es zeigt sich, daß die Lichtgeschwindigkeit im bewegten Bezugssystem ebenso groß ist wie im ruhenden!
Diese zunächst völlig unverständliche Tatsache ist Ausgangspunkt der Relativitätstheorie. Der Gedankengang führt uns direkt von *Galilei* zu *Einstein*, dem Begründer der **Relativitätstheorie,** und in eines der aufregendsten Gebiete der Physik! Es wird unsere Vorstellung von Raum und Zeit tiefgreifend verändern.

Aufgaben:
1. Zu welcher Tageszeit ist die Bewegung Ihres Heimatortes gegenüber der als ruhend betrachteten Sonne am größten?
2. Auf welches Bezugssystem bezieht sich die Angabe, die von der Werft über die Höchstgeschwindigkeit eines Flußkahnes gemacht wird? Kann ein Spediteur mit dieser Angabe ausrechnen, wie lange seine Fracht von Köln bis Mainz unterwegs ist?
3. Nennen Sie einige Situationen, bei denen man sich in gleichförmiger Bewegung befindet, ohne davon etwas zu verspüren!

2.2 Waagrechter und senkrechter Wurf

Ein häufiger Bewegungstyp sind **Wurfbewegungen.** Geworfene Körper beschreiben gekrümmte Bahnkurven. Die Richtung der Bewegung ändert sich ständig. Können wir diese komplizierte Bewegungsform mit unseren bisherigen Kenntnissen von geradliniger Bewegung beschreiben? Bevor wir den allgemeinen Fall des Wurfs in beliebiger Richtung (schiefer Wurf) betrachten, wollen wir das Wesen von Wurfbewegungen an den einfachen Fällen des waagrechten und senkrechten Wurfes betrachten.

Waagrechter Wurf
Welche Bahnkurve beschreibt ein Tennisball, der mit einer Geschwindigkeit v waagrecht über das Netz geschlagen wird? Vergleichbare waagrechte Wurfbewegungen treten auf, wenn Wasser aus einem waagrechten Rohr ausfließt oder ein Pfeil horizontal abgeschossen wird. Die gekrümmte Wurfbahn entsteht aus einem Zusammenwirken von freiem Fall und der waagrechten Bewegung mit konstanter Anfangsgeschwindigkeit.

Versuch 1: Eine Kugel wird waagrecht abgeschossen. In dem Moment, da sie die Abschußrampe verläßt, wird die Stromzufuhr eines Elektromagneten unterbrochen, der eine zweite Kugel hält. Diese befindet sich genau in der Verlängerung der Abschußrampe (Abb. 16.1).
Die erste Kugel trifft die zweite im Fluge, unabhängig davon, mit welcher Geschwindigkeit sie abgeschossen wird! Sie muß nur schnell genug sein, die Kugel vor dem Auftreffen auf den Boden zu erreichen. Das ist nur möglich, wenn für beide Kugeln die Fallbewegung in genau gleicher Weise erfolgt. Der Versuch zeigt, daß die senkrechte Fallbewegung nicht von der gleichzeitig erfolgenden Bewegung in horizontaler Richtung beeinflußt wird. Beide Kugeln treffen gleichzeitig auf den Boden auf. Beide Teilbewegungen erfolgen offenbar völlig unabhängig voneinander. Die reale Bewegung setzt sich aus zwei voneinander unabhängigen Teilbewegungen zusammen (**Unabhängigkeitsprinzip**).

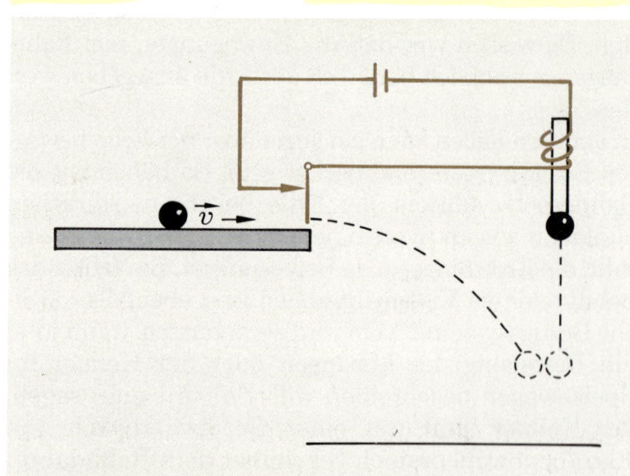

Abb. 16.1 Die Fallbewegung erfolgt unabhängig von der horizontalen Bewegung

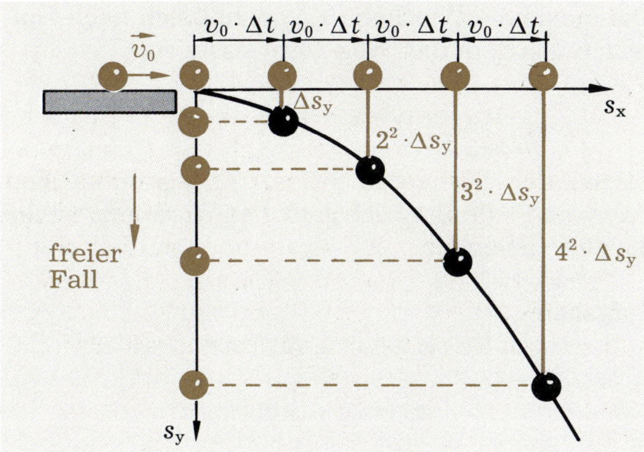

Abb. 17.1 Flugbahn beim waagrechten Wurf. Eine Kugel rollt mit konstanter Geschwindigkeit über eine Tischkante. In horizontaler Richtung behält sie ihre Geschwindigkeit bei und führt in vertikaler Richtung zusätzlich eine Fallbewegung aus

Abb. 17.2 Unabhängigkeitsprinzip beim Sprung auf dem fahrenden Skateboard. Relativ zum Skateboard erfolgt ein Hochsprung (= senkrechter Wurf). Aus der Sicht eines ruhenden Beobachters ergibt sich infolge der überlagerten horizontalen Skatebordgeschwindigkeit ein Weitsprung

Der gleiche Sachverhalt folgt auch aus der **Anwendung des Relativitätsprinzips.** Wir betrachten dazu die gleiche freie Fallbewegung aus verschiedenen Bezugssystemen.

Außer der als ruhend gedachten Erde benutzen wir ein Bezugssystem, das sich mit der Anfangsgeschwindigkeit v_0 gegenüber der Erde bewegt. Damit wir uns das besser vorstellen können, denken wir an einen fahrenden Eisenbahnzug. In einem der Wagen soll ein Körper einen freien Fall ausführen. Nach dem Relativitätsprinzip erfolgt er nach den gleichen Gesetzmäßigkeiten wie außerhalb des Zuges auf der ruhenden Erdoberfläche. Aus der Sicht eines ruhenden Beobachters auf dem Bahnsteig vollführt der Körper einen waagrechten Wurf. Er bewegt sich mit der Zuggeschwindigkeit v_0 als Anfangsgeschwindigkeit in waagrechter Richtung und fällt gleichzeitig.

Zur Vereinfachung der Beschreibung der beiden rechtwinklig zueinander verlaufenden Teilbewegungen führen wir ein rechtwinkliges Koordinatensystem ein. Für die gleichförmige Bewegung in horizontaler x-Richtung (Zugbewegung) gilt:

$$v_x = v_0 \qquad s_x = v_0 t.$$

Für die **senkrechte Fallbewegung** in negativer y-Richtung gilt:

$$v_y = -gt \qquad s_y = -\tfrac{1}{2} g t^2.$$

Die Gesamtbewegung setzt sich nach dem Unabhängigkeitsprinzip aus beiden Teilbewegungen zusammen. Ausrechnung von $t = s_x/v_0$ und Einsetzen ergibt die Gleichung der Bahnkurve des fallenden Körpers aus der Sicht eines ruhenden Beobachters:

$$s_y = -\tfrac{1}{2} g \left(\frac{s_x}{v_0}\right)^2.$$

Dies ist die Gleichung einer nach unten geöffneten Parabel **(Wurfparabel).** Ihr Scheitel liegt beim waagrechten Wurf im Abwurfpunkt, von wo sie mit horizontaler Tangente startet. Infolge der beschleunigten Fallbewegung nimmt ihre Neigung ständig zu.

Zur Herleitung haben wir ausgenutzt, daß die Bewegungen in x- und y-Richtung völlig unabhängig voneinander verlaufen. Würde das Unabhängigkeitsprinzip nicht gelten, würde also die Zugbewegung die Fallbewegung beeinflussen, dann wären die Fallgesetze in einem fahrenden Zug anders als in einem ruhenden. Wir könnten dann durch Fallexperimente im Zug feststellen, ob dieser sich gleichförmig bewegt. Das ist nach unserer Erfahrung unmöglich, denn es würde das Relativitätsprinzip verletzen! **Relativitätsprinzip und Unabhängigkeitsprinzip hängen eng zusammen.**

Erinnern wir uns daran, daß der Zug nur ein Gedankenhilfsmittel zur Veranschaulichung des Relativitätsprinzips war. Wäre ein Zug vorhanden, so würde der Körper aus der Sicht eines ruhenden Beobachters eine Wurfparabel beschreiben. Für die Bewegung ist es aber unerheblich, ob wir einen Eisenbahnwagen um den Körper herumdenken, der sich mit v_0 horizontal bewegt, oder ob der Körper seine Anfangsgeschwindigkeit v_0 auf andere Weise, etwa durch waagrechten Abschuß erhalten hat. Obige Wurfparabel gilt also für den waagrechten Wurf. Aus dem allgemeinen Relativitätsprinzip folgt die Formel für die Wurfbewegung.

> Beim **waagrechten Wurf** findet eine Überlagerung einer gleichförmigen, horizontalen Bewegung
> $s_x = v_0 t$ mit einer *freien Fallbewegung:*
> $s_y = -\frac{1}{2} g t^2$ statt.
>
> Die Bahnkurve ist eine **Wurfparabel** mit waagrechter Tangente im Ursprung:
> $$s_y = -\frac{g}{2 v_0^2} s_x^2.$$

sehr gut!

Beispiel: *Eine Luftgewehrkugel besitzt eine Anfangsgeschwindigkeit von* 200 m/s. *Sie wird genau waagrecht auf das Zentrum einer* 50 m *entfernten Zielscheibe abgeschossen. Wo trifft sie auf?*

$v_x = \frac{s_x}{t} \Rightarrow t = \frac{s_x}{v_x}$

Die Auftreffzeit ist $t = 50/200$ m · s/m = 0,25 s. *Während dieser Zeit fällt die Kugel um die Strecke* $s_y = -1/2 \cdot 10 \cdot 0{,}25^2$m *nach unten. Sie trifft nicht ins Schwarze, sondern geht ca.* 31 cm *unter dem Zentrum der Scheibe vorbei.*

Senkrechter Wurf

Beim Wurf eines Körpers senkrecht nach oben müssen wir nach dem Unabhängigkeitsprinzip die Überlagerung zweier Teilbewegungen betrachten. Gleichförmige Bewegung mit v_0 senkrecht nach oben (positive y-Richtung):

$$v_y = v_0 \qquad s_y = v_0 t.$$

Gleichmäßig beschleunigte Fallbewegung senkrecht nach unten (negative y-Richtung):

$$v_y = -gt \qquad s_y = -\tfrac{1}{2}\, g t^2.$$

Da beide Bewegungen sich nach dem Unabhängigkeitsprinzip überlagern, ergibt sich die gesamte Bewegung aus der Addition der beiden Teilbewegungen.

> Der **senkrechte Wurf** ist die Überlagerung einer gleichförmigen vertikalen Bewegung mit einer *freien Fallbewegung*. Es gelten:
>
> **Geschwindigkeit-Zeit-Gesetz:** $v_y = v_0 - gt$
>
> **Weg-Zeit-Gesetz:** $s_y = v_0 t - \tfrac{1}{2}\, g t^2$.

Ein mit v_0 senkrecht nach oben geworfener Stein fliegt mit immer langsamer werdender Geschwindigkeit nach oben gemäß $v_y = v_0 - gt$ (Abb. 18.1). Nach der Steigzeit t_s erreicht er den oberen Umkehrpunkt. Dort ändert die Geschwindigkeit ihre Richtung. Es gilt $v_y = 0 = v_0 - g t_s$. Daraus folgt die Steigzeit $t_s = v_0/g$.

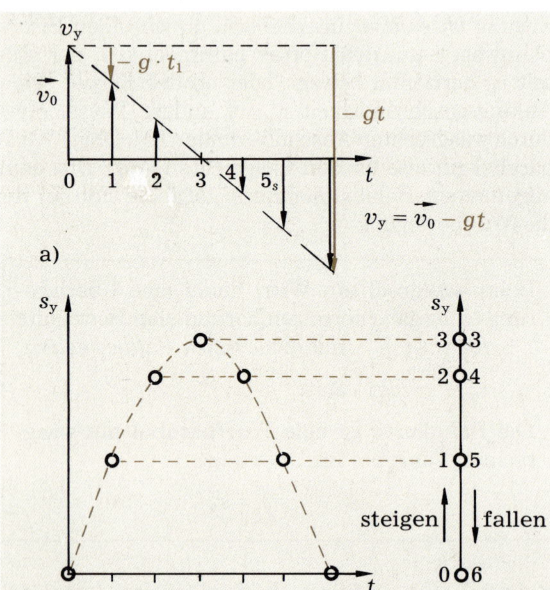

Abb. 18.1 Geschwindigkeit-Zeit (a) und Weg-Zeit-Diagramme (b) sowie Bahnkurve (c) des senkrechten Wurfs

Die maximale Wurfhöhe s_{max} ergibt sich nach Einsetzen von t_s in das Weg-Zeit-Gesetz zu:

$$s_{max} = v_0 \cdot t_s - \tfrac{1}{2}\, g t_s^2 = \frac{v_0^2}{2g}.$$

Wegen der *Symmetrie* des $s_y(t)$-Diagramms sind Steig- und Fallzeit gleich groß. Die Wurfdauer ist die doppelte Steigzeit.

Aufgaben

1. Berechnen Sie die gesamte Wurfdauer direkt aus

$$s_y = v_0 t - \tfrac{1}{2}\, g t^2 \,!$$

Wie groß ist die Endgeschwindigkeit?

2. Mit welcher Geschwindigkeit muß man senkrecht nach oben springen, um eine Höhe von 2 m zu erreichen?

3. Die Geschwindigkeit eines Weltklasse-Sprinters beträgt 10 m/s. Wie gut wäre der Sprinter theoretisch als Hochspringer, wenn es ihm gelänge, mit dieser Geschwindigkeit senkrecht nach oben zu springen?

4. Zeichnen Sie einen Graphen, aus dem man die maximale Flughöhe als Funktion der Flugzeit ablesen kann!

5. In einem Schwimmbad springt ein Springer vom 10-Meter-Turm. Ein zweiter wippt auf dem 3-Meter-Brett, so daß er zunächst 1,8 m hochgeschnellt wird, bevor er im freien Fall auf die Wasseroberfläche fällt. Welcher Springer ist länger in der Luft?

6. Von einem Turm der Höhe h soll ein Stein nach unten geworfen werden. Wie groß muß seine Anfangsgeschwindigkeit sein, damit er nach der Hälfte der Zeit auf dem Erdboden auftrifft, die er im freien Fall gebraucht hätte? Berechnen Sie den Zahlenwert für $h = 100$ m!

7. Wie groß muß die Geschwindigkeit eines Tennisballs sein, der waagrecht knapp über das Netz fliegt und die Außenlinie berührt?

8 a) Ein Wasserstrahl strömt mit 20 m/s aus einem Gartenschlauch. Wie weit kann man auf ebenem Gelände damit spritzen, wenn man den Schlauch waagrecht hält? ? h = 2 m

b) Warum wird ein aus einem Hahn fließender Wasserstrahl nach unten immer dünner?

9. Eine Gewehrkugel soll bei einer Schußweite von 1000 m nicht mehr als 1 m fallen. Wie groß muß die Anfangsgeschwindigkeit mindestens sein?

10. Mit einem Luftgewehr kann man senkrecht 200 m hoch schießen. Wie weit kann man waagrecht schießen, wenn dabei die Kugel nicht mehr als 1 m fallen soll?

2.3 Vektorielle Beschreibung von Bewegungen

Den waagrechten Wurf verstanden wir als zusammengesetzte Bewegung. Die senkrechte Fallbewegung verläuft unabhängig von der gleichförmigen horizontalen Bewegung. Die Gesamtgeschwindigkeit setzt sich aus den Geschwindigkeitsanteilen in beiden Richtungen zusammen. Sie ist jedoch nicht gleich der algebraischen Summe, da bei der Geschwindigkeit nicht nur die Größe, sondern auch die Richtung maßgebend ist. Man sagt, die Geschwindigkeit ist eine vektorielle Größe.

> Ein **Vektor** ist eine Größe, die sowohl einen Betrag als auch eine Richtung besitzt.

Ein Vektor läßt sich durch einen Pfeil veranschaulichen, der eine gewisse Länge besitzt und in eine bestimmte Richtung zeigt. Die Physik kennt eine Vielzahl vektorieller Größen, die ebenso wie die Geschwindigkeit unter Beachtung der Richtung zusammengesetzt werden müssen, z. B. Beschleunigungen, Wege, Kräfte. Neben den **Vektoren** gibt es **Skalare.** Skalare Größen besitzen keine Richtung; nur ihr Betrag ist maßgebend (z. B. Masse, Arbeit, Leistung, Zeit).
Physikalische Größen mit Vektoreigenschaft kennzeichnen wir durch einen Pfeil über dem Formelzeichen (z. B. $\vec{s}$, $\vec{v}$). Sind wir nur an dem Betrag des Vektors interessiert (Länge des Vektorpfeils), so lassen wir den Pfeil weg, bzw. schreiben Betragsstriche, z. B.: $v = |\vec{v}|$.

Grundbegriffe der Vektorrechnung
Einige Rechenregeln für vektorielle Größen werden sofort verständlich, wenn wir als Beispiele für Vektoren räumliche Verschiebungen betrachten. Eine Verschiebung $\Delta\vec{s}$ wird durch einen Pfeil ausreichend beschrieben. Seine Richtung zeigt in die Verschiebungsrichtung, und seine Länge gibt an, über welche Strecke die Verschiebung erfolgen soll.
Eine Vergrößerung oder Verkleinerung der Verschiebung um den Faktor a wird durch einen a-fachen Vektor der gleichen Richtung dargestellt (**Multiplikation mit Skalar).** Ist der Faktor negativ, so zeigt der Vektor in die entgegengesetzte Richtung.

Zwei Verschiebungen lassen sich nacheinander ausführen. Das Ergebnis ist durch eine einzige Verschiebung ersetzbar. Die Reihenfolge der beiden Verschiebungen ist dabei ohne Einfluß. Die Operation des Nacheinanderausführens zweier Verschiebungen bezeichnet man als Summenbildung oder Addition. Die Summe zweier Verschiebungen stellt eine Diagonale in einem Parallelogramm dar (**Parallelogrammregel,** Abb. 19.1). Umgekehrt kann man entsprechend der Parallelogrammregel einen Vektor in zwei Teilvektoren (**Komponenten**) in vorgegebenen Richtungen zerlegen.

Beispiel: *Wie groß ist der Betrag der Geschwindigkeit eines Körpers beim Wurf, wenn seine waagrechte Geschwindigkeit $v_x = 3$ m/s und seine Fallgeschwindigkeit $v_y = 4$ m/s betragen?*
Wir betrachten die Strecke, die er im Zeitintervall Δt in x- und y-Richtung zurücklegt (Abb. 19.2):

$$\Delta s_x = v_x\,\Delta t \qquad \Delta s_y = v_y\,\Delta t\,.$$

Die gesamte in Δt zurückgelegte Strecke Δs ist die Länge der Diagonalen im Rechteck, das aus den beiden senkrecht aufeinanderstehenden Wegkomponenten Δs_x und Δs_y besteht:

$$\Delta s = \sqrt{\Delta s_x^2 + \Delta s_y^2}\,.$$

Der Geschwindigkeitsvektor zeigt in Richtung dieser Diagonalen. Seine Länge (Betrag) ist:

$$v = \frac{\Delta s}{\Delta t} = \frac{\sqrt{\Delta s_x^2 + \Delta s_y^2}}{\Delta t} = \frac{\sqrt{(v_x \cdot \Delta t)^2 + (v_y \cdot \Delta t)^2}}{\Delta t}$$
$$= \sqrt{v_x^2 + v_y^2}\,.$$

Der Betrag der Geschwindigkeit beträgt:

$$v = \sqrt{3^2 + 4^2}\ \text{m/s} = \sqrt{25}\ \text{m/s} = 5\ \text{m/s}\,.$$

Das Beispiel zeigt, daß sich die Geschwindigkeitskomponenten $\vec{v}_x$ und $\vec{v}_y$ in gleicher Weise zur Gesamtgeschwindigkeit $\vec{v}$ addieren, wie die Wegkomponenten zum Gesamtweg. Dies ist nicht verwunderlich, denn jede Komponente des Wegvektors ist proportional zur entsprechenden Komponente des Vektors der Geschwindigkeit. Aus der Ähnlichkeit der Rechtecke folgt:

$$\Delta\vec{s} = \vec{v} \cdot \Delta t \quad \text{bzw.}$$
$$\vec{v} = \frac{\Delta\vec{s}}{\Delta t}\,.$$

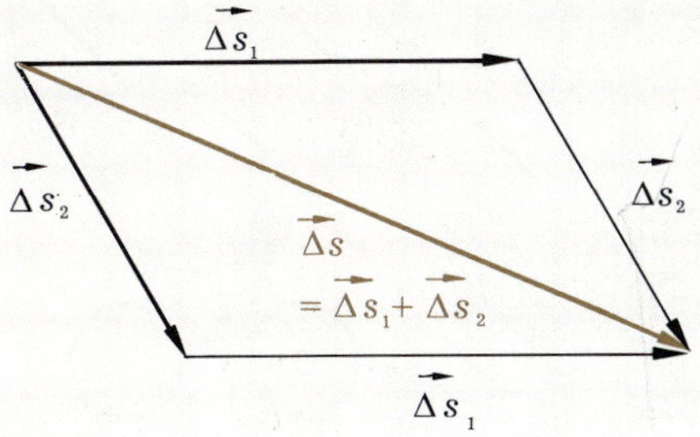

Abb. 19.1 Addition zweier Vektoren nach der Parallelogrammregel

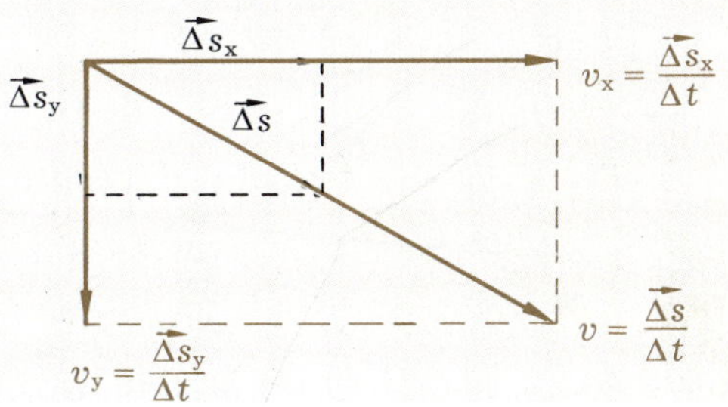

Abb. 19.2 Berechnung der Geschwindigkeit aus den Komponenten der räumlichen Verschiebung Δs_x und Δs_y

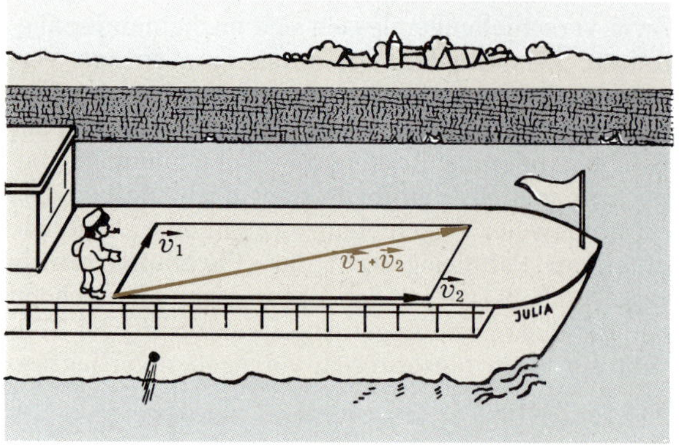

Abb. 20.1 Zur Vektoraddition von Geschwindigkeiten

Die Regeln der **Addition von Geschwindigkeitsvektoren** sind eine mathematische Formulierung des **Unabhängigkeitsprinzips.**

Die Addition von Geschwindigkeitsvektoren zeigt Abb. 20.1. Ein Mensch läuft mit der Geschwindigkeit $\vec{v}_1$ über das Deck eines Schiffes. Es fährt mit einer Geschwindigkeit $\vec{v}_2$. Die Geschwindigkeit $\vec{v}_1$ des Menschen relativ zum Ufer folgt durch Vektoraddition:

$$\vec{v}_1{}' = \vec{v}_1 + \vec{v}_2 .$$

Geschwindigkeitsvektor grafisch

Nach obigen Überlegungen definieren wir den *Vektor der Momentangeschwindigkeit* in dem hinreichend klein gewählten Zeitintervall:

$$\vec{v} = \frac{\Delta \vec{s}}{\Delta t}.$$

Diese Geschwindigkeitsdefinition gilt uneingeschränkt für beliebige Bewegungen. Wir wollen sie grafisch verdeutlichen (Abb. 20.2). Ein Körper bewegt sich entlang einer Bahnkurve. Zur Zeit t_1 ist der Ort des Körpers relativ zu einem Bezugspunkt (z. B. Koordinatenursprung) durch den Ortsvektor $\vec{s}_1$ gegeben. In dem kleinen Zeitintervall Δt legt er die Strecke $\Delta \vec{s}$ zurück und erreicht zum Zeitpunkt t_2 den Ort $\vec{s}_2$. Es gilt:

$$\vec{s}_2 = \vec{s}_1 + \Delta \vec{s} \qquad t_2 = t_1 + \Delta t .$$

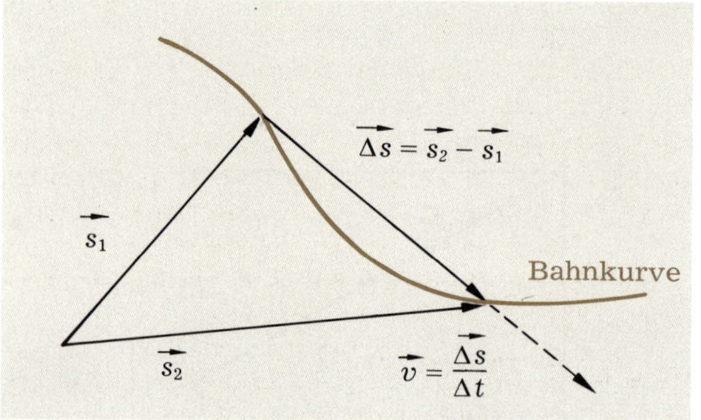

Abb. 20.2 Berechnung des Geschwindigkeitsvektors $\vec{v} = \frac{\Delta \vec{s}}{\Delta t}$ aus den Ortsvektoren $\vec{s}_1$ und $\vec{s}_2$

Der Geschwindigkeitsvektor ist gegeben durch

$$\vec{v} = \frac{\Delta \vec{s}}{\Delta t} = \frac{\vec{s}_2 - \vec{s}_1}{t_2 - t_1}$$

und zeigt in Richtung der Wegdifferenz $\Delta \vec{s} = \vec{s}_2 - \vec{s}_1$. Macht man Δt immer kleiner, dann zeigt $\vec{v}$ schließlich in Richtung der Bahntangente.

Bezugssystemwechsel und Geschwindigkeit

Mit Hilfe der Vektorrechnung sind wir in der Lage, Geschwindigkeiten in verschiedenen Bezugssystemen anzugeben. Betrachten wir dazu Abb. 20.3 a. Wir sitzen am Fenster und beobachten einen Radfahrer im Regen. Seine Geschwindigkeit ist $\vec{v}_2$, die Tropfen fallen mit $\vec{v}_2$ senkrecht nach unten. Wie sieht der Radfahrer diese Situation?

Um das zu beurteilen, müssen wir unseren Standort wechseln und ein solches Bezugssystem wählen, in dem der Radfahrer ruht, das heißt, wir müssen uns mit der gleichen Geschwindigkeit durch den Regen bewegen wie dieser. Die Geschwindigkeiten in dem bewegten System ergeben sich aus dem ruhenden durch Addition von $-\vec{v}_1$, denn nur dann ist in diesem System der Radfahrer in Ruhe. Die Geschwindigkeit des Regens relativ zum Radfahrer ist dann:

$$\vec{v}_{rel} = \vec{v}_2 - \vec{v}_1 .$$

Aus dessen Sicht kommt der Regen schräg von vorne. Was die Differenz von Vektoren bedeutet, ersehen wir aus dem Vektorparallelogramm.

Bei der **Subtraktion eines Vektors** kehrt man seine Pfeilrichtung um und addiert den umgekehrten Pfeil.

Abb. 20.3 Relativgeschwindigkeit und Bezugssystemwechsel. a) Ruhender Beobachter. b) Mitbewegter Beobachter

Die Berechnung der Relativgeschwindigkeit wollen wir an zwei Beispielen aus dem Straßenverkehr verdeutlichen. Die Geschwindigkeit, die der Tacho anzeigt, ist die Geschwindigkeit des Wagens relativ zur Straße. Stoßen zwei Autos mit den Geschwindigkeiten $\vec{v}_1$ und $\vec{v}_2$ zusammen, dann ist für die Schwere des Unfalls die Relativgeschwindigkeit der beiden Fahrzeuge zueinander maßgebend. Wir müssen die Straße als Bezugssystem aufgeben und von dem einen Auto aus angeben, wie schnell das andere darauf zurast. Bezeichnen wir die Geschwindigkeit von Fahrzeug 2 gegenüber Fahrzeug 1 mit dem Vektor $\vec{v}_{21}$, so gilt:

$$\vec{v}_{21} = \vec{v}_2 - \vec{v}_1 .$$

Beispiel 1: *Zwei Autos stoßen auf gerader Straße frontal zusammen. Das eine fährt mit 40 km/h, das andere mit 30 km/h. Die Geschwindigkeitsvektoren sind entgegengerichtet. Zur Berechnung der Relativgeschwindigkeit müssen wir einen Vektor umkehren und dann addieren. Als Ergebnis folgt eine Relativgeschwindigkeit von 70 km/h.*

Beispiel 2: *Die Geschwindigkeitsbeträge seien dieselben wie zuvor, jedoch stoßen beide Fahrzeuge an einer Kreuzung rechtwinklig aufeinander. Wir kehren die Richtung des Vektors $\vec{v}_1$ um. Der Vektor der Relativgeschwindigkeit ergibt sich als Hypotenuse in einem rechtwinkligen Dreieck (Abb. 21.1). Aus diesem folgt nach dem Satz des Pythagoras der Betrag der Relativgeschwindigkeit:*

$$v_{12} = \sqrt{(30)^2 + (40)^2}\,\frac{\text{km}}{\text{h}} = 50 \text{ km/h}.$$

Mit dieser Geschwindigkeit sehen die Insassen in PKW 1 das andere Fahrzeug schräg von rechts vorne auf sich zufahren.

Es ist nicht ganz einfach, sich das klarzumachen! Der Zusammenstoß, vom Standpunkt eines Beobachters am Straßenrand genau rechtwinklig, erfolgt aus der Sicht der Fahrzeuge aus einem anderen Winkel. Das belegen auch die Unfallspuren an den Fahrzeugen. Was wir sehen, hängt von unserem Bezugssystem ab. Wer hat aber dann recht? Im Zweifelsfall immer nur das **Relativitätsprinzip;** *denn mit seiner Hilfe können wir zwischen den Bezugssystemen umrechnen.*

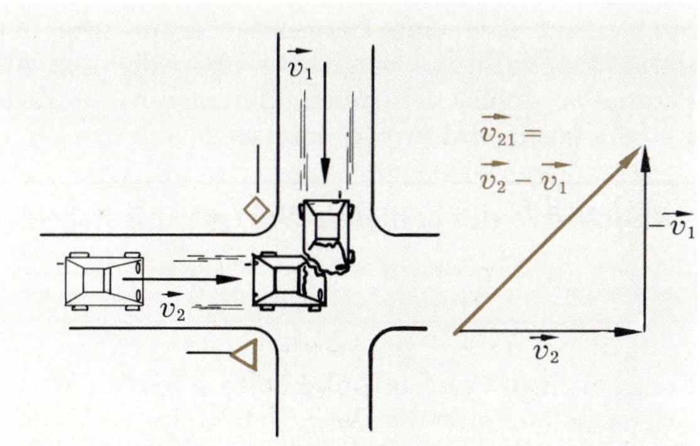

Abb. 21.1 Relativgeschwindigkeit bei senkrecht aufeinanderstehenden Geschwindigkeiten

Während wir das erste Beispiel noch aus der Anschauung heraus ohne Verwendung der Vektorrechnung lösen konnten, so zeigt Beispiel 2 die Überlegenheit der Vektorrechnung.

Es sei hier schon daraufhingewiesen, daß die beschriebene Berechnung von Relativgeschwindigkeiten nur dann zulässig ist, wenn die betrachteten Geschwindigkeiten klein gegen die Lichtgeschwindigkeit sind. Dies trifft für Bewegungen unseres alltäglichen Erfahrungsbereichs zu.

Aufgaben:

1. Auto 1 fährt mit 100 km/h nach Norden. Auto 2, aus Westen kommend, hat eine Geschwindigkeit von 75 km/h. Beide stoßen zusammen. Ermitteln Sie zeichnerisch die Relativgeschwindigkeit beider Fahrzeuge. Unter welchem Winkel sieht der Fahrer von PKW 1 das Fahrzeug auf sich zukommen?
2. Regentropfen fallen mit einer Geschwindigkeit von ca. 8 m/s. Es herrscht Windstille. Mit welcher Geschwindigkeit fährt ein Zug, wenn die Regentropfen auf den Fensterscheiben der Wagen Auftreffspuren hinterlassen, die um 45° gegen die Senkrechte geneigt sind. Wie verändert sich die Neigung der Spuren, wenn Rücken- oder Gegenwind mit 20 km/h herrschen?
3. Windstille. Leise rieselt der Schnee mit $v = 1$ m/s. Was sieht ein Autofahrer, der mit $v = 50$ km/h unterwegs ist?
4. In unseren Breiten bläst der Wind zumeist aus dem Westen. Ein Flugzeug fliegt genau westwärts und legt die Strecke $s = 5\,200$ km in 6 Stunden und 40 Minuten zurück. Für den Rückflug unter gleichen Witterungsbedingungen benötigt es 6 Stunden. Wie groß ist die mittlere Windgeschwindigkeit?
5. Ein Flugzeug fliegt mit der Eigengeschwindigkeit von 500 km/h südwärts. Pro Minute legt es bei Westwind 8,7 km über Grund zurück. Wie groß ist die Windgeschwindigkeit?
6. Ein Ruderer in seinem Boot möchte in möglichst kurzer Zeit das gegenüberliegende Ufer eines Flusses erreichen. Dieses ist 300 m entfernt. Die Eigengeschwindigkeit des Bootes beträgt 1 m/s, die Strömungsgeschwindigkeit des Flusses 0,5 m/s. Wie muß er steuern und welche Zeit benötigt er günstigstenfalls?
7. Der gleiche Ruderer wie in Aufgabe 6 möchte den Fluß genau rechtwinklig zum Ufer überqueren. Wie muß er steuern und wie lange ist er nun unterwegs?
8. Jemand steht im seitlichen Abstand von $s = 100$ m an einer Straße. Ein PKW passiert den Beobachter zum Zeitpunkt $t = 0$ mit der Geschwindigkeit $v = 100$ km/h. Geben Sie einen allgemeinen Ausdruck für die Geschwindigkeit v' an, mit der sich der Wagen mit zunehmender Zeit t entfernt. Wann beträgt diese Geschwindigkeit gerade 50 km/h? Überlegen Sie, wie sich v' für große Zeiten verhalten muß!
9. Überlegen Sie, ob das Ergebnis von Aufgabe 8 für die Geschwindigkeitsmessung bei Radarfallen von Bedeutung ist! Mit dem Radarverfahren läßt sich einerseits die Geschwindigkeit messen, mit der sich ein Objekt von der Radarquelle entfernt. Andererseits sind auch Entfernungsmessungen möglich.

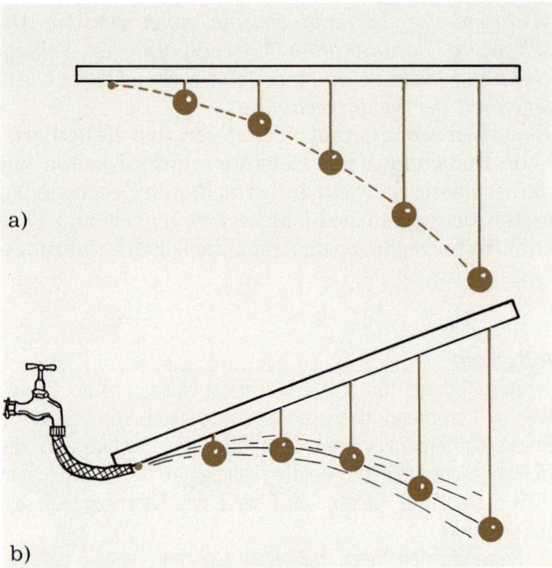

Abb. 22.1 a) Das Fadenmodell „berechnet" die Bahn beim schiefen Wurf. b) Auch Wasserstrahlen beschreiben Wurfparabeln

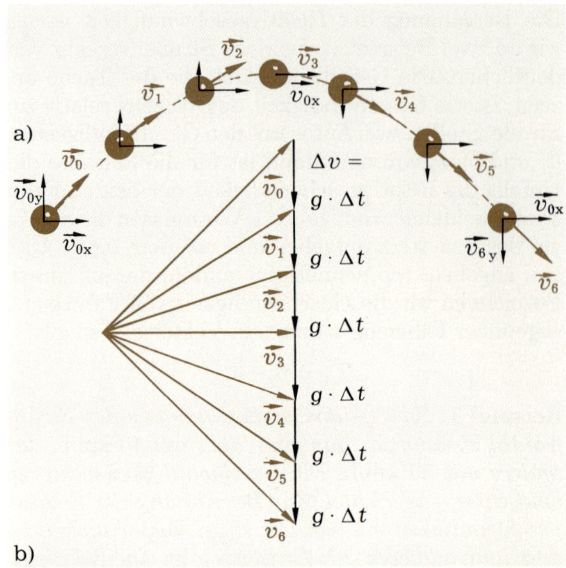

Abb. 22.2 a) Schiefer Wurf. b) die Momentangeschwindigkeit v ändert dauernd ihren Betrag und ihre Richtung. Nur ihre Horizontalkomponente ist konstant

2.4 Der schiefe Wurf

Die beiden Sonderfälle des waagrechten und des senkrechten Wurfs können wir nun unter Anwendung der Vektorrechnung auf die Behandlung des schiefen Wurfs ausdehnen, bei dem ein Körper unter beliebigem Winkel mit der Anfangsgeschwindigkeit $\vec{v}_0$ abgeworfen wird. Da die Bewegungen in x-und y-Richtung nicht gekoppelt sind, erfolgt die gleichförmige Bewegung in Richtung von $\vec{v}_0$ unabhängig von der gleichmäßig beschleunigten Fallbewegung in Richtung von g.

Anschauliche Betrachtung des schiefen Wurfs

Zur Veranschaulichung dieser Überlagerung wollen wir eine Art mechanischer „Rechenmaschine" betrachten, die für beliebige Richtungen des Vektors der Anfangsgeschwindigkeit v_0 die Bahn anzeigt (Prinzip des Analogrechners).

Versuch 2: Auf einer Latte werden wie in Abb. 22.1 in gleichem Abstand Kugeln an Fäden befestigt. Die Fadenlängen entsprechen den nach 1, 2, 3, 4 s im freien Fall zurückgelegten Strecken.

Halten wir die Latte waagrecht, dann befinden sich die Kugeln an den Orten, die sie im waagrechten Wurf mit einer passenden Anfangsgeschwindigkeit auch erreicht hätten. Zeigt die Latte schräg nach oben, dann nehmen die Kugeln automatisch die Positionen ein, die sie in einem schiefen Wurf unter diesem Winkel mit geeignetem v_0 erreichen werden. Das läßt sich mit einem Wasserstrahl leicht nachprüfen.

Nach dem Rezept von Abb. 22.2 können wir unter Anwendung des Überlagerungsprinzips beliebige Wurfparabeln grafisch konstruieren, wenn der Betrag und die Richtung der Anfangsgeschwindigkeit bekannt sind.

Vektorielle Behandlung des schiefen Wurfs

Wir legen den Ursprung des Koordinatensystems in den Abwurfpunkt. Der Vektor der Anfangsgeschwindigkeit $\vec{v}_0$ schließt mit der waagrechten x-Achse den Winkel α ein. Wir zerlegen ihn in die beiden Komponenten in Richtung der x- und der y-Achse:

$$v_{0x} = v_0 \cdot \cos\alpha, \qquad v_{0y} = v_0 \cdot \sin\alpha\,.$$

In x-Richtung erfolgt eine gleichförmige Bewegung mit v_{0x}:

$$x(t) = v_{0x}\,t = v_0\,t \cdot \cos\alpha\,.$$

In y-Richtung entspricht die Bewegung dem senkrechten Wurf mit der Anfangsgeschwindigkeit v_{0y}:

$$y(t) = v_{0y}\,t - \tfrac{1}{2}g\,t^2 = v_0\,t\,\sin\alpha - \tfrac{1}{2}g\,t^2.$$

Diese beiden Gleichungen beschreiben die **Bahnkurve des schiefen Wurfs (Wurfparabel).** Sie geben die Koordinaten eines Punktes (x, y) auf der Flugbahn an, der nach der Zeit t erreicht wird.

Man nennt dies eine **Parameterdarstellung** der Bahn. Die explizite Bahnkurve ohne die Zeit als Parameter ergibt sich durch Eliminieren der Zeit: $t = x/v_0 \cos\alpha$ wird in $y(t)$ eingesetzt.

> **Bahnkurve des schiefen Wurfs** (Wurfparabel):
> $$y = x \cdot \tan\alpha - \frac{1}{2}\frac{g}{v_0^2 \cdot \cos^2\alpha}\,x^2.$$

Steigzeit und Scheitelhöhe beim schiefen Wurf: Am höchsten Punkt der Bahn (**Scheitelpunkt**) kehrt die senkrechte Geschwindigkeitskomponente ihre Richtung um. Daraus läßt sich die **Steigzeit** t_s ermitteln:

$$v_y(t_s) = 0 = v_0 \cdot \sin\alpha - g \cdot t_s .$$

Steigzeit: $t_s = \dfrac{v_0 \cdot \sin\alpha}{g}$.

Die Scheitelhöhe h der Wurfbahn ergibt sich, wenn wir die y-Koordinate zur Zeit t_s berechnen:

Scheitelhöhe: $h = h(t_s) = \dfrac{v_0^2 \cdot \sin^2\alpha}{2g}$.

Wurfdauer und Wurfweiten: Der Wurf ist beendet, wenn der Körper auf den Boden aufschlägt. Er hat dann die Höhe $y = 0$. Nach Einsetzen von $y = 0$ lösen wir nach t_w auf:

$$y(t_w) = 0 = t_w\,(v_0 \cdot \sin\alpha - \tfrac{1}{2} g \cdot t_w).$$

Wurfdauer: $t_w = \dfrac{2\,v_0 \cdot \sin\alpha}{g}$.

Sie ist doppelt so groß wie die Steigzeit. Das sieht man sofort an der symmetrisch verlaufenden Auf- und Abwärtsbewegung der Wurfparabel. Die Wurfweite x_w ergibt sich, wenn wir die x-Koordinate zur Zeit t_w berechnen:

$$x_w = x(t_w) = \frac{v_0^2}{g}\, 2 \cdot \sin\alpha \cdot \cos\alpha$$

Mit der Umrechnung $2 \cdot \sin\alpha \cdot \cos\alpha = \sin 2\alpha$ folgt:

Wurfweite: $x_w = \dfrac{v_0^2 \cdot \sin 2\alpha}{g}$. = 90°

Maximale Wurfweite: Die Wurfweite hängt vom Sinus des doppelten Abwurfwinkels 2α ab. Da die Sinusfunktion bei $\sin(90°) = 1$ ihr Maximum erreicht, ist $\sin 2\alpha$ bei $\alpha = 45°$ maximal. Unter 45° Abwurfwinkel erzielen wir daher die **maximale Wurfweite:**

$$x_m = \frac{v_0^2}{g}.$$

Die Sinuswerte zweier Winkel, die symmetrisch zu 90° liegen, stimmen überein. Wegen $x_w \sim \sin(2\alpha)$ erhält man bei festem Betrag der Anfangsgeschwindigkeit und variabler Richtung α daher immer zwei Abwurfwinkel, die symmetrisch zu $\alpha = 45°$ liegen und zur gleichen Wurfweite führen. Abb. 23 zeigt dies für verschiedene Wurfbahnen mit gleichem v_0.

Präzision im Sport

Beispiel: *Wie groß darf beim Basketball der Winkelfehler sein, wenn ein Korbwurf aus 25 m Entfernung erfolgreich verlaufen soll?*

Wir nehmen vereinfachend an, der Abwurf erfolge im Sprung auf Höhe des Korbes und ein Fehler in der Wurfweite von + 20 cm sei erlaubt. Weiter liege der Betrag der Abwurfgeschwindigkeit exakt fest, d. h. der Spieler beeinflußt die Bahn nur durch Führen des Balls.

Wirft man unter $\alpha = 45°$, dann beträgt die notwendige Geschwindigkeit

$$v = \sqrt{\frac{g \cdot x_w}{\sin 2\alpha}} = 15{,}66 \text{ m/s}.$$

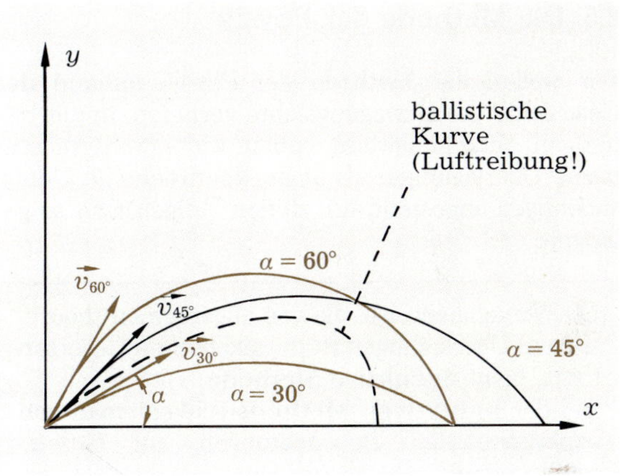

Abb. 23 Verschiedene Wurfparabeln beim gleichen Betrag der Anfangsgeschwindigkeit. Bei Luftreibung kann die Bahnkurve von der idealen Parabelform abweichen (ballistische Kurve)

Bei einer Winkelabweichung von ± 3,6° beträgt die Wurfweite x_w = 24,80 m.

Man wirft also 20 cm zu kurz, trifft aber noch den Korb.

Wirft man dagegen flach unter einem Winkel von 30°, muß man viel genauer zielen. Hier beträgt v = 16,83 m/s. Nur ein halber Grad Abweichung nach unten führt zu einer Weite von x_w = 24,75 m – daneben! Es ist also nicht nur wegen der maximalen Wurfweite immer gut, unter 45 Grad zu werfen, sondern auch, weil sich hier Winkelfehler weniger auswirken.

Aufgaben:

1. Ein Affe sitzt auf einem Baum und schaut in den Lauf eines Betäubungsgewehres, das ein Wildhüter auf ihn richtet. Er läßt sich genau in dem Moment fallen, da er das Mündungsfeuer aufblitzen sieht. Wird er dem Fang entgehen? Muß der Wildhüter beim Zielen entsprechend vorhalten, um zu treffen?
2. Wie weit und wie hoch kann ein Feuerwehrmann auf einer 30 m hohen Leiter theoretisch spritzen, wenn der Wasserstrahl mit v = 20 m/s austritt?
3. Wie weit könnte ein Sprinter mit v = 10 m/s maximal springen? Vergleichen Sie diesen Wert mit Weitsprungrekord! Warum kann man effektiver weit als hoch springen?
4. Welche Geschwindigkeit (Betrag und Richtung) hat ein Schlagball, der mit 30 m/s unter dem Winkel von 45° weggeschlagen wird, 1, 2, 3 s nach dem Abschuß?
5. Ein Ball fällt aus 20 m Höhe. Gleichzeitig wird ein zweiter Ball mit v = 5 m/s senkrecht nach oben geworfen. In welcher Höhe begegnen die Bälle einander?
6. Schätzen Sie die typischen Ballgeschwindigkeiten beim Tennis aus folgenden Daten ab: Netzhöhe ca. 1 m, Feldlänge ca. 24 m. Tip: Ein „typischer" Ball fliegt von Grundlinie zu Grundlinie und geht knapp über das Netz. Wie groß ist daher seine horizontale Geschwindigkeit?

2.5. Die Methode der Physik

Wir wollen die Methode der Physik anhand der Geschichte der Bewegungslehre vertiefen. In der bisherigen Vorgehensweise haben wir sowohl theoretische Überlegungen als auch experimentelle Untersuchungen angestellt, um zu den Fallgesetzen zu gelangen.

> Die Vorgehensweise, die von allgemeinen theoretischen Überlegungen zu physikalischen Gesetzen führt, heißt **deduktive Methode.**
> Bei der **induktiven Methode** schließt man von experimentellen Beobachtungen auf Gesetzmäßigkeiten.

Beide Methoden greifen im physikalischen Erkenntnisprozeß eng ineinander. *Galileo Galilei* (1564–1642) hat als erster systematisch diesen **Dialog von Theorie und Experiment** zum Studium der Fallbewegung eingesetzt. Er gilt daher als einer der Väter der Physik der Neuzeit.
Vor *Galilei* war die Mechanik des *Aristoteles* (384–322 v. Chr.) seit der Antike die gängige Lehrmeinung. Sie hielt sich vor allem deswegen so hartnäckig über fast zwei Jahrttausende, weil sie mit unserer intuitiven (unbewußten) Vorstellung von Bewegung in gutem Einklang ist. *Aristoteles* glaubte, daß schwere Körper schneller fallen als leichtere, eine Vorstellung, die bei oberflächlicher Betrachtung mit der Erfahrung übereinzustimmen scheint.
Nur ist Fallen in der Natur kein einfacher Vorgang. Der Luftwiderstand spielt eine Rolle. Nicht nur die Masse des Körpers geht ein, sondern auch seine Form. Schwere Körper haben bezogen auf ihr Gewicht einen geringeren Luftwiderstand als leichte Körper gleicher Form und werden daher entsprechend weniger abgebremst. Man muß vom Luftwiderstand absehen, so daß das eigentliche Phänomen, die Fallbeschleunigung, zum Tragen kommt.
Die physikalische Methode erfordert eine Vereinfachung (Idealisierung) der komplizierten Wirklichkeit.
Wie ging *Galilei* vor, um die *aristotelische* Lehre überzeugend zu entkräften? Er hat diese Überlegungen in seinem Buch „Abhandlungen und mathematische Demonstrationen über zwei neue Wissenschaften" („Discorsi") beschrieben. Als erstes diskutiert er rein mathematisch, deduktiv, die Gesetze der gleichförmigen Bewegung, um dann zu prüfen, welcher Ansatz am besten zu den Naturerscheinungen paßt.
Galilei hatVermutungen (Arbeitshypothesen) über den möglichen Ablauf der Fallvorgänge. Ob diese zutreffen oder nicht, muß dann dem „Gericht" des Experimentes unterbreitet werden. Dabei könnte man ganz willkürliche Bewegungsabläufe erfinden, doch Galilei legt das **Einfachheitsprinzip** zugrunde. Er ist davon überzeugt, daß die Natur in all ihren verschiedenen Prozessen nur die „allgemeinsten, einfachsten und leichtesten Mittel" anwendet.

Abb. 24.1 Galilei überprüft nicht am schiefen Turm zu Pisa – wie es die Legende will – sein theoretisches Konzept der Fallbewegung, sondern bei der Bewegung einer Kugel längs der schiefen Ebene. Nur bei einer derart präparierten „verlangsamten" Fallbewegung konnte er mit seinen experimentellen Hilfsmitteln brauchbare Meßwerte aufnehmen

Der einfachste Vorgang einer beschleunigten Bewegung ist der, bei dem die Geschwindigkeit in gleichen Zeitintervallen um gleiche Beträge zunimmt: $v \sim t$. Ebenso einfach ist aber auch die Hypothese, daß die Geschwindigkeit der zurückgelegten Strecke proportional ist: $v \sim s$. Diese beiden Möglichkeiten erscheinen uns einfacher als $v \sim 1/t$. $v \sim t^2$, $v \sim 1/s$ oder $v \sim s^2$.
Die Entscheidung über die beiden ersten Ansätze kann nicht mehr durch reines Nachdenken gewonnen werden und bedarf der experimentellen Klärung. Den freien Fall kann *Galilei* nicht untersuchen, da die auftretenden Geschwindigkeiten zu groß sind. Er verwendet einen genialen Trick und betrachtet den „verlangsamten" Fallvorgang, der sich beim Rollen einer Kugel längs einer schiefen Ebene abspielt (Abb. 24).
Zur **Zeitmessung** dient ihm zunächst der Pulsschlag. Damit kann er feststellen, welchen Weg die Kugel nach einer bestimmten Zahl von Zeittakten zurückgelegt hat. Darüber hinaus benutzt er eine sehr präzise und originelle Methode der Zeitmessung. Er wiegt gewissermaßen die Zeit. Die durch ein enges Röhrchen aus einem Gefäß ausfließende Wassermenge ist

ein Maß für die verstrichene Zeit. Durch derartige Wägungen kann Galilei aus den Gewichten die Differenzen und Verhältnisse der Zeiten ermitteln, welche die Kugel für unterschiedliche Wege längs der schiefen Ebene benötigt. So findet er, daß sich die zurückgelegten Strecken wie die Quadrate der Zeiten verhalten, und zwar für jede beliebige Neigung der Rinne.

Könnte man sagen, daß *Galilei* damit das Fallgesetz experimentell gefunden hat? Häufig hört man die Meinung, er habe die Fallgesetze aus dem Experiment auf induktivem Weg erschlossen. Dies ist unzutreffend. Welche Bedeutung *Galilei* dem theoretischen Ansatz beimißt, ersieht man aus seiner Mitteilung: „Ich habe ein Experiment darüber angestellt, aber zuvor hatte mich die natürliche Vernunft ganz fest davon überzeugt, daß die Erscheinung so verlaufen mußte, wie sie auch tatsächlich verlaufen ist."

Man kann kein Gesetz experimentell „beweisen". Aus Fallexperimenten kann man wegen des unvermeidlichen Meßfehlers nur zeigen, daß die Meßdaten im Rahmen der Meßgenauigkeit übereinstimmen mit einem Zusammenhang der Form $s = k\,t^n$, wobei der Exponent n in der Nähe von 2 liegt, z. B.: $n = 2 + 0.01$. Selbst wenn die Genauigkeit noch viel weiter gesteigert würde, wäre man nie ganz sicher, daß der Exponent eine ganze Zahl ist. Das kann nur aufgrund theoretischer Annahmen gefordert werden. Eine solche Annahme ist die, daß das Verhalten der Natur durch einfache Gesetze beschreibbar ist.

Theorie und Experiment

Galileis Leistung besteht aus der Entdeckung der methodischen Funktion des Experiments im naturwissenschaftlichen Erkenntnisprozeß.

Das Wechselspiel von Theorie und Experiment, von Deduktion und Induktion, bildet den Kern der physikalischen Methode.

Dabei kann man weder dem Experiment noch der Theorie den Vorrang geben. Ein Experiment ohne Theorie ist nicht möglich; umgekehrt bleiben theoretische Gedankengebäude, die keiner experimentellen Überprüfung unterzogen werden, reine „Glasperlenspiele". Erst das Experiment macht die Physik zur Naturwissenschaft. Es stellt eine **Präzisierung der Naturbeobachtung** dar. Genaues Beobachten geht dem gezielten Experiment voraus.

Experimente sind theoriegeleitet

Grundlage des Experiments ist eine theoretische Annahme, die als Arbeitshypothese im Experiment überprüft wird. Sie kann im Rahmen der Meßgenauigkeit verworfen (**falsifiziert**) werden. Bei der Planung von Experimenten muß man eine Theorie darüber haben, welche physikalische Größen sinnvoll als abhängige Variable gemessen, welche als unabhängige Größen verändert werden und wie man störende Einflüsse und Fehler möglichst gering hält.

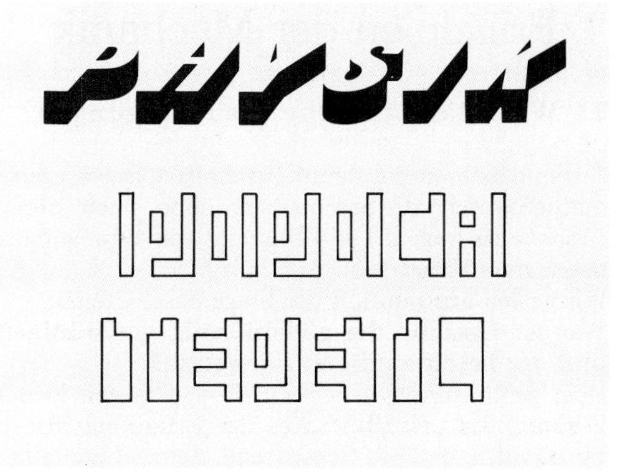

Abb. 25.1 Die Erfahrung versorgt uns mit einer Theorie der Wirklichkeit, die uns z. B. sagt, wie wir belanglose Muster zu Buchstaben zusammenfügen. Manchmal funktioniert das gut! Physik kann man lesen, obwohl die Buchstaben unvollständig sind. Was verbergen aber die anderen Zeichen?

Abb. 25.2 Der Mensch, Teil des Universums, schickt sich in der Physik an, dessen Entstehung und damit seine eigene Existenz zu begreifen

Urteilen wir vorurteilsfrei?

Die Art von „Theorien", mit denen wir uns in der Mechanik häufig auseinandersetzen müssen, sind unsere eigenen fest verwurzelten eingefahrenen Denkgewohnheiten, die sich oft als fehlerhaft erweisen. Das zeigt die Vielzahl von Sinnestäuschungen, denen wir allzu leicht unterliegen.

Eine hübsche Illustration, wie sich unser Wahrnehmungs- und Denkapparat durch seine Gewohnheiten täuschen läßt, gibt Abb. 25.1. Das Theorie-Experiment-Wechselspiel der Physik ist in diesem Sinn ein wirkungsvoller Versuch des Menschen, sich von seinen unzulänglichen Sinneseindrücken zu lösen und seine eingeschränkten Erkenntnismöglichkeiten entscheidend zu erweitern. Es ist die Voraussetzung dafür, daß wir in der Physik in Bereiche vorstoßen können, in denen unsere Sinnesorgane und unsere Anschauung versagten. In diesem Erkenntnisprozeß treten Grenzen auf, die letztlich damit zusammenhängen, daß der Mensch ein Teil der Natur ist, deren inneren Zusammenhalt er zu ergründen sucht.

3. Prinzipien der Mechanik

3.1 Was ist die Ursache der Bewegungen?

Bisher haben wir uns darauf beschränkt, Bewegungen mathematisch zu beschreiben, ohne nach deren *Ursache* zu fragen. Die Erfassung von Bewegungen nennt man Kinematik.

Wir wollen uns nun mit der Frage beschäftigen:

Was ist Ursache der gleichförmig geradlinigen und der beschleunigten Bewegung?

Rein gefühlsmäßig sehen wir diese Ursache in der Wirkung von *„Kräften"*. Aus der Erfahrung wissen wir nämlich, daß ein Gegenstand, der z. B. auf einer waagerechten Tischplatte ruht, sich nicht von selbst in Bewegung setzt. Er verharrt im Zustand der Ruhe, solange keine Kräfte auf ihn einwirken. Durch Anstoßen oder Zug über eine Verbindung (z. B. Seil) können wir ihn durch unsere *„Muskelkraft"* in Bewegung versetzen. Ein Auto wird durch die *„Motorkraft"* in Bewegung versetzt und solange die Motorkraft wirkt, auch in Bewegung gehalten. Ferner beobachten wir, daß alle Verbindungen zum Erliegen kommen, wenn keine „Antriebskräfte" mehr wirken. Eine weitere Erfahrung ist, daß z. B. Körper mit sehr glatter Oberfläche auf einer ebenso glatten Unterlage nach einmaligem Anstoß sich sehr lange ohne *„inneren Motor"* bewegen, während sie auf einer rauhen Unterlage sehr schnell zur Ruhe kommen. Der Bewegungsablauf wird offensichtlich durch *„Reibung"* gestört. Wenn wir die Art des Bewegungsablaufes mit der Frage nach der Ursache verbinden, müssen wir uns entscheiden, ob wir reale Bewegungen mit Reibungsverlusten oder idealisierte Bewegungen ohne Reibung untersuchen wollen.

Diese Entscheidung hat in der Entwicklung des physikalischen Denkens eine wesentliche Rolle gespielt. *Aristoteles* hat eine Bewegungslehre entwickelt, die reale Bewegungen unter dem Einfluß von Reibung betrachtet. Nach diesem Konzept wird zur Aufrechterhaltung einer gleichförmigen geradlinigen Bewegung eine wirkende Kraft d. h. ein „Motor" als Ursache benötigt. Die erlangte Geschwindigkeit des sich bewegenden Körpers ist proportional der wirkenden Kraft und umgekehrt proportional dem Reibungswiderstand. Im Hinblick auf die weitere Entwicklung der Mechanik sei besonders darauf hingewiesen, daß *Aristoteles* der Reibung eine zentrale Rolle zuschreibt, wenn er die Antriebskraft durch sie dividiert. Er hat nicht daran gedacht, die Reibungskraft von der Bewegungskraft als *„Fehler"* abzuziehen, der bei immer kleiner werdender Reibung zum Verschwinden gebracht werden könnte. Diese „idealisierte" Betrachtungsweise finden wir erst bei *Galilei.*

Eine schwierige Frage der Bewegungslehre des Aristoteles war, welcher „Motor" die immerwährenden Bewegungen der Himmelskörper aufrecht erhält. Welche Kräfte sind hier die Ursache für die Kreisbewegungen der Gestirne? Mit dieser Frage und den im Laufe der Entwicklung des astronomischen Weltbildes gegebenen Antworten werden wir uns ausführlich in Kapitel 9 auseinandersetzen. Hier sei bereits festgestellt, daß *Aristoteles* grundsätzlich zwischen Bewegungen auf der Erde, den *„irdischen"* Bewegungen und den Bewegungen der Himmelskörper, den *„himmlischen"* Bewegungen, unterschied (vgl. S. 87).

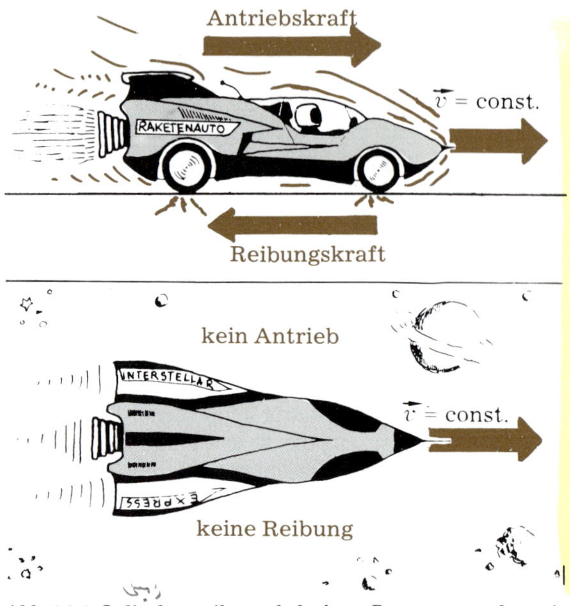

Abb. 26.1 Irdische, reibungsbehaftete Bewegungen benötigen einen Antrieb. Die Motorkraft hält der Reibungskraft das Gleichgewicht: v = const. Himmlische (= reibungsfreie) Bewegungen kommen dagegen auch ohne Antrieb nicht zum Erliegen!

Die ganze weitere Entwicklung der Mechanik ist wesentlich bestimmt durch das Suchen nach den Ursachen der unterschiedlichen Bewegungen. Die Lösung fand erst *Newton* (1643–1727), als er erkannte, daß Ruhe und Beharren in einem ganz bestimmten Bewegungszustand physikalisch gesehen keine grundsätzlich verschiedenen Erscheinungen sind, oder anders ausgedrückt, daß das Fortdauern einer gleichförmig-geradlinigen Bewegung ebensowenig einer Erklärung durch eine Ursache bedarf wie der Zustand der Ruhe.

Ein Raumschiff im interstellaren Raum fliegt ohne Antrieb mit konstanter Geschwindigkeit weiter. Nach dem Relativitätsprinzip wissen wir, daß alle Bewegungsvorgänge an Bord eines bewegten Raumlabors ebenso ablaufen müssen, wie in einem ruhenden Labor. Ruhe und gleichförmige Bewegung sind relative Begriffe, denn sie hängen von der Wahl des Bezugssystems ab. – Sie sind nicht erklärungsbedürftig. Beschleunigte Bewegungen erfordern jedoch eine Erklärung. Sie werden durch „Kräfte" verursacht. Die Lehre von diesen Kräften (gr. dynamis) nennt man **Dynamik.**

Um diese Einsicht haben die Naturforscher von Aristoteles über Galilei bis Newton zweitausend Jahre gerungen. Wir werden dieses geistige Ringen in den folgenden Kapiteln in großen Zügen nachvollziehen.

3.2 Das Trägheitsprinzip – Relativitätsprinzip

Immerwährende Bewegung ohne Antrieb

Galilei konnte durch eine geniale Verbindung von Real- und Gedankenexperiment zeigen, daß eine immerwährende Bewegung im Prinzip möglich ist, auch ohne daß Kräfte zu ihrer Aufrechterhaltung vorhanden sind.

(Gedanken-) Versuch nach Galilei: Wir lassen eine Kugel auf zwei gegeneinander geneigten schiefen Ebenen rollen, deren Neigungswinkel veränderlich ist. Die Stoßkante der beiden Ebenen ist abgerundet, so daß die Kugel glatt passieren kann (Abb. 27).

Die Kugel erreicht angenähert wieder ihre Ausgangshöhe h, und zwar um so besser, je geringer die Reibung zwischen Kugel und Unterlage ist. Verringert man den Neigungswinkel der zweiten Ebene, dann rollt die Kugel immer weiter hinaus, bis sie ihre Ausgangshöhe erreicht. Verläuft die zweite Ebene waagerecht, dann sollte die Kugel ohne Reibung bis ins Unendliche rollen.

Kräfte sind demnach zur Aufrechterhaltung von Bewegung nicht erforderlich. Einmal angestoßen behält die Kugel auf glatter reibungsfreier ebener Unterlage ihre Geschwindigkeit bei. Sie rollt von selbst beharrlich ohne Antrieb weiter. Erst wenn Kräfte einwirken, ändert die Kugel den Betrag oder die Richtung ihrer Geschwindigkeit.

> Die Eigenschaft von Körpern, bei Abwesenheit von Kräften ihren Bewegungszustand beizubehalten, bezeichnet man als **Trägheit.**

Bei der Schlußfolgerung aus obigem Gedankenexperiment bleibt *Galilei* auf halbem Wege stehen. Er hält die beschriebene Trägheitsbewegung auf der Erdoberfläche für den Teil einer Kreisbewegung um den Erdmittelpunkt (Zirkulares Trägheitsprinzip). Erst *Newton* (vgl. 3.3) hat das lineare Trägheitsprinzip erkannt.

Vom Relativitätsprinzip zum Trägheitsprinzip

Zu dem Ergebnis, daß zur Aufrechterhaltung von Bewegung keine Kräfte erforderlich sind, führt auch eine konsequente Anwendung des Relativitätsprinzips. Ruhe und Bewegung sind keine absoluten Begriffe. Sie besitzen nur relativ zu einem Bezugssystem Gültigkeit. Die Erfahrung, daß sich kein Körper von selbst in Bewegung versetzt, gilt nicht nur auf der Erde, sondern auch in allen gleichförmig bewegten Bezugssystemen.

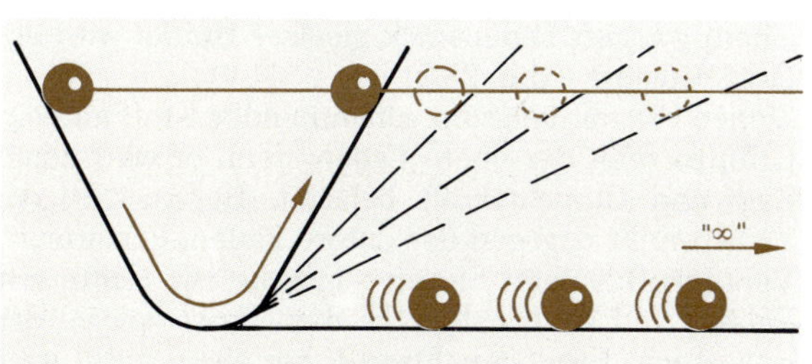

Abb. 27 Galileis Überlegung zur Trägheit

Auch in einem Flugzeug, das mit konstanter Geschwindigkeit geradeaus fliegt, machen wir die gleichen Beobachtungen zur Trägheit wie auf der Erde. Ein Gegenstand im Flugzeuginnern verharrt aus der Sicht des mitbewegten Beobachters in Ruhe, wenn keine zusätzlichen Kräfte auf ihn einwirken. Ein Beobachter auf der Erde beurteilt den Vorgang dagegen als „Verharren in Bewegung". Auch aus der Sicht des ruhenden Beobachters wirken auf Körper im Inneren des Flugzeugs keine weiteren Kräfte ein. Bei konstanter Fluggeschwindigkeit dient die Antriebskraft der Triebwerke dazu, gegen den äußeren Luftwiderstand anzugehen und nicht Gegenstände im Inneren zu bewegen. Er schließt daher, daß Körper im Flugzeug in gleichförmiger geradliniger Bewegung verharren, solange keine Kräfte auf sie einwirken.

Der Satz „Ohne äußere Kräfte bleibt ein Körper in Ruhe" ist für uns eine selbstverständliche Alltagserfahrung. Durch Wechsel des Bezugssystems ergibt sich daraus eine weitaus weniger anschauliche Schlußfolgerung. In Verbindung mit dem Relativitätsprinzip müssen wir diese Erfahrung erweitern und hinzufügen, daß bei Abwesenheit von äußeren Kräften der Körper auch im Zustand gleichförmiger geradliniger Bewegung verharrt. Dies ist, wie die Diskussion der Ursachen von Bewegung gezeigt hat, keinesfalls mehr selbstverständlich.

3.3 Newtons „Principia"

Im Jahre 1687 erschien *Newtons* berühmtes Werk „Philosophiae naturalis principia mathematica" (Mathematische Prinzipien der Naturphilosophie). Es enthält grundsätzliche Überlegungen über die Begriffe Raum und Zeit, die als Voraussetzung für die Behandlung von Bewegungsvorgängen benötigt werden. Danach werden drei Grundsätze (Axiome) der Bewegung formuliert. An erster Stelle steht das „Axiom", das wir als Trägheitsprinzip bezeichnen. Während *Galilei* im Hintergrund noch an eine „zirkulare" Trägheit dachte, wird bei Newton erstmalig klar das „lineare" Trägheitsprinzip ausgesprochen, das wir in dem vorausgehenden Abschnitt schon diskutiert haben.

> **Lex Prima (1. Newtonsches Gesetz: Trägheitsprinzip).**
> Jeder Körper verharrt in seinem **Zustand der Ruhe oder der gleichförmigen geradlinigen Bewegung,** solange keine äußeren Kräfte auf ihn einwirken.

Newton gibt den Betrachtungen über Bewegung eine entscheidende Wende. Er fragt nicht nach den Ursachen von Geschwindigkeit; denn die wird je nach Standort (Bezugssystem) verschieden bewertet, sondern er richtet sein Augenmerk auf Änderungen der

Geschwindigkeit (= Beschleunigungen), die durch Kräfte hervorgerufen werden.

Kräfte sind Ursachen von Geschwindigkeitsänderungen (Beschleunigungen).

Auf diese knappe Formel lassen sich *Newtons* Prinzipien der Bewegung bringen, deren Gültigkeit weit über die Mechanik hinausreicht. In den folgenden Abschnitten werden wir lernen, die Größen Kraft und Beschleunigung zu verknüpfen.
Geleitet von *Newtons* Grundsätzen wollen wir den Aufbau der Mechanik selbst an Hand von eigenen Erfahrungen und Experimenten nachvollziehen.

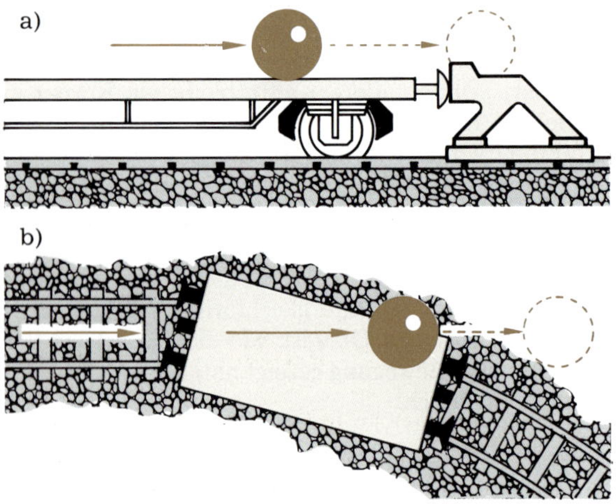

Abb. 28.1 Die Kugel auf dem Wagen folgt ihrer Trägheit und bewegt sich beim Abbremsen (a) bzw. Kurvenfahren (b) geradeaus weiter

Abb.28.2 Hier spielt die Trägheit kräftig mit! Wie? – Lesen Sie den Abschnitt Heimexperimente!

3.4 Alltagserfahrungen mit der Trägheit von Körpern

Das Trägheitsprinzip, das wir ganz abstrakt aus dem Relativitätsprinzip gefolgert haben, wirkt sich im Alltag sehr konkret und fühlbar aus. Alle Körper sind träge. Damit ist ausgesagt, daß alle Körper einer Änderung ihres Bewegungszustands (der Ruhe oder der gleichförmigen geradlinigen Bewegung) einen Widerstand entgegensetzen. Nur die Einwirkung von Kräften kann sie zur Änderung ihres Bewegungszustandes veranlassen. Über die Trägheit der Körper besitzen wir viele Erfahrungen:
Die Passagiere eines Fahrzeugs fliegen beim Abbremsen nach vorne. Infolge ihrer Trägheit wollen sie ihren Bewegungszustand beibehalten. Das abgebremste Fahrzeug bleibt gegen sie zurück. Beim Anfahren werden die Insassen in die Sitze gedrückt.
Bei glatter Straße kann ein Auto aus der Kurve getragen werden. Es versucht, seiner Trägheit zu folgen und seine Geradeausbewegung fortzusetzen. Nur die Kraftwirkung zwischen Reifen und Straße kann die Kurvenbewegung erzwingen. Bei glatter Straße sind keine ausreichenden Haftkräfte mehr gegeben.
Wenn wir einen Stein an einem Faden im Kreis herumschleudern und der Faden reißt, so folgt von diesem Augenblick an der Stein nur noch seiner Trägheit. Er fliegt tangential zu seiner vorherigen Kreisbahn weiter.
Einen Hammer befestigt man auf seinem Stiel, indem man den Stiel auf eine harte Unterlage aufstößt. Infolge seiner Trägheit rutscht der Kopf des Hammers fest auf den Stiel.

Heimexperimente: *„Trägheit zum Anfassen"*
Ein Gefühl der Trägheit vermitteln folgende Versuche. Bitte überwinden Sie die eigene und spielen Sie mit der physikalischen Trägheit. Wandeln Sie bitte die Versuche ab und ersinnen Sie neue!
Versuch 1: Ziehen Sie auf glattem Tisch unter einer gefüllten Plastikflasche die Tischdecke weg. Mit einem kräftigen Ruck ist das möglich. Da die Flasche infolge ihrer Trägheit der Beschleunigung des Tuchs nicht folgen kann, bleibt sie stehen. Auch wenn Sie langsamer ziehen, hat die Trägheit erkennbare Auswirkungen. Dann genügt die Reibung zwischen Tuch und Boden der Flasche zu ihrer Mitnahme. Ihr Oberteil bleibt infolge der Trägheit zurück, wodurch die Flasche kippt.
Versuch 2: Ein schwerer Gegenstand (z.B. Hammer) wird an einem nicht zu starken Faden aufgehängt. An einem zweiten Fadenstück gleicher Stärke wird ein Griff befestigt (Abb. 28.2).
Ziehen Sie mit langsam zunehmender Kraft an dem Griff, so reißt der obere Faden, denn er wird durch Zug- und Gewichtskraft belastet. Bei ruckartigem Ziehen reißt dagegen der untere Faden. Erklärung?
Versuch 3: Füllen Sie eine Flasche zur Hälfte mit Wasser und beobachten Sie den Wasserspiegel der waagerecht liegenden Flasche bei einer Auto- oder Zugfahrt. Was geschieht während verschiedener Fahr-

phasen (Anfahren, Bremsen, Geradeausfahrt mit konstanter Geschwindigkeit, Kurvenfahrt)?
In dem Experiment stellt sich der Wasserspiegel bei beschleunigter Bewegung immer schräg. Die Deutung der Beobachtungen hängt ab, von welchem Bezugssystem man argumentiert (Abb. 29.1 b)!
Man kann sagen, beim Anfahren schwappt das Wasser nach hinten, da es das Bestreben hat, in Ruhe zu bleiben. Hier blickt man von der ruhenden Straße aus auf das beschleunigende Auto. Ein Beobachter im Auto, der nichts von dessen Beschleunigung weiß, sieht, daß der Wasserspiegel sich schräg stellt. Da Flüssigkeitsoberflächen sich immer senkrecht zur Kraft einstellen, urteilt er, daß hier neue Kräfte auftreten.
Da wir in der Physik an einer einheitlichen Naturbeschreibung interessiert sind, müssen wir den Ursachen dieser unterschiedlichen Sichtweise nachgehen.

3.5 Trägheitsprinzip und Inertialsysteme

Die beschriebenen Erfahrungen und Experimente mit der Trägheit von Körpern können wir auf eine Formel bringen, indem wir sagen: „Körper haben das Bestreben, ihren jeweiligen Bewegungszustand beizubehalten."
In dieser Sprechweise nehmen wir den Standpunkt eines Beobachters ein, der von außen die Szene überblickt und z.B. sieht, daß das Auto bremst, beschleunigt oder Kurven fährt, während Körper im Innern, die nicht fest mit dem Auto verbunden sind, eine Trägheitsbewegung ausführen und sich mit konstanter Geschwindigkeit geradlinig weiter bewegen.
Verlegen wir unseren Standort ins Innere des Autos, so beurteilen wir die Szene völlig anders. Vom Fahrzeug aus gesehen setzen sich die Gegenstände im Innern in Bewegung, sobald es von einer geradlinigen Bewegung mit konstanter Geschwindigkeit abweicht. Da erfahrungsgemäß kein Körper sich von selbst in Bewegung setzen kann, kommen wir zu dem Schluß, daß Kräfte am Wirken sind. Kräfte verspüren auch die Insassen, die die Bewegung des Fahrzeugs mitmachen, denn sie müssen sich beim Bremsen oder Kurvenfahren festhalten. Bezugssysteme, in denen derartige Kräfte auftreten und Gegenstände sich „selbständig machen", sind immer beschleunigt.
Um diejenigen Bezugssysteme auszuzeichnen, in denen das Trägheitsprinzip erfüllt ist, gibt man diesen einen besonderen Namen: **Inertialsysteme,** *(von lat. inertia = Trägheit). Wir haben bereits erkannt, daß Trägheitsprinzip und Relativitätsprinzip eng zusammenhängen.*

> Jedes gleichförmig geradlinig bewegte Bezugssystem ist ein **Inertialsystem.** Beschleunigte Bezugssysteme stellen keine Inertialsysteme dar, da zusätzliche Kräfte auf die Körper einwirken.

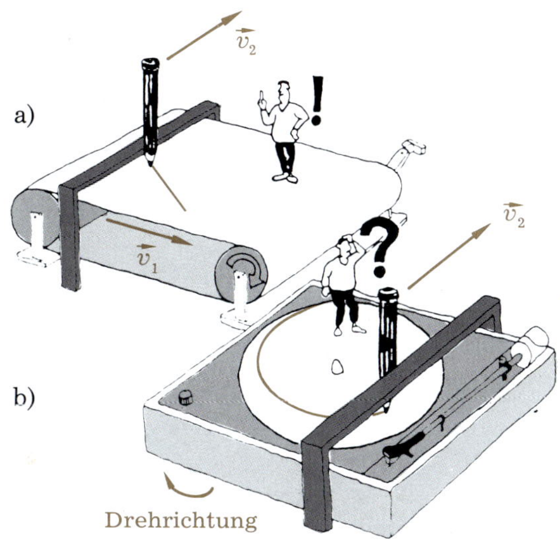

Abb. 29.1 Eine gleichförmige geradlinige Bewegung (kräftefreie Trägheitsbewegung) erscheint aus der Sicht eines rotierenden Beobachters gekrümmt und daher nicht mehr kräftefrei (b). Nur relativ zu Inertialsystemen behalten kräftefreie Körper ihre geradlinige Bahn bei (a)

Inertialsysteme sind wichtig, da in ihnen die physikalischen Gesetze die *mathematisch einfachste Darstellung* finden. In Abb. 29.1 wird das veranschaulicht. Dort ist eine kräftefreie Bewegung nach dem Trägheitssatz durch einen geraden mit konstanter Geschwindigkeit gezeichneten Bleistiftstrich nachgeahmt (simuliert).
Versuch 4: Zeichnet man auf eine Rolle, die mit konstanter Geschwindigkeit Papier transportiert, so entsteht wiederum eine gerade Linie. In unserem Bild bedeutet das also, daß auf dem gleichförmig bewegten Blatt wiederum eine Trägheitsbewegung registriert wird.
Versuch 5: Nun wollen wir ein Bezugssystem simulieren, das eine dauernde Kurvenfahrt ausführt. Dazu lassen wir das Blatt auf dem Plattenspieler rotieren. Aus der Sicht des rotierenden Bezugssystems registrieren wir eine kompliziert gekrümmte Bahnkurve. Es ist plausibel, daß Lebewesen in einem rotierenden Bezugssystem eine viel kompliziertere physikalische Theorie der Bewegung ausarbeiten müssen, während aus der Sicht eines Beobachters, der den Überblick besitzt und sich in einem Inertialsystem befindet, alles einfach ist! In der Physik ist der häufige Wechsel des Standortes also kein Anzeichen für Charakterschwäche, sondern eine Notwendigkeit.

Ist die Erde ein Inertialsystem?

Da die Erde rotiert, kann sie genaugenommen nicht als Inertialsystem gelten. Trotzdem haben wir bislang stillschweigend alle Bewegungen auf die Erdoberfläche bezogen. Das dürfen wir auch weiterhin tun, wenn es um Bewegungen im Alltag geht. Da der Erdradius r_E = 6370 km recht groß ist, kann die Drehbewegung kurzfristig als geradlinig betrachtet werden.

Aufgaben:

1. Nennen Sie weitere Alltagserfahrungen zur Trägheit der Körper!
2. Wiederholen Sie das Experiment Nr. 3 mit einer Wasserwaage sowie mit einem Senkblei. Falls beides nicht vorrätig, dürfen Sie auch Gedankenexperimente anstellen! Wie muß sich die Luftblase, wie das Lot einstellen? Deuten Sie das Experiment aus seinem Inertialsystem heraus sowie aus der Sicht des mitbewegten Beobachters.
3. Ein PKW muß abgeschleppt werden. Sein Leergewicht beträgt 890 kg. Zum Schleppen wird ein Seil mit einer maximalen Traglast von 1000 kg verwendet. Trotzdem reißt das Seil, wenn es sich beim Anfahren ruckartig spannt. Erklärung?
4. Es gibt zwei Sportarten, bei denen es darauf ankommt, eine Eisenkugel von 7,257 kg aus einem Wurfkreis von 2,135 m Durchmesser möglichst weit zu werfen. Hammerwerfen und Kugelstoßen. Erklären Sie, warum wegen der unterschiedlichen Technik beim Hammerwerfen viel größere Weiten als beim Kugelstoßen erreicht werden!
5. Warum benötigt man beim Autofahren nicht nur Sicherheitsgurte, sondern auch Kopfstützen?
6. Bei einem Tanklastzug muß es möglich sein, auch bei halbvollem Tank gefahrlos um Kurven fahren zu können, sowie zu bremsen und zu beschleunigen. Um dies sicherzustellen, ist der Tank durch Schottenwände in einzelne Kammern aufgeteilt. Erklären Sie die Wirkungsweise dieser Einrichtung!
7. In eine harte Wand kann man einen spitzen Nagel nicht hineindrücken. Ohne Mühe kann man ihn aber mit einem Hammer einschlagen. Erklären Sie den Unterschied!
8. Ein Tankwagen beschleunigt auf ebener Strecke mit 1 m/s^2. Welchen Winkel zur Horizontalen nimmt die Flüssigkeitsoberfläche ein?
9. Wie stellt sich der Flüssigkeitsspiegel relativ zur Fahrbahn ein, wenn der Tankwagen aus Aufgabe 8 reibungsfrei eine schiefe Ebene hinabrollt?

Abb. 30.1 Nationaler Kilogrammprototyp Nr. 52 der PTB in Braunschweig

3.6 Die Masse

Masse als Maß für Trägheit

Aus Erfahrung wissen wir, daß ein Körper sich um so schwerer in Bewegung setzen oder von seiner Bewegung abbringen läßt, je größer seine Masse ist, d.h. je mehr Materie in ihm vereint ist. Im täglichen Leben wird die Masse eines Körpers durch Wägung bestimmt. Je größer die Masse eines Körpers ist, desto schwerer ist er und um so größer ist offenbar auch seine Trägheit.

Schwere Körper sind auch träge Körper.

Beide Eigenschaften, schwer sein und träge sein, gehen auf die gleiche Ursache zurück: die Masse oder die Menge von Materie, die in einem Körper enthalten ist.

Im Alltag benutzt man zum Massenvergleich die Gewichtskraft. Da diese ortsabhängig ist und bei Schwerelosigkeit nicht gemessen werden kann, ist es zweckmäßig, von der Schwere als Grundlage des Meßverfahrens der Masse abzugehen und stattdessen die Trägheit zugrunde zu legen.

Anders als bei Längen- und Zeiteinheiten hat man bei der Masse bis heute die alte Festlegung der Masseneinheit aus dem Jahr 1889 beibehalten:

> Die Masse stellt neben Länge und Zeit eine neue physikalische Grundgröße dar.
> Die *Einheit* der Masse ist das *Kilogramm (kg)*.
> 1 Kilogramm ist die Masse des internationalen Kilogramm-Prototyps (Urkilogramm in Paris).

Ursprünglich sollte der Kilogramm-Prototyp genau der Masse von 1 dm^3 Wasser bei 4° C entsprechen. Die bestehende Abweichung ist praktisch ohne Bedeutung.

Massenbestimmung aus Beschleunigungsmessungen

Wir benutzen als Kraftmesser vorläufig Federwaagen. Ihre Dehnung ist ein Maß für die Kraft.

Versuch 6: Ziehen Sie einen leichten, mit einem 1 kg-Stück beladenen Wagen mit einer Federwaage entlang einer ebenen Bahn, und zwar möglichst so, daß immer eine konstante Kraft wirkt.

Das Experiment gelingt nur dann, wenn man immer schneller zieht. Offenbar muß man, um eine konstante Kraft am Kraftmesser aufrecht zu erhalten, eine gleichmäßig beschleunigte Bewegung ausführen.

Verdoppelt man die Masse des Wagens, dann ist bei gleicher Zugkraft die Beschleunigung nur halb so groß. Für jede der beiden Massen steht dann nur noch die halbe Zugkraft zur Verfügung. Allgemein sollte bei n-facher Masse die Beschleunigung auf den n-ten Teil fallen. Wir vermuten also, daß bei gleicher Kraft die Beschleunigung sich umgekehrt proportional zur Masse verhält.

Da man unmöglich mit exakt konstanter Kraft ziehen kann, eignet sich das Experiment nur dazu, unsere

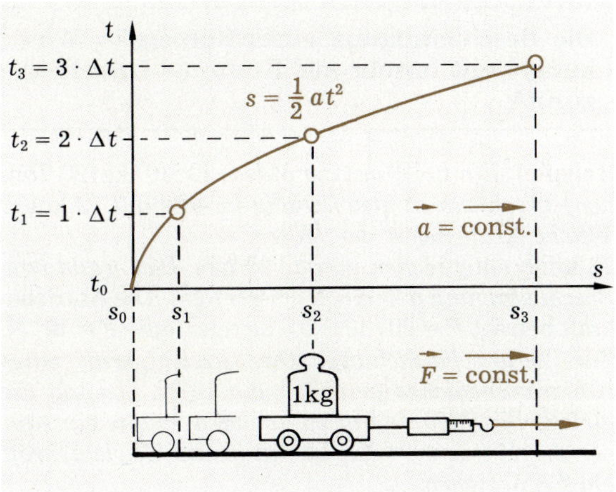

Abb. 31.1 Unter der Einwirkung einer konstanten Kraft führt ein Körper eine gleichmäßig beschleunigte Bewegung aus

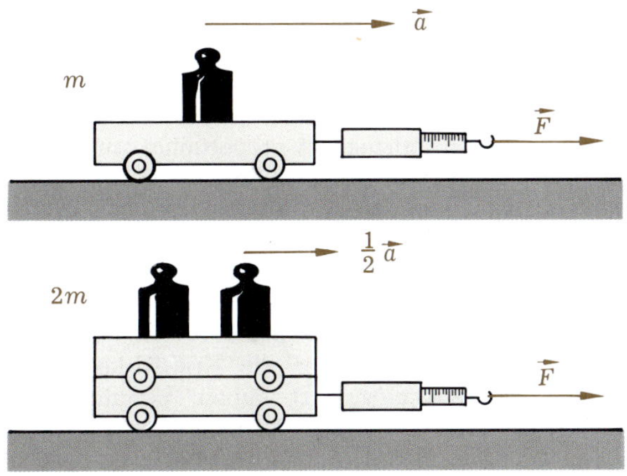

Abb. 31.3 Veranschaulichung von $a \sim 1/m$: bei konstanter Kraft ist die Beschleunigung umgekehrt proportional zur Masse

Vermutungen zu veranschaulichen. Einen analogen Aufbau für genauere Messungen zeigt Abb. 31.2.

Versuch 7: Ein Gewichtsstück ist an einem Faden befestigt und zieht über eine Umlenkrolle an einem Luftkissengleiter mit konstanter Kraft.

Die Auswertung des Weg-Zeit-Gesetzes zeigt, daß es sich um eine gleichmäßige Beschleunigung handelt. Sie liefert den Wert der Beschleunigung. Eine Verdoppelung der Masse ergibt bei gleicher Kraft die halbe Beschleunigung. Weiter ergeben n-fache Massen $1/n$-fache Beschleunigung. Man muß allerdings beachten, daß die zu beschleunigende Masse nicht nur im Gleiter, sondern auch im antreibenden Gewichtsstück steckt!

Derartige Präzisionsmessungen bestätigen unsere Annahmen, die in Abb. 31.3 anschaulich zusammengefaßt sind:

> Wirkt auf einen Körper eine konstante Kraft ein, so führt dieser eine **gleichmäßig beschleunigte Bewegung** aus.
> Die Beschleunigungen, die Körper verschiedener Massen bei gleicher Kraft erfahren, sind umgekehrt proportional zu ihren Massen:
> $a \sim 1/m \qquad (F = \text{const}).$

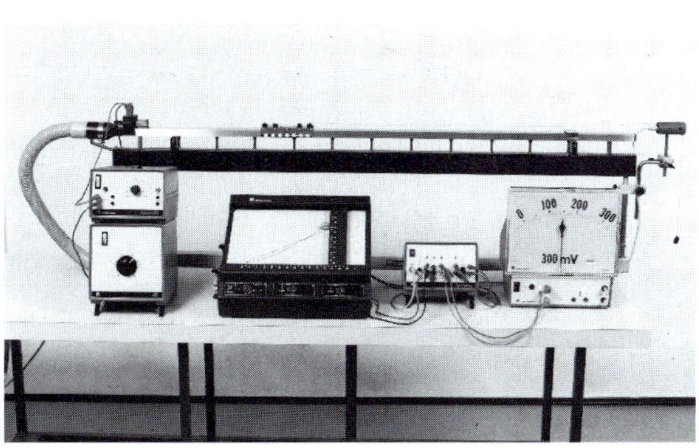

Abb. 31.2 Beschleunigungsmessungen bei der Luftkissenfahrbahn

Mit derartigen Beschleunigungsmessungen können wir die Masse von Körpern aus dem Vergleich ihrer Trägheit bestimmen. Erfährt ein Körper unbekannter Masse bei gleicher Kraft die gleiche Beschleunigung wie ein 1-kg-Stück, dann besitzt er die Masse $m = 1$ kg. Ist seine Beschleunigung fünf mal so groß, dann ist $m = 0{,}2$ kg. Das Verfahren ist zwar umständlicher als der Massevergleich mit der Waage, hat aber den Vorteil, auch unter Schwerelosigkeit anwendbar zu sein.

Abb. 31.4 Beim Einkauf dürfen Sie ruhig weiter von Gewicht sprechen, sollten aber genau wissen, wann Sie Masse meinen! Auf dem Markt fallen Sie sicher auf, wenn Sie fragen: „Welches ist die Masse der Äpfel in jener Tüte dort?" Auffällig werden Sie aber auch im Physikunterricht, wenn Sie künftig Masse und Gewicht verwechseln

Aufgaben:

1. Ein Kleinwagen ($m = 750$ kg Leergewicht) beschleunigt in 25 s aus dem Stand auf 100 km/h, wenn man ihn voll ausfährt. Die Masse des Fahrers betrage 50 kg. Nun steigen vier weitere Personen mit einer Gesamtsumme von 200 kg ein. Wie groß ist in beiden Fällen die Beschleunigung? Wie lange dauert es nun, bis 100 km/h erreicht werden?
2. Hat die Zuladung in Aufgabe 1 einen Einfluß auf die erreichbare Endgeschwindigkeit? Unterscheiden Sie zwischen ebener Strecke und Steigungs- und Gefällstrecken!

3.7 Die Grundgleichung der Mechanik

Kraftdefinition und das 2. Newtonsche Axiom

Wir haben gesehen, daß die Beschleunigungen verschiedener Körper, die von der gleichen Kraft angetrieben werden, umgekehrt proportional zur Masse der Körper sind: $a \sim 1/m$. Das Produkt $m\,a$ ist daher nur von der wirkenden Kraft abhängig. Sind die Kräfte gleich, so ist das Produkt aus Masse und Beschleunigung gleich. Das Produkt stellt daher ein Maß für die Kraft dar.

Da wir bisher Kräfte nur qualitativ über die Verformung von Federn oder die Kraftwirkung von Gewichtsstücken eingeführt haben, benutzen wir diese Beziehung unmittelbar zur Definition der Kraft. Die Kraft wird also über ihre beschleunigende Wirkung eingeführt (**dynamische Definition der Kraft**).

Wir setzen die Kraft $\vec{F}$ gleich dem Produkt $m\,\vec{a}$. Da die Kraft eine gerichtete Größe darstellt, die in Richtung der Beschleunigung zeigt, *definieren* wir den Kraftvektor $\vec{F}$:

> **Kraft** ist das Produkt aus Masse und Beschleunigung:
> $$\vec{F} = m\,\vec{a}\,.$$

Die Einheit der Kraft ist 1 kg m/s². Mit dieser dynamischen Definition wird die Kraft zur abgeleiteten Größe, die sich aus einer Messung der mechanischen Grundgrößen Masse, Länge und Zeit ergibt. Wegen der Bedeutung der Kraft hat man eine eigene Maßeinheit eingeführt, das **Newton**, abgekürzt 1 N. Die Kraft 1 N liegt dann vor, wenn die Masse 1 kg von dieser Kraft gerade auf 1 m/s² beschleunigt wird.

> Die **Einheit der Kraft** ist 1 Newton (1 N):
> $$1\ \text{N} = 1\ \text{kg m/s}^2.$$

Die Beziehung $\vec{F} = m \cdot \vec{a}$, durch die wir die Kraft definiert haben, wird häufig als **Grundgleichung der Mechanik** bezeichnet oder nach seiner erstmaligen Formulierung durch *Newton* als 2. Newtonsches Axiom:

> **Lex secunda (2. Newtonsches Axiom):**
> **Grundgleichung der Mechanik**
> Die Änderung der Bewegung ist der Einwirkung der bewegenden Kraft proportional und geschieht nach der Richtung derjenigen geraden Linie, nach welcher jene Kraft wirkt.

Das 2. Newtonsche Axiom faßt unsere Ausgangsfragestellung nach den Ursachen von Bewegungsänderungen quantitativ zusammen. In diesem Erfahrungssatz spiegelt sich das mechanische Kausalitätsprinzip wider: Kraft als Ursache ruft eine Bewegungsänderung (Beschleunigung) hervor.

> **Die Beschleunigung eines Körpers (= Wirkung) geht immer auf Kräfte (= Ursachen) zurück.**

Beispiel: *Ein LKW mit der Masse* $20 \cdot 10^3$ kg *(20 Tonnen) beschleunigt gleichmäßig in* 40 s *auf* 72 km/h. *Welche Kraft liefert der Motor?*

72 km/h *entsprechen gerade* 20 m/s. *Das ergibt eine Beschleunigung* $a = \Delta v/\Delta t = 0{,}5\ \text{m/s}^2$. Die Antriebskraft beträgt $F = 20 \cdot 10^3 \cdot 0{,}5\ \text{kg m/s}^2$, *oder* $F = 10^4$ N. *Zur Veranschaulichung: Die Gewichtskraft eines Kilogrammstückes beträgt rund* 10 N. *Um auf die gleiche Beschleunigung zu kommen, müßte ein Körper der Masse* $m = 10^3$ kg *mit seiner Gewichtskraft am LKW ziehen.*

Bei vielen praktischen Anwendungen ist die einwirkende Kraft bekannt. Die mechanische Grundgleichung erlaubt es, den zeitlichen Ablauf der Bewegung zu berechnen. $\vec{F} = m\,\vec{a}$ **heißt daher auch Bewegungsgleichung.** Sie erlaubt es, aus dem jetzigen Zustand eines Systems dessen künftiges Verhalten zu berechnen. Mit ihr kann man gewissermaßen in die Zukunft blicken.

Newton spricht von einem „Gesetz", nicht von einer Definition der Kraft. Die Unterscheidung ist nicht völlig eindeutig möglich und hängt davon ab, wie man das Begriffssystem der Physik aufbaut. Da wir Masse, Länge und Zeit als Grundgrößen gemäß dem SI-System wählten, hat die Kraft keine eigene Maßeinheit und muß über des 2. Newtonsche Axiom definiert werden.

Das 2. Newtonsche Axiom enthält als Sonderfall das Trägheitsprinzip. Ist nämlich ein Körper kräftefrei ($\vec{F} = \vec{0}$), dann wird er nicht beschleunigt ($\vec{a} = \vec{0}$). Folglich behält er seinen Bewegungszustand bei, d.h. er bleibt in Ruhe oder fliegt mit $\vec{v} = \overrightarrow{\text{const.}}$ unverändert weiter. Dennoch wird das Trägheitsprinzip dadurch nicht überflüssig, denn es ist zusammen mit dem Relativitätsprinzip ein Teil des Gedankengebäudes, das erst die Formulierung des 2. Axioms ermöglicht.

Aufgaben:

1. Ein PKW beschleunigt vom Stand auf 100 km/h in 8,5 s. Welche Antriebskraft ist nötig, wenn die Masse des Fahrzeuges 950 kg beträgt?
2. Ein Ball ($m = 0{,}5$ kg) wird 10 m hoch geworfen. In 0,1 s erreicht er die erforderliche Geschwindigkeit. Wie groß ist die Kraft? Nehmen Sie bitte an, daß der Ball beim Abwurf gleichmäßig beschleunigt wird.
3. Welche Bremskraft erreichen die Betriebsbremsen eines PKW, welche die gesetzliche Mindestanforderung der Bremsverzögerung von 2,5 m/s² erfüllen?
4. Ein Radfahrer fährt mit einer Geschwindigkeit von 20 km/h. Die Masse von Fahrer und Rad beträgt zusammen 80 kg. Er rollt ohne weiteren Antrieb aus und kommt nach 50 m zum Stehen. Wie groß ist die Reibungskraft, wenn man annimmt, daß er gleichmäßig abgebremst wird?
5. Ein PKW ($m = 900$ kg) fährt mit 50 km/h frontal auf eine Wand. Seine Frontpartie wird um 70 cm verkürzt. Welches ist die mittlere Beschleunigung und welche mittlere Kraft wirkt?

3.8 Beispiele für Kräfte

Die Schwerkraft

Fall- und Wurfbewegungen haben wir dadurch beschrieben, daß alle Körper mit der gleichen Beschleunigung, der Fall- oder Erdbeschleunigung $g = 10\ \mathrm{m/s^2}$ zu Boden fallen. Auf alle Körper muß daher eine Kraft wirken, die so beschaffen ist, daß sie *unabhängig von der Masse* des Körpers immer zur *Fallbeschleunigung* führt. Man nennt diese Kraft *Schwerkraft, Gewichtskraft* oder kurz *Gewicht* (Formelzeichen $\vec{F}_g$). Die Anwendung der **Kraftdefinition** liefert die Formel:

> Die **Gewichtskraft** ist gleich dem Produkt aus der Masse eines Körpers und der Schwerebeschleunigung an der Erdoberfläche:
>
> $$\vec{F}_g = m \cdot \vec{g}.$$
>
> Der Vektor der Gewichtskraft ist auf den Erdmittelpunkt gerichtet.

Unter dem Einfluß der Gewichtskraft F_g erfährt ein Körper die Beschleunigung a. Da „Kraft = Masse mal Beschleunigung", gilt

$$F_g = m\,a \quad \text{daher} \quad a = g.$$

Wegen $a = F_a/m$ verstehen wir jetzt, weshalb alle Körper mit gleicher Beschleunigung fallen. Verdoppeln wir das beschleunigende Gewicht F_g, so verdoppeln wir im gleichen Maß auch die Masse m und damit die Trägheit. Im gleichem Maß, wie eine größere Masse sich stärker einer Beschleunigung widersetzt, wird sie auch stärker von der Erde angezogen. Dahinter verbirgt sich ein tieferer Zusammenhang zwischen Trägheit und Schwere, zwei verschiedenen Eigenschaften ein- und derselben physikalischen Grundgröße, der Masse m.

Massevergleich durch Wägung

Da der Wert von g vom Ort abhängt, ist das Gewicht keine Konstante. Die Ursachen dieser Ortsabhängigkeit von g sehen wir später noch ein (Abweichung der Erde von der Kugelgestalt, Einfluß der Erddrehung). Wie kommt es, daß wir trotzdem überall auf der Erde mit Balkenwaagen, auf die das Gewicht einwirkt, die Masse von Körpern vergleichen können (Abb. 33.1)? Bei gleichlangen Hebelarmen ist die Waage im Gleichgewicht, wenn rechts und links die gleichen Gewichtskräfte $\vec{F}_g$ wirken. Das ist der Fall, wenn $m_1\, g = m_2\, g$ oder $m_1 = m_2$ ist. Am selben Ort bedeutet Gewichtsgleichheit auch Massengleichheit, da die ortsabhängige Fallbeschleunigung g auf beide Massen wirkt und aus der Gleichung gekürzt werden kann. Durch den Vergleich mit „Gewichtsstücken" bekannter Masse können wir daher die Masse eines unbekannten Körpers messen.

Die Überlegungen zeigen in der Rückschau, daß es sinnvoll war, Massen über das umständliche Verfahren des Trägheitsvergleiches einzuführen und nicht über das Gewicht. Das Gewicht enthält zusätzlich die ortsabhängige Fallbeschleunigung. Daß wir Massen auch viel einfacher auf der Balkenwaage aufgrund der Gewichtskräfte vergleichen können, wird erst rückblickend einsichtig.

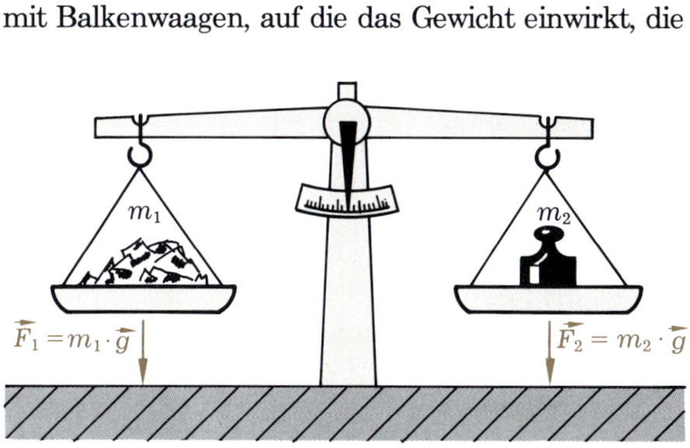

Abb. 33.1 Über den Vergleich der Gewichtskräfte mißt man mit der Balkenwaage die Masse von Körpern

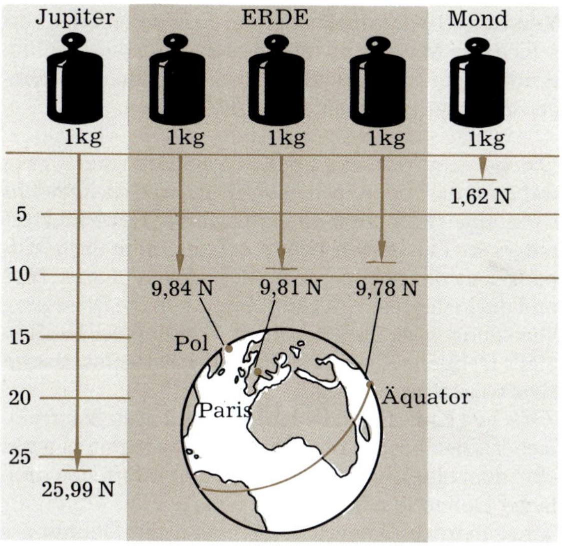

Abb. 33.2 Verschiedene Gewichtskräfte auf einen Körper mit der Masse 1 kg

Federkräfte und lineares Kraftgesetz

Mit der Beziehung $\vec{F}_g = m\,\vec{g}$ können wir die Gewichtskräfte für Körper beliebiger Masse berechnen. Das versetzt uns in die Lage, die Dehnung von Schraubenfedern zur Kraftmessung heranzuziehen (Abb. 33.3).

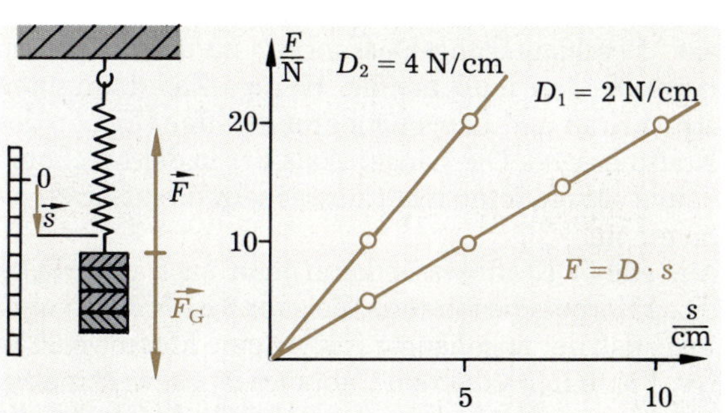

Abb. 33.3 Zusammenhang zwischen Gewichtskraft und Federdehnung

Versuch 8: Wir hängen an eine Schraubenfeder verschiedene Massen an und bestimmen die resultierende Dehnung, nachdem sich eine neue Gleichgewichtslage eingestellt hat (Abb. 33.3).

Die Gewichtskraft zieht das Massestück nach unten, während die Feder nach oben zieht. Im Gleichgewicht wirkt eine gleich große Federkraft der Gewichtskraft entgegen. Die beiden Kräfte heben sich in ihrer Wirkung auf, die resultierende Beschleunigung ist Null und die Feder bleibt in Ruhe. Nachdem die Bewegung abgeklungen ist, äußert sich die Wirkung der Kraft in einer Dehnung (Formänderung) der Feder (**statische Kraftwirkung**).
Zwischen Kraft $\vec{F}$ und Federdehnung s besteht ein einfacher Zusammenhang: Die doppelte Kraft bewirkt eine doppelte Dehnung, die dreifache Kraft eine dreifache Dehnung usw.
Trägt man die Federkraft F gegen die Dehnung s auf, dann liegen die Meßpunkte auf einer Geraden (Abb. 33.3). Die Feder folgt einem linearen Kraftgesetz (**Hookesches Gesetz).** Diese lineare Beziehung gilt auch für das Zusammendrücken von Federn.
Für den Betrag der Kraft gilt also $F \sim s$ oder mit der Proportionalitätskonstanten D:

$$F = D s.$$

D heißt *Federkonstante* und ist der Quotient aus Zugkraft und Federdehnung: $D = F/s$ (Einheit N/m). Je härter die Feder, je mehr Kraft man für eine gewisse Längenänderung benötigt, desto größer ist die Federkonstante. D tritt in Abb. 33.3 als Steigung der F–s-Geraden auf.
Unter Berücksichtigung der Richtung der Federkraft $\vec{F}$ fassen wir die Ergebnisse zusammen:

> Die rücktreibende Federkraft $\vec{F}$ ist der Dehnung $\vec{s}$ proportional und ihr entgegen gerichtet.
> Für die Federkraft gilt das **lineare Kraftgesetz:**
>
> $$\vec{F} = -D\vec{s}.$$
>
> Die Proportionalitätskonstante D, die Federkonstante, ist ein Maß für die Federhärte.

Das *lineare Kraftgesetz* macht es möglich, Kräfte durch ihre formändernde Wirkung zu messen, ohne auf Beschleunigungsmessungen zurückgreifen zu müssen. Man muß nur die richtige Zuordnung zwischen Kraft und Längenänderung treffen (Eichen des Kraftmessers). Die Längenskala der in der Mechanik häufig verwendeten Kraftmesser zeigt direkt Krafteinheiten an.
Mit einem Kraftmesser kann man auch die Masse eines Körpers bestimmen. Zeigt er 9,81 N an, so weiß man, daß der angehängte Körper eine Masse von 1 kg hat. Für den praktischen Gebrauch ist es zweckmäßig, anstelle der Kraft die entsprechende Masse an die Skala zu schreiben. Das geschieht z.B. bei den Personenwaagen, die durch das Zusammendrücken einer Feder wirken. Obwohl auf der Skala Masseneinheiten angegeben sind, messen solche Waagen immer Kräfte. Ihre Anzeige hängt daher vom Ort ab.

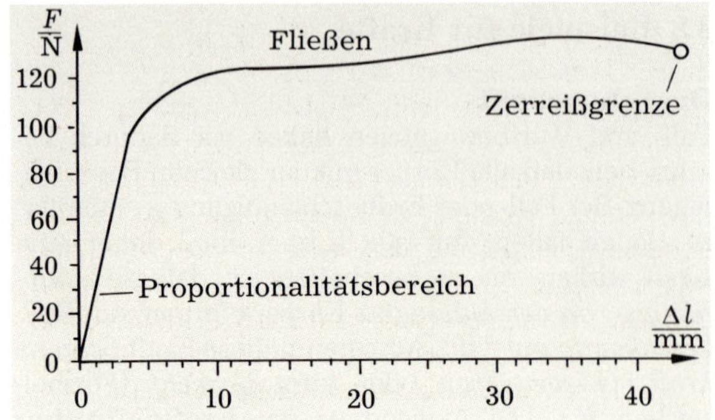

Abb. 34.1 Grenzen des linearen Kraftgesetzes bei der Dehnung von Blumendraht

Das lineare Kraftgesetz – eine Näherung
Proportionalitätsbeziehungen spielen sowohl bei der statischen als auch bei der dynamischen Kraftwirkung eine Rolle. Ist das *Hooke*sche Gesetz $F = D s$ eine ebenso grundlegende Beziehung wie die Grundgleichung der Mechanik $F = m a$? Das 2. Newtonsche Axiom drückt einen fundamentalen Zusammenhang zwischen Kraft, Trägheit und Beschleunigung aus, der erst bei veränderlichen Massen in dieser einfachen Form nicht mehr gilt und durch einen anderen Zusammenhang ersetzt werden muß. Das lineare Kraftgesetz ist dagegen materialabhängig und stellt eine Näherung für kleine Auslenkungen dar (**elastische Näherung).**
Für große Dehnungen wächst die Kraft nicht mehr proportional zur Dehnung an. Das Material wird plastisch, verformt sich bleibend und zerreißt schließlich (Abb. 34.1).

> Das **lineare Kraftgesetz** ist eine Materialgleichung, die das elastische Verhalten von Körpern bei kleinen Verformungen beschreibt.

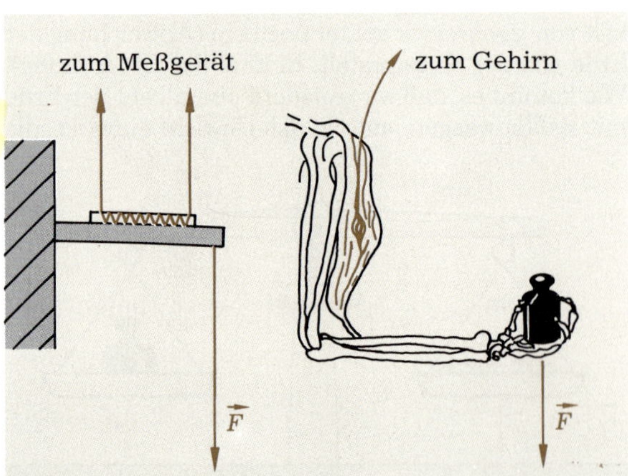

Abb. 34.2 Dehnungsmeßstreifen in der Technik weisen ebenso wie Muskelspannungssensoren Kräfte über Formänderungen nach

Kraftsensoren in Natur und Technik

In der Technik benutzt man die Formänderung zur Kraftmessung. Wichtig sind **Dehnungsmeßstreifen,** die auf das zu untersuchende Teil aufgeklebt werden. Sie bestehen aus einer elektrisch leitenden Schicht. Ihre Längenänderung bei Belastung wird in eine Widerstandsänderung umgesetzt und elektrisch registriert. Damit lassen sich beispielsweise Materialbelastungen von Maschinenteilen durch Kräfte untersuchen. Da die Längenänderung praktisch verzögerungsfrei angezeigt wird, kann man mit Dehnungsmeßstreifen auch Vorgänge registrieren, bei denen Kräfte sich sehr schnell ändern, etwa wenn ein Körper auf eine Wand stößt.

Auch die Natur hat sich ebenso wie die Technik auf die bequeme Weise eingestellt, die Größe von Kräften durch ihre Verformungswirkungen nachzuweisen. Unser eigenes Kraftempfinden beruht auf einer Vielzahl elastischer Sinneszellen, den **Mechanorezeptoren,** die im Muskelgewebe sitzen und je nach der Anspannung des Muskels unterschiedlich stark verformt werden. Ihre Verformung wird in Nervenimpulse umgewandelt, und die dem Gehirn übermittelte Zahl der Impulse pro Zeit (Impulsrate) ist ein Maß für die Kraft.

Die Natur hat uns bereits mit einem Kraftempfinden und einem inneren Bild von Kräften ausgestattet, das an den Bedürfnissen der Erfahrungswelt ausgerichtet ist. Daher ist es für uns naheliegend, Kräfte für etwas Grundlegendes zu halten. Die Erfahrung der Muskelkraft, mit der wir etwas bewirken, vermittelt ein unmittelbares Gefühl für Kausalität: Hier die Kraft als Ursache, dort an einem bestimmten Ort die Wirkung, die wir sofort sehen. Daher ist die Mechanik mit ihrem kausalen Prinzip Kraft → Beschleunigung für uns anschaulich und naheliegend. Nach und nach werden wir in der Physik erfahren, daß ein *anschauliches Bild von Kräften* als verformte Federn oder angespannte Muskeln nur bedingt tauglich ist, Phänomene außerhalb unseres direkten Erfahrungsbereiches wiederzugeben. Kräfte werden sogar ohne materielle Träger übermittelt.

Kräfte als Vektoren

Nach der Kraftdefinition ist die Kraft ebenso wie Beschleunigung, Geschwindigkeit und Weg, ein Vektor. Zwei Kräfte $\vec{F}_1$ und $\vec{F}_2$, die in einem Punkt angreifen, können durch eine einzige Kraft $\vec{F}$ ersetzt werden. Diese resultierende Kraft ist die vektorielle Summe $\vec{F} = \vec{F}_1 + \vec{F}_2$ und berechnet sich nach der Parallelogrammregel (s. Abb. 35.1).

> **Satz vom Kräfteparallelogramm:** Zwei Kräfte $\vec{F}_1$ und $\vec{F}_2$, die in einem Punkt angreifen, lassen sich durch eine einzige resultierende Kraft $\vec{F}$ ersetzen. $\vec{F} = \vec{F}_1 + \vec{F}_2$ ist die Diagonale des Kräfteparallelogramms, dessen Seiten von $\vec{F}_1$ und $\vec{F}_2$ aufgespannt werden.

Diese Additionsregel drückt die **Überlagerung von Kräften** aus. Aus der dynamischen Definition der Kraft ist uns nunmehr sofort einsichtig, daß ein solches Unabhängigkeits- und Überlagerungsprinzip auch für Kräfte gelten muß, da es für $\vec{a}$, $\vec{v}$ und $\vec{s}$ gilt und nach dem 2. Newtonschen Axiom $\vec{F}$ fest mit $\vec{a}$ verkoppelt ist.

Greifen an einem Körper in demselben Punkt gleichzeitig mehrere Kräfte an, so kann man die resultierende Kraft durch mehrmaliges Anwenden der Parallelogrammregel berechnen. Es ist jedoch einfacher, die einzelnen Kraftvektoren durch Parallelverschiebung aneinanderzufügen. Man erhält so einen **Polygonzug** („Krafteck", Abb. 35.2). Schließt sich das Kräftepolygon, dann ist die resultierende Kraft Null und der Körper ist im Gleichgewicht.

Greifen die Kräfte nicht im selben Punkt an, so sind wegen der Möglichkeit von Drehbewegungen kompliziertere Überlegungen erforderlich. Der *Angriffspunkt der Schwerkraft* eines Körpers ist der **Massenmittelpunkt (Schwerpunkt).**

Die wichtigste Anwendung der Parallelogrammregel ist ihre Umkehrung. Ein Kraftvektor $\vec{F}$ läßt sich immer in zwei Kräfte geeigneter Größe und Richtung zerlegen (Komponenten).

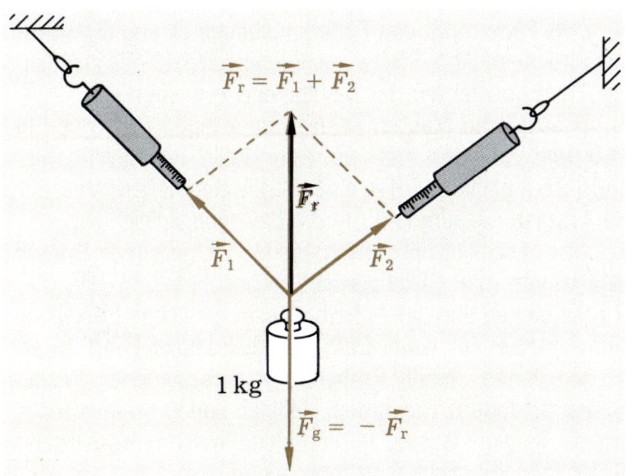

Abb. 35.1 Die Addition von Kräften, die an demselben Punkt angreifen, erfolgt nach der Parallelogrammregel: Die Kräfte überlagern sich ungestört

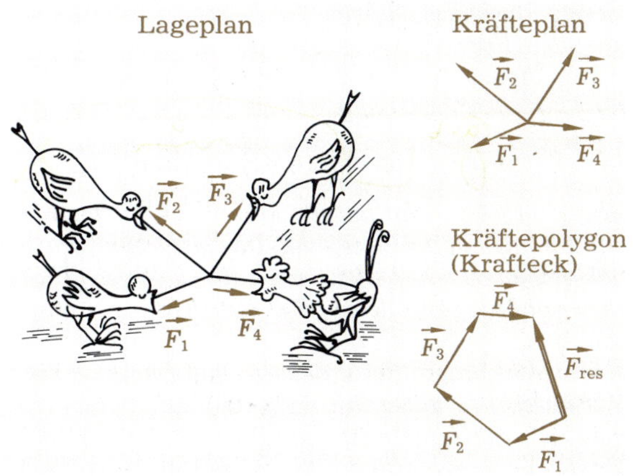

Abb. 35.2 Kräftepolygon bei mehreren in einem Punkt angreifenden Kräften. Bei Kräftegleichgewicht ist der Polygonzug geschlossen

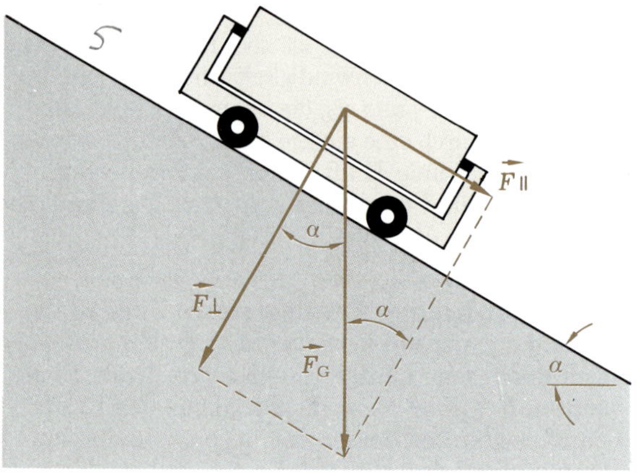

Abb. 36.1 Zerlegung der Gewichtskraft bei der schiefen Ebene. Je nach Neigungswinkel ändert sich die beschleunigende Kraftkomponente

Beispiel: *Nach welchem Weg-Zeit-Gesetz gleitet ein Körper der Masse m auf einer schiefen Ebene (vgl. Galilei-Fallrinne)?*

Es ist sinnvoll, die Gewichtskraft des Körpers durch zwei Kraftkomponenten parallel ($\vec{F}_{\parallel}$) und senkrecht ($\vec{F}_{\perp}$) zur schiefen Ebene zu ersetzen. Nur $\vec{F}_{\parallel}$ kann den Körper parallel zur schiefen Ebene beschleunigen. $\vec{F}_{\perp}$ trägt zur Bewegung nicht bei, falls man von der Reibung absieht.

Der Neigungswinkel α der schiefen Ebene tritt in dem von $\vec{F}_{\parallel}$ und $\vec{F}_{\perp}$ gebildeten Kraftdreieck erneut auf. Mit der Höhe h und der Länge s der schiefen Ebene gilt:

$$\sin\alpha = \frac{h}{s}, \quad |\vec{F}_{\parallel}| = |\vec{F}_g| \cdot \sin\alpha = |\vec{F}_g| \cdot \frac{h}{s}.$$

Anstelle der vollen Gewichtskraft $F_g = mg$ wirkt nur der um den Faktor h/s verminderte Bruchteil als Antriebskraft. Die Bewegungsgleichung nach dem Grundgesetz der Mechanik lautet daher:

$$F = m\,a, \qquad a = \frac{F}{m} = \frac{m \cdot g}{m}\frac{h}{s} = g \cdot \frac{h}{s} = g \cdot \sin\alpha\,.$$

Da es sich um eine gleichmäßig beschleunigte Bewegung handelt, können wir das bekannte Weg-Zeit-Gesetz anwenden. Startet der Körper zur Zeit t = 0 aus der Ruhe, dann gelten für die Momentangeschwindigkeit und den Weg längs der schiefen Ebene die folgenden Beziehungen:

$$v\,(t) = g \cdot t \cdot \sin\alpha, \quad s\,(t) = \tfrac{1}{2}\,g \cdot \sin\alpha \cdot t^2.$$

Wie beim freien Fall hat die Masse des Körpers keinen Einfluß auf die Bewegung. Das gilt jedoch nur für das reibungslose Gleiten längs der schiefen Ebene. Bei Rollbewegung wird die Betrachtung komplizierter, da zur beschleunigten Translationsbewegung eine beschleunigte Rotationsbewegung hinzukommt. Wir berechnen außerdem noch die Endgeschwindigkeit, die der Körper nach dem Durchlaufen der schiefen Ebene erzielt. Die „Fallzeit" entlang der Ebene beträgt:

$$t = \sqrt{\frac{2\,s}{g \cdot \sin\alpha}}.$$

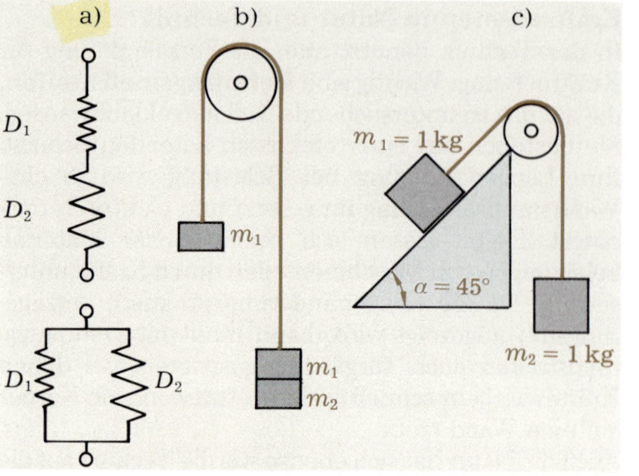

Abb. 36.2 Zu Aufg. 4 bis 6

Eingesetzt in v (t) ergibt das die folgende Endgeschwindigkeit:

$$v = a \cdot t = g \cdot \sin\alpha\,\sqrt{2\,s/(g \cdot \sin\alpha)}$$

$$= \sqrt{2\,g \cdot s \cdot \sin\alpha} = \sqrt{2\,g\,h}\,.$$

Bei Abwesenheit von Reibung ergibt sich beim „verzögerten" Fall entlang der schiefen Ebene die gleiche Endgeschwindigkeit wie beim freien Fall aus der Höhe h. Wir werden in dem Kapitel 5 erkennen, daß dieses Ergebnis auch aus dem Energieerhaltungssatz nur mit der Kenntnis des Ausgangs- und Endzustands des Körpers gefolgert werden kann, ohne daß man die Zwischenzustände oder z. B. Details in der Form der schiefen Ebene genauer kennen muß.

Aufgaben:

1. Eine Seiltänzerin ($m = 55$ kg) geht über ein 25 m langes horizontal gespanntes Seil. In der Mitte hängt das Seil bei Belastung 50 cm durch. Mit welcher Kraft ist es gespannt?
2. Wie groß ist die Gewichtskraft eines Menschen von 75 kg in Mitteleuropa, am Nordpol, auf dem Mond und auf dem Jupiter?
3. Ein Radfahrer ($m = 80$ kg mit Rad) rollt einen 10° geneigten Hang hinab. Wie groß ist die Beschleunigung (Rotation der Räder vernachlässigen)?
4. Zwei Federn mit den Federkonstanten D_1 und D_2 werden entsprechend Abb. 36.2 a zusammengesetzt. Wie groß sind die Federkonstanten der resultierenden Systeme?
5. Zwei gleiche Massen m_1 sind über einen Faden verbunden und befinden sich an einer Rolle im Gleichgewicht (Abb. 36.2 b). Nun wird zu einer Masse eine weitere Masse m_2 hinzugefügt. Bestimmen Sie die Bewegungsgleichung.
6. Was geschieht bei dem in Abb. 36.2 c gezeigten System? Wie könnte man Gleichgewicht herbeiführen?
7. Sie stehen vor der Aufgabe, einen einfachen Beschleunigungsmesser für einen PKW bei horizontaler Fahrt zu entwerfen. Ihnen stehen Probekörper verschiedener Massen, Schraubenfedern, Bindfaden, Maßstab und Winkelmesser sowie ein Trog mit Wasser zur Verfügung. Welche verschiedenen Realisationsmöglichkeiten fallen Ihnen ein?

3.9 Das Wechselwirkungsprinzip

Kraft und Gegenkraft – ein Kreis schließt sich
Anstelle eines einzelnen Körpers, auf den eine äußere Kraft einwirkt, betrachten wir ein *System von Körpern,* also mindestens zwei, die Kräfte aufeinander ausüben. Da kein Körper vor dem anderen ausgezeichnet ist, stellt uns das sofort vor die Frage der **Symmetrie:** Wenn Körper 1 auf Körper 2 eine Kraft ausübt, dann sollte umgekehrt der 2. auch auf den 1. Körper eine Kraft ausüben. Wir überprüfen das in einem einfachen Experiment.
Versuch 9: Zwei Schüler etwa gleicher Masse stehen sich auf Rollschuhen oder Skateboards gegenüber. Beide ziehen etwa gleich fest am gleichen Seil.
Sie treffen sich erwartungsgemäß in der Mitte. Was geschieht aber, wenn nur der eine Schüler zieht, während der andere sich das Seil um den Körper bindet? Das Ergebnis überrascht: Gleichgültig wer zieht und wie fest gezogen wird, immer ist die Mitte der Treffpunkt.
Offenbar treten Kräfte nie alleine auf. Auf jeden der beiden Schüler muß eine Kraft wirken. Der Betrag dieser Kräfte ist gleich, ihre Richtung ist genau entgegengesetzt. Man bezeichnet diese Kräfte als *Kraft* und *Gegenkraft.*
Ist die Masse der Schüler verschieden groß, dann treffen sie sich nicht in der Mitte. Wir können uns aber leicht mit zwei an den Seilenden befestigten Kraftmessern davon überzeugen, daß auch dann Kraft und Gegenkraft gleich groß sind.
Gleichgültig welche Art von Kräften wir anwenden, Federkräfte, Muskelkräfte, elektrische und magnetische Kräfte (Abb. 37), wir finden immer, daß Kraft und Gegenkraft entgegengesetzt gleich sind. Dies drückt das *allgemeine Wechselwirkungsprinzip* aus, dessen Formulierung auf Newton zurückgeht:

> **Lex tertia** (3. Newtonsches Axiom):
> Wechselwirkungsprinzip: **actio = reactio.**
> Die Kraft (actio) ist stets der Gegenkraft (reactio) gleich, oder die Kräfte zweier Körper aufeinander sind stets gleich und von entgegengesetzter Richtung.

In Vektorform lautet das Wechselwirkungsprinzip:

> Die Kraft $\vec{F}_{21}$, die ein Körper 1 auf einen Körper 2 ausübt, geht immer mit einer gleich großen entgegengesetzt gerichteten Kraft $\vec{F}_{12}$ einher, die der Körper 2 auf den Körper 1 ausübt:
>
> $$\vec{F}_{12} = -\vec{F}_{21}.$$
>
> **Kraft und Gegenkraft** greifen an verschiedenen Körpern an.

Die Summe aus Kraft und Gegenkraft ist Null. Das sieht so aus, als herrsche Gleichgewicht, und eigentlich sollte doch dann keine resultierende Kraft vorhanden sein! Warum tritt dann überhaupt Bewegung auf? Die Lösung liegt darin, daß Kraft und Gegenkraft an zwei verschiedenen Körpern angreifen. F_{21} greift an Körper 2 an, F_{12} hat den Angriffspunkt am Körper 1. Beide werden also beschleunigt.

Nur Kräfte , die an demselben Körper angreifen, können im Gleichgewicht sein.

Abb. 37.1 Das Wechselwirkungsprinzip bei Muskelkräften

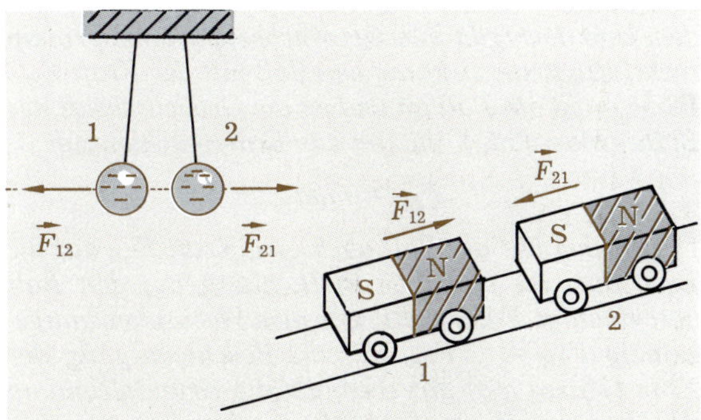

Abb. 37.2 Das Wechselwirkungsprinzip bei elektrischen und magnetischen Kräften

Anwendung des Wechselwirkungsprinzips
Auf „actio = reactio“ stießen wir bei der Betrachtung eines Systems von Körpern. Bislang haben wir immer nur isolierte Körper betrachtet, die wir durch Zergliedern aus dem Zusammenhang mit dem „Rest der Welt“ gewonnen haben. Nun sind wir erstmals mit den Grenzen dieser Zergliederungsstrategie konfrontiert.
Das Wechselwirkungsprinzip zeigt, daß eine Aufteilung in ein Teilsystem zu unvollständigen Ergebnissen führt, wenn nicht die Wechselwirkung des Teils mit dem Ganzen, aus dem dieser herausgenommen wurde, berücksichtigt wird.
Diese Ganzheit bereitet unserer Anschauung Schwierigkeiten.

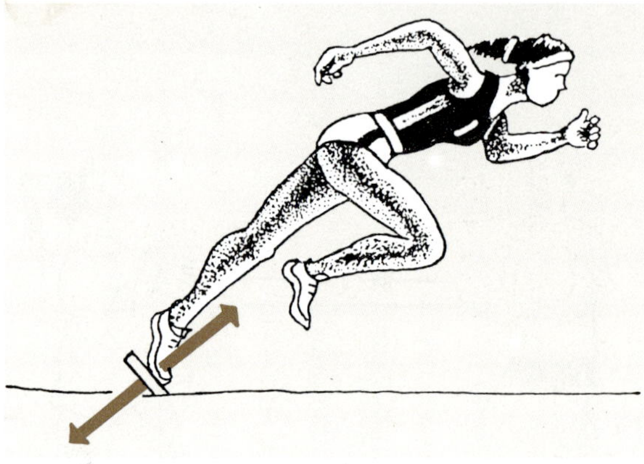

Abb. 38.1 *Die Aktionskraft der Sportlerin treibt die Startblöcke und somit die Erde nach hinten, deren Reaktion treibt die Sprinterin vorwärts*

Beispiel 1: *Fällt die Erde zum Ball?*
Ein Fußballspieler, der behauptet, daß die Erde zum Ball fällt, wird sicher künftig ob seiner verrückten Ansichten von den Mannschaftskameraden gemieden. Und doch gibt ihm das Wechselwirkungsprinzip recht! Die Erde wirkt auf den Ball mit der Kraft F_{BE}. Diese greift am Ball an und ist die Gewichtskraft des Balls (Masse m_B), die ihn zur Erde beschleunigt:

$$F_{BE} = m_B a_B .$$

Umgekehrt übt der Ball auch eine Kraft F_{EB} auf die Erde aus, die die Erde in Richtung auf den Ball beschleunigt. Für sie gilt nach dem Wechselwirkungsprinzip $F_{BE} = -F_{EB}$. Für die Beschleunigung der Erde (Masse m_E) gilt ebenfalls die Grundgleichung der Mechanik $F_{EB} = m_E a_E$. Mit $m_E a_E = -m_B a_B$ folgt:

$$a_E = -\frac{m_B}{m_E} a_B .$$

Die Beschleunigungen verhalten sich umgekehrt wie die Massen. Nur weil m_E sehr viel größer als m_B ist ($m_E >> m_B$), kann man den Fall der Erde zum Ball vernachlässigen. Dies gilt nicht mehr für den „Fall" des Mondes zur Erde und umgekehrt.

Abb. 38.2 *Das Prinzip des Rückstoßantriebs*

Beispiel 2: *Kräfte bei der Fortbewegung*
Welche Kraft treibt ein Auto vorwärts? Spontan antworten wir entsprechend unserem „gesunden Menschenverstand" mit: „Natürlich die Motorkraft!" Doch das Problem stellt sich bei genauer Betrachtung wesentlich kniffliger dar!
Ohne Reaktionskräfte gäbe es keine Fortbewegung! Weder die Motorkraft beim Auto noch die Muskelkraft beim Fußgänger alleine reichen für die Fortbewegung aus. Wir merken dies spätestens bei Glatteis. Die Antriebskräfte des Autos greifen an der Straße an und schieben diese nach hinten, während das Auto von den Reaktionskräften der Straße nach vorne getrieben wird. Die Straße ihrerseits ist fest mit der Erde gekoppelt und schiebt diese nach hinten. Da wie in Beispiel 1 das Verhältnis von Erd- und Fahrzeugmasse sehr groß ist, scheint die Straße festzustehen.
Die Wechselwirkung zwischen Reifen und Straße wird durch Reibungskräfte vermittelt. Sind diese durch Eis oder Schmiermittel (Öl, Wasser) herabgesetzt, dann drehen die Reifen leer durch. Autotechniker sagen: „Die Motorkraft wird nicht auf die Straße gebracht". Dies ist im Sinne der beschriebenen Ganzheit von Wechselwirkungen nur die halbe Wahrheit. Man muß sofort hinzufügen „... und die Reaktionskraft der Straße wird nicht auf das Auto gebracht".
Wer treibt nun das Auto an – Motorkraft oder Reaktionskraft? Dies ist eine falsch gestellte Frage, vergleichbar mit der Frage nach der Priorität von Henne oder Ei. Beide bedingen sich wechselseitig und bilden eine Einheit. Versucht man diese aufzutrennen, dann verwickelt man sich leicht in Widersprüche. Die Logik in solchen Kopplungen ist für uns schwer durchschaubar.

Beispiel 3: *Fortbewegung ohne Reibungskräfte*
Ein Mensch sitzt in einem Boot. Er führt einen Vorrat von Steinen mit sich. Indem er Steine nach hinten schleudert, gelingt es ihm, sich vorwärts zu bewegen. Zum Beschleunigen des Steins muß er eine Kraft auf den Stein ausüben. Der Stein übt eine gleich große Gegenkraft auf den Menschen aus, die ihn und damit das Boot nach vorne treibt.
Dies ist das **Rückstoßprinzip,** *das auch bei der Rakete verwirklicht ist. Es gestattet Fortbewegung, auch ohne daß Körper direkt etwa über Reibungskräfte in Kontakt treten. Der* **Raketenantrieb** *beruht nicht etwa darauf, daß die Treibgase der Rakete sich an der Luft abstoßen. Sie werden im Raketenmotor durch die Volumenvergrößerung bei Verbrennung beschleunigt und wirken ihrerseits mit einer entsprechenden Gegenkraft auf die Rakete zurück.*
Der Propellerantrieb von Flugzeugen und Schiffen beruht auch auf diesem Rückstoßprinzip! Naiv würde man meinen, daß sich der Propeller korkenzieherartig vorwärts schraubt. In diesem falschen Bild blieben Luft und Wasser in Ruhe, und das Fahrzeug stieße sich daran ab. Tatsächlich beschleunigt der Propeller das jeweilige Medium und schleudert es nach hinten, während die Gegenkraft den Vortrieb besorgt!

Verallgemeinerung des Wechselwirkungsprinzips

Das Wechselwirkungsprinzip beruht auf sehr allgemeinen Zusammenhängen, die überall in der Physik Gültigkeit besitzen. Es hilft, unser konkretes Bild von Kräften als „deformierte Federn" schon jetzt etwas zu verallgemeinern.

Gedankenexperiment: Wir erweitern das Beispiel des Steine werfenden Bootsfahrers und fügen einen zweiten Bootsfahrer hinzu, der die Steine auffängt und zurückwirft.

Das Ergebnis ist klar. Die Kraft, die das Boot des Werfers in eine Richtung treibt, ist entgegengesetzt gleich der Kraft, die beim Fangen auf das andere Boot wirkt. Die Boote bewegen sich auseinander. Das Wechselwirkungsgesetz gilt auch für diesen Fall. Ein weit entfernter Beobachter, der die beiden Körper nicht als Boote identifiziert und auch nicht die Art der Wechselwirkung in Form eines Ballspiels sieht, schließt: Zwischen beiden Körpern wirkt eine abstoßende Kraft.

Dieses Gedankenexperiment zeigt uns, daß das Wechselwirkungsprinzip auch eine andere Interpretation von Kraft zuläßt. Muskel- oder Federkräfte sind Produkte unserer Wahrnehmung. Im mikroskopisch Kleinen, auf der Ebene von Atomen, gibt es keine Federn mehr, denn sie sind ihrerseits ja aus Atomen aufgebaut. Unsere Anschauung versagt zwangsläufig.

Das Wechselwirkungsprinzip gilt aber weiterhin. Das Bild der ballspielenden Bootsfahrer zeigt, daß wir dieses Prinzip auch so interpretieren können, daß zwischen den wechselwirkenden Körpern in Art eines Ballspiels Teilchen hin- und herfliegen. Es wird offenbar durch den Teilchentransport etwas ausgetauscht, und dieses Etwas bleibt beim Austausch erhalten; es fließt davon genau so viel hin wie auch zurück. Wir werden in Kap. 5.1 für dieses Etwas, den **Impuls,** einen Erhaltungssatz aufstellen, aus dem dann das 3. Newtonsche Axiom gefolgert werden kann.

Aufgaben:

1. Im 17. Jahrhundert führte *Otto von Guericke* seinen berühmten Versuch mit den Magdeburger Halbkugeln durch. Zwei Halbkugeln waren luftleer gepumpt worden. An jeder Halbkugel zogen acht Pferde, bis es gelang, die Halbkugeln zu trennen. Hätte *Guericke* die Halbkugeln mit acht Pferden trennen können, wenn er eine Halbkugel an einem dicken Baum angebunden und nur auf einer Seite Pferde vorgespannt hätte?
2. Baron *Münchhausen* hat sich an den eigenen Haaren aus dem Sumpf gezogen. Zumindest behauptet er das. Läßt sich Münchhausens Abenteuer mit dem Wechselwirkungsgesetz vereinbaren?
3. Stellen Sie sich vor, Sie befänden sich im Innern eines geschlossenen Wagens, der sehr leicht ist und gleichzeitig gut geölt auf einer absolut ebenen und glatten Fläche steht. Wie können Sie den Wagen in Bewegung versetzen, ohne das Innere zu verlassen? Wie weit könnte der Wagen rollen, wenn keine Reibungskräfte wirkten?
4. Ganz clevere Babies schaffen es, im Kinderwagen sitzend, den Wagen durch geeignete Ruckbewegungen vorwärts zu bewegen. Ist das mit dem Wechselwirkungsgesetz vereinbar?

Abb. 39.1 Ballspielende Bootsfahrer – ein Modell für die Abstoßung geladener Teilchen

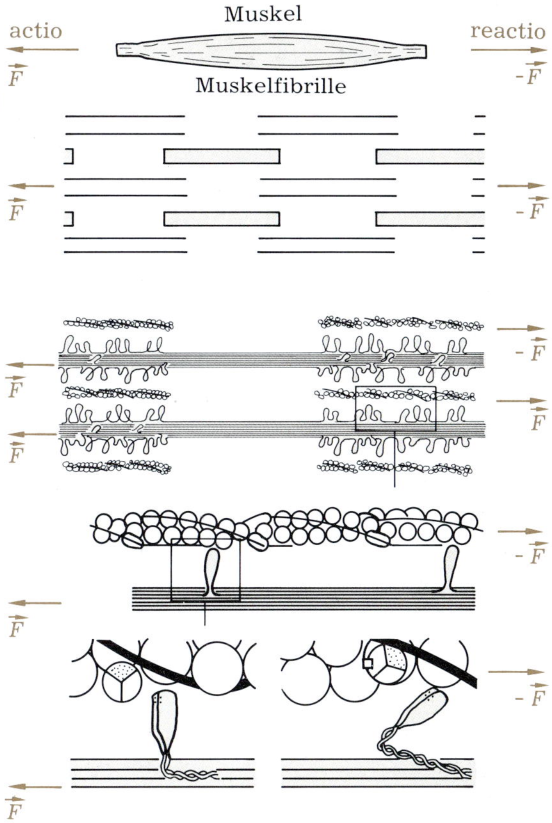

Abb. 39.2 Mikroskopisches Modell des Wechselwirkungsprinzips für Muskelkräfte. In den Muskelfasern entsteht nicht einfach „eine" Kraft. Verschiedene Eiweißfäden (Myosin- und Actinfilamente) schieben sich bei Kontraktion ineinander. Dabei führen Myosinköpfe eine periodische Greif- und Loslaßbewegung aus. Kraft und Gegenkraft greifen an den verschiedenen Fäden an. Die Muskelkraft geht auf elektrische Anziehungskräfte zwischen Molekülen zurück. Gleichgültig, auf welcher Ebene wir das Zustandekommen von Kräften betrachten, wir finden immer „actio = reactio"

5. Überzeugen Sie den Esel aus Abb. 40.1, daß er den Wagen trotzdem ziehen kann! Tip: Wo greift die Aktionskraft, wo die Reaktionskraft an?
6. Die gesamte Weltbevölkerung versammelt sich in einem Gebiet der Erde. Alle Erdenbürger springen gleichzeitig in die Luft (im Mittel 1 m hoch). Um welchen Betrag verschiebt sich der Erdmittelpunkt?
Heimexperiment: Probieren Sie das Abstoßungsmodell der ballspielenden Bootsfahrer mit einem Partner auf Roll- oder Schlittschuhen oder auf Skateboards aus. Überlegen Sie, wie man ein mechanisches Teilchenaustauschmodell für Anziehungskräfte zwischen verschieden geladenen Teilchen realisieren könnte?

Abb. 40.1 Der schlaue Esel: Da Kraft + Gegenkraft = 0, behauptet er, den Wagen nicht ziehen zu können. Überzeugen Sie ihn, daß es doch möglich ist! (Vgl. Aufg. 5)

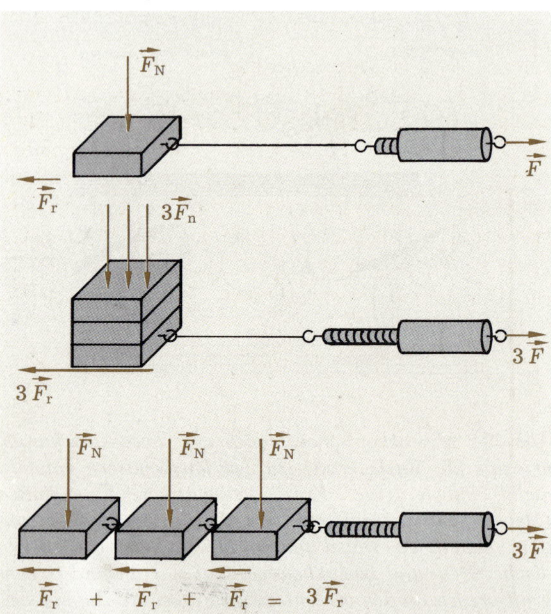

Abb. 40.2 Versuche zur Ermittlung von Reibungskräften. Die Reibungskraft F_r ist proportional zur Normalkraft und von der Größe der reibenden Flächen unabhängig

3.10 Reibungskräfte

Reibung: ärgerlich und nützlich zugleich

Wenn ein Auto mit konstanter Geschwindigkeit fährt, so tritt keine Beschleunigung auf. Demnach sollte nach *Newtons* 2. Gesetz auf dieses Fahrzeug keine Kraft wirken. Wozu benötigt es dann den Motor? Zwar ist die Summe aller Kräfte Null, jedoch sind die einzelnen Kräfte durchaus von Null verschieden.
Wir haben gesehen, daß die Motorkraft erst über den „Umweg" der Reaktionskraft der Straße eine Antriebskraft F_a erzeugt, die am Fahrzeug angreift, und dieses beschleunigt.
Ihr entgegen wirken Reibungskräfte F_r, die es abbremsen. Erst die Resultierende $\vec{F}$ aus beiden Kräften $\vec{F} = \vec{F}_a + \vec{F}_r$ gibt Auskunft über die Beschleunigung.
Sind beide Kräfte betragsmäßig gleich und entgegengesetzt, dann ist die resultierende Kraft Null, und das Auto fährt unbeschleunigt mit konstanter Geschwindigkeit.

$$\vec{F}_a = -\vec{F}_r \quad \text{bzw.} \quad \vec{F}_a + \vec{F}_r = \vec{0}\,.$$

Die Hauptquellen der Reibungskräfte beim Auto sind die Luftreibung sowie die Reibungskräfte zwischen Reifen und Straße. Da Reibung Bewegung bremst, erscheint sie oberflächlich betrachtet nur als ein Ärgernis. Auf der anderen Seite wäre jedoch ohne Reibung keine Bewegung wie Gehen oder Fahren möglich, da die Antriebskräfte durch Reibung mit dem Boden vermittelt werden. Die Größe der Reibung hängt stark von der Beschaffenheit der Berührungsflächen ab. Wir beschränken uns zunächst auf die Betrachtung der Reibungskräfte zwischen festen Körpern.

Haft- und Gleitreibungskräfte

Versuch 10: Wir legen einen Holzquader auf eine Unterlage und ziehen daran über einen Kraftmesser mit langsam wachsender Kraft.
Bei kleinen Zugkräften bleibt der Körper in Ruhe. Er setzt sich erst dann ruckartig in Bewegung, wenn die Zugkraft F einen bestimmten Maximalwert F_h übersteigt. Ist der Körper erst in Bewegung, dann kann man ihn mit kleinerer Kraft weiter über die Unterlage ziehen. Wir können dieses Ergebnis folgendermaßen interpretieren:
Der Körper haftet zunächst auf der Unterlage. Dafür sorgt die **Haftreibung.** Wenn der Körper in Bewegung geraten ist und über die Unterlage gleitet, erfährt er eine **Gleitreibung.** Die Gleitreibungskraft F_a ist geringer als die maximale Haftreibungskraft F_h.
Wovon hängen die Reibungskräfte ab? Offensichtlich ist ein „inniger" Kontakt zwischen den sich berührenden Flächen maßgebend. Daher wird die sog. **Normalkraft** F_n, mit welcher der Körper senkrecht auf die Kontaktfläche drückt, eine Rolle spielen. Wir überprüfen diese Vermutung im folgenden Versuch.
Versuch 11: Wir belasten den Quader zusätzlich mit einem oder zwei Wägestückchen, deren Gewichtskraft jeweils gleich der des Quaders ist.

Ergebnis: Die maximale Haftreibungskraft F_h ist doppelt bzw. dreimal so groß wie zuvor. Sie ist somit proportional zur Normalkraft F_n bzw:

$$F_h = f_h \cdot F_n .$$

Der dimensionslose Proportionalitätsfaktor f_h heißt **Haftreibungszahl** oder **Haftreibungskoeffizient.** Erstaunlicherweise ist die Reibungskraft von der Größe der aneinander reibenden Flächen weitgehend unabhängig (vgl. Abb. 40.2). Dagegen hat die Beschaffenheit der reibenden Oberflächen einen großen Einfluß.
Analog zur Haftreibung gilt für die Gleitreibung F_r eine entsprechende Beziehung mit der **Gleitreibungszahl** f_{gl}: $F_{gl} = f_{gl} \cdot F_n$.

> **Haftreibungs-** und **Gleitreibungs**kräfte F_r wirken parallel zur Berührungsfläche.
> Die maximale Haftreibungskraft ist ebenso wie die Gleitreibungskraft proportional zur Normalkraft:
> $$F_h = f_h \cdot F_n$$
> $$F_{gl} = f_{gl} \cdot F_n .$$
> Die Gleitreibungszahl f_h ist kleiner als die Haftreibungszahl: $f_{gl} < f_h$.

Praktisch bedeutsam für alle Fahrzeuge, die sich auf Rädern bewegen, ist ein weiterer Typ von Reibungskräften, die sog. **Rollreibung.** Auch sie ist proportional zu der auf die Kontaktfläche wirkenden Normalkraft. Die Rollreibung ist wesentlich kleiner als die Gleitreibung. Beispiele für verschiedene Reibungszahlen gibt Tab. 41.

Tab. 41 Beispiele für Reibungszahlen

Werkstoffpaarung	Haftreibungszahlen f_h	Gleitreibungszahlen f_{gl}
Stahl-Stahl	0,15	0,03
Stahl-Eis	0,027	0,014
Gummi-Asphalt		
trocken	0,9	0,85
naß		0,45
vereist		0,06

Wenn das Rad eines Fahrzeuges ohne durchzudrehen abrollt, dann haftet es mit der jeweiligen Kontaktstelle kurzfristig an der Fahrbahn. Die Antriebskraft wird durch Haftreibung parallel zur Kontaktfläche auf die Bahn übertragen. Umgekehrt wirken die Reaktionskräfte der Fahrbahn per Haftreibung auf das Fahrzeug. Erst die Haftreibung als Reaktionskraft und nicht die Motorkraft treibt also das Fahrzeug vorwärts. Die Haftkräfte zwischen Reifen und Fahrbahn sind lebenswichtig beim Bremsen und Kurvenfahren.
Räder, die beim Bremsen blockieren, stellen eine besondere Gefahr dar. Einerseits verlängert sich der Bremsweg durch die geringere Gleitreibungskraft. Außerdem werden keine seitlichen Führungskräfte übertragen und Kurvenfahren wird unmöglich.

Haftreibung und die Ähnlichkeit von Sandbergen
Gleichgültig, ob ein Kind einen kleinen oder ein Bagger einen großen Sandberg auftürmt: *Gleiches Schüttgut bildet immer gleiche Neigungswinkel.* Abb. 41.1 zeigt, warum das so ist. Ein Körper haftet auf einer schiefen Ebene, bis der Neigungswinkel einen Maximalwert übersteigt. Die Hangabtriebskraft F_p überschreitet dann die maximale Haftreibungskraft $F_h = f_h\, F_n$. Es gilt:

$$F_p = m\,g \cdot \sin\alpha \text{ und } F_n = m\,g \cdot \cos\alpha .$$

$F_p = F_h$ ist die Bedingung für den maximal möglichen Neigungswinkel α_{max}. Daraus folgt:

$$m\,g \cdot \sin\alpha_{max} = f_h\, m\,g \cdot \cos\alpha_{max} \text{ oder } f_h = \tan\alpha_{max} .$$

Damit haben wir eine *einfache Methode zur Messung von Reibungszahlen* gefunden. Die Haftreibungszahl ist der Tangens des maximalen Neigungswinkels einer schiefen Ebene, bei dem Körper gerade noch nicht zu rutschen beginnen.

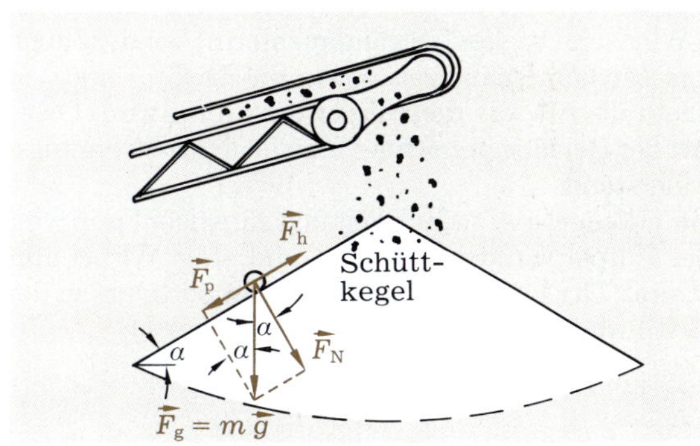

Abb. 41.1 Zur Berechnung des Neigungswinkels , bei dem ein Körper auf einer schiefen Ebene zu gleiten beginnt

Innere und äußere Reibung
Bei den betrachteten Reibungskräften zwischen festen Körpern handelt es sich um die **äußere Reibung,** da sie von außen an der Kontaktfläche zweier Körper angreift. Bei Gasen oder Flüssigkeiten tritt hingegen die sog. **innere Reibung** auf, die durch die Verschiebung der Moleküle gegeneinander hervorgerufen wird. Da Flüssigkeitsmoleküle i.a. leicht gegeneinander verschoben werden können, nutzt man dies zur Schmierung aus (Abb. 41.).

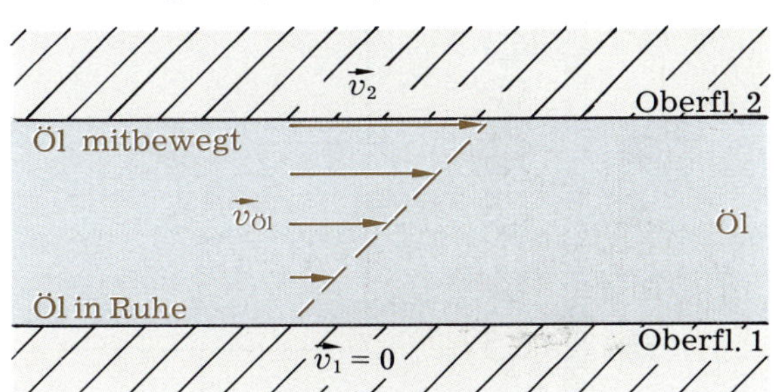

Abb. 41.2 Flüssigkeitsschichten sind durch die geringe innere Reibung leicht gegeneinander zu verschieben. Daher setzt ein Schmiermittelfilm die Reibung herab

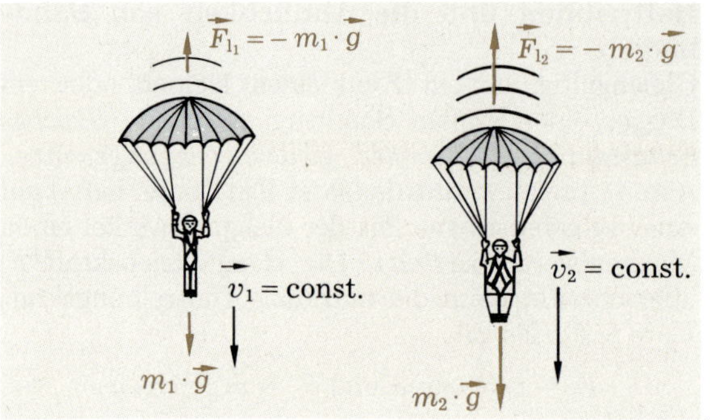

Abb. 42.1 Schwere Körper fallen in der Praxis schneller als leichte Körper gleicher Form. Grund: der der Geschwindigkeit entgegen gerichtete Luftwiderstand

Während die „trockene Reibung" zwischen festen Körpern, die aufeinander gleiten, praktisch nicht von der Geschwindigkeit abhängt, sind die bei der Bewegung von Körpern in Gasen oder Flüssigkeiten auftretenden Reibungskräfte erheblich schwieriger zu beschreiben. Hier geht nicht nur die Geometrie der Körper ein („Windschnittigkeit", Stromlinienform), sondern auch das Medium (Zähigkeit sowie die Dichte) und vor allem die Art, wie der Körper umströmt wird. Diese Art der Reibung bezeichnet man auch als Strömungswiderstand.

Bei gleicher Geschwindigkeit und günstiger Form wird der Körper von der Luft glatt und ohne Wirbel umströmt. Der Luftwiderstand F_l ist proportional zu der Geschwindigkeit (Proportionalitätsfaktor b):

$$F_l = b \cdot v.$$

Erst der Luftwiderstand gibt Aristoteles recht!

Erinnern wir uns an die Aristotelische Lehrmeinung „Schwere Körper fallen schneller als leichte". Sie erweist sich als zutreffend, wenn wir den geschwindigkeitsabhängigen Luftwiderstand in die Betrachtungen einbeziehen.

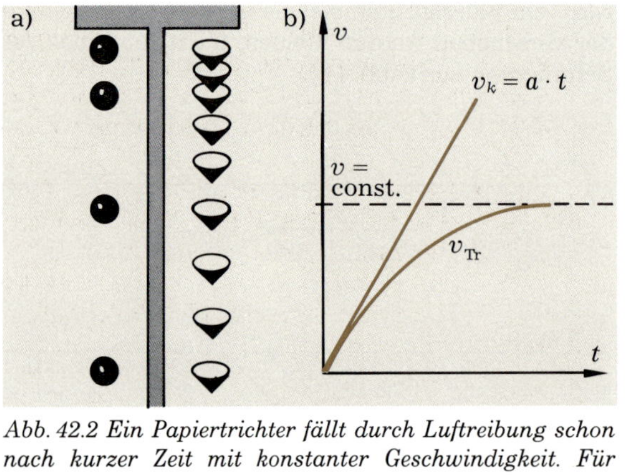

Abb. 42.2 Ein Papiertrichter fällt durch Luftreibung schon nach kurzer Zeit mit konstanter Geschwindigkeit. Für die kleine schwere Kugel liegt diese wesentlich höher (ca. 55 m/s = 200 km/h)

Versuch 12: Wir lassen einen Papiertrichter und eine Metallkugel gleichzeitig fallen und untersuchen den Fallvorgang nach der Stroboskopmethode (Abb. 42.2). Die Kugel führt eine gleichmäßig beschleunigte Bewegung aus und steigert ihre Geschwindigkeit proportional zur Zeit ($v = gt$). Für den Fall des Trichters gilt diese Beziehung nur für den Beginn der Bewegung. Nach kurzer Zeit fällt der Trichter bereits mit konstanter Geschwindigkeit.

Es wirken zwei Kräfte auf den Trichter, die sich zu einer resultierenden Gesamtkraft F addieren:

- die beschleunigende Gewichtskraft $F_g = m\,g$
- der Luftwiderstand F_l, der an der großen Trichterfläche angreift und die Bewegung bremst.

Da F_l der Geschwindigkeit und damit auch der Fallbeschleunigung entgegen gerichtet ist, gilt der Betrag der resultierenden Kraft F:

$$F = F_g - F_l.$$

Konstante Fallgeschwindigkeit bedeutet kräftefreie Bewegung des Trichters. Die resultierende Kraft ist also Null: Die Luftreibung wächst mit zunehmender Geschwindigkeit so lange an, bis sie der Fallgeschwindigkeit die Waage hält. Da die resultierende Kraft F immer kleiner wird, nähert sich die Geschwindigkeit einem konstanten Wert an, bei dem keine weitere Beschleunigung mehr auftritt ($F = 0$). Dort gilt:

$$F_g = F_l.$$

Bei konstanter Sinkgeschwindigkeit stellt sich automatisch ein Gleichgewicht zwischen Antriebs- und Widerstandskraft ein. Aus der Gleichgewichtsbedingung $b \cdot v = F_g$ folgt:

$$v = m \cdot \frac{b}{g}$$

Einer größeren Gewichtskraft muß ein größerer Luftwiderstand die Waage halten. Da F_l mit zunehmender Geschwindigkeit ansteigt, erreichen schwere Körper eine größere Endgeschwindigkeit als leichtere gleicher Form (vgl. Fallschirmspringer in Abb. 42.1)!

Obige Gleichung läßt sich so deuten, daß die Gewichtskraft F_g als „Ursache" der Geschwindigkeit v angesehen werden kann. Auch diese Aristotelische Vorstellung gilt freilich nur, weil Reibung vorhanden ist! Die Newtonsche Theorie (Kraft als Ursache von Beschleunigung) in Verbindung mit Reibungskräften setzt uns nun in die Lage zu verstehen, warum die Aristotelische Theorie nur manchmal zu richtigen Ergebnissen führt.

Einfluß der Körperform auf den Luftwiderstand

Bei mittleren Geschwindigkeiten ist der Luftwiderstand F_l proportional zur **Angriffsfläche** A und zum Quadrat der Geschwindigkeit. Eine genauere Betrachtung liefert folgende Beziehung:

$$F_l = \tfrac{1}{2}\rho\, c_w\, A\, v^2.$$

Dabei ist $\rho = 1{,}29$ kg/m^3 die Dichte der Luft. Der **Luftwiderstandsbeiwert** c_w berücksichtigt die Form des Körpers, seine *Windschnittigkeit*. Ein quergestelltes kreisförmiges Brett ist weniger strömungs-

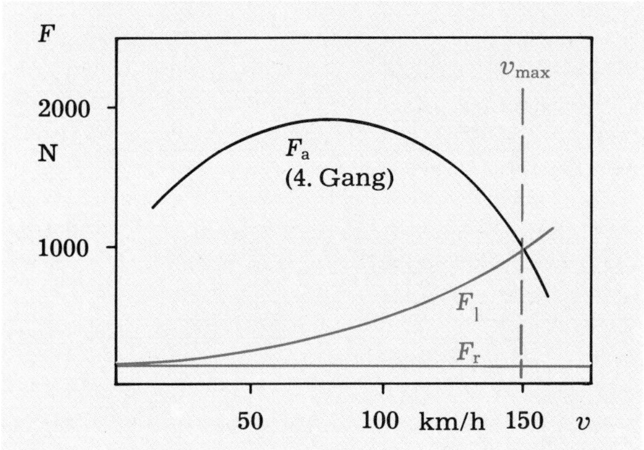

Abb. 43.1 Rollreibung F_r, Luftwiderstand F_l und Antriebskraft F_a bei einem Auto. Man erkennt die quadratische Zunahme der Luftreibung mit der Geschwindigkeit: Schnelles Autofahren wird übermäßig teurer! Bei 150 km/h sind Antriebs- und Reibungskraft gleich: Höchstgeschwindigkeit

Fahrzeugform und Fahrzeugart	Luftwiderstandsbeiwert c_w
Viersitzer, offen, 1920	0,7 – 0,9
Kastenaufbau, runde Kanten schräge Frontscheibe, 1935	0,5 – 0,6
Bauform um 1970, Pontonform	0,4 – 0,55
Heutige Form	0,3 – 0,4
Scheinwerfer und alle Räder im Rumpf, Boden verkleidet, Design-Studie	0,20 – 0,25
Günstige windschnittige Form	0,15 – 0,20

Abb. 43.2 Fahrzeugformen und deren Luftwiderstandsbeiwerte c_w

günstig als eine Kugel gleichen Querschnitts und diese wiederum ungünstiger als eine Zigarren- oder Tropfenform. c_w-Werte von Fahrzeugen, die im Windkanal bestimmt wurden, zeigt Abb. 43.2.

Aufgaben:

1 a) Sie kommen als ein Besucher in eine Welt, in der Reibung unbekannt ist. Was könnte Ihnen widerfahren?

b) Konstruieren Sie ein Auto für diese seltsame reibungsfreie Welt.

2. Auch wenn ein Eisenbahnzug sanft abgebremst wird, bemerken die Insassen einen plötzlichen „Ruck", wenn der Zug zum endgültigen Stillstand kommt. Wie kommt diese ruckartige Erhöhung der Bremsbeschleunigung zustande? Was macht der Autofahrer, um diesen Ruck zu vermeiden?

3 a) Feuchten Sie einen Finger an und fahren Sie damit über eine Glasfläche. Mit etwas Übung können Sie so Töne erzeugen. Wie kommen diese zustande?

b) Warum quietschen manchmal Bremsen?

4. Durch geeignete Hin- und Herbewegung einer Rinne lassen sich Gegenstände wie auf einem Förderband in einer Richtung transportieren. Anders als bei einem Förderband bewegt sich die Unterlage dabei nicht mit (Rüttelförderer).

a) Welches Prinzip wird dabei ausgenutzt?

b) Bitte basteln Sie aus Pappe eine Rinne und treiben Sie eigenhändig diesen Fördermechanismus an.

c) Skizzieren Sie das $s(t)$-, $v(t)$- und $a(t)$-Diagramm der Bewegung.

5. Haft- und Gleitreibung – eine überlebenswichtige Frage für Auto- und Motorradfahrer! Bei einem Auto, das den Berg hinunter fährt, blockieren die Bremsen. Was ist schlimmer – blockierte Hinter- oder Vorderräder? Beantworten Sie die Frage

a) nach ihrem „Fahrgefühl",

b) mit einem Heimexperiment: Blockieren Sie bei einem Spielzeugauto mit Kaugummi die Vorder- bzw. Hinterachse.

c) Deuten Sie Ergebnisse, die dem Gefühl zuwiderlaufen, aus den verschiedenen Reibungstypen, die Sie kennen!

d) Warum verkürzt ein sog. „Antiblockiersystem" nicht nur den Bremsweg, sondern erlaubt auch noch Lenkmanöver während des Bremsvorgangs?

6) Welche Beschleunigung ist bei Schienenfahrzeugen maximal möglich, wenn die Haftreibungszahl von Stahl auf Stahl 0,25 ist? Wie viele Achsen müßten dann angetrieben sein? Vergleichen Sie mit dem bei U-Bahnzügen erreichten Wert von $a = 0{,}7\ \mathrm{m/s^2}$.

7. Ein Passagierflugzeug hat eine Querschnittsfläche von $60\ \mathrm{m^2}$. Sein Widerstandsbeiwert ist $c_w = 0{,}2$. Welche Schubkraft müssen seine Antriebsmotoren entwickeln, um bei 900 km/h dem Luftwiderstand das Gleichgewicht zu halten? Mit einer solchen Reisegeschwindigkeit fliegt das Flugzeug in einer Höhe von mehr als 10 km. Dort ist die Dichte der Luft nur noch ein Drittel so groß wie unter Normalbedingungen auf der Erdoberfläche.

8. **Heimexperiment:** Bestimmen Sie experimentell die Haftreibungskoeffizienten zwischen Pappe, Holz, Glas und verschiedenen Materialien. Hilfsmittel: Winkelmesser.

9. In dem Kofferraum eines PKWs steht eine Mineralwasserkiste. Ihre Haftreibungszahl beträgt $f_h = 0{,}2$. Wie groß dürfen Beschleunigung bzw. Verzögerung maximal werden, ohne daß die Kiste rutscht?

10. Der Luftwiderstandsbeiwert eines Fallschirms beträgt $c_w = 1{,}6$. Wie groß muß die Querschnittsfläche des Schirms sein, damit eine Sinkgeschwindigkeit von 5 m/s bei einer Masse des Springers von 80 kg sichergestellt ist?

11. Welche Kraft entwickelt ein Delphin beim Schwimmen? Wir wissen aus Delphinschauen, daß die Tiere eine Sprunghöhe von ca. 3 m erreichen können. Die Querschnittfläche des Meeressäugers beträgt ca. $0{,}2\ \mathrm{m^2}$. Er besitzt eine günstige Stromlinienform mit einem Widerstandsbeiwert von 0,15.

12. Ein Körper gleitet eine schiefe Ebene hinauf und rutscht danach wieder abwärts (Neigungswinkel 30°, Reibungszahl $f_{gl} = 0{,}1$). Seine Anfangsgeschwindigkeit beträgt 2 m/s. Wie groß ist die „Steigzeit"? Nach welcher Zeit erreicht er den Ausgangspunkt? Skizzieren Sie die $s(t)$-, $v(t)$-, $a(t)$-Diagramme!

Basiswissen Mechanik

Definition der Durchschnittsgeschwindigkeit $\bar{v}$ im Zeitintervall Δt:

$$\bar{v} = \frac{\Delta s}{\Delta t} = \frac{s_2 - s_1}{t_2 - t_1}. \qquad \uparrow \text{S. 6}$$

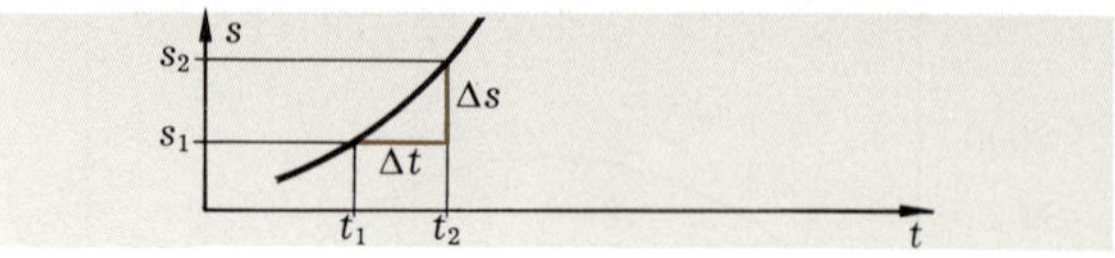

Definition der Durchschnittsbeschleunigung $\bar{a}$ im Zeitintervall Δt:

$$\bar{a} = \frac{\Delta v}{\Delta t} = \frac{v_2 - v_1}{t_2 - t_1}. \qquad \uparrow \text{S. 9}$$

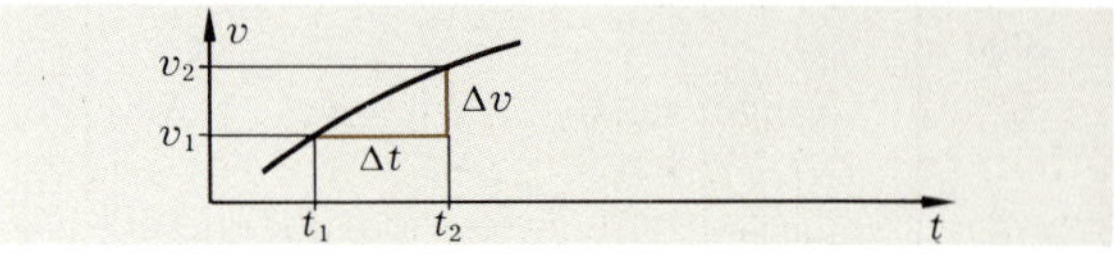

Die gleichförmige geradlinige Bewegung ist gekennzeichnet durch:

$a = 0$	Beschleunigung identisch Null
$v = v_0$	konstante Geschwindigkeit ↑ S. 6
$s = v_0 \cdot t + s_0$	Δs proportional zur Zeit.

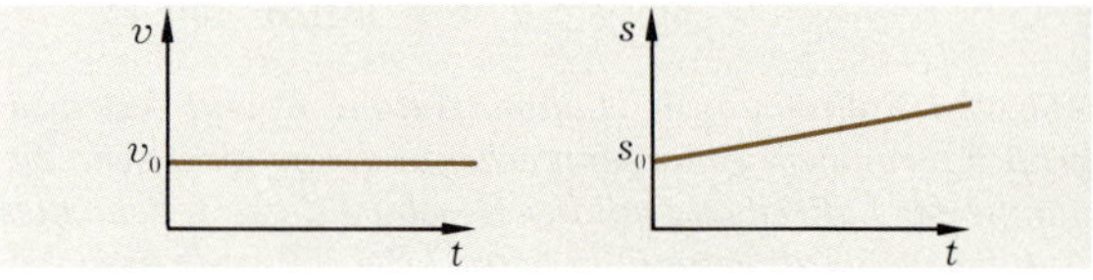

Die gleichmäßig beschleunigte Bewegung ist gekennzeichnet durch:

$a = \text{const}$	konstante Beschleunigung
$v = a\,t + v_0$	Geschwindigkeitszunahme Δv proportional zur Zeit ↑ S. 9
$s = \frac{1}{2}a\,t^2 + v_0 \cdot t + s_0$	Weg wächst quadratisch mit der Zeit an.

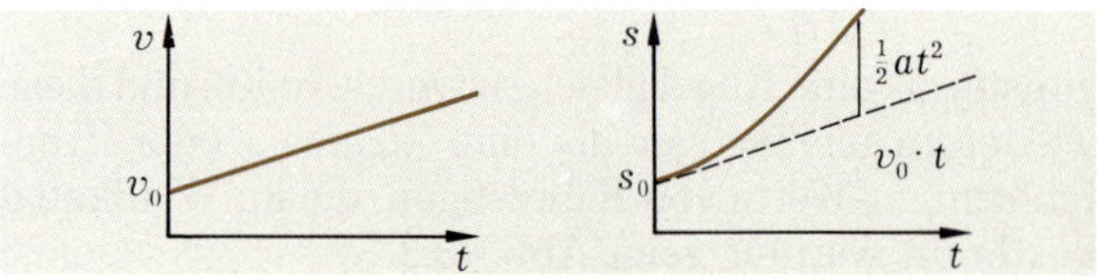

Die Newtonschen Axiome:

1. *Newtonsches Axiom: Trägheitsprinzip*
   Bei Abwesenheit von Kräften behält ein Körper seinen jeweiligen Bewegungszustand bei.
   $\vec{F} = \vec{0} \qquad \vec{v} = \text{const.}$ ↑ S. 27

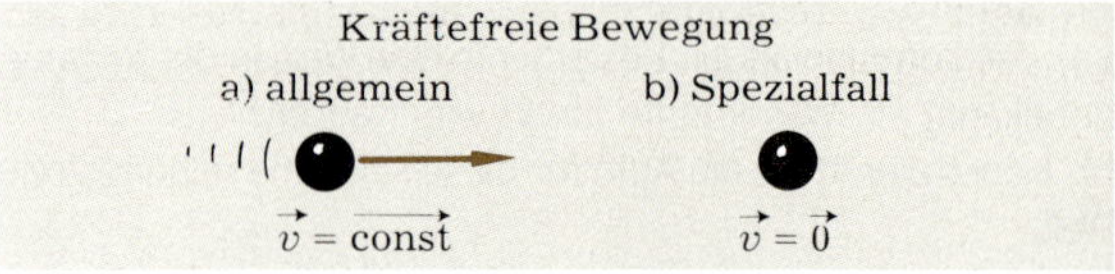

2. *Newtonsches Axiom: Grundgleichung der Mechanik*
   Kraft verursacht eine Bewegungsänderung (= Beschleunigung). Die Größe der Beschleunigung ist proportional zur Kraft und umgekehrt proportional zur Masse des Körpers.
   $\vec{F} = m \cdot \vec{a}.$ ↑ S. 32

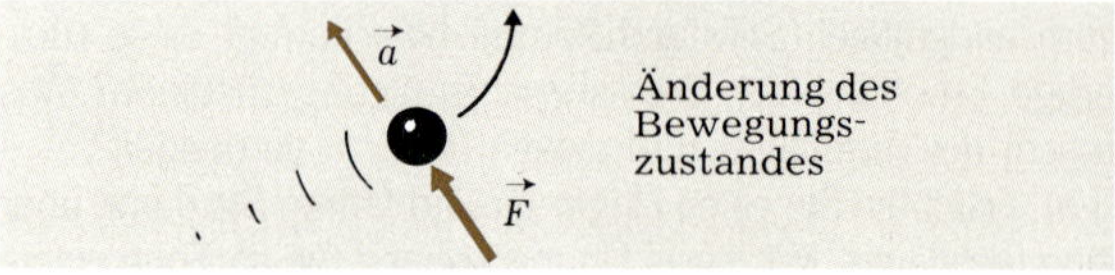

3. *Newtonsches Axiom: Reaktionsprinzip*
   Kräfte treten immer paarweise auf; Aktions- und Reaktionskraft sind betragsmäßig gleich, entgegengesetzt gerichtet und greifen an verschiedenen Körpern an.
   $\vec{F}_{12} = -\vec{F}_{21}.$ ↑ S. 37

Verschiedene wichtige Typen von Kräften in der Mechanik:

1. *Gewichtskraft:*
   $\vec{F} = m\vec{g}$ ↑ S. 33
   $\vec{g}$ = Erdbeschleunigung $|\vec{g}| \approx 10\ \text{m/s}^2$.

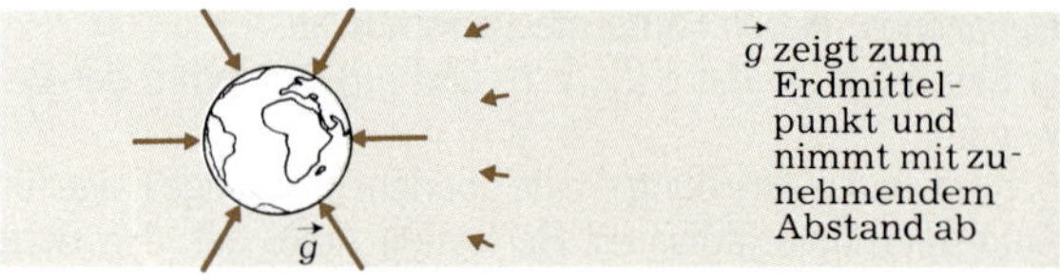

2. *Elastische Federkraft:*
   Es gilt ein lineares Kraftgesetz für kleine Auslenkungen (*Hooke*sches Gesetz):
   $F = -Ds.$ ↑ S. 34

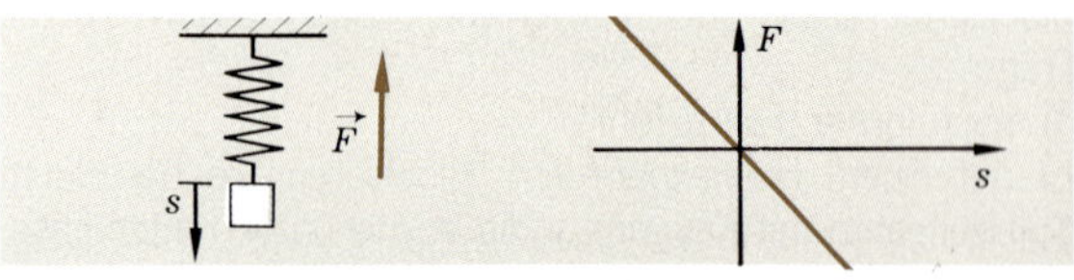

3. *Reibungskräfte:*
   Reibungskräfte zwischen festen Körpern wirken der Bewegung entgegen und sind der Normalkraft proportional. ↑ S. 40

4. Computer in der Mechanik

4.1 Newtons Prinzipien und das mechanistische Weltbild

In den drei *Newton*schen Prinzipien ist der wesentliche Inhalt der Mechanik zusammengefaßt: Sie verknüpfen die Geschwindigkeitsänderungen von Körpern mit den auf sie wirkenden Kräften. Sind die Kräfte bekannt und außerdem die Massen der Körper, ihre Anfangslage und ihre Anfangsgeschwindigkeiten, dann ist aus diesen Daten die Bahnkurve vollständig berechenbar. Da die Bahnkurve die Geschichte eines Systems beschreibt, liegen damit Vergangenheit und Zukunft wie in einem Buch offen vor uns. Dieses streng **festgelegte Verhalten** bezeichnet man als **Determinismus.**
Determinismus und Kausalität der *Newton*schen Bewegungsgleichungen hängen eng zusammen. Wiederholt man ein Experiment unter den genau gleichen Bedingungen, dann kommt man auch zu dem gleichen Ergebnis. Eine zufällige Abweichung ohne äußere Ursache ist unmöglich. Das mechanische Kausalitätsprinzip läßt sich daher auch folgendermaßen formulieren:

Gleiche Ursachen führen zu gleichen Wirkungen.

Unsere bisherigen Beispiele führten zu einfachen mathematischen Formeln für das Weg-Zeit-Gesetz, da wir nur sehr einfache Kräfte und Bewegungen einzelner Körper betrachteten. Nichts hindert uns daran, diese Gedanken, zumindest im Prinzip, auf komplizierte Systeme auszudehnen, z.B. auf die Berechnung der Bewegung von Galaxien oder Planetensystemen. Dazu müssen wir für jeden Körper die Änderung seiner Bewegung berechnen, welche durch die an ihm angreifenden Kräfte hervorgerufen wird. Die grundsätzliche Vorgehensweise beschreibt folgendes Schema:

Ausgangslage:	Masse, Ort und Geschwindigkeit der Massenpunkte sind bekannt.
1. Schritt:	Berechnung der Kräfte, die auf einen Massenpunkt wirken.
2. Schritt:	Berechnung der Beschleunigung nach dem 2. Newtonschen Axiom.
3. Schritt:	Berechnung der Geschwindigkeit aus der Beschleunigung.
4. Schritt:	Berechnung des Weges aus der Geschwindigkeit.

Bereits bei einfachen Systemen können die Rechnungen äußerst kompliziert werden. Schon drei Himmelskörper, die einander anziehen, können eine derart komplizierte Bahn beschreiben, die durch keine geschlossene Formel darstellbar ist. Jedoch ist dieses Schema leicht in eine *Rechenvorschrift für Elektronenrechner* umzusetzen. Der Computer gibt zwar keine Formeln für die Bahnkurven aus, doch er kann bei genau angegebenen Anfangsbedingungen die Bahndaten für beliebige Zeitpunkte berechnen und die Bahn grafisch darstellen. Im nächsten Kapitel wollen wir dies bei einfachen Beispielen durchführen. Ohne Bahnberechnungen durch Computer wäre die Mondlandung oder die Annäherung von Raumsonden an den *Halley*-Kometen nicht möglich gewesen. Die Newtonsche Bewegungsgleichung, seit nunmehr über 300 Jahren bekannt, liegt all diesen Programmen zugrunde, und sie gilt auf der Erde ebenso wie auf dem Mars oder der Venus.
Wäre eine riesige „Superrechenmaschine“, deren Rechenleistung alle heutigen Computer weit übertrifft, in der Lage, mit Hilfe der Newtonschen Axiome die Zukunft vorauszuberechnen? Der französische Mathematiker *Laplace* (1749–1827) hat bereits über ein solches Supergehirn nachgedacht, das man seitdem den **Laplaceschen Dämon** nennt: „Ein Geist, der alle Kräfte und für einen Zeitpunkt Lage und Geschwindigkeit aller Teilchen im Universum kennt und umfassend genug wäre, alle nötigen Berechnungen durchzuführen, könnte mit derselben Formel die Bewegung der größten Körper und der kleinsten Atome ausdrücken. Nichts wäre für ihn ungewiß, Zukunft und Vergangenheit lägen offen vor seinen Augen.“ Verträgt sich die Macht eines solchen Dämons mit den Gesetzen der Physik?

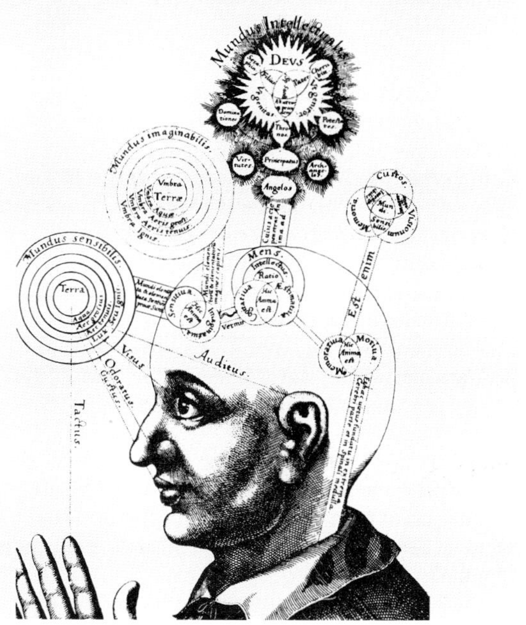

Abb. 45.1 Das Gehirn, das Universum in uns. Es besteht aus 10^{11} Zellen mit rund 10^{14} bis 10^{15} Schaltstellen. Das Verhalten dieses Systems ist nicht vorhersagbar. Die Gedanken sind frei!

Zufall trotz streng determinierter Gesetze?
In dem *Laplace*-Dämon ist der Determinismus der Newtonschen Axiome in eine besonders augenfällige Konsequenz gebracht. Er verkörpert ein extrem **mechanistisches Weltbild,** in dem die Zukunft festgeschrieben ist und der Mensch einem Uhrwerk gleich ohne Freiheit einem bereits festgelegten Programm folgt. Es entspricht jedoch einer menschlichen Grunderfahrung , daß neben der **Notwendigkeit,** neben den streng kausal ablaufenden Vorgängen, der unberechenbare **Zufall** eine herausragende Rolle spielt. Nicht nur das langfristige Wettergeschehen und Glücksspiele sind unberechenbar. Auch die menschliche Gedankentätigkeit ist immer wieder zu neuen, überraschenden und kreativen Einsichten fähig, und der Weg dorthin ist nicht streng logisch begründbar.
Wir werden in den folgenden Kapiteln sehen, daß der scheinbar übermächtige *Laplace*-Dämon in Wirklichkeit nur ein ohnmächtiger Papiertiger ist. Trotz ihres deterministischen Charakters erlauben die Newtonschen Bewegungsgleichungen nur eine begrenzte Vorhersage. Sie beschreiben nicht nur unabänderliche Notwendigkeit, sondern lassen dem Zufall noch genügend Spielraum! Den Schlüssel zur Auflösung dieses scheinbaren Widerspruchs werden wir unter anderem in den Voraussetzungen des Kausalitätsprinzips finden.
Nur die exakt gleiche Ursache ruft auch die gleiche Wirkung hervor.
Es wird sich als unmöglich erweisen, in einem System exakt gleiche Bedingungen herzustellen. Ebenso müßte ein erfolgreicher Laplace-Dämon den Anfangszustand eines Systems mit unendlicher Genauigkeit kennen, was unmöglich ist.

4.2 Computerberechnungen von Bewegungsabläufen

Computer lernen die Bewegungsgleichung

Wir wollen das im letzten Abschnitt beschriebene Schema der Berechnung von Bahnkurven aus dem Kraftgesetz in ein **Computerprogramm** umsetzen. Als einfaches Beispiel betrachten wir zunächst den bereits bekannten freien Fall eines Körpers (Masse $=m$). Er befindet sich zur Zeit t_a am Ort s_a und fällt bereits mit der Geschwindigkeit v_a. Damit ist die Ausgangslage oder **Anfangsbedingung des Systems** beschrieben.
Nach Schritt 1 ist die Kraft F zu berechnen, die auf den Körper wirkt und aus ihr nach Schritt 2 die Beschleunigung $a = F/m$. Das ist für den freien Fall einfach, denn es wirkt nur die konstante Fallbeschleunigung g.
Nach der Beschleunigungsdefinition ist $a = \frac{\Delta v}{\Delta t}$.
In einem Zeitintervall Δt ändert der Körper dann die Geschwindigkeit um: $\Delta v = a * \Delta t$.
(* bedeutet das Multiplikationszeichen des Computers.)

In dieser Schreibweise liegt die Newtonsche Bewegungsgleichung schon in einer solchen Form vor, daß sie unmittelbar in die Rechenanweisug eines Computerprogramms umgesetzt werden kann. Aus der alten Geschwindigkeit v_a und der Änderung Δv soll der Computer die neue Geschwindigkeit v_n berechnen (Schritt 3):

$$\begin{aligned} v_n &= v_a + \Delta v \\ &= v_a + a * \Delta t. \end{aligned}$$

Nach der Geschwindigkeitsdefinition ist $v = \frac{\Delta s}{\Delta t}$.

Das ergibt eine Änderung Δs des Weges im Zeitraum Δt von

$$\Delta s = v * \Delta t.$$

Aus der alten Position s_a und der Änderung Δs ergibt sich die neue Position s_n zu (Schritt 4):

$$\begin{aligned} s_n &= s_a + \Delta s \\ &= s_a + v * \Delta t. \end{aligned}$$

Die neue Position s_n und die neue Geschwindigkeit v_n benutzt man als Ausgangswerte s_a und v_a für eine weitere Rechnung. Durch wiederholtes Durchlaufen der Rechenschritte werden so s- und v-Werte für aufeinanderfolgende Zeitpunkte berechnet.
Eine derartige schrittweise Berechnung von Größen, die immer wieder in die Rechnung als Ausgangsgrößen eingefüttert werden, bezeichnet man als **Iteration.** Sie entspricht einer **Rechenschleife** im Computerprogramm.
Abb. 46.1 zeigt die Umsetzung obiger Rechenschritte in ein einfaches Basic-Programmgerüst. Zeile 20 setzt die Anfangsbedingung fest. Zeile 70 und 80 ersetzt die alten Werte von v und s durch neue Werte (Wertzuweisung). Zeile 50 berechnet die verstrichene Zeit. Zeile 90 zeichnet einen Punkt in einem s-t-Diagramm. Danach springt das Programm wieder nach Zeile 50 und fährt mit der Berechnung neuer v- und s-Werte fort.

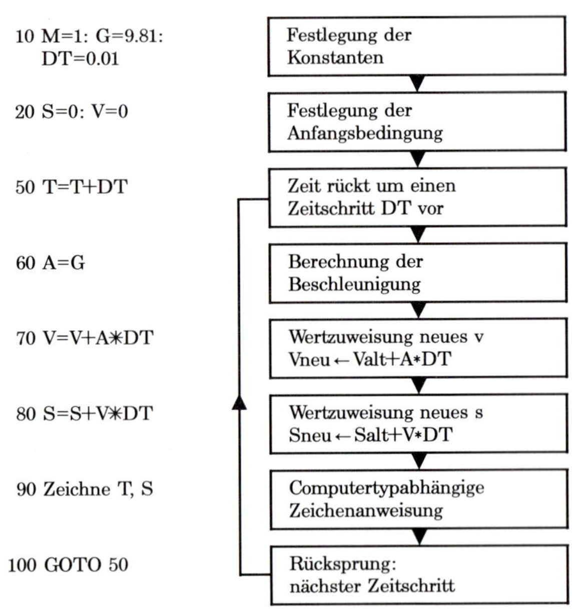

Abb. 46.1 Computerprogramm zum freien Fall, DT bezeichnet den Zeitschritt Δ t

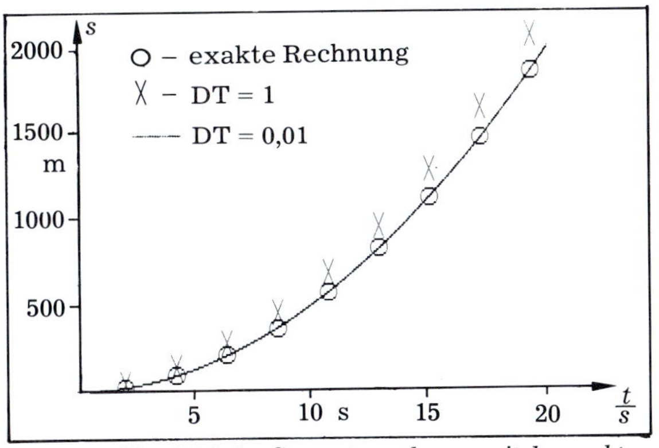

Abb. 47.1 Vergleich der Computerrechnung mit der exakten s-t-Parabel des freien Falls

In Abb. 47.1 sind die vom Computer berechneten Werte für den freien Fall mit der exakten Lösung (Parabel) verglichen. Wählt man das Zeitintervall Δt sehr klein (DT = 0,01 s), dann fallen die Computerwerte im Rahmen der Zeitgenauigkeit mit der exakten Lösung zusammen. Zu großes DT führt zu deutlichen Abweichungen vom exakten Ergebnis.

Warum liefert das Computerprogramm Näherungen und keine exakte Lösung?

Da das Computerprogramm mit diskreten Zeitschritten endlicher Breite arbeitet, kommt es zu Fehlern. In Programmzeile 80 wird angenommen, während der Zeitintervalle Δt (DT) sei die Geschwindigkeit v konstant. Wir wissen, daß beim freien Fall v zeitproportional zunimmt. Also ist v zu Beginn des Zeitintervalls kleiner als am Ende. Daher schätzen wir s zum Intervallende falsch ab. Der Fehler wird offenbar immer kleiner, wenn wir Δt kleiner werden lassen.
Ebenso ist die Berechnung von v aus der während Δt als konstant angenommenen Beschleunigung a nur eine Näherung. Nur beim vorliegenden Beispiel des freien Falls gilt Zeile 70 exakt, da hier $a = g = \text{const}$.

Computersimulation von physikalischen Vorgängen

Das Computerprogramm soll das Verhalten eines physikalischen Systems aufgrund seiner Bewegungsgleichungen nachvollziehen. Dem realen System in der Natur entsprechen bestimmte Größen im Computerprogramm, die entsprechend den Anfangsbedingungen und den wirkenden Kräften die Bewegung des Systems nachbilden (simulieren). Man spricht daher von *Computersimulation*.

> Die **Computersimulation** liefert im allgemeinen keine exakte, sondern nur eine angenäherte Berechnung des zeitlichen Verhaltens eines physikalischen Systems.

Man könnte meinen, daß eine beliebige Verkleinerung des Zeitschritts DT zu einer beliebig genauen Übereinstimmung der Computersimulation mit dem tatsächlichen Verhalten führt. Das trifft leider nicht zu!

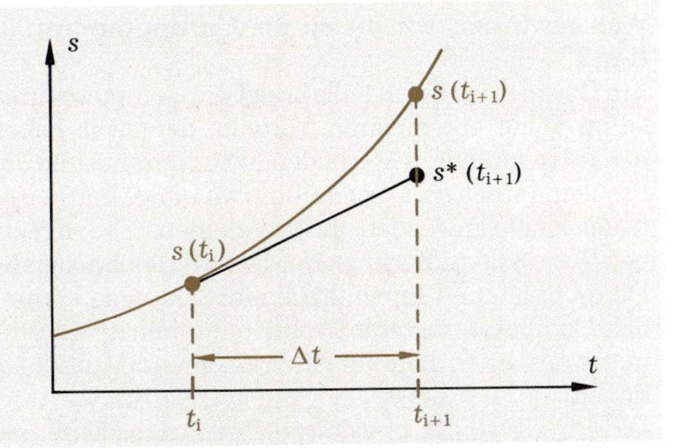

*Abb. 47.2 Fehlerbetrachtung zur Computersimulation. Es ist nur eine angenäherte Berechnung (s *) der s (t)-Kurve durch Extrapolation mit konstanter Geschwindigkeit möglich*

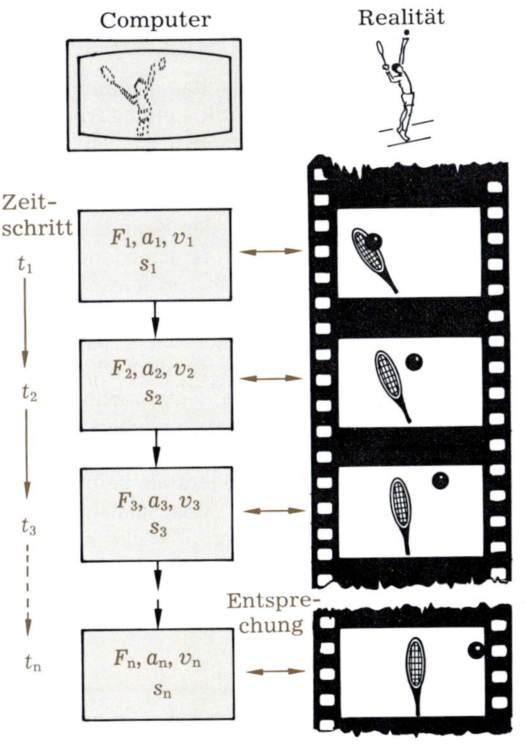

Abb. 47.3 Schema der Computersimulation. Der Computer rechnet mit endlicher Schrittweite das Verhalten des physikalischen Systems für eine Folge von Zeitpunkten t_i aus. Rechnung und beobachtetes Verhalten bei diesen Momentaufnahmen sollten sich möglichst genau entsprechen

Einerseits wird die Zahl der Rechenschritte und damit die *Rechenzeit* mit abnehmendem DT immer größer. Hinzu kommt, daß die *Rechengenauigkeit* des Computers begrenzt ist. Er rechnet nur mit einer begrenzten Anzahl von Stellen und muß runden. Daher addieren sich mit der Zahl der Rechenschritte auch die Rundungsfehler. Anstatt der erhofften Verbesserung des Resultats kann eine weitere Verkleinerung von DT eine Vergrößerung des Fehlers bewirken. Man muß daher immer Kompromisse bezüglich Rechenzeit und Genauigkeit eingehen.

Was gewinnen wir durch die Computersimulation?

Am Beispiel des freien Falls bringt die Computersimulation keine erkennbaren Vorteile, denn wir haben bereits mit anderen Methoden die exakte Lösung des Problems erhalten. Dazu mußten wir einige mathematische Kniffe anwenden und mit kleinen Größen rechnen. Eine exakte Lösung erfordert Methoden aus der Differential- und Integralrechnung. Dagegen kommt das Computerprogramm völlig ohne höhere Mathematik aus; es enthält nur Additionen und Multiplikationen.

Die Physik steckt in wenigen Programmzeilen, und zwar in folgender Verkettung:

Kraft F → Beschleunigung a →
→ Geschwindigkeit v → Weg s.

Als großer Vorteil gestattet es das Computerprogramm, ohne höhere Mathematik viele interessante und wichtige Fälle von Bewegungen zu behandeln, etwa bei veränderlicher Beschleunigung oder bei Anwesenheit von Reibung. Hierfür ist nur eine Änderung der Programmzeile mit der Kraft nötig. So lassen sich die Auswirkungen verschiedener Reibungsgesetze durchspielen und überprüfen, inwieweit sie mit der Wirklichkeit übereinstimmen.

Da der Computer immer nur mit endlicher Genauigkeit rechnet, kann man ihm nicht blind vertrauen. Man muß überprüfen, ob eine Entsprechung der Computersimulation mit dem tatsächlichen Verhalten besteht (Abb. 47.1). Dies ist nicht immer einfach, da das „wirkliche" Verhalten anders als beim freien Fall meist nicht bekannt ist. Als „vertrauensbildende Maßnahme" reicht es für unsere Zwecke aus, die Genauigkeit am freien Fall zu testen und das Verfahren dann auf neue Situationen anzuwenden, bei denen wir die Lösung nicht kennen. Allgemein können wir sagen:

> Die **Computersimulation** ist kein Ersatz für Naturbeobachtung, sondern vielmehr ein theoretisches Instrument, das uns dabei hilft, die Konsequenzen verschiedener theoretischer Ansätze zu überprüfen und zu veranschaulichen.

Der durch Reibung gebremste Fall

Wir wollen nun gefahrlos auf dem Computer das durchspielen, was den besonderen Reiz des Fallschirmspringens ausmacht. Zunächst betrachten wir den freien Fall mit $F_l \sim v$ (vgl. 3.10). Da die Reibungskraft F_l entgegen der v-Richtung nach oben zeigt und gegen die Fallbeschleunigung wirkt, gilt für die Kraft:

$$F = m * g - c * v.$$

Nach $F = m * a$ ergibt sich daraus die Beschleunigung von Zeile 60:

$$a = g - c * v/m.$$

```
10 M = 1:G = 9.81:          70 V = V + A*DT
   DT = 0.01:C = 1.5        80 S = S + V*DT
20 S = 0:V = 0              90 Zeichne T, S
50 T = T + DT              100 GOTO 50
60 A = G - C/M*V
```

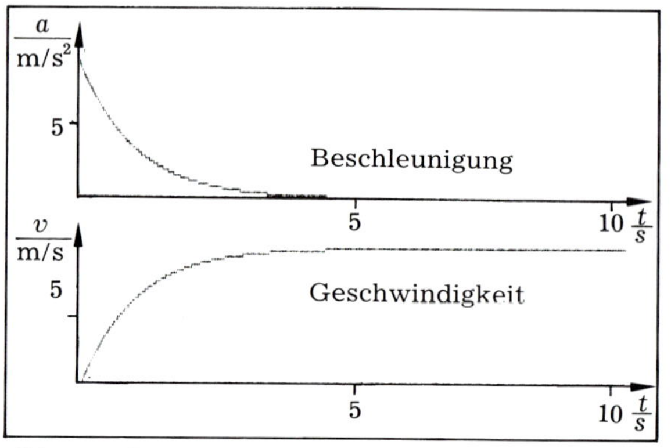

Abb. 48.1 Basic-Programm zum Fall mit Luftreibung ($F_l \sim v$) und zugehörige s(t)-, v(t)- und a(t)-Diagramme

```
 10 M = 1: G = 9.81: DT = 0.01: C = 0.5
 20 X = 0: Y = 0: VO = 10: WI = 45
 30 VX = VO * COS (WI * PI/180)
 40 VY = VO *SIN (WI * PI/180)
 50 T = T + DT
 55 V = SQR (VX * VX + VY * VY)
 60 AX = -C/M * V * VX: AY = -G-C/M * V * VY
 70 VX = VX + AX * DT: VY = VY + AY * DT
 80 X = X + VX * DT: Y = Y + VY * DT
 90 Zeichne X, Y
100 GOTO 50
```

Abb. 48.2 Basic-Programm zum schiefen Wurf mit quadratischem Luftwiderstand: ($F_l \sim v^2$). Zur Berechnung der Komponenten siehe Abb. 49.1.

In Zeile 10 ist zusätzlich c festgelegt. Es ist informativ, sich neben dem $s(t)$- auch den $v(t)$ und den $a(t)$-Verlauf ausgeben zu lassen. Wie im Realexperiment nähert sich v mit zunehmender Zeit asymptotisch einem konstanten Grenzwert an. Die Beschleunigung geht gegen Null. Für den Fallschirmspringer ist das lineare durch ein quadratisches Reibungsgesetz zu ersetzen.

Computerprogramme zum schiefen Wurf

Die Programme zum Fall sind ohne großen Aufwand für den schiefen Wurf zu erweitern. Aus den Beschleunigungskomponenten in x- und y-Richtung muß der Computer nur separat zwei voneinander unabhängige Bewegungen in horizontaler und vertikaler Richtung berechnen und die Ergebnisse zusammenfügen.

Beim Wurf ohne Luftwiderstand ist die horizontale Bewegung völlig kräftefrei ($a_x = 0$), und auf die vertikale Fallbewegung wirkt nur die Fallbeschleunigung ($a_y = g$). Daher können wir das Programm zum freien Fall vollständig übernehmen und um die horizontale Bewegung erweitern. Zusätzlich ist der Betrag (v_0) und

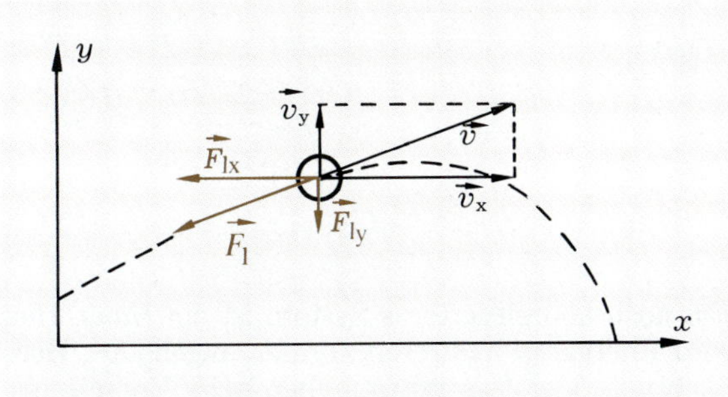

Abb. 49.1 Berechnung der Luftreibungskomponenten beim schiefen Wurf

die Richtung der Anfangsgeschwindigkeit zu definieren und in die Komponenten v_x und v_y zu zerlegen (Zeile 30 + 40).

Mit einem Zeitschritt DT = 0.01 liefert das Programm eine ausreichend gute Übereinstimmung mit dem freien Fall. Interessant wird der schiefe Wurf erst, wenn wir die Luftreibung einschließen. Wir benutzen das quadratische Reibungsgesetz. Gemäß Abb. 49.1 ist die Luftreibungskraft F_l dem Geschwindigkeitsvektor entgegen gerichtet.

Für den Betrag von F_l gilt:

$$F_l = c \cdot v^2 .$$

Die x- und y-Komponenten bremsen die Bewegung in x- und y-Richtung. Für sie gilt:

$$F_{lx} = -c \cdot v^2 \cdot \cos\alpha = -c\, v^2 \frac{v_x}{v} = -c\, v\, v_x$$

$$F_{ly} = -c \cdot v^2 \cdot \sin\alpha = -c\, v^2 \frac{v_y}{v} = -c\, v\, v_y .$$

Daraus ergeben sich die jeweiligen Beschleunigungskomponenten in Computerschreibweise zu:

```
AX=-C/M*V*VX
AY=-G-C/M*V*VY
```

Abb. 49.2 In mittelalterlichen Büchern finden sich häufig Wurfbahnen nach einer Drei-Phasen-Theorie (gerade-gekrümmt-gerade); eine Vorstellung, die auch unser intuitives Denken beherrscht. Auch Comic-Helden fallen nach einer ähnlichen Theorie (2 Phasen) in Abgründe

Vor der Berechnung von a_x und a_y muß noch der Geschwindigkeitsbetrag $v = (v_x^2 + v_y^2)^{1/2}$ bestimmt werden (Zeile 55). Mit diesen Änderungen, die in Abb. 48.2 braun markiert sind, berechnet das Programm nunmehr den schiefen Wurf mit Luftreibung.

Von der Wurfparabel zur ballistischen Kurve

Abb. 23 vergleicht die ideale reibungsfreie Wurfparabel mit der Bahnkurve, die bei Anwesenheit von Luftreibung entsteht. Diese wird als **ballistische Kurve** bezeichnet. Sie ist asymmetrisch; der ansteigende Teil ist länger und flacher als der absteigende Ast. Das ist leicht einzusehen, denn die Luftreibung bringt die horizontale Bewegung zum Erliegen. Würde der Körper nicht vom Erdboden aufgehalten, dann fiele er schließlich senkrecht mit konstanter Geschwindigkeit. Die maximale Wurfweite wird unter Abwurfwinkeln $< 45°$ erreicht.

In alten Stichen von ballistischen Kurven findet man häufig eine **Drei-Phasen-Theorie** von Bahnkurven: gerader Anstieg, Krümmung, gerader Abfall (Abb. 49.2). Sie entspricht der Vorstellung, daß beim Abschuß der Kugel ein gewisser „Impetus" mitgeteilt wird, der allmählich aufgezehrt wird. Wenn dieser vollständig verschwunden ist, setzt nach dieser Vorstellung die senkrechte Fallbewegung ein. Diese „intuitive" Theorie des realen Wurfes mit Luftreibung stimmt recht gut mit den wirklichen ballistischen Kurven überein, nur daß hier natürlich keine genau geraden Abschnitte auftreten.

Ein Luftballon, der waagrecht über eine Tischkante mit dem Finger gekickt wird, weicht wegen der großen Luftreibung von der Parabelbahn ab und führt eine ähnliche 3-Phasen-Bewegung aus (annähernd waagrecht, Krümmung, fast senkrecht). Beim abgründigen Fall von Comic-Helden in Zeichentrickfilmen findet sich häufig eine noch extremere 2-Phasen-Fallbewegung (Abb. 49.2). Auch diese Bahnkurve läßt sich durch eine horizontale Wurfbewegung in einem Medium mit extrem großer Reibung annähern und in einem Computerprogramm simulieren (Aufgabe 4).

Aufgaben:

1. Schreiben Sie ein Programm für den freien Fall mit quadratischem Luftwiderstand für Körper, die mit aufwärts oder abwärts gerichteter Anfangsgeschwindigkeit starten!

2. a) Bestimmen Sie für den schiefen Wurf mit quadratischer Luftreibung ungefähr den Winkel, der zur maximalen Wurfweite führt ($m = 0{,}1$ kg $c = 0{,}5$, $v_0 = 10$ m/s)!
b) Hängt der Winkel von der Anfangsgeschwindigkeit ab?

3. Schreiben Sie ein Computerprogramm für das Affe-Tierfänger-Problem (Aufgabe 1, Kap. 2.4)!

4. Sehr häufig fallen Figuren in Zeichentrickfilmen auf folgende lustige Weise in Abgründe (vgl. Abb. 49.2): Sie laufen bis weit über den Abgrund. Erst wenn sie bemerken, daß kein Boden mehr unter ihren Füßen ist, fallen sie senkrecht nach unten. Unter welchen Bedingungen könnte tatsächlich eine solche Bewegung auftreten? Tip: Eine Kugel wird horizontal in ein zähes Medium (z. B. Honig) geschossen. Schreiben Sie ein Programm für diesen Fall!

Erhaltungssätze

5. Arbeit, Energie und Leistung

5.1 Energie und Energieerhaltung

Eine neue Idee: Erhaltungsprinzipien
Bisher haben auch wir auf mechanische Probleme das **Kausalitätsprinzip** angewandt: Bewegungsänderungen werden durch Kräfte hervorgerufen, die am Ort des betrachteten Teilchens wirken. Neben diesem kausalen Zugang gibt es einen anderen Ansatz, mechanische Probleme zu behandeln. Dabei spielt das **Erhaltungsprinzip** eine zentrale Rolle. Bestimmte physikalische Größen ändern sich bei diesen Vorgängen nicht.
Ganz gleich wie groß und wie kompliziert das betreffende System auch ist, es gelten gewisse Erhaltungssätze für das gesamte System. Eine dieser Größen, deren Erhaltung und Umwandlung in der Physik eine grundlegende Rolle spielt, ist die **Energie.** Sie tritt in verschiedenen Formen auf und gehört zu den wichtigsten Begriffen der Physik.

Energie und ihre vielfältigen Formen
Betrachten wir ein *Auto:* Es fährt bei einer Tankstelle vor, der Tank wird gefüllt. Durch die Zufuhr von Benzin ist die Energie des Systems „Auto" erhöht worden. Bei der anschließenden Fahrt gibt das Auto Energie in den verschiedensten Formen ab. Längs des zurückgelegten Weges werden die Reibungskräfte überwunden, die nächtliche Straße wird durch Scheinwerfer erleuchtet, die Heizung gibt Wärme ab, die Batterie wird geladen, vielleicht wird auch eine Last oder ein Anhänger einen Berg hinauftransportiert. Dem Auto ist chemische Energie zugeführt worden. Abgegeben hat es mechanische Energie, elektromagnetische Energie und Wärme. Wir erkennen daraus, daß Energie in verschiedenen Formen aufgenommen und abgegeben wird. Das Auto verhält sich als Energieumwandler.

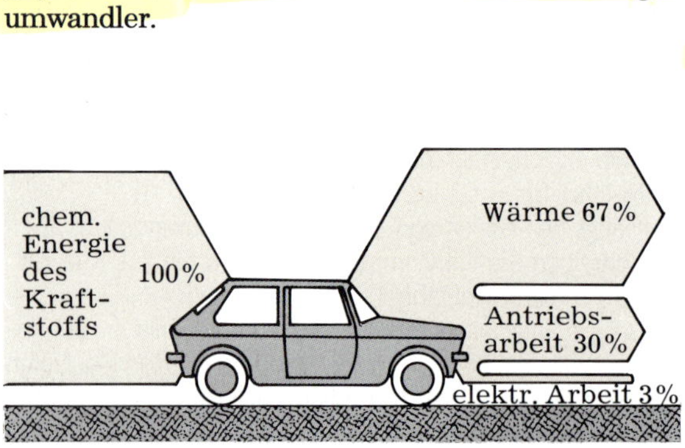

Abb. 50 Das Auto als Energiewandler. Die gesamte „hineingesteckte" Energie findet sich in verschiedenen Energieformen in nutzbarer Antriebsarbeit und unnützer aber unvermeidlicher Wärme

Ein noch komplizierteres System ist ein *Haus.* Hier wird Energie in mehreren Formen angeliefert. Heizöl, Kohle oder Gas bringen chemische Energie ein. Vom Elektrizitätswerk kommt elektrische Energie, der Sonnenschein durch die Fenster bringt Licht und Wärme. Das System „Haus" gibt praktisch die gesamte zugeführte Energie wieder in Form von Wärme ab. Zuvor benutzen die Hausbewohner die Energie in den verschiedensten Formen, die ihnen nützlich scheinen.

Energie-Erhaltungssatz
Die Vielfalt der Energieumsetzungen, die jeden Vorgang in der Natur und in der Technik begleiten, wäre hoffnungslos kompliziert, wenn die Energie nicht eine fundamentale Eigenschaft besäße:

> Energie kann weder erzeugt noch vernichtet werden.

Dies ist der Satz von der Erhaltung der Energie, meist kurz Energiesatz genannt.
Für jede Erhaltungsgröße kann man eine **Bilanzgleichung** aufstellen. Dazu muß man in Gedanken ein beliebiges **System** vom „Rest der Welt" abgrenzen. Ein solches System könnte z.B. ein Auto sein. Diesem System kann Energie zugeführt werden, das System kann Energie abgeben und auch speichern. Die **Energiebilanz** lautet dann (Abb. 51.1):

> Änderung des Energieinhaltes eines Systems
> = zugeführte Energie – abgegebene Energie.

Bei der Zufuhr oder Abgabe tritt Energie zumeist in unterschiedlichen Formen auf. Der Erhaltungssatz drückt eine **Mengeneigenschaft der Energie** aus. Obwohl Energie eine abstrakte, nicht stoffliche Größe ist, können wir ihre Mengenartigkeit durch folgende *Analogie* besser verstehen. Wasser kommt in unterschiedlichen Formen als Eis, Flüssigkeit oder Dampf vor. Beim Schmelzen von Eis oder Verdampfen von Wasser ändert sich zwar die Form, die Wassermenge bleibt aber immer gleich.
In der Praxis wird jedes physikalische System mit seiner Umgebung Energie durch Aufnahme oder Abgabe *austauschen.* Dies geschieht insbesondere durch Reibung, die zu einer Energieabgabe in Form von Wärme führt. Oft ist aber der Energieaustausch mit der Umgebung klein gegen die Energieumsetzungen innerhalb eines Systems. Dann liegt in guter Näherung ein abgeschlossenes System vor.

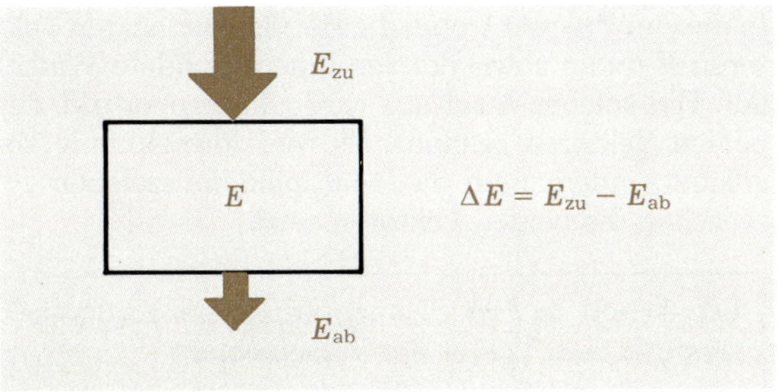

Abb. 51.1 Zur Bildung der Energiebilanz: Der Energieinhalt E des Systems ändert sich durch Energiezufluß und Abfluß. Es gilt $\Delta E = E_{zu} - E_{ab}$

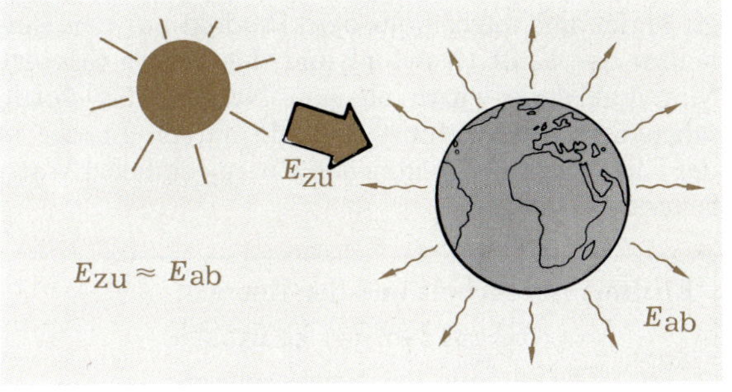

Abb. 51.2 Zur Energiebilanz der Erde: Nahezu alle Energie, die wir von der Sonne empfangen, wird wieder als Wärmestrahlung an das Weltall abgegeben. Nur ein verschwindender Bruchteil wird in Pflanzen als chemische Energie gespeichert

> Im Idealfall des **abgeschlossenen Systems** bleibt dessen Energie konstant.

Wir werden sehen, daß man mit diesem Satz viele Probleme der Mechanik lösen kann.
Der Satz von der Erhaltung der Energie bezieht sich nicht nur auf die Mechanik. Die Energieformen „elektrische Energie", „chemische Energie" und auch „Wärme" werden in der Mechanik nicht untersucht. Deshalb können wir in diesem Kapitel, das nur von der Mechanik handelt, noch kein volles Verständnis des Energiebegriffs entwickeln. Dazu würde insbesondere eine Berücksichtigung der Energieform „Wärme" gehören. Mit dieser beschäftigen wir uns im Kapitel 11. Dennoch beginnen wir mit einer Untersuchung der Energie, die zunächst auf die Mechanik begrenzt ist. Damit folgen wir dem Weg, auf dem der Satz von der Erhaltung der Energie in der Geschichte entstanden ist.

Aufgaben:

1. Nennen Sie weitere Beispiele für nahezu abgeschlossene Systeme!
2. Was könnte alles geschehen, wenn die Erdatmosphäre durch Luftverschmutzung stärker Strahlungsenergie aufnimmt (absorbiert) und damit weniger Energie als Wärmestrahlung an das Weltall entläßt?
3. Verfolgen Sie die verschiedenen Kanäle, durch die einem Auto durch Reibung Energie entzogen wird. Was wird letztlich aus aller Energie, die wir auf der Erde „verbrauchen"?

5.2 Energieübertragung durch mechanische Arbeit

Ein Bierfaß soll auf die Ladefläche eines Lastwagens verladen werden. Durch den dazu erforderlichen Hebevorgang wird an dem Faß eine Arbeit verrichtet. Es gibt verschiedene Möglichkeiten, dies zu tun. Wir können z.B. das Faß

- einfach senkrecht hochheben,
- eine schiefe Ebene hinaufrollen,
- mit Seil und Rolle hochziehen, wir können aber auch
- einen Flaschenzug einsetzen,
- das Faß mit einem Karren eine Rampe hinaufschieben usw.

Zum senkrechten Hochheben oder dem Hochziehen mit dem um eine Rolle geführten Seil brauchen wir viel Muskelkraft. Schiefe Ebene und Flaschenzug sind hilfreich, wenn weniger muskulöse Menschen die gleiche Arbeit verrichten sollen. Schon seit dem Altertum kennt man solche einfachen Maschinen.
Jedoch gibt es gemäß *Galileis* „Goldener Regel der Mechanik" nichts umsonst, da die Natur offenbar genau Buch führt und die Energiebilanz stimmen muß!

> **Goldene Regel der Mechanik:**
> Was an Kraft gespart wird, muß an Weg zugesetzt werden. Oder:
> Das Produkt aus Kraft und Weg wird beim Gebrauch von Maschinen nicht verändert. Diese unveränderliche Größe bezeichnet man mit dem Namen Arbeit (Formelzeichen *W* von „work").

Diese aus den Erfahrungen beim Anheben eines Körpers gewonnene Definition der Arbeit zeigt, daß die Bezeichnung als Bestandteil der physikalischen Fachsprache einen stark eingeengten Sinn hat gegenüber dem alltäglichen Gebrauch des Wortes „Arbeit". So würde man es in der Umgangssprache als Arbeit bezeichnen, das schwere Bierfaß einen Meter über dem Boden zu halten, denn diese Tätigkeit bereitet Mühe und kostet uns auch Stoffwechselenergie. Das ist aber durch die Art bedingt, wie unser Körper

Abb. 51.3 Die Hubarbeit ist in allen drei Fällen gleich

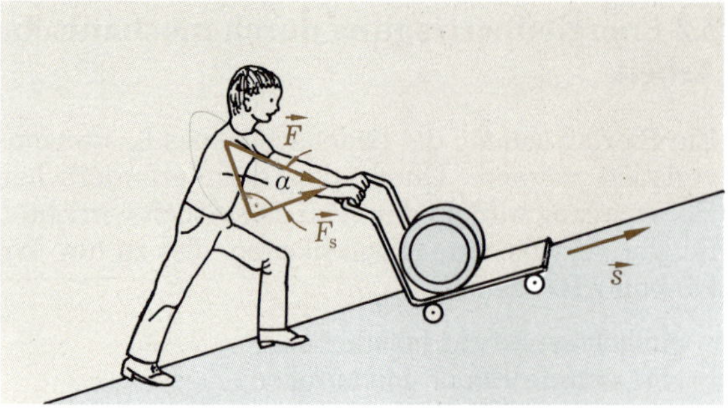

Abb. 52 Nur der Kraftanteil in Richtung des Weges leistet einen Beitrag zur Arbeit

Muskelkräfte erzeugt. Physikalisch macht es keinen Unterschied, ob das Faß von einem Menschen oder von einem Tisch in gleicher Höhe gehalten wird. In beiden Fällen wird keine physikalische Arbeit verrichtet.

Physikalische Arbeit wird nur verrichtet, wenn eine Kraft geeignet auf einen bewegten Körper einwirkt.

Die Berechnung der verrichteten Arbeit wird dadurch etwas komplizierter, daß die Kraft nicht immer in der Richtung des zurückgelegten Weges wirkt. Denken wir z. B. an den Mann, der das Bierfaß mit einem Karren eine schiefe Ebene hinaufschiebt. Da er an einer Stelle anpackt, die ihm von seiner Körpergröße her bequem erscheint (Abb. 52), wirkt die Kraft schräg nach vorne. Diese einwirkende Kraft können wir in zwei Anteile zerlegen, einen Anteil in Richtung des Weges und einen zweiten, der senkrecht auf der Wegrichtung steht. Der Anteil senkrecht zur schiefen Ebene bewirkt nichts anderes, als daß der Karren mit dem Faß noch stärker auf seine Unterlage drückt. Solange die Rampe nicht unter der Last zusammenbricht, findet in dieser Richtung keine Bewegung statt. Der Kraftanteil senkrecht zum zurückgelegten Weg leistet deshalb keine Arbeit. Um diesen Fall in der Definition der Arbeit einzuschließen, wird die Definition verschärft.

> Die **Arbeit** W ist das Produkt aus der Kraft in der Wegrichtung F_s und dem zurückgelegten Weg s:
>
> $$W = F_s \cdot s .$$

Die Zerlegung der Kraft in Anteile parallel und senkrecht und die Berechnung der Arbeit kann man mit Hilfe der **Vektorrechnung** besonders elegant ausdrücken. Der Kraftvektor $\vec{F}$ schließt mit der Wegrichtung $\vec{s}$ den Winkel α ein. Den Betrag der Kraft in Wegrichtung F_s können wir angeben, da sie eine Kathete in einem rechtwinkligen Dreieck darstellt. Es gilt:

$$F_s = F \cdot \cos\alpha = F \cdot \cos(\vec{F}, \vec{s}).$$

Die Kraft in Richtung des Weges ist gleich der Gesamtkraft, multipliziert mit dem Cosinus des Winkels, der von Kraft- und Wegrichtung eingeschlossen wird. Damit ergibt sich für die Arbeit:

$$W = F \cdot s \cdot \cos\alpha = F \cdot s \cos(\vec{F}, \vec{s}).$$

In diesem Produkt treten die Beträge der beiden Vektoren $\vec{F}$ und $\vec{s}$ sowie der von ihnen gebildete Winkel auf. Ein solcher Ausdruck wird **Skalarprodukt** der beiden Vektoren genannt. Es wird formelmäßig abgekürzt, indem man das Multiplikationszeichen „·" zwischen die beiden Vektoren setzt.

> Die **Arbeit** *ist das Skalarprodukt* des Kraftvektors mit dem Vektor der Verschiebung:
>
> $$W = \vec{F} \cdot \vec{s} .$$

Die Maßeinheit der Arbeit und damit auch der Energie ergibt sich folglich aus dem Produkt aus den Einheiten der Kraft (Newton) und des Weges (Meter). Man hat dafür einen eigenen Namen, das **Joule** (abgekürzt J) eingeführt. 1 Joule entspricht der in der Elektrizitätslehre üblichen Energieeinheit 1 Wattsekunde (Ws).

> **Einheit der Arbeit** und der Energie:
>
> $$1\ \text{J} = 1\ \text{Nm} = 1\ \text{kg m}^2\ \text{s}^{-2}$$
>
> 1 Joule = 1 Newtonmeter

Die Hubarbeit

Nachdem die Arbeit zu einer meßbaren Größe wurde, können wir die beim Heben des Fasses verrichtete Arbeit quantitativ angeben. Zum Heben ist eine Kraft erforderlich, die gerade entgegengesetzt gleich der Gewichtskraft ist. Der zurückgelegte Weg entspricht der Höhe. Demnach ist die **Hubarbeit:**

$$W = F_g h .$$

Da die Gewichtskraft gleich der Masse eines Körpers multipliziert mit der Schwerebeschleunigung ist, können wir auch schreiben:

$$W = m g h .$$

Nachdem diese Arbeit an dem Faß verrichtet wurde, kann das Faß seinerseits Arbeit verrichten. So könnte das Faß – über ein Seil und eine Umlenkrolle – einen anderen Körper anheben. Seine eigene, soeben gewonnene Höhe würde das Faß allerdings dabei wieder verlieren. Eine andere Möglichkeit für das Faß, Arbeit zu verrichten, bestünde in dem Hinunterrollen einer schwach geneigten Ebene, wobei Arbeit gegen die Reibungskräfte verrichtet würde. Wir können uns noch viele weitere Möglichkeiten ausdenken, bei denen das zuvor angehobene Faß eine Arbeit verrichtet. Dabei würden wir stets finden:

Die mechanische Arbeit, die ein Körper vollbringen kann, ist höchstens gleich der Arbeit, die an diesem Körper vorher verrichtet wurde.

Dies ist ein Sonderfall des Satzes von der Erhaltung der Energie. Durch die mechanische Arbeit, die wir an einem System verrichten, erhöhen wir dessen Energie. Verrichtet dieses System anschließend selbst eine Arbeit, so gibt es wieder Energie ab. Da Energie nicht aus dem Nichts erzeugt werden kann, kann auch

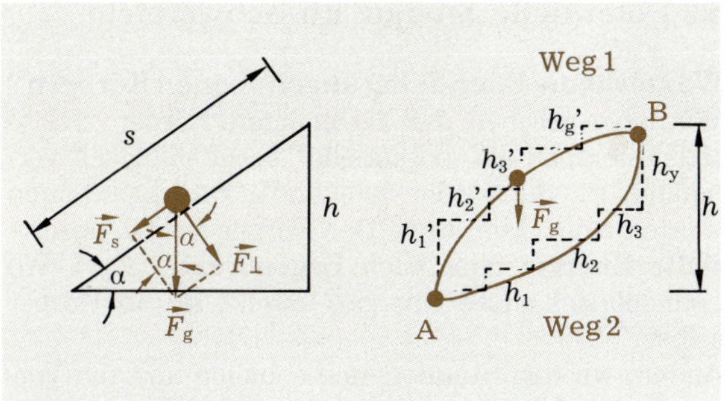

Abb. 53 Zur Berechnung der Hubarbeit. a) längs der schiefen Ebene. b) längs eines beliebigen Weges. Auf den horizontalen Treppenstücken wird keine Hubarbeit verrichtet

nicht mehr Energie abgegeben werden, als in einem System vorhanden ist.
Aus diesen Überlegungen lernen wir, daß Arbeit eine Form ist, in der Energie übertragen werden kann:

> **Arbeit** ist eine **Energieform,** die von einem mechanischen System aufgenommen oder abgegeben wird. Durch die Zufuhr oder Abgabe von Arbeit verändert sich die Energie E nach der Bilanzgleichung:
> $$E_2 - E_1 = \Delta E = W.$$

Beispiel:
Daß es bei der Berechnung der Hubarbeit $W = m\,g\,h$ tatsächlich keine Rolle spielt, auf welche Weise der Körper um die Höhe h angehoben wird, können wir am Beispiel der schiefen Ebene überprüfen. Wir betrachten eine Rampe der Länge l, die um den Winkel α geneigt ist. Ihre Benutzung hat den Vorteil, daß die in Richtung des Weges wirkende Komponente der Gewichtskraft F_s vermindert ist:

$$F_s = m\,g\,\sin\alpha\,.$$

Eine Verringerung der Kraft wird erkauft durch eine vergrößerte Wegstrecke s. Es gilt:

$$s = h/\sin\alpha\,.$$

Die Arbeit längs der schiefen Ebene

$$W = F_s\,s = m\,g\,\sin\alpha \cdot h/\sin\alpha = m\,g\,h$$

ist somit gleich der Hubarbeit. Die Kraftersparnis wird durch den vergrößerten Weg genau ausgeglichen. Die Natur läßt sich nicht überlisten.

Das Energieerhaltungsprinzip besitzt uneingeschränkte Gültigkeit.
Daß die Hubarbeit unabhängig vom durchlaufenen Weg ist, sieht man anhand der Abb. 53 ein. Jeden Weg kann man durch Treppenstufen beliebig genau annähern. Die gesamte Arbeit ergibt sich durch Aufsummieren der Teilarbeiten auf den waagrechten und senkrechten Wegstücken. Zur Summe tragen nur die senkrechten Weganteile bei, da hier Kraft- und Wegvektoren parallel sind, während auf den horizontalen Wegstrecken das Skalarprodukt verschwindet und keine Arbeit verrichtet wird.

$$W = W_1 + W_2 + \ldots.\; W_n = m\,g\,h_1 + m\,g\,h_2 + \ldots.\; m\,g\,h_n =$$
$$= m\,g\,(h_1 + h_2 + \ldots.\; h_n) = m\,g\,h\,.$$

In die Hubarbeit geht somit nur die Summe der Höhen der einzelnen Stufen, also die gesamte Höhe h ein, unabhängig von der Form der Treppe.

Energie aus dem Nichts – das Perpetuum mobile
Wäre die Hubarbeit davon abhängig, auf welchem Weg man einen Körper auf die Höhe h bringt, dann ergäbe sich ein Widerspruch zum Energiesatz. Man könnte dann nämlich Maschinen konstruieren, die mehr Energie erzeugen als sie aufnehmen.
Um dies einzusehen, nehmen wir an, es gäbe zwei Wege, einen Körper um die Höhe h anzuheben, die unterschiedliche Arbeiten erfordern. Die zum Anheben jeweils nötige Arbeit können wir auf jedem Weg zurückgewinnen, indem wir den Vorgang rückwärts laufen lassen. Im Idealfall bei Abwesenheit von Reibungskräften gelingt das vollständig.
Denken wir uns nun einen Körper auf dem Weg mit geringerer Hubarbeit angehoben und auf dem zweiten Weg zurückgeführt. Entsprechend der dort erforderlichen höheren Hubarbeit könnte der Körper auf diesem Rückweg auch eine größere Arbeit verrichten als zuvor zum Anheben aufgewandt wurde. Das Durchlaufen eines solchen Kreisprozesses würde Energie aus dem Nichts erschaffen, was nach dem Energieerhaltungssatz unmöglich ist.
Eine hypothetische Maschine, die nutzbare Arbeit liefert, ohne daß von außen Energie zugeführt wird, bezeichnet man als **Perpetuum mobile** (1. Art). Der Gedanke der immerwährenden Bewegung und der unerschöpflichen Energie hat seinen Reiz, und es liegt in der Natur des forschenden Menschen, über Realisierungsmöglichkeiten nachzudenken. Wer hat nicht in seiner Kindheit mit dem Gedanken gespielt, einen Dynamo einen Elektromotor speisen zu lassen, der seinerseits den Dynamo antreibt, um so unerschöpfliche Energie zu erzeugen. Daß dieses genial einfache Prinzip nicht funktioniert, will man zunächst nicht wahrhaben.
Immer wieder ist man versucht, so oder noch viel trickreicher die Natur zu überlisten. Viele unglückliche Erfinderschicksale zeugen jedoch von der allgemeinen Gültigkeit des Energiesatzes. Die Energiebilanz stimmt immer; nicht nur in obigen einfachen mechanischen Beispielen mit der Hubarbeit als Energieform, sondern auch etwa unter Einbeziehung beliebiger anderer noch zu besprechender Energieformen.
Bereits im Jahre 1775 beschloß die französische Akademie der Wissenschaften, keine weiteren Vorschläge solcher Maschinen mehr zu prüfen, da man bereits zu diesem Zeitpunkt ohne Kenntnis des Energiesatzes von ihrer Unmöglichkeit überzeugt war. Auch heute machen immer wieder Erfinder von sich reden, die mit einem angeblichen Perpetuum mobile die heutigen Energieprobleme zu lösen vorgeben. Diese Tatsache ist allerdings eher ein Forschungsfeld für Psychologen als für Physiker.

Aufgaben:

1. Weisen Sie nach, daß auch beim Überwinden eines Höhenunterschiedes auf der schiefen Ebene die Hubarbeit $W = F_g h$ beträgt, obwohl der Weg auf der schiefen Ebene viel größer ist als beim senkrechten Hub!
2. Erläutern Sie die Wirkungsweise eines Flaschenzuges und berechnen Sie die Hubarbeit für einen Flaschenzug mit einer festen und einer losen Rolle!
3. Eine weitere einfache Maschine ist der Hebel. Für ihn gilt das Hebelgesetz:

$$F_1 a_1 = F_2 a_2.$$

Dabei sind a_1 und a_2 die Abstände der Wirkungslinien der Kräfte vom Drehpunkt. Zeigen Sie, daß aus der Erfahrung, nach der durch den Gebrauch von Maschinen die Arbeit nicht verändert wird, das Hebelgesetz folgt!

4. Ein Bergsteiger steigt von Chamonix (1000 m über NN) auf den Montblanc (4807 m über NN). Mitsamt Ausrüstung hat er eine Masse von 100 kg. Welche Arbeit leistet der Bergsteiger?
5. Eine Seilbahn bringt 80 Skiläufer auf die Aiguille du Midi (3842 m über NN). Der Höhenunterschied gegenüber dem Tal ist 2800 m. Die Gondel wiegt mit den Passagieren 10 Tonnen. Wie groß ist die Hubarbeit?
Die Seilbahn wird elektrisch betrieben. Was würde die Bergfahrt kosten, wenn für eine Kilowattstunde 0,20 DM zu zahlen sind und 1 J = 1 Ws ist?
6. Welche Arbeit leistet ein Gepäckträger, der einen Koffer von $m = 50$ kg einen Kilometer weit über einen horizontalen Weg trägt? Was könnte der Gepäckträger tun, um seine körperliche Anstrengung zu vermindern?
7. Geben Sie Beispiele für den unterschiedlichen Gebrauch des Wortes Arbeit im Alltag und in der physikalischen Fachsprache!
8. Worauf gründete der Erfinder des Perpetuum mobile in Abb. 54 seine Hoffnung, daß das Gerät funktionieren könnte? Erklären Sie, warum es nicht arbeiten kann!

Abb. 54.1 Vorschlag eines Perpetuum mobile (vgl. Aufgabe 8)

5.3 Potentielle Energie im Schwerefeld

Wo steckt die Energie bei angehobenen Körpern?
Wir haben gesehen, daß die an einem Körper verrichtete Hubarbeit als „potentielle" Arbeitsfähigkeit vorhanden ist, die wieder vollständig zurückgewonnen werden kann. Man sagt: Der Körper besitzt **potentielle Energie** oder auch **Lageenergie** (E_{pot}). Wo befindet sich diese Energie? Steckt sie im Körper selbst?
Ändern wir den Standort und schauen uns den Vorgang vom Mond aus an (Abb. 54). Wir kommen zum Schluß, daß der Mensch die Erde und den Körper auseinander treibt. Das ist etwas Ähnliches wie das Auseinanderziehen einer Feder, nur gibt es zwischen Erdkugel und Körper keine sichtbaren Federn. Die „Federkraft" kommt durch die Schwerkraft zustande, die im Raum um die Erdkugel wirksam ist. Bei einem Expander würden wir sagen, die Energie steckt in den gespannten Gummibändern. Jedoch läßt sich die Schwerkraft nicht auf solche eng begrenzten „Kraftschläuche" wie Gummibänder oder Federn festlegen, sie erfüllt den gesamten Raum.

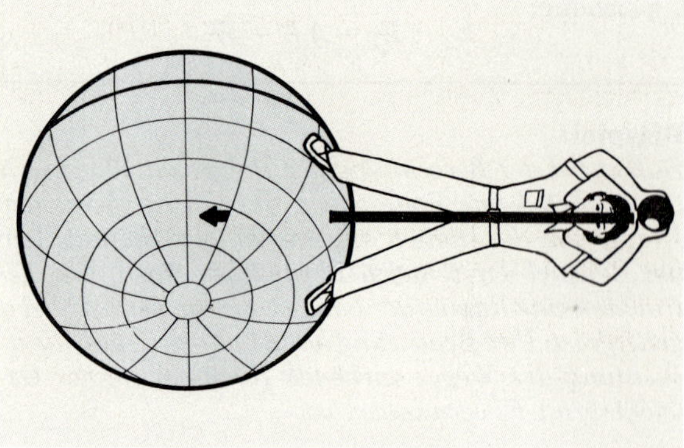

Abb. 54.2 Ein Mensch verrichtet Hubarbeit: Er drückt die Erde und eine Eisenkugel voneinander weg

Diese dem Raum zugeordnete Eigenschaft bezeichnet man als **Schwerefeld.** Es ist daher falsch, die potentielle Energie im angehobenen Körper lokalisiert anzunehmen. Sie steckt vielmehr im gesamten System, das den Raum um die beiden Körper, das Schwerefeld, umfaßt.

Bezugshöhen der potentiellen Energie
Zur Angabe der Höhe eines Berges benötigt man immer eine Bezugshöhe (i.a. Höhe über dem Meeresspiegel). Da in der Hubarbeit $W = m g h$ die Höhe eingeht, gilt das gleiche auch für die Angabe der potentiellen Energie eines Körpers im Schwerefeld. Eine Kugel, die sich auf einem Tisch der Höhe h über dem Fußboden befindet, hat bezüglich des Fußbodens die potentielle Energie $E_{pot} = m g h$. Beim Fall zu Boden könnte sie diesen Betrag als Arbeit verrichten. Befindet sich der Tisch in einem oberen Stockwerk, so besitzt sie bezüglich des Erdbodens eine größere potentielle Energie. Sie hat theoretisch eine noch

größere Arbeitsfähigkeit, wenn sie etwa in einen Brunnenschacht willkürlich gewählter Tiefe fallen würde.
Beim Fall zum Fußboden interessiert es nicht, ob die Kugel noch weitere potentielle Energie enthält, da diese bei der gewählten Versuchsanordnung nicht in Erscheinung tritt. Man kann den Nullpunkt von E_{pot} bei einer beliebigen praktikabel erscheinenden Höhe annehmen, nur muß man in der Energiebilanzgleichung diesen Bezugspunkt beibehalten.
Da in der Energiebilanz immer nur die Differenzen auftreten, ist es also unerheblich, daß es keine absolute potentielle Energie gibt. Fassen wir zusammen:

> **Hubarbeit** erhöht die Energie des Systems Erde – angehobener Körper.
> Diese Energie wird als Lageenergie oder **potentielle Energie** E_{pot} bezeichnet. Es gilt:
> $$\Delta E_{pot} = W = m g h .$$

Bei praktischen Rechnungen kann man einen beliebig großen, unveränderlichen Teil der potentiellen Energie abspalten und den Nullpunkt der potentiellen Energie bei einem zweckmäßig erscheinenden Ort annehmen. Zählt man dann die Höhe auch von diesem Ort ausgehend, so kann man vereinfacht schreiben:

$$E_{pot} = m g h .$$

Die potentielle Energie ist in dieser Zählweise gleich der Hubarbeit gegenüber dem festgelegten Nullpunkt der Höhenmessung. Wie bei der Hubarbeit geht in die potentiellen Energien nicht ein, auf welche Weise der Körper auf die betreffende Höhe gebracht worden ist.

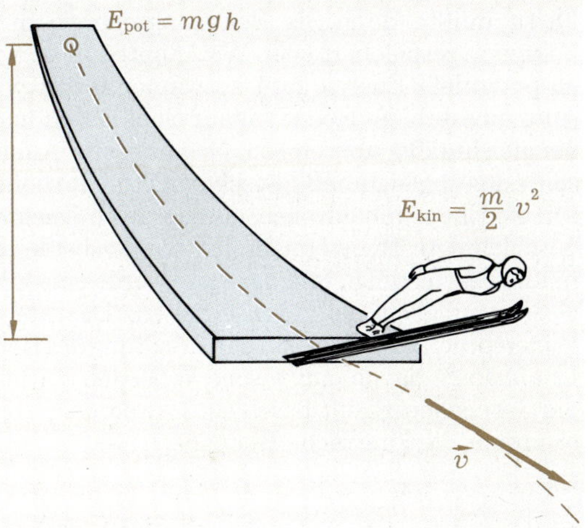

Abb. 55 Der Skispringer hat seine Lageenergie in Bewegungsenergie umgesetzt

5.4 Beschleunigungsarbeit und kinetische Energie

Wir haben einen Gegenstand um die Höhe h angehoben und damit gleichzeitig die potentielle Energie im Schwerefeld vergrößert. Auf die verschiedensten Weisen kann der Körper wieder aus seiner Höhe nach unten gelangen. Er kann z. B.

- frei fallen,
- eine schiefe Ebene hinuntergleiten,
- als Pendelkörper (wie *Tarzan* an einer Liane) nach unten schwingen.

Bei allen diesen Bewegungsabläufen wirkt auf den Körper die Gewichtskraft ein. Nach den getroffenen Festsetzungen verrichtet die Gewichtskraft eine Arbeit an dem Körper, denn sie wirkt längs des Fallweges.
Das Schwerefeld verrichtet am fallenden Körper Arbeit. Da diese den Körper beschleunigt, bezeichnet man sie als **Beschleunigungsarbeit.**
Diese Arbeit stammt aus dem Energieinhalt des Schwerefeldes, sie vermindert die potentielle Energie. Gleichzeitig erhöht sich die Energie des fallenden oder nach unten gleitenden Körpers. Unter dem Gesichtspunkt der Energieumsetzung kann man deshalb sagen, daß bei beschleunigten nach unten gerichteten Bewegungen Energie vom Schwerefeld auf den bewegten Körper übertragen wird. Der fallende, rutschende oder hinabschwingende Körper besitzt demnach, wenn er unten ankommt, eine neue Energieform, die er vorher noch nicht besaß. Sie muß in seiner Bewegung stecken. Man bezeichnet sie daher als **Bewegungsenergie** oder **kinetische Energie** E_{kin}.
Gleichgültig, ob der Körper fällt, hinunterrutscht oder schwingt, die potentielle Energie vermindert sich um das Produkt aus Gewichtskraft und Höhe. Es kommt – genau wie beim Heben nach oben – nicht darauf an, ob die Senkrechte als kürzestmögliche Strecke durchfallen wird, oder ob ein komplizierter und längerer Weg nach unten gewählt wird. Der Verlust an potentieller Energie ist unabhängig vom Weg und nur von der Höhe abhängig.
Nach dem Satz von der Erhaltung der Energie müssen wir dann erwarten, daß auch der bewegte Körper unabhängig vom Weg bei gleicher Höhendifferenz gleich viel Bewegungsenergie aufgenommen hat. Wenn diese Energie vollständig in der Bewegung steckt, so sollte die Endgeschwindigkeit bei allen Bewegungsabläufen mit gleichem Höhenverlust gleich sein. Wir überprüfen diese Vermutung an verschiedenen Beispielen theoretisch und experimentell.
Beispiel 1: *Geschwindigkeit beim freien Fall*
Beim freien Fall gilt nach Abschnitt 1.6:

$$h = \frac{g}{2} t^2 \text{ und } v = g t .$$

Daraus folgt für die Endgeschwindigkeit nach Durchfallen der Höhe h:

$$v = \sqrt{2 g h} .$$

Siehe S. 12

Beispiel 2: *Geschwindigkeit auf schiefer Ebene*
Der längs der Ebene zurückgelegte Weg ist nach Abschnitt 3.8:

$$s = \frac{g \sin \alpha}{2} t^2$$

und die Geschwindigkeit:

$$v = g t \sin \alpha .$$

Daraus folgt $v = \sqrt{2 g s \cdot \sin \alpha}$. *Nun gilt aber für den Sinus des Neigungswinkels* $\sin \alpha = \frac{h}{s}$. *Wenn wir dies einsetzen, folgt das gleiche Ergebnis wie beim freien Fall.*

Zur experimentellen Überprüfung könnten wir eine geneigte Experimentierbahn benutzen und die Endgeschwindigkeit in Abhängigkeit vom durchlaufenen Höhenunterschied bestimmen. Falls wir Kugeln oder Walzen eine schiefe Ebene hinabrollen lassen, sind jedoch genauere Überlegungen notwendig, da zusätzliche Energie in der Rollbewegung als sog. Rotationsenergie steckt. Wir kommen darauf in Kap. 7 zurück. Hier untersuchen wir die Pendelbewegung einer kleinen Kugel, bei der diese Komplikation vernachlässigbar ist.

Beispiel 3: *Geschwindigkeit beim Fadenpendel*

Versuch 1: *Wir hängen eine Eisenkugel an einem Faden auf und lenken dieses Pendel aus. Dadurch wird die Kugel um die Höhe h angehoben. Nach dem Loslassen schwingt sie zurück und durcheilt ihre vorherige Ruhelage. Ihre Geschwindigkeit im tiefsten Punkt ihrer Bahn messen wir mittels einer Lichtschranke (Abb. 56.1).*

Die Versuchsergebnisse bestätigen unsere Vermutung, daß die Endgeschwindigkeit beim Zurückpendeln aus der Höhe h ebenso groß ist wie beim freien Fall aus gleicher Höhe. Wie der Energiesatz es fordert, gilt:

> Bei abwärts gerichteten Bewegungen unter dem Einfluß der Gewichtskraft hängt die **Endgeschwindigkeit** nur von der vertikalen Fallhöhe ab.

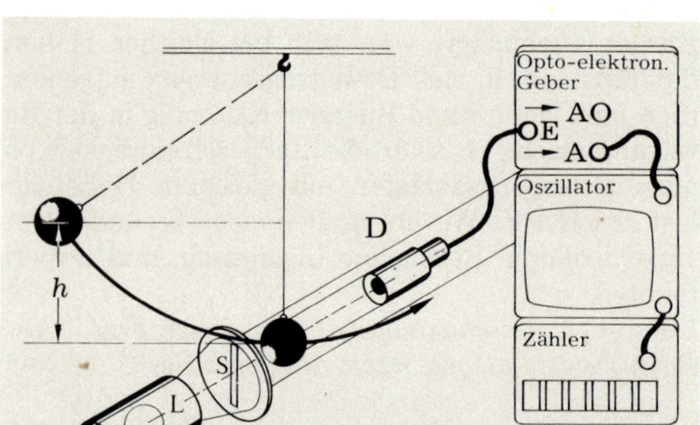

Abb. 56.1 Versuchsaufbau zur Geschwindigkeitsmessung bei einem Pendelkörper. Ein Zähler zählt Impulse eines Quarzoszillators, während die Kugel die Photodiode verdunkelt (L-Lampe, D-Fotodiode, S-Spaltblende)

Berechnung der Beschleunigungsarbeit und der kinetischen Energie.

Beim freien Fall ist die auf den fallenden Körper einwirkende Kraft konstant parallel zum Fallweg. Unter diesen Bedingungen läßt sich die Beschleunigungsarbeit einfach berechnen. Falls $\vec{F} = \text{const.}$ und $\vec{F}$ parallel $\vec{s}$ gilt:

$$W = |\vec{F}| \cdot |\vec{s}| .$$

Mit der mechanischen Grundgleichung $F = m a$ und dem Weg-Zeit-Gesetz der gleichmäßig beschleunigten Bewegung $s = \frac{1}{2} a t^2$ können wir schreiben:

$$W = (m a) \cdot (\tfrac{1}{2} a t^2) = \tfrac{1}{2} m \cdot (a t)^2 .$$

Infolge der Beschleunigung wird nach der Zeit t *die Geschwindigkeit* $v = a t$ erreicht. Es gilt:

$$W = \tfrac{1}{2} m v^2 .$$

Die Beschleunigungsarbeit hat also die Geschwindigkeit des Körpers erhöht. Sie ist nunmehr in diesem als Bewegungsenergie oder kinetische Energie E_{kin} gespeichert.

> Die Energie der Bewegung (**kinetische Energie**) eines Körpers beträgt:
>
> $$E_{\text{kin}} = \tfrac{1}{2} m v^2 .$$

Wir haben bei der Herleitung des Zusammenhangs zwischen Geschwindigkeit und Bewegungsenergie vereinfachend einen gleichmäßigen Beschleunigungsvorgang angenommen. Gilt $E_{\text{kin}} = \frac{1}{2} m v^2$ auch für Körper, die auf ganz beliebige Weise beschleunigt worden sind? Zum Beispiel gibt es beim Anfahren eines Autos wegen der Schaltvorgänge einen komplizierteren Verlauf der Beschleunigung.

Nehmen wir einmal an, durch die ungleichmäßige Beschleunigung wäre eine größere Arbeit zum Erreichen der gleichen Geschwindigkeit nötig gewesen. Diese müßte dann als Bewegungsenergie in dem Fahrzeug gespeichert sein. Wir könnten diese wieder als potentielle Energie zurückgewinnen, indem wir das Auto eine schiefe Ebene hinaufrollen lassen und dabei gleichmäßig abbremsen. Nach unserer Annahme sollte das ungleichmäßig beschleunigte Auto höher die schiefe Ebene hinaufrollen, als das zuvor gleichmäßig beschleunigte. Beim Hinabrollen werden beide gleichmäßig beschleunigt, und das erste würde eine größere Geschwindigkeit als zuvor erhalten. Das steht im Widerspruch zum Satz von der Erhaltung der Energie.

Unabhängig davon, auf welche Weise ein Körper auf die Geschwindigkeit v beschleunigt worden ist, besitzt er immer die kinetische Energie:

$$E_{\text{kin}} = \tfrac{1}{2} m v^2 .$$

Energiebetrachtung beim Fall und Wurf: Formulierung des mechanischen Energieerhaltungssatzes

Am freien Fall läßt sich leicht überprüfen, daß der Energiesatz erfüllt ist. Zunächst befindet sich der Körper in der Höhe h in Ruhe und hat die Lageenergie $E_{pot} = m\,g\,h$. Die Endgeschwindigkeit nach Durchfallen der Höhe h ergab sich nach Kap. 1.6 zu $v = \sqrt{2\,g\,h}$. Die zugehörige kinetische Energie

$$E_{kin} = \tfrac{1}{2}\,m\,v^2 = \tfrac{1}{2}\,m \cdot 2\,g\,h = m\,g\,h$$

entspricht wie erwartet der potentiellen Energie zu Beginn des Falls. Am tiefsten Bahnpunkt ist E_{pot} vollständig in E_{kin} umgewandelt worden.

Umgekehrt ist beim senkrechten Wurf im höchsten Bahnpunkt die gesamte beim Abwurf enthaltene Bewegungsenergie in Lageenergie umgesetzt worden. Die Energieerhaltung gilt aber auch in jedem Punkt der Bahn, der zwischen den Extrempunkten liegt. Dort gibt es kinetische und potentielle Energie. Die gesamte mechanische Energie E setzt sich additiv aus beiden Anteilen zusammen. Wir bezeichnen die Höhe in den Zwischenpunkten mit h' und die Geschwindigkeit mit v'. Die Energiebilanz sieht folgendermaßen aus (Abb. 57.1):

Gipfelpunkt:

$E_{kin} = 0 \qquad E_{pot} = m\,g\,h \qquad E = m\,g\,h$

Tiefstpunkt:

$E_{kin} = \tfrac{1}{2}\,m\,v^2 \qquad E_{pot} = 0 \qquad E = \tfrac{1}{2}\,m\,v^2$

Zwischenpunkte:

$E_{kin} = \tfrac{1}{2}\,m\,v'^2 \qquad E_{pot} = m\,g\,h' \qquad E = \tfrac{1}{2} m\,v'^2 + m\,g\,h'.$

Für eine Bewegung im Schwerefeld gilt in jedem Zeitpunkt der **Satz von der Erhaltung der mechanischen Energie:**

> In einem abgeschlossenen reibungsfreien mechanischen System im Schwerefeld bleibt die Summe aus kinetischer und potentieller Energie konstant.
> **Energieerhaltungsgesetz:**
> $$E = E_{kin} + E_{pot} = \text{const.}$$

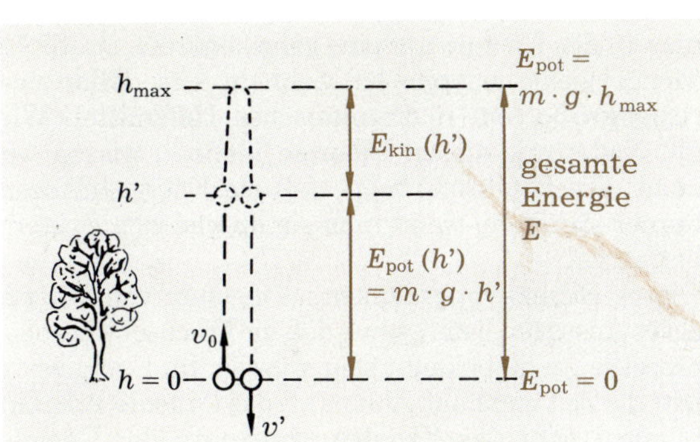

Abb. 57.1 Energiesatz beim senkrechten Wurf

Beispiel: *Ein Ball (m = 0,2 kg) wird mit 10 m/s nach oben geworfen. Welche Geschwindigkeit hat er in 1,8 m Höhe?*

Beim Abwurf liegt die Gesamtenergie E als kinetische Energie vor:

$$E = \tfrac{1}{2}\,m\,v^2 = 0{,}1 \cdot 100 \cdot \text{kgm}^2/\text{s}^2 = 10 \cdot \text{kgm/s}^2 \cdot \text{m} = 10\ \text{Nm} = 10\ \text{J}.$$

In 1,8 m Höhe hat der Ball eine Lageenergie von $E_{pot} = m\,g\,h = 0{,}2 \cdot 10 \cdot 1{,}8\ \text{J} = 3{,}6\ \text{J}$. *Folglich stehen ihm nur noch 6,4 J an kinetischer Energie zur Verfügung. Dies entspricht einer Geschwindigkeit von*

$$v = \sqrt{\frac{2}{m} \cdot E_{kin}} = \sqrt{(2 \cdot 6{,}4)/0{,}2}\ \text{m/s} \textit{ oder } v = 8\ \text{m/s}.$$

Den gleichen Geschwindigkeitsbetrag erzielt der Ball dort ebenfalls beim Abstieg, wie wir aus der Symmetrie der Wurfparabel wissen. Auch das ist leicht nachzuprüfen. Der Ball erreicht eine Höhe von $h = v^2/2\,g = 5$ *m. Vom Gipfel durchfällt er 3,2 m und erreicht auf dieser Strecke die Geschwindigkeit*

$$v = \sqrt{2\,g\,h} = \sqrt{2 \cdot 10 \cdot 3{,}2}\ \text{m/s} = 8\ \text{m/s}.$$

Der Energiesatz läßt sich gut grafisch veranschaulichen. Abb. 57.2 zeigt am Beispiel einer Berg- und Talbahn die Bahnkurve. Da die Höhe der potentiellen Energie proportional ist, können wir die vertikale Achse auch als Energieachse benutzen. Links am Start ist $E_{kin} = 0$ und die gesamte Energie E des Fahrzeugs liegt als E_{pot} vor. Wir markieren diese Höhe mit einer waagerechten Linie, die uns das nach dem Energiesatz unveränderliche Niveau der Gesamtenergie E = const. angibt. Rollt der Wagen den Abhang hinunter, dann gewinnt er E_{kin} auf Kosten von E_{pot}. Der vertikale Abstand vom jeweiligen Ort x auf der Bahnkurve zur Energiegeraden E = const. gibt an, welche Höhe und damit welche Lageenergie der Wagen verloren hat. Diese Strecke entspricht gerade der kinetischen Energie. Gleichgültig, wie kompliziert die Bahn eines Körpers ist, man kann sofort E_{kin} und E_{pot} aus diesem Energiegebirge ablesen.

Solche „Gebirge" der potentiellen Energie erweisen sich als zweckmäßig, wenn man z. B. Bindungskräfte und Bindungsenergie zwischen Atomen darstellen möchte.

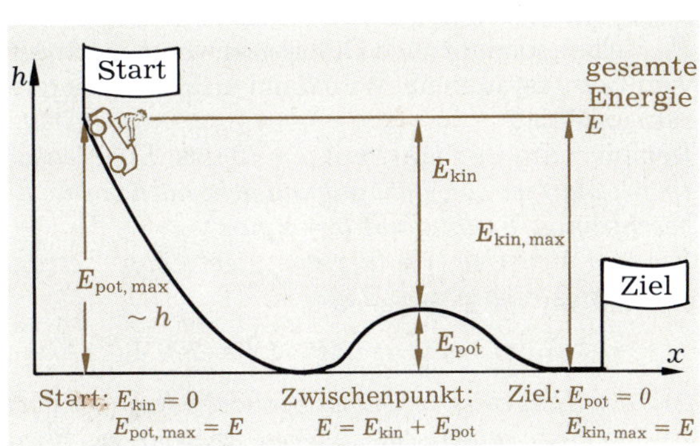

Abb. 57.2 Grafische Darstellung des Energiesatzes $E = E_{kin} + E_{pot} = \textit{const.}$

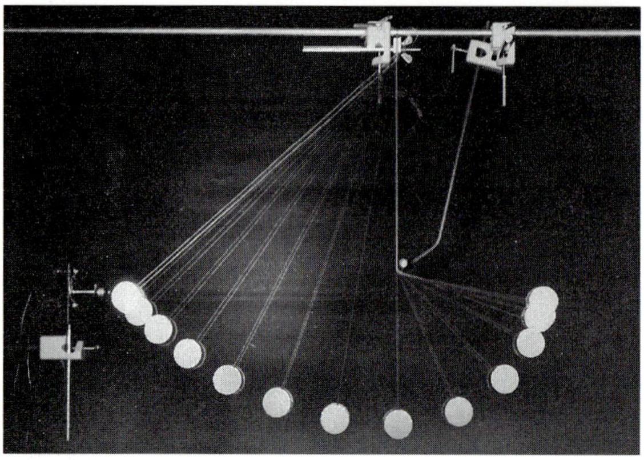

Abb. 58.1 *Galileisches Hemmungspendel zur Demonstration der Energieerhaltung: Trotz Hindernis wird die Ausgangshöhe erreicht*

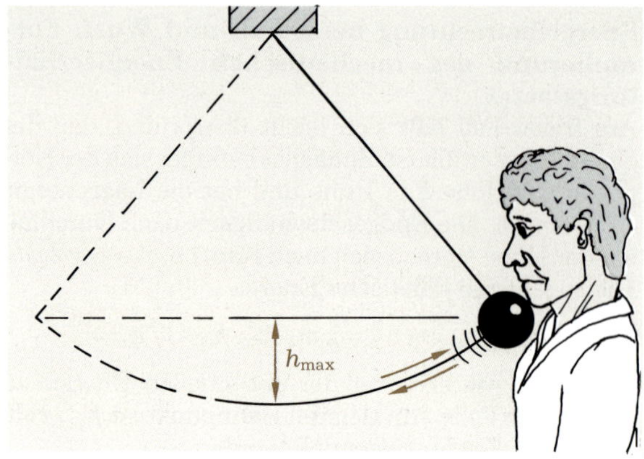

Abb. 58.2 *Vertrauen in Physik! Das Zurückpendeln des direkt vor dem Kinn gestarteten Pendels ist wegen der Gültigkeit des Energiesatzes harmlos!*

Energieerhaltung in der Praxis

Der Energieerhaltungsatz zeigt sich in der Praxis immer nur als eine Idealisierung, da seine Voraussetzung, ein abgeschlossenes System, nie vollständig zu verwirklichen ist. Es treten immer Energieverluste durch Reibung auf. Die im System enthaltene Energie fließt auf die Umgebung ab.

Versuch 2: Eine Stahlkugel fällt auf eine Glasplatte. Sie springt angenähert wieder auf ihre alte Höhe zurück.

Versuch 3: In zwei gegeneinander geneigten Fallrinnen erreicht eine Kugel nahezu ihre Ausgangshöhe (vgl. *Galilei*-Experiment, S. 27).

Recht gering sind die Reibungsverluste und der Luftwiderstand beim Fadenpendel. Es erreicht deshalb nach dem Durchschwingen seiner tiefsten Lage praktisch wieder die alte Höhe. Dies geschieht sogar dann, wenn wir das Pendel gegen einen Stift in geeigneter Höhe schlagen lassen, so daß noch kein Überschlag auftritt (Abb. 58.1).

Energiesatz und Bezugssystemwechsel

Die potentielle Energie hängt vom Bezugsniveau ab. Das ist jedoch unerheblich, weil in der Energiebilanz immer nur die Differenzen von E_{pot} eingehen. Bei der kinetischen Energie ist das anders. Es ist klar, daß die Geschwindigkeit und damit E_{kin} in verschiedenen Inertialsystemen, die sich relativ zueinander bewegen, auch verschieden bewertet werden. Jedoch nicht nur E_{kin} selbst, sondern auch Differenzen von E_{kin} hängen vom Bezugssystem ab. Wird dann nicht der Energiesatz ungültig?

Beispiel: *Ein Zug fährt mit* $v = 10$ m/s. *Ein Mensch* ($m = 50$ kg) *im Zug steht auf und geht nach vorne. Er beschleunigt 1* s *lang mit* $a = 2$ m/s².

E_{kin} *des Menschen im Inertialsystem „Zug" beträgt* ($v = 2$ m/s *relativ zum Zug*):

$$E_{kin} = \tfrac{1}{2}\, m\, v^2 = \tfrac{1}{2}\, 50 \cdot 4 \text{ J} = 100 \text{ J}.$$

Aus der Sicht eines ruhenden Beobachters hat er aber eine größere kinetische Energie gewonnen. Seine Geschwindigkeit vorher beträgt $v_1 = 10$ m/s. *Nachher ist sie* $v_2 = 12$ m/s. *Damit ist:*

Vorher: $E_{kin,1} = \tfrac{1}{2}\, m\, v_1^2 = 25 \cdot 100 \text{ J} = 2500 \text{ J},$

Nachher: $E_{kin,2} = \tfrac{1}{2}\, m\, v_2^2 = 25 \cdot 144 \text{ J} = 3600 \text{ J}.$

Aus der Sicht des ruhenden Beobachters beträgt die Zunahme der Bewegungsenergie $E_{kin} = 1100$ *J. Wie kommt diese Differenz zustande? Ist der Energiesatz verletzt?*

Tatsächlich übt der Mensch beim Beschleunigen eine Reaktionskraft auf den Zug aus. Sie beträgt $F = m\,a = 50 \cdot 2 \text{ kgm/s}^2 = 100 \text{ N}$. *Gehen wir davon aus, daß der Zug trotz dieser Kraft seine Geschwindigkeit hält, dann muß sein Antrieb während der Einwirkungszeit dieser Kraft (also 1 s lang, d. h. über 10 m) zusätzliche Arbeit verrichten:* $W = F\,s = 100 \cdot 10 \text{ Nm} = 1000 \text{ J}$.

Das ist gerade die gesuchte Differenz. Sie wird also nicht von dem Mann beim Beschleunigen, sondern vom Zugantrieb aufgebracht.

Dieses Beispiel führt das subtile Zusammenspiel von den Newtonschen Axiomen, dem Relativitätsprinzip und der Energieerhaltung vor Augen. Diese drei so verschieden aussehenden Prinzipien, die aus der Erfahrung gewonnen wurden, greifen stimmig und widerspruchsfrei ineinander.

Energie als abstrakte Bilanzierungsgröße

Wie das Beispiel zeigt, ist die Energie keine absolute Größe, sondern vom Bezugssystem abhängig. Es ist schwierig, sich das zu veranschaulichen, wenn man in der Energie nur eine ganz konkrete, stoffliche Menge sieht. Energie ist vielmehr eine **Bilanzierungsgröße,** ein mathematisches Hilfsmittel. Wie die Natur mit diesen Bilanzen rechnet, wissen wir nicht. Die Erfahrung zeigt, daß die Energiebilanzen immer stimmen, wenn man sie im gleichen System betrachtet.

Dieses Bilanzierungsdenken ist insofern von Vorteil, als es Aussagen liefert, ohne daß die Wechselwirkungsprozesse genau bekannt sein müssen. Im Energiesatz tritt die Zeit nicht auf. Anders als das **kausale Prinzip** ($F = m\,a$) gibt das **Erhaltungsprinzip** der Energie keinen Aufschluß über den zeitlichen Ablauf von Vorgängen.

Aufgaben:

1. Ein Skiläufer fährt durch eine Mulde, deren tiefster Punkt 20 m unter seinem Ausgangspunkt liegt. Welche maximale Geschwindigkeit erreicht er?
2. Für die Gipfelhöhe beim senkrechten Wurf gilt die Formel

$$h = \frac{v^2}{2g}!$$

Begründen Sie diese Formel mit dem Energiesatz!

3. Auch aus der Gleichung $m v^2/2$ können Sie entnehmen, welche Maßeinheit die Energie besitzt. Weisen Sie nach, daß auch hier sich 1 J = 1 N m = 1 kg m^2 s^{-2} ergibt!
4. Bei einem waagrechten Wurf hat der bewegte Körper bereits an seinem Startpunkt eine kinetische Energie

$$E_{\text{kin, 0}} = \tfrac{1}{2} m v_0^2!$$

Wie groß ist seine kinetische Energie geworden, wenn er die Höhe h durchfallen hat? Wie groß ist dann seine Geschwindigkeit?

5. Um wieviel Prozent erhöht sich die Aufschlaggeschwindigkeit eines Sportlers auf der Wasserfläche bei einem Sprung vom 10-m-Turm, wenn der Sportler zusätzlich noch einen Anlauf mit $v_0 = 5$ m/s nimmt?
6. Wie hoch könnte ein Sprinter ($v = 10$ m/s) theoretisch springen, wenn er die gesamte Energie seiner horizontalen Bewegung in eine vertikale Sprungbewegung umsetzen würde?
7. Ein Fahrzeug mit 40 km/h erzeugt mit blockierten Bremsen eine Bremsspur von 4 m Länge. Wie lang ist seine Bremsspur bei 160 km/h?
8. Eine Skiläuferin ($m = 50$ kg) fährt einen 40 m langen Abhang hinab. Welche Geschwindigkeit und welche kinetische Energie erreicht sie am Fußpunkt des Hanges, wenn

a) die Bewegung völlig reibungsfrei erfolgt?

b) wenn Reibung mit einer Gleitreibungszahl $f_{gl} = 0{,}1$ vorliegt?

Wie groß ist der Unterschied beider Energien?

Wodurch wird diese Differenz hervorgerufen?

Hätte man diese auch noch auf eine andere Weise berechnen können?

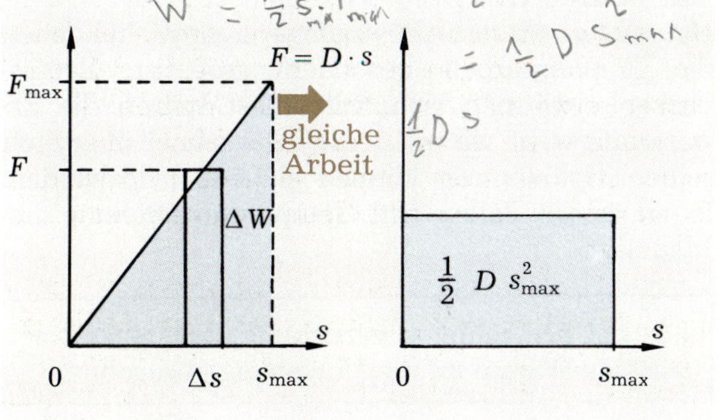

Abb. 59 Spannarbeit bei einer Feder nach dem Hookeschen Gesetz

5.5 Spannarbeit und Spannenergie der Feder

Beim Spannen einer Feder wird Arbeit verrichtet, da eine Kraft längs eines Weges wirkt. Die verrichtete Arbeit ist in der gespannten Feder als Energie gespeichert. Die Feder kann die Energie als Arbeit wieder abgeben und z. B. einen anderen Körper in Bewegung setzen. Dies geschieht bei alten Uhrwerken, die eine gespannte Feder als Energiespeicher benutzen. Beim „Aufziehen" der Uhr wird die Spannarbeit verrichtet.

Bei der Berechnung der Spannarbeit der Feder müssen wir beachten, daß die Kraft F nicht konstant ist, sondern proportional zum Weg s zunimmt (**Hookesches Gesetz** vgl. Kap. 3.5.). Mit der Federkonstante D lautet das **lineare Kraftgesetz:**

$$F = D s.$$

Berechnung der Arbeit bei veränderlicher Kraft

Zu Beginn des Spannweges ist die Federkraft gering. Sie wächst dann auf ihren Maximalwert an. Infolge dieser Veränderlichkeit ist hier die Gleichung $W = F \cdot s$ nicht direkt anwendbar. Sie setzt eine längs des Weges konstante Kraft voraus.

Die Berechnung der Spannarbeit wird möglich, wenn wir in Gedanken die Arbeit in kleinen Portionen verrichten. Der Weg setzt sich dann aus einzelnen Stükken Δs zusammen. Während des Spannens um ein solches kleines Wegelement ändert sich die Federkraft nicht wesentlich. Wir können Sie näherungsweise als konstant ansehen. Der Teilbetrag an Spannarbeit ist deshalb:

$$\Delta W = F \cdot \Delta s.$$

Dabei ist F die in dem jeweiligen Spannungszustand gerade wirksame Federkraft. In der Abb. 59 finden wir das Produkt aus Kraft und Verschiebung als die Fläche eines schmalen Rechteckes wieder. Dabei sind, wie immer bei solchen grafischen Darstellungen, die Maßstabsfaktoren und die zugehörigen Einheiten zu beachten. Die Arbeit ist keine Fläche, sie wird nur durch eine Fläche dargestellt.

Die gesamte Spannarbeit setzt sich additiv aus den Teilarbeiten zusammen. In der Abbildung entspricht dem der Flächeninhalt sehr vieler schmaler Rechtecke, deren Höhe gerade die an der entsprechenden Stelle wirksame Federkraft anzeigt. Die Gesamtfläche ist gerade gleich der Fläche des Dreiecks unter der Kurve.

$$W = \tfrac{1}{2}\, s_{max} \cdot F_{max} = \tfrac{1}{2}\, D\, s_{max}^2.$$

Diese Formel ist plausibel, denn wir können sie auch als das Produkt aus dem Verschiebungsweg s_{max} und einer mittleren Kraft $F_{max}/2$ auffassen.

Wo steckt die Spannarbeit?

Durch die Spannarbeit ist die Energie der Feder erhöht worden. Sie enthält jetzt **Spannenergie.** Ist die Spannenergie eine neue Energieform?

Wie jeder Festkörper besteht die Feder aus Atomen, die durch elektrische Kräfte aneinander gebunden sind. Im spannungsfreien Zustand befinden sich die Atome in Gleichgewichtslagen, bei denen sich Anziehungs- und Abstoßungskräfte mit ihren Nachbarn gerade kompensieren. Die beim Spannen der Feder wirkende Kraft drängt die Atome aus ihren Gleichgewichtslagen.
Eine anschauliche Vorstellung davon gibt eine Murmel, die als Gleichgewichtslage den tiefsten Punkt in einer Kuhle einnehmen möchte (Minimum von E_{pot}). Schiebt man sie aus der Ruhelage, so erhöht sich ihre potentielle Energie, da man gegen die Hangabtriebskräfte Arbeit verrichtet. Ganz entsprechend erhöht die Spannarbeit die potentielle Energie zwischen den Atomen, mit dem Unterschied, daß nicht das Schwerefeld, sondern das elektrische Feld der Atome als Energiespeicher dient. **Die Spannenergie ist daher eine Form potentieller Energie.**

> Um eine Feder aus dem entspannten Zustand zu dehnen, muß eine **Spannarbeit** W aufgebracht werden, die quadratisch mit der Federdehnung s zunimmt:
>
> $$W = \frac{1}{2} D s^2.$$
>
> Sie steckt als **Spannenergie** (potentielle Energie) in der Feder.

Aufgaben:

1. Eine Armbrust kann einen Pfeil ($m = 100$ g) hundert Meter hochschießen. Der Spannweg beträgt 10 cm. Mit welcher Maximalkraft muß die Armbrust gespannt werden?
2. Ein Ball ($m = 1$ kg) fällt aus 10 cm Höhe. Wie weit wird er eingedrückt, wenn man annimmt, daß eine Kraft von 100 N ihn um 1 cm einzudrücken vermag?

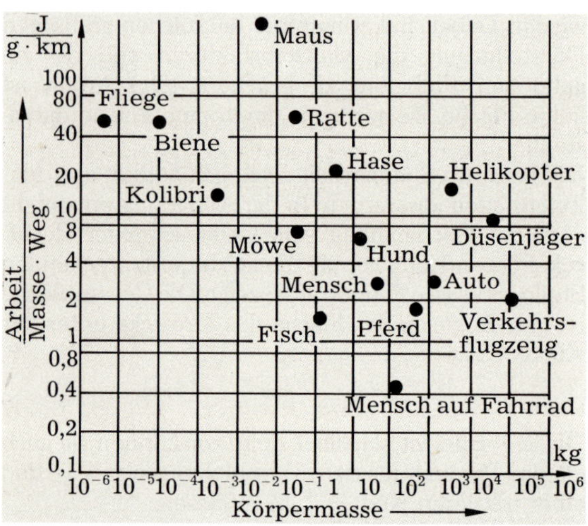

Abb. 60 Die pro Körpermasse benötigte Arbeit, um einen Kilometer zurückzulegen, variiert über mehrere Zehnerpotenzen (beachten Sie den logarithmischen Maßstab!). Das technisch seit etwa 1890 ausgereifte Fahrrad ist ein Spitzenprodukt der Ingenieurkunst

5.6 Reibungsarbeit

Bei Anfahren eines Fahrzeuges verrichtet der Motor **Beschleunigungsarbeit,** da die Geschwindigkeit erhöht wird. Bei einer Fahrt mit konstanter Geschwindigkeit auf ebener Straße ist der Motor notwendig, um **Reibungsarbeit** zu verrichten.
Beim Rollen oder Gleiten treten Reibungskräfte auf, die der Bewegungsrichtung entgegengesetzt sind. Wenn ein Fahrzeug sich gegen die Reibungskraft F_r um eine Wegstrecke s bewegt, so verrichtet dieses Fahrzeug eine Reibungsarbeit: $W = F_r \cdot s$.
Diese Reibungsarbeit muß aus dem Energievorrat des Fahrzeugs entnommen werden. Wenn nicht ein Motor neue Energie zuführt, so vermindert sich die kinetische Energie. Als Folge davon bleibt das Fahrzeug nach einiger Zeit stehen. Der Energiesatz erlaubt eine einfache Berechnung des Weges, nach dem das Fahrzeug zur Ruhe kommt. Dazu brauchen wir nur die kinetische Energie gleich der abgegebenen **Reibungsarbeit** zu setzen:

$$\frac{1}{2} m v^2 = F_r \cdot s.$$

Für alle „trockenen" Reibungskräfte gilt nach Kap. 3.7:

$$F_r = f \cdot F_n = f \cdot m \cdot g$$

(f = Reibungszahl, F_n = Normalkraft, hier Gewicht F_g)

$$\frac{1}{2} m v^2 = m g f s \text{ oder } s = \frac{v^2}{2 g f}.$$

Heimversuch: Für die Abbremsung von Fahrzeugen ist neben der Rollreibung auch die Reibung in den Achslagern maßgebend. Die aus beiden Anteilen zusammengesetzte Reibungszahl beträgt bei Rollen auf Asphalt 0,03. Bei Vernachlässigung des Luftwiderstands rollt ein Fahrzeug mit $v = 18$ km/h = 5 m/s auf ebener Straße noch 40 m. Probieren Sie es mit Ihrem Fahrrad einmal aus!

Kann Reibung Energie „vernichten"?
Durch Reibungsarbeit geht kinetische Energie scheinbar spurlos verloren. Nach dem Satz von der Erhaltung der Energie kann diese aber nicht vernichtet werden. Was geschieht mit der durch Reibungsarbeit umgesetzten Energie?
Betrachten wir dazu Bewegungsvorgänge, bei denen die Reibungsarbeit besonders groß ist: Bremsbacken erwärmen sich; wir selbst spüren die Erwärmung, wenn wir mit dem Finger schnell über Stoff reiben. Spiralbohrer können glühend heiß werden. In all diesen Fällen tritt Temperaturerhöhung auf. Man sagt:

> Die bei der Reibung verrichtete Reibungsarbeit wird als Wärme an die Umgebung abgegeben.

Der Energiesatz ist nach wie vor gültig, nur ist er in der bisherigen Form noch nicht vollständig. Bei

Abb. 61 Durch Reibung wird mechanische Energie entwertet: Die geordnete Bewegung des Schwerpunktes geht in die ungeordnete Wärmebewegung vieler Teilchen über

Reibungsvorgängen muß zusätzlich die durch Reibung erzeugte innere Energie berücksichtigt werden.
Diese Energie fließt an die Umgebung ab. **Mechanische Vorgänge mit Reibung stellen somit keine energetisch abgeschlossenen Systeme dar.** Anders als bei der Umwandlung von E_{kin} in E_{pot} und umgekehrt, die z. B. beim springenden Ball ohne unser Zutun geschieht, ist die Rückgewinnung der inneren Energie und ihre Umwandlung in Bewegungsenergie des Fahrzeugs ohne weiteres nicht mehr möglich. In diesem Sinne ist die dem mechanischen System durch Reibungsarbeit entzogene Energie „verloren". Zwar ist sie nicht verschwunden, doch sie ist nicht mehr zum Antrieb von Bewegung direkt nutzbar. Man sagt, die bei der Reibung entzogene mechanische Energie ist **entwertet.** Thermische Energie ist demnach eine **minderwertige Energieform.**
Dieser Aspekt der Energieentwertung hängt ebenfalls mit **Ordnung und Unordnung** von Bewegungsvorgängen zusammen. Abb. 61 macht dies anschaulich klar. Die kinetische Energie eines fahrenden Autos liegt in einer sehr geordneten Form vor: Alle seine Teile besitzen die gleiche Geschwindigkeit. Die gesamte Energie können wir uns im Schwerpunkt des Wagens vereinigt denken. Die Bewegung des komplizierten Systems „Auto" ist, weil sie so geordnet ist, durch eine einzige Angabe, nämlich die Koordinate des Schwerpunkts beschreibbar. Man sagt auch, die Bewegung besitzt nur einen Freiheitsgrad.
Dagegen steckt die thermische Energie in der ungeordneten Temperaturbewegung einer Unzahl von Teilchen der Luft und der Straße. Die Energie wird also dadurch entwertet, daß sie von einem Freiheitsgrad auf so viele Freiheitsgrade übergeht, wie Atome im System vorhanden sind. Sie ist als Bewegungsenergie jedes einzelnen Atoms nach wie vor vorhanden. Der Energiefluß erfolgt von selbst jedoch nur in Richtung der höheren Unordnung. Daher ist die Wärmeenergie nicht mehr direkt nutzbar, denn sie kann nicht von selbst in das Fahrzeug zurückfließen und dieses wieder beschleunigen. **Durch Reibung fließt die Energie in einer Art „Einbahnstraße" ab. Jegliche reibungsbehaftete Bewegung kommt daher zum Erliegen.**

5.7 Leistung

In der Technik ist man daran interessiert, wieviel Arbeit von Maschinen in der Sekunde abgegeben wird. Den Quotienten aus Arbeit W und der verstrichenen Zeitspanne t, in der die Arbeit verrichtet wird, bezeichnet man als **Leistung.** Die Maßeinheit der Leistung erhält wegen ihrer großen technischen Bedeutung einen eigenen Namen, das **Watt** (abgekürzt W).

> **Leistung** ist der Quotient aus Arbeit und Zeit:
> $$P = \frac{W}{t}.$$
> Die *Leistungseinheit* ist das Watt (W): $1\ \text{W} = 1\ \frac{\text{J}}{\text{s}}$.

Da ein Watt eine verhältnismäßig kleine Leistung kennzeichnet, sind die größeren Leistungseinheiten Kilowatt (1 kW = 1 000 W) und Megawatt (1 MW = 1 000 000 W) gebräuchlich.
Wenn die Leistung P über die Dauer t hinweg erbracht wird, so kann die verrichtete Arbeit als Produkt aus Leistung und Zeit errechnet werden:

$$W = P t.$$

Wir sehen hier, daß als Maßeinheit für die Arbeit (Energie) auch das Produkt der Maßeinheiten für die Leistung (Watt) und für die Zeit (Sekunde) gesetzt werden kann. Dann erhalten wir die Einheit „Wattsekunde":

$$1\ \text{Ws} = 1\ \text{J} = 1\ \text{Nm} = 1\ \frac{\text{kg m}^2}{\text{s}}.$$

Als größere Maßeinheit für Arbeit und Energie ist die „Kilowattstunde" üblich:

$$1\ \text{kWh} = 3\,600\,000\ \text{Ws} = 3\,600\,000\ \text{J}.$$

Leistungsdaten des Menschen
Auch in Ruhe verbraucht der Mensch Energie, die als Wärme an die Umgebung abfließt. Die Leistung dieses **Ruhe- oder Grundumsatzes** beträgt ca. 75 W. Sie wird benötigt, um die für die Stoffwechselprozesse nötige Temperatur aufrecht zu erhalten. Ihr ‚Computer-Gehirn' schluckt davon etwa 10 W.

Tabelle 61: Größenordnungen der mittleren Leistung (ungefähre Werte!):

Mensch (mittlere Anstrengung)	100	W
Pferd	500	W
Elektrischer Heizlüfter (maximal)	2	kW
Strahlungsleistung der Sonne auf 1 m² Fläche (max.)	1	kW
Elektrischer Warmwasserbereiter	20	kW
Heizung eines Einfamilienhauses	40	kW
Personenwagen	50	kW
Lokomotive	1 500	kW
Walchenseekraftwerk	120	MW
Reaktorblock v. Kernkraftwerk	1 000	MW
Sonne	$4 \cdot 10^{20}$	MW

Energetisch betrachtet sind Ihre Geistesblitze also so viel ‚wert' wie das Leuchten einer 10-W-Birne!
Kurzfristig (für wenige Sekunden) kann ein Mensch ca. 1 kW an körperlicher Leistung vollbringen (s. Aufg. 11 + 13). Die Dauerleistung hängt vom Trainingszustand ab und beträgt ca. 10 % der Höchstleistung.

Beispiel: *Welcher Zusammenhang besteht zwischen Motorleistung und Höchstgeschwindigkeit von Fahrzeugen?*

Bei Höchstgeschwindigkeit sind die auf das Auto einwirkenden Widerstandskräfte gerade gleich der Antriebskraft (vgl. Abb. 43.1). Wir berücksichtigen nur den Hauptanteil der Reibungskraft, der auf den Luftwiderstand entfällt, und in den die Geschwindigkeit quadratisch eingeht:

$$F_l = \tfrac{1}{2}\varrho \cdot A \cdot c_w v^2.$$

Da bei konstanter Geschwindigkeit die Reibungskraft konstant ist und die Antriebskraft ihr entgegen genau in Wegrichtung wirkt, beträgt die Reibungsarbeit

$$W_r = F_l \cdot s = \tfrac{1}{2}\varrho \cdot A \cdot c_w v^2 \cdot s.$$

Division durch die Zeit Δt ergibt die Leistung:

$$P = \tfrac{1}{2}\varrho \cdot A \cdot c_w v^3.$$

Ist die Bewegung durch ein quadratisches Reibungsgesetz behindert, so ist die zur Aufrechterhaltung einer gleichförmigen Bewegung notwendige Antriebsleistung proportional zur dritten Potenz der Geschwindigkeit!

Aufgaben:

1. Welche Arbeit muß aufgebracht werden, um einen PKW (m = 1000 kg) aus dem Stand auf eine Geschwindigkeit v = 72 km/h zu beschleunigen? Welche Arbeit braucht man für die Erhöhung der Geschwindigkeit von 72 km/h auf 144 km/h? (Reibungsarbeit soll nicht berücksichtigt werden)

2. Sie fahren mit einem Fahrrad eine fünfprozentige Steigung hinauf. Bei einer Geschwindigkeit von v = 18 km/h reißt die Fahrradkette. Wie weit rollen Sie noch, bis das Rad zum Stehen kommt, und zwar
a) bei Vernachlässigung von Reibung?
b) bei einer Reibungszahl von 0,03?

3. Eine Straße fällt an einem Abhang um 15 m. Ein Radfahrer nähert sich dieser Stelle mit 36 km/h. Wie groß ist seine Geschwindigkeit, wenn er den Abhang ohne zu bremsen durchfährt?

4. Wie weit rollt ein Radfahrer auf einer Asphaltstraße (Rollreibungszahl fr = 0,03), wenn er eine Anfangsgeschwindigkeit von v = 10 m/s hat?

5. Ein Bergsteiger steigt in einer Stunde 360 Höhenmeter. Seine Masse beträgt einschließlich Ausrüstung 100 kg. Wie groß ist seine Leistung?

6. Früher war die Leistungseinheit „Pferdestärke" üblich (1 PS = 736 W). Wie lang darf ein Mensch von 73,6 kg für die Treppe von der ersten zur zweiten Etage brauchen (Höhendifferenz h = 3 m), wenn er 1 PS leisten will? Ist diese Leistung einem normalen Menschen möglich?

7. In einem älteren Eisenbahnhandbuch finden Sie folgende Tabelle mit Leistungsangaben von Lokomotiven:

Baureihe	Antrieb	Masse in Tonnen	Leistung in PS
Adler (1835)	Dampf	14	41
001	Dampf	171	2 240
103	Elektro	114	10 580
110	Elektro	86	5 020

Rechnen Sie die Leistungsangaben auf die heute gebräuchliche Einheit um!

8. Über die Niagarafälle fließen je Sekunde $2 \cdot 10^7$ kg Wasser (Höhe 50 m). Geben Sie die Leistung in kW an!

9. Ein Heizlüfter (P = 2 000 W) heizt gerade ein Zimmer ausreichend. Wie viele Menschen müssen darin sein, damit man die Heizung ausstellen kann?

10. Was leistet ein Sprinter (m = 70 kg), der in 1 s auf ca. 10 m/s beschleunigt?

11. Aufstehen als sportliche Höchstleistung. Ein gesunder Mensch kann in weniger als einer Sekunde auf dem Boden liegend in eine stehende Position aufspringen. Wie groß ist dabei seine Leistung? Nehmen Sie dabei an, daß der Schwerpunkt rund 1 m aufwärts bewegt wird. Wie lange kann man diese Leistung aufrechterhalten?

12. Bei einem Hagelunwetter fällt aus einer Gewitterfront in 6 km Höhe auf eine Fläche von 10 km² 30 mm Niederschlag. Welche Energie wird dabei frei?

13. Heimexperiment: Höchst-und Dauerleistung subjektiv erlebt und objektiv dokumentiert. Ermitteln Sie zusammen mit einem Partner Ihren persönlichen Leistungsverlauf. Führen Sie so schnell wie möglich das sportliche Aufstehmanöver nach Aufg. 11 durch. Der Partner notiert die Zeitpunkte. Berechnen Sie daraus näherungsweise den Zeitverlauf der Leistung. Achtung! Nicht überanstrengen!

14. Beschaffen Sie sich von einem Autohersteller, der den gleichen Wagentyp mit Motorversionen verschiedener Leistung liefert, die Angaben über Motorleistung und Höchstgeschwindigkeit. Überprüfen Sie, ob tatsächlich, wie zuvor abgeleitet, die Motorleistung proportional zur dritten Potenz der Höchstgeschwindigkeit ist!

15. Motto: Wahnsinnsleistungen der Automobilindustrie – oder lieber ein pfiffiges Köpfchen als sechs überdimensionierte Zylinder!
Heutzutage werden Autos mit 250 kW Motorleistung angeboten – und auch gekauft! Rechnen Sie bitte aus, mit welchem Bruchteil der Motorleistung man bei Stadtfahrt (50 km/h), auf der Landstraße (100 km/h) sowie bei 130 km/h auskommt. Nehmen Sie einen Luftwiderstandsbeiwert von 0,35 und eine Stirnfläche von 1,5 m² an!

16. Rechnen Sie bitte aus, in welcher Zeit das Fahrzeug aus Aufgabe 15 theoretisch von 0 auf 50 sowie von 0 auf 100 km/h beschleunigen könnte, wenn man von Luftreibung absieht und wenn man davon ausgeht, daß die gesamte Motorleistung zum Beschleunigen zur Verfügung steht! Die Masse des Autos beträgt 1500 kg.

17. Ein LKW (Masse 10 Tonnen) beschleunigt gleichmäßig aus dem Stand auf 80 km/h in 35 s. Welcher mittleren Leistung entspricht die in dieser Zeit verrichtete Beschleunigungsarbeit? Sehen Sie dabei zunächst von der Luftreibung ab. Ist die Annahme vernachlässigbarer Luftreibung realistisch? Berechnen Sie dazu, welche Höchstgeschwindigkeit dieser LKW erreichen könnte (Stirnfläche 6 m², c_w = 1)!

6. Impuls und Impulserhaltung

6.1 Impuls als Erhaltungsgröße

Elastische und unelastische Stöße

Wir haben gesehen, daß mit Hilfe der mechanischen Grundgleichung jedes Problem, bei dem die Kräfte bekannt sind, im Prinzip lösbar ist. Bei Zusammenstößen von Körpern hilft die Anwendung von $F = ma$ alleine nicht weiter, da die dabei wirksamen Kräfte und ihr zeitlicher Verlauf zumeist nicht bekannt sind. Eine Lösung dieses Problems ist nicht nur für praktische Anwendungen interessant, vielmehr verbirgt sich dahinter ein **weiterer Erhaltungssatz,** der ebenso allgemein wie der Energiesatz in der gesamten Physik seine Gültigkeit behält.

Die Anwendung des Energiesatzes bei Stößen hilft auch nicht weiter, da er nichts darüber aussagt, wie sich die Energie auf die stoßenden Körper verteilt. Außerdem bleibt in vielen Stoßprozessen die mechanische Energie nicht erhalten. Das zeigt folgender Versuch:

Versuch 1: Wir lassen einen Tennisball aus 1 m Höhe auf harten Betonboden, sodann auf Gras- oder auf Teppichboden fallen.

In beiden Fällen stößt der Ball mit dem Boden zusammen und ändert seine Geschwindigkeit. Im 1. Fall erreicht er annähernd seine Ausgangshöhe, die Geschwindigkeit kehrt beim Stoß ihr Vorzeichen um. Geht beim Stoß keine kinetische Energie verloren, so ist es ein **elastischer Stoß.**

Im Fall 2 bremst der Stoß den Ball auf $v = 0$ ab; die kinetische Energie des Balls wird durch Reibungsarbeit aufgezehrt. Ein Stoß, bei dem kinetische Energie verloren geht, heißt **unelastischer Stoß.** Neben dem „Energieverlust" durch Reibungsarbeit kann hier die Energie auch zur bleibenden Verformung von Körpern aufgewandt werden (z. B. unelastischer Aufprall eines Eies, Zusammenstoß von Fahrzeugen).

Trotz der Verschiedenheit elastischer und unelastischer Stöße im Hinblick auf Energieerhaltung werden wir sehen, daß es eine weitere physikalische Größe gibt, die bei Stößen immer erhalten bleibt, unabhängig davon, ob diese elastisch oder unelastisch ablaufen.

Der Einfachheit halber beschränken wir uns zunächst auf unelastische Stöße, denen wir im täglichen Leben häufig begegnen. Hierzu einige Beispiele:

- Zusammenstoß zweier Kraftfahrzeuge, die sich ineinander verhaken.
- Auffangen und Festhalten eines Balls. Hier muß Energie in den Muskeln des Fängers vernichtet werden, sonst prallt der Ball elastisch ab.
- Aufspringen eines Passagiers auf einen rollenden Wagen.
- Steckenbleiben eines Wurfpfeils in einer Holzscheibe.
- Aufprall zweier Sandsäcke.

Abb. 63.1 Unelastischer Stoß beim Sprung in ein Boot

Obiger Versuch behandelt den Stoß zwischen dem winzigen Ball und der riesigen Erde. Um überschaubare Verhältnisse zu haben, wollen wir nun Stöße zwischen gleichen Partnern betrachten. Wir beschränken uns dabei auf **zentrale Stöße.** Bei diesen liegen die Geschwindigkeiten vor und nach dem Stoß auf einer Geraden.

Versuch 2: Wir untersuchen zentrale Stöße zwischen an zwei Fäden (bifilar) aufgehängten gleichgroßen Stahlkugeln (Abb. 63.2). Ohne Knetmasse zwischen den Kugeln ist der Stoß elastisch. Eine dünne Schicht Knetmasse an der Kontaktfläche wird beim Stoß verformt und sorgt so für unelastische Stöße. Wir lassen die beiden Kugeln mit entgegengesetzt gleichen Geschwindigkeiten aufeinanderprallen. Beide Kugeln kommen beim Stoß zur Ruhe. Sie haften aneinander. Die Verformung der Knetmasse, die anders als die elastische Verformung einer Feder nicht mehr automatisch zurückgeht, hat dem System mechanische Energie entzogen.

Was wird geschehen, wenn eine der Kugeln vor dem Stoß ruht? Diese Frage könnten wir experimentell beantworten. Es gibt aber eine einfachere und elegantere Methode, den **Bezugssystemwechsel,** der uns schnell zur Einsicht führt, welche Größe bei Stößen erhalten bleibt.

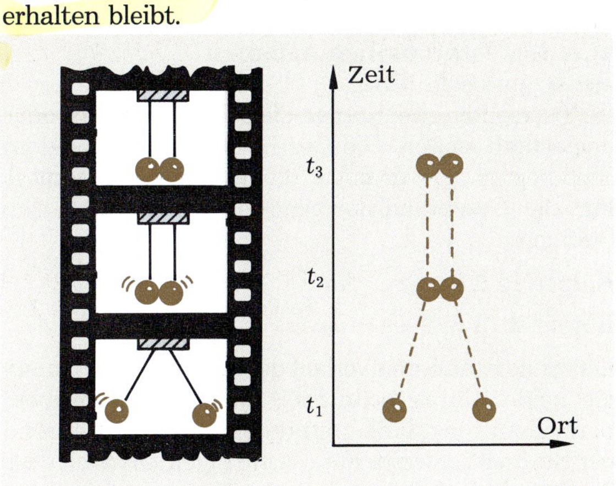

Abb. 63.2 Verlauf des unelastischen Stoßes zweier Kugeln gleicher Masse

Vom Relativitätsprinzip zur Impulserhaltung

Der Trick besteht in der **Anwendung des Relativitätsprinzips.** Durch geschickte Wahl des Bezugssystems wird der Stoß zwischen ruhender und bewegter Kugel auf den bereits bekannten Stoß zweier Kugeln gegeneinander zurückgeführt.

Gedankenexperiment: Wir stellen uns ein Bezugssystem vor, dessen Koordinatenursprung genau in der Mitte zwischen der ruhenden und der mit v_1 nach rechts fliegenden Kugel liegt. Das System bewegt sich also mit $v_1/2$ nach rechts. In ihm hat die bewegte Kugel die Geschwindigkeit $v_1' = v_1/2$ nach rechts. Die ruhende Kugel nähert sich dem Nullpunkt des bewegten Bezugssystems mit $v_2' = -v_1/2$ nach links. Beide Kugeln treffen also im Ursprung des bewegten Bezugssystems mit entgegengesetzter Geschwindigkeit aufeinander und bleiben daher in diesem System nach dem Stoß in Ruhe. Aus der Sicht des ruhenden Systems heißt das aber, daß beide Kugeln ‚zusammenkleben' und mit $v_1/2$ nach rechts fliegen.

Vor dem unelastischen Stoß bewegt sich der Körper mit der Masse m mit v_1, danach bewegt sich der durch die Vereinigung der Kugeln gebildete Körper mit der doppelten Masse $2\,m$ mit $v_1/2$. Wir vermuten daher, daß die Größe, die beim Stoß sich nicht ändert, das **Produkt aus Masse und Geschwindigkeit** ist. Diese Größe erhält einen eigenen Namen: **Impuls.** Für den Betrag des Impulses p gilt: $p = m\,v$.

Der Impuls ist ebenso wie die Geschwindigkeit eine Vektorgröße.

> Der **Impuls** $\vec{p}$ eines Körpers ist gleich dem Produkt aus der Masse m und der Geschwindigkeit $\vec{v}$ des Körpers. Der Impuls ist eine Vektorgröße in Richtung des Geschwindigkeitsvektors:
> $$\vec{p} = m\,\vec{v}\,.$$

Die Einheit des Impulses ist 1 kg m/s = 1 Ns.

Auf die **Erhaltung des Impulses** stoßen wir auch, wenn wir von den Newtonschen Axiomen ausgehen. Auch dieser Zugang zeigt uns wiederum die Tragfähigkeit des Gedankengebäudes der Mechanik.

Von den Newtonschen Axiomen zur Impulserhaltung

Wir betrachten zwei Körper, die beliebig elastisch oder unelastisch stoßen. Die Geschwindigkeiten vor dem Stoß bezeichnen wir mit $\vec{u}$, die nach dem Stoß mit $\vec{v}$. Für die Geschwindigkeitsänderungen v durch den Stoß gilt:

Körper 1: $\Delta\,\vec{v}_1 = \vec{v}_1 - \vec{u}_1$

Körper 2: $\Delta\,\vec{v}_2 = \vec{v}_2 - \vec{u}_2\,.$

Da wir den zeitlichen Verlauf der Kräfte nicht kennen, die beide Körper beim Stoß aufeinander ausüben, betrachten wir nur die mittlere Kraft $\vec{F}$, die während der Stoßzeit $\Delta\,t$ wirkt. Für sie gilt allgemein nach dem 2. Newtonschen Axiom:

$$\vec{F} = m\,\frac{\Delta\,\vec{v}}{\Delta\,t}\,.$$

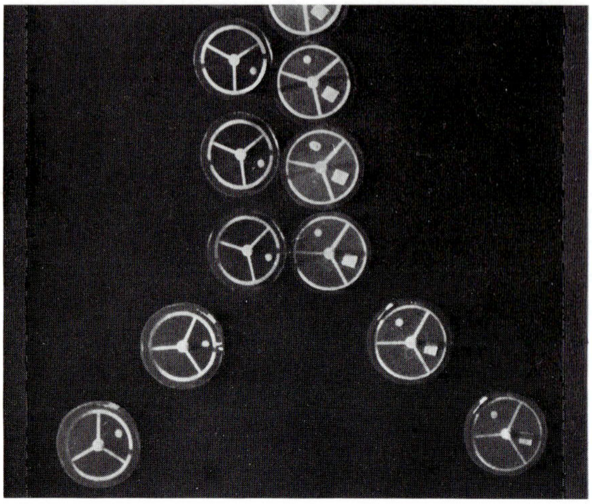

Abb. 64.1 Stroboskopaufnahme eines unelastischen Stoßes zweier Gleiter auf einem Luftkissentisch

In der Betrachtung spielt es keine Rolle, ob der Stoß elastisch oder unelastisch erfolgt. Die beim Stoß aufeinander ausgeübten Kräfte sind nach dem 3. Newtonschen Axiom immer entgegengesetzt gleich. Da dies für jeden Zeitpunkt gilt, ist der Zeitverlauf von Kraft und Gegenkraft gleich und daher ist auch die mittlere Kraft gleich der mittleren Gegenkraft:

$$\vec{F}_1 = -\vec{F}_2\,.$$

Damit gilt für die jeweilige Geschwindigkeitsänderung:

$$m_1\,\frac{\Delta\,\vec{v}_1}{\Delta\,t} = -m_2\,\frac{\Delta\,\vec{v}_1}{\Delta\,t}\,.$$

Formt man so um, daß links die Geschwindigkeiten vor und rechts die nach dem Stoß stehen, dann ergibt sich:

$$m_1\,\vec{u}_1 + m_2\,\vec{u}_2 = m_1\,\vec{v}_1 + m_2\,\vec{v}_2\,.$$

Die Gleichung enthält eine Summe von Produkten aus Masse und Geschwindigkeit, also von Impulsen der Form $\vec{p} = m\,\vec{v}$. Links steht die Vektorsumme $m_1\,\vec{u}_1 + m_2\,\vec{u}_2$ der Impulse der beiden Körper vor dem Stoß, rechts ist $m_1\,\vec{v}_1 + m_2\,\vec{v}_2$ die Impulssumme nach dem Stoß. Das Ergebnis läßt sich somit als Erhaltung des Gesamtimpulses $\vec{p} = \vec{p}_1 + \vec{p}_2$ beim Stoß zweier Körper deuten:

$$(\vec{p}_1 + \vec{p}_2)_{\text{vor}} = (\vec{p}_1 + \vec{p}_2)_{\text{nach}}\,.$$

Bei der Herleitung haben wir vorausgesetzt, daß die beiden Körper ein **abgeschlossenes System** bilden, auf das keine äußeren Kräfte einwirken. Es sind nur **innere Kräfte** zwischen den Körpern vorhanden. Ob die Stöße elastisch oder unelastisch verlaufen, spielt dabei keine Rolle. Somit gilt der **Satz von der Erhaltung des Gesamtimpulses,** kurz **Impulssatz,** ganz allgemein für alle abgeschlossenen Systeme.

> **Impulserhaltungssatz:**
> In einem abgeschlossenen System, in dem nur innere Kräfte zwischen Körpern wirksam sind, bleibt der Vektor des Gesamtimpulses erhalten:
> $$\vec{p} = \vec{p}_1 + \vec{p}_2 + \ldots + \vec{p}_n = \text{const.}$$

Experimentelle Untersuchung der Impulserhaltung

Wir überprüfen, ob der Impulserhaltungssatz die bisher betrachteten zentralen Stöße zwischen Körpern gleicher Masse richtig wiedergibt. Da wir nur zentrale Stöße betrachten wollen, bewegen sich die Stoßpartner vor und nach dem Stoß auf einer Linie und wir können die skalare Schreibweise verwenden. Wir setzen immer an: Summe der Impulse vor dem Stoß = Summe der Impulse nach dem Stoß.

Unelastische Stöße: Da die Körper sich durch den Stoß vereinigen und eine gemeinsame Geschwindigkeit v besitzen, lautet hier der Impulssatz:

$$m\,u_1 + m\,u_2 = 2\,m\,v\,.$$

a) Stoß mit entgegengesetzt gleicher Geschwindigkeit (vgl. Versuch 2):
Vor dem Versuch ist $u_2 = -u_1$.

$$m\,u_1 - m\,u_1 = 2\,m\,v = 0\,.$$

Die beiden Körper kommen also wie beobachtet zur Ruhe. Ihre gesamte kinetische Energie $E_{\text{kin}} = 2 \cdot (m/2) \cdot u_1^2$ wird im Stoß in Verformungsarbeit umgewandelt und erhöht die innere Energie: Die Körper erwärmen sich.

b) Stoß auf ruhende Kugel. Wenn $u_2 = 0$ gilt:

$$m\,u_1 + m \cdot 0 = 2\,m\,v\,.$$

Die resultierende Geschwindigkeit v des Gespanns aus beiden Kugeln ist $v = u_1/2$. Vor dem Stoß ist $E_{\text{kin}} = \frac{1}{2}\,m\,u_1^2$. Nach dem Stoß gilt $E_{\text{kin}} = \frac{1}{2}(2\,m)\,v^2 = \frac{1}{4}\,m\,u_1^2$. Unter diesen Versuchsbedingungen geht also nur die Hälfte der kinetischen Energie verloren. Ergebnis:

> Bei einem vollständig **unelastischen Stoß** vereinigen sich die Stoßpartner und bewegen sich mit einer gemeinsamen Geschwindigkeit weiter. Je nach Versuchsbedingung wird kinetische Energie den Stoßpartnern ganz oder teilweise entzogen.

Elastische Stöße: Was ändert sich bei elastischen Stößen? Die beiden Körper haften nicht aneinander, und es wird keine Bewegungsenergie vernichtet. Neben dem Impulssatz muß zusätzlich noch der Energiesatz gelten. Wir wollen die Eigenschaften elastischer Stöße an einfachen Beispielen untersuchen:

Versuch 3: Entfernen Sie die Knetmasse aus Versuch 2 und führen Sie entsprechende elastische zentrale Stöße durch.

Stoßen die Kugeln mit entgegengesetzt gleichen Geschwindigkeiten elastisch zusammen, so prallen beide gleich schnell wieder zurück. Vor dem Stoß ist der Gesamtimpuls Null: $p = m\,u_1 - m\,u_1 = 0$. Im Stoß vertauschen beide Kugeln ihre Geschwindigkeitsvektoren. Der Gesamtimpuls p und die kinetische Energie $E_{\text{kin}} = 2 \cdot m\,u_1^2/2$ der beiden Kugeln ändern sich folglich nicht.

Beim elastischen Stoß auf eine ruhende Kugel wird die stoßende Kugel völlig abgebremst und die gestoßene Kugel fliegt mit der Geschwindigkeit der stoßenden Kugel fort. Energie- und Impulserhaltung sind unmittelbar einsichtig.

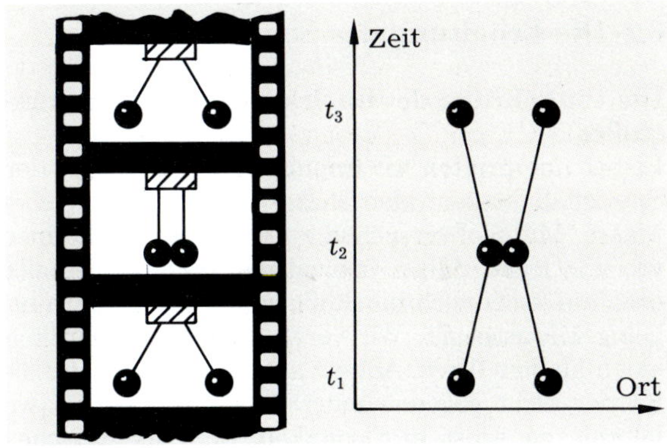

Abb. 65.1 Verlauf des elastischen Stoßes zweier Kugeln gleicher Masse

> Bei einem vollständig **elastischen Stoß** geht keine kinetische Energie verloren. Bei gleicher Masse tauschen die beiden Körper im Stoß ihre Geschwindigkeiten aus.

Aufgaben:

1. Eine schwere Limousine ($m = 1500$ kg) fährt mit einer Geschwindigkeit von 150 km/h von hinten auf ein in gleicher Richtung fahrendes Auto von 800 kg und einer Geschwindigkeit von 80 km/h. Wie groß ist die gemeinsame Geschwindigkeit unmittelbar nach dem Aufprall? Was ändert sich, wenn das leichtere Auto von hinten auf die Limousine auffährt?
2. Ein VW-Golf ($m = 850$ kg) rollt auf einer leicht abschüssigen Straße los, da der Fahrer das Anziehen der Handbremse vergessen hat. Das Fahrzeug hat eine Geschwindigkeit von 1 km/h. Der Fahrer will von außen das rollende Auto zum Stehen bringen. Seine Masse ist 85 kg. Mit welcher Geschwindigkeit muß er sich seinem Fahrzeug entgegenwerfen? Könnte man auf diese Weise einen Güterwagen von 10 Tonnen abstoppen?
3. Ein offener Güterwagen rollt bei windstillem Wetter auf einer als reibungsfrei angenommenen Schiene. Plötzlich fängt es zu regnen an, das Wasser sammelt sich in dem Wagen. Welchen Einfluß hat dies auf die Bewegung des Wagens?
4. Ein Verfahren zur Bestimmung der Geschwindigkeit von Gewehrkugeln: Man schießt in einen frei aufgehängten Sandsack. Der an einer langen Schnur hängende Sack setzt sich dabei in Bewegung. Seine geringe Geschwindigkeit kann man messen. Wie erhält man daraus die Geschwindigkeit der Kugel?
5. Ein Körper (Masse m) hängt an einem Seil (Länge 1). Ein zweiter, identischer Körper stößt mit der Geschwindigkeit v horizontal auf den ersten. Beide kleben zusammen. Welche Höhe erreicht das Pendel nach dem Stoß?
6. Berechnen Sie, welche Energie beim Stoß in Aufgabe 4 in Verformungsarbeit umgewandelt worden ist!

6.2 Die Erhaltung des Schwerpunktes

Die Umkehrung des unelastischen Zusammenstoßes

Bisher überprüften wir Impulserhaltung nur für den Spezialfall des zentralen Stoßes von Körpern gleicher Masse. Mit Stoßversuchen zwischen Wagen können wir uns leicht davon überzeugen, daß der Impulserhaltungssatz auch für Stöße zwischen Partnern beliebiger Masse gilt. Wir verwenden dazu allerdings einen kleinen Trick. Anders als bisher lassen wir die Körper nicht gegeneinander anlaufen, sondern wir kehren, zunächst in Gedanken, den unelastischen Stoßprozeß in seiner Abfolge um. Diese **Zeitumkehr** können wir uns durch einen rückwärts laufenden Film eines unelastischen Stoßprozesses veranschaulichen.

Zunächst sehen wir einen Körper großer Masse in Ruhe oder in gleichförmiger Bewegung. Dieser zerfällt im einfachsten Fall in zwei kleinere Körper, die sich voneinander wegbewegen. Solche rückwärts laufenden unelastischen Stöße sind z. B.:

- Absprung eines Menschen aus einem Boot.
- Feuerwerksrakete, die in einen Stern von leuchtenden Teilen zersprüht.
- Schüler auf einem Rolltisch, der einem Mitschüler eine schwere Schultasche zuwirft.

Die physikalische Beschreibung solcher Vorgänge ist einfach, wenn der sich teilende Körper zunächst in Ruhe ist. In diesem Fall bewegen sich die Teile stets in entgegengesetzter Richtung. Beispielsweise ist bei einem Schuß das Gewehr zunächst in Ruhe. Die Explosion treibt die Kugel nach vorne, das Gewehr nach hinten. Der Schütze verspürt das als Rückschlag des Gewehrs. Die Geschwindigkeit der Gewehrkugel ist viel größer als die des Gewehrs, dafür ist aber auch ihre Masse viel geringer. Wir vermuten daher, daß auch für den Umkehrprozeß des unelastischen Stoßes der Impulserhaltungssatz gilt, denn es wirken nur innere Kräfte auf das System ein.

Wir formulieren unsere Erwartung folgendermaßen: Vor der Explosion ist der Gesamtimpuls $p_{\text{vor}} = 0$. Die Explosion erteilt beiden Körpern einen Impuls. Da nur innere Kräfte wirken, muß der Gesamtimpuls nach dem Stoß ebenfalls null sein.

$$p_{\text{nach}} = m_1 \vec{v}_1 + m_2 \vec{v}_2 = 0, \quad \text{oder}$$

$$m_1 \vec{v}_1 = - m_2 \vec{v}_2 .$$

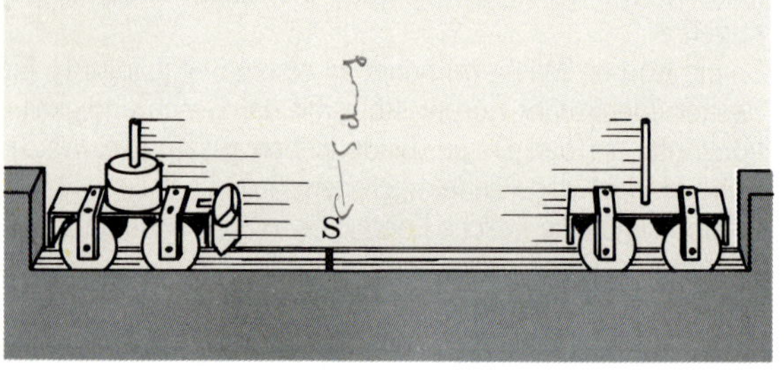

Abb. 66.1 Die Massen der Wagen verhalten sich wie 3 : 5, die zurückgelegten Strecken wie 5 : 3

Beide Körper fliegen mit entgegengesetzt gleichen Impulsen auseinander. Die Geschwindigkeitsbeträge verhalten sich umgekehrt wie die Massen.

$$m_1/m_2 = |\vec{v}_2|/|\vec{v}_1|.$$

Diese Vermutung wollen wir experimentell überprüfen, indem wir diese inneren „Explosionskräfte" durch eine gestauchte Feder zwischen zwei Wagen unterschiedlicher Masse simulieren (Abb. 66.1). Um die Feder ist ein Faden geschlungen, der sie in ihrem Spannungszustand hält.

Versuch 4: Der Faden zwischen zwei derart vorgespannten in Reihe befindlichen Wagen wird durchgebrannt. Wir bestimmen das Geschwindigkeitsverhältnis nach dem Stoß aus den zurückgelegten Strekken zu zwei Hindernissen, die wir nach unserer Vermutung so einrichten, daß beide Wagen gleichzeitig auftreffen. Alternativ läßt sich v auch elektronisch über Lichtschranken bestimmen (Luftkissenbahn).

Bei einem Massenverhältnis $m_2 = 2\,m_1$ legt der Wagen mit der doppelten Masse nur die halbe Strecke s_2 bis zum Aufprall auf das Hindernis zurück. Es gilt $s_2 = s_1/2$, bzw. $v_2 = v_1/2$. Die nach dem Stoß zurückgelegten Wege bzw. die Geschwindigkeiten verhalten sich umgekehrt wie die Massen. Der Impulssatz ist also erfüllt.

Aus Impulserhaltung folgt Schwerpunkterhaltung

Die umgekehrte Proportionalität zwischen den Massen zweier Körper und den nach dem Stoß zurückgelegten Wegen kann man in anderer Weise übersichtlich interpretieren. Das Ergebnis erinnert an das **Hebelgesetz.**

Gedankenversuch: Wir stellen uns vor, die beiden Wagen befinden sich auf einem Brett, das drehbar unterstützt wird, so daß es im Gleichgewicht ist. Auch nach dem Stoß bleibt die Balance erhalten, unabhängig von dem Abstand, den die Wagen inzwischen haben, denn die Produkte aus Gewichtskraft und Hebelarm (Drehmomente) sind links und rechts gleich. Die Hebelarme, die zurückgelegten Strecken, verhalten sich umgekehrt wie die Massen der Wagen (Abb. 66.1).

Diesen Unterstützungspunkt, der das System der beiden Wagen im Gleichgewicht hält, bezeichnen wir als **Schwerpunkt.** Das Ergebnis des Gedankenexperiments können wir jetzt folgendermaßen ausdrücken:

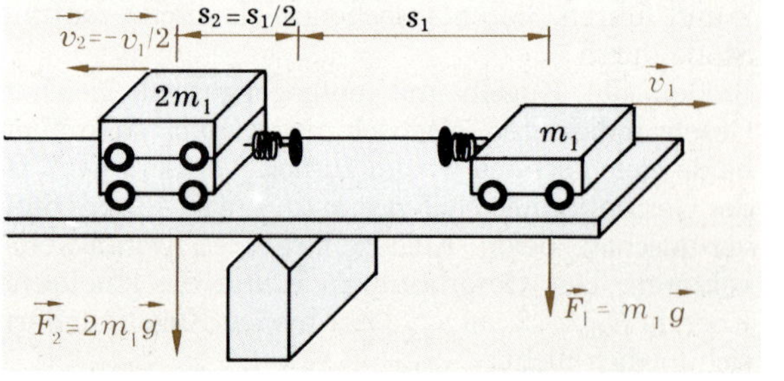

Abb. 66.2 Schwerpunkterhaltung beim Stoß

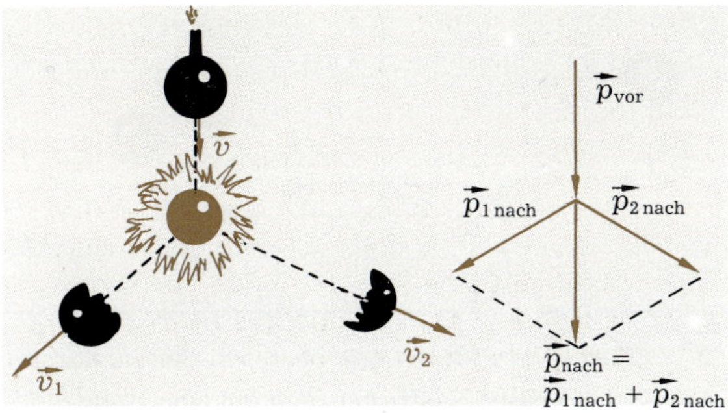

Abb. 67.1 Impulserhaltung bei Explosionen

> In einem abgeschlossenen System, auf das nur innere und keine äußeren Kräfte einwirken, bleibt der **Bewegungszustand des Schwerpunkts** erhalten.

Diesen **Satz von der Erhaltung des Schwerpunktes** haben wir bereits etwas allgemeiner formuliert, als es unsere Überlegung ergab. Die beiden Wagen befanden sich vor dem Durchbrennen des Fadens in Ruhe und der gemeinsame Schwerpunkt blieb auch nach dem Stoß ortsfest. Die Verallgemeinerung für gleichförmige Bewegung des Schwerpunkts folgt aus dem **Relativitätsprinzip:** Aus der Sicht eines gleichförmig bewegten Beobachters behält der Schwerpunkt nicht seinen Ort, sondern seine Geschwindigkeit bei.

Aufgaben:

1. Zwei Astronauten führen „Extra Vehicular Activities" aus und schweben in ihren Raumanzügen neben ihrer Raumkapsel. Der eine wirft dem andern einen Schraubenschlüssel zu. Welche Auswirkungen hat dies für den Werfer und den Fänger?
2. Das Antriebsprinzip einer Rakete beruht darauf, daß heiße Verbrennungsgase mit großer Geschwindigkeit nach hinten ausströmen. Erklären Sie dieses Prinzip mit dem Satz von der Erhaltung des Schwerpunktes!
3. *Wilhelm Tell* befreite sich durch einen kühnen Sprung, als er von Flüelen nach Küßnacht gebracht werden sollte:
„Jetzt schnell mein Schießzeug fassend, schwing ich selbst
Hochspringend auf die Platte mich hinauf,
Und mit gewaltgem Fußstoß hinter mich
Schleudr ich das Schifflein in den Schlund der Wasser –
Dort mags, wie Gott will, auf den Wellen treiben!"
(Vierter Aufzug, erste Szene)
Der arme Fischer hatte einen solchen Sprung nicht für möglich gehalten:
„Doch nicht für möglich acht ichs – so gar steil
Gehts an – vom Schiff es springend abzureichen –"
Woran liegt es, daß Tell vom Herrenschiff des Landvogtes das Ufer erreichen konnte, während dies für den Fischer mit seinem kleinen Kahn nicht möglich ist?
4. Die Angst des Tormanns vor dem Elfmeter! Erklären Sie, warum diese nicht nur psychologisch sondern auch physikalisch gerechtfertigt ist!

6.3 Berechnung von beliebigen Stoßvorgängen

Wir wollen nun Stoßprozesse auch für die Fälle berechnen, in denen die Stoßpartner verschiedene Massen besitzen. Wir beschränken uns zunächst auf zentrale Stöße zweier Körper der Massen m_1 und m_2. Daher verwenden wir die skalare Schreibweise. Die Geschwindigkeiten vor dem Stoß bezeichnen wir mit u_1 und u_2, die danach mit v_1 und v_2.

Zentraler unelastischer Stoß
Nach dem unelastischen Stoß vereinigen sich beide Körper und bewegen sich mit einer gemeinsamen Geschwindigkeit $v = v_1 = v_2$ weiter. Aus dem Impulserhaltungssatz $m_1 u_1 + m_2 u_2 = (m_1 + m_2)\,v$ berechnen wir die Geschwindigkeit v nach dem Stoß:

$$v = \frac{m_1 u_1 + m_2 u_2}{m_1 + m_2}.$$

Um zu sehen, wieviel Energie beim Stoß durch Wärme oder Verformungsarbeit der Bewegung entzogen wird, bilden wir die Energiebilanz:

Vor dem Stoß: $E_{kin} = \frac{1}{2} m_1 u_1^2 + \frac{1}{2} m_2 u_2^2$

Nach dem Stoß: $E_{kin}' = \frac{1}{2}(m_1 + m_2)\,v^2$.

Einsetzen von v und Umformung ergibt eine Energiedifferenz $\Delta E_{kin} = E_{kin} - E_{kin}'$. Sie hängt von den Massen und der Relativgeschwindigkeit $u_1 - u_2$ vor dem Stoß ab:

$$\Delta E_{kin} = \frac{1}{2}\,\frac{m_1 m_2}{m_1 + m_2}\,(u_1 - u_2)^2.$$

Beispiel: *Ein PKW* (m_1 = 1800 kg) *hat eine Geschwindigkeit* v_1 = 60 km/h *und stößt frontal mit einem leichten Pkw* (m_2 = 600 kg) *zusammen, der ihm mit* v_2 = 48 km/h *entgegenkommt. Nach dem Stoß beträgt die gemeinsame Geschwindigkeit*

$$v = \frac{1800 \cdot 60 - 600 \cdot 48}{2400}\ \text{km/h} = 33\ \text{km/h}.$$

Während der leichte PKW die Richtung umkehrt, vermindert der schwere PKW seine Geschwindigkeit nur wenig! Bei solchen Zusammenstößen mit unsymmetrischer Massenverteilung tragen die Insassen von Kleinwagen ein ungleich größeres Risiko!
Beim Stoß geht folgende Energie verloren:

$$\Delta E_{kin} = \frac{1}{2}\,\frac{1800 \cdot 600}{2400}\left((60 + 48) \cdot \frac{10}{36}\right)^2 \text{kg} \cdot \frac{\text{m}^2}{\text{s}^2} = 2{,}03 \cdot 10^5\ \text{J}.$$

Zentraler elastischer Stoß
Während beim unelastischen Stoß nur der Impuls eine Erhaltungsgröße darstellt, bleibt beim elastischen Stoß zusätzlich noch die kinetische Energie erhalten. Die gesamte kinetische Energie der Stoßpartner ist vor und nach dem Stoß unverändert. Es gilt wegen Impuls-(I) und Energieerhaltung (E):

(I): $m_1 u_1 + m_2 u_2 = m_1 v_1 + m_2 v_2$.

(E): $\frac{1}{2} m_1 u_1^2 + \frac{1}{2} m_2 u_2^2 = \frac{1}{2} m_1 v_1^2 + \frac{1}{2} m_2 v_2^2$.

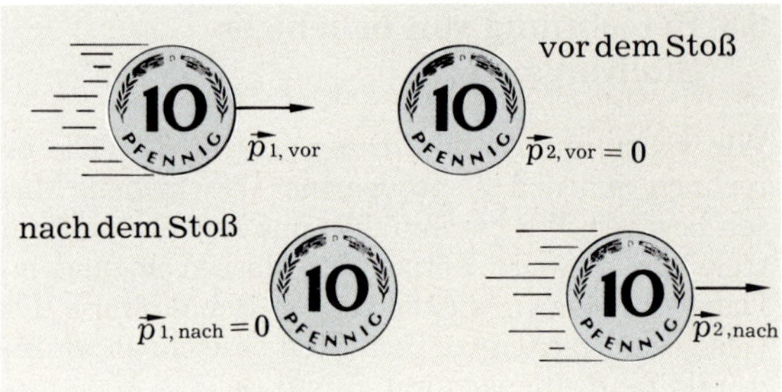

Abb. 68.1 Zentraler elastischer Stoß zweier Münzen mit gleicher Masse

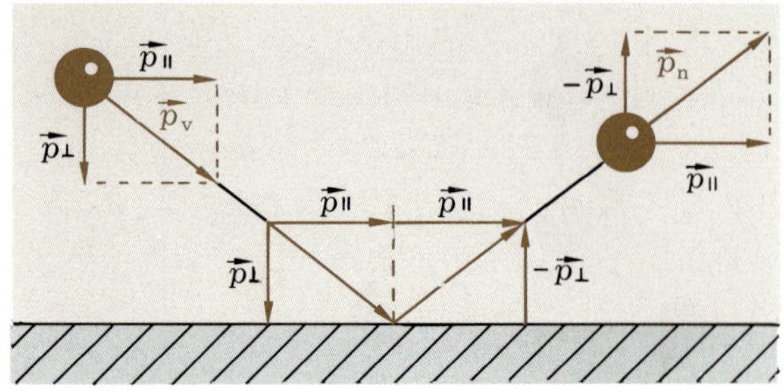

Abb. 68.2 Schräger elastischer Stoß auf eine Wand

Wir ordnen beide Gleichungen um. Aus (E) folgt:

$$m_1\,(u_1^2 - v_1^2) = m_2\,(v_2^2 - u_2^2) \quad \text{bzw.:}$$
$$m_1\,(u_1 + v_1)\,(u_1 - v_1) = m_2\,(v_2 + u_2)\,(v_2 - u_2)\,.$$

(*I*) ergibt nach Umstellung:

$$m_1\,(u_1 - v_1) = m_2(v_2 - u_2)\,.$$

Division der beiden letzten Gleichungen ergibt:

$$u_1 + v_1 = u_2 + v_2\,.$$

Auflösen nach v_2 und Einsetzen in (I) ergibt eine Beziehung für v_1. In analoger Weise ermitteln wir v_2.

> **Gesetze des elastischen Stoßes** zweier Körper (Masse m_1, m_2; Geschwindigkeiten vor Stoß u_1, u_2; nach Stoß v_1, v_2):
>
> $$v_1 = \frac{2\,m_2}{m_1 + m_2}\,u_2 + \frac{m_1 - m_2}{m_1 + m_2}\cdot u_1$$
> $$v_2 = \frac{2\,m_1}{m_1 + m_2}\,u_1 + \frac{m_2 - m_1}{m_2 + m_1}\cdot u_2\,.$$

Beispiel: *a) Wir betrachten als Sonderfall zwei Stoßpartner gleicher Masse ($m_1 = m_2 = m$). Dann gilt $v_1 = u_2$ und $v_2 = u_1$, wir erhalten also den bereits besprochenen Geschwindigkeitsaustausch.*
b) Es stößt ein leichter Körper m_1 auf einen viel schwereren ruhenden Körper (z. B. ein Ball, der auf eine Wand prallt). Mit $u_2 = 0$ gilt

$$v_1 = \frac{m_1 - m_2}{m_1 + m_2}\,u_1\,.$$

Da $m_1 \ll m_2$, ist m_1 in Zähler und Nenner gegen m_2 vernachlässigbar und der Wert des Bruches ist ungefähr -1. Also gilt $v_1 = -u_1$; der leichte Körper kehrt beim Stoß auf einen viel schwereren Körper seine Geschwindigkeit um. Es findet ***elastische Reflexion*** *statt. Wegen der Umkehr des Geschwindigkeitsvektors überträgt der Körper beim Stoß den doppelten Impuls. Seine Impulsänderung, d. h. die Differenz zwischen dem Impuls p_v vor dem und dem Impuls p_n nach dem Stoß ist:*

$$\Delta p = p_v - p_n = m_1 u_1 - m_1(-u_1) = 2\,m_1 u_1\,.$$

Sehr gut
Aufgabe 4 S. 67

Heimversuch: Wir untersuchen Stoßgesetze qualitativ mit Münzen auf einer glatten Unterlage. Stößt ein Pfennig gegen ein ruhendes 5-DM-Stück, dann prallt der Pfennig zurück. Obwohl der schwere Körper praktisch den doppelten Impuls des Pfennigstücks übernommen hat, ist seine Geschwindigkeit wegen seiner hohen Masse klein.

Eindrucksvoll ist die Umkehrung. Wenn das 5-DM-Stück auf den Pfennig prallt, so fliegt es mit nur wenig verminderter Geschwindigkeit weiter. Der dabei übertragene Impuls reicht aber aus, um dem Pfennig eine hohe Geschwindigkeit zu erteilen.

$m_1 \ll m_2$
$P_V = m_1u_1 + m_2u_2 \quad P_N = m_1v_1 + m_2v_2 \quad v_1 = -u_1$
$m_1u_1 + m_2u_2 - m_1v_1 - m_2v_2 = m_1u_1 - m_1v_1 = m_1u_1 + m_1u_1 = 2m_1u_1$

Schräge elastische Stöße

Wir betrachten den schrägen elastischen Stoß einer Kugel auf eine Wand. Wir zerlegen die Bewegung der Kugel in Komponenten parallel und senkrecht zur Wand.

Die Impulskomponente parallel zur Wand wird durch den Stoß nicht verändert ($\vec{p}_{\parallel\text{v}} = \vec{p}_{\parallel\text{n}}$). Senkrecht zur Wand findet elastische Reflexion statt: $\vec{p}_{\perp\text{v}} = -\vec{p}_{\perp\text{n}}$. Daraus folgt unmittelbar das **Reflexionsgesetz:**

> Die Geschwindigkeiten vor und nach **Reflexion** liegen mit dem Einfallslot in einer Ebene. Der Einfallswinkel ist gleich dem Reflexionswinkel.

Als einfachstes Beispiel für schräge Stöße wollen wir den schrägen Stoß zweier gleicher Münzen betrachten (Abb. 68.3). Bei reibungsfreiem Kontakt wirken die Kräfte nur längs der senkrecht auf der Berührungsfläche stehenden Stoßgeraden. Daher kann nur in die-

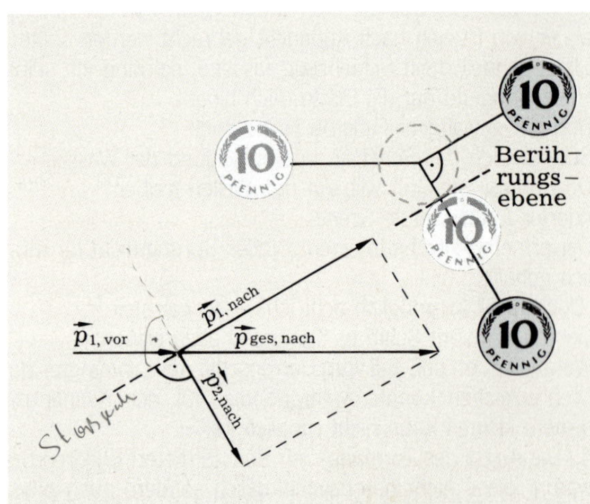

Abb. 68.3 Schräger elastischer Stoß zwischen Münzen

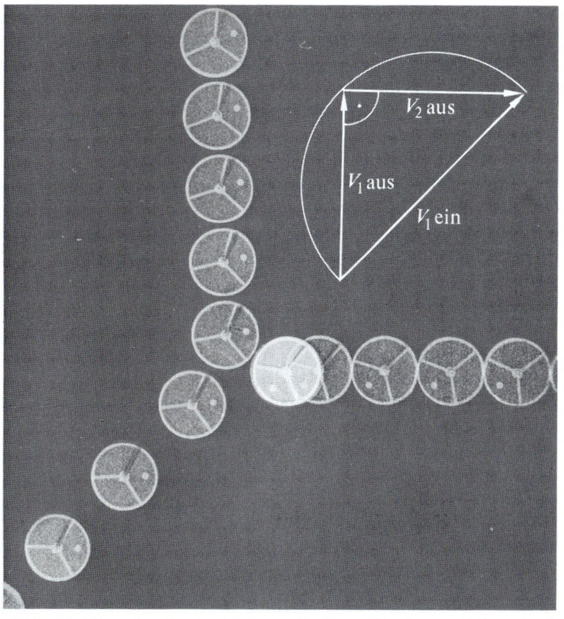

Abb. 69.1 Stroboskopbild des schrägen Stoßes auf dem Luftkissentisch

ser Richtung Impuls übertragen werden. Senkrecht dazu wird kein Impuls ausgetauscht. Wir zerlegen den Impuls des Stoßkörpers in Komponenten senkrecht bzw. parallel zur Stoßgeraden (Abb. 68.3). Beim Stoß bleibt $\vec{p}_{\parallel}$ der stoßenden Münze erhalten, während ihr Impuls $\vec{p}_{\perp}$ vollständig auf den ruhenden Körper übergeht (Austausch von p wegen gleicher Masse). Beide Münzen fliegen nach dem Stoß unter rechtem Winkel auseinander!

Stoßen beliebig geformte Körper aufeinander, so ist die Situation komplizierter als im Falle der kreisförmigen Münzen. Es können Stoßkräfte übertragen werden, die nicht genau in Richtung auf den Schwerpunkt zielen, wodurch die stoßenden Körper in Drehung versetzt werden. Dieser Fall tritt häufig beim Zusammenstoß von Autos auf, wenn beide Schwerpunkte sich nicht genau aufeinander zu bewegen (schräger nichtzentraler Stoß).

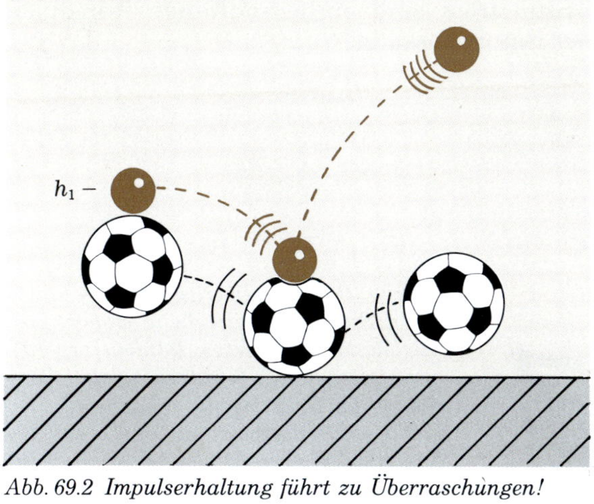

Abb. 69.2 Impulserhaltung führt zu Überraschungen!

Aufgaben:

1. Heimversuch: Lassen Sie einen großen und einen kleinen Ball aus gleicher Höhe auf den Boden fallen. Die Bälle werden am Boden fast elastisch reflektiert und erreichen ca. 60 bis 80 % ihrer Ausgangshöhe. Nun legen Sie den kleinen auf den großen Ball (s. Abb. 69.2). Dieser wird beim Stoß auf ganz überraschende Höhen hinauskatapultiert. Ist etwa der Energiesatz verletzt? Deuten Sie das Ergebnis qualitativ (und quantitativ. Achtung! Die quantitative Deutung ist nur etwas für Könner)!

2. Eine Billardkugel soll eine 2. Kugel so treffen, daß sie unter einem Winkel von 20° bezogen auf die Bewegungsrichtung der Stoßkugel wegfliegt. Um welchen Winkel wird die stoßende Kugel abgelenkt?

3. Warum sind Flugzeugflügel so geformt, daß sie die gegen sie anströmende Luft nach unten ablenken?

4. Ein Körper stößt unelastisch auf einen zweiten ruhenden Körper, der m-mal schwerer ist. Welche Energie geht dabei verloren?

5. Ein Raumschiff (Masse m_0) verfügt über eine bestimmte Menge an Treibstoff m, die es mit der Relativgeschwindigkeit v ausstoßen kann. Was ist zum Erreichen einer höheren Endgeschwindigkeit günstiger, die gesamte Masse m auf einmal wegzuschießen oder in kleinen Portionen gleichmäßig zu entlassen (Raketenantrieb)? Berechnen Sie die Endgeschwindigkeit, wenn die Masse in n Bruchteilen nacheinander abgeschossen wird ($n = 1, 2, 3$)!

6. Es gibt Dampfspielzeugboote, die durch Röhren Wasser periodisch ansaugen und wieder ausstoßen. Denkt man naiv, so sollten die Impulse des angesaugten und des ausgestoßenen Wassers entgegengesetzt gleich sein. Wie kommt es, daß sich das Boot trotzdem vorwärts bewegt? Tip: Es gibt eine andere Beobachtung, die Ihnen auf die richtige Fährte hilft! Man kann eine Kerze auf größere Entfernung zwar auspusten, aber nicht durch auch noch so starkes Einatmen von Luft zum Verlöschen bringen.

7. Wäre ein frontaler Zusammenstoß zwischen Fahrzeugen, bei dem die Verformung durch eine völlig elastische Pufferzone abgefangen wird, für die Insassen weniger gefährlich als ein unelastischer Stoß?

8. Was ist die Bedeutung der Knautschzone bei Kraftfahrzeugen? Berechnen Sie dazu die Stoßzeiten und die mittleren Kräfte, wenn ein Auto mit 50 km/h senkrecht zur Wand fährt und dabei die Frontpartie um 10 cm bzw. um 1 m verkürzt! Nehmen Sie an, beim Stoß wirke eine konstante Kraft.

9. a) Ein Güterwagen ($m = 30$ Tonnen) rollt mit 2 m/s gegen einen Prellbock. Die Kontaktzeit beträgt 0,15 s. Wie groß ist die durchschnittliche Kraft, die auf den Wagen wirkt?
b) Dieselbe Situation wie zuvor, jedoch pralle der Wagen elastisch auf einen ruhenden Wagen ($m_2 = 50$ Tonnen). Was geschieht?
c) Die beiden Wagen verfügen über eine automatische Kupplung, die sie bei Kontakt aneinanderkuppelt. Wie bewegen sich die Wagen nun? Welche Art von Kräften muß die Kupplung beim Ankoppeln aushalten, Druck- oder Zugkräfte?

10. Eine Turbine stößt in einer Sekunde 100 m^3 Luft mit $v = 250$ m/s aus. Wie groß sind Schubkraft und Leistung?

11. Warum macht es beim Tennisspiel keine große Mühe, Ballgeschwindigkeiten von über 100 km/h zu erzielen, während das beim Wurf nicht möglich ist?

6.4 Symmetrien und Erhaltungssätze

Da die beiden Newton-Axiome $F = m\dot{a}$ und „actio = reactio“ in Kap. 5.1 sehr schnell zur Formulierung einer Erhaltungsgröße bei Stößen führen, hätten wir uns oberflächlich betrachtet die umständlichere Überlegung mit dem Relativitätsprinzip schenken können. Diese Betrachtung zeigt aber eines sehr deutlich: Das konkrete Gesetz „Impulserhaltung“ muß mit dem abstrakteren Relativitätsprinzip verträglich sein. Letzteres ist wiederum Ausdruck einer **Symmetrie** in der Natur, die keinem Bezugssystem den Vorzug gibt.

Huygens (1629–1695) gründet die Herleitung der Stoßgesetze bereits auf das **Relativitätsprinzip,** das er durch ein fahrendes Schiff veranschaulicht. Er geht davon aus, daß die Stoßvorgänge in einem gleichförmig geradlinig bewegten Boot genau so ablaufen wie am Ufer (Abb. 70). Er setzt voraus, daß zwei Kugeln, die mit gleich großer entgegengesetzt gerichteter Geschwindigkeit aufeinanderstoßen, beim Stoß ihre Geschwindigkeiten austauschen: $v; -v \rightarrow -v; v$.

Bei ruhendem Boot wird dieser Vorgang vom Beobachter im Boot und an Land gleich bewertet. Bewegt sich das Boot relativ zum Ufer mit einer beliebigen Geschwindigkeit u, so sind für den Beobachter am Ufer die Geschwindigkeiten vor dem Stoß ($u + v$, $u - v$) und nach dem Stoß ($u - v$, $u + v$). Damit ist gezeigt, daß Geschwindigkeitsaustausch beim Stoß von Kugeln gleicher Masse bei beliebigen Relativgeschwindigkeiten stattfindet. Die Methode von *Huygens* besteht darin, den bekannten Fall im Boot ablaufen zu lassen und den unbekannten Fall dadurch hervorzubringen, daß bei geeigneter Wahl der Bootsgeschwindigkeit der Beobachter am Ufer den gewünschten Fall sieht.

Aus Symmetrien folgen Erhaltungssätze

Unser Vertrauen in die Physik beinhaltet, daß Naturgesetze an jedem Ort und zu jeder Zeit gelten. Nur unter diesen Voraussetzungen können wir überhaupt darauf hoffen, daß Experimente in ihren Ergebnissen wiederholbar (**reproduzierbar**) sind. Diese **Unabhängigkeit (Invarianz) von Raum und Zeit** ist eine notwendige Bedingung für die **Existenz von Erhaltungssätzen.** Umgekehrt läßt sich zeigen, daß Erhaltungssätze aus Invarianzen folgen.

Eine **Invarianz** ist gleichbedeutend mit einer **Symmetrie.** Dreht man etwa eine symmetrische Figur um ihre Symmetrieachse um einen geeigneten Winkel (z. B. um Vielfache von 60° bei einem regelmäßigen Sechseck), so sind die ursprüngliche und die gedrehte Figur gleich. Ganz analog erhalten wir immer die gleichen „Muster“, nämlich die gleichen physikalischen Gesetze, wenn wir in der Zeit vorwärts oder rückwärts schreiten.

Da die Bewegungsgleichungen nur Zeitdifferenzen, nicht aber absolute Zeiten enthalten, sind die Naturgesetze invariant gegenüber Verschiebungen der Zeitskala. Der aus dieser Symmetrie der Naturgesetze gegen **Zeitverschiebungen** folgende Erhaltungssatz ist der **Energiesatz:** In einem abgeschlossenen System ist die Gesamtenergie konstant. Der **Impulssatz** folgt aus einem anderen Symmetrieprinzip, der Invarianz gegen **räumliche Verschiebungen (Translationssymmetrie).** Vollständigkeitshalber sei eine weitere Erhaltungsgröße erwähnt, die wir bisher noch nicht behandelt haben: der Drehimpuls. **Drehimpulserhaltung** gilt, wenn das betrachtete Problem invariant gegen Drehungen ist, also bei **Rotationssymmetrie.**

Was hat zum Beispiel die Erhaltung der Energie mit der Invarianz physikalischer Gesetze gegenüber der Verschiebung der Zeitskala zu tun? Das ist leicht einzusehen. Nehmen wir einmal an, die Schwerkraft sei nicht zeitinvariant und ändere sich periodisch. Wir könnten dann in Zeiten niedriger Schwerkraft „leichtes“ Wasser mit geringer Hubarbeit in einen Hochbehälter pumpen. Bei hoher Schwerkraft hätte das Wasser größeres Gewicht und somit eine höhere potentielle Energie. Mit dieser könnten wir mechanische Arbeit verrichten, mehr Arbeit, als wir ursprünglich hineingesteckt haben; ein perfektes Perpetuum Mobile, das den Energiesatz verletzt.

Das Studium von Symmetrien und die **Suche nach neuen Symmetrien,** die sich hinter unseren Alltagskategorien von Raum und Zeit verbergen, spielt in der modernen Physik eine zentrale Rolle. Für viele Physiker äußern sich in der Symmetrie Sparsamkeit, Einfachheit, Schönheit und Vollkommenheit der Natur.

Symmetrien sind einheitsstiftende Prinzipien der Naturerfassung.

Abb. 70 Huygens Überlegung zum elastischen Stoß. Die Darstellung stammt vom Titelblatt seines Werkes „De motu corporum ex percussione“. Er benutzt das Relativitätsprinzip, um Stoßvorgänge mit beliebigen Relativgeschwindigkeiten aus dem bekannten Fall (entgegengesetzt gleiche Geschwindigkeiten) hervorzubringen

Drehbewegungen und Himmelsmechanik

7. Kreisbewegung

7.1 Kreisbewegung und Kraft

Der Hammmerwerfer in Abb. 71.1 schleudert die schwere Stahlkugel auf einer kreisförmigen Bahn, bevor er sie losläßt. Über das Stahlseil wirkt auf die Kugel eine Kraft, die sie in eine Kreisbahn zwingt. Nach dem Loslassen fliegt die Kugel infolge ihrer Trägheit tangential zu ihrer vorherigen Bahn, also geradlinig weiter. Versuch 1 zeigt dies.

Versuch 1: Ein Gummistopfen wird an einem Bindfaden befestigt und auf einer Kreisbahn bewegt. Dazu befestigen wir den Faden an der Achse einer horizontal gelagerten Scheibe. Schneidet man den Faden mit Hilfe einer Rasierklinge durch, so fliegt der Gummistopfen tangential weg. Nach dem Durchschneiden des Fadens wirkt keine Kraft mehr auf den Gummistopfen. Daher folgt der Gummistopfen seiner Trägheit und fliegt mit der Geschwindigkeit weiter, die er gerade hat (Abb. 71.2).

Versuch 2: Eine brennende Wunderkerze wird an einem Bindfaden im Kreis herumgeschleudert. Die abspringenden Teile fliegen infolge ihrer Trägheit tangential zu ihrer vorherigen Bahn weiter. Diese Bahnen sind auf dem Foto gut sichtbar (Abb. 71.3).

Versuch 3: Legen wir den Gummistopfen auf die Scheibe und versetzen diese erneut in Bewegung, so bewegt sich auch der Gummistopfen auf einem Kreis, falls die Rotation nicht zu rasch erfolgt.

Auf einer eisglatten Unterlage wäre dies nicht möglich, da dann der Gummistopfen seine momentane Geschwindigkeit beibehalten würde. Hier verhindert die Haftreibung dies, die nach innen, zum Zentrum der Kreisbewegung gerichtet ist (Abb. 71.4). Die Haftreibung ist auch beim Kurvenfahren mit dem Auto wichtig.

Auch andere Kreisbewegungen kommen durch Kräfte zustande, so z.B. die Bewegung eines Satelliten um die Erde. Hier ist es die Gravitationskraft, die den Satelliten auf seiner Bahn hält. Ohne diese Kraft würde der Satellit auf gerader Bahn in das Weltall entkommen. Die Ablenkung kann auch durch elektrische oder magnetische Kräfte erzwungen werden. Wir halten fest:

> Eine Kreisbahn kommt nur zustande, wenn an dem Körper eine zum **Kreismittelpunkt gerichtete Kraft** angreift. Sie heißt **Zentralkraft** oder **Zentripetalkraft.** Die Kraft kann auf verschiedene Weise realisiert werden. Durch die Zugkraft eines Seils, durch Reibungskräfte, durch die Gravitationskraft, durch elektrische oder magnetische Kräfte.

Abb. 71.1 Ein Hammerwerfer beschleunigt den Hammer zunächst auf einer nahezu kreisförmigen Bahn, bevor er ihn losläßt

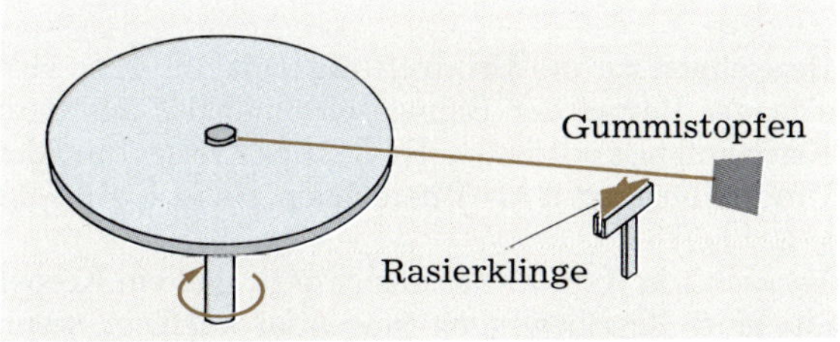

Abb. 71.2 Die Fadenkraft hält den Gummistopfen auf einem Kreis

Abb. 71.3 Funken auf Tangentenbahnen

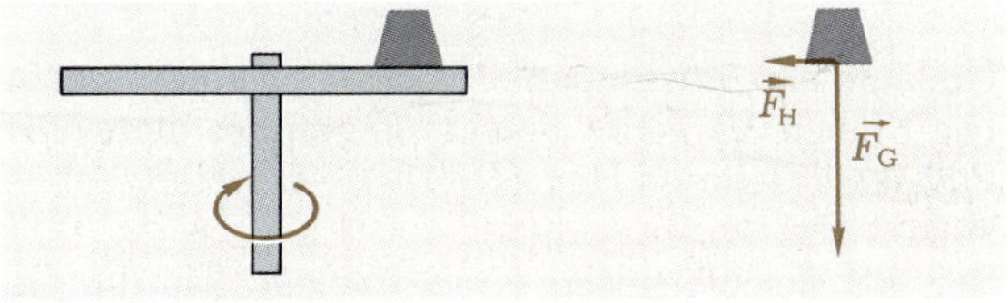

Abb. 71.4 Haftreibung macht's möglich

7.2 Die gleichförmige Kreisbewegung

Geschwindigkeit

Zur mathematischen Beschreibung von Bewegungen ist es stets zweckmäßig, von einfachen Abläufen auszugehen. Zunächst können wir den bewegten Körper zu einem **Massenpunkt** zusammenschrumpfen lassen. Wir betrachten dann die Bewegung eines einzigen Massenpunktes auf einer Kreisbahn.

Ein besonders einfacher Fall liegt vor, wenn sich der Massenpunkt auf der Kreisbahn „gleich schnell" bewegt. Wir untersuchen dies am besten mit einem gut gelagerten Rad eines Fahrrades (Abb. 72.1).

Versuch 4: Wir setzen das Rad durch einmaligen Anstoß in Bewegung.

Es bewegt sich gleichförmig, wenn der markierte Punkt in gleichen Zeitspannen Δt gleich große Kreisbogenstücke Δs zurücklegt. Dann ist $\Delta s/\Delta t$ konstant. Den Quotienten $\Delta s/\Delta t$ bezeichnen wir als den **Betrag der Bahngeschwindigkeit** v. Wir definieren:

> Eine **gleichförmige Kreisbewegung** eines Massenpunktes liegt dann vor, wenn der **Betrag der Bahngeschwindigkeit konstant** ist.

Bezeichnen wir die **Umdrehungszeit** mit T, so läßt sich der Betrag der Bahngeschwindigkeit aus dem Kreisumfang $s = 2\pi r$ (r = Radius des Kreises) und der Umdrehungszeit $\Delta t = T$ berechnen. Es ist $v = \Delta s/\Delta t = 2\pi r/T$.

Versuch 1 in Kap. 7.1 hat uns gezeigt, daß ein Körper aus einer Kreisbewegung tangential wegfliegt, wenn man ihn losläßt. Diese Bewegungsrichtung ist demnach auch die Richtung seiner momentanen Geschwindigkeit. Wir können daher dem Körper zu jedem Zeitpunkt einen Geschwindigkeitsvektor $\vec{v}$ zuordnen (Abb. 72.2).

> Der Geschwindigkeitsvektor $\vec{v}$ eines Körpers hat bei einer gleichförmigen Kreisbewegung in jedem Punkt der Bahn denselben Betrag $v = 2\pi r/T$, ändert aber ständig seine Richtung. $\vec{v}$ **steht immer senkrecht auf dem jeweiligen Kreisradius** r.

Den hier auftretenden Kehrwert der Umlaufdauer T bezeichnet man als **Frequenz** f:

$$f = \frac{1}{T}.$$

Die Frequenz hat die Maßeinheit $\frac{1}{s}$ und gibt an, wieviel Umläufe der Massenpunkt in einer Sekunde macht. Die Einheit 1/s nennt man zu Ehren des deutschen Physikers Heinrich Hertz (1857–1894) 1 Hertz (abgekürzt 1 Hz).

Bei der gleichförmigen Kreisbewegung ist die Geschwindigkeit dem Betrag nach konstant, ändert aber ständig ihre Richtung. Ursache dieser Richtungsänderung ist, wie wir erkannt haben, eine Kraft. Nach der Newtonschen Grundgleichung $\vec{F} = m\vec{a}$ bewirkt eine solche Kraft eine *Beschleunigung* in Kraftrichtung, also hier in Richtung des Kreismittelpunktes:

Die gleichförmige Kreisbewegung ist eine beschleunigte Bewegung.

Diese Beschleunigung der kreisförmigen Bewegung soll jetzt berechnet werden. Wir erinnern uns, daß der Betrag der Beschleunigung bei der geradlinigen Bewegung definiert ist durch $a = \Delta v/\Delta t$.

Bei der Kreisbewegung müssen wir auch den Vektorcharakter der Geschwindigkeit berücksichtigen, d. h. wir müssen die obige Definition durch eine Vektorgleichung ersetzen:

$$\vec{a} = \frac{\vec{v}_2 - \vec{v}_1}{t_2 - t_1} = \frac{\Delta\vec{v}}{\Delta t}.$$

In diese Gleichung dürfen wir für die Geschwindigkeit nicht die Beträge einsetzen, denn dann ergäbe sich $\Delta v = 0$, und die Beschleunigung wäre Null. Man erhält die Differenz $\vec{v}_2 - \vec{v}_1$ der beiden Geschwindigkeitsvektoren $\vec{v}_2$ und $\vec{v}_1$, indem man die Spitze von $\vec{v}_1$ nach Abb. 72.3 mit der Spitze von $\vec{v}_2$ verbindet.

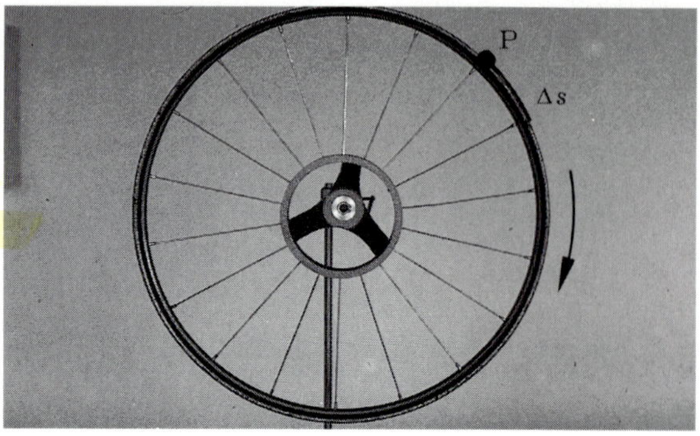

Abb. 72.1 Gleichförmige Kreisbewegung: gleiche Kreisbögen Δs in gleichen Zeiten Δt

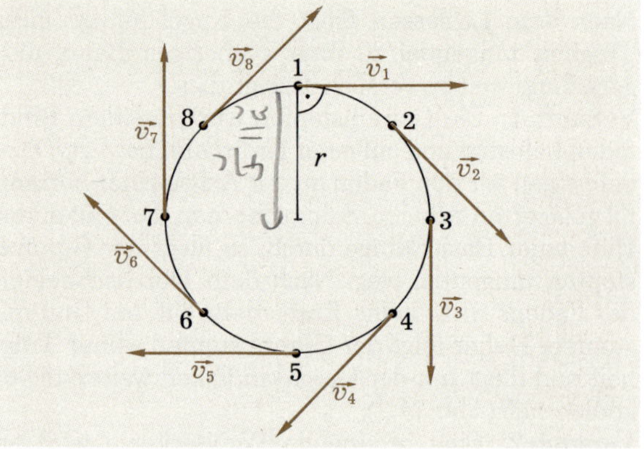

Abb. 72.2 Jedem Punkt seine Geschwindigkeit

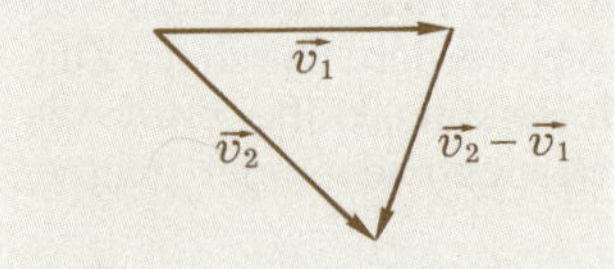

Abb. 72.3 Differenzvektor

Um auch über die Länge des Differenzvektors $\Delta \vec{v}$ eine Aussage machen zu können, zeichnen wir für das in Abb. 72.2 dargestellte Beispiel alle Geschwindigkeitsvektoren von einem Punkt aus. Für acht verschiedene Zeitpunkte ergibt sich das in Abb. 73.1 gezeigte Bild. Die Differenz $\Delta \vec{v}$, die der Sehne im Kreis entspricht, unterscheidet sich um so weniger von dem zugehörigen Kreisbogenstück b, je dichter die Zeitpunkte liegen: $b \approx |\Delta \vec{v}|$. Der Kreisbogen b ist aber bei 8 Zeitpunkten und gleichem $\Delta t = T/_8$ gegeben durch den achten Teil des Kreisumfangs $2\pi v$ (der Radius ist v). Also ist:

$$|\vec{a}_z| = \frac{|\Delta \vec{v}|}{\Delta t} \approx \frac{2\pi v/_8}{T/_8} = \frac{2\pi v}{T} \text{ und mit } \frac{2\pi}{T} = \frac{v}{r}$$

$$|\vec{a}_z| = v^2/r.$$

Diese Herleitung gestattet nicht nur eine Aussage über den Betrag der Beschleunigung a_z, sondern auch eine über deren Richtung. Diese stimmt nämlich überein mit der Richtung von $\Delta \vec{v} = \vec{v}_2 - \vec{v}_1$. Je näher die beiden Punkte 1 und 2 rücken, um so genauer wird der Betrag der Beschleunigung durch v^2/r angegeben, um so näher kommt aber auch der Winkel α zwischen $\Delta \vec{v}$ und $\vec{v}$ dem Winkel 90°. Im Grenzfall steht die Beschleunigung $\vec{a}_z$ senkrecht auf der momentanen Geschwindigkeit $\vec{v}$. Dies bedeutet, daß die Beschleunigung zum Kreismittelpunkt gerichtet ist.

> Bei einer **gleichförmigen Kreisbewegung** erfährt der bewegte Körper die Beschleunigung
>
> $$a_z = \frac{v^2}{r}$$
>
> in Richtung auf den Kreismittelpunkt. Diese Beschleunigung wird **Zentralbeschleunigung** genannt, da sie stets auf ein Zentrum gerichtet ist.

Satelliten können sich auch auf elliptischen Bahnen bewegen, wobei sich die Erde außerhalb des Ellipsenmittelpunktes befindet. Die beschleunigende Kraft ist auf die Erde gerichtet, ebenso die Beschleunigung $\vec{a}$,

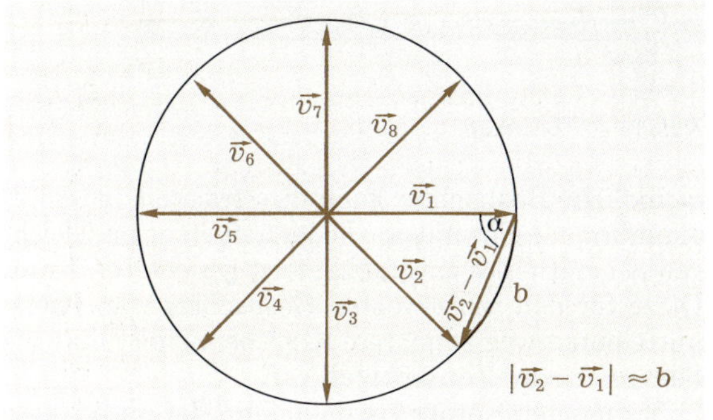

Abb. 73.1 Darstellung der Geschwindigkeitsänderung $\vec{v}_2 - \vec{v}_1$

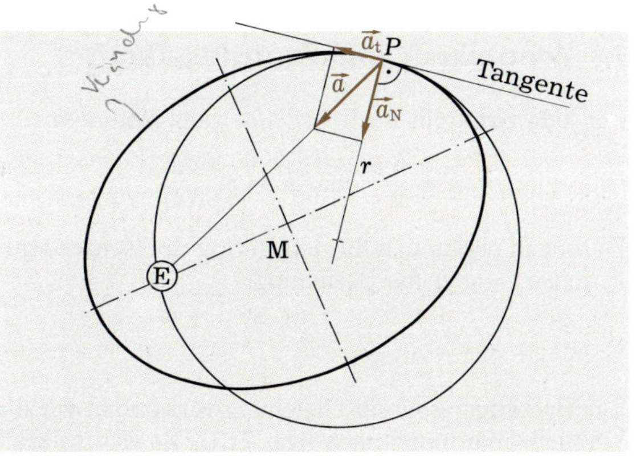

Abb. 73.2 Beschleunigung bei nicht kreisförmigen Bahnen

die man in eine Normalkomponente $\vec{a}_N$ und eine Tangentialkomponente $\vec{a}_t$ zerlegen kann. Nähert man die Ellipse im Punkt P durch einen Kreis (Radius r) an, so gilt für $\vec{a}_N$ die gleiche Beziehung wie für eine Kreisbahn (Abb. 73.2):

$$a_N = \frac{v^2}{r}.$$

Aufgaben:

1. Mit welcher Geschwindigkeit muß ein Körper waagrecht geworfen werden, um auf einer Kreisbahn um die Erde herumzufallen? Wegen des Luftwiderstandes müßte man die Anfangsgeschwindigkeit durch einen zusätzlichen Antrieb aufrecht erhalten.

2. Ein Autofahrer bewegt sein Fahrzeug so über eine kurvenreiche Straße, daß die Tachometernadel immer auf 50 km/h zeigt.
Handelt es sich um eine Bewegung mit
– konstanter Geschwindigkeit,
– konstanter Beschleunigung oder eine
– ungleichförmig beschleunigte Bewegung?

3. Ein Düsenflugzeug fliegt mit 2000 km/h eine horizontal liegende, kreisförmige Bahn.
a) Wie groß ist die Zentralbeschleunigung bei $r = 10{,}0$ km?
b) Ein Mensch erträgt (für die Dauer von 10 s) eine Beschleunigung vom Betrage 6 g (g = Fallbeschleunigung). Wie groß muß der Radius der Bahn mindestens sein, damit $a_z < 6\,g$?

4. Ein Golfball ($m = 46$ g) wird an einer Schnur im Kreis herumgeschleudert. Betrag der Bahngeschwindigkeit $v = 5{,}0$ m/s. Radius der horizontal liegenden Kreisbahn $r = 1{,}2$ m. Man berechne die Zentralbeschleunigung und die kinetische Energie des Golfballs!

5. Schleudert man einen mit Wasser gefüllten Eimer schnell genug herum, fließt das Wasser nicht aus. Warum nicht?

6. Ein Elektromotor macht in 1 Minute 3600 Umdrehungen. Mit welcher Frequenz dreht er sich? Mit welcher Geschwindigkeit dreht sich ein Punkt des Rotors, der sich in 10 cm Abstand von der Drehachse befindet?

7. Die Antriebswelle für das Band eines Cassettenrecorders hat einen Durchmesser von 2 mm. Mit welcher Frequenz muß sich der Motor drehen, wenn das Band mit einer Geschwindigkeit von 4,75 cm/s abgespielt wird?

8. Welchen Durchmesser in Metern hat eine Schleifscheibe, deren Umfangsgeschwindigkeit 12 m/s beträgt und die von einem Motor mit 1500 Umdrehungen in der Minute angetrieben wird?

7.3 Zentralkraft und Zentrifugalkraft

Für jede Kraft gilt nach *Newton* ganz allgemein:

$$\vec{F} = \frac{\Delta \vec{p}}{\Delta t} \text{ oder } \vec{F} = m\,\frac{\Delta \vec{v}}{\Delta t}.$$

Demnach ergibt sich für den Betrag der Zentralkraft F_z mit $a_z = v^2/r$ die Beziehung

$$F_z = m\,\frac{v^2}{r}.$$

Zur Bestätigung dieser Gleichung verwenden wir die Versuchsanordnung nach Abb. 74.1. Die Zentralkraft messen wir mit einem zwischengeschalteten Kraftmesser. Die Gleichung formen wir zunächst so um, daß die Umlaufdauer auftritt, da diese leichter zu messen ist. Es gilt:

$$F_z = m\,\frac{v^2}{r} = m\,\frac{4\,\pi^2\,r}{T^2} = 4\,\pi^2\,m r f^2$$

$$F_z \sim m r f^2.$$

Versuch 5: Bei konstanter Umlauffrequenz f und konstantem r wird m variiert: $F_z \sim m$. Verändert man r und läßt m und f konstant, dann ergibt sich $F_z \sim r$. Ist dagegen m und r unverändert, steigt die Kraft nicht mehr linear an (Abb. 74.2). Es müßte gelten: $F_z \sim f^2$. Zur Überprüfung dieser Proportionalität tragen wir F über f^2 ab (Abb. 74.3). Die Meßergebnisse werden durch eine Gerade wiedergegeben, also ist $\mathbf{F}_z \sim f^2$.

Beispiel: *Die quadratische Abhängigkeit führt natürlich zu großen Kräften bei hohen Drehzahlen, wie folgendes Beispiel zeigt. Bei einer Dampfturbine sitzt im Abstand von $r = 0{,}5$ m von der Drehachse die Schaufel der Masse m. Das Wievielfache ihrer Gewichtskraft ist als Zentralkraft aufzubringen, wenn die Turbine mit 3000 Umdrehungen pro Minute umläuft? Wir betrachten das Verhältnis aus Zentralkraft und Gewichtskraft:*

$$\frac{F_Z}{F_G} = \frac{4\pi^2 r m f^2}{m g} = \frac{4\pi^2 \cdot 0{,}5\,\text{m} \cdot 50^2\,\text{s}^{-2}}{9{,}81\,\text{m} \cdot \text{s}^{-2}}$$

$$\approx 5000.$$

Das 5000fache der Gewichtskraft muß die Verbindungsstelle aushalten. Es ist daher verständlich, daß das Material eine hohe Festigkeit aufweisen muß.

Beim Wegfall der zum Mittelpunkt gerichteten Zentripetalkraft vollführt der Wagen infolge seiner Trägheit eine gleichförmig geradlinige Bewegung, ein außenstehender Beobachter registriert eine *Trägheitsbewegung*. Er befindet sich in einem System, in dem das Trägheitsprinzip gilt (Inertial-System).

Die Bewegung des Wagens auf einer Kreisbahn bzw. auf einer Tangente zur ursprünglichen Bahn können wir auch auf andere Weise interpretieren. Wir begeben uns in Gedanken auf den rotierenden Arm (Abb. 74.4).

Für den *mitbewegten Beobachter* beschreibt der Wagen keine Kreisbahn. Trotz der von dem Kraftmesser angezeigten Kraft befindet sich der Körper dauernd in Ruhe. Dieser sich nicht im Inertialsystem befindliche Beobachter kann dies erklären, indem er annimmt, die einwirkende Federkraft stehe im Gleichgewicht mit einer entgegengesetzt gerichteten Kraft. Diese für den mitbewegten Beobachter vom Kreismittelpunkt weg gerichtete Kraft bezeichnet man als Fliehkraft oder **Zentrifugalkraft.**

Läßt man den Körper los, dann führt der mitbewegte Beobachter die Bewegung des Körpers von ihm weg auf die Zentrifugalkraft zurück.

Abb. 74.1 Versuchsanordnung zur Messung der Zentralkraft

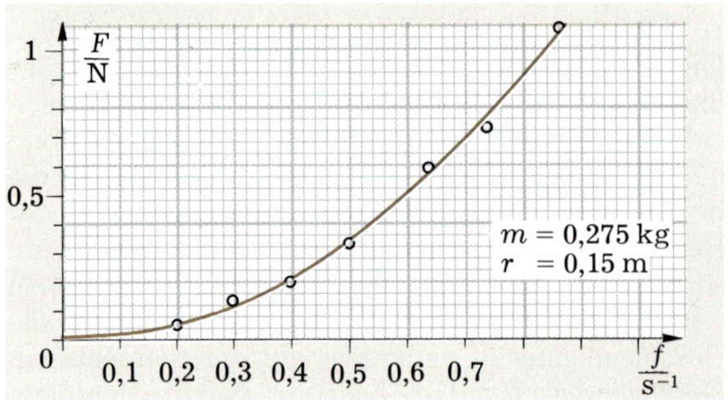

Abb. 74.2 Gilt $F_Z \sim f^2$?

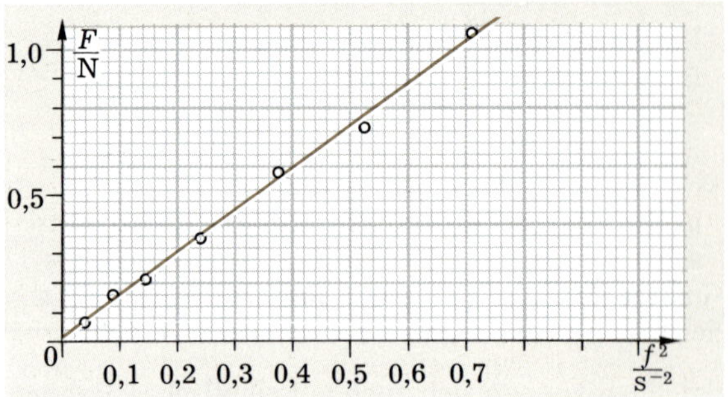

Abb. 74.3 Es gilt: $F_Z \sim f^2$

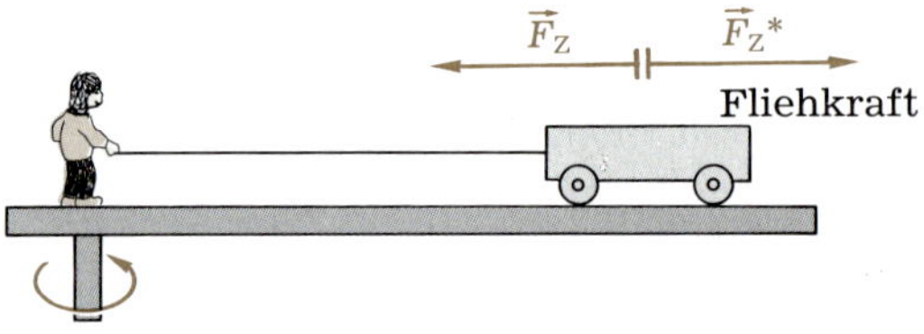

Abb. 74.4 Fliehkraft

Die Zentrifugalkraft ist keine „wirkliche" Kraft, sondern eine „Scheinkraft"; denn es läßt sich kein Körper angeben, von dem sie ausgeht. Durch Übergang vom mitbewegten System zum Inertialsystem kann sie vollständig zum Verschwinden gebracht werden. Daher sind Scheinkräfte lediglich „Erfindungen", die es uns erlauben, die Newtonsche Mechanik auch in Bezugssystemen anzuwenden, wo sie eigentlich nicht anwendbar sein sollte.

> Zur Führung eines Körpers auf einer Kreisbahn ist eine **Zentralkraft**
>
> $$F_Z = \frac{m v^2}{r} = m \frac{4 \pi^2}{T^2} r$$
>
> erforderlich.
> Im mitbewegten System tritt eine Scheinkraft auf, die vom Krümmungsmittelpunkt weg gerichtet ist (Zentrifugal- oder Fliehkraft F_Z^*). Die im Inertialsystem gemessene Zentralkraft und die im beschleunigten System bestimmte **Zentrifugalkraft** sind betragsmäßig gleich. Es gilt:
>
> $$|\vec{F}_Z^*| = |\vec{F}_Z|.$$
>
> Der Körper bleibt dann bezüglich des rotierenden Systems in Ruhe, wenn der Zentrifugalkraft $\vec{F}_Z^*$ eine gleich große äußere Kraft $\vec{F}_Z$ entgegenwirkt.
> Für den mitfahrenden Beobachter ist dann :
>
> $$\vec{F}_Z^* = -\vec{F}_Z.$$
>
> Für den außenstehenden Beobachter ist $\vec{F}_Z$ die Zentralkraft.

Mit Hilfe des Begriffs „Zentrifugalkraft" lassen sich viele Situationen einfacher beschreiben als mit Hilfe der Zentralkraft.

Versuch 6: Abb. 75.1 zeigt einen Modellversuch für die Abplattung der Erde. Die elastischen Stahlbänder werden in der Mitte durch die Zentrifugalkräfte nach außen „gezogen".

Ähnlich ist es bei der Erde. So haben sich im Laufe der Erdgeschichte Teile der Erde zum Äquator hin verschoben, so daß dort ein Wulst entstanden ist. Nach neuen Berechnungen gelten die folgenden Werte: Äquatorradius $a = 6378$ km, Polradius $c = 6357$ km. Daraus ergibt sich die *Abplattung* $(a-c)$: $a \approx 1:300$.

Wie uns bereits das Beispiel der Turbinenschaufel gezeigt hat, können bei rotierenden Maschinenteilen erhebliche Kräfte auftreten. Auch hier ermöglicht der Begriff „Zentrifugalkraft" eine einfachere Beschreibung.

In Abb. 75.2 ist eine rotierende Scheibe abgebildet. Denken wir uns z.B. am Rande der Scheibe einen kleinen Teil abgegrenzt, so wird dieser Teilbereich durch die Nachbarbereiche festgehalten. Es wirkt eine Kraft auf ihn ein, die durch das Material selbst vermittelt wird und ihn am Wegfliegen hindert.

Vom Standpunkt eines mitbewegten Beobachters dagegen wirkt auf diesen Bereich eine Zentrifugalkraft, die bei genügend großer Drehfrequenz diesen aus der Scheibe herausreißt.

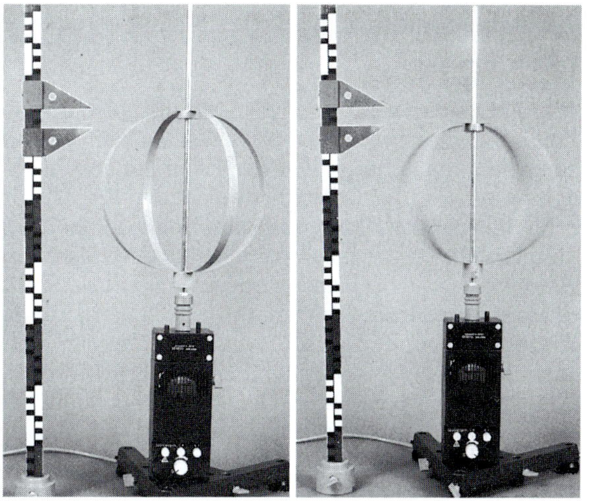

Abb. 75.1 Zentrifugalkraft erklärt die „Abplattung" der rotierenden Stahlbänder

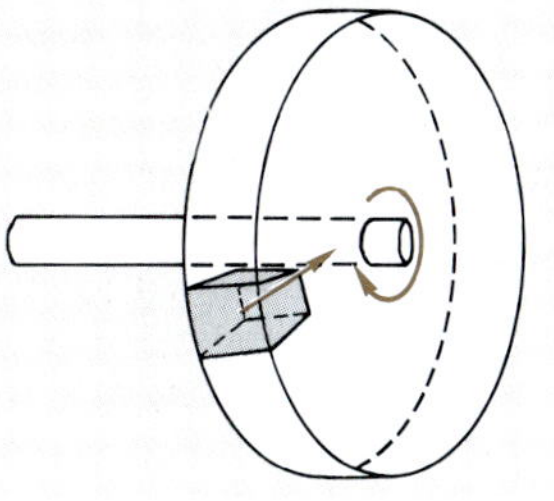

Abb. 75.2 Zentralkräfte bei einer Vollscheibe

Aufgaben:

1. Wie groß ist die Zentripetalkraft bei einem Körper von 4 kg Masse, wenn der Radius 1,70 m beträgt und in 6 s 10 Umdrehungen stattfinden? Wie verändert sich die Kraft, wenn man die Umdrehungszahl verdoppelt?
2. Ein Bindfaden zerreißt bei einer Kraft von 100 N. Ein Körper mit der Masse 0,50 kg wird an einem solchen Faden auf einer horizontal liegenden, kreisförmigen Bahn ($r = 1{,}0$ m) herumgeschleudert. Bei welcher Drehzahl reißt der Faden?
3. Die Schaufel eines Dampfturbinenläufers hat eine Masse von 100 g und ist 0,40 m von der Drehachse entfernt verankert. Diese Verankerung kann bis zu 6000 N belastet werden. Mit welcher Drehfrequenz darf die Turbine höchstens laufen?
4. Die Wirkung der Zentrifugalkraft läßt sich auf einem Kirmesplatz häufig erfahren. Um welche „Attraktionen" handelt es sich?
5. Auf dem Kettenkarussell lassen sich die Kirmesbesucher durch die Luft schleudern. Die Ketten mit den Sitzen hängen schräg. Und zwar alle gleich, gleichgültig, ob mit dicken oder dünnen Fahrgästen besetzt oder sogar unbesetzt. Wie kann man das verstehen?
6. Auf einem Jahrmarkt erreicht ein Besucher mit der Schiffsschaukel gerade einen vollen Überschlag. Wie groß ist seine scheinbare Gewichtskraft im tiefsten Punkt der Bahn?
7. Zwei Wäscheschleudern stehen zur Auswahl. Die eine hat einen Radius $r = 30$ cm und dreht sich mit 1000 Umdrehungen pro Minute. Die andere hat zwar nur 20 cm Radius, dafür schafft sie aber 1500 Umdrehungen in der Minute. Welche Schleuder trocknet besser?

Nicht gelesen!

7.4 Angewandte Physik der Kreisbewegung

Physik und Sport

Ein **Hammerwerfer** muß die Stahlkugel auf eine hohe Bahngeschwindigkeit bringen. Das kann er nur, wenn in Bahnrichtung eine Kraftkomponente wirksam wird, die die Bahngeschwindigkeit erhöht. Er muß daher etwas schräg zur Bahn ziehen (Abb. 76.1). Den Griff bewegt er anfangs auch in einer kreisenden Bewegung um den Körper, in der Schlußphase dreht der gesamte Körper des Werfers mit. Die Verhältnisse sind relativ kompliziert. Die letzte Drehung vor dem Abwurf wollen wir aber vereinfacht als gleichförmige Kreisbewegung betrachten. Dann können wir nämlich mit unseren Kenntnissen die folgende Frage beantworten:

Mit welcher Frequenz muß er sich drehen, um bei einem idealen Abwurfwinkel von 45° eine Wurfweite von 90 m (Weltrekord) zu erreichen?

Die Wurfweite beträgt $w = \frac{v_0^2}{g} \sin 2\,\alpha$, also ist bei $\alpha = 45°$

$$v_0^2 = 90 \text{ m} \cdot 9{,}81 \frac{\text{m}}{\text{s}^2} \rightarrow v_0 \approx 29{,}7 \frac{\text{m}}{\text{s}}.$$

Die Gesamtlänge (Haltedraht und Haltegriff) eines Hammers beträgt maximal 121,5 cm. Nehmen wir nun einen Radius von $r = 1{,}7$ m an, dann ergibt sich für die Drehfrequenz

$$f = \frac{v}{2\,\pi\, r} = \frac{29 \text{ m/s}}{2\,\pi \cdot 1{,}7 \text{ m}} \approx 2{,}7 \text{ s}^{-1}.$$

Der Hammerwerfer muß also in der Schlußphase so schnell sein, daß er sich in 1 Sekunde fast dreimal drehen würde. Und nun zur Kraft. Für den Hammer sind 7,25 kg vorgeschrieben. Daher beträgt mit $r = 1{,}7$ m, $v_0 = 29{,}7$ m/s die Kraft $F_Z = (7{,}25 \cdot 29{,}7^2 : 1{,}7)\,N \approx 3800$ N.

Ein weiteres Beispiel aus dem Sport ist die **Bobfahrt.** In den Kurven muß die Bahn sehr stark überhöht sein, so daß die Unterlage auf den Bob eine Kraft ausüben kann (Abb. 76.2). Gehen wir von einer horizontal liegenden Kurve aus, dann setzt sich die Zentralkraft aus der Gewichtskraft $\vec{F}_G$ und der Normalkraft $\vec{F}_N$ zusammen, die von der Unterlage auf den Bob ausgeübt wird. Aus dem Kräfteparallelogramm ergibt sich $\tan \alpha = F_Z / F_G$, also:

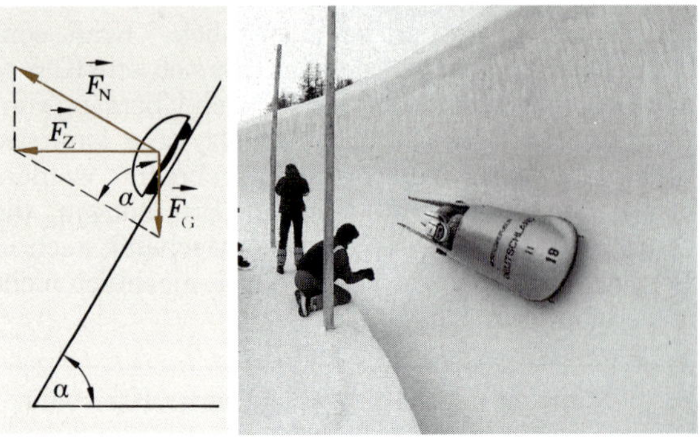

Abb. 76.2 Bobfahrer

$$\tan \alpha = \frac{m\,v^2/r}{m \cdot g} = \frac{v^2}{r\,g}.$$

Der Winkel α hängt also nicht von der Masse, sondern von der Geschwindigkeit und dem Krümmungsradius ab. Bei $v = 25$ m/s = 90 km/h und $r = 15$ m erhält man:

$$a_Z = \frac{25^2 \text{ m}}{15 \text{ s}^2} = 42 \frac{\text{m}}{\text{s}^2} = 4{,}2\, g \text{ und } \tan \alpha = 4{,}2;\ \alpha = 77°.$$

Physik auf dem Jahrmarkt

Die Bewegung der **Loopingbahn** ist mit der Zentrifugalkraft gut beschreibbar (Abb. 76.3). Die Insassen führen die Tatsache, daß sie nicht herunterfallen, auf die Zentrifugalkraft zurück, die danach mindestens so groß sein muß wie die Gewichtskraft ($F_Z^* \geqslant m\,g$). Ist $F_Z^* > m\,g$, dann durchfährt die Wagenkette den Looping völlig gefahrlos.

Die Mindestgeschwindigkeit v_1 im oberen Punkt der Bahn ergibt sich aus der Gleichung $m \cdot v_1^2/r = m \cdot g$ zu $v_1^2 = r \cdot g$. Den Tiefpunkt durchrast die Wagenkette mit einer erheblich größeren Geschwindigkeit v_2. Vernachlässigen wir Reibungsverluste, dann liefert der Energiesatz den folgenden Zusammenhang:

$\frac{1}{2}(m\,v_2^2 - m\,v_1^2) = m\,g \cdot 2\,r$. Daraus folgt: $v_2^2 = 5\,r\,g$. Also

wirkt die Zentralkraft $F_Z = 5\;m\,g$.

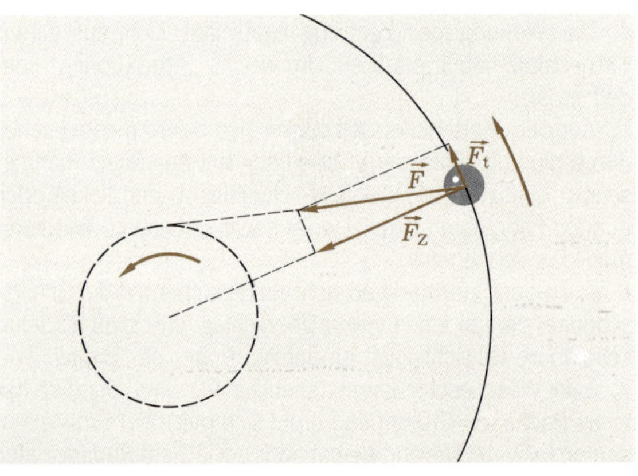

Abb. 76.1 Die Kugel muß auch in Bahnrichtung beschleunigt werden

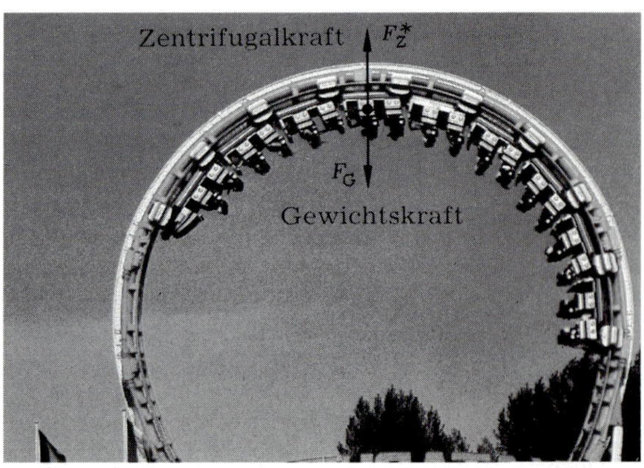

Abb. 76.3 Looping-Bahn

Zentrifugen

Zentrifugen werden z. B. in medizinischen Labors zur Trennung heterogener Gemische verwendet. Bei der **Flaschenzentrifuge** werden mehrere reagenzglasähnliche Behälter, die um eine senkrechte Welle herum aufgehängt sind, mit dem Gemisch gefüllt. Bei der Rotation kippen zunächst die Behälter in die Waagrechte. Sie gelangen mit ihrem Boden so an die Stelle höchster Umlaufgeschwindigkeit, also höchster Zentrifugalkraft. Am Boden sammelt sich die Flüssigkeit der größeren Dichte an. **Ultrazentrifugen** haben Drehzahlen bis zu 100 000 Umdrehungen pro Minute. Der folgende Versuch demonstriert die Wirkungsweise der Zentrifuge.

Versuch 7: Ein Glasrohr mit einem Innendurchmesser von ca. 1,5 cm wird mit Wasser gefüllt und horizontal auf einem Drehtisch gelagert. Je eine Holz- und eine Eisenkugel werden vor Beginn der Drehung an die Stellen 1 und 2 gebracht. Nach Beginn der Drehung geht die Holzkugel nach innen, die Stahlkugel nach außen (Abb. 77.2).

Erklärung: Durch die Drehung entsteht in der Flüssigkeitssäule ein „hydrostatischer Druck", der nach außen zunimmt. Auf einen Körper wirkt daher eine nach innen gerichtete Auftriebskraft. Bei einem Körper der Masse *m*, der genau die gleiche Dichte hätte wie die Flüssigkeit, ist die Zentrifugalkraft auf diesen Körper gleich der Auftriebskraft. Er bleibt also liegen. Daraus können wir die Auftriebskraft errechnen: $F_A = F_Z = m v^2/r$. Ist die Dichte des Körpers aber größer, dann ist auch die Zentrifugalkraft auf ihn größer und die Auftriebskraft reicht nicht aus, ihn an der Stelle festzuhalten. Er wandert nach außen. Im umgekehrten Fall treibt er nach innen.

Große Zentrifugen werden auch im Labor benutzt, um die Belastbarkeit des Menschen zu testen (Abb. 77.1).

Abb. 77.1 Große Zentrifuge zur Andrucksimulation mit ganzen Raumfahrtkabineneinheiten

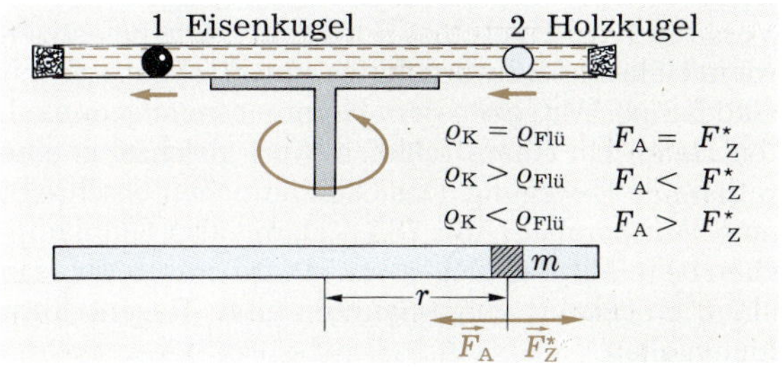

Abb. 77.2 Modellversuch zur Flüssigkeitszentrifuge

Aufgaben:

1. Die Umlaufzeit bei einer Zentrifuge beträgt $1 \cdot 10^{-3}$ s. Die Zentrifugenflüssigkeit sei Wasser. Wie groß ist der Druck im Abstand $r = 5$ cm ($r_0 = 2$ cm)?

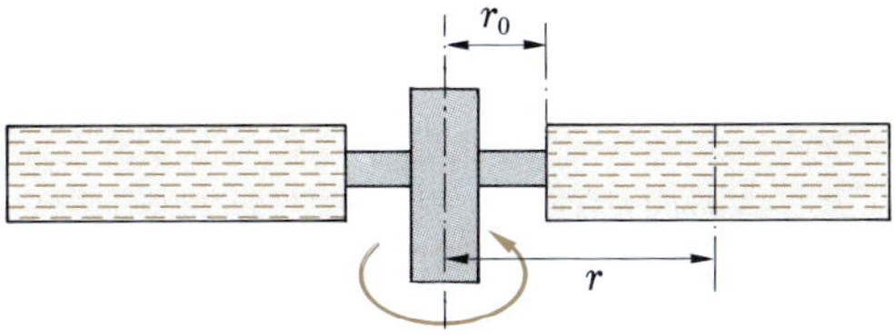

2. Als Volksbelustigung wird ein Zylinder (Rotor) in Umdrehung versetzt, so daß Personen an die Wand gedrückt werden. Die erzeugte Haftreibung verhindert das Abgleiten, wenn der Boden gesenkt wird. Wie groß muß die Reibungszahl mindestens sein, wenn der Radius 2,25 m und die Umlaufzeit 2,0 s beträgt? Welche Rolle spielt die Masse der Person?

3. Um welchen Betrag muß die äußere Schiene einer Bahnkurve des mittleren Radius 300 m erhöht werden, die bei einer Spurweite von 1,435 m mit der Geschwindigkeit 10 m/s durchfahren werden soll, so daß die Kraft senkrecht auf die Schienen drückt?

4. Ein Eisenbahnwagen hat eine waagrechte Kurve mit 240 m Radius zu durchfahren. Die Spurweite beträgt 1,435 m und sein Schwerpunkt liegt 1,5 m über der Schienenhöhe. Welche Geschwindigkeit darf der Wagen höchstens haben, damit er nicht kippen kann?

5. Auf Schiffen wird der sogenannte Schlingerausschlag (das ist der seitliche Neigungswinkel) durch ein Pendel gemessen. In welchem Winkel steht das Pendel, wenn ein Boot einen Kreis fährt mit der Geschwindigkeit 30 sm/h und dabei seinen Kurs mit 4°/s ändert? (1 sm = 1,852 km)

6. Wie groß ist die Zentripetalbeschleunigung eines Gegenstandes am Äquator infolge der Erdrotation (Erdradius $r_E = 6370$ km)? Um wieviel Prozent ist daher infolge der Erdrotation die Gewichtskraft eines Menschen am Äquator geringer als am Nordpol?

7. Der Durchmesser einer Spielzeug-Loopingbahn sei d = 0,5 m.

a) Wie groß muß die Geschwindigkeit im oberen Punkt der Bahn mindestens sein?

b) Aus welcher Mindesthöhe muß der antriebslose Wagen auf der Anfahrstrecke losgelassen werden, damit die Mindestgeschwindigkeit im oberen Bahnpunkt erreicht wird?

8. Zum Studium von Sedimentationsvorgängen bedient man sich der extrem rasch rotierenden Ultrazentrifugen. Der Bahnradius der rotierenden Kammer beträgt bei diesen Zentrifugen etwa $r = 65$ mm. Die Drehzahl kann 1600 Umdrehungen/s erreichen.

a) Mit welcher Bahngeschwindigkeit bewegen sich die Kammerpunkte?

b) Wie groß ist die Zentralbeschleunigung?

c) Welche Zentralkraft würde bei dieser Beschleunigung auf einen kleinen Knopf von 1 g Masse wirken?

8. Drehbewegung starrer Körper

8.1 Translation und Rotation

Bisher haben wir bei vielen Bewegungen Körper vereinfacht als Massenpunkte beschrieben. Beim Sprung über das Pferd, wie es in Abb. 78.1 zu sehen ist, handelt es sich zwar um eine Bewegung vergleichbar der eines schiefen Wurfes, gleichzeitig dreht sich aber auch der Springer. Das Foto läßt die Vermutung zu, daß der Schwerpunkt des Turners, der bei einem gestreckten Körper etwa in Hüfthöhe liegt, eine Wurfparabel beschreibt. Wir wollen dies experimentell überprüfen.

Versuch 1: Am Stiel eines Bördelhammers befestigen wir in Höhe des Schwerpunktes eine Flachbatterie mit Glühlampe. Wir geben dem Hammer im abgedunkelten Raum bei einem schiefen Wurf gleichzeitig eine rotierende Bewegung. Das Glühlämpchen beschreibt eine Wurfparabel (Abb. 78.2). Damit das Glühlämpchen beim Aufprall nicht zerstört wird, lassen wir es in einen umgekehrt aufgespannten alten Regenschirm hineinfallen.

Es ist also in der Tat möglich, auch bei so komplizierten Bewegungen wie z. B. dem Pferdsprung mit Überschlag nur die Bewegung eines Massenpunktes, hier des Schwerpunktes, zu betrachten. Allerdings gehen Informationen verloren. Auch werden weitere Aspekte völlig außer acht gelassen, wie der folgende Versuch zeigt.

Versuch 2: Wir lassen einen Voll- und einen Hohlzylinder mit gleichem Radius eine schiefe Ebene hinunterrollen. Beide haben gleiche oder nahezu gleiche Masse. Wir achten darauf, beim Loslassen keinen der beiden Zylinder anzustoßen (Abb. 78.3).

Der Vollzylinder kommt schneller unten an als der Hohlzylinder. Zum Vergleich können wir auch einen kleinen Wagen die schiefe Ebene hinunterrollen lassen. Er ist deutlich schneller als beide Zylinder.

Betrachten wir den Ablauf der Rollbewegung etwas genauer! Wir erkennen, daß beim Rollen der Punkt des Zylinderumfanges, der gerade die Unterlage berührt, dort in Ruhe ist. Das ist bei einem Autoreifen deutlich zu sehen: Der Reifen haftet an der Berührungsstelle, er rutscht (hoffentlich!) nicht darüber hinweg. Die Einhaltung dieser **Rollbedingung** wird durch Haftreibungskräfte erzwungen.

Auf den herabrollenden Körper wirken demnach zwei Kräfte: die im Schwerpunkt angreifende Erdanziehungskraft und die an der jeweiligen Auflagestelle angreifende Reibungskraft. Weil beide Kräfte in verschiedenen Punkten angreifen, kommt es zu einer Drehbewegung.

Eine Betrachtung der einzelnen Kräfte und der aus der Form des Körpers resultierenden geometrischen Bedingungen ist kompliziert. Wir wissen aber, daß stets der Energiesatz erfüllt sein muß.

Abb. 78.1 Pferdsprung

Abb. 78.2 Der Schwerpunkt beschreibt eine Wurfparabel

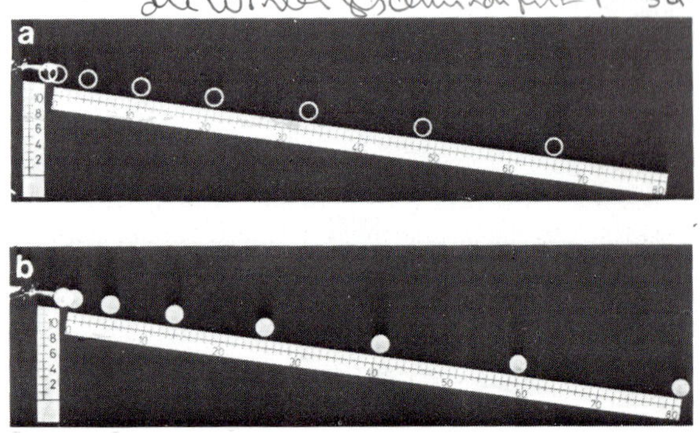

Abb. 78.3 Stroboskopische Aufnahme eines auf einer schiefen Ebene rollenden Hohlzylinders (a) und eines Vollzylinders (b) gleicher Masse und gleichen Durchmessers

Bei der Bewegung auf der schiefen Ebene wird nur potentielle Energie in kinetische umgewandelt. Vor dem Start ist die potentielle Energie für alle drei Körper gleich: $E_{pot} = m\,g\,h$. Beim Hinunterrollen oder -fahren wird diese Energie aus dem Schwerefeld übernommen und in kinetische Energie $E_{kin} = \frac{1}{2} m\,v^2$ umgewandelt.

Das Problem bei den jetzt untersuchten Bewegungen besteht darin, daß nicht alle Teile der bewegten Körper die gleiche Geschwindigkeit haben. Für den Wagen mag man noch näherungsweise von einer gleichen Geschwindigkeit aller Teile ausgehen, wenn man die rollenden Räder übersieht. Dann gilt:

$$m g h = \tfrac{1}{2} m v^2 \qquad \text{oder} \qquad v = \sqrt{2 g h}.$$

Diese Formel stimmt exakt nur für einen reibungsfrei die schiefe Ebene hinuntergleitenden Körper. Für den Wagen stellt sie eine brauchbare Näherung dar, für die rollenden Zylinder ist sie gänzlich falsch. Die Rollbewegung der Walze ist aus einer fortschreitenden Bewegung (**Translation**) und einer Drehbewegung (**Rotation**) zusammengesetzt. In beiden Bewegungsformen ist kinetische Energie gespeichert.
Deshalb muß der Anteil an kinetischer Energie der Translation kleiner sein als bei dem Wagen oder einem rutschenden Körper. Für die kinetische Energie der Translation gilt $E_{kin} = m v^2/2$, wobei v die Geschwindigkeit des Schwerpunktes der Walze bezeichnet: m ist die Masse der Walze. Die Rotationsenergie der Walze dagegen hängt von der Massenverteilung ab. Dies wollen wir im folgenden genauer untersuchen.

8.2 Winkelgeschwindigkeit und Winkelbeschleunigung

Bei Rollversuchen treten Rotation und Translation gemeinsam auf. Wir können die Situation vereinfachen, wenn wir nur Drehungen eines ausgedehnten Körpers um eine feste Achse zulassen. Da sich reale Körper mehr oder weniger stark verformen, sehen wir – idealisierend – den Körper als starr, als nicht verformbar an. In dieser *Modellvorstellung* vom starren Körper bleiben die Abstände zwischen zwei beliebigen Punkten konstant. Einen starren Körper können wir uns aus lauter Massenpunkten zusammengesetzt denken.
Für einen starren Körper ist die Bahngeschwindigkeit keine zweckmäßige Größe zur Beschreibung der Drehung, da sich verschiedene Punkte unterschiedlich schnell bewegen. Für die Bahngeschwindigkeit v einer gleichförmigen Kreisbewegung kennen wir aber bereits die Beziehung $v = 2\pi r/T$. Das bedeutet: Die Geschwindigkeit ist proportional zum Abstand von der Drehachse. Der Proportionalitätsfaktor $2\pi/T$ wird Winkelgeschwindigkeit ω genannt:
$\omega = 2\pi/T$ (ω: griech. Buchstabe Omega).
Die Winkelgeschwindigkeit ist definiert als der Quotient aus dem zurückgelegten Drehwinkel $\Delta\varphi$ (im Bogenmaß gemessen) und der dafür benötigten Zeitspanne Δt: $\omega = \dfrac{\Delta\varphi}{\Delta t}$. Eine volle Umdrehung entspricht einem Winkel von $360° = 2\pi$. Die Maßeinheit für die Winkelgeschwindigkeit ist $1/\text{s} = \text{s}^{-1}$, denn die Winkelangabe im Bogenmaß ist dimensionslos.

Abb. 79.1 Riesenfelge am Reck

Mit $f = 1/T$ ergibt sich auch der Zusammenhang mit der Frequenz: $\omega = 2\pi f$. Frequenz und Winkelgeschwindigkeit dürfen nicht verwechselt werden: Es gilt

Bahngeschwindigkeit: $v = \dfrac{2\pi r}{T} = \omega r.$

Winkelgeschwindigkeit: $\omega = \dfrac{\Delta\varphi}{\Delta t} = \dfrac{2\pi}{T} = 2\pi f.$

Abb. 79.1 zeigt eine stroboskopische Aufnahme einer Riesenfelge am Reck. Diese Bewegung ist nicht gleichförmig, der Turner überstreicht in gleichen Zeitspannen Δt verschiedene Winkel $\Delta\varphi$: Die Winkelgeschwindigkeit ω ist nicht konstant.

Die auftretende **Winkelbeschleunigung** ist definiert als:

$$\alpha = \frac{\Delta\omega}{\Delta t}.$$

Ist α = konstant, dann gilt:

$$\alpha = \frac{\omega}{t} \quad \text{bzw.} \quad \omega = \alpha t.$$

Aufgaben:

1. Eine Kurbelwelle macht 3000 Umdrehungen in der Minute. Wie groß sind T, f und ω?
2. Ein Rad hat eine Winkelgeschwindigkeit $\omega = 1\ \text{s}^{-1}$. Wie viele Umdrehungen pro Minute entsprechen dieser Winkelgeschwindigkeit?
3. Zwei Zahnräder mit den Radien r_1 und r_2 greifen ineinander und drehen sich. Welche Aussage kann man über die Winkelgeschwindigkeiten der beiden Zahnräder machen?
4. Welche durchschnittlichen Winkelgeschwindigkeiten kann man für die Riesenfelge in Abb. 79.1 angeben, wenn man für die Zeitspannen jeweils 1/10 Sekunden annimmt?
Man berechne auch die auftretenden Winkelbeschleunigungen.

8.3 Rotationsenergie und Trägheitsmoment

Beim Versuch mit den rollenden Walzen hatten wir erkannt, daß die Rotationsenergie von der Massenverteilung abhängt. Können wir dies genauer beschreiben? Hierzu betrachten wir noch einmal den Bewegungsablauf des Hohlzylinders.
Der Schwerpunkt legt bei einem Umlauf gerade den Weg $2\pi r$ zurück. Seine Geschwindigkeit beträgt daher $2\pi r/T$, wenn T die Zeit für einen Umlauf ist. Der Quotient $2\pi r/T$ ist aber auch gleich der Umfangsgeschwindigkeit der Walze.
Da die Wandstärke gering ist, können wir annehmen, daß alle Teile des Zylinders sich mit der gleichen Geschwindigkeit im Kreise herum bewegen. Für die kinetische Energie dieser Rotationsbewegung gilt demnach $E_{\text{rot, HZ}} = \frac{1}{2} m v^2$.

Bei einem Hohlzylinder ist folglich die kinetische Energie der Translation genau so groß wie die der Rotation. Mit $v = \omega \cdot r$ erhält man $E_{\text{rot, HZ}} = \frac{1}{2} m r^2 \cdot \omega^2$.

In dieser Formel charakterisiert der Anteil $m r^2$ den rotierenden Körper, die Winkelgeschwindigkeit dagegen den Bewegungsablauf. Den Anteil $m r^2$ nennt man **Trägheitsmoment.**
Um diese Überlegungen zu verallgemeinern, betrachten wir einen Massenpunkt, der sich um eine feste Achse reibungsfrei drehen kann (Abb. 80.1). Er hat die kinetische Energie $E_{\text{kin}} = \frac{1}{2} m v^2$. Setzt man $v = \omega \cdot r$, dann ergibt sich $E_{\text{rot}} = E_{\text{kin}} = \frac{1}{2} m r^2 \omega^2$, also der gleiche Wert wie für den Hohlzylinder.
Um die Rotationsenergie eines beliebig geformten starren Körpers zu berechnen, denken wir uns ihn aus lauter Massenpunkten zusammengesetzt. Sie haben die Massen m_1, m_2, m_3, ... und die Entfernungen r_1, r_2, r_3 .... von der Drehachse. Die Rotationsenergie ist die Summe aller Einzelenergien:

$$E_{\text{rot}} = \frac{1}{2}(m_1 r_1^2 + m_2 r_2^2 + \ldots)\,\omega^2.$$

Die Summe in der Klammer bezeichnet man als das **Trägheitsmoment** J des starren Körpers bezüglich der Achse. Damit können wir sagen:

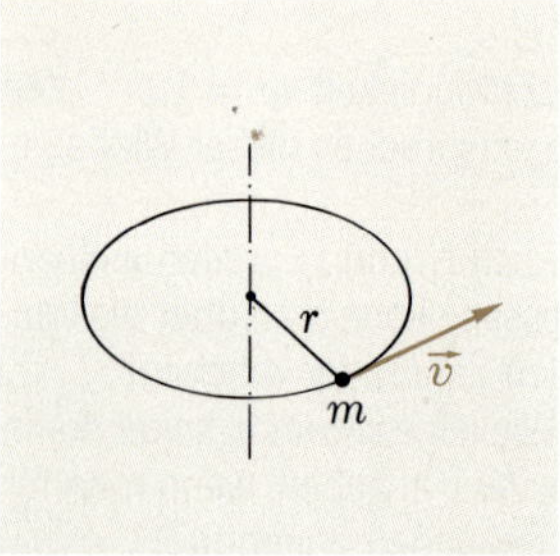

Abb. 80.1 Kinetische Energie eines Massenpunktes

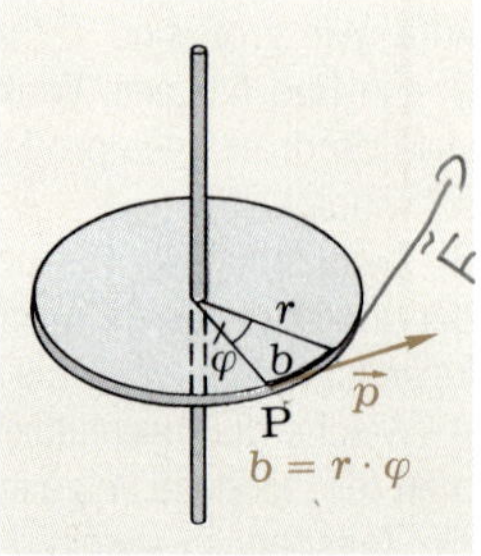

Abb. 80.2 Beschleunigte Drehbewegung

Die kinetische Energie der Rotationsbewegung ist:

$$E_{\text{rot}} = \frac{1}{2} J \omega^2.$$

Zur Berechnung von Trägheitsmomenten muß man die Summe $m_1 r_1^2 + m_2 r_2^2 + \ldots$ ausrechnen. Wir wollen hier lediglich die Ergebnisse socher Berechnungen mitteilen (m: Gesamtmasse des Körpers).

Trägheitsmomente:

Massenpunkt, Hohlzylinder (Rad)	$m r^2$
Vollzylinder (flache Scheibe)	$\frac{1}{2} m r^2$
Vollkugel	$\frac{2}{5} m r^2$.

Schwungräder haben eine große Rotationsenergie, wenn wie beim Hohlzylinder die Masse außen konzentriert ist. Es ist aber auch eine entsprechend große Arbeit nötig, um sie in Schwung zu versetzen. Diese Arbeit wollen wir jetzt berechnen.
Eine Scheibe soll sich reibungsfrei um eine Achse drehen können (Abb. 80.2). Lassen wir im Punkt P senkrecht zum Radius einer Scheibe eine Kraft F am Hebelarm r angreifen, dann wirkt auf sie ein **Drehmoment** $M = r F$ und sie beginnt eine gleichmäßig beschleunigte Rotationsbewegung. Dabei verrichtet die Kraft F längs des Kreisbogens $b = r \cdot \varphi$ die Arbeit $W = F \cdot b = F r \varphi$.
Bei einer gleichmäßig beschleunigten Bewegung haben wir in Kap. 1.5 für den zurückgelegten Weg s nach t Sekunden den Zusammenhang $s = \frac{1}{2} a t^2$ gefunden. Für eine gleichmäßig beschleunigte Drehbewegung ist die Winkelbeschleunigung α konstant. Für den in der Zeit t durchlaufenen Drehwinkel φ erhält man in diesem Fall ganz analog zu den Überlegungen in Kap. 1.5 $\varphi = \frac{1}{2} \alpha t^2$. Mit dieser Beziehung ergibt sich für die Arbeit: $W = r \cdot F \cdot \frac{1}{2} \alpha t^2 = \frac{1}{2} M \alpha t^2$.

Nach dem Energiesatz muß die kinetische Energie der Rotationsbewegung gleich der oben ausgerechneten Arbeit der von außen angreifenden Kraft sein. Daher gilt:

$$\frac{1}{2} J \omega^2 = \frac{1}{2} M \alpha t^2.$$

Mit $\omega = \alpha t$ kann man diese Gleichung weiter umformen: $J \alpha^2 t^2 = M \alpha t^2$. Daraus ergibt sich: $J \alpha = M$.

Wirkt auf einen um eine feste Achse drehbar gelagerten Körper ein **Drehmoment** M, so entsteht eine Drehbewegung mit der Winkelbeschleunigung α. Es gilt:

$$M = J \cdot \alpha.$$

8.4 Der Drehimpuls

Trägheitsmoment und Winkelgeschwindigkeit

Versuch 3: Auf einem Drehschemel sitzt eine Person, die zwei schwere Hanteln in den ausgestreckten Armen hält (Abb. 81.1). Durch Anstoßen wird die Person in Drehbewegung versetzt. Die Hanteln bewegen sich auf großen Kreisen um die Drehachse. Jetzt werden die Hanteln näher an den Körper und damit näher an die Drehachse gezogen. Die Winkelgeschwindigkeit der Drehung steigt an. Beim Wiederausstrecken der Arme verlangsamt sich die Drehung wieder auf die alte Winkelgeschwindigkeit.

Diese Erscheinung wird bei verschiedenen Sportarten ausgenutzt. So wird die Pirouette beim Eislauf schneller durch das Anziehen der Arme. Turner kauern sich beim Salto ganz zusammen, um ihre Masse möglichst dicht an der Drehachse (etwa durch die Hüfte verlaufend) zu konzentrieren.

Bei dem Versuch stellt sich nach dem Wiederausstrekken der Arme der ursprüngliche Bewegungszustand wieder ein. Das rotierende System hat trotz der zwischenzeitlichen Veränderungen bewahrt, welche Winkelgeschwindigkeit bei ausgestrecktem Arm der Versuchsperson herrschte.

Aus diesen Beobachtungen ergibt sich die Frage, ob auch für Drehbewegungen eine *Erhaltungsgröße* definiert werden kann.

Wir erkennen leicht, daß diese Erhaltungsgröße nicht die Energie sein kann. Beim Anziehen der Arme leistet die Versuchsperson nämlich eine Arbeit gegen die Zentrifugalkraft. Die Energie des rotierenden Systems erhöht sich. Beim Wiederausstrecken der Arme muß die Versuchsperson eine Abbremsung gegen das Wirken der Zentrifugalkraft vornehmen. Dem rotierenden System wird dadurch Energie entzogen.

Unsere Aufgabe besteht jetzt darin, für die vermutete Erhaltungsgröße einen Zusammenhang mit bereits bekannten Größen herzustellen.

Für geradlinige Bewegungen ist der Impuls $p = m \cdot v$ eine Erhaltungsgröße. Das *Analogon* zur Geschwindigkeit v ist die Winkelgeschwindigkeit ω, die Masse m ist die analoge Größe zum Trägheitsmoment J.

Dementsprechend ist es naheliegend, als Analogon zum linearen Impuls bei der Rotationsbewegung eines starren Körpers den **Drehimpuls** als $L = J\,\omega$ zu definieren.

Wir wollen nun untersuchen, ob diese formale Analogie im Rahmen des Begriffssystems der klassischen Mechanik im Einklang mit den experimentellen Erfahrungen physikalisch sinnvoll ist. Um eine Drehbewegung in Gang zu setzen, muß eine Kraft F mit dem Hebelarm r angreifen. Sie erzeugt dann ein **Drehmoment:**

$$M = r\,F = J\,\alpha = J\,\frac{\Delta\,\omega}{\Delta\,t}\,.$$

Auf der rechten Seite der Gleichung steht nichts anderes als die zeitliche Änderung des Drehimpulses L für den Fall, daß J konstant ist. Wir können demnach allgemein schreiben:

Abb. 81.1 Drehschemelversuch zur Veränderung des Trägheitsmoments

$$M = \frac{\Delta\,L}{\Delta\,t}\,.$$

Bei dem Drehschemelversuch wirkt von außen kein Drehmoment. Der Schemel ist darüber hinaus gut gelagert, so daß wir von Reibungskräften absehen können. Also ist $M = 0$ und $\Delta\,L/\Delta\,t = 0$. Das bedeutet: Wirkt kein äußeres Drehmoment, dann ist der Drehimpuls L konstant, denn nur dann ist $\Delta\,L = 0$.

Die Hanteln sehen wir als Massenpunkte im Abstand r von der Drehachse an. Jede Hantel hat das Trägheitsmoment $m\,r^2$ und den Drehimpuls $L = J\,\omega = m\,r^2\,\omega$. Daher muß für die Hanteln gelten $m\,r^2\,\omega = \text{const}$. Wird durch das Heranziehen der Hanteln an die Drehachse der Wert des Trägheitsmomentes J verringert, so muß die Winkelgeschwindigkeit ω anwachsen. Dies entspricht den Beobachtungen.

Wir fassen zusammen:

> **Definition des Drehimpulses** eines starren Körpers um eine feste Achse:
>
> $$L = J\,\omega\,.$$
>
> Durch die Wirkung eines Drehmomentes M wird der Drehimpuls L zeitlich geändert:
>
> $$M = \frac{\Delta\,L}{\Delta\,t}\,.$$

Aufgaben:

1. Den Drehimpuls haben wir in Analogie zum Impuls p als das Produkt aus Trägheitsmoment J und Winkelgeschwindigkeit ω definiert. Diese formale Analogie besteht auch zwischen den Gleichungen $M = J \cdot \alpha$ bzw. $M = \Delta\,L/\Delta\,t$ und $F = m\,a$ bzw. $F = \Delta\,p/\Delta\,t$. Stellen Sie die analogen Größen und Gleichungen für Rotation und Translation zusammen!
2. Man berechne den durch die tägliche Drehung der Erde bedingten Erddrehimpuls der Erde und die Rotationsenergie ($m_{\text{Erde}} = 5{,}977 \cdot 10^{24}$ kg).

$L = J \cdot \omega = m r^2 \omega$

8.5 Der Drehimpuls als Vektorgröße

Die Drehung der Erde um die eigene Achse ist für die Entstehung von Tag und Nacht ursächlich. Da die Winkelgeschwindigkeit konstant ist, hat die Erde auch einen konstanten Drehimpuls. Die Bewegung der Erde weist aber noch eine weitere Besonderheit auf. Die Erdachse bleibt während des Umlaufes um die Sonne stabil im Raum. Die Verlängerung der Erdachse deutet immer auf den Polarstern. Um ihn herum scheinen die übrigen Sterne mehr oder minder große Kreise zu beschreiben. Die räumliche Stabilität der Erdachse führt dazu, daß verschiedene Jahreszeiten entstehen.

Die gleichen Erscheinungen wie der große „Kreisel Erde" zeigt auch ein Kinderkreisel. Seine Drehachse versucht, ihre Lage im Raum beizubehalten. Deswegen fällt der Kreisel nicht um, solange er sich schnell genug dreht. Weder bei der Erde noch beim Kinderkreisel ist die Drehachse in einem Lager befestigt. Die Drehungen erfolgen um **freie Achsen.** Diese freien Achsen bleiben während der Bewegung in ihrer Richtung stabil, falls kein Drehmoment wirkt.

Diese Erfahrungen können wir mit einem Modellkreisel bestätigen. Bei dem Kreisel der Abb. 82.1 ist die in einer Spitze endende Achse verschiebbar angebracht und auf einer feststehenden Pfanne so gelagert, daß sich die Spitze im Schwerpunkt des Kreisels befindet. Die Achse kann zunächst jede beliebige Stellung im Raum einnehmen.

Versuch 4: Versetzt man den kräftefreien Kreisel in rasche Rotation und richtet seine Achse beliebig aus, dann behält die Kreiselachse diese Anfangsstellung unverändert bei. Man kann den rotierenden Kreisel am Stativfuß haltend im Raum herum tragen, die Richtung der Drehachse ändert sich dabei nicht.

Diese experimentelle Erfahrung verweist auf den besonderen Vektorcharakter des Drehimpulses.

Ausgehend von dieser Erfahrung und gleichzeitig abstrahierend, betrachten wir zunächst die Kreisbewegung eines Massenpunktes um ein „Zentrum" (Abb. 82.2).

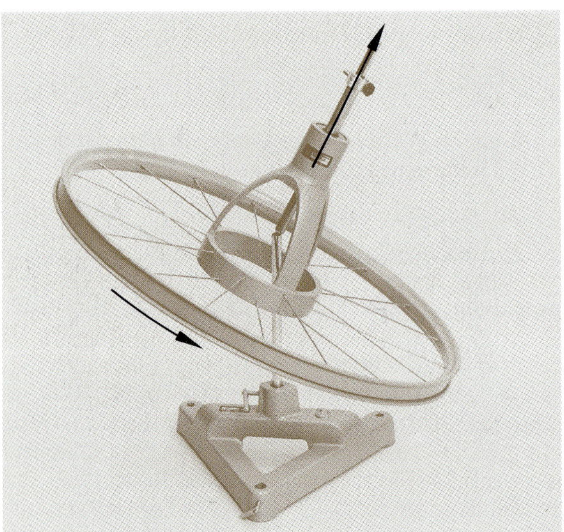

Abb. 82.1 Experimentierkreisel

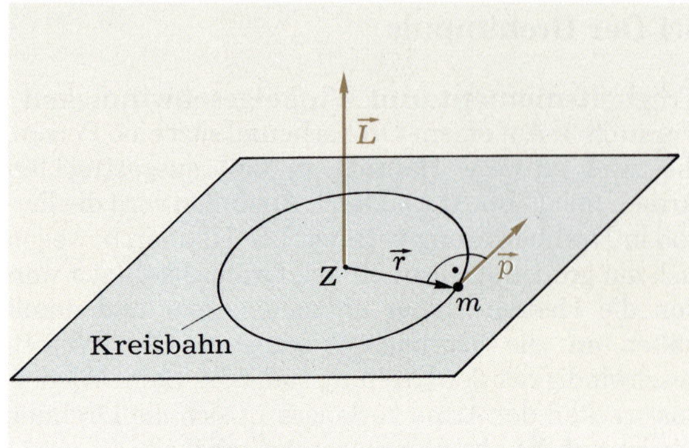

Abb. 82.2 Richtung von $\vec{L}$

Der Betrag des Drehimpulses beträgt hier $m r^2 \omega$. Mit $v = \omega \cdot r$ erhält man $L = r \cdot m v = r \cdot p$. Die Bahnkurve der Massenpunkte liegt in der zwischen $\vec{r}$ und $\vec{p}$ aufgespannten Ebene.

Wir **definieren den Drehimpuls als Vektor** $\vec{L}$, dessen Richtung senkrecht zum Radiusvektor $\vec{r}$ und Impulsvektor $\vec{p}$ steht. Wir vereinbaren: Beim Blick in Richtung von $\vec{L}$ bewegt sich der Massenpunkt im Uhrzeigersinn. Bei der Kreisbewegung ist der Betrag des Drehimpulsvektors $\vec{L}$ bestimmt durch das Produkt: $L = r p$.

Zwischen dem Drehmoment M und dem Drehimpuls L besteht die Gleichung $M = \Delta L / \Delta t$ (S. 81). Daher gilt:

> Ein **Drehmoment:** $\vec{M}$ bewirkt eine zeitliche Änderung des **Drehimpulses** $\vec{L}$:
>
> $$\vec{M} = \frac{\Delta \vec{L}}{\Delta t}.$$

Hierbei müssen wir dem Drehmoment $\vec{M}$ wie dem Vektor $\vec{L}$ eine Richtung senkrecht zu $\vec{F}$ und $\vec{r}$ zuordnen. Die Richtung von $\vec{M}$ fällt mit der Richtung der Drehachse zusammen. Wenn die Kraft $\vec{F}$ den Körper im Uhrzeigersinn dreht, dann blicken wir in Richtung des Drehmomentvektors $\vec{M}$.

Unsere bisherigen Beobachtungen bestätigen diesen Zusammenhang zwischen $\vec{M}$ und $\vec{L}$. Beim kräftefreien Kreisel, der im Schwerpunkt unterstützt wird, ist $\vec{M} = \vec{0}$ und damit auch $\Delta \vec{L} = \vec{0}$. Dies bedeutet: Richtungskonstanz für $\vec{L}$.

Denken wir uns die schwere Felge aus einzelnen Masseteilchen zusammengesetzt, dann hat jedes dieser Masseteilchen den Drehimpuls $L = r p$, dessen Richtung parallel zur Kreiselachse verläuft. Die Einzeldrehimpulse addieren sich zum Gesamtdrehimpuls, dessen Richtung daher ebenfalls parallel zur Drehachse liegt. $\vec{L} = \overrightarrow{const.}$ äußert sich also dadurch, daß die Drehachse stabil bleibt.

Die Tatsache, daß der Drehimpuls als Vektor erhalten bleibt, auch wenn die Drehung um eine freie Achse erfolgt, findet viele Anwendungen. So schleudert man z.B. eine Diskusscheibe so, daß sie sich wie

ein Kreisel dreht. Ihre Drehimpulsachse bleibt während des Fluges raumfest. Auf dem absteigenden Ast der Flugbahn steht die Diskusscheibe wie eine Tragfläche mit einem Anstellwinkel im Fahrtwind. Durch den entstehenden Auftrieb fliegt der Diskus weiter als eine Kugel (Abb 83.1).
Auch beim Schießen mit Gewehren oder Kanonen wird die vektorielle Erhaltung des Drehimpulses ausgenutzt. Durch den „gezogenen Lauf" wird das Geschoß in eine schnelle Drehung um seine Längsachse gebracht. So behält es seine stabile Lage während des Fluges bei und überschlägt sich nicht.
Zur Navigation von Schiffen und Flugzeugen benutzt man den *Kreiselkompaß*. Das ist ein Kreisel, dessen Drehimpulsvektor parallel zur Erdachse steht.

Präzessionsbewegung

Läßt man an der Achse eines rotierenden Kreisels eine Kraft angreifen, dann weicht er senkrecht zu dieser Kraftrichtung aus. Dies zeigt der folgende Versuch.

Versuch 5: Wir verschieben die Achse des Kreisels (Abb. 82.1), so daß die Unterstützung nicht mehr im Schwerpunkt erfolgt. Durch die Gewichtskraft $\vec{F}_G$ des Kreisels wird jetzt ein Drehmoment $\vec{M}$ ausgeübt, das dem Kreisel einen zusätzlichen Drehimpuls $\Delta \vec{L} = \vec{M} \cdot \Delta t$ erteilt.
Im Versuch sehen wir, daß die Kreiselachse bei Rotation des Kreisels ihre Richtung nicht mehr beibehält, sondern sich auf einem Kegelmantel bewegt. Diese Bewegung nennt man **Präzession.**
Erklärung: Der Drehmomentvektor der Gewichtskraft $\vec{M}$ steht senkrecht zur Kraft $\vec{F}_G$ und dem momentanen Drehimpuls $\vec{L}$. Die durch das Drehmoment $\vec{M}$ bewirkte Drehimpulsänderung $\Delta \vec{L}$ steht ebenfalls senkrecht zum momentanen Drehimpuls $\vec{L}$ und ändert daher dessen Richtung. So kommt es, daß der Kreisel seine Achsenlage nicht in Kraftrichtung verändert, sondern mit seiner Achsenrichtung senkrecht dazu in einer **Präzessionsbewegung** ausweicht. Da die Gewichtskraft immer senkrecht nach unten zeigt, und der Drehmomentvektor daher stets waagrecht gerichtet ist, wird der Drehimpulsvektor um eine vertikale Achse herumgeführt. Die Achse des Präzessionskegels steht senkrecht (Abb. 83.2).

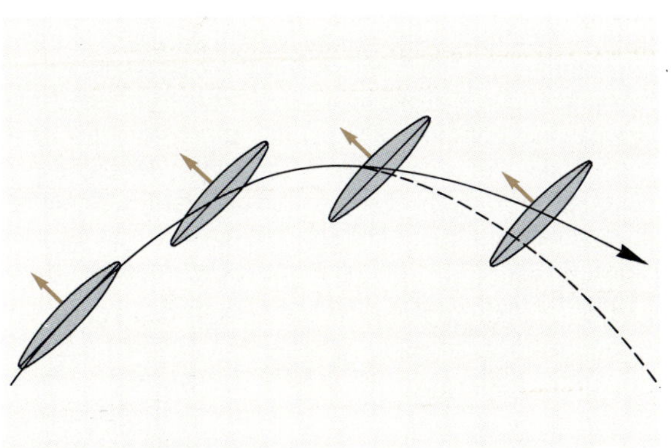

Abb. 83.1 Flugbahn einer Diskusscheibe (gestrichelt zum Vergleich eine Wurfparabel)

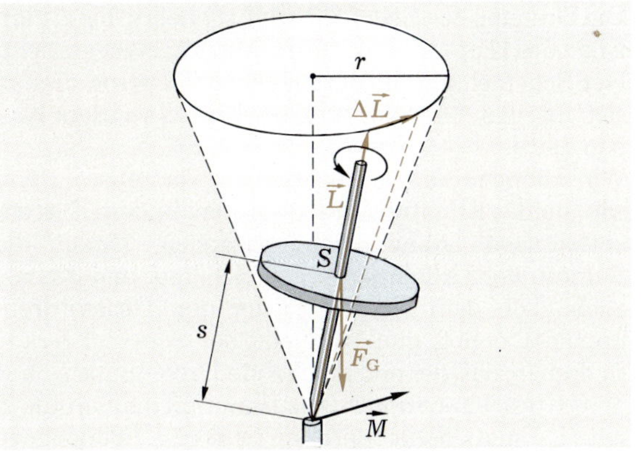

Abb. 83.2 Präzessionsbewegung eines Kreisels

8.6 Drehimpulserhaltungssatz

Der Drehimpuls eines rotierenden Körpers bleibt konstant, wenn kein äußeres Drehmoment angreift.
Wir wollen nun die Erhaltung des Drehimpulses weiter untersuchen und beginnen mit einem Experiment.
Versuch 6: Eine Versuchsperson sitzt auf einem Drehschemel (Abb. 83.3). Sie wird nicht angestoßen. Dann ist der Drehimpuls von Schemel und Person $\vec{L}_s = \vec{0}$. Der auf dem Schemel sitzenden Person geben wir einen Kreisel in die Hand, der vorher kräftig angedreht wurde, so daß er einen Drehimpuls $\vec{L}_K$ besitzt. Kreiselachse und Schemelachse seien parallel. Der gesamte Drehimpuls setzt sich additiv aus den Drehimpulsen von Schemel und Kreisel zusammen: $\vec{L} = \vec{L}_s + \vec{L}_K$. Jetzt kippt die Versuchsperson den Kreisel in ihren Händen um 180°, so daß er anschließend antiparallel zur Schemelachse steht. Der Drehimpulsvektor des Kreisels hat damit die entgegengesetzte Richtung erhalten. Schon während des Kippens beobachten wir, daß der Schemel zu rotieren beginnt.

Abb. 83.3 Erhaltung des Drehimpulses bei einem gekoppelten System

Die Drehung des Schemels wird schneller, bis sie am Ende des Kippvorganges ihren Maximalwert erreicht. Der Schemel und die darauf sitzende Person drehen sich mit dem Drehsinn, den der Kreisel vor dem Kippen hatte.

Wir können die Beobachtungen verstehen, wenn wir von der Erhaltung des gesamten, in dem System enthaltenen Drehimpulses ausgehen. Damit die Summe der Drehimpulse von Schemel und Kreisel auch nach dem Kippen wieder den Gesamtdrehimpuls $\vec{L}$ ergibt, muß sich jetzt der Schemel gerade so drehen, daß der entsprechende Drehimpuls $\vec{L}_s$ mit dem Kreiseldrehimpuls $\vec{L}_K$ zusammen die Summe $\vec{L}$ hat. Es muß daher der Betrag von $\vec{L}_s$ doppelt so groß wie der von $\vec{L}_K$ sein. Entsprechende Vektorpfeile sind in der Abb. 83.3 eingezeichnet. Die Winkelgeschwindigkeit des Schemels ist allerdings deutlich kleiner als die des Kreisels. Da der Drehimpuls ein Produkt aus Winkelgeschwindigkeit und Trägheitsmoment ist, bleibt nur dieses Produkt konstant. Das Trägheitsmoment eines Fahrradkreisels ist natürlich kleiner als das einer Person auf einem Schemel, selbst wenn die Person schlank ist und die Drehachse mit der Längsachse des Körpers zusammenfällt.

Weitere Beobachtungen sind möglich, wenn die Versuchsperson den Kreisel abbremst oder der Kreisel mit waagrechter Achse übergeben wird. Stets stimmen die Erscheinungen mit den Folgerungen aus dem Satz von der Erhaltung der vektoriellen Summe aller Drehimpulse überein.

Betrachten wir ein abgeschlossenes System von Körpern, die um verschiedene Achsen rotieren, dann zeigen die Drehimpulsvektoren in verschiedene Richtungen. In einem abgeschlossenen System existieren nur Wechselwirkungskräfte. Diese haben gleichen Betrag, entgegengesetzte Richtung und die gleiche Wirkungslinie. Wegen der letzten Bedingung haben sie gleiche Hebelarme und erzeugen somit entgegengesetzt gleiche Drehmomente. Dabei werden während der Wirkungszeit auch die Drehimpulse entgegengesetzt gleich. Dadurch bleibt der Gesamtdrehimpuls unverändert, und es gilt folgender Erhaltungssatz.

Drehimpulserhaltungssatz:
Wenn auf ein System von Körpern kein äußeres Drehmoment wirkt, dann bleibt der Gesamtdrehimpuls des abgeschlossenen Systems, d. h. die Vektorsumme der Drehimpulsvektoren der einzelnen Körper nach Richtung und Betrag konstant.

Der Satz von der Erhaltung des Drehimpulses ist nach dem Energie- und dem Impulserhaltungssatz der dritte grundlegende Erhaltungssatz der Mechanik.

Korrekter ist es jedoch, nicht von drei, sondern von sieben Erhaltungssätzen zu sprechen. Die Energie ist eine skalare Größe. Da Impuls und Drehimpuls vektorielle Größen sind, gelten für beide je drei Erhaltungssätze, weil nicht nur der Betrag, sondern auch die Richtungen im Raume unverändert bleiben. Das bedeutet nämlich, daß die drei Komponenten dieser Vektoren nach drei zueinander senkrechten Richtungen des Raumes erhalten bleiben.

Aufgaben:

1. Ein hochgeworfener Hut läßt sich leichter auffangen, wenn man ihn um eine geeignet gewählte Achse rotieren läßt. Warum? In welcher Weise nutzen Jongleure die Erhaltung des Drehimpulses aus?
2. Beschreiben Sie die verschiedenen Phasen eines Sprungs vom 3-m-Brett mit einfachem Salto. Ist der Drehimpuls beim Eintauchen in das Wasser Null?
3. Das Trägheitsmoment eines Menschen hat bezüglich der Längsachse bei angelegten Armen die Werte (1,0–1,2) kgm^2, bei ausgestreckten Armen die Werte (2,0–2,5) kgm^2. Wie ändert sich die Winkelgeschwindigkeit bei einer Pirouette, wenn die Eiskunstläuferin die Arme anzieht?
4. Bei einer Zentralbewegung ist die beschleunigende Kraft stets auf das gleiche Zentrum hin gerichtet. Begründen Sie den folgenden Satz: Bei jeder Zentralbewegung ist der Drehimpuls konstant.
5. Eines Tages wird die Sonne ihren Wasserstoffvorrat verbraucht haben. Sie ist dann „ausgebrannt". Unter der Gravitationsanziehung wird sich ihre Masse zusammenziehen, da in dem erkalteten Gas der Druck nicht mehr aufrecht erhalten werden kann. Wie wird sich das auf die Rotation der Sonne um ihre Achse auswirken? Heute rotiert die Sonne mit einer Umlaufdauer von ungefähr einem Monat (verschiedene Teile rotieren mit unterschiedlichen Winkelgeschwindigkeiten). Diese für die Sonne für eine ferne Zukunft vermutete Erscheinung läßt sich bei Sternen, deren Entwicklung weiter fortgeschritten ist, beobachten.
6. Eine Katze fällt immer auf die Füße. Wie ist dies mit dem Satz von der Erhaltung des Drehimpulses zu erklären?
7. Nach Schätzungen der Geologen hat die Erde mit ihrer täglichen Drehung einen Drehimpuls von
$$L_{Erde} = 5{,}9 \cdot 10^{33}\ \mathrm{kg\ m^2\ s^{-1}}.$$
Um welchen Betrag ändert sich die Länge des Tages, wenn ein Schwungrad von einem Trägheitsmoment $J = 100$ kg m^2 mit 6000 U/min um eine Achse parallel zur Erdachse rotiert?
8. Ein Pulsar ist ein ungewöhnlicher Stern, von dem wir auf der Erde kurze Ausbrüche (Pulse) von Radiowellen in regelmäßiger Folge erhalten. Bei den schnellsten „blinkenden" Pulsaren kommen die Radioimpulse 30mal pro Sekunde. Pulsare haben sich durch Zusammenziehen unter dem Einfluß der Gravitation (Gravitationskollaps) aus sonnenähnlichen Sternen gebildet. Der Radius eines Pulsars ist von der Größenordnung 10^4 m. Wie schnell drehte sich der Stern, aus dem der oben genannte Pulsar entstanden ist, wenn wir als Sonnenradius den Wert 10^{11} cm annehmen? Der Pulsar sei kugelförmig mit dem Trägheitsmoment $2/5\, m r^2$.

9. Die Entwicklung der Himmelsmechanik

9.1 Die Fragen

Den denkenden Menschen haben zu allen Zeiten zwei große Problemkreise beschäftigt. Der erste entspringt der existentiellen Erfahrung des ständigen Wandels und der Vergänglichkeit allen irdischen Lebens. Die Fragen betreffen die menschliche Existenz inmitten dieses unaufhörlichen Wechsels von Geburt und Tod: Woher kommen wir, wohin gehen wir und was ist der Sinn des Daseins in diesem kosmischen Drama?

Der zweite Fragenkomplex entsteht aus der aufmerksamen Beobachtung der Naturphänomene.

Die Beobachtungen der Himmelserscheinungen spielen dabei eine sehr wesentliche Rolle. Die Vorstellung, astronomische Phänomene mit dem Wirken von guten und bösen Geistern, Gottheiten und Dämonen in eine ursächliche Verbindung zu bringen, findet man in allen Kulturkreisen.

Im Gegensatz zu den irdischen Naturphänomenen scheinen die Erscheinungen am Himmel den Charakter des Unvergänglichen, des Ewigen zu haben. Sonne, Mond und Sterne kreisen unaufhörlich segenspendend um den irdischen Beobachter. Nachdem man den Lauf der Sonne als Ursache der Jahreszeiten erkannt hatte, galt es, die astronomischen Erscheinungen genauer zu beobachten, um Kalender zu erstellen, die es erlaubten, die richtigen Jahreszeiten für Saat und Ernte vorauszubestimmen.

Neben diese neuen von materiellen Bedürfnissen und existentiellen Ängsten bestimmten Fragen tritt unabweisbar die Frage nach der Ursache jener „ewigen“ Bewegungen und dem „ersten Beweger“ der Himmelssphäre. In den großen Religionen und den aufkommenden Naturwissenschaften werden im Laufe der historischen Entwicklung sehr verschiedene Antworten gegeben. Mit den physikalischen Antworten und ihren Argumentationsweisen wollen wir uns in den folgenden Kapiteln beschäftigen.

9.2 Orientierung am Himmel

Die Sterne beschreiben eine tägliche Bahn am Himmelsgewölbe. Sie gehen im Osten auf, erreichen ihren höchsten Stand (Kulmination) im Süden und gehen im Westen unter. Sie beschreiben Kreisbahnen, die untereinander parallel und senkrecht zur sogenannten Himmelsachse stehen. Diese **Himmelsachse** trifft die Himmelskugel in den **Himmelspolen.** In der Nähe des Himmelsnordpols steht der Polarstern (Abb. 85.1).

Wir wissen heute, daß dieser tägliche Umschwung des Sternenhimmels als Relativbewegung anzusehen ist, die durch Drehung der Erde um ihre Achse entsteht. Die Himmelsachse kann demnach als die Verlängerung der Erdachse angesehen werden. Sie steht senkrecht auf dem **Himmelsäquator.** Dieser Großkreis entsteht, wenn man die Himmelskugel mit der Ebene zum Schnitt bringt, die man sich durch den Erdäquator gelegt denkt. Die von den Sternen beschriebenen Kreise sind für die Sterne am größten, die im Himmelsäquator stehen. Sie werden bei Annäherung an die Himmelspole immer kleiner (Abb. 85.2). Der Anblick des Sternenhimmels hängt von dem Ort des Beobachters auf der Erde ab. Die jeweilige Horizontalebene des Beobachters, welche den sichtbaren Teil des Himmels begrenzt, schneidet die Himmelskugel im Horizontkreis.

Senkrecht über dem Beobachter befindet sich der **Zenit.** Der Kreis durch Zenit und Himmelspol heißt **Meridian.** Er liegt in der Ebene, die den Horizontkreis in *Nord-* und *Südpunkt* scheidet. Im Meridian erreichen die Gestirne ihren höchsten Punkt, sie kulminieren dort. Je weiter man auf der Erde nach Süden geht, um so mehr sinkt der Nordpol zum Horizont ab. Aus der Abb. 85.1 ist leicht zu erkennen, daß die **Polhöhe** *PN* **gleich der geographischen Breite ist.**

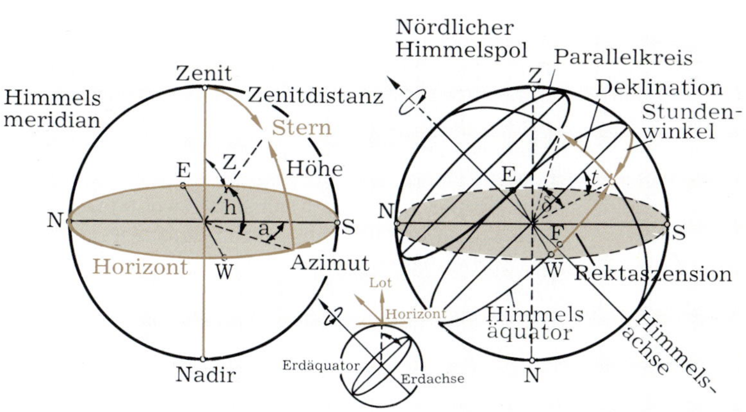

Abb. 85.1 Astronomisches Koordinatensystem

Abb. 85.2 Sternspuren mit einer auf den Himmelspol gerichteten Kamera aufgenommen

9.3 Die astronomischen Phänomene

Sonne und Mond nehmen an der täglichen Bewegung der Himmelskugel teil. Im Laufe eines Jahres vollführen sie noch eine zweite Relativbewegung, die wir seit *Kopernikus* als Abbild der Erdbewegung erklären. Sie ist dem täglichen Umschwung des Sternenhimmels entgegengesetzt. Die scheinbare Sonnenbahn bezeichnet man als **Ekliptik.** Sie ist 23°27′ gegen den Himmelsäquator geneigt. Während die Fixsterne stets die gleiche Lage untereinander beibehalten, bemerkt man schon mit dem bloßen Auge auffällige *„Wandelsterne“*, die bei längerer Beobachtung ihre Helligkeit und ihre Position bezüglich der Fixsterne in unterschiedlicher Weise verändern. Diese „Umherschweifer“ sind die sichtbaren **„Planeten“** Merkur, Venus, Mars, Jupiter und Saturn. Außer ihrer Teilnahme an der täglichen Himmelsbewegung vollführen sie innerhalb eines schmalen Bandes um die Ekliptik, dem *Tierkreisgürtel (Zodiakus)*, im Laufe von bestimmten Zeiträumen periodische Bewegungen, die auf komplizierte Art mit dem Lauf der Sonne gekoppelt zu sein scheinen. Die Planeten bewegen sich am Sternenhimmel zeitweise schneller als die Sonne in der gleichen Richtung, um dann nach einem Stillstand für eine bestimmte Zeit gegen die Richtung der Sonne zu laufen. Diese Bewegung erscheint uns als *Schleife* (Abb. 86.1 a). Die Erklärung dieser sonderbaren Abweichung von der Kreisbahn bereitete dem Astronomen *Kopernikus* großes Kopfzerbrechen.

Im kopernikanischen (heliozentrischen) System ist sie leicht zu erklären. Sie kommen zustande, weil wir von unserer bewegten Erde aus die mit unterschiedlichen Geschwindigkeiten um die Sonne laufenden Planeten beobachten (Abb. 86.1 b).

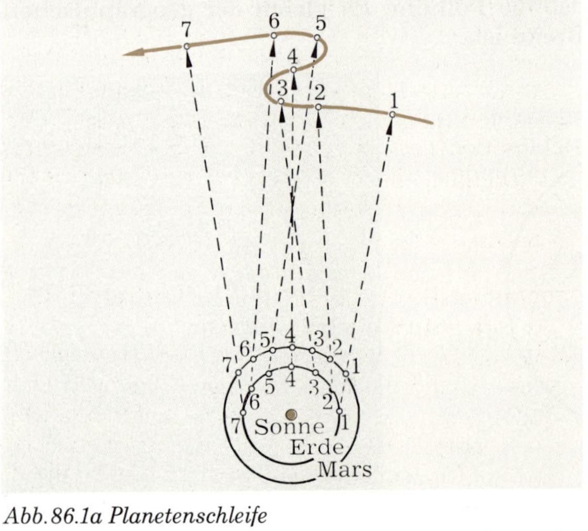

Abb. 86.1a Planetenschleife
Abb. 86.1b Erklärung der Planetenschleife nach Kopernikus

9.4 Konzepte und Modelle zur Erklärung der Himmelserscheinungen

Die idealen Kreisbewegungen Platons

Bereits *Plato* (427–347 v. Chr.) hatte für die Astronomie die methodische Forderung aufgestellt, in der verwirrenden Unregelmäßigkeit der Planetenbewegungen das ideale System **gleichförmiger Kreisbewegungen** aufzusuchen. Dieses platonische Programm, auch die komplizierten Schleifenbewegungen der Himmelskörper durch ein System von gleichförmigen Kreisbewegungen darzustellen, hat zuerst der griechische Mathematiker *Eudoxos* (408–355 v. Chr.) in Angriff genommen. Er entwickelte ein Modell, bei dem Sonne, Mond und Planeten jeweils am Äquator von Hohlkugeln befestigt sind. Diese konzentrischen Sphären rotieren um ihre eigenen Achsen. Im Zentrum ruht die Erde. Während jede Sphäre rotiert, stecken die Enden ihrer Drehachse in der nächsten Hohlkugel, die wiederum rotiert, aber mit einer anderen Periode und um eine Achse, die zur Achse der inneren Sphäre nicht parallel ist (Abb. 86.2). Um die Bewegung der Himmelskörper in Übereinstimmung mit der Erfahrung richtig darstellen zu können, benötigte *Eudoxos* 26 konzentrische Sphären, deren Achsenrichtungen und Rotationszeiten gerade so gewählt sind, daß die angesichts der platonischen Forderung „zu rettenden Erscheinungen“ z. T. auch quantitativ richtig wiedergegeben werden konnten.

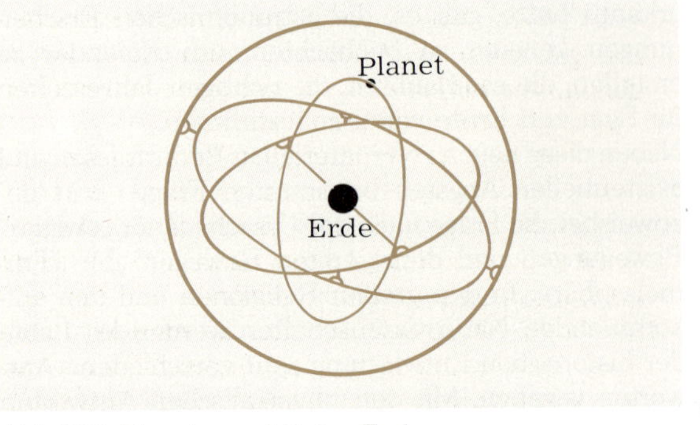

Abb. 86.2 Planetenmodell des Eudoxos

Die kosmische Ordnung des Aristoteles

Aristoteles (384–322 v. Chr.) erweiterte diese Vorstellungen, indem er eine grundsätzliche Bewegungslehre entwickelte. Er stellte den Grundsatz auf: *„Omne quod movetur ab alio movetur“*. Das heißt: Alles was in Bewegung ist, wird von etwas anderem bewegt. Dabei muß der *„motor“* dem sich bewegenden Körper *(„mobile“)* selbst innewohnen oder ein *„motor conjunctus“*, d.h. ein mit dem bewegten Körper verbundener *„motor“* sein.

Diesen *„motor“* herauszufinden, ist ein entscheidendes Problem der aristotelischen Physik.

Ein Lebewesen bewegt sich aus eigenem Antrieb *(„a se“)*. Der *„motor“* ist seine Seele *(„anima“)*. Viel schwieriger ist das Problem, bei unbelebten Körpern *(„corpora inanimata“)* den *„motor“* der Bewegung herauszufinden.

Aristoteles unterscheidet in diesem Zusammenhang zunächst zwischen **natürlicher Bewegung** *(„motus naturalis")* und **erzwungener Bewegung** *(„motus violentus")*.
Der nach unten fallende Stein oder der aufsteigende Rauch, der nach *Aristoteles* gleichsam eine Fallbewegung nach oben ausführt, stellen natürliche Bewegungen dar. Dagegen vollführt ein geworfener oder ein an einer Schnur angebundener und im Kreis herumgeschleuderter Körper eine erzwungene Bewegung.
Was wirkt bei der natürlichen bzw. bei der erzwungenen Bewegung als *„motor"*? Bei der erzwungenen Bewegung – z.B. beim geworfenen Stein – ist der Werfer zunächst im direkten Kontakt mit dem Wurfgeschoß, d.h. der Werfer wirkt als *„motor conjunctus"*. Anschließend überträgt der Werfer seine Funktion nach Abwurf des Steines auf die angrenzende Schicht des Mediums, in dem der Wurf stattfindet, womit die „Verbindung" zwischen *„motor"* und *„mobile"* erhalten bleibt. Das z. B. der Luft mitgeteilte bewegende Vermögen *(„virtus movens")* nimmt bei der Übertragung an die folgenden angrenzenden Luftschichten immer mehr ab, so daß die erzwungene Bewegung schließlich aufhört. Nach dieser Theorie der Fortbewegung könnte in einem Vakuum eine solche Bewegung nicht stattfinden. Dies ist einer der Gründe, die *Aristoteles* ein Vakuum undenkbar erscheinen lassen. *Aristoteles'* Überlegungen, den *„motor"* oder die Ursache für die natürliche Bewegung zu finden, sind ganz charakteristisch für seine Konzeption der Naturerklärung.
Die griechischen Atomisten versuchten, stoffliche Qualitäten auf die Bewegung und Konfiguration der Atome im leeren Raum zurückzuführen. Aristoteles geht umgekehrt vor, indem er die natürliche Bewegung aus der qualitativen Verschiedenheit der Stoffe erklärt.
Aristoteles postuliert damit eine Ordnung im Kosmos nach den Qualitäten der Elemente.
Im Weltzentrum befindet sich die schwere unbewegliche Erde an ihrem *„natürlichen Ort"*. Sie ist umgeben von drei konzentrischen Hohlkugeln (Sphären), die, von innen nach außen gesehen, aus den Elementen *Wasser, Luft* und *Feuer* bestehen. An die Feuersphäre schließt sich die Mondsphäre (Abb. 87.1) an. Es folgen dann die Sphären für Merkur, Venus, Sonne, Mars, Jupiter und Saturn. Die äußerste Sphäre enthält die Fixsterne. Diese Konzeption vom Aufbau des Kosmos, die bis ins Mittelalter das astronomische Weltbild bestimmte, wird uns in anschaulicher Form in *Dantes* (1265–1321) „Göttliche Komödie" dargestellt. Die acht äußeren Sphären rotieren täglich um die Himmelsachse, die durch die im Weltzentrum sich befindende Erde hindurchgeht.
Die irdische Welt ist gekennzeichnet durch Entstehen und Vergehen. Dementsprechend kommt auf der Erde – wie die Erfahrung zeigt – alle Bewegung, sowohl die erzwungene – nach dem Wegfall des äußeren Bewegungsantriebs – als auch die natürliche Auf- und Abbewegung der leichten und schweren Körper zum Erliegen.

Abb. 87.1 Der aristotelische Kosmos

Während also die geradlinige „natürliche" Bewegung Anfang und Ende hat, mithin vergänglich ist, scheint die Bewegung der Himmelskörper „ewig", d.h. ohne Anfang und Ende zu sein.
Dementsprechend ordnet Aristoteles den Himmelskörpern als natürliche Bewegung die in sich selbst zurücklaufende Kreisbewegung zu.
Es erhebt sich die Frage nach dem *„motor"* für die Kreisbewegungen der Sphären. Soll die Ursache für diese ewige und natürliche Kreisbewegung ebenso wie bei den natürlichen Bewegungen auf der Erde in einer qualitativen Substanzeigenschaft gesucht werden, dann wird schon deutlich, daß die Himmelskörper nicht aus den vier irdischen Elementen aufgebaut sein können, denn für sie ist – wie wir bereits wissen – die Kreisbewegung ja eine unnatürliche, erzwungene und vergängliche Bewegung.
Aristoteles löst das Problem auf überraschende Art, indem er als **Substanz der Himmelskörper** ein neues „fünftes Element", den **Äther** *(„Quinta essentia")* erfindet, dem gerade die Eigenschaft zugeschrieben wird, die man zur Erklärung braucht: *Seine natürliche Bewegung* ist die ewige Kreisbewegung, die ihm genauso entspricht wie die geradlinige Auf- und Abwärtsbewegung den irdischen Elementen.
Die verschiedenen Bewegungsvorgänge auf der Erde und am Himmel werden durch die Einführung von Qualitäten, die anschaulich durch ganz bestimmte Substanzen getragen und repräsentiert werden, erklärt.

Die Substanz des Elements bestimmt die Art seiner natürlichen Bewegung
Mit dieser **„Qualitäten-Physik"**, die eine grundsätzliche Unterscheidung zwischen vergänglichen, irdischen (sublunaren, d. h. unterhalb der Mondsphäre sich abspielenden) und unvergänglichen, himmlischen (translunaren) Vorgängen macht, wurde durch *Aristoteles* ein **prinzipieller Gegensatz zwischen irdischer Mechanik und Himmelsmechanik ge-**

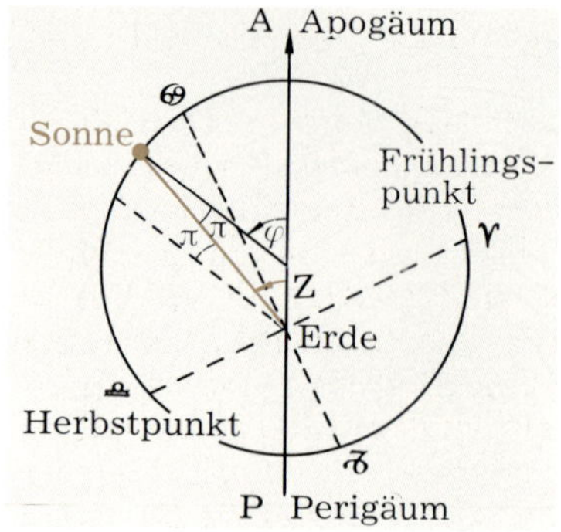

Abb. 88.1 Exzentrische Bewegung der Sonne nach Hipparch

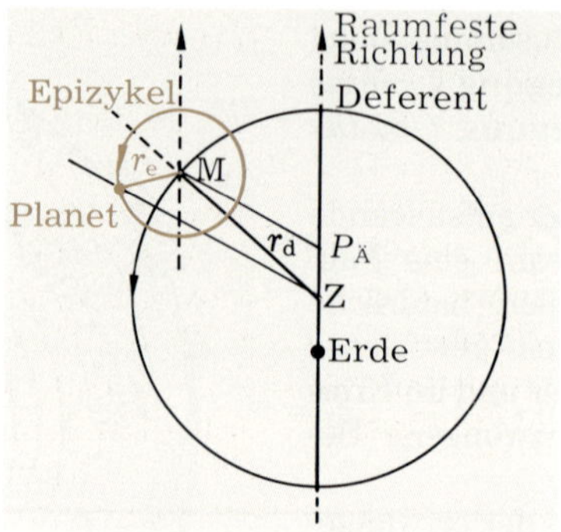

Abb. 88.2 Konstruktion der Planetenbewegung nach Ptolemäus

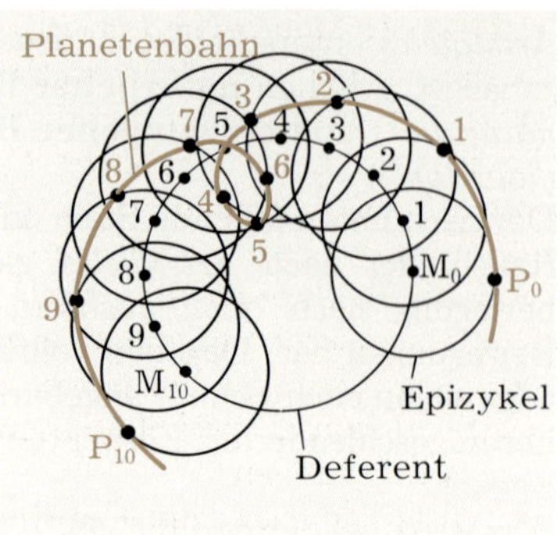

Abb. 88.3 Planetenschleifen

schaffen, der die Entwicklung des Bewegungsproblems für die nächsten Jahrhunderte bestimmte und der erst durch *Newton* endgültig überwunden wurde, der das Fallen eines Steines und die Bewegung der Planeten um die Sonne auf die gleiche physikalische Ursache zurückführte. Das **platonische Dogma,** das die **Kreisbewegung als natürliche Bewegungsform der Himmelskörper** festsetzt, hat die weitere Entwicklung der Astronomie und Physik zunächst für lange Zeit entscheidend beeinflußt.

Die Epizykel des Ptolemäus

Das Modell der konzentrischen Sphären eignet sich nicht, um die deutlich beobachteten Abstandsänderungen der verschiedenen Himmelskörper zur Erde darzustellen. Deshalb entwickelten *Hipparch* (2. Jh. v. Chr.) und *Ptolemäus* (2. Jh. n. Chr.) im Anschluß an *Appollonius von Perge* (um 262 v. Chr.) ein anderes methodisches Konzept, um unter Beibehaltung der platonischen Forderung der Gleichförmigkeit und Kreisförmigkeit die Bewegung der Himmelskörper mathematisch zu beschreiben.
Daß die Jahreszeiten ungleich lang sind, war bekannt. Wegen Platos Forderung konnte dies mit der Annahme, daß die Sonne ihre Bahn ungleichförmig durchläuft, nicht erklärt werden. Um das platonische Axiom zu retten, postulierte man, die Sonne bewege sich gleichförmig auf einem Kreis, dem **Exzenter,** dessen Mittelpunkt nicht mit der Erde zusammenfällt (Abb. 88.1). Mit Hilfe dieser Exzenterhypothese stellte schon *Hipparch* die sogenannte *erste Ungleichheit,* d. h. die periodischen Schwankungen im Lauf der Sonne dar. Wenn die Sonne gleichförmig auf der Kreisbahn läuft, erscheint diese Bewegung von der exzentrisch stehenden Erde aus gesehen ungleichförmig, bei P in Erdnähe *(Perigäum)* erscheint die Sonnenbewegung schneller, bei A in Erdferne *(Apogäum)* ist sie scheinbar langsamer.
Um die Tatsache zu erklären, daß die Planeten in periodisch wiederkehrenden Zeitabschnitten auch zurücklaufen, sah man sich gezwungen, noch ein weiteres Hilfsmittel zu benutzen. Zur Darstellung der sogenannten *zweiten Ungleichheit,* also der **Schlingen in der Planetenbahn** (Abb. 86.1 a), nahm man an, daß der Planet P sich auf einem Kreis mit dem Mittelpunkt M gleichförmig bewegt und daß gleichzeitig dieser Mittelpunkt M – ebenfalls gleichförmig – um einen zweiten Mittelpunkt E herumgeführt wird. Der Kreis um M heißt **Epizykel** (Aufkreis) und der um E **Deferent** (Trägerkreis) (Abb. 88.2 und 88.3).
Durch die richtige Wahl des Verhältnisses der Radien von Deferent r_D und Epizykel r_E und der Umlaufzeiten von P im Epizykel und M auf dem Deferenten kann man dann zur Erfüllung des platonischen Axioms die Planetenbewegungen näherungsweise durch die Kombination dieser beiden gleichförmigen Kreisbewegungen beschreiben. Die Rückläufigkeit läßt sich darstellen.
Zur genaueren Beschreibung der Planetenbewegungen muß man die Exzenter- und Epizykelmethode miteinander kombinieren. Der Planet bewegt sich auf einem Epizykel, der dann von einem exzentrischen Deferenten mitgeführt wird.
Werden Epizykel und Deferent im entgegengesetzten Sinne, aber mit gleicher Umlaufzeit durchlaufen, so ist diese spezielle epizyklische Bewegung mit einer exzentrischen mathematisch identisch. Damit ergibt sich die von den Astronomen immer wieder genutzte Möglichkeit, Epizykel und Exzenter mathematisch gegeneinander auszutauschen.
Wie wir heute wissen, wird durch Exzenter die elliptische Bewegung des Planeten um die Sonne approximiert. Um zu einer wirklich guten Approximation zu gelangen, d. h. die Beobachtungen mit dem platonischen Axiom in Einklang zu bringen, mußte *Ptolemäus* noch eine Besonderheit definieren: die Bewegung des Epizykelmittelpunktes auf dem Exzenter ist ungleichförmig, jedoch erscheint sie gleichförmig von einem Punkte aus, welcher vom Mittelpunkt des Exzenters gesehen der Erde genau gegenüberliegt. Der Mittelpunkt des exzentrischen Kreises entspricht dem Mittelpunkt der Ellipse. Die Lage der Erde entspricht derjenigen der Sonne in einem der beiden Brennpunkte der Ellipse, und jener gegenüberliegende Punkt, welcher **„punctum aequans"** (**Ausgleichspunkt**) heißt, nimmt die Stelle des leeren Brennpunktes bei *Kepler* ein.
Der Mittelpunkt M des Deferenten halbiert im einfachsten Fall die Exzentrizität, d. h. den Abstand Erde—Ausgleichspunkt E—Ä.

Im Falle des Mondes und des Merkurs ist *Ptolemäus* gezwungen, den Epizykelmittelpunkt auf einer algebraischen Kurve höherer Ordnung umlaufen zu lassen. Durch die drei geometrischen Hilfsmittel Exzenter, Epizykel und Äquant und ihre geniale Kombination hat *Ptolemäus* ein kinematisches Modell konstruiert, mit dem die Astronomen in der Lage waren, nicht nur die astronomischen Phänomene zu beschreiben, sondern auch zukünftige Positionen der Himmelskörper zu berechnen und speziell Sonnen- und Mondfinsternisse vorherzusagen.
Hinsichtlich der Bewegung der Himmelskörper wurde die grundlegende Forderung *Platons,* nur gleichförmige Kreisbewegungen zuzulassen, sehr trickreich umgangen. Gleichförmige Kreisbewegungen sind die Elemente des geometrischen Modells, dessen resultierende Bewegung an die tatsächliche ungleichförmige Bewegung der Himmelskörper durch geschickte Wahl der Parameter sehr gut angepaßt werden konnte.
Dieses geniale ptolemäische kinematische Modell ist in seinem großen Werk, der *„Syntaxis Mathematica“,* bekannt unter dem späteren arabischen Titel *Almagest,* beschrieben.
Während *Ptolemäus* hier die *Frage nach der physikalischen Realität* der komplizierten zusammengesetzten Bewegungen souverän umgeht, entwirft er in seinem späteren Werk *„Hypotheses planetarum“* ein System von ineinandergleitenden Kugelschalen, das als die „Materialisierung“ der Bewegungen von Deferenten und Epizykel angesehen werden kann. Damit der Epizykel die Himmelssphäre nicht beschädigt, muß dieser jetzt im Inneren einer Kugelschale, die den materialisierten Deferenten darstellt, rollen. *Proclos Diadochus* stellt in der Folgezeit diese Sphärenkonstruktion jedoch wieder in Frage und vertritt deutlich den im Almagest eingenommenen Standpunkt. *Proclos* hat eine geradezu moderne positivistische Einstellung im Hinblick auf das Realitätsproblem: Die Bewegungen von Deferenten und Epizykel brauchen „in Wirklichkeit“ nicht zu existieren. Sie sind lediglich mathematische Ideen im Geist des rechnenden Astronomen. Realitätscharakter haben nur die beobachteten Planetenbewegungen, d. h. die Resultierende der fiktiven Kreisbewegung, während ganz im Gegensatz dazu im Konzept *Platons* nur den gleichförmigen Kreisbewegungen wegen ihrer hohen *Symmetrie* Realitätscharakter zuerkannt wurde. Sie sind letztlich auch die Ursache der Bewegung der Himmelskörper und gleichsam auch ihr „Beweger“.
Mit der Aufgabe des Realitätscharakters der Kreisbewegungen ließ sich auch das aristotelische Erklärungsprinzip einer *zirkularen Trägheit des fünften Elementes* nicht mehr überzeugend aufrechterhalten. Welche eigenartige Substanz sollte aufgrund welcher Qualität die unregelmäßigen Bewegungen der Himmelskörper bewirken?
Trotz des kinematischen Funktionierens war in der Aufgabe des platonischen Konzeptes dem ptolemäischen Modell im Hinblick auf die Frage nach der physikalischen Ursache der Bewegung der Himmelskörper der Konflikt in die Wiege gelegt.

9.5 Die Kopernikanische „Revolution“

Bei allem praktischen Erfolg wurde das Modell des *Ptolemäus* in der Folgezeit besonders wegen seiner mathematisch-geometrischen Kompliziertheit kritisiert. *Alfons X. von Kastilien,* der ein großer Förderer astronomischer Forschung und der Initiator eines der größten Tafelwerke der mittelalterlichen Astronomie – der *„Alfonsischen Tafeln“* (13. Jh.) – war, soll angesichts der Kompliziertheit der ptolemäischen Theorien den „gotteslästerlichen“ Ausruf getan haben: *„Wenn Gott der Allmächtige zu Beginn der Schöpfung meinen Rat eingeholt hätte, so hätte ich ihm etwas Einfacheres empfohlen“.*
Kopernikus (1473–1543) will die Sünde, die *Ptolemäus* gegen den Geist der platonischen Philosophie begangen habe, sühnen. Deshalb *verändert* er das ptolemäische Modell *in zwei prinzipiellen Punkten,* die in wissenschaftstheoretischer Hinsicht keine *„Revolution“ darstellen,* sondern eher als eine Rückkehr zur griechischen Naturphilosophie zu verstehen sind.

Das heliozentrische System

Kopernikus verwirft das *ptolemäische Konzept des Ausgleichspunktes* und kehrt zu dem unverfälschten platonischen Prinzip zurück, die Bewegungen der Himmelskörper nur durch reine gleichförmige Kreisbewegungen darzustellen. Um diese erste für ihn zentrale Änderung des ptolemäischen Modells durchführen zu können, sieht er sich gezwungen, nach einem neuen *Koordinatensystem* zu suchen, *in dem die Planetenschleifen verschwinden.* Dies ist in einfacher Weise nur durch einen Wechsel des astronomischen Koordinatensystems möglich, indem man statt der Erde die Sonne in den Mittelpunkt des Weltsystems rückt (heliozentrisches System). Auch diese Änderung des Bezugssystems d.h. die Konzeption einer bewegten Erde, die später als die eigentliche *„Kopernikanische Revolution“* empfunden wird, stellt ebenfalls eine Rückkehr zu alten griechischen Vorstellungen dar. In der Antike hatte nämlich bereits *Aristarch von Samos* (310–230 v. Chr.) einen solchen Vorschlag gemacht, den er jedoch nicht im Detail durchführte und der daher in Vergessenheit geriet.
Beim Ersatz des geozentrischen durch das heliozentrische System sind die Planetenbahnen im Raum festliegende Kreisbahnen, und es brauchen nicht mehr fiktive Punkte auf komplizierten Kurven im Raum herumbewegt werden.
Die Schleifenbewegungen entstehen dadurch, daß wir die Planetenbewegungen nicht von einem ruhenden, sondern von einem bewegten Bezugssystem – nämlich unserem Erdkarussell – aus betrachten (Abb. 86.1 b).
Uns erscheint heute dieser **Wechsel des Bezugssystems** und die damit verbundene neue Selbsteinschätzung des Menschen, der auf der Erde als einem Planet unter Planeten lebt, als das Wichtigste der **„Kopernikanischen Wende“.**
Kopernikus selbst dachte anders darüber. Er sah in der Rückkehr zu dem alten unverfälschten platoni-

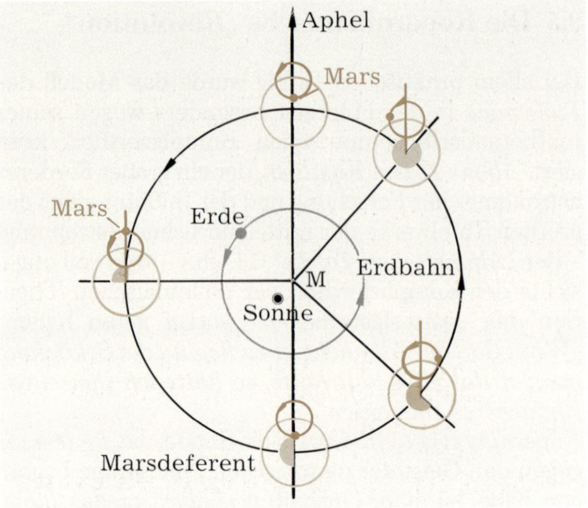

Abb. 90.1 Darstellung der Marsbewegung nach Kopernikus

schen Prinzip der Darstellung der Bewegung der Himmelskörper durch gleichförmige Kreisbewegungen die eigentlich entscheidende Veränderung im Vergleich zu *Ptolemäus*.
Die Frage nach dem *„motor“* der ewigen Kreisbewegungen der Himmelssphären hatte *Aristoteles* durch Einführung eines fünften Elementes beantwortet, dessen postulierte Qualität ja gerade darin besteht, substantieller Träger einer zirkularen Trägheit zu sein.
Eine bewegte Erde hat jedoch diese qualitative Eigenschaft der Himmelskörper nicht. Wie kann *Kopernikus* dann ihre „ewige“ Kreisbewegung erklären? Auch bei dieser Problematik greift er auf die platonische Tradition zurück, *mathematische Symmetrie* höher einzustufen als materielle Qualitäten der Materie. Da die Erde Kugelform besitzt, muß die Kreisbewegung die ihr zukommende „natürliche“ Bewegung sein, sie hat die gleiche Symmetrie. *Kopernikus* denkt in mathematischen Kategorien. *Für ihn ist der Wahrheitsgehalt einer Theorie um so größer, je weniger und je einfachere Hypothesen man zur Beschreibung der Erscheinungen benötigt.*
Daß das kopernikanische System in der Detailstruktur jedoch keineswegs einfacher ist als das ptolemäische, erkennen wir z. B. bei genauerer Betrachtung der Marsbewegung, bei der *Kopernikus* (Abb. 90.1) nicht auf Epizykel verzichtet.
Da *Kopernikus* die Bewegung der Erde um die Sonne einführt, kann er auf den Epizykel der ptolemäischen Mars-Theorie verzichten: denn dieser war ja nur ein Notbehelf, der es erlaubte, bei ruhender Erde die gleichen Bewegungen darstellen zu können wie im heliozentrischen System. Wie wir gesehen haben, durchbrach *Ptolemäus* das von *Plato* aufgestellte Prinzip, die Planetenbewegungen dürften nur durch gleichförmige Bewegung auf Kreisen dargestellt werden: der Epizykelmittelpunkt bewegt sich auf dem ptolemäischen Exzenter ungleichförmig. *Kopernikus* aber hält sich streng an die Forderung von *Plato*: er verwirft den ptolemäischen Deferenten mit Ausgleichspunkt und ersetzt ihn durch einen konzentrischen Deferenten mit einem Doppelepizykel.
Die Deferenten der Planeten sind alle in M zentriert. Durch die geschickte Kombination von drei *gleichförmigen* Kreisbewegungen erreicht *Kopernikus*, daß sowohl die Entfernungsschwankungen als auch die Geschwindigkeitsveränderungen in der gleichen Größenordnung liegen wie bei *Ptolemäus*.
Die Erde E läuft auf ihrer Kreisbahn gleichförmig um den Mittelpunkt ihrer Bahn M, den Mittelpunkt des Weltalls. Um die ungleiche Länge der vier Jahreszeiten zu erklären, kann *Kopernikus* die Sonne nicht im Mittelpunkt des Alls belassen, sondern muß sie ein wenig exzentrisch setzen.
Das kopernikanische Modell beschreibt die astronomischen Phänomene bei Einhaltung der platonischen Forderung. Die entscheidende Frage, die *Kopernikus* – wie vorher *Aristarch* – in Konflikt mit der theologischen Lehrmeinung seiner Zeit bringen konnte, war, ob *Kopernikus* sein Weltmodell lediglich als **mathematisches Modell** zur einfacheren Beschreibung der Himmelserscheinungen oder als die **physikalische Wirklichkeit** auffaßte. Die ersten Leser des Werkes „De Revolutionibus“ brauchten sich darüber keine Gedanken zu machen; denn die Vorrede des Werkes trägt den Titel „An den Leser über die Hypothesen dieses Werkes“. Wörtlich wird dort der Leser darauf hingewiesen:
„Es ist nämlich nicht erforderlich, daß diese Hypothesen wahr, ja nicht einmal, daß sie wahrscheinlich sind, sondern es reicht schon allein hin, wenn sie eine mit der Beobachtung übereinstimmende Rechnung ergeben ...“
Und weiter wird ausgeführt, daß die Hypothesen nicht dazu aufgestellt seien, *„um irgend jemand zu überreden, daß es so sei, sondern nur dazu, damit sie die Rechnung richtig begründen“.*
Es geht also nach dem Vorwort in dem Werk offenbar gar nicht um die Frage, wie die Himmelsbewegungen in Wirklichkeit oder in Wahrheit ablaufen, sondern das Ziel ist nur eine mit der Beobachtung übereinstimmende, richtige einfache Beschreibung: *„Da aber für dieselbe Bewegung sich zuweilen verschiedene Hypothesen darbieten, wie bei der Bewegung der Sonne die Exzentrizität und der Epizyklus, so wird der Astronom diejenige am liebsten annehmen, welche dem Verständnis am leichtesten ist“.* Diese Vorrede stammt jedoch nicht von *Kopernikus* selbst, sondern von dem lutherischen Theologen *Osiander*, der den Druck des Werkes überwachte und offenbar die zu erwartenden Konflikte mit der Lehrmeinung der Kirche damit von vornherein verhindern wollte.
Diese entstanden erst, als *Kepler* und *Galilei* das kopernikanische System für die Realität und Wahrheit erklärten. Sie waren über *Osianders* Vorrede empört.
Außer dem Prinzip der **Einfachheit der Hypothesen** hatte aber *Kopernikus* keine überzeugenden Argumente für sein System. Es fehlten experimentelle Fakten. Wenn die Erde sich drehen soll, dann müßten doch ganz bestimmte Effekte auftreten.

Wie kommt es nämlich, daß ein senkrecht nach oben geworfener Stein auf die Erde zurückfällt, obwohl diese während der Wurf- und Fallzeit sich doch pro Sekunde um 30 km auf ihrer Bahn um die Sonne weiterbewegt hat? Bei dieser Bewegung müßte nach Meinung der damaligen Gegner des *Kopernikus'* die Erde die Wolken oder in der Luft befindliche Vögel verlieren. Die Achsendrehung der Erde würde Fliehkräfte erzeugen, welche die Gegenstände auf ihrer Oberfläche davontreiben oder die Erde gar auseinander sprengen würden.

Wenn die Erde – wie *Kopernikus* behauptet – sich um die Sonne bewegt, dann sehen wir die Sterne doch von verschiedenen Orten aus. Ein Stern müßte im Laufe eines Jahres als verkleinertes Abbild der Erdbewegung am Himmel einen kleinen Kreis (genauer eine Ellipse) beschreiben. Diese sogenannte **Parallaxe** konnte aber zu *Kopernikus'* Zeiten nicht gemessen werden. Eine Fixsternparallaxe ließ sich erst nach einer entscheidenden Verbesserung der Beobachtungsmethoden (Fernrohr) im Jahre 1838 durch den deutschen Astronomen *Bessel* messen. Er konnte für den Fixstern Cygni etwa 1/3 Bogensekunden feststellen. Bei Kenntnis des Erdbahndurchmessers ergibt sich daraus die Entfernung des beobachteten Fixsterns (etwa 10^{14} km).

Da weder Bewegungseffekte noch eine Sternparallaxe zu *Kopernikus'* Zeiten zu beobachten waren, befand er sich hinsichtlich der experimentellen Bestätigung seines Modells in einer schwierigen Situation. Dies ließ ihn jedoch nicht an der Richtigkeit seines theoretischen Konzeptes zweifeln. Er hoffte, daß das Ausbleiben der Effekte im Rahmen seines Konzeptes doch erklärbar sein müßte.

Auch heute im Zeitalter der Weltraumfahrt, wo jeder „selbstverständlich weiß", daß die Erde sich bewegt, könnten wohl die meisten Menschen selbst kaum die Argumente von *Kopernikus'* Gegnern entkräften.

Kopernikus hätte die meisten Einwände entkräften können, wenn er im Besitze des *Trägheitsprinzips* gewesen wäre.

Bis zu dieser durch *Galilei* und besonders durch *Newton* mühsam gewonnenen grundlegenden Einsicht in die Bewegungsvorgänge, mußten jedoch über hundert Jahre vergehen.

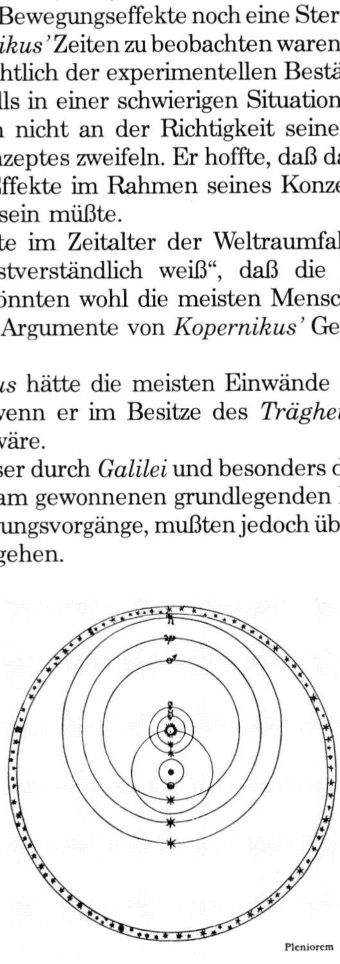

Abb. 91.1 Das Weltsystem Tycho Brahes

9.6 Tycho Brahes Zweifel

Aristoteles hatte grundsätzlich zwischen Vorgängen auf der Erde, die durch Entstehen und Vergehen gekennzeichnet sind, und den astronomischen Phänomenen, denen der Charakter des unvergänglichen zukomme, unterschieden. Kometen, die in unregelmäßigen Abständen auftauchen und keine Kreisbewegungen beschreiben, gehören nach dieser Vorstellung in den Bereich der vergänglichen irdischen (sublunaren) Welt. Im Jahre 1572 hatte der dänische Astronom *Tycho Brahe* jedoch Kometen in der translunaren Fixsternsphäre, wo kometenhaftes Verhalten nach *Aristoteles* ausgeschlossen sein sollte, beobachtet.

Als dann fünf Jahre später 1577 ein großer Komet auftauchte, konnte *Tycho Brahe* seine Parallaxe bestimmen. Er fand, daß sie kleiner als die Mondparallaxe war und sehr schnell abnahm. Daraus ergab sich sofort, daß der Komet innerhalb weniger Wochen die kristallenen Äthersphären von Venus, Sonne und Mars durchschlagen mußte.

Diese experimentellen Erfahrungen widersprachen in elementarer Weise zwei grundsätzlichen Hypothesen der aristotelischen Kosmologie: dem Dogma der Unvergänglichkeit der translunaren (himmlischen) Welt und der Vorstellung von kristallenen Kugelschalen, an denen die Himmelskörper befestigt sein sollten.

Hier tritt also zum ersten Male die Vorstellung von frei sich bewegenden, im Raume schwebenden Himmelskörpern auf.

Michelangelos frei im Raume schwebende Figuren am Deckengemälde der Sixtinischen Kapelle zeigen, wie die neue Denksphäre auch in der Kunst ihren Niederschlag findet.

Im Hintergrund steht jedoch die Frage, ob die Planeten eine *„Intelligenz"* oder einen *„Geist"* haben, der sie – nach Wegfall der Führung auf festen Kugelschalen – befähigt, *„bewußt"* ihre Bahn im *„leeren"* Raum zu finden und einzuhalten.

Tycho Brahe traute der experimentellen Erfahrung mehr als dem aristotelischen Paradigma.

Diese empirische Haltung veranlaßte ihn aber auch zur Ablehnung der kopernikanischen Vorstellung einer bewegten Erde. Er gab zu bedenken, daß bei einer Bewegung der Erde von West nach Ost eine nach Westen gerichtete Kanone viel weiter schießen müsse als bei einem Schuß nach Osten. Dies ist aber nicht der Fall. Bei einer bewegten Erde müßte eine Parallaxe beobachtet werden. Da *Brahe* eine solche Parallaxe nicht feststellen konnte, sah er sich gezwungen, an einer feststehenden Erde festzuhalten und ein entsprechendes Modell zu konstruieren. Dabei wird prinzipiell deutlich, daß der historisch bedingte Ausfall einer isolierten Beobachtung nicht sofort über die Richtigkeit eines theoretischen Konzepts entscheiden kann. *Tycho Brahe,* der sich diese kritische Haltung hinsichtlich des **„experimentum crucis"** (Entscheidungsexperiment) noch nicht zu eigen machte, konstruierte ein kompliziertes astronomisches Modell, bei dem die Sonne um die Erde läuft, während alle übrigen Planeten um die Sonne kreisen (Abb. 91.1).

9.7 Die Keplerschen Gesetze

Tycho Brahes ausgezeichnetes Beobachtungsmaterial gab *Kepler* die Waffen in die Hand, um dessen System zu Fall zu bringen und eine „Neue Astronomie" („Astronomia Nova", Titel seines berühmten Werkes) zu begründen.
Was sind die Wurzeln und Triebfedern von *Keplers* Denken?
Vom **pythagoreisch-platonischen Denkstil** geprägt überkommt ihn die Erleuchtung: Gott hat bei der Erschaffung der Welt *„Geometrie getrieben"*, indem er zur Abmessung des Kosmos die fünf regulären Körper zu Hilfe nahm, derart, daß die Bahnen der sechs Planeten Merkur, Venus, Erde, Mars, Jupiter und Saturn durch die fünf regelmäßigen Polyeder (Würfel, Tetraeder, Dodekaeder, Ikosaeder, Oktaeder) voneinander getrennt sind (Abb. 92.1).
Kepler glaubte, mit dieser geometrischen Konstruktion den Schleier, der den göttlichen Schöpfungsplan dem Menschen verbirgt, an einer Stelle gelüftet zu haben. Mit seinem Polyeder-Modell dachte er einen Beweis für das kopernikanische System erbracht zu haben.
Obwohl später auch *Kepler* die Grenzen und die Unhaltbarkeit seines Modells selbst erkannte, löste es doch letztlich die endgültige Reformation der Astronomie aus. In seinem Polyeder-Modell sah sich *Kepler* gezwungen, die Kugelflächen durch Kugelschalen gerade von solcher Dicke zu ersetzen, daß der Exzenter, der der Exzentrizität der Planetenbahnen Rechnung trägt, beide Grenzflächen berührend, in ihnen Platz hat.
Kepler brauchte dazu die genauen Werte dieser Exzentrizitäten. Dazu griff er auf das sehr wertvolle Beobachtungsmaterial *Tycho Brahes* zurück. Aus dem

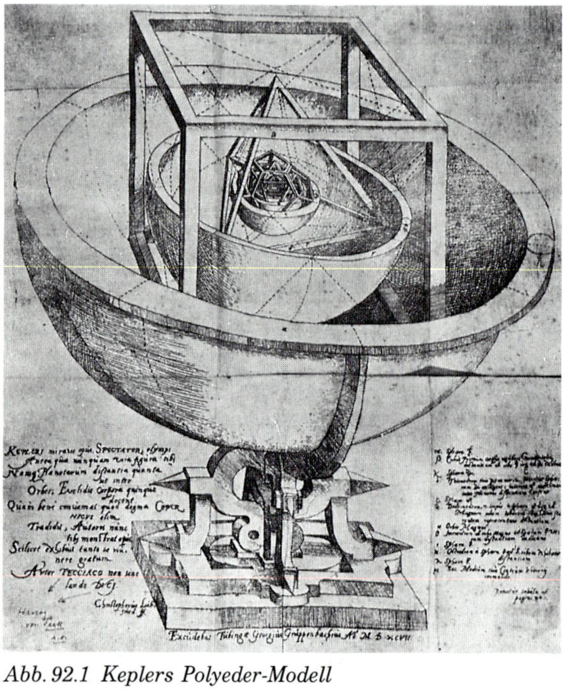

Abb. 92.1 Keplers Polyeder-Modell

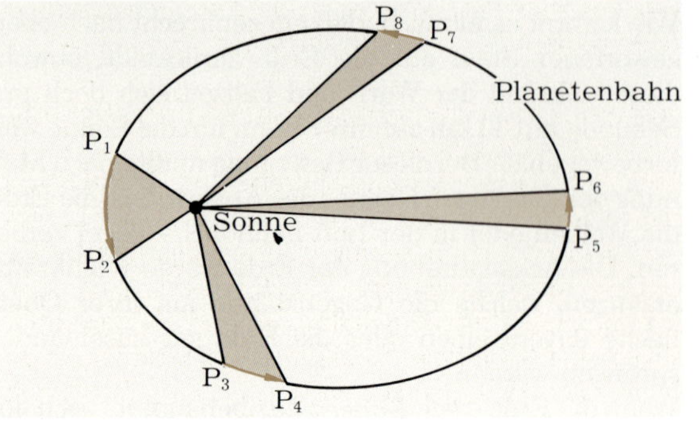

Abb. 92.2 Flächensatz

vorliegenden Beobachtungsmaterial konnte *Kepler* die Marsbahn ermitteln. *Kepler* mußte sich nach der bisher üblichen Methode aufgrund des umfangreichen Beobachtungsmaterials eine exzentrische Bewegung ausdenken, die die beobachteten Marspositionen richtig darstellte. Nach langen Überlegungen und äußerst mühsamen Rechnungen findet er die nach ihm benannten Gesetze der Planetenbewegungen (Abb. 92.2).

Keplersche Gesetze:
1. Die Bahnen der Planeten sind Ellipsen, in deren einem Brennpunkt die Sonne steht.
2. Der Fahrstrahl Sonne – Planet überstreicht in gleichen Zeiten gleiche Flächen (Flächensatz):
$$\frac{\Delta A}{\Delta t} = \text{const.}$$
3. Die Quadrate der Umlaufzeiten der Planeten um die Sonne verhalten sich wie die dritten Potenzen ihres mittleren Abstandes zur Sonne:
$$T_1^2 : T_2^2 : T_3^2 : \ldots = r_1^3 : r_2^3 : r_3^3 : \ldots$$
bzw.
$$r^3/T^2 = \text{const.}$$

Wissenschaftstheoretisch und denkpsychologisch interessant ist, daß *Kepler* diese Planetenbewegungsgesetze mit nachtwandlerischem Gespür bei intuitiv richtiger Verwendung fragwürdiger mathematischer Methoden und Hypothesen durch geniale Mischung von irrationalen und rationalen Gedankengängen gefunden hat. Das Geheimnis des Genies!
Dabei handelt der Kopernikaner *Kepler* prinzipiell ganz „unkopernikanisch", indem er für die Planetenbahnen die gleichförmigen Kreisbewegungen bzw. die Kombination solcher Bewegungen radikal verwirft und nur noch Ellipsen (mit geringerer mathematischer Symmetrie als beim Kreis) zuläßt.
Bei diesen Überlegungen *übernimmt* er methodisch die Idee des *Ausgleichspunktes (Äquant) des Ptolemäus,* dessen Abschaffung für *Kopernikus* der entscheidende Anlaß für die Entwicklung seines heliozentrischen Systems war.
Das alte von *Kopernikus* wieder aufgegriffene platonische Paradigma der idealen Kreisbewegung, Ausdruck höchster Symmetrie, wurde in die Phänomene hineinprojiziert. *Genaue Beobachtungen veranlaßten*

jedoch Kepler, die Asymmetrie der Phänomene in sein theoretisches Konzept aufzunehmen.

Die Symmetriebrechung erfordert nun aber eine physikalische Erklärung

Nach Aufgabe der Kristallsphären durch *Tycho Brahe* und Abschaffung der von *Kopernikus* restaurativ wieder ins Zentrum seiner Überlegungen gestellten idealen Kreisbewegungen durch *Kepler* sind zwar dogmatische Fesseln gefallen, aber die Astronomie wird zugleich haltlos. Es stellt sich unabweisbar die Frage nach den *„causae physicae"* d.h. den physikalischen Ursachen der Planetenbewegungen. Wie erhalten die Planeten die *„Information"*, sich mit dem Abstand von der Sonne variierenden Geschwindigkeiten auf Ellipsen zu bewegen? *Kepler* sucht nach einem *„nichtmateriellen Etwas"*, welches zwischen der Sonne und den Planeten wirkt und ihre Bewegungsabläufe reguliert. Unter dem Eindruck der Lektüre des 1600 erschienenen Werkes des englischen Mediziners *William Gilbert* „De Magnete" kam *Kepler* auf die Idee, daß von der Sonne *„eine der magnetischen ähnliche Kraft der wechselseitigen Anziehung"* ausgehe. Die Sonne rotiert um ihre Achse und reißt die Planeten durch nicht-materielle *„Kraftarme"* oder *„Kraftstrahlen"* mit sich herum. Die Planeten schweben zwar frei im Raume, sie benötigen keine Führung mehr durch Kristallsphären oder eine Intelligenz, sondern ihre Bewegungen sind rein mechanisch zu verstehen, wie die Drehung einer Waage.

Die richtige physikalische Erklärung der Planetenbahnen konnte erst über fünfzig Jahre nach Keplers Tod *Newton* durch Entdeckung der Gravitation geben (vgl. S. 94).

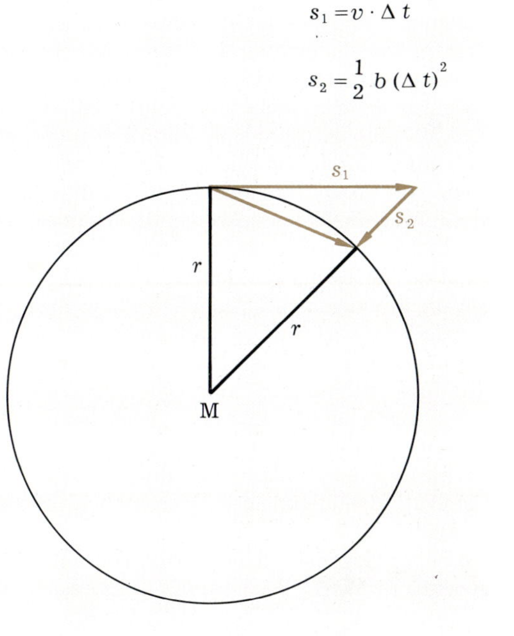

Abb. 93.1 Zentripetalbeschleunigung

9.8 Die neue Himmelsmechanik Newtons

Entdeckung des Gravitationsgesetzes

Nachdem *Kepler* das Paradigma der gleichförmigen Kreisbewegung der Planeten durch die Einführung der Ellipsenbahn überwunden hatte, stellte sich unabweisbar die Frage nach der Ursache der ungleichförmigen Bewegung des Planeten (Flächensatz) auf dieser Bahnkurve. Wie wir gesehen haben, dachte *Kepler* irrtümlich an ein von der Sonne ausgehendes Drehfeld. Da *Kepler* die Einsicht in die Dynamik der Kreisbewegung fehlte, konnte er keine theoretische Erklärung für die von ihm empirisch gefundenen Planetengesetze geben. In der *Antike* hat man die **Kreisbewegung** wegen ihrer hohen Symmetrie als **Urphänomen** der Himmelsbewegungen angesehen. Deshalb brauchte man nicht nach ihrer Ursache zu fragen. *Huygens* (1629–1695) erkannte beim Studium der Kreisbewegung an irdischen Objekten, daß sie als Ursache für das Auftreten von *Zentrifugalkräften* anzusehen ist (vgl. Kap. 7.3). *Newton* kehrte erneut die Fragestellung um, indem er im Gegensatz zu *Huygens* nach der Ursache der Kreisbewegung sowohl bei irdischen Körpern **als auch bei den Himmelskörpern** fragte.

Die ganze weitere Entwicklung der Astronomie wurde entscheidend dadurch bestimmt, daß Newton die Kreisbewegung nicht mehr wie Huygens von einem mitbewegten, sondern von einem ruhenden Koordinatensystem aus betrachtete.

An Überlegungen von *Robert Hooke* anknüpfend, zerlegt *Newton* die **Kreisbewegung** in zwei Komponenten: eine **lineare Trägheitsbewegung** in Richtung der Kreistangente und eine **beschleunigte Radialbewegung,** deren Ursache einer **„Zentripetalkraft"** zugeschrieben wird (vgl. Abb. 93.1).

Dieser Wechsel der Betrachtungsart ist ein augenfälliges Beispiel dafür, daß ein **entscheidender wissenschaftlicher Durchbruch aus der Uminterpretation** eines mathematischen Konzeptes, d. h. dem Wechsel des Koordinatensystems, erzielt wurde. Durch die Veränderung der Auffassung der Kraft als Zentripetalkraft bei *Newton* war nämlich jetzt hinsichtlich einer Erklärung der Planetenbahn der Blick auf das Zentrum der Kraftwirkung hin gerichtet. Diese vom Zentrum der Planetenbewegung ausgehende Kraft (Zentralkraft) nannte *Newton* **„Gravitationskraft".**

Nun galt es, das Kraftgesetz der Gravitationswirkung zu finden. *Hooke* hatte bereits vermutet, daß die Kraft umgekehrt proportional zum Quadrat des Abstandes vom Kraftzentrum sei. Diese Vermutung ist nicht so fern liegend für eine Wirkung; denn man wußte ja, daß die Intensität des Lichtes analog mit $1/r^2$ abnimmt. *Hooke* besaß aber nicht das mathematische Genie *Newtons*, der dann das vermutete Entfernungsgesetz logisch aus seinen Wirkungen d.h. aus dem Erfahrungsinhalt der *Kepler*schen Gesetze herleiten konnte.

Dies ist um so erstaunlicher, als die Keplerschen Gesetze gar keine strengen Gesetze sind, sondern nur approximativ-empirischen Charakter besitzen.

Kepler selbst hatte erkannt, daß die Bahnen von Jupiter und Saturn keine exakten Ellipsen sind und *Halley* entdeckte, daß bei diesen Planeten auch die Geschwindigkeitsänderungen nicht durch das 2. Keplersche Gesetz erfaßbar sind. Auch die Mondbewegung weicht erheblich von der durch die *Kepler*schen Gesetze beschriebenen Kinematik ab. *Newton*, dem dieser Sachverhalt bekannt war, befand sich bei seiner Absicht, aus den Wirkungen der Zentralkraft die nur approximativ richtigen Ellipsenbahnen der Planeten das richtige Kraftgesetz zu deduzieren, in einer *schwierigen methodischen Situation.* Aber er meisterte sie in genialer Weise, indem er die komplexen Bewegungsphänomene *idealisierte* und für die Planetenbewegungen ein einfaches **Modellobjekt** erfand. Unter der Wirkung einer Zentralkraft, deren Gesetz man mit Hilfe des Modells erst finden will, kreist ein einziger Planet auf einer Ellipse um das Kraftzentrum. Für diesen Planeten sieht *Newton* das 3. *Kepler*sche Gesetz nun nicht mehr als Approximation, sondern *per definitionem* als exakt gültiges Gesetz an:

$$\frac{r^3}{T^2} = C\,. \qquad (1)$$

Nach *Newton* hängt die **Zentripetalkraft** mit dem mittleren Abstand des Planeten r und der Umlaufzeit T – wenn wir noch einmal vereinfacht den Kreis als Grenzfall einer Ellipse von sehr geringer Exzentrizität (Abstand der Ellipsenbrennpunkte) ansehen – nach der Formel

$$F_z = \frac{m v^2}{r} = 4\,\pi^2\, m\, \frac{r}{T^2} \qquad (2)$$

zusammen.
Wenn man T^2 aus (1) ausrechnet und in (2) einsetzt, erhält man:

$$F_z = 4\,\pi^2\, C\, \frac{m}{r^2}. \qquad (3)$$

Damit haben wir das gesuchte **Kraftgesetz für die** Zentralkraft gefunden.
Der Ausdruck (3) beschreibt die Gravitationswechselwirkung zwischen der Masse des Planeten mit der Masse des Zentralkörpers. Um dies mathematisch zum Ausdruck zu bringen, erweitern wir (3) mit der Sonnenmasse M:

$$F_z = \frac{4\,\pi^2\, C}{M} \cdot \frac{M m}{r^2}\,. \qquad (4)$$

Setzen wir in (4)

$$\frac{4\,\pi^2\, C}{M} = G$$

und nennen G die *Gravitationskonstante,* dann erhalten wir das

Gravitationsgesetz: Zwischen zwei Massen m und M im Abstand r wirkt die Kraft

$$F = G\,\frac{m M}{r^2}\,. \qquad (5)$$

Das Gravitationsgesetz besagt, daß alle Körper sich gegenseitig mit einer Kraft anziehen, die proportional dem Produkt ihrer Massen m, M und umgekehrt proportional dem Quadrat ihres Abstandes r in Richtung ihrer Verbindungslinie wirkt. Der Wert der Gravitationskonstanten kann bestimmt werden, wenn man auf der Erde die Anziehungskraft zwischen zwei Körpern von bekannter Masse mißt. Zu *Newtons* Zeit war dies noch nicht möglich. Die erste genaue Messung gelang erst *Cavendish* 1798 mit Hilfe einer Drehwaage. Wir werden später auf die Messung der Gravitationskonstanten mit einer modernen Drehwaage zurückkommen (vgl. S. 96). Die **Gravitationskonstante** hat den Wert

$$G = 6{,}670 \cdot 10^{-11}\ \text{m}^3\ \text{kg}^{-1}\ \text{s}^{-2}.$$

Nachdem *Newton* das Gravitationsgesetz gefunden hatte, konnte er das sogenannte **Zweikörperproblem** formulieren, indem er im Gravitationsgesetz

$$\vec{F} = G \cdot \frac{m M}{r^3}\,\vec{r} \qquad (5\,\text{a})$$

für die Kraft $\vec{F}$ nach seinem 2. Axiom $\vec{F} = m\,\vec{a} = m\,\ddot{\vec{r}}$ setzt:

$$m\,\ddot{\vec{r}} = G \cdot \frac{m M}{r^3}\,\vec{r}\,. \qquad (5\,\text{b})$$

Die Gleichung liefert die *Ellipsenbahnen* des 1. *Kepler*schen Gesetzes bzw. allgemein die Kegelschnitte **Kreis, Ellipse, Parabel, Hyperbel.** Welcher spezielle Kegelschnitt als **Bahnkurve** auftritt, hängt von den Daten des Systems, d. h. den gravitierenden Massen *m, M,* den Werten der Erhaltungsgrößen Energie, Drehimpuls und der Gravitationskonstanten G ab (vgl. S. 99). Dabei muß besonders hervorgehoben werden, daß eine streng mathematische Deduktion der Bahnkurven eben nur beim sogenannten *Zweikörperproblem* (Newtons **Modellobjekt**) möglich ist. Bei **Mehrkörperproblemen** muß man die Gravitationswechselwirkung aller Planeten mit der Sonne und untereinander in Rechnung stellen. Dann tritt an die Stelle der einfachen Differentialgleichung (5 b) ein System von gekoppelten Differentialgleichungen. Die Gravitationswechselwirkungen „stören" dann die Bahnkurven der Planeten derart, daß diese keine exakten Ellipsen mehr sind. Mit *Näherungsmethoden* kann man durch komplizierte Rechnungen, die man heute von *Computern* ausführen läßt, diese Probleme lösen. *Newtons* Zeitgenossen und seine unmittelbaren Nachfolger, denen diese modernen Hilfsmittel noch nicht zur Verfügung standen, hatten es sehr viel schwerer, die ihnen gestellte Aufgabe zu bewältigen. Um so bewundernswerter ist es, daß der französische Astronom *Leverrier* 1846 den Planeten Neptun mathematisch als „Störenfried" der Bahnkurve des Uranus vorhersagen konnte. Er wurde gleich danach von dem Berliner Astronomen *Galle* an dem berechneten Ort am Himmel erstmals beobachtet.
Eine gute Bestätigung der *Newton*schen Gravitationstheorie.
Sie ist der Gegenstand des letzten Teiles von *Newtons* epochalem Werk *„Philosophiae naturalis principia mathematica"* (1687), und stellt die Krönung der in den vorangegangenen Teilen entwickelten Grundlagen der Mechanik dar.

Zentralkraft und Flächensatz

Für die Planetenbewegung hatte *Kepler* den Flächensatz (2. Gesetz) empirisch gefunden. *Newton* konnte die physikalische Begründung für diesen Sachverhalt geben. **Der Flächensatz gilt immer dann, wenn ein Körper sich unter dem Einfluß einer Zentralkraft bewegt.** *Newton* hat in den *Principia* diesen grundlegenden Zusammenhang geometrisch bewiesen. Wir wollen ihn aus der **Erhaltung des Drehimpulses** herleiten. Für einen Massenpunkt gilt nach S. 81:

$$L = m r^2 \omega . \tag{6a}$$

Betrachtet man in Abb. 95.1 die in der Zeit Δt von dem Fahrstrahl r überstrichene Fläche ΔA, dann gilt:

$$\Delta A = \tfrac{1}{2} r \cdot r \cdot \Delta\varphi .$$

Mit $\Delta\varphi = \omega\,\Delta t$ ergibt sich für die Flächengeschwindigkeit:

$$\frac{\Delta A}{\Delta t} = \tfrac{1}{2} r^2 \omega . \tag{6b}$$

Die rechte Seite von (6 b) läßt sich mit (6 a) umformen in:

$$\frac{\Delta A}{\Delta t} = \frac{L}{2m} = \text{const.} \tag{6c}$$

Bei einer Zentralbewegung ist der Drehimpuls L konstant und daher auch $L/2m$ in (6 c). Damit ist die **Äquivalenz des Flächensatzes und des Drehimpulserhaltungssatzes bei einer Bewegung unter dem Einfluß einer Zentralkraft** gezeigt.
Umgekehrt kann man aus der Gültigkeit des Flächensatzes auf die Existenz einer Zentralkraft schließen. Ist die Bahnkurve bekannt, dann folgt daraus das spezielle Kraftgesetz.
Wie wir gesehen haben, konnte *Newton* mit Hilfe seines Modellobjektes zeigen, daß im Falle der Ellipsenbahn das Kraftgesetz

$$F \sim \frac{1}{r^2}$$

gelten muß. An Hand des Modellobjektes läßt sich aus dem Gravitationsgesetz auch das 3. *Kepler*sche Gesetz herleiten.

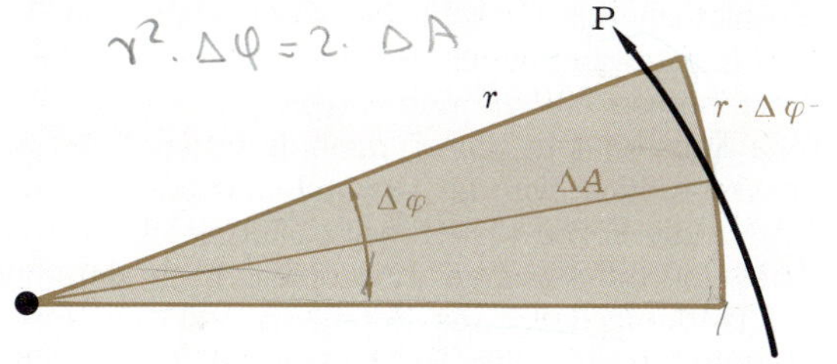

Abb. 95.1 Zur Berechnung der Flächengeschwindigkeit

Empirische Prüfung des Gravitationsgesetzes durch Newtons Mondrechnung

Die Grundidee der *Newton*schen Mondrechnung ist, daß die gleiche Schwerkraft, unter deren Wirkung ein Apfel vom Baume fällt, den Mond auf seine Bahn zwingt. Für die Gewichtskraft, die auf einen Körper der Masse m an der Erdoberfläche wirkt, gilt:

$$F = m g .$$

Da sie von der Gravitation verursacht wird, dürfen wir setzen:

$$m g = G \frac{m M_E}{R_E^2} , \tag{7}$$

wobei m die Masse des Körpers, M_E die Erdmasse und R_E der Radius der Erde sind. Aus (7) folgt für die Beschleunigung an der Erdoberfläche:

$$g = G \frac{M_E}{R_E^2} . \tag{8}$$

Mit dieser Beschleunigung, die wir z. B. aus der Schwingungsdauer eines Fadenpendels (vgl. S. 112) ermitteln können, fällt z. B. ein Apfel zur Erde. Befände sich nun der Apfel nicht an der Erdoberfläche, sondern in einer Entfernung von 60 Erdradien, dann würde er nach (8) mit einer Beschleunigung

$$g' = G \frac{M_E}{(60\,R_E)^2} = \frac{1}{3600}\, g = 2{,}73 \cdot 10^{-3}\ \text{m s}^{-2}$$

fallen. Dies ist kein utopisches Experiment; denn in dieser Entfernung befindet sich in der Tat ein Körper, nämlich unser Mond. Wenn das Gravitationsgesetz die Wirklichkeit richtig beschreibt, dann müßte der Mond mit dieser Beschleunigung von

$$g' = 2{,}73 \cdot 10^{-3}\ \text{m s}^{-2} \tag{8a}$$

zur Erde „fallen". Genauer gesagt, mit dieser Beschleunigung müßte der Mond von seiner geradlinigen Trägheitsbewegung, die er beim Nichtvorhandensein der zentripetalen Gravitationskraft beschreiben würde, in Richtung der Erde beschleunigt werden. Diese Fallbewegung und die lineare Trägheitsbewegung setzen sich dann zu der von ihm beschriebenen Kreisbewegung zusammen. Wie läßt sich jedoch die Beschleunigung, mit der der Mond *„fällt"*, in Wirklichkeit messen? Wir können sie mit Hilfe der Formel für die Zentripetalkraft bzw. die **Zentripetalbeschleunigung** (vgl. S. 73) bestimmen. Es gilt:

$$a = \frac{4\pi^2 (60\,R_E)}{T^2} . \tag{9}$$

Durch Einsetzen der bekannten Werte für den Radius der Mondbahn $R = 60 \cdot R_E = 60 \cdot 6{,}37 \cdot 10^6$ m und der Umlaufzeit des Mondes $T = 27{,}3$ d $= 2{,}36 \cdot 10^6$ s ist:

$$a = \frac{4\pi^2\, 60 \cdot 6{,}37 \cdot 10^6}{(2{,}36 \cdot 10^6)^2}\, \frac{\text{m}}{\text{s}^2} = 2{,}73 \cdot 10^{-3}\,\text{m s}^{-2} . \tag{9a}$$

Es ergibt sich in der Tat der gleiche Wert, den wir zuvor aus der Anwendung des Gravitationsgesetzes als Fallbeschleunigung vorhergesagt haben.

Bei diesen Überlegungen sind wir davon ausgegangen, daß die Gravitationswirkung einer homogenen Kugel die gleiche ist wie diejenige, welche von einem Punkt ausgeht, der mit der Masse der Kugel belegt ist und sich in deren Mittelpunkt befindet. Diesen für die ganze Gravitationstheorie fundamentalen Satz hat *Newton* ebenfalls bewiesen.

Die Newtonsche Mondrechnung erweist sich als eine geniale Idee zur Bestätigung des Gravitationsgesetzes.

Die Anwendung der Gesetze der „irdischen" Mechanik auf die Bewegung der Himmelskörper zeigt schlaglichtartig die endgültige Überwindung des aristotelischen Paradigmas einer prinzipiellen Trennung dieser beiden Wirklichkeitsbereiche, gemäß der ihnen zugeschriebenen substantiellen Verschiedenheit der Elemente (vgl. S. 87).

Newtons Principia eröffnen eine neue Epoche der Physik und Astronomie, die nicht mehr von den hierarchischen Ordnungsprinzipien des aristotelischen Kosmos bestimmt ist.

Bestimmung der Gravitationskonstanten mit einer Drehwaage

Das genaueste Instrument, mit dem heute die Gravitationskonstante G bestimmt werden kann, ist die *Drehwaage.* Messungen mit ihr erfordern sehr viel Experimentiergeschick. Auch in den gut ausgerüsteten Laboratorien kann nur eine Genauigkeit von etwa einem Promille erreicht werden (Abb. 96.1).

Zur Bestimmung der Gravitationskonstanten G müssen wir die Kraft messen, mit der sich zwei Körper bekannter Masse anziehen. Mit der Drehwaage (Abb. 96.1) mißt man die Kraft, die zwischen einer kleinen und einer großen Bleikugel wirkt, auf folgende Weise:

An einem dünnen Draht hängt horizontal ein Stab, der an seinen Enden je eine kleine Bleikugel trägt. Um die Auslenkung des Stabes aus seiner Ruhelage bestimmen zu können, ist in seiner Mitte ein als Lichtzeiger wirkender kleiner Spiegel angebracht (Abb. 96.2). Dieser Teil des Gerätes ist gegen Zugluft geschützt in einem Gehäuse mit Fenster untergebracht. Von außen bringt man nun zwei große Bleikugeln so in die Nähe der kleinen Kugeln, daß durch die Gravitationskraft die kleinen Kugeln in Richtung auf die großen unbeweglichen Kugeln beschleunigt werden. Die Beschleunigung a ist durch die langsame Bewegung des einige Meter langen Lichtzeigers gut meßbar. Man mißt die während der einige Minuten dauernden Schwingungsdauer T zurückgelegten Wege der Lichtmarke als Funktion der Zeit. Sind die Mittelpunkte der kleinen und der großen Kugel r Meter voneinander entfernt und ist m die Masse der großen Kugel, so ist nach (8)

$$G = \frac{a \cdot r^2}{m}.$$

Die Auslenkung ist bei diesem Versuch so gering, daß man r und somit auch F als konstant ansehen kann. Die Rückstellkraft des Drahtes ist bei sehr kleinen Auslenkungen vernachlässigbar.

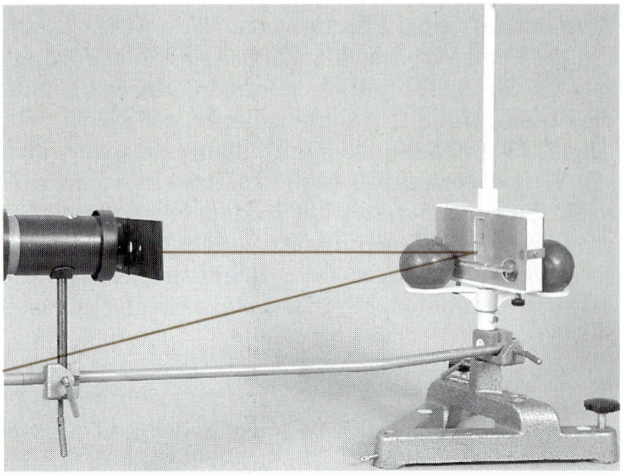

Abb. 96.1 Gravitationsdrehwaage

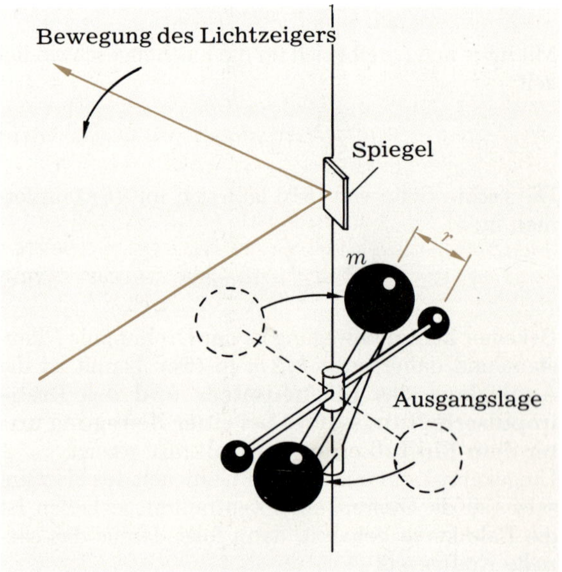

Abb. 96.2 Schema der Gravitationsdrehwaage

Fernwirkung oder Nahewirkung?

In den „Principia" stellt *Newton* fest:

„Ich habe noch nicht dahin gelangen können, aus den Erscheinungen den Grund dieser Eigenschaften der Schwere abzuleiten, und **Hypothesen erdenke ich nicht**... *Es genügt, daß die Schwere existiere, daß sie nach den von uns dargelegten Gesetzen wirke, und daß sie alle Bewegungen der Himmelskörper und des Meeres zu erklären imstande sei."*

Diese Formulierungen zeigen sehr deutlich die schwierige Erklärungssituation, in der sich *Newton* hinsichtlich der Ursache der Gravitation und ihres Wirkungsmechanismus befindet. Seine berühmten Zeitgenossen *Leibniz* und *Huygens* kritisierten *Newtons* Konzept sehr scharf; denn es schien ihnen ganz unverständlich, wie die Gravitationskraft *„unvermittelt"* in die Ferne wirken sollte. Für sie als Vertreter eines mechanistischen Konzeptes, nach dem jede Kraftwirkung durch die Bewegung und den Impulsaustausch materieller Teilchen erfolgt, kann es keine Fernwirkungskräfte geben. *Leibniz* und *Huygens*

sehen daher Newtons *Fernwirkungstheorie* als einen Rückfall in die Qualitäten-Physik des *Aristoteles* (vgl. S. 87). Diese Polemik verkennt jedoch die Problematik. Auch *Newton* verwirft die Prinzipien einer Qualitätenphysik, aber er sträubt sich zugleich gegen eine mechanistische Erklärung der Gravitation durch *Descartes* (1596–1650) und *Huygens*. Obwohl *Newton* mit seinem stolzen Ausspruch **„Hypotheses non fingo"** in den Principia sich als Ziel gesetzt hatte, die Gravitation nur aus den *„dargelegten Gesetzen"*, d. h. aus mathematischen Prinzipien zu erklären, ist er später mit diesem Konzept offensichtlich nicht ganz zufrieden. In seinem anderen großen Werk *„Opticks"* greift er die Frage nach dem Gravitationswechselwirkungsmechanismus wieder auf. Zur Vermittlung der Gravitation erfindet er hier ein *„quasimaterielles agens"*, worin wir die Vorstellung einer Art „Gravitationsäther" erkennen können. Ist dies nicht ein Rückfall in die Vorstellungen von *Descartes*, die er ja gerade bekämpfen wollte? Es gibt zwar gewisse Ähnlichkeiten, aber seine Korpuskeln sind nicht materiell aufzufassen, sondern *Newton* schreibt ihnen eine *„gewisse höchst subtile geistige Substanz"* zu.
Diese uns schwer verständlichen Gedankengänge zeigen in aller Deutlichkeit das Ringen um eine nicht mechanistische Erklärung der Gravitationswechselwirkung bei gleichzeitigem Suchen nach einem „subtilen" Medium, dessen die Anschauung bedarf, um sich z. B. die Wirkung der Sonne aus großer Entfernung auf die Erde vorstellen zu können. Es hat die Rolle des „Vermittlers" der Gravitationskräfte zu übernehmen.

Das Feldkonzept

sehr gut

Nachdem *Faraday* (1791–1867) und *Maxwell* (1831 bis 1879) die Wechselwirkungskräfte elektrisch geladener Körper mit Hilfe des *Feldbegriffs* beschrieben hatten, übertrug man analog dieses neue Feld-Konzept auf die Gravitation. So wie die elektrische Ladung, verändert auch eine Masse als „Gravitationsladung" bei ihrer Anwesenheit den Zustand des Raumes. Damit erhält der Raum die physikalische Eigenschaft, Kraftwirkungen zwischen Ladungen bzw. Massen zu übertragen. Dabei soll diese Feldeigenschaft ständig vorhanden sein, unabhängig davon, ob durch eine Probeladung oder eine Probemasse ihre Existenz nachgewiesen wird. Die Stärke des Feldes äußert sich in der Kraft, die es auf einen Probekörper ausübt. Um eine vom Probekörper unabhängige Maßgröße für die Gravitationsfeldstärke zu haben, definieren wir als

Gravitationsfeldstärke: $\vec{g} = \frac{\vec{F}}{m}$. (10)

Für einen Massepunkt der Masse *m*, der ein Gravitationsfeld erzeugt, ist nach dem *Newton*schen Gravitationsgesetz (5) die Kraft:

$$F = G \cdot \frac{m M}{r^2}. \quad (11)$$

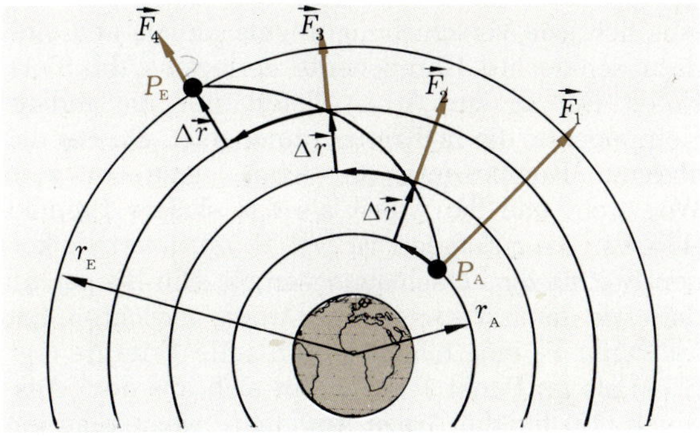

Abb. 97.1 Berechnung der Arbeit im Gravitationsfeld

Der Betrag der Feldstärke ergibt sich damit zu:

$$g = G \frac{M}{r^2}.$$

Arbeit und Energie im Gravitationsfeld
Für viele Probleme der Raumfahrt muß die in einem Gravitationsfeld verrichtete **Arbeit** berechnet werden. Dazu betrachten wir einen Körper der Masse *M*, der das Gravitationsfeld erzeugt und einen Probekörper der Masse *m*, der unter Einwirkung der Gravitationswechselwirkungskraft (11) vom Punkt P_A zum Punkt P_E verschoben werden soll (Abb. 97.1).
Die Kraft auf den Probekörper hängt von der Entfernung ab. Daher unterteilen wir die Wegstrecke $P_A P_E$ in kleine Intervalle $\Delta\vec{r}$ in Kraftrichtung, längs deren sich die Kraft nur wenig ändert. Die Arbeit, die längs der Strecke $\Delta\vec{r}$ verrichtet wird, ist dann: $\Delta W = \vec{F} \cdot \Delta\vec{r}$.
Im ersten Intervall hat die Kraft am Anfang den Betrag $F = G m M / r_A^2$ und am Ende $F = G m M / r_1^2$. Ist Δr hinreichend klein, dann unterscheiden sich diese Werte nur sehr wenig voneinander. Wir können daher für das erste Intervall als Mittelwert für die Wechselwirkungskraft $F = G m M / r_A r_1$ setzen und erhalten für die Teilarbeit im ersten Intervall:

$$\Delta W_1 = F \Delta r = \frac{G m M}{r_A r_1}(r_1 - r_A) = G m M \left(\frac{1}{r_A} - \frac{1}{r_1}\right).$$

Entsprechend ergibt sich für die folgenden Intervalle:

$$\Delta W_2 = G m M \left(\frac{1}{r_1} - \frac{1}{r_2}\right), \ \Delta W_3 = G m M \left(\frac{1}{r_2} - \frac{1}{r_3}\right).$$

Die Gesamtarbeit erhält man durch Addition der Einzelbeträge:

$$W = \Delta W_1 + \Delta W_2 + \ldots \Delta W_n$$

$$W = G m M \left(\frac{1}{r_A} - \frac{1}{r_1} + \frac{1}{r_1} - \frac{1}{r_2} + \frac{1}{r_2} + \ldots - \frac{1}{r_E}\right).$$

$$W = G m M \left(\frac{1}{r_A} - \frac{1}{r_E}\right). \quad (12)$$

Der Ausdruck (12) hängt nur vom Anfangs- und Endpunkt der Verschiebung, jedoch nicht mehr von den Zwischenpunkten ab. Daher ergibt sich beim Grenzübergang $\Delta r \to 0$ kein anderes Ergebnis. Die Gleichung gibt die im Gravitationsfeld verrichtete Arbeit an. Sie ist unabhängig vom Weg; denn es läßt sich jede Verschiebung in eine radiale und eine dazu senkrechte Komponente zerlegen (Abb. 97.1). Einen Beitrag zur Arbeit liefert nur die radiale Komponente, die in Kraftrichtung zeigt. Da bei der anderen Komponente die Kraft senkrecht zum Weg steht und die Arbeit als das skalare Produkt $A = F s \cdot \cos \alpha$ definiert ist (vgl. S. 52), liefert sie keinen Beitrag zur Verschiebungsarbeit. Ein Körper, an dem wir durch Verschiebung Arbeit verrichten, hat im Punkt P_E eine höhere **potentielle Energie** (vgl. S. 55) als im Punkt P_A. Sie läßt sich aus dem Ausdruck (12) für die Arbeit gewinnen, wenn man ein Nullniveau festlegt. Dieses wird so festgelegt, daß für sehr große Entfernungen r_A die Anziehungskraft verschwindet. Für diesen Fall strebt

$$\frac{1}{r_A} \rightarrow 0$$

mit $r_E = r$ ergibt sich dann:

> Die **potentielle Energie** eines Körpers der Masse *m*, die sich im Abstand *r* von der Masse *M* befindet ist:
>
> $$E_{pot}(r) = -G \cdot \frac{mM}{r}. \qquad (13)$$
>
> Die Arbeit bzw. die Änderung der potentiellen Energie hängt nur vom Anfangs- und Endpunkt der Bewegung ab. Sie ist wegunabhängig. Das negative Vorzeichen bringt zum Ausdruck, daß man Arbeit aufwenden muß, um die Masse *m* aus dem Wirkungsbereich des Feldes zu entfernen.

Bewegt sich ein Planet oder künstlicher Satellit der Masse *m* in dem durch die Masse des Zentralkörpers *M* verursachten Gravitationsfeld im Abstand *r* vom Zentralkörper mit der Geschwindigkeit *v*, dann besitzt er außer seiner (negativen) potentiellen Energie auch noch eine (positive) kinetische Energie. Die Gesamtenergie ist demnach:

$$W_{ges} = \tfrac{1}{2} m v^2 - G \frac{mM}{r}. \qquad (14)$$

Für eine Kreisbewegung gilt:

$$\frac{m v^2}{r} = G \frac{mM}{r^2}.$$

Daraus ergibt sich für die Geschwindigkeit:

$$v = \sqrt{\frac{GM}{r}}. \qquad (14\,a)$$

Setzen wir in (14) für *v* diese Beziehung (14 a) ein, dann erhalten wir schließlich für die Gesamtenergie:

$$W_{ges} = \tfrac{1}{2} G \frac{mM}{r} - G \frac{mM}{r} = -\tfrac{1}{2} G \frac{mM}{r}. \qquad (15)$$

Dieser negative Wert, der sich für die Gesamtenergie ergibt, bedeutet, daß wir diese Energie als „Bindungsenergie“ des Planeten interpretieren können. Sie müßte aufgewandt werden, wollte man den Planeten vom Zentralkörper entfernen.

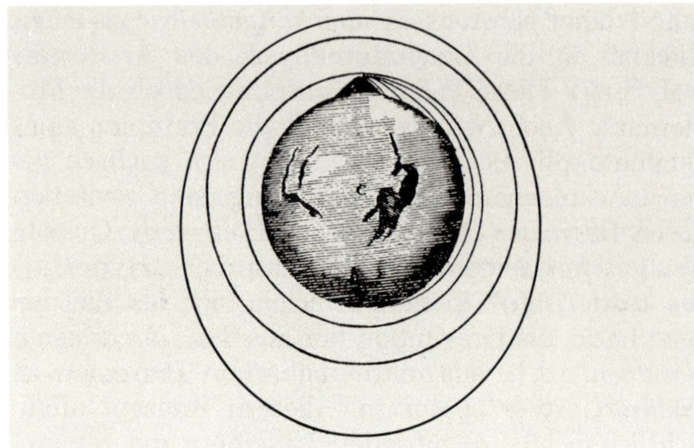

Abb. 98.1 Newtons Zeichnung von Erdsatelliten

Fluchtgeschwindigkeit

Bei *Newton* finden wir schon die Idee von künstlichen, die Erde umkreisenden Satelliten. Dies verdeutlicht die von *Newton* selbst angefertigte Zeichnung (Abb. 98.1). Newtons Überlegungen sind folgende. Von einem hohen Berg wird horizontal eine Kanonenkugel abgeschossen. Bei geringer Geschwindigkeit beschreibt die Kugel eine Fallparabel, die in Abhängigkeit von der Abschußgeschwindigkeit immer weiter entfernte Punkte auf der Erde erreicht. Bei einer ganz bestimmten Geschwindigkeit erreicht die Kugel die Erde nicht mehr! Sie kehrt an ihren Ausgangspunkt zurück und umkreist als künstlicher Satellit die Erde. *Newton* hat als Satellitenbahnen auch Ellipsen eingezeichnet. Welcher Kegelschnitt von den Satelliten als Bahnkurve eingenommen wird, hängt von der sogenannten Abschußgeschwindigkeit ab.
Die erste kosmische Geschwindigkeit oder Kreisbahngeschwindigkeit v_{K1} ist die Mindestgeschwindigkeit, die man einem Körper verleihen muß, damit er eine Satellitenbahn um die Erde beschreiben kann. Betrachten wir eine Kreisbahn dicht an der Oberfläche der Erde, dann können wir für *r* in (14 a) den Erdradius $R_E = 6{,}371 \cdot 10^6$ m einsetzen und die Kreisbahngeschwindigkeit oder die sogenannte **erste kosmische Geschwindigkeit** berechnen:

$$v_{K1} = \sqrt{\frac{GM}{R_E}}.$$

Mit der Erdmasse $M = 5{,}977 \cdot 10^{24}$ kg und der Gravitationskonstanten $G = 6{,}672 \cdot 10^{-11}\ \text{m}^3\,\text{kg}^{-1}\,\text{s}^{-2}$ ergibt sich:

$$v_{K1} = 7{,}9 \cdot 10^3\ \text{m}\,\text{s}^{-1}.$$

Diese *erste kosmische Geschwindigkeit* ergibt sich andererseits auch aus der Bedingung, daß die Gewichtskraft als Zentripetalkraft wirkt:

$$\frac{m v_{K1}^2}{R_E} = m g$$

zu

$$v_{K1} = \sqrt{R_E\, g}.$$

Setzen wir für *g* die Erdbeschleunigung (Gravitationsfeldstärke) $g = 9{,}81\ \text{m}\,\text{s}^{-2}$, dann erhalten wir den gleichen Wert für die erste kosmische Geschwindigkeit.

Im Idealfall, d. h. bei Vernachlässigung des Luftwiderstandes der Erdatmosphäre, kann mit dieser Abschußgeschwindigkeit ein künstlicher Satellit in eine Kreisbahn um die Erde gebracht werden. Dies gelang erstmals 1957 mit *Sputnik.* Damit wurde *Newtons* Idee (Abb. 98.1) in die Praxis umgesetzt.

Die **zweite kosmische Geschwindigkeit** v_{K2} oder auch **Fluchtgeschwindigkeit** ist diejenige, mit der ein Körper den Anziehungsbereich der Erde verlassen kann. Für diesen Fall muß seine kinetische Energie gerade gleich dem Betrag der potentiellen Energie an der Erdoberfläche sein:

$$\frac{1}{2}\, m v_{K2}^2 = G\,\frac{m M}{R_E}\,.$$

Daraus folgt:

$$v_{K2} = \sqrt{2\,\frac{GM}{R_E}} = \sqrt{2}\, v_{K1}\,. \qquad (16)$$

Einsetzen der Zahlenwerte in (16) liefert die Fluchtgeschwindigkeit (zweite kosmische Geschwindigkeit):

$$v_{K2} = 11{,}2 \cdot 10^3\,\mathrm{m\,s^{-1}}\,.$$

Dabei ist für den praktischen Fall der erhebliche Luftwiderstand noch nicht berücksichtigt. Dies bedingt eine über v_{K2} liegende Abschußgeschwindigkeit. In Abb. 99.1 sind die Bahnkurven in Abhängigkeit von der Abschußgeschwindigkeit v_0 dargestellt.

Wird ein Satellit in unmittelbarer Nähe über der Erde in tangentialer Richtung mit der Geschwindigkeit $v_0 = v_{K1}$ abgeschossen, dann geht er auf eine Kreisbahn. Ist $v_0 > v_{K1}$, dann entstehen, solange die Fluchtgeschwindigkeit v_{K2} noch nicht erreicht ist, Ellipsenbahnen. Beim Erreichen von v_{K2} geht der Satellit auf eine Parabelbahn und beim Überschreiten von v_{K2} nimmt die Bahnkurve Hyperbelform an. Diese Zusammenhänge lassen sich mit einem entsprechenden Computerprogramm simulieren und auf dem Bildschirm anschaulich darstellen.

Seit *Newton* waren die Wissenschaftler von der Idee künstlicher Himmelskörper fasziniert. Erst in unserer Zeit stehen die technischen Voraussetzungen zur Verfügung, um nicht nur diesen Traum, sondern auch Landungen auf dem Mond und anderen Himmelskörpern zu realisieren.

Die heutige Weltraumfahrt ist ein Beispiel für das Zusammenwirken von theoretischen Überlegungen und technischen Fortschritten. Durch vielfältige technologische Entwicklungen in der Raketentechnik konnten erst die erforderlichen Fluchtgeschwindigkeiten verwirklicht werden. Auf Grund der rapiden Entwicklung der Elektronik, Halbleitertechnologie und der Computer-Technik wurde es möglich, komplizierte Satellitenbahnen zu berechnen, Raumschiffe mit Radarsystemen zu steuern und erforderliche Bahnkorrekturen sofort auszuführen. Der Nutzen der Weltraumfahrt besteht einmal darin, daß sie solche ganz neue technologische Entwicklungen ausgelöst hat, zum anderen stellt sie eine wissenschaftliche Herausforderung dar. Es gehört zum Wesen jeder Kulturgemeinschaft, sich dieser Herausforderung zu stellen.

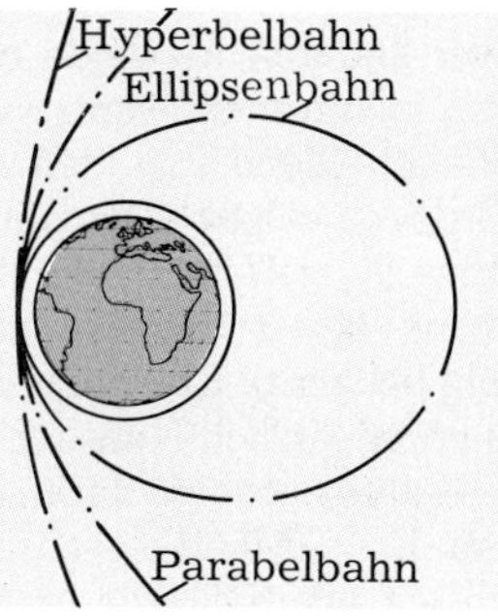

Abb. 99.1 Satellitenbahnen in Abhängigkeit von der Abschußgeschwindigkeit v

Massenbestimmungen im Planetensystem

Ähnlich wie bei Entfernungsmessungen im Weltraum geht die Astronomie auch bei den *„Wägungen"* der Himmelskörper von der Erde aus.

Die Anziehungskraft der Erde auf einen Körper der Masse m ist gegeben durch die Beziehung:

$$F = m g\,. \qquad (17)$$

Andererseits läßt sich diese Kraft auch nach dem Gravitationsgesetz (5) bestimmen:

$$F = G\,\frac{m \cdot M_E}{R_E^2}\,. \qquad (5)$$

Aus dem Gleichsetzen von (17) und (5) ergibt sich dann sofort die Masse M_E der Erde zu:

$$M_E = \frac{g R_E^2}{G}\,. \qquad (18)$$

Setzen wir in (18) die Zahlenwerte der Erdbeschleunigung $g = 9{,}81\ \mathrm{m\ s^{-2}}$, der Gravitationskonstanten $G = 6{,}672 \cdot 10^{-11}\,\mathrm{m^3\,kg^{-1}\,s^{-2}}$ und des Erdradius' $R_E = 6{,}371 \cdot 10^6$ m ein, dann erhalten wir für die Erdmasse $M_E = 5{,}97 \cdot 10^{24}$ kg.

In grundsätzlich gleicher Weise kann man auch jeden anderen Planeten „wägen", sofern er von einem Mond begleitet ist. Da – im Gegensatz zu unserer Erde – die Fallbeschleunigung an der Oberfläche eines anderen Planeten nicht direkt gemessen werden kann, müssen wir hier einen *anderen Weg* beschreiten. Ist m_P die Masse des Planeten bzw. des Zentralkörpers, m_M die Masse seines Mondes bzw. Satelliten, r_{PM} die mittlere Entfernung und T_M die (siderische) Umlaufzeit, dann ergibt sich für die Bahngeschwindigkeit:

$$v_M = \frac{2\pi r_{PM}}{T_M}\,. \qquad (19)$$

Damit berechnet sich die Zentripetalkraft zu:

$$F = \frac{m_M v_M^2}{r_{PM}} = \frac{4\pi^2 m_M r_{PM}}{T_M^2}\,.$$

Da die Gravitation als Zentripetalkraft wirkt, folgt:

$$\frac{4\pi^2 m_M r_{PM}}{T_M^2} = \frac{G m_M \cdot m_P}{r_{PM}^2}$$

und damit

$$m_P = \frac{4\pi^2}{G} \cdot \frac{r_{PM}^3}{T_M^2}\,. \qquad (20)$$

Wir können mit dieser anderen Methode natürlich auch die Erdmasse m_E bestimmen, wenn wir in (20) für die Entfernung Planet–Mond r_{PM}, den Abstand des Mondes von der Erde $r_{EM} = 3{,}84 \cdot 10^8$ m und für die Umlaufzeit des Mondes $T_M = 27{,}3$ d $= 2{,}36 \cdot 10^6$ s einsetzen. Die Berechnung liefert uns die nach der ersten Methode bereits bekannte Erdmasse m_E, d. h. in diesem Fall nichts grundsätzlich Neues. Der Wert der neuen Methode besteht jedoch darin, daß sie nicht auf das System Erde–Mond beschränkt ist, sondern grundsätzlich auf alle Systeme übertragbar ist, bei denen ein Zentralkörper von einem Satelliten begleitet ist. In (20) ist m_P die Masse des Planeten (des Zentralkörpers), d. h. hier speziell die Erde, die von ihrem Mond als Satellit begleitet wird. Betrachten wir statt der Erde nun die Sonne als Zentralkörper und die Erde als ihren Satelliten, dann ergibt sich ganz analog zu (20) die Sonnenmasse m_S aus der Beziehung

$$m_S = \frac{4\pi^2}{G} \cdot \frac{r_{SE}^3}{T_E^2} \,. \qquad (20\,a)$$

Einsetzen der Entfernung Sonne–Erde $r_{SE} = 1{,}5 \cdot 10^{11}$ m und der Umlaufzeit der Erde um die Sonne $T_E = 1$ a $= 365{,}26$ d $= 31{,}56 \cdot 10^6$ s liefert für die Sonnenmasse den Wert:

$$m_S = 1{,}99 \cdot 10^{30}\ \text{kg} \,.$$

Den Ausdruck r^3/T^2 in (20) bzw. (20 a) bezeichnet man als **Kepler-Konstante** (vgl. S. 94). Im Falle des Systems Erde–Mond hat die *Kepler*-Konstante den speziellen Wert

$$r_{EM}^3/T_M^2 = 1{,}02 \cdot 10^{13}\ \text{m}^3\,\text{s}^{-2}.$$

Beim System Sonne–Erde oder allgemein Sonne–Planet hat die *Kepler*-Konstante den gleichen Wert

$$r_{SP}^3/T_P^2 = 3{,}36 \cdot 10^{18}\ \text{m}^3\,\text{s}^{-2}.$$

Die Masse eines Planeten, z. B. die des Jupiters, kann man nach (20) aus den Entfernungen seiner Monde von ihm und deren entsprechenden Umlaufzeiten ermitteln.

Schwieriger gestaltet sich die Massenbestimmung für einen Mond bzw. einen mondlosen Planeten. In diesem Falle muß man aus der Gezeitenwirkung des Mondes bzw. den *Bahnstörungen* eines Nachbarplaneten auf die Masse des Mondes bzw. des Planeten schließen.

Diese rechnerische *„Wägung“* von weit entfernten Himmelskörpern zeigt die gewaltige geistige Kraft des Konzeptes der *Newton*schen Himmelsmechanik.

Das methodische Konzept Newtons

Das methodische Konzept von *Newtons* „Principia“ ist ein geistesgeschichtliches Ereignis ersten Ranges. Ausgehend von allgemeinen Axiomen und dem Gravitationsgesetz gelingt es ihm, die Bewegungsgesetze für jede Materie auf der Erde und im Weltraum mit dem gleichen physikalischen Ansatz zu erfassen. Nur ein genialer Geist konnte erkennen, daß die Bahnen der Planeten aus einer linearen Trägheitsbewegung und einer beschleunigten Bewegung unter dem Einfluß einer Zentralkraft zusammengesetzt sind. Ihre „ewige“ Bewegung ist das Beispiel reiner Trägheitsbewegung, die sich auf der Erde bei verschwindender Reibung nur näherungsweise realisieren läßt. Daß *Newton* diese Trägheitsbewegung zur Grundlage seiner Mechanik machte, zeigt die Kühnheit seiner Abstraktion.

Damit fand das zweitausendjährige geistige Ringen um das Verständnis *„ewig“* andauernder Bewegungen, d. h. die Zurückführung oder Überwindung der *„zirkularen“* Trägheitsvorstellungen der antiken Naturphilosophie in *Newtons linearem Trägheitsprinzip* seinen Abschluß. Dieser entscheidende Erfolg macht sehr deutlich, daß die Physik in ihrer Entwicklung nicht primär durch reines Beobachten der Naturerscheinungen und Registrieren von Einzeltatsachen, sondern sehr wesentlich durch mathematische Intuition und theoretische Konzepte bestimmt wird. Wesentlich ist, daß jede Beobachtung und jedes systematische Experiment in der Physik *theoriegeleitet* ist.

Die bei *Newton* noch offen gebliebenen Probleme, besonders die Frage nach der Ursache der Gravitation, wurden erst zu Beginn unseres Jahrhunderts durch *Einsteins „Allgemeine Relativitätstheorie“* neu diskutiert. Dabei geht *Einstein* von der Äquivalenz von träger und schwerer Masse aus.

Dieses Äquivalenzprinzip besagt, daß der Aufenthalt in einem Gravitationsfeld gleichwertig ist zu einem Aufenthalt in einem beschleunigten Bezugssystem. Nach *Einstein* ruft jede Masse eine Störung des umgebenden Raumes hervor. Die Gravitation ist nach *Einstein* keine Kraft, sondern eine Art *„Täuschung“*. Das Verhalten von Körpern im Gravitationsfeld wird dementsprechend nicht so beschrieben, daß die Körper sich gegenseitig anziehen, sondern als Bewegungsabläufe. Die Bahnen der Körper werden durch die geometrischen Eigenschaften des Raumes, genauer, durch die *Krümmung des Raum-Zeit-Kontinuums* bestimmt.

Wir haben bisher alle astronomischen Probleme in guter Übereinstimmung mit der Erfahrung im Rahmen der *Newton*schen Gravitationstheorie behandelt. Würden wir die gleichen Probleme mit Hilfe der *Einsteinschen* Gravitationstheorie behandeln, dann bekämen wir weitgehend die gleichen Ergebnisse. Bestünde jedoch Übereinstimmung in allen Einzelheiten, dann wäre *Einsteins* Theorie sicher nur eine sehr originelle und geistreiche Interpretation.

In der Tat ist *Einsteins* Theorie jedoch eine ganz entscheidende Erweiterung der *Newton*schen Gravitationstheorie, die diese als Näherung enthält. Nur die Theorie *Einsteins* war in der Lage, die Ablenkung eines Lichtstrahles im Schwerefeld der Sonne und die Periheldrehung des Merkurs zu erklären sowie neuartige Phänomene, z. B. *Gravitationswellen,* vorherzusagen. Die Frage nach dem Wesen der Gravitation ist heute ein zentrales Problem der *Kosmologie.* Entstehen und Vergehen der Sterne, ganzer Galaxien und schließlich des ganzen Universums hängen eng mit ihr zusammen.

9.9 Ordnung und Chaos in der Himmelsmechanik

Dreikörperproblem und Chaos

Aufgrund der glänzenden Erfolge der Himmelsmechanik *Newtons* machte die nachfolgende Physikergeneration im Gegensatz zu *Newtons* eigener Überzeugung den strengen **Determinismus** zum Credo ihrer physikalischen Weltanschauung. Ausdruck dieser Überzeugung ist der berühmte *„Laplacesche Dämon“*. Dieser „Supercomputer“ sollte, wenn ihm der Zustand des Kosmos zu irgendeinem Zeitpunkt vollständig und exakt bekannt sei, den Zustand der Welt für jeden Zeitpunkt der Zukunft genau vorausberechnen können. Wir wissen heute, daß der *„Laplacesche* Dämon“ nicht nur wegen des ungeheuren technischen Aufwands der Erfassung und Speicherung von Daten, sondern aus ganz prinzipiellen Gründen *(Heisenbergsche Unschärferelation)* dies niemals leisten kann.

Die Entdeckung des Planeten Neptun aufgrund von astronomischen Rechnungen durch *Leverrier* 1846 schien damals das Konzept eines strengen Determinismus in spektakulärer Weise zu bestätigen. Dies war jedoch ein Trugschluß. Hätte man *Leverriers* Rechnungen vierzig Jahre früher oder später durchgeführt, dann wäre es praktisch unmöglich gewesen, den Planeten auf diese Weise am Himmel zu finden. Was sind die Gründe, welche diese oft zitierte historische Begebenheit heute zur Begründung eines Determinismus untauglich machen?

Wir haben auf S. 94 erfahren, daß die *Keplerschen* Gesetze nur für *Newtons* Modellobjekt (Zweikörperproblem) exakt gelten.

Dies trifft nicht mehr zu, wenn ein dritter Körper das System stört. Ist die *Störung* schwach, dann verlaufen die Bahnkurven noch in der Nachbarschaft der *Kepler*-Ellipse. Bei starker Störung können sie stark von der geschlossenen Ellipse abweichen.

Führt man bei Mehrkörperproblemen die Störungsrechnungen aus, indem man die gekoppelten Differentialgleichungen (5 b) mit Näherungsmethoden löst, dann gibt es eine noch schlimmere Überraschung. Man entdeckt, daß in solchen Systemen ganz unregelmäßige ja chaotische Bewegungen eher die Regel als die Ausnahme sind. Auch die regelmäßigen (stabilen) Bahnen tragen latent den gefährlichen Keim zur Unordnung in sich. Ist unter diesen Umständen unser Planetensystem überhaupt stabil, bzw. gibt es andere Effekte, die das Chaos verhindern? Mit dieser Problematik befaßte sich als erster der französische Physiker *H. Poincaré* (1854–1912) in seinem berühmten Werk „Les Méthodes Nouvelles de la Mécanique Céleste“ (1899).

Grundsätzlich werden in diesem Werk die tieferen Zusammenhänge bzw. die Bedingungen der Übergänge zwischen Ordnung und Unordnung analysiert. Es zeigt sich, daß eine scheinbar regelmäßige Bahn bei genauerer Betrachtung sich als ganz unregelmäßig erweist, wobei es jedoch mitten in der Unordnung wieder „Inseln“ der Ordnung gibt, die ihrerseits wieder „Ränder der Unordnung“, d. h. Instabilitäten aufweisen.

Die Aufspaltung in stabile und instabile Bewegungsformen findet schon unter dem Einfluß sehr schwacher Störungen für alle Bahnen statt, wenn die Umlaufzeiten der beiden um den Zentralkörper umlaufenden Planeten in einem rationalen Verhältnis stehen.

P. S. Laplace hatte schon 1799 die „große Anomalie von Jupiter und Saturn“ entdeckt. Während Saturn zwei Umläufe um die Sonne vollführt, durchläuft Jupiter seine Bahn fünfmal. Dadurch begegnen sich die beiden Planeten periodisch in minimaler Entfernung immer an der gleichen Stelle. Dies führt zu einer Aufschaukelung der Störung und sollte letztlich zu einer Instabilität bzw. Zerstörung des Systems führen. *„Gott sei Dank“* ist dies aber nicht der Fall. *Newton*, der grundsätzlich schon diese Gefahren für das Planetensystem kannte, schrieb in der Tat Gott die Rolle des kosmischen Stabilisators zu, der solche Fälle durch sein gütiges Eingreifen wieder korrigiert und damit die Ordnung des Kosmos garantiert.

In dem berühmten Briefwechsel zwischen *Newtons* Schüler *Clarke* und *Leibniz* bespöttelt *Leibniz* den Gott *Newtons* als „schlechten Uhrmacher“, der sein himmlisches Uhrwerk von Zeit zu Zeit immer wieder korrigieren müsse. *Leibniz* vertritt die Meinung, daß die von Gott geschaffene Gesetzlichkeit der Natur die Aufrechterhaltung der Ordnung garantiert.

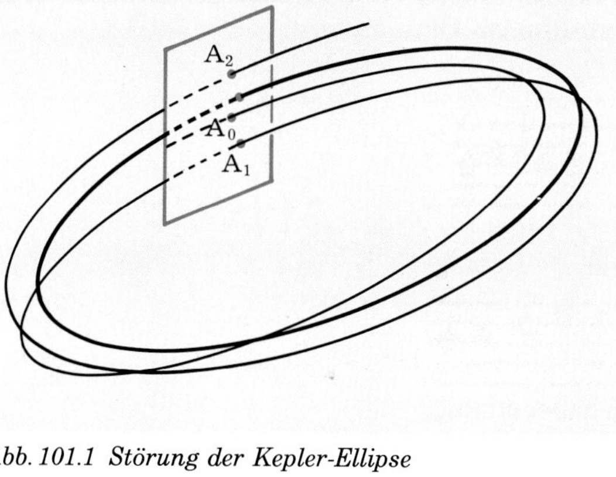

Abb. 101.1 Störung der Kepler-Ellipse

Deterministisches Chaos

Welche Gesetzmäßigkeit stabilisiert die Jupiter- und Saturnbahn?

Das Verhältnis der Umlaufzeiten der beiden Planeten ist nicht exakt 2 : 5, d. h. nicht rational, sondern irrational. Dadurch verschiebt sich langsam der Punkt größter Annäherung und die Planeten kehren auf ihre ursprüngliche Bahn zurück. *Irrationale Zahlenverhältnisse übernehmen die Rolle des Stabilisators.*

Auch das chaotische Verhalten physikalischer Systeme wird offenbar von Gesetzen beherrscht. Daher spricht man auch von einem „deterministischen Chaos“.

Die Idee, den Kosmos durch Zahlenverhältnisse zu ordnen, und diese wieder als geometrische Beziehungen zu interpretieren, ebenso wie die Symmetrie als Erklärungsprinzip, haben ihren Ursprung in der Antike. Wir haben schon erfahren, daß *Kepler,* in der pythagoreisch-platonischen Tradition stehend, die Ordnung des Planetensystems durch eine geometrische Interpretation der Verhältnisse der Planetenabstände erklären wollte (vgl. S. 92).
Poincarés „geometrische" Vorstellungen sind abstrakter Natur. Sie beziehen sich nicht auf den der Anschauung direkt zugänglichen dreidimensionalen Raum, sondern auf einen sogenannten „Phasenraum", der die Orts- und Impuls-Koordinaten und damit auch die Geschwindigkeiten umfaßt. In diesem Phasenraum lassen sich die „Bahnen" aus mehreren periodischen Komponenten zusammensetzen.
Ordnung und Chaos im Planeten-System hängt dann in entscheidender Weise davon ab, ob die Frequenzen dieser Komponenten in einem rationalen oder irrationalen Verhältnis stehen. Einfache rationale Verhältnisse charakterisieren stabile und instabile Bewegungen, irrationale dagegen die gegen Störungen besonders resistenten Bewegungen.

Keplers „harmonischer Kosmos" wieder aktuell?

Keplers naturphilosophische Ideen, die im Titel seiner beiden Werke *„Mysterium cosmosgraphicum"* und *„Harmonice mundi"* ihren Niederschlag fanden, bekommen eine überraschende Aktualität.
Geometrie und Harmonie beherrschen das aufregende Szenario von Chaos und Ordnung.
Lagrange (1736–1813) hatte bei seiner Bearbeitung des Dreikörperproblems eine besondere Bewegung von drei Himmelskörpern herausgestellt, bei der diese ein gleichseitiges Dreieck bilden. Erst 1967 wurde die besondere Bedeutung dieser geometrischen Konfiguration erkannt. Die „Trojaner" Planetoiden bilden in der Tat mit Sonne und Jupiter ein gleichseitiges Dreieck und umlaufen Sonne und Jupiter synchron. Diese geometrisch besonders ausgezeichnete Bewegung ist für lange Zeiten sehr stabil.
Kepler hatte in seinem Buch „Weltharmonie" nachzuweisen versucht, daß die Umlaufgeschwindigkeit der Planeten in Sonnenferne (Aphel) und Sonnennähe (Perihel) sich verhalten wie die musikalischen Harmonien.
Beim Saturn verhalten sie sich wie 5 : 4. Der „Ton" des Saturn wächst demnach von Aphel zu Perihel innerhalb einer großen Terz. Beim Jupiter ergibt sich die kleine Terz 6 : 5.
In *Poincarés* rationalem und irrationalem Frequenzverhältnis der periodischen Komponenten des Phasenraumes erfährt *Keplers* geniale Intuition einer harmonischen Sphärenmusik im gewissen Sinne nachträglich ihre Bestätigung.
Die Entstehung des astronomischen Weltbildes hat uns gezeigt, daß es in der Entwicklung des naturwissenschaftlichen Denkens hinsichtlich der grundlegenden Idee mehr Evolution als Revolution gibt.

Symmetrie und Erhaltung

Als grundlegendes Konzept haben wir die Erklärung der Erhaltung durch Zurückführung auf Symmetrien neu gelernt. *Aristoteles* versuchte, die „ewige" Bewegung der Himmelskörper durch ein „zirkulares" Trägheitsprinzip zu erklären; denn die Kreisbewegungen bedürfen wegen ihrer hohen Symmetrie keiner weiteren Erklärung. Nach Aufgabe der Kreissymmetrie mußte *Kepler* für seine Gesetze nach tiefer liegenden Erklärungsprinzipien suchen. Erst die *Newton*sche Entdeckung der Gravitation und der weitere Ausbau der klassischen Mechanik durch seine Nachfolger geben die Antwort auf die aufgeworfenen Fragen. Für die physikalischen Größen Energie, Impuls und Drehimpuls gelten Erhaltungssätze. Wir wissen heute, daß ein grundlegender Zusammenhang zwischen Erhaltung und Symmetrien der physikalischen Gesetze besteht. Die Energie-Erhaltung folgt aus der Symmetrie der Theorie gegenüber zeitlicher Verschiebung, d. h. es gibt keinen ausgezeichneten Punkt auf der Zeitskala. Impuls-Erhaltung resultiert aus der Symmetrie der Theorie gegen räumliche Verschiebungen, d. h. es existiert kein ausgezeichneter Punkt im Ortsraum (vgl. S. 70). Die Drehimpulserhaltung ergibt sich aus der Symmetrie der Theorie gegen räumliche Drehbewegungen, d. h. es gibt im Ortsraum keine ausgezeichnete Richtung.
Wir werden bei der Behandlung der Elementarteilchen weitere Erhaltungssätze und Symmetrien kennenlernen.
Erhaltungsgedanke und Symmetrievorstellungen sind seit der Antike Leitlinien des naturwissenschaftlichen Denkens, mit dem man nach Ordnung im Chaos sucht.

Abb. 102.1 Keplers „Planetenmusik"

nicht genannt

Aufgaben:

1. Erklären Sie das Zustandekommen der Planetenschleifen a) nach dem Bewegungsmodell von Eudoxos, b) nach dem System des Ptolemäus, c) nach dem kopernikanischen System!
2. Warum macht Aristoteles einen prinzipiellen Unterschied zwischen „irdischer" Mechanik und Himmelsmechanik? Erklären Sie, durch welche Überlegungen Newtons dieses Paradigma überwunden wurde!
3. Erklären Sie den prinzipiellen Unterschied zwischen den Trägheitsvorstellungen des Aristoteles hinsichtlich der Bewegung der Himmelskörper und dem Konzept Newtons!
4. Erläutern Sie die Motive, die Kopernikus zu seiner „Revolution" des Weltbildes veranlaßten!
5. Erläutern Sie, warum Tycho Brahe Zweifel an dem kopernikanischen System hegte!
6. Der Planet Jupiter befindet sich in einer mittleren Entfernung von $7{,}778 \cdot 10^8$ km von der Sonne. Berechnen Sie aufgrund des 3. Keplerschen Gesetzes seine Umlaufzeit um die Sonne!
7. Der erst 1930 entdeckte Planet Pluto hat eine Umlaufzeit von 248,43 Jahren. Berechnen Sie seine mittlere Entfernung von der Sonne!
8. Ein Erdsatellit, der sich in einer Entfernung von 6 500 km vom Erdmittelpunkt befindet, hat eine Umlaufzeit von 5 000 s. Berechnen Sie die Höhe, in der sich ein Nachrichtenübertragungssatellit befinden muß, damit seine Umlaufzeit mit der Dauer der Erdrotation übereinstimmt!
9. Berechnen Sie die Umlaufzeit eines Erdsatelliten, der sich in einer Höhe von 384 000 km befindet!
10. Mit welcher Kraft ziehen sich zwei Körper mit den Massen 3 kg und 5 kg an, die sich im Abstand von 2 m befinden?
11. Bestimmen Sie die Erdmasse aus dem Erdradius 6 370 km und der Erdbeschleunigung $g = 9{,}81\ \mathrm{m/s^2}$!
12. Bestimmen Sie die Erdmasse aus der Mondentfernung 384 000 km und der Mondumlaufzeit 27,3 d!
13. Bestimmen Sie die Sonnenmasse, wenn das Jahr 365,25 d und der mittlere Erdbahnradius 149,5 Mill. km beträgt!
14. Der Sonnenradius beträgt $6{,}95 \cdot 10^8$ m. Wie groß ist die Schwerebeschleunigung an der Sonnenoberfläche?
15. Die vier größten Jupitermonde haben folgende Bahnradien und Umlaufzeiten:

$r_1 = 420\,000$ km,	$r_2 = 670\,000$ km,
$T_1 = 1{,}77$ d,	$T_2 = 3{,}55$ d,
$r_3 = 1\,070\,000$ km,	$r_4 = 1\,880\,000$ km,
$T_3 = 7{,}15$ d,	$T_4 = 16{,}69$ d.

Zeigen Sie, daß das 3. Keplersche Gesetz gilt, und berechnen Sie die Masse des Jupiter!

16. Welche Mindestenergie ist nötig, um einen Satelliten in eine Kreisbahn um die Erde in der Höhe h einzuschießen?
17. Zwei Körper haben die Massen m_1 und m_2 und die Entfernung r. An welcher Stelle erfährt ein dritter Körper keine Gravitationskraft?
18. Warum herrscht in einem Satelliten, der die Erde umkreist, und in einem Raumschiff, das sich ohne Antrieb z. B. auf dem Weg zum Mond befindet, ein schwereloser Zustand?
19. Wie groß ist in der geographischen Breite φ die Komponente der durch die Erdrotation hervorgerufenen Zentrifugalbeschleunigung, welche der dort wirkenden Gravitationsbeschleunigung entgegenwirkt? Welche Werte ergeben sich für $\varphi_1 = 0$, $\varphi_2 = 45°$, $\varphi_3 = 90°$?
20. Wieviel mal schneller müßte die Erde rotieren, damit am Äquator die Fallbeschleunigung aufgehoben würde?
21. Berechnen Sie die allein durch die Gravitation verursachte Beschleunigung an der Oberfläche einer kugelförmigen Erde von Radius

$$R_E = 6{,}371 \cdot 10^6\ \mathrm{m!}$$

Welchen Ausdruck erhält man aufgrund des Gravitationsgesetzes in der Höhe h über der Erdoberfläche für die Schwerebeschleunigung?

22. a) Berechnen Sie aus der Masse des Mondes $m_M = 7{,}35 \cdot 10^{22}$ kg und seinem mittleren Radius $r_M = 1{,}738 \cdot 10^6$ m die Schwerebeschleunigung auf dem Mond!
b) Wieviel mal größer als auf der Erde muß die Höhe sein, aus der ein Körper auf dem Mond frei fallend am Boden dieselbe Endgeschwindigkeit wie auf der Erde erreicht?
23. Berechnen Sie Gewicht und Masse des „Urkilogramms" auf dem Mond!
24. Die Masse des Planeten Jupiter ist das 318fache der Erdmasse, sein Radius beträgt etwa das 11fache. Berechnen Sie die Schwerebeschleunigung an der Jupiteroberfläche!
25. Ein Körper von 1000 kg soll von der Erdoberfläche in eine Höhe $h = 185$ km gebracht werden und sich mit einer Geschwindigkeit $v = 7{,}799$ km/s bewegen. Berechnen Sie die dazu notwendige Energie!
26. Beim Flug zum Mond mit der dreistufigen Saturn-5-Rakete wird das Raumschiff zunächst in einer Höhe von 185 km auf eine sogenannte Parkbahn gebracht.
a) Berechnen Sie die Geschwindigkeit auf dieser Bahn!
b) Nach etwa einem Umlauf auf der Parkbahn wird durch Raketenzündung die Geschwindigkeit auf $v = 10{,}80$ km/s erhöht und damit das Raumschiff in eine freie Bahn zum Mond gebracht. Berechnen Sie zum Vergleich die Fluchtgeschwindigkeit, die benötigt würde, um von der Parkbahn das Gravitationsfeld der Erde zu verlassen!
27. Berechnen Sie die Geschwindigkeit, die ein Geschoß haben müßte, um vertikal abgeschossen nicht mehr zurückzufallen!
28. Wie lange dauert die Umkreisung des Mondes in einem Raumschiff, das 100 km über der Mondoberfläche fliegt?
29. Welche Energie benötigt ein Mondfahrzeug von 2 000 kg, um von der Mondoberfläche zum Raumschiff (Aufg. 28) zurückzukehren!
30. Ein Körper wird von der Erde mit einer Geschwindigkeit von $v = 10$ km/s horizontal abgeschossen. Welche Bahn beschreibt der Körper?
a) Wie weit kann er sich vom Erdmittelpunkt entfernen?
b) Wie groß ist seine Geschwindigkeit im erdfernsten Punkt?
c) Nach welcher Zeit kehrt er an den Ausgangspunkt zurück?

Basiswissen Erhaltungssätze, Kreis- u. Planetenbewegung

Mechanische Arbeit, mechanische Energie:

Die **mechanische Arbeit** ist eine **Austauschform der Energie.** Bei konstanter Kraft $\vec{F}$ ist die Arbeit das Skalarprodukt aus Kraft und Verschiebungsvektor $\Delta \vec{s}$:

$$W = \vec{F} \cdot \Delta \vec{s}\,.$$ ↑ S. 32

Nur die Kraftkomponente in Wegrichtung verrichtet Arbeit. ↑ S. 52

Die an einem Körper der Masse m verrichtete **Beschleunigungsarbeit** ist als **kinetische Energie** E_{kin} gespeichert:

$$E_{\text{kin}} = \tfrac{1}{2} m v^2\,.$$ ↑ S. 55

Die an einem Körper der Masse m im Schwerefeld der Erde verrichtete **Hubarbeit** ist als **potentielle Energie** E_{pot} gespeichert: $E_{\text{pot}} = m \cdot g \cdot h$. ↑ S. 54

Diese Beziehung gilt nur, solange die Kraft sich nicht mit zunehmender Höhe verringert, d. h. nahe der Erdoberfläche.

Die **potentielle Energie** bei einer Feder entspricht der **Spannarbeit** und beträgt bei auslenkungsproportionaler Kraft $F = D \cdot s$:

$$E_{\text{pot}} = \tfrac{1}{2} D s^2\,.$$ ↑ S. 59

Mechanischer Energieerhaltungssatz:

In einem abgeschlossenen reibungsfreien mechanischen System gilt der **Energieerhaltungssatz:**

$$E = E_{\text{kin}} + E_{\text{pot}} = \text{const.}$$ ↑ S. 57

Leistung:

$$P = \frac{W}{t}\,.$$ ↑ S. 61

Impuls, Impulserhaltungssatz:

Ein Körper der Masse m, der sich mit der Geschwindigkeit $\vec{v}$ bewegt, besitzt den **Impuls** $\vec{p} = m\vec{v}$.

In einem abgeschlossenen System, in dem nur innere Kräfte wirken, bleibt der Gesamtimpuls $\vec{p} = \vec{p}_1 + \vec{p}_2 + \ldots + \vec{p}_n$ erhalten **(Impulserhaltungssatz).** ↑ S. 64

Speziell gilt für den **elastischen** ebenso wie für den **unelastischen Stoß** zweier Körper (v-vor, n-nach Stoß):

$$\vec{p}_{1\text{v}} + \vec{p}_{2\text{v}} = \vec{p}_{1\text{n}} + \vec{p}_{2\text{n}}\,.$$ (↑ S. 67)

Drehimpulserhaltungssatz:

In einem abgeschlossenen System bleibt der Gesamtdrehimpuls konstant. ↑ S. 84

Gleichförmige Kreisbewegung:

Der Betrag der Bahngeschwindigkeit ist konstant. Kraft und Beschleunigung sind stets zum Zentrum gerichtet. ↑ S. 72

Winkelgeschwindigkeit:

$$\omega = \frac{\Delta \varphi}{\Delta t} = \frac{2\pi}{T} = 2\pi f\,.$$ ↑ S. 79

Bahngeschwindigkeit: $v = \frac{2\pi}{T} r = \omega r$. ↑ S. 79

Zentralbeschleunigung: $a_z = \frac{v^2}{r}$. ↑ S. 73

Zentralkraft: $F_z = m \frac{v^2}{r} = m \omega^2 r$. ↑ S. 75

Die Zentrifugalkraft ist eine Scheinkraft und entgegengesetzt gleich der Zentralkraft. ↑ S. 75

Ungleichförmige Kreisbewegung:

Winkelbeschleunigung: $\alpha = \frac{\Delta \omega}{\Delta t}$.

Drehbewegung starrer Körper:

Für die Drehbewegung um eine feste Achse gilt: Zwischen dem Drehmoment M, dem Trägheitsmoment J und der Winkelbeschleunigung α besteht die Beziehung: $M = J \cdot \alpha$. ↑ S. 80

Rotationsenergie: $E_{\text{rot}} = \tfrac{1}{2} J \omega^2$. ↑ S. 80

Drehimpuls: $L = J \cdot \omega$. ↑ S. 81

Drehimpuls eines Massenpunktes: $\vec{L} = \vec{r} \times \vec{p}$. ↑ S. 82

Zusammenhang zwischen Drehmoment $\vec{M}$ und dem Drehimpuls $\vec{L}$: $\vec{M} = \Delta \vec{L} / \Delta t$. ↑ S. 82

Planetenbewegung:

Keplersche Gesetze:

1. Die Bahnen der Planeten sind Ellipsen, in deren einem Brennpunkt die Sonne steht.
2. Der Fahrstrahl Sonne–Planet überstreicht in gleichen Zeiten gleiche Flächen (Flächensatz):

$$\frac{\Delta A}{\Delta t} = \text{const.}$$

3. Die Quadrate der Umlaufzeiten der Planeten um die Sonne verhalten sich wie die dritten Potenzen ihres mittleren Abstandes zur Sonne:

$$T_1^2 : T_2^2 : \ldots = r_1^3 : r_2^3 : \ldots$$

bzw.

$$\frac{r^3}{T^2} = \text{const.}$$ ↑ S. 92

Gravitationsgesetz:

$$F = G \frac{m M}{r^2}\,.$$ ↑ S. 94

Mechanische Schwingungen und Wellen

10. Mechanische Schwingungen

10.1 Das Federpendel

Ein System mit neuen Eigenschaften
Ein Federpendel besteht aus einer elastischen Schraubenfeder, an der ein Pendelkörper der Masse m befestigt ist. Wir wollen ein solches Federpendel experimentell und theoretisch genauer studieren, denn es stellt **ein einfaches Modell für eine Vielzahl von schwingungsfähigen Systemen** in unserer natürlichen und technischen Umwelt dar.
Versuch 1: Bringen Sie ein Federpendel durch einen einmaligen Anstoß zum Schwingen! Wiederholen Sie das Experiment, indem Sie unterschiedliche Massen und Federn benutzen!
Das Federpendel schwingt eine Weile auf und ab, bis es schließlich durch unvermeidliche Reibungskräfte wieder zur Ruhe kommt. Man sagt:

> Das Federpendel führt eine freie, gedämpfte, **mechanische Schwingung** aus.

Das Adjektiv frei ist deswegen bedeutsam, weil das Pendel sich selbst seinen eigenen Schwingungstakt (Frequenz) vorgibt, der ihm nicht von außen aufgezwungen wird, denn nach dem einmaligen Anstoß ist das Pendel sich selbst überlassen. Durch Kombinieren verschiedener Massen und Federn kann man diese Schwingungsfrequenz verändern.
Wie kommt diese **neue Bewegungsform „Schwingung"** zustande? Eine einzelne Masse verläßt nicht ohne äußere Kraft den Zustand der Ruhe oder der gleichförmigen Bewegung. Erst in Verbindung mit der rücktreibenden Kraft der Feder entsteht eine periodische Bewegung. Diese stellt eine typische **Systemeigenschaft** dar, die durch das **Zusammenwirken von Teilen** (hier: Masse und Feder) zustandekommt. Das Ganze (das System) entwickelt neue Eigenschaften, die man den einzelnen Teilen des Systems nicht unmittelbar ansieht.
Die neue Eigenschaft „Schwingung" beruht offenbar auf einem automatisch sich regelnden Zusammenspiel zwischen der Trägheit des Pendelkörpers und der rücktreibenden Kraft der Feder. Haben wir dieses Zusammenwirken an dem einfachen System „Federpendel" durchschaut, so können wir darauf hoffen, das Prinzip auch auf andere, kompliziertere Schwingungssysteme zu übertragen.

Qualitative Deutung der Pendelschwingung
Wir interessieren uns zunächst nur für den periodischen Teil der Schwingungsbewegung und lassen das Abklingen der Schwingung durch Reibung außer acht.

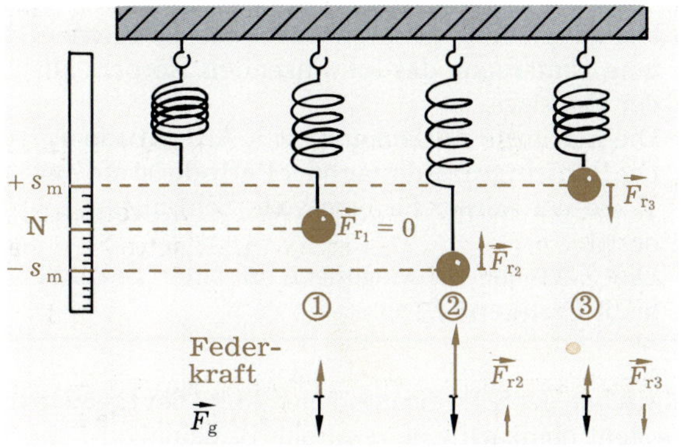

Abb. 105.1 Das Federpendel. Bei einer elastischen Schraubenfeder ist die rücktreibende Kraft proportional zur Auslenkung aus der Ruhelage. Ist die Schraubenfeder durch die Gewichtskraft des Pendelkörpers belastet, dann stellt sich eine neue Ruhelage (N) ein. Für Auslenkungen aus der neuen Ruhelage gilt weiterhin das lineare Kraftgesetz $F_r = -D \cdot s$. Die Gewichtskraft des Pendelkörpers ist für die Betrachtung der Pendelbewegung unerheblich, da sie bereits durch eine konstante Dehnung der Feder kompensiert wird

Wir wissen bereits, daß bei einer elastischen Feder die rücktreibende Kraft der Auslenkung proportional ist (**lineares Kraftgesetz**). Ziehen wir den Pendelkörper um die Strecke s_m nach unten und lassen ihn los, dann ist in diesem Augenblick die rücktreibende Kraft F_r am größten. Während des Zurückschwingens erfährt der Körper von dieser nun wieder abnehmenden Kraft eine ebenso abnehmende Beschleunigung in Richtung auf die Gleichgewichtslage. Die anfänglich in die Feder hineingesteckte **Spannenergie** (potentielle Energie) verwandelt sich dabei in **Bewegungsenergie** (kinetische Energie).
In der Gleichgewichtslage ist die rücktreibende Kraft Null. Die Geschwindigkeit wächst nicht mehr und hat hier ihren größten Wert erreicht; die Spannenergie ist vollständig in Bewegungsenergie umgesetzt. Infolge seiner Trägheit schwingt der Körper über die Gleichgewichtslage hinaus nach oben. Nunmehr beginnt das umgekehrte Spiel, und die Bewegungsenergie wird in Lageenergie umgesetzt.
Dabei entspannt sich die Feder immer weiter, so daß die Gewichtskraft überwiegt und eine nach unten zeigende Kraft resultiert. Diese erreicht am oberen Umkehrpunkt ihr Maximum und beschleunigt den Körper wieder in Richtung auf die Gleichgewichtslage. Im oberen Umkehrpunkt ist die Bewegungsenergie vollständig in Lageenergie umgewandelt. Der Verlauf der Energieumwandlung während der Abwärtsbewegung verläuft völlig analog. Bitte führen Sie selbst eine entsprechende Beschreibung durch!

Damit haben wir ein vorläufiges Verständnis der Federpendelschwingung entwickelt, das wir nun vertiefen wollen.

Grundbegriffe der Schwingungslehre

Zur Beschreibung von Schwingungen benutzen wir folgende Begriffe:

> Die Auslenkung (**Elongation**) s ist die momentane Entfernung des schwingenden Körpers aus der Ruhelage.
> Die maximale Auslenkung heißt **Amplitude** s_m.
> Die **Schwingungsdauer** oder **Periode** ist die Zeit T, die ein Körper für eine volle Schwingung benötigt.
> Die Zahl der Schwingungen in einer Sekunde heißt **Frequenz** f.

Zwischen der Schwingungsdauer T und der Frequenz f besteht demnach eine reziproke Beziehung:

$$f = 1/T \qquad\qquad T = 1/f.$$

Die Einheit der Frequenz ist 1 s^{-1}. Man nennt sie zu Ehren des Physikers *Heinrich Hertz* (1857–1894) auch 1 **Hertz** (abgekürzt: 1 Hz).

Weg-Zeit-Gesetz des Federpendels im Experiment

Der Weg-Zeit-Verlauf der Federschwingung läßt sich experimentell ermitteln, indem die vertikale Schwingung mit einer gleichförmigen horizontalen Bewegung kombiniert und geeignet aufgezeichnet wird. Das zeitliche Nacheinander verwandelt sich so in ein räumliches Nebeneinander. Nach diesem Prinzip arbeitet jeder **Schwingungsaufzeichner** (z. B. auch das Oszilloskop).

Abb. 106.2 zeigt die fotografische Aufzeichnung eines Schwingungsvorgangs. Wegen der gleichförmigen Bewegung des Wagens durchläuft dieser in gleichen Zeiten gleiche Strecken. Die horizontale Achse ist daher zugleich Zeitachse. Wir sehen so unmittelbar den zeitlichen Verlauf der Schwingung. Der Weg-Zeit-Graph des Federpendels ist eine regelmäßige Wellenlinie ohne Zacken und Ecken. Sie verläuft, wie wir uns zunächst nur im Rahmen der Zeichengenauigkeit vergewissern können, sinusförmig (Abb. 106.3).

Offenbar führt das besonders einfache **lineare Kraftgesetz** beim Federpendel auch zu einer mathematisch einfachen Beschreibung durch die **Sinusfunktion.** Diese Vermutung wird im folgenden Kapitel rechnerisch bestätigt. Wegen der Sonderstellung dieser besonders reinen Schwingungsform bezeichnet man ein schwingungsfähiges System, bei dem die rücktreibende Kraft einem linearen Kraftgesetz folgt, auch als **harmonischen Oszillator.**

Die meisten Schwingungsmuster, die von schwingenden Körpern im Alltag erzeugt werden, sind viel komplizierter als die einfachen harmonischen Schwingungen (z. B. die Schwingungsformen von Musikinstrumenten oder von Sprachlauten, Abb. 107.1). Dennoch scheint die Sinusschwingung als Grundmuster mehr oder weniger deutlich durch. Man kann daher hoffen, daß sich die komplizierten Schwingungsformen durch Überlagerung einzelner sinusförmiger Schwingungen bausteinartig zusammensetzen lassen.

Wir halten fest:

> Schwingungen mit sinusförmigem Weg-Zeit-Gesetz nennt man **harmonische Schwingungen.** Systeme, die zu harmonischen Schwingungen fähig sind, heißen **harmonische Oszillatoren.** Beim harmonischen Oszillator ist die rücktreibende Kraft der Auslenkung proportional.

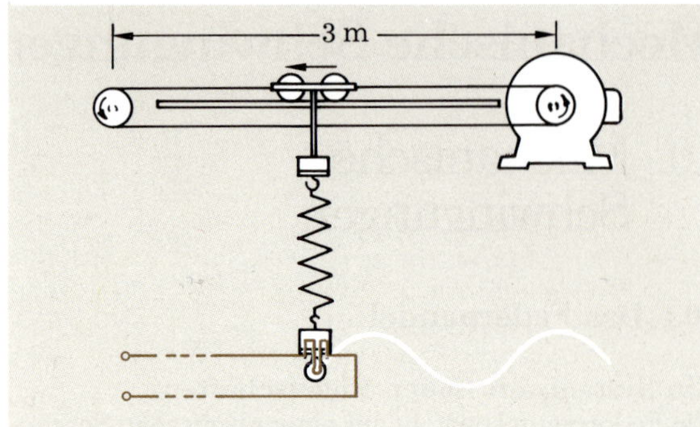

Abb. 106.1 Zur Darstellung des Weg-Zeit-Gesetzes der Federschwingung. Der regelbare Motor sorgt für eine konstante Geschwindigkeit des Wagens

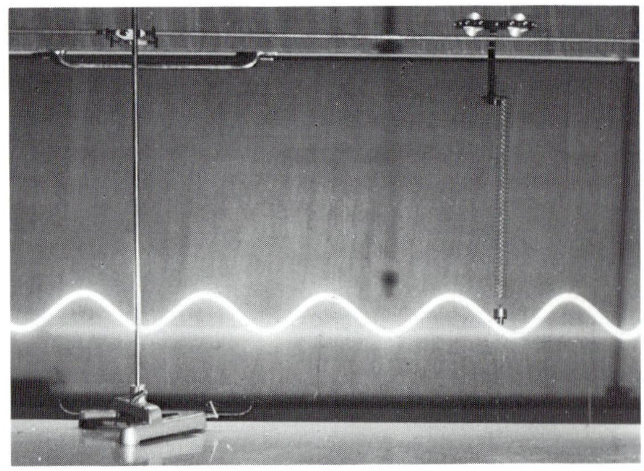

Abb. 106.2 Zeitaufnahme des Schwingungsvorganges. Durch ein während des Versuchs ausgelöstes Blitzlicht wurde der Wagen abgebildet

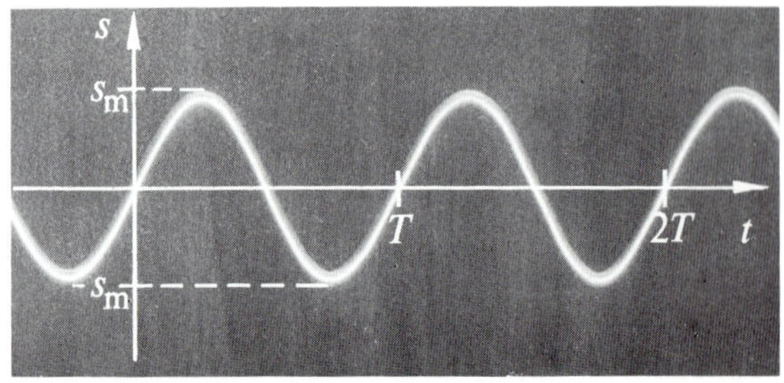

Abb. 106.3 Schwingungsdauer und Amplitude bei der Zeitaufnahme einer Federschwingung; gleicher Aufbau wie in Abb. 106.2

10.2 Theorie der harmonischen Schwingung

Für praktische Anwendungen, z. B. die Unterdrückung von Schwingungen bei Autos oder Maschinenteilen, ist es außerordentlich wichtig, das Schwingungsverhalten vorauszuberechnen. Wovon hängt die Frequenz des Federpendels ab? Nur von den beiden **Kenngrößen des Systems,** der Masse m des Pendelkörpers und der Federkonstanten D? Oder geht daneben noch die Amplitude s_m ein? Man könnte ja vermuten, daß bei einer größeren Amplitude die Schwingungsdauer zunimmt, da ja dann das Pendel einen längeren Weg zurücklegt.

Versuch 2: Wir ermitteln die Schwingungsdauer eines Federpendels bei großen und kleinen, gerade noch wahrnehmbaren Amplituden, indem wir die Zeit für 10 Schwingungen bestimmen.

Der Versuch zeigt uns eine keinesfalls selbstverständliche Eigenschaft des Federpendels. Es schwingt immer im gleichen Takt weiter, auch wenn die Amplitude mit der Zeit geringer wird. Diese Unabhängigkeit der Schwingungsdauer von der Amplitude ist eine Spezialität des harmonischen Oszillators. Andere Schwingungssysteme zeigen diese Gesetzmäßigkeit nicht. Das demonstriert der folgende Versuch, bei dem wir sog. Wackelschwingungen beobachten.

Versuch 3: Ein länglicher Holzklotz, der auf einer Tischplatte steht, wird durch einen leichten Schubs zum Wackeln gebracht. Man hört deutlich, wie die Wackelfrequenz mit kleiner werdender Amplitude zunimmt.

Warum verhält sich der harmonische Oszillator anders und antwortet immer mit derselben Frequenz, ganz gleich wie stark wir ihn anstoßen? Diese Frage wollen wir jetzt theoretisch untersuchen.

Wir können sofort das 2. Newtonsche Axiom $F = m \cdot a$ auf die Bewegung des Pendelkörpers anwenden. Die Beschleunigung a, die er erfährt, ist proportional zur rücktreibenden Kraft F, die sich nach dem linearen Kraftgesetz $F = -D \cdot s$ berechnet:

$$m \cdot a = F = -D \cdot s$$

$$a = -\frac{D}{m}\, s\,.$$

Dies ist die **Bewegungsgleichung des harmonischen Oszillators.** Anders als etwa beim freien Fall ist die Beschleunigung nicht konstant, sondern der momentanen Auslenkung $s(t)$ proportional. Da sich $s(t)$ sinusförmig mit der Zeit ändert, verläuft die Beschleunigung ebenfalls sinusförmig und ist immer der Auslenkung entgegengerichtet. Wie läßt sich eine Bewegung behandeln, deren Beschleunigung periodisch ihre Größe und Richtung verändert?

Harmonische Schwingung und Kreisbewegung – eine enge Beziehung

In der Kreisbewegung haben wir bereits eine periodische Bewegung allerdings in zwei Dimensionen kennengelernt. Können wir vielleicht von einigen dieser Ergebnisse profitieren, indem wir sie auf die eindimensionale Schwingungsbewegung per Analogieschluß übertragen? Der folgende Versuch zeigt uns, daß wir auf der richtigen Fährte sind.

Versuch 4: Stellen Sie neben dem Federpendel, wie in Abb. 107.2 gezeigt, eine waagrecht rotierende Scheibe auf, die einen Stift exzentrisch trägt. Eine Lichtquelle wirft per Parallelprojektion die Pendelschwingung und die Bewegung des Stiftes auf einen Schirm. Versuchen Sie, die Anordnung so einzurichten, daß in der Projektion Stift- und Pendelbewegung übereinstimmen.

Das Experiment läßt sich tatsächlich so justieren, daß die Federpendelschwingung mit der Projektion des umlaufenden Stifts dauernd übereinstimmt. Harmonische Schwingung und die auf eine Dimension projizierte Kreisbewegung verlaufen bei geeigneter Wahl von Amplitude und Umlaufsfrequenz exakt deckungsgleich. Wie ist das zu erklären?

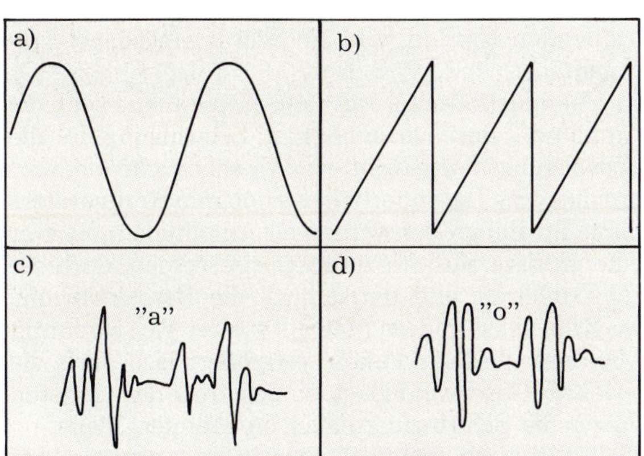

Abb. 107.1 Beispiele verschiedener Schwingungsformen.
a) Die Tonschwingungen einer Orgelpfeife (Luftdruckschwankungen) sind nahezu sinusförmig.
b) Die Schwingungen einer angestrichenen Saite weichen stark von einer Sinusschwingung ab.
c) + d) Schwingungsformen der Vokale a und o

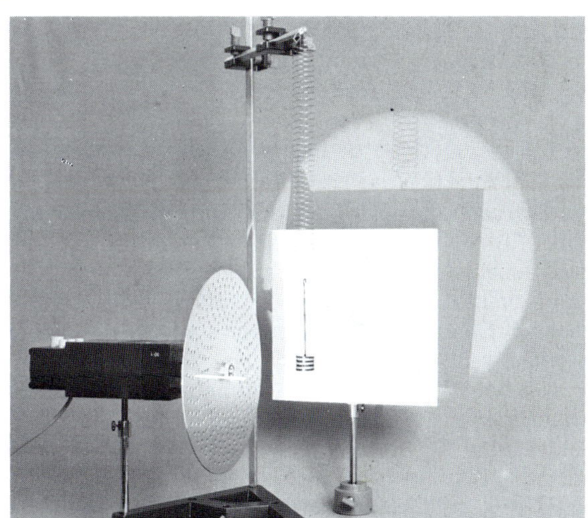

Abb. 107.2 Vergleich einer Pendelschwingung mit der Projektion einer Kreisbewegung

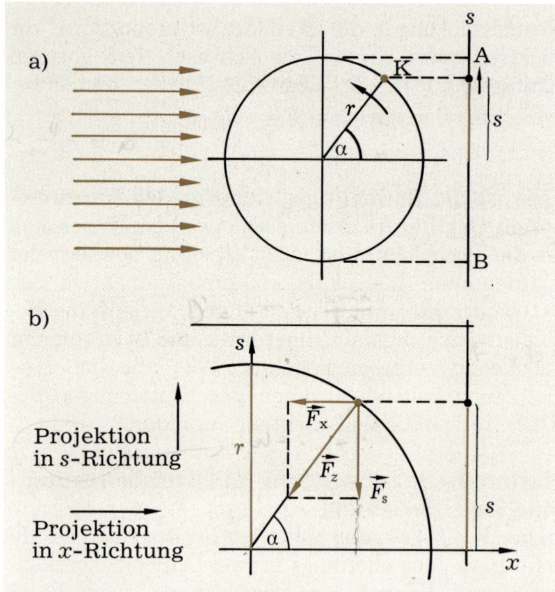

Abb. 108.1 Aus der zweidimensionalen gleichförmigen Kreisbewegung eines Körpers K wird eine eindimensionale harmonische Schwingung seines Schattens durch Parallelprojektion

Abb. 108.1 zeigt die Projektion des mit konstanter Bahngeschwindigkeit auf einer Kreisbahn umlaufenden Körpers K. Die Ursache einer gleichförmigen Kreisbewegung ist eine dem Betrag nach konstante Zentripetalkraft F_z. Nach dem Überlagerungsprinzip können wir die Kreisbewegung in zwei Bewegungen parallel und senkrecht zur Projektionsrichtung zerlegen. Das gleiche gilt für die Kräfte, die diesen beiden Bewegungen zugrundeliegen. Die uns interessierende Bewegung des Schattens in s-Richtung würde zustande kommen, wenn nur die Kraftkomponente F_s in der Projektionsebene existierte. Der Abb. 108.1 entnimmt man folgende Beziehung:

$$F_s/F_z = -\, s/r \text{ oder } F_s = -\frac{F_z \cdot s}{r}.$$

Da der Quotient F_z/r konstant bleibt, gilt also:

$$|F_s| \sim s.$$

Für die Projektion der Kreisbewegung auf die s-Achse ist die rücktreibende Kraft der Auslenkung proportional. In der Projektion ist die Kreisbewegung demnach nicht von einer harmonischen Schwingung zu unterscheiden; für beide gilt dasselbe **lineare Kraftgesetz!** Damit ist die Kopplung zwischen beiden Bewegungen geklärt, denn gleiche Ursachen führen zu gleichen Wirkungen. Wir können fortfahren, die Analogie zwischen Kreisbewegung und harmonischer Schwingung für unsere Rechnungen weiter auszunutzen.

Nach Abb. 108.1 ist $s = r \cdot \sin \alpha$. Für eine Drehung um den Winkel α wird die Zeit t benötigt; eine volle Umdrehung um den Winkel $2\,\pi$ ist nach der Periode T erfolgt. Wegen der Gleichförmigkeit der Kreisbewegung verhalten sich die überstrichenen Winkel wie die dazugehörigen Zeiten:

$$\alpha/t = 2\,\pi/T \text{ oder } \alpha = 2\,\pi \cdot \frac{t}{T} = \omega \cdot t.$$

Dabei ist ω die konstante Winkelgeschwindigkeit oder Kreisfrequenz. Da der Radius r mit der Amplitude s_m übereinstimmt, gilt folgendes:

> **Weg-Zeit-Gesetz** der harmonischen Schwingung:
> $$s = s_m \cdot \sin \omega t.$$

In *Analogie* zur Federschwingung können wir den konstanten Quotienten F_z/r als Federkonstante D auffassen: $D \cdot s = (F_z/r) \cdot s$ oder $D = F_z/r$.

Da wir bei der Zentralbewegung den Zusammenhang zwischen Zentripetalkraft und Kreisfrequenz kennen, läßt sich daraus die Kreisfrequenz des Federpendels bestimmen:

Aus $F_z = m \cdot r \cdot \omega^2$ folgt $\omega^2 = \frac{F_z}{m \cdot r} = \frac{D}{m}$ oder

$$\omega = \sqrt{\frac{D}{m}}.$$

Mit $\omega = 2\,\pi/T$ ergibt sich so die Schwingungsdauer T:

> Die **Schwingungsdauer** eines harmonischen Oszillators der Masse m und der Federkonstante D beträgt:
> $$T = 2\,\pi \sqrt{\frac{m}{D}}.$$

Die Schwingungsdauer des Federpendels ist um so größer, je größer die Masse des Pendelkörpers und je kleiner die Federkonstante ist. Das ist einsichtig, denn eine größere Masse erfährt bei gleicher Kraft eine geringere Beschleunigung. Eine härtere Feder führt dagegen bei gleicher Amplitude zu stärkeren rücktreibenden Kräften, was die Schwingungsdauer verringert.

In Übereinstimmung mit dem Experiment geht die Amplitude der harmonischen Schwingung in die Schwingungsdauer nicht ein. Wir sehen nun ein, warum dies eine Besonderheit des linearen Kraftgesetzes darstellt: Bei größer werdender Amplitude muß zwar eine größere Strecke zurückgelegt werden, doch die Rückstellkraft und damit auch die Beschleunigung wachsen exakt in dem Maß an, wie der Weg zunimmt. Mit dem gleichen Faktor vergrößert sich auch die jeweilige Geschwindigkeit, so daß trotz des längeren Weges die Schwingungsdauer unverändert bleibt.

Viele technisch wichtigen Schwingungssysteme sind keine harmonischen Oszillatoren. Die Federbeine eines Autos oder Motorrads enthalten häufig sog. progressive Federelemente, die bei zunehmender Verformung immer härter werden. Die rücktreibenden Kräfte wachsen überproportional zur Verformung, womit man zu große Amplituden verhindern will. Die resultierende Schwingung ist nicht rein sinusförmig. Die Schwingungsdauer nimmt mit zunehmender Amplitude ab.

Der harmonische Oszillator als Energiespeicher
Bei der qualitativen Beschreibung der Federpendelschwingung haben wir bereits die periodische Umwandlung zwischen Bewegungsenergie und Lageenergie diskutiert. Wir wollen nun einige wichtige quantitative Folgerungen daran anknüpfen. Diese **Energiebetrachtung** ist sehr allgemein anwendbar und wird sich als äußerst tragfähig auch über die mechanische Schwingungslehre hinaus erweisen.
Da wir uns auf die ungedämpfte Schwingung beschränken, setzen wir voraus, daß keine Energieabgabe durch Reibung erfolgt. Daher dürfen wir den **Energieerhaltungssatz** anwenden: Die gesamte im Masse-Feder-System enthaltene Energie hängt nicht von der Zeit ab. Diese konstante Schwingungsenergie E_{ges} verteilt sich über eine Periode hinweg unterschiedlich auf die einzelnen Komponenten des Schwingungssystems:
– auf die kinetische Energie des Pendelkörpers:

$$E_{kin}(t) = \tfrac{1}{2}\, m\, [v(t)]^2$$

– auf die potentielle Energie, die das System durch die an der Feder verrichtete Spannarbeit gewinnt:

$$E_{pot}(t) = \tfrac{1}{2}\, D\, [s(t)]^2 .$$

Der Anteil beider Energieformen unterliegt einem ständigen periodischen Wandel, doch ihre Gesamtbilanz ist immer konstant:

$$E_{ges} = E_{kin}(t) + E_{pot}(t) = \text{const.}$$

$$E_{ges} = \tfrac{1}{2}\, m\, [v(t)]^2 + \tfrac{1}{2}\, D\, [s(t)]^2 .$$

Die gesamte im Masse-Feder-System enthaltene Schwingungsenergie E_{ges}, die während der Bewegung erhalten bleibt, ist gleich der beim Anstoß der Schwingung auf das System übertragenen Energie. An den Umkehrpunkten der Schwingung ist die kinetische Energie Null, da die Geschwindigkeit Null wird. Alle Schwingungsenergie steckt hier in potentieller Energie. Im Nulldurchgang ist hingegen die potentielle Energie Null und alle Schwingungsenergie ist vollständig in kinetische Energie übergegangen.

Der Energiesatz in grafischer Darstellung
Das Hin- und Herpendeln zwischen den beiden Energieformen läßt sich an einer grafischen Energiebilanz verdeutlichen (Abb. 109.2). Hier sind alle Größen des Energiesatzes in Abhängigkeit von der Auslenkung aufgetragen. Die konstante Gesamtenergie E_{ges} ist eine Gerade. Die potentielle Energie E_{pot} ist eine Parabel durch den Nullpunkt. Die kinetische Energie E_{kin} ergibt sich aus dem Abstand zwischen der Parabel E_{pot} und der Linie E_{ges} = const. Die Grafik zeigt, wie sich im Verlauf der Schwingung die Gesamtenergie E_{ges} abhängig vom Ort s auf E_{kin} und E_{pot} verteilt.

Abb. 109.1 Beispiele für Energieumwandlungen in Masse-Feder-Systemen: Die im gespannten Bogen gespeicherte potentielle Energie wird beim Entspannen in Bewegungsenergie umgewandelt. Die Umkehrung findet beim Aufprall eines Balls statt, der wie eine elastische Feder zusammengedrückt wird

Die Umkehrpunkte der Bewegung sind die Schnittpunkte der Energiegeraden E_{ges} mit der Parabel der potentiellen Energie. Hier wird die kinetische Energie Null. Eine Bewegung darüber hinaus kann nicht stattfinden, da E_{kin} dann negativ würde, was unmöglich ist (warum?).
Der Energiesatz erlaubt uns, die Geschwindigkeit am jeweiligen Ort einfach zu berechnen:
Beispiel: *Wie groß ist die bei einem Federpendel maximal auftretende Geschwindigkeit?*
Aus dem Energiesatz folgt:

$$E_{pot}\ (\textit{Umkehrpunkt}) = E_{kin}\ (\textit{Nulldurchgang})$$

$$\tfrac{1}{2}\, D\, s_m^2 = \tfrac{1}{2}\, m\, v_m^2$$

$$v_m = s_m \sqrt{D/m} = s_m\, \omega .$$

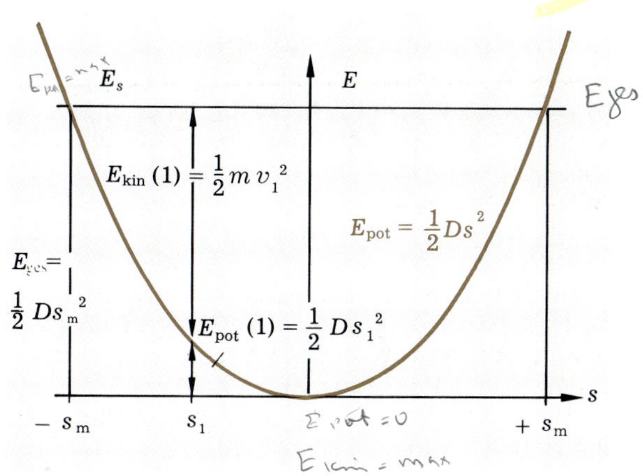

Abb. 109.2 Grafik der Energiebilanz beim harmonischen Oszillator

Die maximale Geschwindigkeit im Nulldurchgang wächst also proportional zur Amplitude und zur Kreisfrequenz.

Die gesamte Schwingungsenergie E_{ges} entspricht gerade der potentiellen Energie in den Umkehrpunkten bzw. der kinetischen Energie im Nulldurchgang. Sie ergibt sich zu:

$$E_{ges} = \frac{1}{2} m v_m^2 = \frac{1}{2} m \omega^2 s_m^2 .$$

Die **Energie** E_{ges} eines sinusförmig schwingenden Körpers ist proportional zu seiner Masse. Sie nimmt quadratisch mit der Amplitude und der Frequenz zu.

Mit einer kleinen Zusatzüberlegung können wir jetzt die Geschwindigkeit des harmonischen Oszillators für beliebige Zeitpunkte berechnen. Nach dem Energiesatz gilt:

$$\frac{1}{2} D s_m^2 = \frac{1}{2} m\, [v(t)]^2 + \frac{1}{2} D s_m^2 \sin^2 \omega t$$

$$m \cdot [v(t)]^2 = D \cdot s_m^2 (1 - \sin^2 \omega t) .$$

Mit $\cos^2 \omega t = 1 - \sin^2 \omega t$ folgt:

$$[v(t)]^2 = \frac{D}{m} s_m^2 \cos^2 \omega t$$

$$v(t) = \omega \cdot s_m \cos \omega t = v_m \cos \omega t .$$

Die **Geschwindigkeit** einer sinusförmigen Schwingung verläuft cosinusförmig und hinkt um eine Viertelperiode der Auslenkung hinterher:

$$v(t) = v_m \cos \omega t = \omega \cdot s_m \cos \omega t .$$

Die maximale Geschwindigkeit $v_m = s_m \cdot \omega$ heißt Geschwindigkeitsamplitude.

Abb. 110.1 zeigt den $s(t)$- und den zugehörigen $v(t)$-Verlauf sowie den damit gekoppelten Wechsel von kinetischer und potentieller Energie.

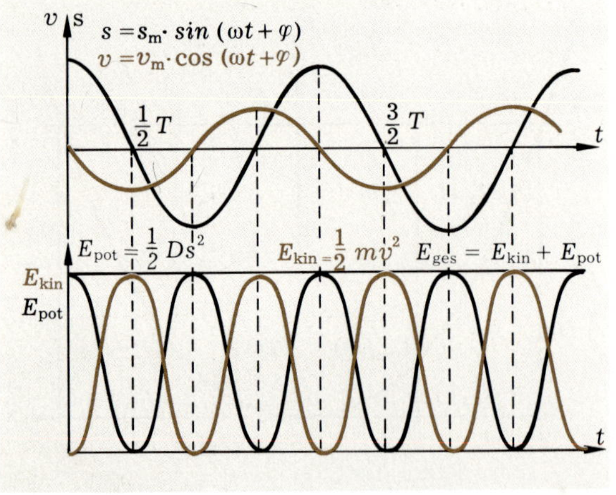

Abb. 110.1 Kinetische und potentielle Energie beim harmonischen Oszillator im zeitlichen Wechsel

Die Murmel in der Kuhle – Bewegungen in einem Potentialgebirge

Die Energiesatz-Grafik führt zu einem weiteren Bild, mit dem wir uns Schwingungen veranschaulichen können.

Gedankenexperiment: Stellen Sie sich eine Murmel vor, die in einer parabelförmigen Rinne entlanggleitet. Welche Bewegung führt die Murmel aus? Vernachlässigen Sie die Reibung und die Rotation.

Die Kugel wird eine harmonische Schwingung in der Rinne ausführen, denn die Ortsabhängigkeit von E_{pot} entspricht genau der des Federpendels.

Die rücktreibende Kraft, die auf die Kugel in der Rinne wirkt, hängt von der Neigung der Tangente an die Rinne am jeweiligen Ort ab (vgl. Hangabtriebskraft bei einer schiefen Ebene). Die Steigung der Parabel und damit die Hangabtriebskraft nimmt nach außen zu. Allgemein gilt:

Die **rücktreibende Kraft** in x-Richtung ist die negative Ableitung der potentiellen Energie nach der Ortskoordinate x:

$$F_r(x) = -\frac{\mathrm{d} E_{pot}}{\mathrm{d} x} .$$

Dies folgt aus der Berechnung der Hubarbeit ΔW, die man beim Verschieben der Murmel längs einer kleinen Strecke Δx verrichten muß. Die dazu notwendige Kraft F hängt vom Ort ab und ist F_r entgegengerichtet:

$$\Delta W = F(x) \cdot \Delta x = -F_r(x) \cdot \Delta x .$$

Da die verrichtete Hubarbeit ΔW der Zunahme der potentiellen Energie ΔE_{pot} entspricht, folgt unmittelbar obige Formel.

Aufgaben:

1. Nennen Sie weitere schwingungsfähige Systeme in Technik und Natur und beschreiben Sie jeweils, wie das Zusammenspiel von Rückstellkraft und Trägheit zu Schwingungen führt!
2. Eine Schaukel auf dem Jahrmarkt benötigt für 5 volle Schwingungen 16 Sekunden. Wie groß sind Schwingungsdauer und Frequenz?
3. Die Frequenz zweier Kinderschaukeln verschiedener Länge beträgt 0,5 Hz sowie 0,8 Hz. Beide Schaukeln schwingen gerade im „Gleichtakt" durch die Nullage. Nach welcher Zeit wiederholt sich dies? Wie viele Schwingungen haben beide Schaukeln während dieser Zeit durchgeführt?
4. Eine Lautsprechermembran hat die Masse von 5 g und schwingt mit einer Amplitude von 1 mm.
a) Mit welcher maximalen Geschwindigkeit schwingt die Membran bei einer Frequenz von 10 Hz bzw. 10 kHz?
b) Wie groß ist ihre Schwingungsenergie bei diesen Frequenzen?
5. Die Karosserie eines PKW mit der Masse $m = 1000$ kg schwingt einmal in einer Sekunde auf und ab. Welche Kraft benötigt man, um eine seiner vier Federn um 1 cm zu komprimieren?
6. Ein Wagen pendelt zwischen zwei schiefen Ebenen hin und her, die um einen Winkel von $\alpha = 30°$ gegeneinander geneigt

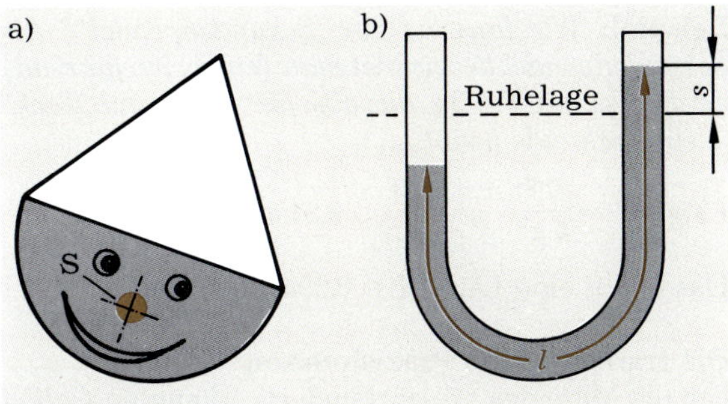

Abb. 111.1 a) Ein Stehaufmännchen wackelt periodisch hin und her. Es führt jedoch keine harmonischen Schwingungen aus (vgl. Aufgabe 9)! b) Flüssigkeitsschwingungen in einem U-Rohr sind harmonisch (vgl. Aufgabe 10)

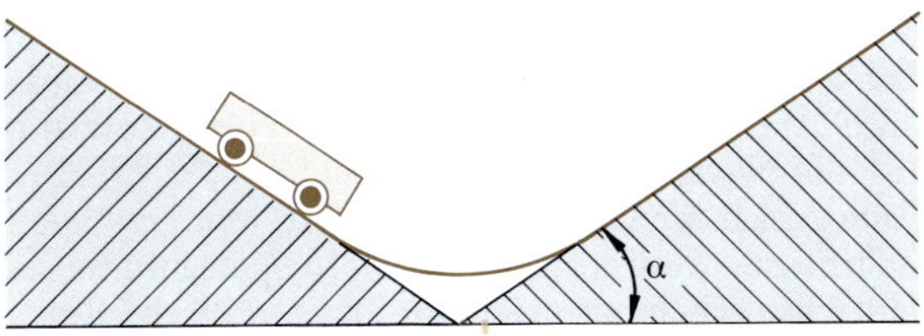

Abb. 111.2 Ein Körper, der zwischen zwei gegeneinander geneigten schiefen Ebenen hin- und herpendelt, führt keine harmonischen Schwingungen aus! (Vgl. Aufgabe 6)

sind. Die Übergangsstelle sei genügend abgerundet, so daß der Wagen nicht anstößt (Abb. 111.2).

a) Welche Schwingungsdauer ergibt sich, wenn der Wagen um folgende Strecken s entlang der schiefen Ebene ausgelenkt wird: $s_1 = 1$ m, $s_2 = 2$ m, $s_3 = 4$ m?

b) Skizzieren Sie für die Bewegung ein $s(t)$, $v(t)$ und $a(t)$-Diagramm!

c) Geben Sie verschiedene Gründe dafür an, daß es sich nicht um eine harmonische Schwingung handeln kann!

7. Um die Sehne einer Armbrust um 1 cm aus ihrer Ruhelage zu ziehen, benötigt man eine Kraft von 20 N. Angenommen, es gelte das lineare Kraftgesetz. Mit welcher Geschwindigkeit könnte man einen Pfeil der Masse $m = 20$ g abschießen, wenn man die Sehne um 10 cm gespannt hat? Wie lange dauert der Beschleunigungsvorgang?

8. Ein Ball ($m = 50$ g) wird durch sein Eigengewicht um 0,1 mm eingedrückt. Nehmen Sie vereinfachend an, daß für die Verformung des Balles ein lineares Kraftgesetz gilt.

a) Wie weit wird der Ball zusammengedrückt, wenn er mit einer Geschwindigkeit von 20 m/s elastisch gegen eine Wand prallt?

b) Wie groß ist seine Kontaktzeit mit der Wand?

9. Warum führt das Stehaufmännchen (vgl. Abb. 111.1) keine harmonischen Schwingungen aus?

10. Weisen Sie nach, daß die Flüssigkeitssäule im U-Rohr harmonisch schwingt. Wie muß das U-Rohr beschaffen sein, wenn es zu nichtlinearen anharmonischen Schwingungen kommen soll?

10.3 Das Fadenpendel

Das Faden- oder Schwerependel, ein kleiner, an einem langen Faden befestigter Körper, ist ein schwingungsfähiges System, bei dem die rücktreibende Kraft nicht elastischen Ursprungs ist. Können wir dessen Schwingung durch ein ähnlich einfaches harmonisches Weg-Zeit-Gesetz beschreiben wie die Federpendelschwingung?

Dazu untersuchen wir, wie die rücktreibende Kraft von der Auslenkung abhängt. Als Auslenkung wählen wir die Bogenlänge des Kreisbogens, längs dessen sich das Pendel bewegt. Auslenkungswinkel und Bogenlänge b sind einander proportional. Wegen $\alpha/2\pi = b/(2\pi l)$ gilt $\alpha = b/l$ (α im Bogenmaß gemessen). Von der konstanten Gewichtskraft des Pendelkörpers $\vec{F}_g = m\vec{g}$ wirkt die in Bewegungsrichtung zeigende tangentiale Komponente

$$F_b = -\,m g \sin \alpha$$

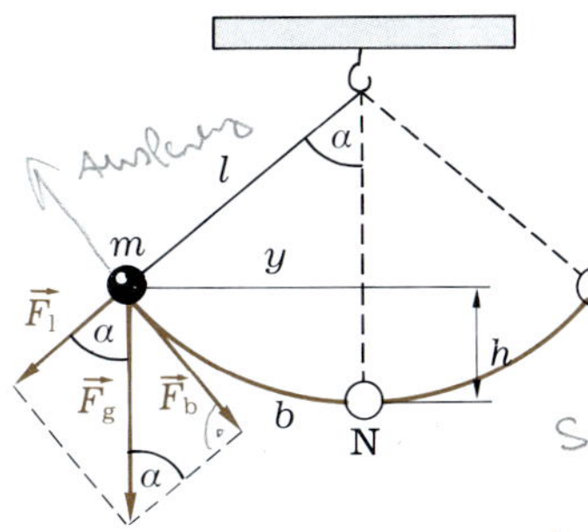

Abb. 111.3 Faden- oder Schwerependel

der Auslenkung entgegen und hat daher ein negatives Vorzeichen. Die radiale Komponente F_l in Fadenrichtung wird von der Fadenspannung kompensiert (Gegenkraft!) und trägt zur Bewegung nichts bei.

Im Fall des Federpendels ist der Quotient Kraft/Auslenkung die auslenkungsunabhängige Federkonstante $D = F/s$. Leider ergibt sich beim Fadenpendel keine derart einfache Beziehung! Die analoge Größe D' beim Fadenpendel hängt nämlich noch vom Auslenkungswinkel α ab:

$$D' = F_b/b = -\,m g\,\frac{\sin \alpha}{l\,\alpha}.$$

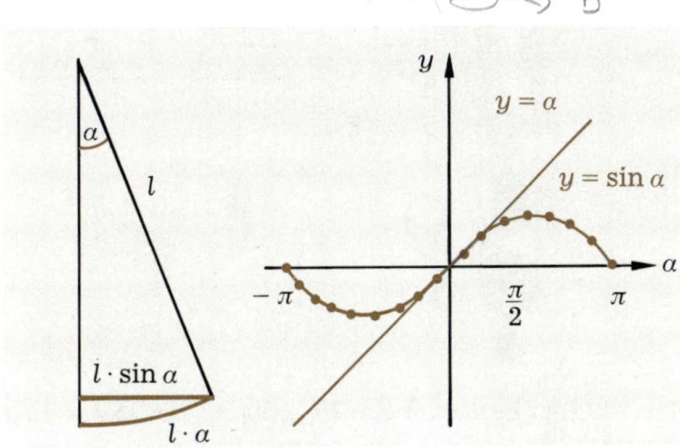

Abb. 111.4 Für kleine Winkel stimmen α im Bogenmaß und sin α überein

Eine Näherung für kleine Amplituden
Den unangenehmen Quotienten $\sin \alpha/\alpha$ kann man aber bei kleinen Auslenkungen umgehen. Für kleine Winkel gilt angenähert $\sin \alpha \approx \alpha$ oder $(\sin \alpha)/\alpha \approx 1$. Davon kann man sich leicht grafisch überzeugen. Für $\alpha \to 0$ verschmelzen Bogen $(l \cdot \alpha)$ und Halbsehne $(l \cdot \sin \alpha)$; die Sinusfunktion schmiegt sich hier beliebig gut an die Winkelhalbierende. Der Fehler dieser Näherung liegt bei Winkeln bis zu 10° unter 5 Promille. Für kleine Winkel dürfen wir also angenähert schreiben:

$$D' \approx -\, m g/l = \text{const.}$$

In der Näherung für kleine Winkel ist daher die rücktreibende Kraft der Auslenkung proportional. Wir können die Ergebnisse des Federpendels übernehmen, da für deren Herleitung ebenfalls ein lineares Kraftgesetz benutzt worden ist. Ersetzen wir die Federkonstante D durch die analoge Größe D', gewissermaßen die „Federkonstante" des Fadenpendels, so erhalten wir dessen Schwingungsdauer $T = 2 \cdot \pi \sqrt{m/D'} = 2\pi \sqrt{l/g}$.

> Bei kleinen Amplituden führt das **Fadenpendel** harmonische Schwingungen aus. Für die **Schwingungsdauer** gilt
>
> $$T = 2\pi \sqrt{\frac{l}{g}}\,.$$

In die Schwingungsdauer des Fadenpendels geht die Amplitude nicht ein. Wir müssen uns vergegenwärtigen, daß dies jedoch nur für kleine Amplituden zutrifft, denn nur dort können wir es als harmonischen Oszillator auffassen. Anders als beim Federpendel spielt die Masse des Pendelkörpers keine Rolle, da sie im Trägheitsterm $m \cdot a$ ebenso auftritt wie in dem Antriebsterm, der rücktreibenden Kraft $F_b = -\, m g \cdot \sin \alpha$.

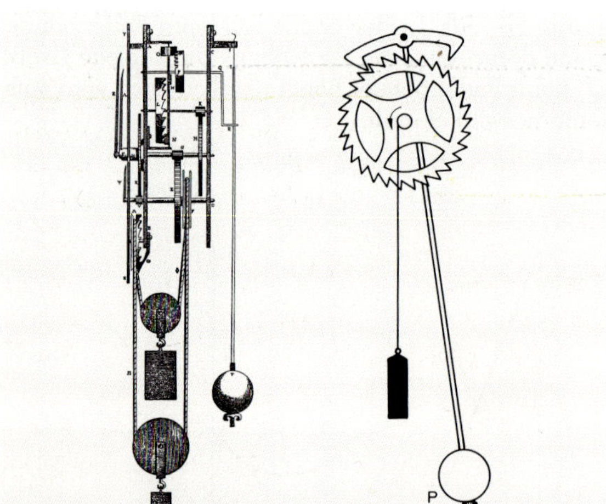

Abb. 112.1 a) Pendeluhr von Huygens. b) Der Hakengang der Pendeluhr sorgt für Zufuhr der durch Reibung verlorengegangenen Schwingungsenergie nach dem Prinzip der Selbststeuerung (vgl. 9.5)

Beispiel: *Wie lang ist ein „Sekundenpendel"? Als Sekundenpendel bezeichnet man (etwas irreführend) ein Pendel mit $T = 2$ s, das also für „Tick" und „Tack" je eine Sekunde benötigt.*

Es gilt $l = \dfrac{T^2}{4\pi^2} \cdot g = \dfrac{4}{4\pi^2} \cdot 9{,}81$ m .

Das ergibt eine Länge $l = 0.994 \text{ m} \approx 1$ m.

Die transportable Präzisionszeit
Um die Mitte des 17. Jahrhunderts erkannten *Galilei* und *Huygens* die Unabhängigkeit der Schwingungsdauer eines Schwerependels von der Masse und von der Amplitude. Damit war eine technisch leicht zu verwirklichende Methode gefunden, die Zeit in genau gleiche Abschnitte zu teilen. *Huygens* konstruierte im Jahre 1656 die erste Pendeluhr, deren Prinzip bis in unser Jahrhundert hinein die genaueste Zeit lieferte. Die Zeit wurde nicht nur genau meßbar, sie wurde auch „transportabel", eine wichtige **Voraussetzung für die Navigation** auf hoher See!
Ändert sich der **Gleichlauf der Zeit,** wenn man den Zeitmesser transportiert? Wir verneinen intuitiv sofort diese scheinbar unsinnige Frage, doch die **Relativitätstheorie** kommt zu einem anderen Ergebnis: Zeit ist keine absolute Größe, deren Ablauf man vom Bezugssystem trennen kann!

Kann man mit einem Pendel Schätze finden?
Neben einer präzisen Zeitmessung erlaubt die Gleichung

$$T = 2\pi \sqrt{\frac{l}{g}}$$

noch eine weitere wichtige und gewinnbringende Anwendung, die man ihr nicht unmittelbar ansieht. Sie macht Schatzsuche aussichtsreicher – zumindest die nach Bodenschätzen! Wie ist das möglich?
Man kann mit einem Pendel und einer Uhr ausgerüstet die Fallbeschleunigung g messen:

$$g = 4\pi^2 \cdot l/T^2\,.$$

g hängt außer von der geografischen Breite und dem Abstand zum Erdmittelpunkt noch von lokalen Dichteschwankungen in der Erdkruste ab, die Rückschlüsse auf die Zusammensetzung des Untergrundes zulassen. Über Erdöl ist wegen dessen geringer Dichte die örtliche Fallbeschleunigung g herabgesetzt. Präzisionsmessungen der Fallbeschleunigung spielen daher in der Erforschung von Lagerstätten eine Rolle.
(Heim-)Versuch 5: Messen Sie mit einem selbstgebauten Fadenpendel die Fallbeschleunigung. Planen Sie den Versuch so, daß Sie eine möglichst große Genauigkeit erzielen. Bestimmen Sie auch die Schwingungsdauer für große Amplituden.
Die Abweichung der wirklichen Schwingungsdauer von dem genäherten Wert

$$T = 2\pi \sqrt{\frac{l}{g}}$$

ist klein. Für eine Amplitude von 10° beträgt sie 2 ‰, für 45° erst 1 %.

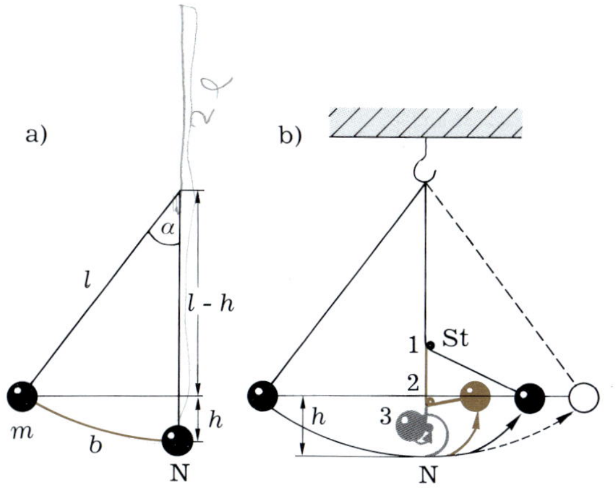

Abb. 113.1 a) Zur Berechnung der Schwingungsenergie b) Galilei-Pendel. Trotz der in den Weg gestellten Stange erreicht das Pendel die Höhe h, bzw. es rotiert, falls dies unmöglich ist

Das Fadenpendel als Energiespeicher

Um ein Fadenpendel in Schwingungen zu versetzen, heben wir es bei gespanntem Faden um die Höhe h (Abb. 113.1). Durch die Hubarbeit erhöhen wir seine potentielle Energie E_{pot}, die nach der Freigabe des Pendels in kinetische Energie E_{kin} umgewandelt wird. Im Nulldurchgang N ist $h=0$ und damit $E_{pot}=0$. Die Geschwindigkeit v des Pendelkörpers sowie E_{kin} haben hier ihren Höchstwert. Im zweiten Viertel der Schwingung wird die Bewegungsenergie wieder aufgebraucht und das Pendel erreicht erneut seine ursprüngliche Höhe.

Das **Galilei-Pendel** (Abb. 113.1) zeigt eindrucksvoll die Gültigkeit des Energiesatzes, wenn durch ein Hindernis während der Schwingung die Pendellänge plötzlich verändert wird.

Beispiel: *Ein Fadenpendel von* 1 m *Länge werde um einen Winkel* $\alpha=60°$ *ausgelenkt. Wie groß ist die Geschwindigkeit im Nulldurchgang?*

Die potentielle Energie $E_{pot} = m\,g\,h$ *läßt sich nach Abb. 113.1 a) umrechnen:*

$$(l-h)/l = \cos\alpha \text{ oder } h = l\cdot(1-\cos\alpha)$$
$$E_{pot} = m\,g\,l\cdot(1-\cos\alpha).$$

Die in der Anfangsauslenkung in das Pendel hineingesteckte potentielle Energie ist im Nulldurchgang vollständig in kinetische Energie umgesetzt:

$$\frac{m}{2}\,v_m^2 = m\,g\,l\cdot(1-\cos\alpha)$$
$$v_m = \sqrt{2\,g\,l\,(1-\cos\alpha)}$$
$$v_m = \sqrt{2\cdot 9{,}81\cdot 1\,(1-\cos 60°)}\,\frac{\text{m}}{\text{s}} = 3{,}13\,\frac{\text{m}}{\text{s}}\,.$$

Wir ersetzen den Faden des Pendels durch einen sehr leichten Stab. Wie groß muß v im tiefsten Punkt sein, damit das Pendel einen Überschlag ausführen kann? v berechnet sich aus der Bedingung, daß E_{kin} *unten gerade* E_{pot} *oben entspricht.*

$$\frac{m}{2}\,v_m^2 = m\cdot g\cdot 2\,l$$
$$v_m = \sqrt{4\,g\cdot l} = 6{,}26\,\frac{\text{m}}{\text{s}}\,.$$

Ein sensibles Pendel – ist es immer berechenbar?

Ersetzt man beim Schwerependel den Faden durch eine dünne Stange, deren Masse vernachlässigbar ist, so kann dieses Stangenpendel auch Amplituden über 90° erreichen. Bei einem Fadenpendel könnte wegen der erschlaffenden Fadenspannung die Kugel nicht auf der Kreisbahn gehalten werden.

Abb. 113.2 zeigt den Verlauf der potentiellen Energie des Pendels sowie die Parabel der potentiellen Energie des harmonischen Oszillators. Auch der Verlauf dieser Potentialkurven zeigt anschaulich, daß das Schwerependel bei kleinen Amplituden sinusförmig schwingt, denn dort schmiegt sich $E_{pot} = m\,g\,l\,(1-\cos\alpha)$ an die Energieparabel des harmonischen Oszillators $E_{pot} = \frac{1}{2}\,D's^2$ *mit* $d' = mg/l$ und $s = l\cdot\varphi$.

Für große Amplituden wird E_{pot} flacher; die rücktreibende Kraft wird geringer, bis sie für $\alpha = \pm\,\pi$ zu Null wird. Hier steht das Pendel senkrecht nach oben. Da genau an diesem Punkt keine Kraft wirkt, ist es im Gleichgewicht. Jedoch handelt es sich um eine **instabile Gleichgewichtslage.** Jede Störung, sei sie auch noch so gering, bringt das Pendel zum Kippen, da die Kraft in Richtung der Störung wirkt und sie somit verstärkt.

In der unteren **stabilen Gleichgewichtslage** ist das Pendel nicht empfindlich gegen Störungen, da die rücktreibende Kraft der Auslenkung entgegenwirkt. Ein und dasselbe System reagiert somit je nach Amplitude unterschiedlich sensibel auf äußere Einwirkungen, die man nie völlig ausschalten kann. In der Verstärkung von winzigen Störungen liegt, wie wir noch sehen werden, der Grund, daß man das langfristige Verhalten, selbst bei einfachen Systemen wie dem Pendel, nicht immer vorausberechnen kann (s. Kap. 9.7). Es bleibt, trotz aller exakten Berechenbarkeit, immer ein Element des Zufalls.

Das Schwerependel zeigt eine weitere interessante Eigenschaft. Stößt man es nur fest genug an, so kommt es zum Überschlag. Falls $E_s > 2\,m\,g\,l$, schwingt es über die instabile Gleichgewichtslage hinaus und kann die nächsten Potentialminima bei $\alpha = 2\,\pi$, $4\,\pi$, … usw. erreichen. Aus der Schwingung wird eine Rotation. Es erfolgt eine **Änderung des Bewegungstyps.** Das Systemverhalten schlägt in ein anderes um, wenn eine kritische Größe (hier E_s) über-

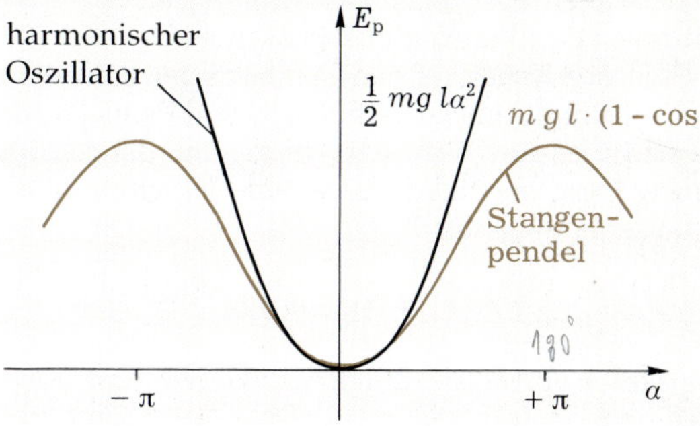

Abb. 113.2 Vergleich der potentiellen Energie eines Stangenpendels mit einem harmonischen Oszillator

schritten wird. Auch diese **Abhängigkeit von einem kritischen Parameter** birgt ein Element der Unvorhersagbarkeit in sich: Winzige Unterschiede in E_s entscheiden darüber, ob das System schwingt oder rotiert.

Das mag beim Pendel noch nicht übermäßig aufregend sein, doch gibt es gerade im Bereich der belebten Umwelt eine Unzahl von Systemen mit einer solchen **kritischen Parameterabhängigkeit.** Beispielsweise können sich winzige Änderungen in den Umweltbedingungen katastrophal auswirken (z.B. das Umkippen von Gewässern, wenn der Verschmutzungsgrad eine kritische Größe überschreitet). Ein derartiges plötzliches Umschlagen des Verhaltens eines Systems bezeichnet man als **Katastrophe.**

Auch wenn die Zusammenhänge in realen Systemen zumeist viel komplizierter sind, zeigen einfache, überschaubare Beispiele wie das Pendel schon das Wesentliche der Katastrophentheorie: Über einen weiten Bereich einer Größe (hier der Energie) ändert sich nichts im Verhalten, bis plötzlich eine geringfügige Veränderung zu einem völlig anderen Bild führt. Wir tun also gut daran, unseren Blick für unerwartetes, sprunghaftes, katastrophales Verhalten an einfachen Modellsystemen der Physik zu schärfen und werden dies später weiter vertiefen (Kap. 10.7).

Das ballistische Pendel

Stößt man ein in seiner Ruhelage befindliches Pendel an, dann wird es je nach der Stärke des Kraftstoßes verschieden weit ausschlagen. Aus der Pendelamplitude läßt sich der vom stoßenden Körper übertragene Impuls bestimmen. Mit dieser Methode können wir den Impuls von Projektilen bestimmen (Ballistisches Pendel, Abb. 114.1). Wir bringen dieses Beispiel weniger wegen seiner militärischen Anwendungsmöglichkeiten, sondern darum, weil es uns viel über die Anwendung der Erhaltungssätze von Impuls und Energie lehrt.

Versuch 5: Ein an einer dünnen Stange ($l = 1$ m) aufgehängter Pendelkörper ($m_2 = 100$ g) fängt die von einem Luftgewehr abgeschossene Kugel ($m_1 = 2$ g) auf. Der Pendelkörper besteht aus einseitig offenem Blech und ist innen so ausgekleidet (z.B. mit Styropor), daß die Kugel nicht zurückprallen kann. Beim Auffang der Kugel wird das Pendel um $\alpha = 30°$ ausgelenkt. Wie groß ist deren Geschwindigkeit v_1?

Wir teilen den Vorgang in 2 Phasen auf:

1. Stoß der Kugel auf den Pendelkörper. Dieser erfolgt vollständig unelastisch; Kugel und Pendelkörper (Gesamtmasse $m' = m_1 + m_2$) fliegen mit der gemeinsamen Geschwindigkeit v_2 weiter. Es gilt nur der Impulserhaltungssatz:

$$m_1 v_1 = (m_1 + m_2)\, v_2$$

Die Geschwindigkeit von Pendelkörper und Kugel nach dem Stoß beträgt:

$$v_2 = \frac{m_1}{m_1 + m_2}\, v_1 .$$

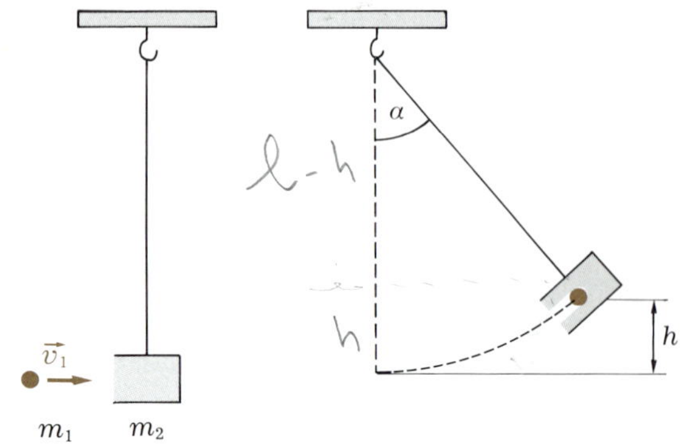

Abb. 114.1 Prinzip des ballistischen Pendels

2. Die kinetische Energie des Pendels im tiefsten Bahnpunkt $E_{kin} = \frac{1}{2}\, m' v_2^2$ wird vollständig in potentielle Energie $E_{pot} = m' g h$ umgewandelt. Für diesen Teil der Bewegung gilt der *Energieerhaltungssatz:*

$$\tfrac{1}{2}(m_1 + m_2)\, v_2^2 = (m_1 + m_2)\, g\, l\, (1 - \cos\alpha).$$

$$v_1 = \frac{m_1 + m_2}{m_1} \sqrt{2\, g\, l\, (1 - \cos\alpha)}.$$

Mit den Daten des Versuchs ist:

$$v_1 = \frac{102}{2} \sqrt{2 \cdot 9{,}81 \cdot 1\, (1 - \cos 30°)} = 82{,}7 \text{ m/s}.$$

Entgegen unserem Gefühl hängt der Ausschlag des ballistischen Pendels nicht davon ab, wie die Kugel beim Stoß ihre Energie abgibt, ob sie sich und den Pendelkörper mehr oder weniger stark verformt. Wichtig ist nur, daß sie nicht abprallt und somit zu einem Teil des Pendelkörpers wird, mit dem sie sich zusammen weiterbewegt (vollständig unelastischer Stoß). Die abgegebene Energie der Kugel ist aber immer fest gegeben durch die Abbremsung auf eine verschwindende Relativgeschwindigkeit zwischen Kugel und Pendel.

Aufgaben:

1. Sie wollen mit einem Fadenpendel ($l = 2$ m) die Erdbeschleunigung auf 0,05 m/s² genau messen. Für die Ungenauigkeit der Zeitmessung mit einer Handstoppuhr ist ein Fehler von 0,1 s anzusetzen. Wie viele Schwingungen sollten Sie daher mindestens auszählen?

2. Für die Registrierung von Erdbeben benutzt man Pendel mit sehr großer Schwingungsdauer. Sie stellen sozusagen den „ruhenden Pol" gegenüber der bewegten Erde dar. Ein umgekehrtes Pendel, das durch seitlich angebrachte Federn in seiner instabilen aufrechten Lage gehalten wird, erfüllt diesen Zweck (Abb. 115.1). Wie groß ist die Federkonstante D zu wählen, damit sich eine Schwingungsdauer von 20 s ergibt ($l = 1$ m, $m = 1$ kg, Masse der Stange vernachlässigbar)? Hinweis: Ermitteln Sie die rücktreibende Kraft für kleine Auslenkungen, die sich aus der nach außen gerichteten Komponente der Schwerkraft und der rücktreibenden Federkraft zusammensetzt!

3. Zwei Kugeln, deren Massen sich wie 2 : 1 verhalten, sind an gleich langen leichten Fäden aufgehängt. Die schwere

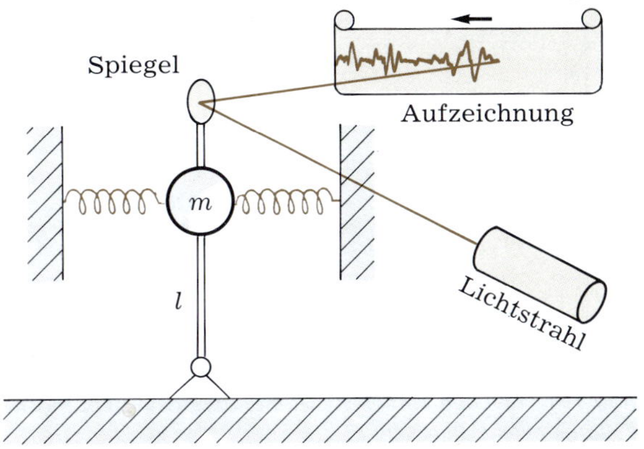

Abb. 115.1 Bestandteil von Seismographen (Erdbebenschreibern) ist ein Pendel mit besonders großer Schwingungsdauer (vgl. Aufgabe 2)

Kugel wird um einen Winkel $\alpha = 30°$ ausgelenkt und stößt dann auf die ruhende leichte Kugel. Um welchen Winkel wird diese ausgelenkt, falls es sich um einen
a) vollständig unelastischen bzw.
b) vollständig elastischen Stoß handelt?

4. Ein Fadenpendel ($l = 1$ m, $m = 1$ kg) startet aus der stabilen Gleichgewichtslage mit $v = 10$ m/s. Wie groß ist seine Geschwindigkeit bei einer Auslenkung von 30, 90, 120 und 180 Grad. Mit welcher Kraft wird bei diesen Winkeln jeweils der Faden gespannt?

5. Mit welcher Anfangsgeschwindigkeit muß ein Fadenpendel bei $\alpha = 0°$ starten, damit es einen Überschlag ausführen kann? Berechnen Sie zunächst, welche Geschwindigkeit bei $\alpha = 180°$ erforderlich ist, damit der Faden gerade noch gespannt ist und benutzen Sie dann den Energiesatz!

6. Ein Spielzeugauto soll von einer Rampe starten und anschließend eine Looping-Bahn durchfahren (Radius R). Wie groß muß die Höhe h der Rampe sein, damit es nicht abstürzt? Die Abmessungen des Autos sollen gegenüber R vernachlässigbar klein sein (s. Abb. 115.2).

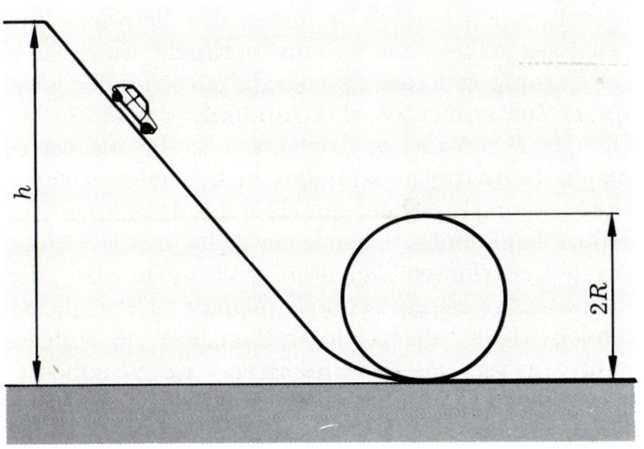

Abb. 115.2 Zu Aufgabe 6: Looping-Bahn

7. Ein Holzwürfel schwimmt im Wasser und pendelt nach Anstoß auf und ab. Wie groß ist die Schwingungsdauer (Höhe und Dichte sind gegeben)? Warum kann eine schwimmende Holzkugel keine harmonischen Schwingungen ausführen?

10.4 Dämpfung und erzwungene Schwingungen

Freie gedämpfte Schwingungen

Jede Pendelschwingung klingt mit der Zeit ab, wenn man sie nicht immer wieder durch geeignetes Anstoßen in Gang hält. Freie mechanische Schwingungen sind durch die unvermeidlichen Reibungskräfte immer gedämpft. Die im System gespeicherte Schwingungsenergie wird in Reibungswärme umgewandelt und nimmt so lange ab, bis die Schwingung zum Erliegen kommt. Das System führt **gedämpfte Schwingungen** aus. Wie können wir diese Bewegungsform beschreiben?

Für mechanische Systeme ist es nicht möglich, eine allgemein gültige Beschreibung der Bewegung unter dem Einfluß von Reibungskräften zu geben. Es gibt **verschiedene Reibungstypen,** deren Geschwindigkeitsabhängigkeit unterschiedlich ist und zum Teil nur näherungsweise angegeben werden kann (vgl. 3.10).

Schwingungen bei konstanten Reibungskräften

Für die **Reibung zwischen bewegten festen Körpern (Gleitreibung, Rollreibung)** haben wir Reibungskräfte gefunden, die von der Geschwindigkeit praktisch nicht abhängen. Wir untersuchen den Einfluß dieses Typs von sog. trockener Reibung zwischen festen Körpern (d.h. ohne Schmierung) an einem Pendel, bei dem die Lagerreibung bewußt vergrößert ist.

Versuch 1: An einer drehbar gelagerten Achse ist mit einer Stange ein Pendelkörper angebracht. Die Lagerreibung läßt sich durch Andrücken einer Feder vergrößern. Am Pendel befindet sich ein Schreibstift, der die Bewegung auf einem Papierstreifen aufzeichnet. Wir registrieren den Verlauf der Schwingung bei verschieden starker Lagerreibung.

Das Abklingen der Schwingung erfolgt nach einer überraschend einfachen Gesetzmäßigkeit (Abb. 115.3):

> Bei einer **geschwindigkeitsunabhängigen Reibungskraft** nimmt die Amplitude der gedämpften Schwingung gleichmäßig (linear) mit der Zeit ab.

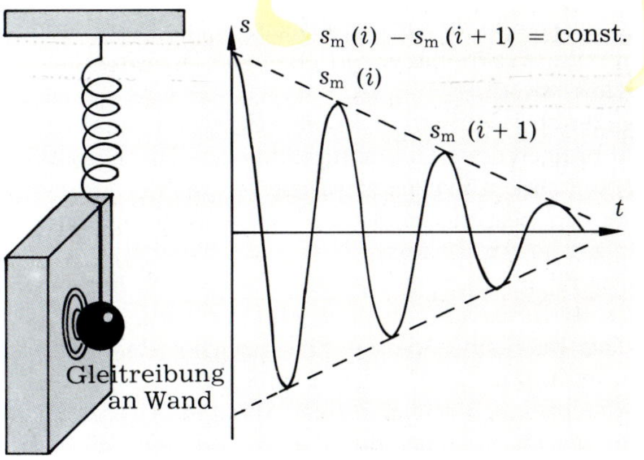

Abb. 115.3 Ein Pendel mit konstanter Reibungskraft führt linear abklingende Schwingungen aus

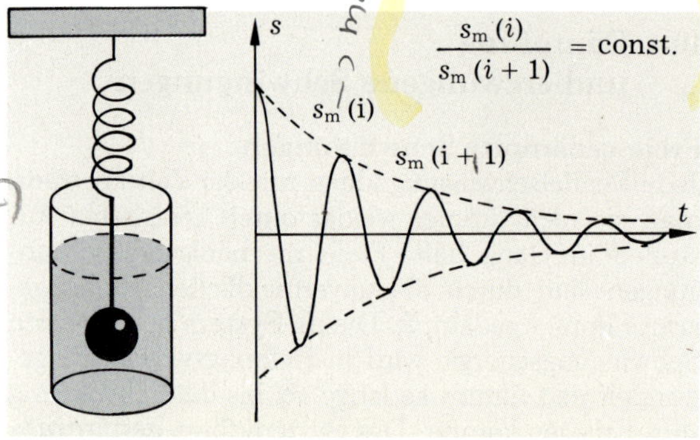

Abb. 116.1 Der Schwingfall: Bei schwacher Luft- oder Flüssigkeitsreibung klingen die Amplituden nach der Exponentialfunktion ab

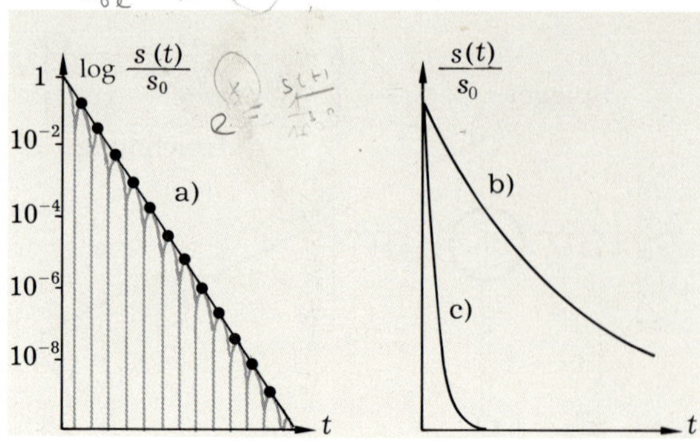

Abb. 116.2 a) Logarithmische Darstellung des Amplitudenverlaufs beim Schwingfall
b) + c) Kriech- und Grenzfall bei starker Reibung

Aufeinanderfolgende Amplituden s_1 und s_2 sind immer um den gleichen Betrag Δs vermindert; sie nehmen nach einer **arithmetischen Folge** ab. Die Differenz der Schwingungsenergie in zwei aufeinanderfolgenden Umkehrpunkten wird in Reibungsarbeit W_R umgewandelt. Die Reibungskraft F_R ist konstant und wirkt über die gesamte Strecke $s_1 + s_2$. Somit ist $W_R = F_R\ (s_1 + s_2)$ und die Energiebilanz lautet:

$$F_R\ (s_1 + s_2) = \tfrac{1}{2} D\, s_1^2 - \tfrac{1}{2} D\, s_2^2$$

$$= \tfrac{1}{2} D\ (s_1 + s_2)\ (s_1 - s_2)$$

$$\Delta s = (s_1 - s_2) = \frac{2\ F_R}{D}.$$

Die Amplitudenabnahme von einem Umkehrpunkt zum nächsten ist konstant und beträgt $\Delta s = 2\ F_R/D$. Dieses besonders einfache Verhalten rührt daher, daß die Reibungsarbeit wegen der konstanten Reibungskraft nur vom zurückgelegten Weg abhängt.

Schwingungen bei variabler geschwindigkeitsabhängiger Reibungskraft

Bei **Luft- oder Flüssigkeitsreibung** nehmen die Reibungskräfte mit der Geschwindigkeit zu. Bei hohen Geschwindigkeiten wird daher auch mehr Energie durch Reibung abgegeben. Bei einem Pendel, das in Luft oder in Flüssigkeit schwingt, erwarten wir daher, daß es bei großen Ausschlägen mehr Schwingungsenergie verliert als bei kleinen. Die Amplitudenabnahme sollte daher zu Beginn der Schwingung am stärksten sein.

Versuch 2: Verändern Sie beim Schwerependel durch Anbringen einer Dämpfungsfahne aus Blech die Reibung. Stellen Sie zunächst eine schwache Dämpfung ein und bestimmen Sie das Verhältnis aufeinanderfolgender Amplituden.

Das Pendel führt eine große Zahl von Schwingungen aus, bevor es allmählich abgebremst wird.

Man bezeichnet diesen Fall geringer Reibung als **Schwingfall.** Wie erwartet erfolgt die Amplitudenabnahme nicht gleichförmig (Abb. 116.1). Aber auch für diesen Abklingvorgang finden wir eine einfache Gesetzmäßigkeit: *Das Verhältnis aufeinanderfolgender Amplituden ist konstant.* Die Amplituden bilden eine **geometrische Folge.** Der Abklingvorgang erfolgt nach einer **Exponentialfunktion.** Stellt man den Logarithmus der Amplitude über der Zeit dar, so ergibt sich eine Gerade.

Näherungsweise ist bei Luft- oder Flüssigkeitsreibung die Reibungskraft proportional zur Geschwindigkeit, solange v klein bleibt.

> Bei **Reibungskräften,** die **proportional zur Geschwindigkeit** sind, nimmt die Amplitude der gedämpften Schwingung exponentiell mit der Zeit ab.

Versuch 3: Wiederholen Sie Versuch 2 mit wesentlich vergrößerter Dämpfung durch Eintauchen des Pendels in Wasser oder Öl.

Bei starker Reibung wird die Schwingung so sehr gebremst, daß es zu keinem Überschwingen über die Ruhelage kommen kann. Der Schwinger kriecht mit immer geringer werdender Geschwindigkeit auf die Ruhelage zu (Abb. 116.2). Ein Pendel in Honig gibt uns eine anschauliche Vorstellung von diesem Extremfall, dem **Kriechfall.**

Zwischen den beiden Extremen des Schwing- und des Kriechfalles gibt es eine optimale Einstellung der Dämpfung derart, daß die Ruhelage in möglichst kurzer Zeit erreicht wird (**Grenzfall,** Abb. 116.2).

Das Erreichen dieses Grenzfalles ist für die **technische Schwingungsdämpfung** besonders wichtig. Die Federung bei einem Auto läßt uns das spüren. Ein Stoß infolge eines Schlaglochs sollte möglichst gut abgefedert werden. Zugleich muß aber auch die Schwingungsenergie in den Stoßdämpfern möglichst schnell wieder abgegeben werden, um ein stabiles Fahrverhalten zu gewährleisten. Fahrzeugmasse, Federung und Dämpfung durch Stoßdämpfer müssen somit gut aufeinander abgestimmt sein, um Fahrsicherheit und Fahrkomfort zu optimieren.

Meßgeräte, die auf mechanischer Basis arbeiten (z. B. Drehspulinstrument, Tachometer) stellen ebenfalls schwingende Systeme dar. Daher ist auch hier eine Dämpfung im Bereich des Grenzfalls wesentlich, damit das Gerät sich möglichst schnell auf einen neuen Wert einstellen kann.

Abb. 117.1 Gedämpfte Schwingungen beim PKW nach einer Stoßanregung. a) Schwingfall – Sie benötigen neue Stoßdämpfer! b) beinahe Grenzfall – Stoßdämpfer in Ordnung!

Abb. 117.2 Stimmen Eigenfrequenz und Erregerfrequenz überein, dann kann die Resonanz katastrophale Folgen haben!

Erzwungene Schwingungen und Resonanz

Von besonderer grundsätzlicher und praktischer Bedeutung ist das Verhalten schwingungsfähiger Systeme, die von einem äußeren Antrieb periodisch erregt werden. Man spricht hier von **erzwungenen Schwingungen,** da der äußere Antrieb dem System seine Frequenz aufzwingt. Im eingeschwungenen Zustand antwortet der Oszillator nicht mehr mit der für ihn typischen **Eigenfrequenz,** sondern schwingt mit der **Fremdfrequenz** des Erregers. Wie gut kann der Schwinger Erregerfrequenzen folgen, die nicht seiner Eigenfrequenz entsprechen? In einem Freihandexperiment können wir das Verhalten von periodisch angetriebenen Oszillatoren im wörtlichen Sinne „begreifen".

(Heim-)Versuch 4: Versetzen Sie ein Feder- oder Fadenpendel in Schwingungen, indem Sie den Aufhängepunkt auf und ab (bzw. hin und her) bewegen. Wie wirkt sich die Frequenz der Hand aus?

Bei niedrigen Anregungsfrequenzen (Zeitlupenschwingung der Hand) kann das Pendel der Anregung vollständig folgen. Erreger und Oszillator schwingen als Ganzes. Sie schwingen mit gleicher Amplitude und befinden sich im **Gleichtakt.** Es gibt keine Phasenverschiebung (Phasenverschiebung $\Delta\varphi = 0°$).

Geht man zu hohen Anregungsfrequenzen über, kann der Schwinger infolge seiner Trägheit der Anregung immer schlechter folgen. Die Amplitude des Oszillators geht gegen Null; Antrieb und Schwingung erfolgen im **Gegentakt** ($\Delta\varphi = 180°$).

Stimmen Erreger- und Eigenfrequenz überein, dann schaukelt sich der Oszillator zu Amplituden auf, welche die Anregungsamplitude weit übersteigen. Das läßt sich so veranschaulichen, daß die Energiezufuhr immer im genau gleichen Takt und zum richtigen Zeitpunkt erfolgt. Dieses maximale Mitschwingen bezeichnet man als **Resonanz.** Im Resonanzfall hinkt das Pendel der Erregerschwingung um eine Viertelperiode hinterher ($\Delta\varphi = 90°$).

Wir wollen diese wichtigen qualitativen Vorerfahrungen quantitativ vertiefen und die Amplitude der erzwungenen Schwingung in Abhängigkeit von der Erregerfrequenz genauer messen. Zur Ermittlung dieser **Resonanzkurve** eignet sich das Drehpendel, ein Schwingungssystem, das in mechanischen Armbanduhren für den Gleichlauf der Uhr sorgt. Das Drehpendel ist ein weiteres Beispiel für einen harmonischen Oszillator (das rücktreibende Drehmoment nimmt proportional zum Drehwinkel zu). Bei dem in Abb. 117.3 gezeigten Drehpendel läßt sich die Anregung kontrolliert mit konstanter Amplitude über einen regelbaren Motor durchführen, sowie eine veränderliche Dämpfung durch einen Magneten einstellen (Wirbelstrombremse).

Versuch 5: Stellen Sie das Resonanzverhalten des Drehpendels für geringe, mittlere und starke Dämpfung grafisch dar!

Die Resonanzkurven in Abb. 118.1 zeigen, daß im Resonanzfall der Oszillator als **Schwingungsverstärker** aufgefaßt werden kann. Bereits kleine Amplituden des Antriebs reichen aus, um große Antworten des Oszillators zu erzielen, wenn die Erregerfrequenz dicht bei der Eigenfrequenz des Oszillators liegt.

Das Resonanzmaximum ist schmal und hoch bei geringer Dämpfung; es wird breit und flach bei stärkerer Dämpfung, wobei es sich leicht von der Eigenfrequenz weg zu kleineren Frequenzen verschiebt. Zunehmende Reibung dämpft die Tendenz zum Mitschwingen.

> Für das **Resonanzverhalten** spielt die Dämpfung der Schwingung durch Reibung eine entscheidende Rolle.

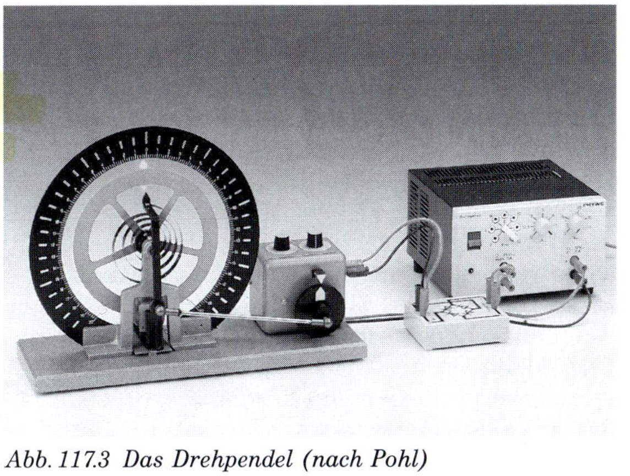

Abb. 117.3 Das Drehpendel (nach Pohl)

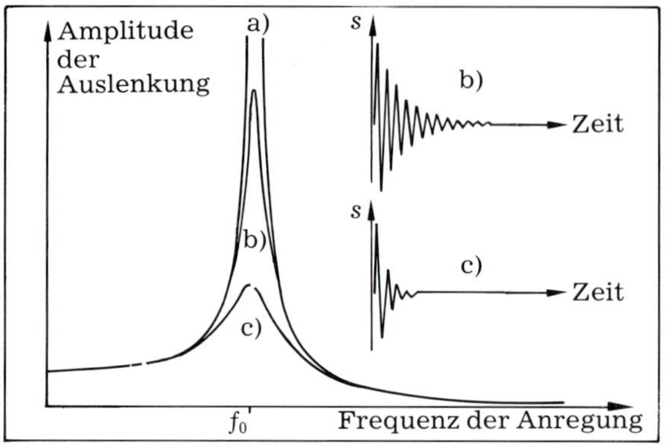

Abb. 118.1 Amplitudenresonanzkurven bei unterschiedlich starker Dämpfung sowie zugehöriges Abklingverhalten

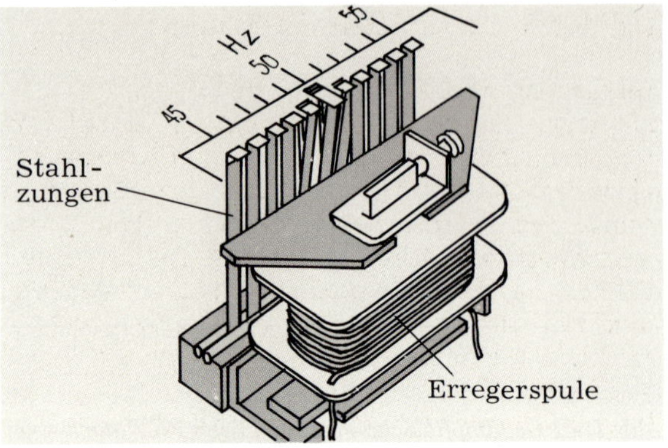

Abb. 118.2 Mit Metallplättchen abgestufter Eigenfrequenz lassen sich Frequenzen messen (Zungenfrequenzmesser)

Warum beeinflußt die Reibung das Resonanzverhalten derart stark? Die Oszillatoramplitude schaukelt sich gerade so weit auf, daß die vom Antrieb zugeführte und die durch Reibung entzogene Energie übereinstimmen. Dieses aus der Energieerhaltung resultierende **Fließgleichgewicht** stellt sich automatisch ein. Bei fehlender Dämpfung würde die Amplitude theoretisch unendlich groß. Es käme zu einer **Resonanzkatastrophe.**

Resonanz – ein allgegenwärtiges Phänomen

In der technischen Mechanik ist die Resonanz in erster Linie ein Ärgernis, das durch konstruktive Maßnahmen weitgehend verhütet werden sollte. Bei Kraftfahrzeugen empfinden wir es als störend, wenn Karosserieteile bei gewissen Motor- oder Reifendrehzahlen besonders lautstark ins Mitklappern geraten. In Fabrikhallen fest aufgestellte Motoren können zerstörerische Gebäuderesonanzen anregen. Letztere wirken sich auch bei Erdbebenwellen fatal aus. Turbinenschaufeln, die im Betrieb periodisch angeblasen werden, können in Resonanz geraten und infolge von Materialermüdung schließlich brechen, wodurch die gesamte Turbine zerstört wird.

Die Resonanzkurve zeigt, wie sich unerwünschte Resonanzen vermeiden lassen. Man muß die Dämpfung erhöhen oder die Eigenfrequenzen der schwingenden Teile so verändern, daß sie außerhalb der Anregungsfrequenz liegen.

Eine zentrale Rolle spielen Resonanzerscheinungen durch die gesamte Physik hindurch, wenn es darum geht, Energie zwischen schwingungsfähigen Systemen zu übertragen. Als „schwingungsfähig" wird sich in der Physik weitaus mehr erweisen, als die bisher betrachteten mechanischen Pendel.

Daß der Mensch sehen und hören kann, beruht auf Resonanzphänomenen. Schall regt das Innenohr, Licht den Sehfarbstoff zum Mitschwingen an. Ohne Resonanz gäbe es keine Sprache und keine Musik. Auch deren Übertragung durch technische Kommunikationsmedien (Telefon, Radio, Fernsehen) käme nicht zustande. Für jegliche Wechselwirkung von atomaren und subatomaren Bausteinen, die uns und unsere Welt zusammenhält, gibt es Resonanzen.

Aufgaben:

1. Ein PKW hat schlechte Stoßdämpfer und besitzt eine Eigenfrequenz von 0,8 Hz. Er fährt über eine holprige Straße mit einem mittleren Schlaglochabstand von 8 m. Bei welcher Geschwindigkeit gerät er in Resonanz?
2. Die Kotflügel eines Autos klappern durch eine Unwucht der Reifen besonders stark bei einer Geschwindigkeit von 120 km/h. Was ist ihre Resonanzfrequenz? (Reifendurchmesser 60 cm).
3. Der typische Klang chinesischer Gongs entsteht wesentlich dadurch, daß die Tonhöhe nach dem Anschlag mit dem leiser werdenden Ton abnimmt. Kann man von einer Eigenfrequenz des Gongs sprechen? Führt der Gong eine harmonische Schwingung aus? Überlegen Sie, wie die rücktreibende Kraft, die auf die Gongfläche wirkt, mit der Auslenkung zusammenhängt!
4. Turbinenschaufeln können durch periodisches Anblasen in Resonanz geraten und zerstört werden. Eine Schaufel besitzt eine Resonanzfrequenz von 3 kHz. Das heiße Gas wird über einen Kranz von 50 feststehenden Leitschaufeln zugeführt. Welche Drehzahl sollte unbedingt gemieden werden?

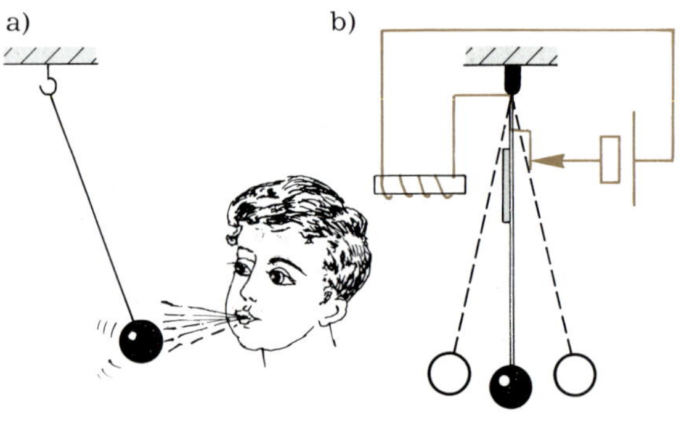

Abb. 118.3 Rückkopplung bei ungedämpften Schwingungen.
a) Wiederholtes Anblasen im richtigen Takt bringt auch ein sehr träges Pendel in Resonanz.
b) Automatische Rückkopplung bei der Klingel

10.5 Selbsterregte Schwingungen

Kann man die Dämpfung überlisten?

Die allgegenwärtige Reibung sorgt dafür, daß jede Schwingung zum Erliegen kommt, wenn nicht die Reibungsverluste in geeigneter Weise wieder zugeführt werden. Bei der erzwungenen Schwingung besorgt das der periodische Antrieb. Er gibt die Frequenz vor, auf die sich das System einschwingt. Kann man einen Oszillator auch dazu bringen, ungedämpfte Schwingungen auszuführen, deren Takt von ihm selbst vorgegeben wird?

Tatsächlich gibt es außer den fremderregten, erzwungenen Schwingungen die wichtige Gruppe der **selbsterregten Schwingungen,** die sich den periodischen Antrieb selbst verschaffen. Selbsterregte Oszillatoren sind nicht nur technisch bedeutsam, sie vermitteln tiefe Einblicke in die **Entstehung von Ordnungsstrukturen** in der belebten und unbelebten Natur.

Das Prinzip „Rückkopplung"

Wie kann ein mechanischer Schwinger selbst für seinen Antrieb sorgen? Er muß eine Energiequelle geeignet „anzapfen"! Das Prinzip, das dabei zum Tragen kommt, zeigt folgendes Experiment:

(Heim-)Versuch 1: Versetzen Sie ein Schwerependel durch Anblasen in Resonanz (Abb. 118.3 a).

Die geringe Energie des Luftstroms reicht aus, auch einen schweren Pendelkörper zum Schwingen zu bringen. Man muß die Energie nicht nur im Takt des Schwingers zuführen, sondern die Phase des Anblasens muß exakt stimmen. Man darf nur beim Wegfliegen des Pendels pusten. Geschwindigkeit des Luftstroms und des Pendels müssen die gleiche Richtung besitzen. Das erfordert eine Steuerung der Energiezufuhr nach dem Verhalten des Pendels.

Dabei entsteht ein **Rückkopplungskreis,** in dem der Experimentator selbst aktiv beteiligt ist. Er registriert die Bewegungsrichtung und öffnet im richtigen Moment ein Ventil, um Energie in den Oszillator zu pumpen. Daraus entwickelt sich eine neue Schwingung, die wiederum den Energiezufluß steuert (Abb. 119.1). Kommt es bei der Rückkopplung zur Stabilisierung einer Größe (z. B. der Amplitude), dann ist der Rückkopplungskreis zugleich ein **Regelkreis.**

Das Rückkopplungsprinzip hat weit über die Physik hinaus Bedeutung erlangt und ist Gegenstand der **Kybernetik,** einer Disziplin, die sich mit **Steuern** und **Regeln** in verschiedenen Gebieten, z. B. in Technik und Biologie, befaßt (Kybernos, gr. Steuermann).

Der menschliche „Steuermann" aus unserem Experiment ist leicht durch einen Automaten zu ersetzen, der sowohl die Amplitude registriert als auch die Energiezufuhr steuert. Dieses Prinzip der Selbststeuerung ist z. B. in der elektrischen Türklingel oder im Ankerwerk mechanischer Uhren verwirklicht (Abb. 118.3 b).

Besagter Steuermann sollte in der Sprechweise der Kybernetik besser „Regelmann" heißen, denn er ist selbst Teil der Rückkopplung und macht seine Hand-

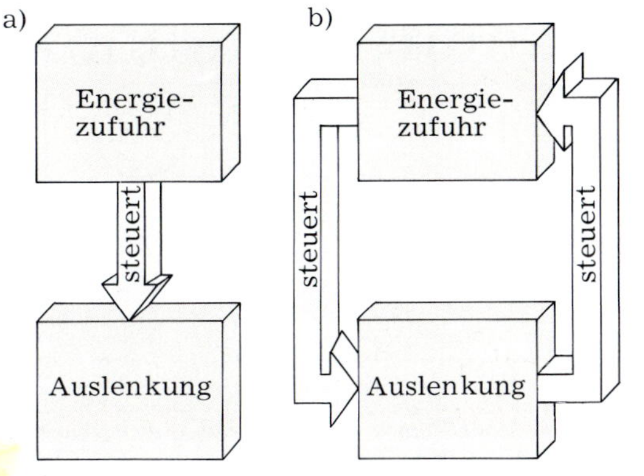

Abb. 119.1 a) Schematische Darstellung eines Steuerungsvorgangs.
b) Rückkopplungskreis bei der Erzeugung von ungedämpften Schwingungen

lungen davon abhängig, welche Information über die Phase des Pendels ihm zugeht (geschlossener Regelkreis, Abb. 119.1 b). Reine Steuerung würde dann vorliegen, wenn die Anregung des Pendels blind (d. h. ohne Rückkopplung) nach einem festen Programm abliefe. Bei der Steuerung ist der Regelkreis aufgeschnitten (Abb. 119.1 a).

Das Prinzip „Selbstorganisation"

Bei den bisher betrachteten Beispielen ist die Steuerung der Energiezufuhr ein Produkt der menschlichen Erfindung. Daneben gibt es eine Unzahl von Oszillatorsystemen, die von sich aus zu ungedämpften Schwingungen fähig sind, ohne daß von außen ein Regelsystem eingebaut werden muß. Man denke nur an das Wackeln von Blättern oder das Singen von Leitungsdrähten im Wind. Diese Oszillatoren verfügen über naturgegebene Rückkopplungen – ihre Schwingungen bezeichnet man als **selbstorganisierte Schwingungen.**

Als ein Beispiel für Selbstorganisation von Schwingungen betrachten wir den **Reibungsoszillator.**

Versuch 2: Der Pendelkörper eines waagrecht schwingenden Federpendels liegt auf einem Band, das mit konstanter Geschwindigkeit vorbeigleitet (Abb. 120.1).

Bei geeigneter Bandgeschwindigkeit schwingt das Pendel. Sein Weg-Zeit-Verlauf ist allerdings verschieden von dem harmonischer Oszillatoren. Das Pendel schwingt durch den Reibungsantrieb sägezahnförmig. Es wird vom Band langsam mitgenommen und schwingt schnell wieder zurück.

Diese neue Schwingungsform können wir in dem bisherigen Ansatz für harmonische Schwingungen, der nur lineare Abhängigkeiten kennt, nicht erklären. Gäbe es nur lineare geschwindigkeitsproportionale Reibungskräfte ($F_r = b\,v$), dann sollte die Reibung am Band die Feder gerade so weit dehnen, bis Reibungs- und rücktreibende Federkraft betragsmäßig gleich sind ($D_s = b\,v$). Es sollte sich ein neuer Ruhezustand einstellen, der von der Bandgeschwindigkeit abhängt ($s = b \cdot v / D$).

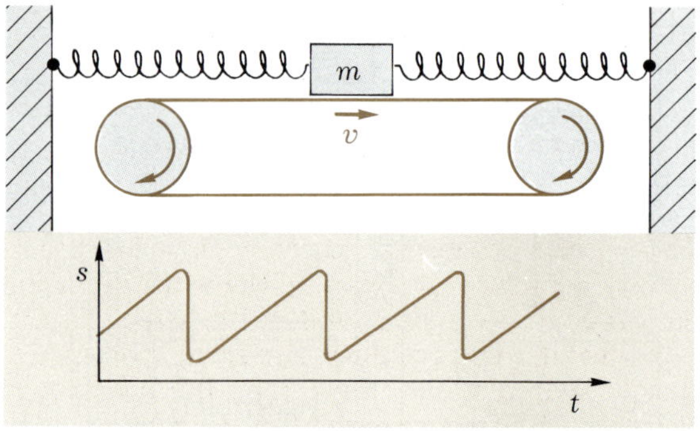

Abb. 120.1 a) Modell eines einfachen reibungsgesteuerten Oszillators. b) Schwingungsform

Tatsächlich ist aber die Reibungskraft nicht eine einfache lineare Funktion der Relativgeschwindigkeit zwischen Pendel und Band (Abb. 120). Bei der Relativgeschwindigkeit Null herrscht Haftreibung, die bei ansteigender Geschwindigkeit abrupt in die geringere Gleitreibungskraft übergeht.

Durch diesen Abfall der Reibungskraft mit der Geschwindigkeit wird die Steuerung der Energiezufuhr je nach Relativgeschwindigkeit zwischen Pendel und Band automatisch besorgt. Der Pendelkörper haftet zunächst und wird vom Band so weit mitgenommen, bis die rücktreibende Federkraft die Haftreibungskraft übersteigt. Das Pendel fängt an zu gleiten und kann nun zurückschwingen, da die Gleitreibungskraft geringer ist. Wenn nach Passieren des Umkehrpunktes die Relativgeschwindigkeit zwischen Pendel und Band zu Null wird, greift die Haftreibung wieder an, und das Spiel beginnt von neuem.

Die Reibungskennlinie ist durch den Abfall bei zunehmender Geschwindigkeit gerade so beschaffen, daß sie automatisch eine phasenrichtige Entnahme von Energie aus dem vorbeilaufenden Band ermöglicht. Die Schwingung kann sich selbst in Gang halten.

Auf dem Prinzip der Reibungssteuerung beruht das Tönen von Streichinstrumenten ebenso wie das weniger musikalische Quietschen von Kreide an der Tafel, von Reifen und Bremsen sowie das Knarren von Dielen und Gelenken.

> Alle **selbsterregten Schwingungen** beruhen darauf, daß ein schwingungsfähiges System einer Energiequelle periodisch Energie entnimmt. Die phasenrichtige Steuerung der Energiezufuhr geschieht durch Rückkopplung.

Die Rolle von nichtlinearen Zusammenhängen

Nichtlinearitäten spielen beim Zustandekommen von selbsterregten Schwingungen eine zentrale Rolle. Wir haben gesehen, daß Oszillatoren nur deshalb harmonisch, also sinusförmig schwingen, weil für sie das lineare Kraftgesetz gilt. Die Schwingungsform des reibungsgesteuerten Oszillators (Abb. 120) weicht erheblich von der reinen Sinusschwingung ab, obwohl der eigentliche Oszillator aus einem normalen Masse-Feder-System mit linearem Kraftgesetz besteht. Hier wird die Schwingung durch die „krumme“, nichtlineare Reibungskennlinie ermöglicht. Erst diese Abweichung von der Linearität ermöglicht die selbsttätige Steuerung der Energiezufuhr durch das schwingende System.

Alles oder Nichts – getrennt durch Schwellen

Selbsterregte Schwinger zeigen eine Besonderheit ihres Verhaltens, das in unserer bisherigen Physik noch nicht in Erscheinung getreten ist. Sie funktionieren nach dem **Alles-oder-Nichts-Prinzip.** Bei erzwungenen Schwingungen wächst die Schwingungsweite im gleichen Maß wie die Amplitude des Antriebs. Der Oszillator kann beliebig kleine Energiemengen dem Antrieb entnehmen. Bei selbsterregten Schwingungen gibt es dagegen kein solches stetiges proportionales Verhalten!

Versuch 3: Betreiben Sie eine Türklingel mit einer veränderlichen Spannungsquelle. Steigern Sie die Spannung von Null beginnend.

Der Versuch zeigt, daß eine **Energieschwelle** für den Einsatz von Schwingungen existiert. Unterhalb einer gewissen Spannung schwingt der Klöppel überhaupt nicht. Erst oberhalb der Spannungsschwelle setzen die Schwingungen ein. Der relativ abrupt erfolgende Übergang rechtfertigt die Bezeichnung Alles oder Nichts. Dies zeigt ein weiterer Versuch zur Tonerzeugung.

Freihandversuch 4: Blasen Sie die gespannte Kante eines Papierblatts so an, daß ein Ton entsteht. Ein wenig Übung läßt Sie feststellen, daß dazu eine Mindestenergie des Luftstroms notwendig ist.

> Zur **Entstehung selbsterregter Schwingungen** muß die Energiezufuhr einen gewissen Schwellenwert übersteigen.

Das Alles-oder-Nichts-Prinzip ordnet sich nur schwer ein in die bisher betrachteten einfachen Je-Desto-Beziehungen, in die linearen Zusammenhänge zwischen physikalischen Größen. Es zeigt sich, daß nichtlineares Verhalten auftreten kann, sobald die betrachteten Systeme komplizierter und wirklichkeitsnäher werden. Derartige Systeme sind zu **Verhaltenssprüngen** fähig. Ein Typ von Bewegung (Ruhe) wird abgelöst durch einen neuen Bewegungstyp, sofern eine gewisse Mindestenergie überschritten wird.

Für uns selbst, für unser Denken und Fühlen, ist das **Alles-oder-Nichts-Prinzip** in einem anderen Zusammenhang bedeutsam: für die **Signalübertragung in Gehirn und Nervensystem.** Auch Nervenzellen sind zu selbsterregten Schwingungen fähig, wobei chemische und elektrische Eigenschaften der Zelle sich verändern. Nervensignale werden erst dann ausgelöst, wenn der Reiz eine gewisse kritische Energie übersteigt. Analoge Verhaltenssprünge gibt es auch in einem anderen Zusammenhang bei den sog. Phasenübergängen: Ein Stoff ändert schlagartig seinen Aggregatzustand, wenn die Temperatur einen „kritischen“ Wert über- oder unterschreitet.

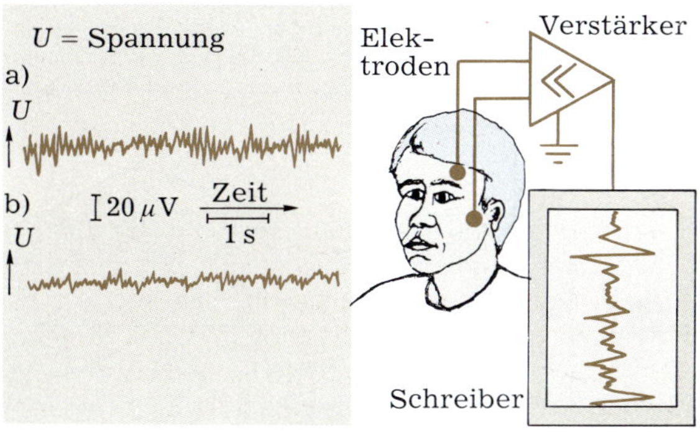

Abb. 121.1 Beim menschlichen Gehirn, dem kompliziertesten System, das wir kennen, zeigen die Gehirnströme je nach Aktivitätszustand reguläre oder chaotische Muster. a) α-Rhythmus, Versuchsperson entspannt. b) Versuchsperson rechnet Aufgaben

Selbstorganisierte Ordnung per Rückkopplung
Das allgemeine Schema selbsterregter Oszillatoren zeigt Abb. 121.2. Das Wesentliche ist die Art, wie die Energiequelle angezapft wird, die ohne weiteres Zutun nur einen kontinuierlichen Energiezustrom erlauben würde, einem Wasserstrom vergleichbar, der aus einem Reservoir ausfließt. Per Rückkopplung steuert das schwingungsfähige System den Energiezufluß periodisch sowie mit der richtigen Phase über ein „Ventil". Dessen Funktion kann entweder für uns direkt sichtbar sein wie der Unterbrecherkontakt einer Klingel, oder seine Steuerungswirkung kann sich wie im Fall des Reibungsoszillators automatisch aus dem Zusammenwirken der Systemteile ergeben (Selbstorganisation der Schwingung).
So können in Systemen je nach der Stärke der Energiezufuhr spontan neue Ordnungsstrukturen entstehen, was sich in wohlgeordnetem zeitlich periodischem Verhalten äußert. Dabei fällt eine enge Verknüpfung von Ordnung und Unordnung auf. Energie fließt aus der Quelle nicht nur in die Schwingung, sondern geht zwangsläufig auch durch Reibung an die Umgebung. Nur ein Teil der Energie kann für die geordnete Schwingung ausgenutzt werden. Der Rest fließt als Wärme an die Umgebung ab. Dies ist nicht nur technisch bedingt, sondern es verbirgt sich dahinter ein tieferes Prinzip.
Wir wissen aus den Reibungsexperimenten, daß Bewegungsvorgänge von selbst immer nur so ablaufen, daß ein Zustand größerer Unordnung entsteht. Der Energiestrom fließt spontan nur in diese Richtung, nie umgekehrt. Die geordnete Bewegung eines Autos kommt zum Erliegen, weil Energie durch Reibung in ungeordnete Temperaturbewegung vieler Teilchen umgewandelt wird.
Oberflächlich betrachtet scheinen die selbstorganisierten Schwingungen dieser allgemeinen Tendenz zur Unordnung zu widersprechen. Offenbar kann sich hier sehr wohl eine geordnete Bewegung spontan aufbauen. Jedoch ist die Entstehung der geordneten Schwingungsbewegung nur ein Teil des gesamten Vorgangs, der die Erzeugung ungeordneter Temperaturbewegung mit einschließt. Insofern hat die Erzeugung von Ordnung ihren Preis, denn nur ein Teil der zufließenden Energie kann der geordneten Schwingung zugeführt werden.
Über die Bildung periodischer zeitlicher Muster bei Schwingungssystemen hinaus ist dieses Wechselspiel von Ordnung und Unordnung von grundsätzlicher Bedeutung für das Verständnis der Ordnung und der Strukturiertheit in der belebten und unbelebten Natur. Wir werden in der Wärmelehre auf diese Fragen zurückkommen und sie von einem anderen Standpunkt aus noch untersuchen.
Nach dem Schema von Abb. 121.2 arbeiten selbsterregte Oszillatoren aus verschiedenen Bereichen, z. B. Streich- und Blasinstrumente, die menschliche Stimme, mechanische Uhren, elektrische Uhren, Atomuhren, sowie Lichtquellen, die Licht von einem hohen Ordnungsgrad erzeugen (Laser), S. 180.

Aufgaben:
1. Erklären Sie den Unterschied zwischen erzwungenen und selbsterregten Schwingungen!
2. Wo tritt bei der Türklingel die Nichtlinearität auf?
3. Erklären Sie den Hakengang der Pendeluhr (Abb. 112.1)!
4. Schwingungen eines Pendels konnten wir durch Anblasen dann aufschaukeln, wenn Erreger- und Pendelgeschwindigkeit in Phase sind. Wenden Sie das Ergebnis auf die erzwungene Schwingung an und erklären Sie, warum im Resonanzfall genau eine Phasendifferenz von 90° zwischen Antrieb und Schwingung auftritt!
5 a) Warum „pickt" der Spielzeugspecht in Abb. 121.3 und rutscht nicht gleichmäßig die Stange hinab?
b) Erklären Sie, weshalb hochwertige Weingläser tönen, wenn man mit feuchtem Finger über den Rand fährt!

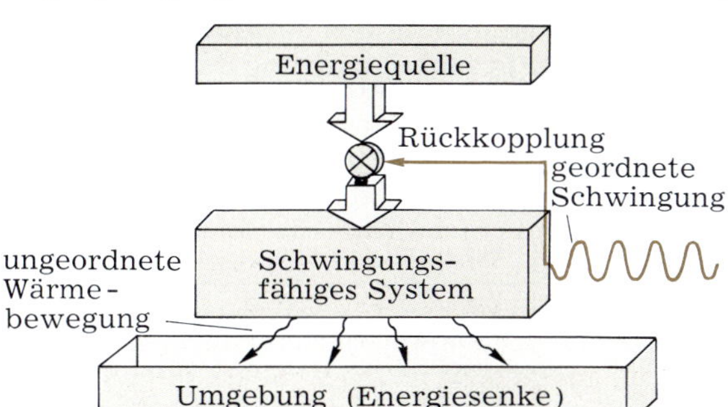

Abb. 121.2 Energiefluß und Schema der Rückkopplung bei selbsterregten Schwingungen

Abb. 121.3 Der pickende Specht und das tönende Glas führen selbsterregte Schwingungen aus (Aufg. 5)

10.6 Schwingungen auf dem Microcomputer

Bewegungsgleichung

Wir bleiben bei schwingenden Systemen, um deren Eigenschaften von einer höheren Warte aus besser zu verstehen. Bei den bisher betrachteten Bewegungen ergaben sich folgende Zusammenhänge zwischen Kraft und Bewegungstyp:

a) Erfolgt die Bewegung kräftefrei, so ist wegen $F=0$ auch die Beschleunigung $a=0$, und die Bewegung ist gleichförmig ($v=$ const.).

b) Ist die Antriebskraft konstant, so resultiert eine gleichmäßig beschleunigte Bewegung.

c) Ist die Kraft der Auslenkung proportional und ihr entgegengerichtet, dann entsteht eine sinusförmige Bewegung (harmonische Schwingung).

Diese Zusammenhänge zwischen Kraftgesetz und der resultierenden Bewegungsform werden verständlich, wenn wir das 2. Newtonsche Axiom $F=m\,a$ in die Sprache der Mathematik übersetzen: Die 2. Ableitung des Weges nach der Zeit, die Beschleunigung a, ist der wirkenden Kraft proportional. Da Ableitungen physikalischer Größen nach der Zeit häufig vorkommen, kennzeichnet man sie durch einen Punkt über der Größe. Zwei Punkte bedeuten somit die 2. Ableitung nach der Zeit.

Es gilt:

$$v=\frac{\mathrm{d}s}{\mathrm{d}t}=\dot{s}$$

$$a=\frac{\mathrm{d}v}{\mathrm{d}t}=\dot{v}$$

bzw.

$$a=\frac{\mathrm{d}^2 s}{\mathrm{d}t^2}=\ddot{s}\,.$$

Das 2. *Newton*sche Axiom läßt sich daher in Form einer sog. Bewegungsgleichung schreiben:

Bewegungsgleichung: $m\ddot{s}=F\,.$

Mathematisch stellt die Bewegungsgleichung eine sog. **Differentialgleichung** (Abk. DGL) dar. Sie verknüpft eine differentielle Größe, die 2. Ableitung des Weges nach der Zeit, mit der wirkenden Kraft. Die Kraft kann wiederum von anderen Größen abhängen (z. B. s, v, t):

- Ortsabhängige Kräfte sind bei Schwingungen vorhanden ($F=-D\,s$).
- Geschwindigkeitsabhängige Kräfte treten z. B. beim Luftwiderstand auf ($F\sim v$ bzw. $F\sim v^2$).
- Zeitabhängige Kräfte treten bei der periodischen Anregung von Schwingern auf.

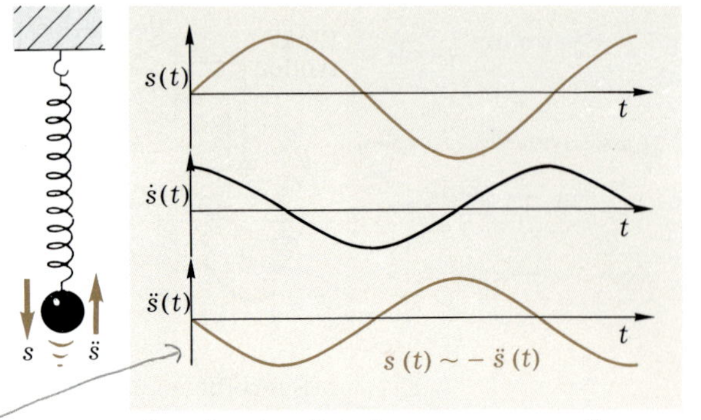

Abb. 122.1 Sinusförmige Schwingungen „passen" genau zum linearen Kraftgesetz: Die Beschleunigung ist der negativen Auslenkung proportional

Da alle diese Kräfte für das Verständnis von Schwingungsvorgängen eine Rolle spielen, wollen wir ihren Einfluß noch etwas genauer studieren. Dort, wo die Mathematik zu schwierig wird, nehmen wir den Computer zur Lösung der Bewegungsgleichung zu Hilfe. Wir gehen schrittweise vor und schalten nach und nach neue Krafttypen in die Bewegungsgleichung ein.

Keine Angst vor Differentialgleichungen

Wir betrachten zunächst die allereinfachsten Fälle, bei denen wir die obige DGL durch geeignete Ansätze ohne Computerhilfe bereits lösen können.

a) $F=0$: Die Bewegungsgleichung $m\ddot{s}=0$ besagt, daß eine Funktion $s(t)$ gesucht ist, deren 2. Ableitung nach der Zeit überall verschwindet. Diese Bedingung erfüllt nur ein lineares Weg-Zeit-Gesetz $s(t)=v\,t+s_0$, mit den Konstanten v und s_0. Durch Ableiten sieht man sofort, daß $\ddot{s}=0$ gilt: $\dot{s}=v=$ const. und $\ddot{s}=\dot{v}=0$.

b) $F=$ const.: Aufgrund der DGL $m\ddot{s}=F$ wird eine Funktion $s(t)$ gesucht mit konstanter 2. Ableitung $\ddot{s}=F/m\neq 0$. Gegenüber dem linearen Weg-Zeit-Gesetz aus Fall a) müssen wir eine Stufe weitergehen und einen quadratischen Zusammenhang zwischen s und t ansetzen. Wir können uns leicht davon überzeugen, daß die allgemeine Form der Weg-Zeit-Parabel

$$s=\tfrac{1}{2}a\,t^2+v_0\,t+s_0$$

gerade die konstante Beschleunigung a ergibt.

c) $F=-D\,s$: Mit dem linearen Kraftgesetz ergibt sich die DGL $m\ddot{s}=-D\,s$.

Bewegungsgleichung des harmonischen Oszillators (Differentialgleichung der harmonischen Schwingung):

$$m\ddot{s}=-D\,s\,.$$

Bewegungstyp	Kraftgesetz	Bewegungsgleichung	Weg-Zeit-Gesetz
gleichförmig	$F=0$	$m\ddot{s}=0$	$s=v\,t+s_0$
gleichmäßig beschleunigt	$F=$ const.	$m\ddot{s}=F$	$s=\frac{1}{2}a\,t^2+v_0\,t+s_0$ mit $a=F/m$
Harmonische Schwingung	$F=-D\,s$	$m\ddot{s}=-D\,s$	$s=s_{\mathrm{m}}\cdot\sin(\omega\,t+\varphi)$ mit $\omega=\sqrt{D/m}$

Diese DGL besagt, daß eine Funktion $s(t)$ gesucht ist, deren 2. Ableitung nach der Zeit proportional zu $-s(t)$ sein soll. Die Lösung der DGL läßt sich durch Raten finden. Die Winkelfunktionen $\sin t$ und $\cos t$ erfüllen gerade diese Bedingung: Nach zweimaligem Ableiten erhält man wiederum die Funktion mit negativem Vorzeichen. Wir setzen daher eine Sinusfunktion mit der Amplitude s_m, der Kreisfrequenz ω und einem Phasenwinkel φ als Lösung an:

Ansatz: $s(t) = s_m \cdot \sin(\omega t + \varphi)$.

Daraus folgt unter Anwendung der Kettenregel die Geschwindigkeit sowie die Beschleunigung:

$$v(t) = \dot{s} = \omega \cdot s_m \cos(\omega t + \varphi)$$

$$a(t) = \dot{v} = \ddot{s} = -\omega^2 \cdot s_m \cdot \sin(\omega t + \varphi) .$$

Die 2. Ableitung von $s(t)$ ist, wie gefordert, proportional zu $-s(t)$:

$$\ddot{s} = -\omega^2 \cdot s .$$

Durch Koeffizientenvergleich mit der DGL finden wir $\omega^2 = D/m$. Das Ergebnis hätten wir auch beim Ansatz einer Cosinusfunktion erhalten (bitte nachprüfen!). Die Lösung der Schwingungs-DGL ist daher eine sinusförmige Schwingung mit der Kreisfrequenz $\omega = \sqrt{D/m}$, bzw. mit der amplitudenunabhängigen Eigenfrequenz:

$$f = \frac{1}{2\pi}\sqrt{D/m} .$$

Wie wir sehen, führt der formale Weg über die Lösung der Bewegungsgleichung viel schneller zum Weg-Zeit-Gesetz der harmonischen Schwingung als die Analogiebetrachtungen in Kap. 9.2. Das klappt aber nur deshalb so gut, weil das lineare Kraftgesetz zu einer linearen DGL führt, in der $\ddot{s}$ mit s auf einfache Weise, nämlich linear, verknüpft ist. Die Lösungen der DGL (Sinus- und Cosinusfunktion) lassen sich ihrerseits wiederum linear überlagern: Eine n-fache Auslenkung bewirkt n-fache Beschleunigungs- und Geschwindigkeitswerte und beeinflußt daher nicht die Frequenz der Schwingung, die man daher zurecht als **Eigenfrequenz** bezeichnen kann. Bei komplizierteren Kraftgesetzen versagt die skizzierte einfache Vorgehensweise. Häufig ist es sogar unmöglich, die Lösung als geschlossene Funktion darzustellen. Dann ist man auf Computerrechnungen angewiesen.

Schwingungen auf dem Computer: Spiele mit der Wirklichkeit

Der Vorteil des Computerprogramms zur Lösung der Schwingungsgleichung und zur grafischen Darstellung von Schwingungsvorgängen liegt darin, daß wir ohne große mathematische Probleme schnell verschiedene physikalische Situationen in der Computersimulation durchspielen können. Wir untersuchen die Auswirkung von verschiedenen Reibungs- oder Kraftgesetzen und überprüfen, inwieweit das Computermodell das an realen Systemen beobachtete Verhalten widerspiegelt.

a) Ungedämpfte harmonische Schwingungen. Das bekannte Basic-Programmgerüst (Abb. 48.1, S. 48)

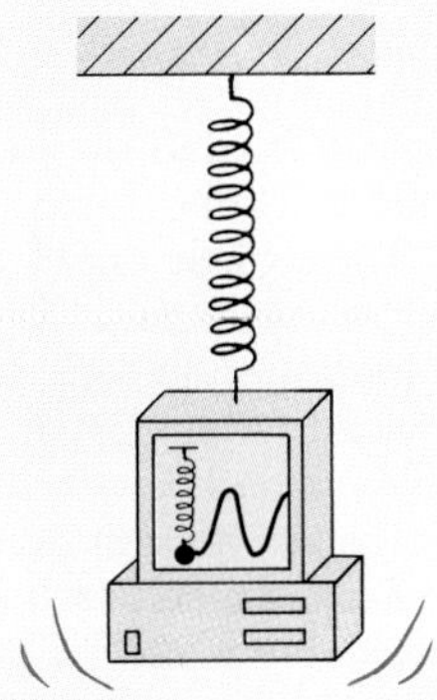

```
10 M = 1 : DT = 0,01
20 S = 1 : V = 0
50 T = T + DT
60 A = - D * S
70 V = V + A * DT
80 S = S + V * DT
90 Zeichne T, S
100 GOTO 50
```

Abb. 123.1 Basic-Programm zur Darstellung von harmonischen Schwingungen auf dem Computer

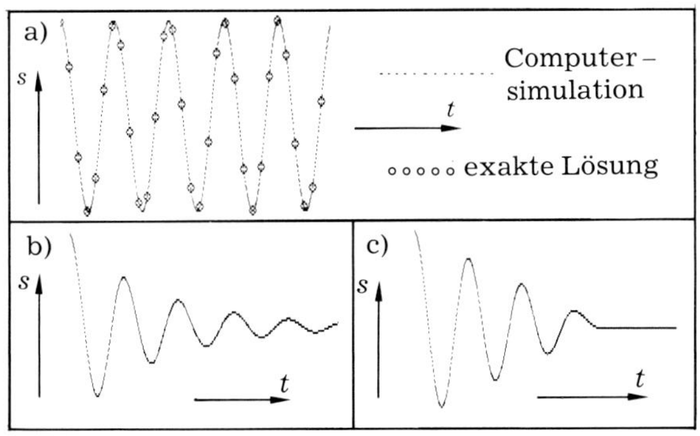

Abb. 123.2 a) Vom Computer berechnete Schwingungen bei linearem Kraftgesetz ohne Reibung. b) Reibung proportional zu v. c) Konstante Reibungskraft

läßt sich mühelos für diese Bewegung anpassen. Auf den schwingenden Körper wirkt die der Auslenkung entgegengerichtete lineare Federkraft $-D * S$. Mit $A = F/M$ lautet die Beschleunigung in Zeile 60:

$$A = -D * S/M .$$

Wie erwartet zeigt die Computergrafik die vertraute sinusförmige Weg-Zeit-Funktion (Abb. 123.2). Wenn unser Computermodell stimmt, muß es die Besonderheit des linearen Kraftgesetzes, die amplitudenunabhängige Eigenfrequenz, wiedergeben. Tatsächlich kommen die Nulldurchgänge der vom Computer errechneten Schwingung auch bei verschieden großer Auslenkung exakt zur Deckung.

b) Gedämpfte harmonische Schwingungen. Wir betrachten zunächst **geschwindigkeitsproportionale Reibungskräfte.** Auf den schwingenden Körper wirkt nun neben der Federkraft $-D * S$ die der Geschwindigkeit entgegengerichtete Reibungskraft $-R * V$. Die Beschleunigung lautet:

$$A = (-D * S - R * V)/M .$$

Mit geeigneten Anfangsbedingungen für s oder v ergibt sich die bekannte exponentiell abklingende Schwingung mit konstantem Verhältnis aufeinanderfolgender Amplitudenwerte (Abb. 123.2).

Um Schwingungen bei **konstanter Reibungskraft** zu berechnen, bedarf es folgender Änderung:

A = (−D * S − FR * SGN(V))/M .

Der Faktor −SGN(V) sorgt dafür, daß die betragsmäßig konstante Reibungskraft FR der Geschwindigkeit entgegengerichtet ist. Tatsächlich ergibt dieser Reibungsansatz sofort die linear abklingende Amplitudenfolge, wie wir sie bei einem Pendel mit starker Lagerreibung beobachtet haben (Abb. 123.2). Nachdem wir uns so überzeugt haben, daß das Computermodell sinnvolle Ergebnisse liefert, die mit dem Verhalten realer Schwinger im Einklang stehen, können wir es vorsichtig auf Fälle ausdehnen, die wir bislang noch nicht theoretisch oder experimentell untersucht haben.

c) Nichtlineares Kraftgesetz = anharmonische Schwingungen. Das lineare Kraft-„Gesetz" stellt nur eine Näherung dar, die für viele praktisch wichtige Schwingungssysteme nicht mehr zutrifft. Beispielsweise nimmt bei progressiven Federn die Federhärte mit zunehmender Auslenkung zu. Wie ändert sich hier das Schwingungsverhalten?

Als Beispiel betrachten wir den Fall, daß die Rückstellkraft mit der 3. Potenz des Weges zunimmt. Ein solches kubisches Kraftgesetz $F = c\,s^3$ (c = const.) gilt angenähert bei dem in Abb. 124.1 gezeigten nicht vorgespannten Federsystem bei Auslenkungen quer zur Federrichtung. Ist s klein, treten praktisch keine Rückstellkräfte auf, da die Federlänge nahezu unverändert bleibt. Der $F(s)$-Graph geht mit horizontaler Tangente durch den Nullpunkt. Bei steigender Amplitude wachsen die Federkräfte überproportional an. Man kann keine Federkonstante angeben, denn die Steigung des $F(s)$-Diagramms hängt von s ab. Je größer die Auslenkung, desto größer ist die im Mittel wirksame Federhärte, und der Schwinger wird um so heftiger zurückgetrieben. Umgekehrt erwarten wir, daß die Schwingungsdauer mit abnehmender Amplitude zunimmt, denn ein nicht vorgespanntes Federsystem reagiert bei kleinen Querauslenkungen völlig „schlaff". Wir überprüfen nun diese Vermutung im Computerexperiment.

Die gemäß dem kubischen Kraftgesetz F = − C * S^3 geänderte Beschleunigungszeile lautet:

A = (− C * S^3 − R * V)/M .

Abb. 124.1 Der Zusammenhang zwischen Kraft und Dehnung bei einem quer ausgelenkten nicht vorgespannten Federsystem folgt angenähert einer kubischen Funktion

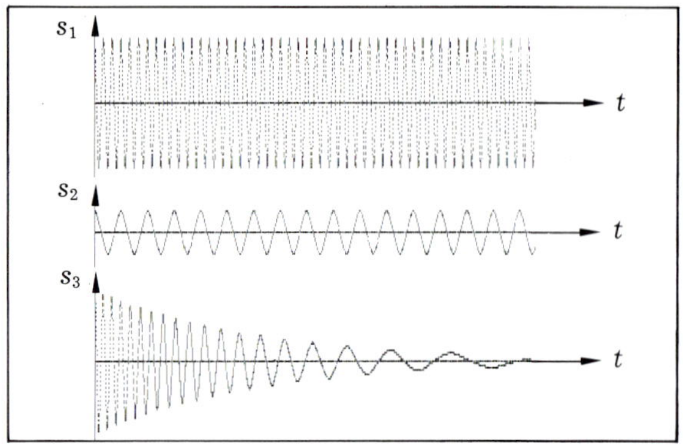

Abb. 124.2 Nichtlineare Schwingungen bei kubischem Kraftgesetz. a + b) Die Schwingungsdauer im ungedämpften System ist amplitudenabhängig. c) Bei Dämpfung durch Reibung verlängert sich die Schwingungsdauer mit abnehmender Amplitude

Abb. 124.2 zeigt das Schwingungsverhalten zunächst ohne Dämpfung (R = 0). Das System schwingt nicht mehr genau sinusförmig: Je weiter es hinausschwingt, desto schneller wird es erwartungsgemäß zurückgetrieben. Eine feste Eigenfrequenz ist nicht vorhanden.

Besonders augenfällig wird das Fehlen einer Eigenfrequenz, wenn wir Reibung einschließen: Mit abnehmender Amplitude wird die Periodendauer länger. Ein Musikinstrument, das auf solch nichtlinearen Schwingungen beruht, könnte nicht „den Ton halten". Beim Leiserwerden würde es zugleich tiefer. Tatsächlich gibt es Perkussionsinstrumente mit diesem Verhalten. Der seltsame Klang von chinesischen Gongs beruht auf einer Abnahme der Frequenz nach dem Anschlagen.

> Schwingungen mit nichtlinearem Kraftgesetz (**anharmonische Schwingungen**) haben ein von der Sinusschwingung abweichendes Weg-Zeit-Gesetz. Ihre Schwingungsdauer ist amplitudenabhängig.

Drehschwinger lassen sich leicht so umbauen, daß sie nichtlineare Schwingungen ausführen.

Versuch 1: An einem Drehschwinger (Pohlsches Rad) wird oben eine Zusatzmasse so angebracht, daß das Rad durch die Unwucht nach rechts oder links kippt und eine neue Gleichgewichtslage einnimmt. Läßt man es nun um diese neue Lage schwingen, dann braucht es für eine Schwingung um so länger, je weiter es schwingt. Dies wird besonders bei solchen Amplituden deutlich, die das Pendel fast in die andere Gleichgewichtslage hinübertreiben. Dieses Verhalten läßt sich in dem „Gebirge" der potentiellen Energie veranschaulichen. Ohne Unwucht stellt das Rad einen harmonischen Oszillator dar. Die potentielle Energie als Funktion des Drehwinkels ist eine Parabel, die nach oben offen ist mit einem Minimum bei $\alpha = 0°$. Durch Anbringen der Zusatzmasse senkrecht über der Drehachse addiert sich E_{pot} von einem Pendel,

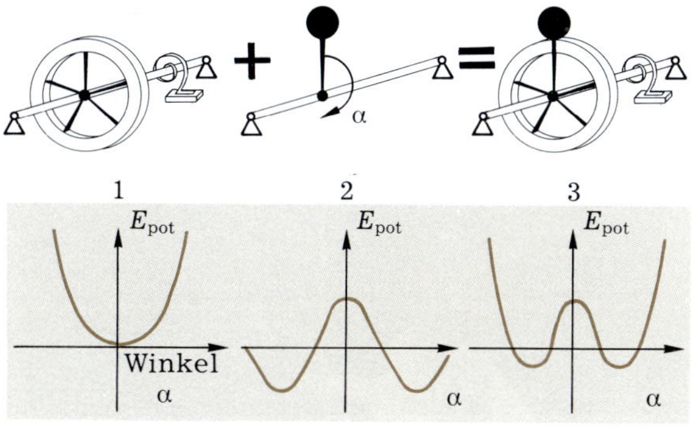

Abb. 125.1 Durch Anfügen einer Unwucht wird aus dem harmonisch schwingenden Drehpendel ein Oszillator, der nichtlineare Schwingungen um die beiden neu entstandenen Gleichgewichtslagen ausführt

das auf dem Kopf steht, das also bei $\alpha = 0°$ eine instabile Gleichgewichtslage hat (Maximum von E_{pot}). Bei geeigneter Masse der Unwucht überlagern sich beide Potentialkurven gerade so, daß zwei neue Minima bei $\alpha = \pm\alpha_{min}$ auftreten. Für kleine Schwingungen um die Minima ist der Verlauf von E_{pot} angenähert parabelförmig und das Rad führt harmonische Schwingungen aus. Steigerung der Amplitude bringt das Rad immer weiter in den flachen Teil des E_{pot}„Gebirges" und die Rückkehrzeit wird immer größer. Startet das Rad genau bei $\alpha = 0°$, so könnte es theoretisch für unendlich lange Zeit in dieser instabilen Gleichgewichtslage verharren. In der Praxis verhindern natürlich immer Störungen eine solche unendlich große Schwingungsdauer.

Aufgaben:

1. Schreiben Sie ein Computerprogramm für die grafische Darstellung von Schwingfall, Kriechfall und Grenzfall beim harmonischen Oszillator!
2. Bei einer progressiven Feder besteht ein kubischer Zusammenhang zwischen Kraft und Dehnung. Berechnen Sie die Spannarbeit in Abhängigkeit vom Weg und vergleichen Sie die Potentialkurve dieses Systems mit dem harmonischen Oszillator!
3. Schreiben Sie das Computerprogramm für den ungedämpften Schwinger mit kubischem Kraftgesetz so um, daß die Schwingungsdauer in Abhängigkeit von der Amplitude dargestellt wird. Um welchen Faktor ist die Amplitude zu vergrößern, bis sich eine Verdoppelung der Frequenz ergibt?
4. Ermitteln Sie nach der Methode von Aufgabe 3, wie die Schwingungsdauer eines Schwerependels von der Amplitude abhängt!
5. Eine aufrecht stehende Holzsäule führt Wackelschwingungen aus, deren Frequenz mit abnehmender Amplitude zunimmt. Wie lautet das Kraftgesetz? Schreiben Sie ein Programm zur Berechnung von $s(t)$ bei der gedämpften Schwingung!
6. Stellen Sie verschiedene lineare und nichtlineare Schwingungen in der sog. Phasenraumdarstellung dar. Tragen Sie in der x-Richtung den Ort und in der y-Richtung den Impuls auf. Welcher Kurventyp muß sich bei der harmonischen Schwingung ergeben?

10.7 Chaotische Bewegungen

Ist das Naturgeschehen genau vorhersagbar?
Bisher haben wir immer stillschweigend angenommen, die physikalischen Gesetze ließen eine Vorhersage mit beliebiger Genauigkeit zu. Dies scheint die unerbittliche Konsequenz der *Newton*schen Bewegungsgleichung zu sein, die wir in den beiden letzten Kapiteln in einen unbestechlichen mathematischen Apparat umgesetzt haben. Die Bahnkurve eines Körpers ergibt sich eindeutig aus den Anfangsbedingungen und den während der Bewegung wirkenden Kräften. Folgt daraus zwangsläufig auch ein **strenger Determinismus,** wie *Laplace* ihn in seinem berühmten Dämon gefordert hat?

Starke und schwache Kausalität
In den bisher behandelten mechanischen Problemen schien aus den *Newton*schen Bewegungsgleichungen eine Art „Pistolenschuß-Physik" zu folgen. Die Bewegung entwickelt sich immer so, daß eng benachbarte Bahnkurven zusammenbleiben (Abb. 125.2). Eine geringfügig veränderte Kraft beim Abschuß eines Pfeils verändert die Bahnkurve auch nur geringfügig. Dies erscheint uns ganz selbstverständlich, denn nach dem **Kausalitätsprinzip** kann die Ursache Kraft doch nur stetig eine Wirkung (= Bewegungsänderung) hervorbringen! Wir glauben, daß die Natur keine Sprünge macht und sind von der Gültigkeit des sogenannten **starken Kausalitätsprinzips** überzeugt: **Benachbarte Ursachen führen auch zu benachbarten Wirkungen.**
Unser Erkenntnisapparat hat sich im Laufe der individuellen und der stammesgeschichtlichen Evolution auf dieses Prinzip eingestellt. Wenn wir einen Stein ein wenig weiter werfen wollen, sagt uns die Erfahrung, daß wir ein wenig fester werfen müssen. Wenn bisher jeden Morgen die Sonne aufgegangen ist, gibt es keine Veranlassung daran zu zweifeln, daß sie morgen nicht aufgeht. Unsere Existenz ist mit der Regelmäßigkeit dieser Abläufe verknüpft. Abweichungen von dieser Regularität passen nicht in unser Weltbild. Mehr noch: Scheinbare Regelwidrigkeiten (z. B. Sonnenfinsternisse) waren, als man ihre Gesetze noch nicht verstand, bedrohlich.

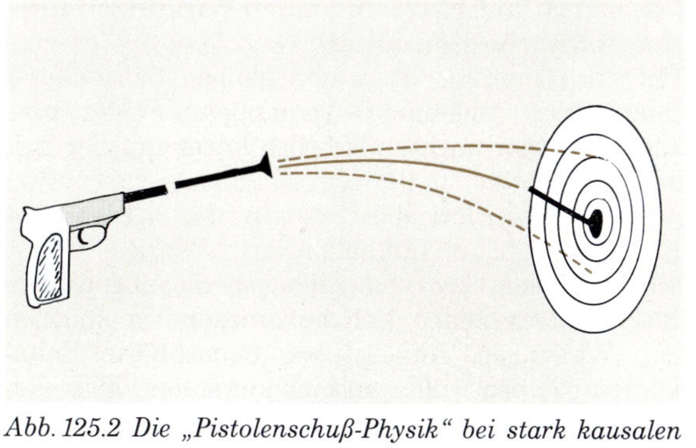

Abb. 125.2 Die „Pistolenschuß-Physik" bei stark kausalen Bahnkurven. Bahnen mit benachbarten Anfangsbedingungen bleiben beisammen

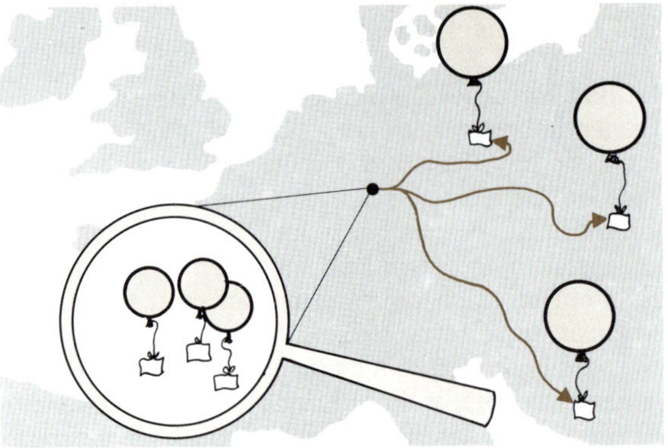

Abb. 126.1 Die Bahnkurven von Luftballons verlaufen trotz ähnlicher Anfangsbedingungen oft völlig verschieden (schwache Kausalität)

Abb. 126.2 Ordnung und Chaos im Zigarettenrauch. Die Strömung des Zigarettenrauchs erfolgt zunächst geordnet. Doch die Strömung wird instabil, und es ist unmöglich vorherzusagen, wohin sich ein Rauchteilchen bewegen wird

Chaos – die eingebaute Unsicherheit
Die bisher behandelten mechanischen Probleme, etwa der Wurf, die Bewegung von einem Planeten um ein Zentralgestirn (*Kepler*-Problem) oder die harmonische Schwingung ergeben keinen Anlaß, vom Prinzip der starken Kausalität abzuweichen. Tatsächlich ist aber die starke Kausalität die Ausnahme und nicht die Regel! Dummerweise sind nur die stark kausalen Systeme mit einfachen mathematischen Methoden lösbar (z. B. Wurf, harmonische Schwingung), weshalb der Anfangsunterricht in Physik sich bisher weitgehend darauf beschränkt hat.

Es gibt bereits sehr einfache Systeme, deren Bahnkurven von der strengen Regelmäßigkeit von Sinusschwingungen oder *Kepler*-Ellipsen abweichen, in einem scheinbar regellosen Durcheinander verlaufen, und deren Verhalten über lange Zeiträume unvorhersagbar wird. Man bezeichnet sie als chaotisch. So absurd es zunächst klingt, kann das **Chaos aus präzisen Bewegungsgleichungen** folgen (**deterministisches Chaos**).

Für chaotische Systeme gilt nach wie vor die **Kausalität der Newtonschen Bewegungsgleichungen: Die Kraft ist die Ursache der Impulsänderung.** Jedoch folgt daraus nicht jene starke Form von Kausalität, die wir intuitiv als allgemeingültig angenommen haben. **Ähnliche Ursachen können zu völlig verschiedenen Wirkungen führen (schwache Kausalität).**

Bei stark kausalen Systemen bleiben benachbarte Bahnkurven zusammen. Vorhandene Fehler bzw. Abweichungen wachsen lediglich linear mit der Zeit an.

Abb. 126.1 skizziert das **Prinzip der schwachen Kausalität** beim Luftballonstart. Winzige Unterschiede in den Ursachen (Anfangsbedingungen beim Start) unterscheiden sich außerordentlich stark in den Wirkungen. Anfangs eng benachbarte Bahnkurven können völlig auseinanderlaufen. Wie fügt sich das Durcheinander solcher scheinbar regelloser Bahnen in die wohlgeordnete Welt der Newtonschen Mechanik?

Chaotisch und langfristig nicht vorhersagbar ist das **Wetter,** wie uns die häufigen Fehlprognosen immer wieder beweisen. Ließe sich das Wettergeschehen nicht dadurch besser in den Griff bekommen, indem man die Erde mit einem noch engmaschigeren Meßnetz überzieht und Wetterdaten mit noch größeren und noch schnelleren Computern verrechnet? Könnte man so mit vertretbarem Aufwand eine sichere Monatsprognose erstellen?

Ein anderes Beispiel für chaotische Bewegung, die **Turbulenz,** zeigt uns, daß trotz allem Chaos gewisse Regelmäßigkeiten auf dem Weg in das Durcheinander auftreten. Gibt es **Ordnung im Chaos?** Auch chaotische Bewegungen werden von Regeln beherrscht, die aber so subtil sind, daß sie erst im letzten

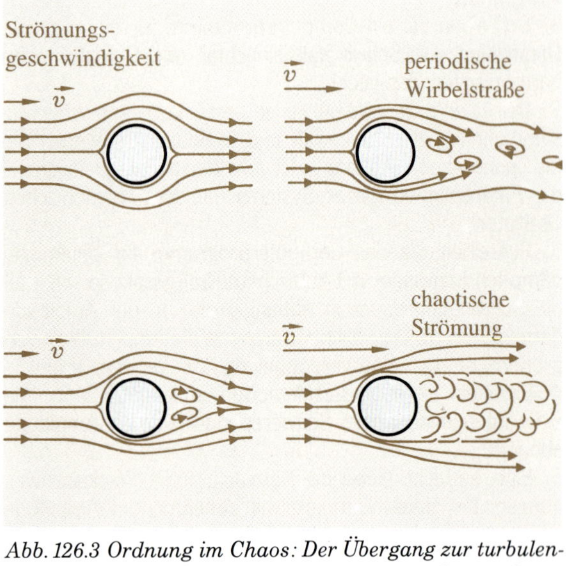

Abb. 126.3 Ordnung im Chaos: Der Übergang zur turbulenten Strömung. Eine Flüssigkeit strömt geordnet, solange ihre Geschwindigkeit v klein ist (laminare Strömung). Übersteigt v einen gewissen kritischen Wert, dann bilden sich Wirbel, die bei einer weiteren Steigerung von v immer stärker werden, bis sie schließlich in ein turbulentes Durcheinander umschlagen, bei dem keinerlei Ordnung mehr erkennbar ist

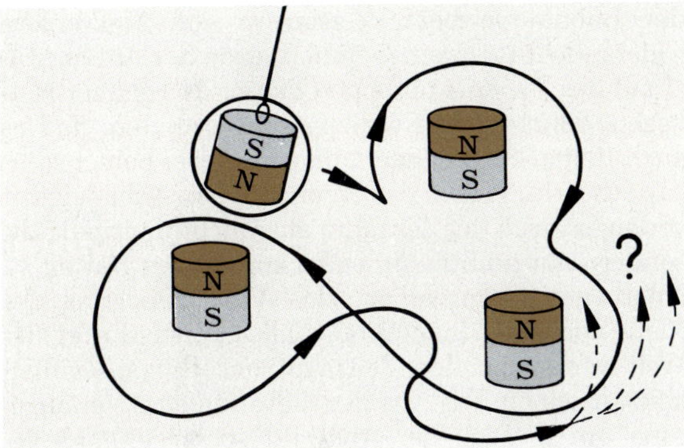

Abb. 127.1 Ordnung und Chaos in der Mechanik: Das Magnetpendel führt bei großen und kleinen Amplituden regelmäßige Schwingungen aus. Im mittleren Bereich schwingt es irregulär

Jahrzehnt entdeckt wurden. Trotzdem ist das Grundprinzip so einfach, daß wir es mit den bisher erworbenen Erkenntnissen selbst nachvollziehen können. Dies ist für Anfänger der Physik beruhigend, zeigt es doch, daß auch die Physiker ihre Wissenschaft noch nicht vollständig verstanden haben und daß auch ein scheinbar abgeschlossenes Gebiet wie die Mechanik immer noch für Überraschungen gut ist.

Das Magnetpendel als Lottozahlengenerator

Da an der Flüssigkeitsströmung und am Wettergeschehen eine riesige Zahl von Teilchen beteiligt ist, überrascht es nicht, die Bahn eines einzelnen nicht vorhersagen zu können. Chaotische Bewegungen sind jedoch nicht nur Vielteilchensystemen vorbehalten. Deterministisches Chaos findet sich schon in einfachen mechanischen Systemen. Schon die Bewegung eines einzigen Körpers, etwa eines Pendels, wird langfristig unvorhersagbar.

Versuch 2: Ein Pendel ist an einer starren Befestigung frei drehbar aufgehängt (Kugelpendel). Der Pendelkörper besteht aus einem Magneten. Unterhalb sind drei weitere abstoßende Magnete in einem Dreieck so angebracht, daß das Pendel vier neue Gleichgewichtslagen besitzt; eine in der Dreiecksmitte, drei weitere jenseits der Seiten (Abb. 127.1).

Lenkt man das Pendel weit genug aus, so schwingt es zunächst relativ normal. Bei abklingender Amplitude gerät es immer mehr in den Wirkungsbereich der Magnete und führt irreguläre Bewegungen aus, wobei es in unvorhersagbarer Abfolge die Gleichgewichtslagen aufsucht. Schließlich landet es in einem der vier Potentialminima. Die irreguläre Bahn vermittelt einen lebhaften Eindruck von chaotischer Bewegung. Selbst bei allergenauester Einstellung der Startbedingungen läßt sich ein Experiment nie genau wiederholen. Wir können nicht vorhersagen, welche Endlage erreicht wird. Wir könnten das Magnetpendel getrost wie ein Würfel als Zufallszahlengenerator benutzen. Woran liegt es, daß trotz der exakten gültigen Bewegungsgleichung nur Wahrscheinlichkeitsaussagen über das Verhalten des Pendels möglich sind?

Eine unvorhersagbare Situation haben wir bereits angesprochen: die instabile Gleichgewichtslage, an der ein Massenpunkt sich „entscheiden" kann, nach welcher Seite er geht. Tatsächlich liegt in dieser **Aufspaltung der Bahnkurve in zwei Alternativen** die Wurzel allen Chaos! Beim Magnetpendel gibt es gleich sechs dieser Verzweigungsspunkte. Die vier stabilen Gleichgewichtslagen des Pendels, Senken im „Gebirge" der potentiellen Energie, sind durch instabile Sattelpunkte voneinander getrennt. Winzigste Unterschiede im Bewegungszustand des Pendels entscheiden hier darüber, in welches Tal es übergeht. Instabile Lagen sind Situationen „auf Messers Schneide" (Abb. 127.2). Hier ist das System offen und anfällig für Störungen, die von außen kommen und sich der Kontrolle entziehen.

Exponentielle Fehlerfortpflanzung: Der Keim des Chaos und der langfristigen Unvorhersagbarkeit

(Freihand-)Versuch 3: Stellen Sie einen Bleistift möglichst genau senkrecht auf seine Spitze. Wohin fällt er?

Selbst wenn das Unmögliche gelänge und wir den Stift genau senkrecht aufstellen könnten, würde das kaum merkliche Wackeln der Atome infolge der Temperaturbewegung sich schließlich doch bemerkbar machen und letztlich bestimmen, in welche Richtung der Bleistift fällt. Die thermische Bewegung entzieht sich unserem Zugriff. Folglich ist das System unvorhersagbar.

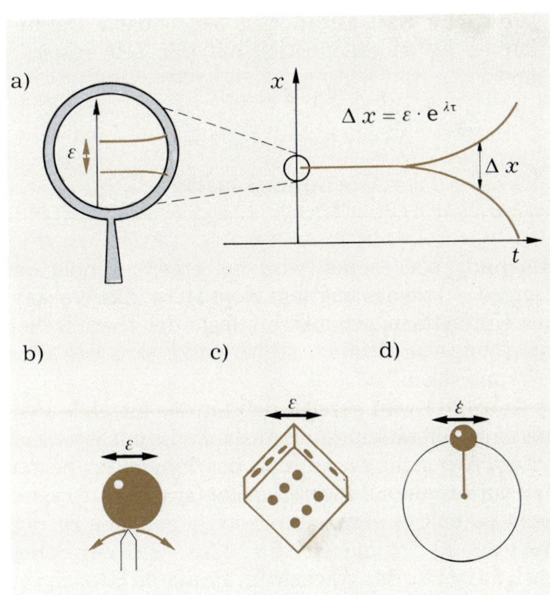

Abb. 127.2 Exponentielle Fehlerfortpflanzung als Ursache für schwache Kausalität und für Chaos. a) Eine winzige Abweichung ε im Anfangszustand wird exponentiell verstärkt. Die Unvorhersagbarkeit des Endzustandes der Kugel auf einer Schneide b), des Würfels c) und des Drehpendels d) beruht auf diesem Fehlerverstärkungsmechanismus

Die Empfindlichkeit für winzige mikroskopische Störungen, die sich schließlich im Großen auswirken, wollen wir mathematisch beschreiben. Stabile und instabile Gleichgewichtslagen unterscheiden sich nur durch die Richtung der Kraft. Minimum und Maximum von E_{pot} sind i. a. immer angenähert parabelförmig. Folglich wächst die Kraft näherungsweise proportional zur Auslenkung. Im Minimum ist Kraft immer rücktreibend; sie wirkt einer Auslenkung entgegen. Es kommt zu Schwingungen, die für kleine Auslenkungen sinusförmig verlaufen.
Anders auf dem Gipfel von E_{pot}. Hier tritt eine nach außen treibende Kraft auf, deren Größe mit zunehmender Auslenkung zunimmt. Jede noch so geringe Auslenkung aus dem Maximum verstärkt sich selbst: Sie ruft eine Kraft hervor, die wiederum eine Vergrößerung der Auslenkung bewirkt. Charakteristisch für lineare Selbstverstärkungsvorgänge ist eine exponentielle Zunahme der betreffenden Größe mit der Zeit (s. Abb. 128.1).
In instabilen Lagen verstärkt sich jede auch noch so kleine Störung explosionsartig und macht sich nach kurzer Zeit makroskopisch bemerkbar. Chaos ist damit vorprogrammiert. Die Natur hat gewissermaßen einen **Fehlerverstärkungsmechanismus** in instabile Systeme fest eingebaut. Eng benachbarte Anfangszustände laufen mit der Zeit exponentiell auseinander. **Schwache Kausalität, exponentielles Fehlerwachstum und Chaos hängen eng zusammen.**

> Im **instabilen Gleichgewicht** herrscht **schwache Kausalität.** Eng benachbarte Bahnkurven laufen exponentiell mit der Zeit auseinander:
>
> $$\Delta x = \varepsilon \cdot e^{\lambda t}$$
>
> $$\varepsilon = \text{Abstand bei } t = 0$$
>
> $$\lambda = \text{Wachstumskonstante} .$$

Beispiel: Wie schnell wird bei einem Pendel der Länge $l = 1$ m, das auf dem Kopf steht, das Wackeln des Unterstützungspunktes infolge der thermischen Bewegung von Atomen so verstärkt, daß wir seine Wirkung sehen?
In Abb. 128.1 wird gezeigt, daß für das instabile Pendel eine Verstärkung der Auslenkung mit $\lambda = \sqrt{g/l}$ erfolgt. Wir nehmen an, daß das Pendel im besten Fall auf Atomdurchmesser genau ($\varepsilon = 10^{-10}$ m) senkrecht gestellt werden kann. Nach 1 Sekunde beträgt $\Delta x = 2{,}3 \cdot 10^{-9}$ m und nach 6 s *ist* $\Delta x = 1{,}45$ cm. Schon nach 6 s ist also das Wackeln im atomaren Bereich von 10^{-10} m auf den Zentimeterbereich verstärkt.
Die e-Funktion besitzt einige Besonderheiten, die das zeitliche Verhalten schwach kausaler Systeme so schwierig faßbar für unser intuitives Verständnis von Bewegungsvorgängen machen. Beim instabilen Pendel passiert eine Weile scheinbar nichts (die Bewegung bleibt unterschwellig), bis es plötzlich seinen Zustand ändert und umkippt. Auch die Vorhersagemöglichkeit der Bahnkurve beim Verringern von Meßfehlern widerspricht unserem Gefühl. Würde der Anfangszustand des Pendels um einen Faktor 10 genauer festliegen, dann würden wir spontan vermuten, daß es auch 10 mal länger dauert, bis sich dieser Fehler spürbar auswirkt. Wegen der exponentiellen Abhängigkeit verlängert sich der Zeitraum aber nicht multiplikativ, sondern nur additiv um einen konstanten Betrag.
Nehmen wir einmal an, eine Verzehnfachung des Meß- und Rechenaufwandes aller Wetterämter der Welt verlängert den Zeitraum der Prognosegültigkeit um einen Tag. Dann müßte für eine Verlängerung um 2 Tage der Aufwand schon 100fach gesteigert werden. Für 30 Tage benötigte man die 10^{30}fache Computerkapazität. Die Tücke des Fehlerwachstums nach der e-Funktion wird offensichtlich! Der Aufwand vergrößert sich multiplikativ, während der Vorhersagezeitraum nur um einen konstanten Betrag verlängert wird. Wir können leicht ausrechnen, daß auch ein Supercomputer von der Masse der Erde oder des gesamten Kosmos die Prognose nur unwesentlich verlängert. Eine exakte Berechenbarkeit ist trotz streng deterministischer Bewegungsgesetze mit der **Endlichkeit des Universums** nicht verträglich.

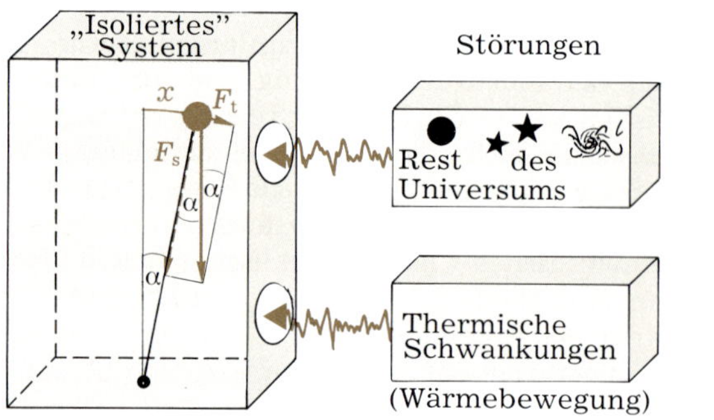

Abb. 128.1 Das instabile Pendel als Verstärker kleinster Schwankungen. Wir betrachten ein Schwerependel, das auf dem Kopf steht. Wird es aus der instabilen Lage um den Kreisbogen $x = l\alpha$ ausgelenkt, dann beschleunigt die tangentiale Komponente $F_t = mg \cdot \sin \alpha = mg \cdot \sin (x/l)$ der Gewichtskraft das Pendel in Bogenrichtung. Für kleine Winkel $\alpha = x/l$ gilt $\sin (x/l) \approx x/l$. Die Bewegungsgleichung $m\ddot{x} = F$ des Pendels lautet in diesem Fall:

$$\ddot{x} = g/l \cdot x .$$

Sie ist bis auf das Vorzeichen vom gleichen Typ wie die Schwingungsgleichung. Gesucht ist eine Funktion, deren 2. Ableitung der Funktion selbst proportional ist. Die e-Funktion erfüllt diese Bedingung. Ist x_0 die zur Zeit $t = 0$ vorhandene Auslenkung, dann gilt mit $\lambda = \sqrt{g/l}$

$$x(t) = x_0 \cdot e^{\lambda t} .$$

Eine beliebig geringere Auslenkung wächst exponentiell mit der Zeit an. Startet man zwei Bewegungsabläufe $x_1(t) = x_{01}\, e^{\lambda t}$ und $x_2(t) = x_{02}\, e^{\lambda t}$, dann nimmt auch die anfänglich vorhandene Abweichung $\varepsilon = x_{01} - x_{02}$ exponentiell mit der Zeit zu und wird sehr schnell spürbar. Was auf einer fernen Galaxie passiert, hat somit im Prinzip über die Gravitation Einfluß auf unser irdisches Geschehen

Das Sandkorn auf dem Mars – Spüren wir den Rest des Universums?

Der gesamte Kosmos spielt in die Unberechenbarkeit zugleich auf eine weitere Weise hinein! Die Unvorhersagbarkeit in der Mechanik beruht letztlich darauf, daß man Systeme nie völlig trennen kann. Der Begriff des **abgeschlossenen Systems** bricht angesichts des exponentiellen Fehlerwachstums zusammen. Da die Gravitationskraft unendlich weit reicht und nicht abgeschirmt werden kann, hat das, was auf fernen Gestirnen geschieht, im Prinzip auch Einfluß auf irdische Abläufe.

Ändert ein Sandkorn auf dem Mars seine Lage, so bringt das unser irdisches Chaos noch ein wenig mehr durcheinander. Kein Grund jedoch für Astrologen zum Frohlocken, denn die Effekte sind unspezifisch und gehen in den anderen Einflüssen, vor allem in der thermischen Teilchenbewegung, unter.

Grenzen des Wissens und des Systembegriffs

Unser Wissen über ein System ist begrenzt. Die **Information** über seinen Zustand läßt sich nicht mit beliebiger Genauigkeit fixieren. Bei genauem Hinsehen mit dem Mikroskop der exponentiellen Fehlerausbreitung ist die Wechselwirkung mit anderen Körpern selbst über kosmische Distanzen hinweg spürbar.

Die Methode der Physik ist durch Zerlegen der komplexen Wirklichkeit in immer einfachere Teilsysteme gekennzeichnet. Um ein System zu definieren, müssen wir es von der Umgebung abtrennen, doch es ist unmöglich, ein physikalisches System vom „Rest des Universums" zu isolieren. Übrig bleibt immer eine unbekannte Wechselwirkung mit dem Ganzen, aus dem wir das Teilsystem herausgelöst haben. Letztlich führt bereits die Unterteilung in Innen und Außen, wie sie jedem bewußten Erkenntnisvorgang eigen ist, zu Grenzen des Wissens. Die Physik leugnet oder überspielt diese Grenzen keinesfalls. Im Gegenteil: Sie ist eine der wenigen Disziplinen, die quantitative Aussagen zur Gültigkeit ihrer Modellannahmen und ihrer Vorhersagen macht! In der Quantenmechanik werden wir weitere prinzipielle Grenzen in der Messung und der Herstellung physikalischer Zustände kennenlernen.

Vom harmonischen Oszillator ins Chaos

Exponentielle Fehlerfortpflanzung und chaotische Bewegung treten nicht nur in solchen extremen Situationen wie dem invertierten Pendel auf, sondern Chaos findet sich in sehr vielen Bewegungsvorgängen. **Chaos ist eher die Regel als die Ausnahme.** Chaos kündigt sich jedoch an, und den Übergang von der regulären zur chaotischen Bewegung können wir in dem bereits bekannten Drehschwinger (Pohlsches Rad) verfolgen, das wir durch eine Unwucht in einen nichtlinearen Schwinger verwandelt haben (S. 129.1). Da die beiden stabilen Gleichgewichtspositionen durch eine instabile Zwischenlage getrennt sind (Zusatzmasse genau oben), besitzt das System die Voraussetzung für schwach kausale Bewegung. Wir haben

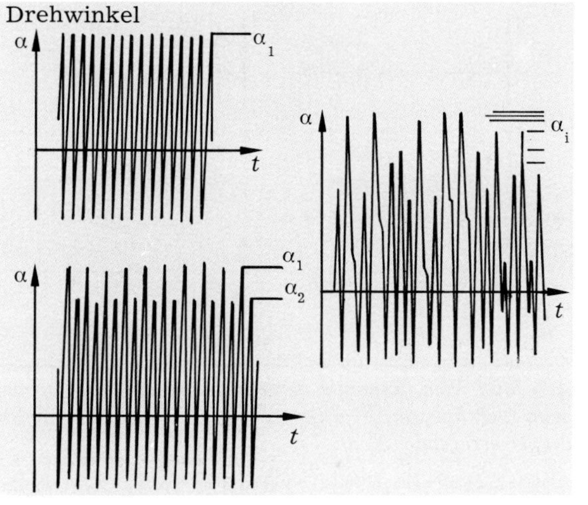

Abb. 129.1 Erzwungene Schwingungen des Drehpendels mit Unwucht bei zunehmender Amplitude durch Verringerung der Dämpfung

durch die Zusatzmasse nur eine geringfügig erscheinende Veränderung vorgenommen, doch dadurch entsteht eine neue Verhaltensqualität, die langfristige Vorhersagen des Schwingungsverhaltens unmöglich machen kann.

Versuch 4: Untersuchen Sie bei zunächst starker Dämpfung (großer Strom der Magnetbremse) kleine erzwungene Schwingungen um eine der beiden stabilen Lagen des Pendels. Nehmen Sie dann stufenweise die Dämpfung zurück, so daß das Drehpendel größere Schwingungen ausführen kann.

Im eingeschwungenen Zustand verhält sich der Schwinger bei kleinen Auslenkungen kaum anders als ohne Zusatzmasse und führt nahezu harmonische Schwingungen aus (Abb. 129.1). Bei Verringerung der Dämpfung geschieht etwas Seltsames. Die Amplitude wächst zunächst an, spaltet aber plötzlich in zwei Werte auf. Das Pendel schwingt abwechselnd weit und weniger weit aus. Erst nach zwei Schwingungen erreicht es wieder den vorigen Zustand. Seine Periode hat sich verdoppelt. Mit ein wenig Geschick läßt sich die Dämpfung so einstellen, daß vier Amplitudenwerte in regelmäßigem Wechsel aufgesucht werden. Bei weiterer Amplitudensteigerung führt das Drehpendel irreguläre Schwingungen aus. Aus dem harmonischen Oszillator, dem Musterbeispiel für Berechenbarkeit, ist durch Anfügen einer nichtlinearen Kraft ein chaotisches System geworden.

Ob Chaos auftritt oder nicht hängt von einem **Parameter** ab (hier die Dämpfung). Erst wenn die Dämpfung einen gewissen Wert unterschreitet und es zu großen Amplituden kommt, setzt Chaos ein. Aus den harmonischen Schwingungen bei kleinen Amplituden sind chaotische Schwingungen geworden. Interessanterweise kündigt sich der Übergang vom regulären zum chaotischen Verhalten über Periodenverdopplung an. Es gibt offensichtlich eine **Ordnung auf dem Weg ins Chaos.**

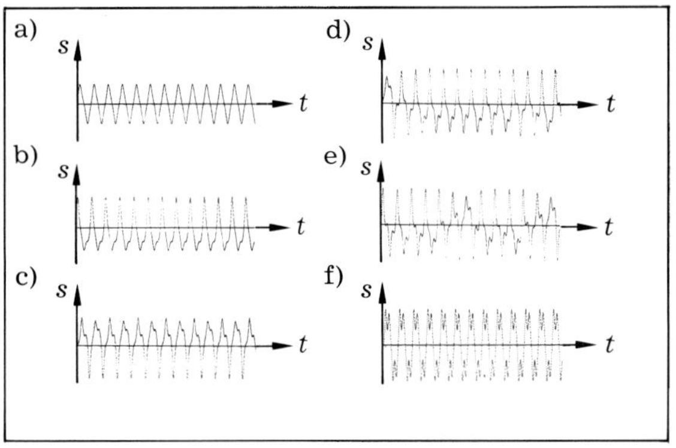

Abb. 130.1 Vom Computer berechnete Schwingungsformen beim nichtlinearen Kraftgesetz $F = C X^3$ bei verschieden großer erregender Kraft

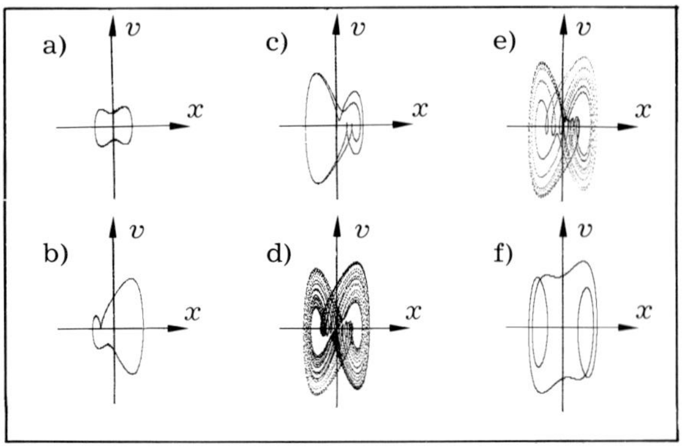

Abb. 130.3 Phasenraumdarstellung der Schwingungen beim nichtlinearen Kraftgesetz $F = C X^3$. Parameter wie in linker Abbildung

Chaotische Schwingungen auf dem Computer

Obiges Rezept für Chaos mit den Zutaten Nichtlinearität, erzwungene Schwingung und große Amplitude wollen wir in der **Computersimulation** genauer untersuchen. Als einzige Änderung fügen wir in das Programm der gedämpften Schwingung mit nichtlinearem Kraftgesetz eine periodische Anregungskraft $F \cdot \sin \omega t$, deren Stärke F wählbar ist. Das führt zu folgender Beschleunigung (OM = ω):

A = (F*sin(OM*T)–C*s^3–R*V)/M .

Tatsächlich zeigt das Computermodell ein ähnliches Verhalten wie das Drehpendel mit Unwucht, wenn wir als Parameter die Stärke der anregenden Kraft vergrößern (Abb. 130.1). Bei schwacher Anregung schwingt das System stabil mit konstanter kleiner Amplitude. Steigerung der Anregungsstärke führt zu einem Anwachsen der Amplitude, jedoch nur bis zu einem gewissen kritischen Wert. Darüber wird die Amplitude instabil. Das System stellt sich nicht mehr auf einen einzigen Amplitudenwert ein, sondern pendelt zwischen zwei Werten hin und her. Weitere Erhöhung der Kraft macht auch diesen Zustand instabil; es folgen Zustände mit 4, 8, 16 usw. verschiedenen Amplitudenwerten, bis schließlich das System unregelmäßige, chaotische Schwingungen ausführt.

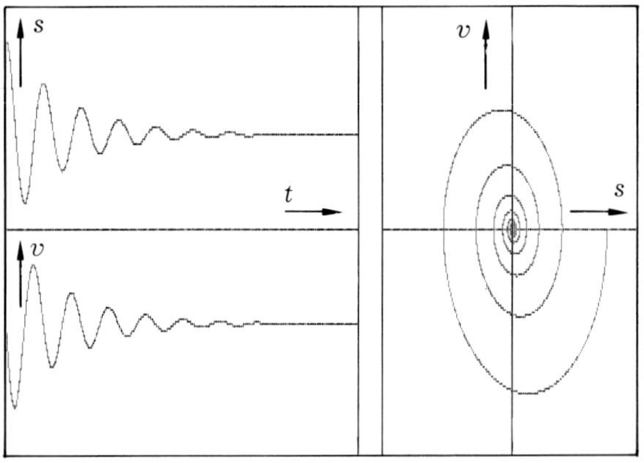

Abb. 130.2 Weg-Zeit- und Geschwindigkeit-Zeit-Diagramm werden zur Phasenraumdarstellung einer gedämpften Schwingung zusammengefügt

Anziehende Zustände im Phasenraum

Bisher haben wir Bewegungen immer nur in $s(t)$- oder $v(t)$-Diagrammen dargestellt, die bei periodischer Bewegung sich wiederholen und über eine Periode hinaus keine neuen Informationen liefern. Die Wiederholung läßt sich vermeiden, wenn wir die Zeitskala unterdrücken und in einer Art **Fahrtenschreiber** v als Funktion von s aufzeichnen. Anders als beim LKW-Fahrtenschreiber wird hier zu jedem Ort die zugehörige Geschwindigkeit festgehalten.
Man nennt den von Ort und Geschwindigkeit aufgespannten Raum auch **Zustands- oder Phasenraum.** Der Phasenraum ist ein abstrakter mathematischer Raum, der nur in ganz einfachen Fällen anschaulich ist. Die Bewegung eines Massenpunktes erfolgt in einem Phasenraum mit 2 Dimensionen (s-v-Ebene). Bei zwei Teilchen ist der Phasenraum schon vierdimensional.
Trotz der Unanschaulichkeit bei mehr als 3 Dimensionen erlaubt der Phasenraum eine anschauliche **Unterscheidung des Bewegungstyps.** Periodische Bewegungen sind durch geschlossene Bahnkurven im Phasenraum gekennzeichnet, da sie sich nach einer Periode exakt wiederholen. Eine ungedämpfte harmonische Schwingung mit $s = s_m \sin \omega t$ und $v = \omega \cdot s_m \cos \omega t$ zeichnet eine Ellipse im Phasenraum. Bei nichtlinearem Kraftgesetz gibt es Abweichungen von der harmonischen Sinusschwingung; die Ellipse wird verformt. Die gedämpfte harmonische Schwingung stellt sich als Spirale im Phasenraum dar (Abb. 130.2). Da die Bewegung vom Nullpunkt angezogen zu werden scheint, bezeichnet man diesen als **Attraktor.** Erregt man den Oszillator sinusförmig, dann liegt nach dem Einschwingvorgang eine harmonische Schwingung vor. Durch die äußere Anregung geht der **Punktattraktor** in eine geschlossene Kurve über, die man als **Grenzzyklus** bezeichnet. Beim harmonischen Oszillator ist der Grenzzyklus immer eine Ellipse. Ganz gleich wie groß seine Amplitude wird, er schwingt immer sinusförmig.
Ganz anders die Entwicklung des anharmonischen Oszillators. Hier kann sich amplitudenabhängig der Grenzzyklus noch weiter verändern, indem er instabil wird und neue Gestalten annimt.

Chaos: Vertrackte Phasenraumbahnen und seltsame Attraktoren

Beim Aufspalten der Amplitude in 2, 4, 8 usw. Werte ist die Schwingung noch immer periodisch; sie wiederholt sich nach 2, 4, 8, ... Anregungszyklen. Entsprechend bricht amplitudenabhängig der Grenzzyklus in neue Bahnen auf, die sich erst nach 2, 4, 8 usw. Umläufen schließen (Abb. 130.3).

Die Zahl der Umläufe, bis sich die Bewegung wiederholt, verdoppelt sich immer schneller bei Amplitudensteigerung. Schließlich erfolgt der Übergang in die chaotische Bewegung. Die Bahn im Phasenraum ist nicht mehr geschlossen, da die Bewegung sich erst nach unendlich langer Zeit wiederholen würde. Bestimmte Bereiche des Phasenraums werden durch die Bahn mehr oder weniger gleichmäßig erfüllt. Diesen irregulären Attraktor nennt man einen chaotischen oder **seltsamen Attraktor.**

Dieser Attraktor heißt seltsam nicht nur wegen seines verwickelten Aussehens. Er ist auch mathematisch eine Besonderheit, ein Zwischending zwischen einer Linie (geschlossene Bahn im Phasenraum, Dimension $d = 1$) und einer Fläche (gleichmäßig verschmierte Bahn, $d = 2$). Man sagt, er besitzt eine **fraktale Dimension** $1 < d < 2$.

Das Auftreten von seltsamen Attraktoren läßt sich mit Hilfe der sog. **Poincaré-Abbildung** veranschaulichen. Man registriert dazu periodisch bei immer gleicher Phase der Anregung (z. B. bei maximaler erregender Kraft) an welchem Punkt der x-v-Ebene das System sich befindet. Anschaulich kann man sich die *Poincaré*-Abbildung als ein Blitzen genau im Takt der Anregung vorstellen (**stroboskopische Abbildung**). Dadurch wird der gesamte Bewegungsablauf auf eine Momentaufnahme komprimiert, die aber noch einige wesentliche Merkmale der Bewegung enthält. Erfolgt die Bewegung genau im Takt der Anregung, so wird sie durch die stroboskopische Abbildung „eingefroren". In der Phasenebene ergibt sich nur ein Punkt. Schließt sich die Bahn erst nach 2, 4 oder 8 Anregungszyklen, so ergeben sich ebenso viele Punkte. Bei einem seltsamen Attraktor liefert dagegen die *Poincaré*-Abbildung eine verschmierte Wolke von Punkten.

Vergrößert man in dem Computermodell weiter die Anregung, so tritt eine Überraschung auf. Das Modell verläßt den chaotischen Bewegungszustand und schwingt wieder periodisch. Chaos kann demnach auch wieder plötzlich in Ordnung umschlagen. **Ordnung und Chaos sind auf eine äußerst subtile Weise miteinander verwoben.**

Mit dem skizzierten Verhaltensmuster (Szenario) haben wir eine verbreitete Verhaltensweise von nichtlinearen Systemen kennengelernt. Weil die nichtlinearen Schwingungen mathematisch sehr schwierig sind, können wir hier keine erschöpfende Darstellung geben. Jedes Schwingungssystem verhält sich im Detail anders. Dennoch gibt es gewisse gemeinsame Strukturen. Über die Mechanik und die engere Physik hinausgehend spielen diese Gemeinsamkeiten in vielen anderen Gebieten (Technik, Biologie, Medizin) bei nichtlinearen Schwingungen eine Rolle. Wir schließen eine wichtige Verallgemeinerung an.

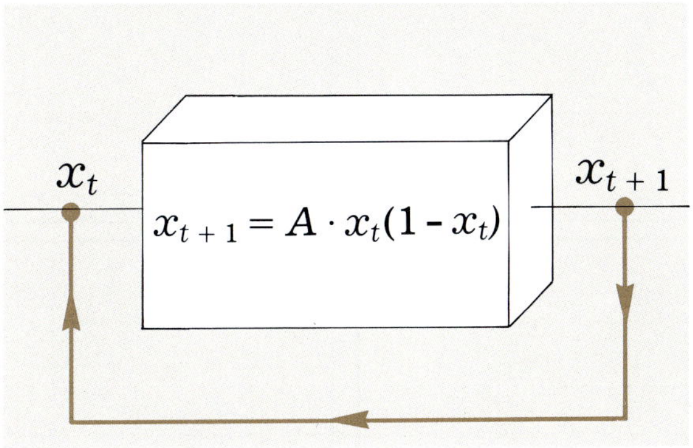

Abb. 131.1 Einfaches Basic-Programm für die diskrete quadratische Rückkopplung

Rückkopplung und nichtlineare erzwungene Schwingung

Die Amplitude bei der erzwungenen Schwingung ist das Ergebnis eines **Rückkopplungsvorgangs.** Beim harmonischen Oszillator kommt es dabei zu einer automatischen **Stabilisierung der Phase** (s. S. 118). Die Phasenverschiebung zwischen Erreger und Schwinger hängt nur von der Erregerfrequenz und nicht von der Amplitude ab.

Die nichtlineare Rückstellkraft verändert die Situation grundlegend. Sind Erregerkraft und Drehpendelgeschwindigkeit in Phase, dann fließt viel Energie in die Pendelschwingung. Die Amplitude wächst an. Bei dem betrachteten X^3-Kraftgesetz nimmt die Schwingungsdauer mit zunehmender Amplitude ab. Der Oszillator kehrt schneller zurück und ist unter Umständen gegenüber der erregenden Kraft außer Tritt geraten. Die Gleichphasigkeit von Kraft und Geschwindigkeit ist nicht mehr gegeben. Der Oszillator kann weniger Energie aufnehmen und schwingt daher im nächsten Zyklus weniger weit. Bei nichtlinearen Schwingungen stabilisiert sich die Amplitude nicht automatisch auf einen neuen Wert. Es kann zu einer **Destabilisierung der Amplitude** kommen, hervorgerufen durch die Nichtlinearität der Rückstellkraft.

Die Rückkopplung in dem kontinuierlich ablaufenden Schwingungsvorgang läßt sich auf ein wesentlich einfacheres mathematisches Modell zurückführen, das mit einer Folge von diskreten Amplitudenwerten arbeitet. Aus dem alten Amplitudenwert X_t wird mit einer geeigneten Rechenvorschrift der neue Wert X_{t+1} der nächsten Periode errechnet. Es gibt bereits äußerst simple mathematische „Abbildungen" von X_t auf X_{t+1} mit überraschendem chaotischem Verhalten, das einen ähnlichen Weg ins Chaos aufweist wie die Amplitudenwerte des nichtlinearen Schwingers.

Chaos bei nichtlinearen Rückkopplungen

Folgende Gleichung verknüpft einen alten Zustand X_t mit einem neuen Zustand X_{t+1} ($A = \text{const}, 0 < A < 4$):

$$X_{t+1} = A\,(1 - X_t)\,X_t\,.$$

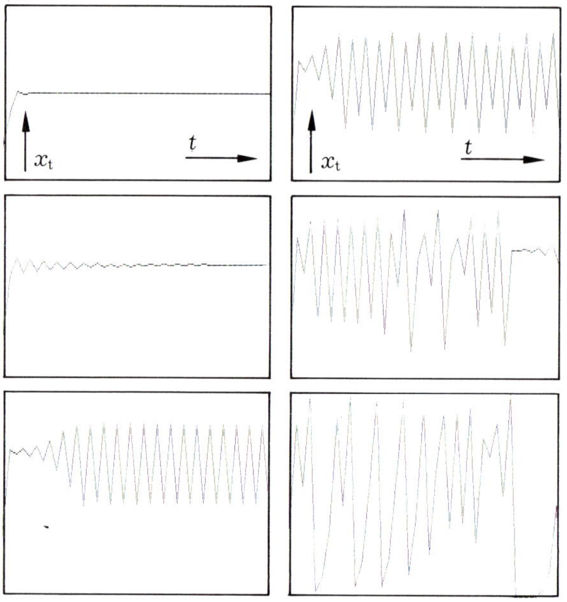

Abb. 132.1 Verhalten des Rückkopplungsmodells $X_{t+1} = A \cdot X_t \cdot (1-X_t)$ in Abhängigkeit vom Parameter A

Wichtig ist auch hier die Nichtlinearität (quadratischer Zusammenhang zwischen X_{t+1} und X_t). Gäbe es nur den linearen Zusammenhang $X_{t+1} = A'X_t$ ($A' = const>1$), dann wäre das Verhalten der Zahlenfolge langweilig. Wir kennen es von der Zinseszinsrechnung: exponentielle Zunahme der X_t. Will man dieses Wachstum über alle Grenzen beschränken, so kann man die Wachstumskonstante A′ verringern, abhängig davon, wie stark X_t bereits angewachsen ist. Setzt man für $A' = A\,(1-X_t)$, so liefert dies das Gewünschte, solange $X_t<1$.

Diese einfach aussehende Gleichung hat es in sich und erzeugt abhängig vom Parameter A eine außerordentliche Vielfalt von Folgen der X_t. Naiv würde man erwarten, daß die X_t-Werte gegen eine Sättigung streben.

Einfache Rückkopplung und komplexes Verhalten

(Computer-)Versuch 4: Führen Sie die Iteration auf einem Microcomputer durch und stellen Sie das Ergebnis für verschiedene Werte des Wachstumsparameters ($0<A<4$) grafisch dar!

Abb. 132.1 zeigt in einer Bildfolge das Verhalten der diskreten mathematischen Rückkopplung für verschiedene Werte der Konstanten A. Für $1<A<3$ konvergiert die Folge der X_t gegen einen festen Grenzwert $X*>0$. Je größer A ist, desto länger braucht das System einzuschwingen und einen stabilen Zustand zu erreichen. Die Schwankungen dauern um so länger, je näher A an den Wert $A=3$ herankommt. Das System wird zunehmend instabil.

Für $A>3$ werden die Oszillationen nicht mehr gedämpft und die Zahlenfolge springt zwischen zwei Werten hin und her. Das rückgekoppelte System wird zum Oszillator, wenn der Rückkopplungsparameter einen gewissen kritischen Wert überschreitet. Die periodischen „2-Punkt-Zyklen" sind aber nur im Parameterbereich $3<A<3{,}45$ stabil. Für $A=3{,}45$ springt die Zahlenfolge zwischen 4 Werten hin und her, bis dieser 4-Punkte-Zyklus wiederum instabil wird und einem Achterzyklus Platz macht.

Die Periode dieser seltsamen Rückkopplung verdoppelt sich somit von einem Instabilitätspunkt zum nächsten. Entsprechend wird die Frequenz jeweils halbiert. Die **Periodenverdopplungen** folgen immer dichter aufeinander, bis bei $A=3{,}57$ eine unendlich lange Periode auftritt. Die Zahlenfolge wiederholt sich nicht.

Das mathematische Rückkopplungsmodell ist durch **Parameterabhängigkeit** gekennzeichnet. Je nach dem Wert von A erzeugt die Rückkopplung eine konstante, eine periodische oder eine völlig unperiodische Zahlenfolge. Würde ein Beobachter die Folge der X_t für $A=4$ registrieren, dann hätte sie für ihn alle Merkmale einer Zufallsfolge. Man sagt: Die Rückkopplung erzeugt deterministisches Chaos.

Ordnung auf dem Weg ins Chaos

Das Einsetzen von Chaos in Abhängigkeit vom Rückkopplungsparameter A läßt sich in dem einfachen Computermodell systematisch verfolgen. Auf der Ordinate in Abb. 132.2 sind alle diejenigen Werte der Zahlenfolge X_t aufgetragen, die auftreten, nachdem der Einschwingvorgang nach einem Vorlauf von 300 Iterationsschritten abgeklungen ist.

Man erkennt, wie der anfänglich einzige stabile Zustand bei $A=3$ instabil wird und in 2 neue stabile Zustände aufgabelt, die ihrerseits in einer dichter werdenden Folge immer weiter verästeln. Chaos ist dadurch gekennzeichnet, daß nicht mehr einzelne Punkte aufgesucht werden, sondern die Zahlenfolge ein Intervall mehr oder weniger gleichmäßig ausfüllt. Für den „chaotischsten" Wert $A=4$ wird das gesamte Intervall $0<X_t<1$ überstrichen. In der Anhäufung der Punkte im chaotischen Bereich gibt es außerdem noch gewisse Strukturen, die sich bei Vergrößerung auch in immer kleineren Ausschnitten aufs Neue wiederfinden (**Prinzip der Selbstähnlichkeit**).

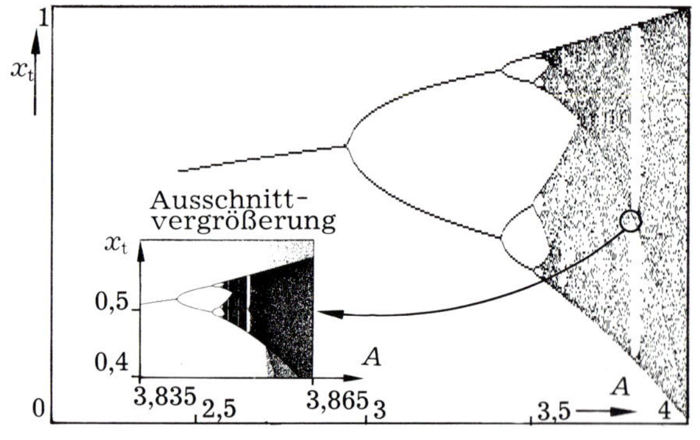

Abb. 132.2 Ordnung im Chaos: Die Folge der X_t zweigt auf und wird über Periodenverdopplungen chaotisch. Vergrößert man einen Ausschnitt des chaotischen Bereichs, so findet man wiederum ähnliche Verzweigungsmuster (Prinzip der Selbstähnlichkeit)

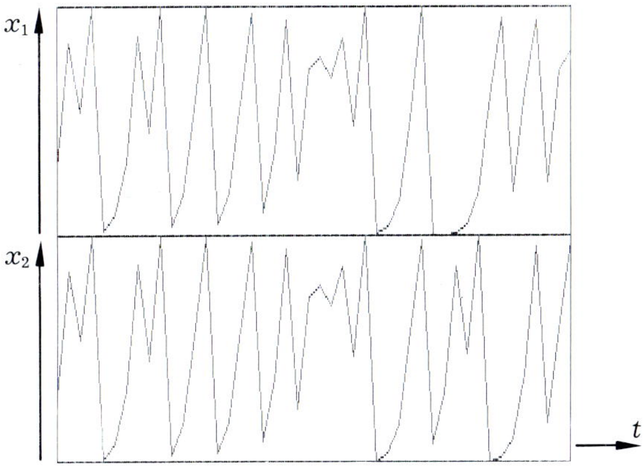

Abb. 133.1 Im Rückkopplungsmodell $X_{t+1} = 4 \cdot X_t(1-X_t)$ macht sich ein winziger Unterschied von $\Delta X_0 = 10^{-10}$ in der Anfangsbedingung plötzlich explosionsartig bemerkbar

Die Austreibung des Laplaceschen Dämons
Dieses diskrete Rückkopplungsmodell entspricht in seinen qualitativen Verhaltensweisen genau dem Weg ins Chaos, den wir beim nichtlinearen Oszillator im Experiment und in der Computersimulation gefunden haben. Wir können uns leicht davon überzeugen, daß es im Bereich des Chaos sich nur schwach kausal verhält und exponentielle Fehlerfortpflanzung zeigt.
(Computer-)Versuch 5: Beobachten Sie zwei Rückkopplungen mit A = 4, die von eng benachbarten Anfangswerten starten! Diese sollen sich um $X_0 = 10^{-10}$ unterscheiden. Wiederholen Sie das Experiment mit mehreren jeweils um eine Zehnerpotenz größeren X_0-Werten!
Es ergeben sich zwei Zahlenfolgen, die zunächst übereinzustimmen scheinen (Abb. 133.1). Gemäß unserem stark kausal geprägten Weltbild würden wir erwarten, daß dies auch in alle Zukunft so weitergehen sollte. Das Experiment zeigt dagegen zwei Bahnen, die nach einer gewissen Zeit der Übereinstimmung abrupt auseinanderlaufen.
Naiv würde man meinen, daß eine zehnfach präzisere Kenntnis des Anfangszustandes auch eine Verzehnfachung des Vorhersagezeitraumes bewirken sollte, also jener Zeit, in der die Fehler sich noch nicht deutlich auswirken. Die Rechnung zeigt, daß eine zehnfach höhere Genauigkeit den Zeitpunkt der Fehlerexplosion nur um einen gewissen Zeitbetrag additiv hinausschiebt. Dies ist gerade das Kennzeichen der exponentiellen Fehlerfortpflanzung.
Wir gelangen damit sehr schnell an das Ende des deterministischen Lateins; denn die schwach kausalen Systeme geben nicht das an Vorhersagegüte wieder zurück, was an Meßaufwand zur Kenntnis des Anfangszustandes hineingesteckt wurde. Eine Multiplikation in der Genauigkeit der Kenntnis des Anfangszustandes ergibt nur einen additiven Zuwachs im Vorhersagezeitraum.
Die Meßgenauigkeit kann nicht beliebig vorwärtsgetrieben werden aus praktischen aber auch aus prinzipiellen Gründen. Selbst wenn man ein begrenztes System genau kennen würde, der Einfluß des „Rests vom Universum" ist doch unvorhersagbar. Jener beängstigend übermächtige Laplace-Dämon, der zu einer gegebenen Zeit die Lage und die Bewegung aller Atome kennt und in der Lage sein müßte, die Zukunft der Welt vorauszuberechnen, ist in Wirklichkeit ohnmächtig und steht auf wackligen Füßen.

Nicht die Konsequenz der **Berechenbarkeit der Welt** ist falsch, sondern ihre Voraussetzung. Die Welt ist zwar nicht gesetzlos, doch läßt sich ihre Entwicklung nicht mit Sicherheit vorhersagen.

Trotz aller Berechenbarkeit bleibt immer ein Rest Offenheit, Freiheit aber auch Unsicherheit und Unwissenheit! Diese erstaunliche Konsequenz folgt bereits aus der klassischen Mechanik, die von der Idee der Berechenbarkeit der Welt ausgeht, ein äußerst erfolgreiches Konzept, das schließlich auch die Grenzen seiner Gültigkeit aufzeigt.

Einfache Gesetze und komplizierte Strukturen
Die dargestellte Sequenz zeigt eine Möglichkeit, wie Systeme chaotisch werden können. Nach seinen Entdeckern heißt sie auch **Großmann-Feigenbaum-Szenario.** Das auf dem **Bucheinband** dargestellte Gebilde (die sog. *Mandelbrot*-Menge) ergibt sich, wenn man das beschriebene diskrete Rückkopplungsmodell auf komplexe Zahlen ausdehnt (s. Lehrerband).
Die auf einfachen nichtlinearen Rückkopplungen basierenden Computergrafiken sind nicht nur von besonderem ästhetischen Reiz, sie liefern auch eine hochinteressante physikalische Botschaft:
Komplexe Strukturen können aus einfachen nichtlinearen Gesetzen entstehen. *Trotz ihrer außerordentlichen Formenvielfalt ist die Natur offenbar sparsam und einfach bei den Prinzipien, nach denen sich diese Strukturen organisieren.*
Sind $x_1(t)$ und $x_2(t)$ Lösungen einer DGL, die ein **lineares Naturgesetz** zum Ausdruck bringt, dann ist deren Summe ebenfalls eine Lösung, d. h. ein möglicher Ablauf des Vorgangs (vgl. S. 142). Es gilt das **Überlagerungs- oder Additionsprinzip:**

$$x_1(t) + x_2(t) = x_s(t)\,.$$

Nicht-lineare Gesetze setzen es außer Kraft. Aber an seine Stelle tritt bei der *Skalentransformation* $t \to \lambda t$ (λ: Streck- oder Stauchfaktor) das *multiplikative Prinzip* der
Selbstähnlichkeit oder Skaleninvarianz:

$$x(\lambda t) = \lambda^n \cdot x(t)$$

mit n als Skalen- oder Ähnlichkeitskoeffizient. Ein *Beispiel* für eine derartige Selbstähnlichkeit ist ein Blick in einen Spiegel, dem ein anderer gegenübersteht. Man sieht sich wegen des *nicht-linearen optischen Spiegelungsgesetzes* immer wieder auf einer immer kleineren Skala. Zur Beschreibung selbstähnlicher Strukturen benötigt man eine **fraktale Geometrie** (vgl. *Bild Bucheinband* und Aufg. 3, S. 125).

11. Mechanische Wellen

Wellenphänomene – subjektiv und objektiv
Es gibt kaum einen Bereich von Naturphänomenen, der unser ästhetisches Empfinden so bewegt wie die Vielfalt der Wellenerscheinungen in der Natur. Das Wogen eines Kornfeldes, das ewige Auf und Ab der heranrollenden Meeresbrandung, der vertraute Klang einer Stimme, die Harmonie eines Musikstückes, das alles basiert auf Schwingungs- und Wellenphänomenen, die sich auf eine gemeinsame physikalische Strukturen und mathematische Beschreibung zurückführen lassen.
Das Wesen des physikalischen **Reduktionismus** wird gerade im Bereich der Wellenphänomene nicht nur verstandesmäßig faßbar, sondern auch gefühlsmäßig erlebbar. Hier klafft eine weite Lücke zwischen unserem Empfinden und der dürren Sprache der Physik. Wir werden sehen, daß Musik physikalisch gesehen „nur" eine Überlagerung von Schwingungen verschiedener Frequenzen darstellt. Ebenso ist das Licht einer bestimmten Farbe nichts als eine Überlagerung von elektromagnetischen Schwingungen. Die Vorgehensweise der Physik ist dadurch gekennzeichnet, daß sie sich von unseren unvollständigen und unvollkommenen Sinneseindrücken löst und subjektive Aspekte ausklammert. Damit beschreibt und erklärt sie zwar sehr erfolgreich die Natur „draußen", kann aber unsere **innere Wirklichkeit** nur unvollständig wiedergeben.

Abb. 134.1 Eine Welle transportiert Energie und Impuls. Ihr Energie- und Impulsstrom wird vom Surfer angezapft

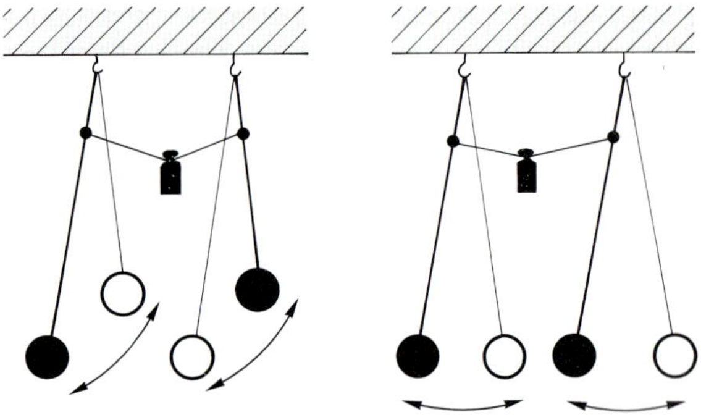

Abb. 134.2 Doppelpendel können gekoppelte Schwingungen in Längs- oder Querrichtung (Longitudinal- bzw. Transversalschwingungen) ausführen

11.1 Gekoppelte Schwingungen

Bisher betrachteten wir nur Schwingungen eines einzelnen schwingungsfähigen Systems. Damit Schwingungen sich ausbreiten und somit Wellen entstehen können, muß zwischen Schwingern eine Kopplung vorhanden sein, welche die Schwingungsenergie weitergeben kann. Wir untersuchen den Effekt der Kopplung zunächst an zwei gekoppelten Pendeln (Abb. 134.2).

Versuch 1: Zwei Stangenpendel *gleicher Eigenfrequenz* sind durch einen Faden gekoppelt. Die Kopplungsstärke läßt sich durch das Anhängen verschieden schwerer Gewichtsstücke verändern. Wir untersuchen das Verhalten dieses gekoppelten Systems bei longitudinaler oder transversaler Anregung, je nachdem, ob das eine Pendel in Längsrichtung oder quer dazu angestoßen wird.

Wir beobachten sowohl bei Longitudinal- wie auch bei Transversalschwingungen, daß durch die Kopplung schon nach kurzer Zeit die Schwingungsenergie auf das nicht erregte Pendel übergegangen ist. Das Erregerpendel kommt – bei guter Abstimmung beider Pendel – völlig zur Ruhe und wird nun seinerseits wieder aufgeschaukelt. Die gesamte Schwingungsenergie wandert zwischen beiden Pendeln periodisch hin und her. Bei gleicher Frequenz der Einzelsysteme

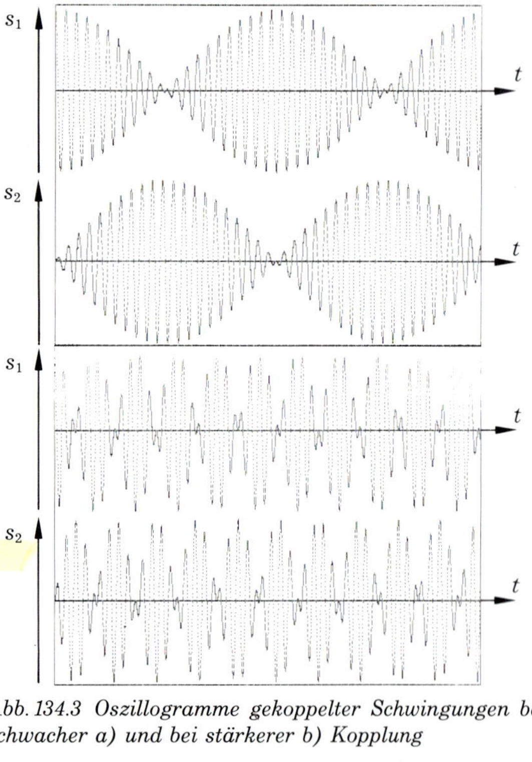

Abb. 134.3 Oszillogramme gekoppelter Schwingungen bei schwacher a) und bei stärkerer b) Kopplung

können wir dies als Resonanzvorgang auffassen, wobei der Energieaustausch vollständig erfolgt. Stimmen die Frequenzen nicht genau überein, so verbleibt eine Restenergie in den beiden Schwingern.
Wie schnell der Energiefluß zwischen den beiden Pendeln erfolgt, hängt von der Stärke der Kopplung ab. Vergrößert man den Kopplungsgrad durch Anhängen eines schwereren Kopplungsgewichtstücks, wandert die Energie schneller hin und her (Abb. 134.2).
Es gibt jedoch besondere Schwingungszustände gekoppelter Systeme, bei denen keine Energie zwischen den Schwingern ausgetauscht wird. Diese Schwingungsformen nennt man **Fundamentalschwingungen** oder **Eigenschwingungen.**
Ein System aus zwei gekoppelten Pendeln besitzt, wie wir uns experimentell leicht überzeugen können, zwei Fundamentalschwingungen.
Versuch 2: Lenken Sie zwei gekoppelte Pendel mit gleicher Eigenfrequenz um den gleichen Betrag in gleicher Richtung aus (Gleichphasige Anregung)! Wiederholen Sie das Experiment mit genau gegenphasiger Anregung (Phasenverschiebung 180°)!
Beide Pendel können sowohl exakt gleichphasig (im Gleichtakt) oder gegenphasig (im Gegentakt) schwingen, ohne daß Energie zwischen ihnen hin- und herfließt. Die Frequenz dieser beiden Fundamentalschwingungen ist verschieden.
Die gegenphasige Schwingung erfolgt mit einer höheren Frequenz als die Einzelschwingung der ungekoppelten Pendel, da hier zusätzliche Rückstellkräfte durch die Kopplung wirken. Die gleichphasige Schwingung ist dagegen verlangsamt, da die zusätzliche Kopplungsmasse die Trägheit vergrößert. Folglich hat das gekoppelte System aus zwei einzelnen Schwingern gleicher Frequenz auch 2 Resonanzstellen, deren Frequenzen um so weiter auseinanderliegen, je stärker die Kopplung ist.
Die Resonanzkurve des gekoppelten Systems ist zweigipflig und zeigt eine Aufspaltung, die mit der Kopplungsstärke anwächst. Im hochfrequenten Resonanzmaximum schwingen beide Oszillatoren gegenphasig, im unteren gleichphasig. Die Kopplung von einfachen Schwingern verändert somit deren Eigenfrequenz. Gekoppelte Systeme aus mehreren Oszillatoren besitzen mehrere Eigenfrequenzen, bei denen sie Energie absorbieren. Allgemein hat ein System von n gekoppelten Oszillatoren auch n Eigenfrequenzen. Eine derartige Aufspaltung der Eigenfrequenzen atomarer Oszillatoren bei Kopplung spielt in der Festkörper- und der Molekülphysik eine Rolle (Entstehung von sog. Energiebändern).

> **Gekoppelte schwingungsfähige Systeme** besitzen **Eigen-** oder **Fundamentalschwingungen,** in denen keine Schwingungsenergie zwischen den Systemen ausgetauscht wird.
> Außerhalb dieser Schwingungsformen findet Energieübertragung zwischen den Systemen statt, deren Geschwindigkeit mit dem Kopplungsgrad wächst.

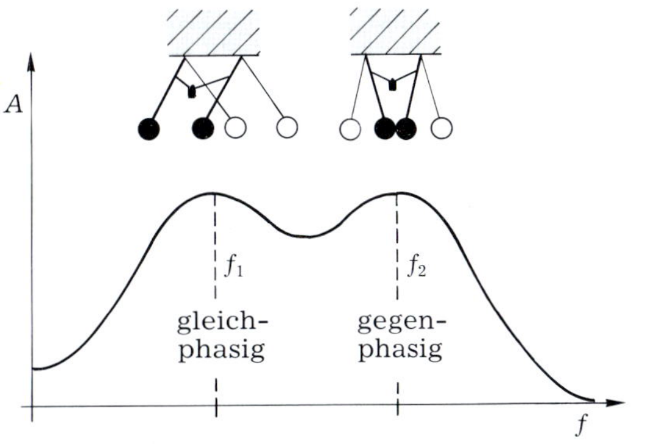

Abb. 135.1 Resonanzkurven von 2 gekoppelten Pendeln. (A = Amplitude, f = Erregerfrequenz.)

11.2 Wellen: Entstehung und Ausbreitung

Grundbegriffe

Im System zweier gekoppelter Pendel kann die Energie immer nur zwischen den Pendeln hin und her wandern. Fügt man dagegen viele gekoppelte Pendel zu einer linearen Kette zusammen, so kann sich eine einmalige oder eine periodische Störung entlang der Pendelkette ausbreiten.
Versuch 3: Regen Sie das erste Pendel einer Kette aus gekoppelten Pendeln einmalig sowie periodisch in Längs- und Querrichtung an.
Wir beobachten, daß sich die Störung in eine Richtung mit einer gewissen **Ausbreitungsgeschwindigkeit** fortpflanzt. Durch Kopplung von benachbarten Schwingern haben wir den Schwingungen gewissermaßen das Laufen beigebracht. Die sich über den Raum ausbreitenden Störungen nennt man Wellen. Im vorliegenden Fall breiten sich eindimensionale Wellen aus. Es handelt sich um **Longitudinalwellen,** wenn die Schwingung in Ausbreitungsrichtung erfolgt und um **Transversalwellen,** wenn sie quer dazu stattfindet.

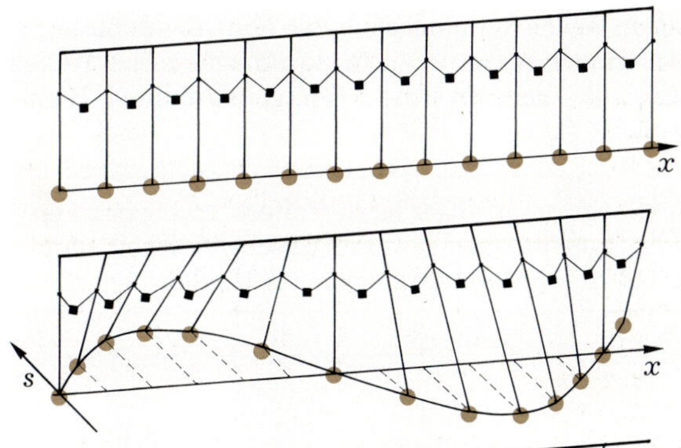

Abb. 135.2 Ausbreitung von Transversal- und Longitudinalwellen

Wir sprechen von einer Wellenerscheinung, gleichgültig, ob sich nur eine einzige Störung über ein Medium (hier das System von gekoppelten Pendeln) ausbreitet oder ob der Vorgang sich periodisch wiederholt. Eine fortschreitende Welle ist dadurch gekennzeichnet, daß sich die Schwingungsenergie ausbreitet, während einzelne Punkte des Mediums nur um ihre Ruhelagen schwingen.

Energie- und Informationstransport in Wellen

Wir haben das Gefühl, daß bei der Welle ein materielles „Etwas" hindurchläuft, denn es breitet sich eine bestimmte Form oder Gestalt aus, die ihre Identität weitgehend beibehält oder allenfalls ein wenig zerfließt. Den Eindruck, daß bei der Welle etwas scheinbar Materielles hindurchläuft, vermitteln unsere Sehgewohnheiten. Unser Auge läuft mit der Störung mit und faßt den laufenden Wellenberg ebenso als etwas Körperliches auf wie einen geworfenen Ball. Tatsächlich wird aber bei der Welle keine Materie transportiert, sondern nur eine **Form,** und in dieser steckt Energie (Verformungsenergie und Bewegungsenergie). In dieser Form steckt aber auch **Information.** Wir können mit Wellenvorgängen Nachrichten übermitteln. Die Wellenbewegung, so anschaulich sie sich im Alltagsleben uns auch präsentiert, stellt somit die Ausbreitung von abstrakten immateriellen Größen dar.

Diese Art des **Energietransports durch Wellen** ist ein neues Phänomen. Bisher haben wir Energietransport nur in der Weise kennengelernt, daß sich Materie von einem Ort zum anderen bewegt und dabei sowohl Energie wie Impuls mitnimmt. Die Wellenphänomene lehren uns, daß diese Transportvorgänge auch in einer Wellenbewegung vor sich gehen können, ohne daß Materie dabei fortbewegt wird. Auf diese Weise wird die Energie bei allen uns aus dem Alltag bekannten Wellenphänomenen transportiert: z. B. bei Seilwellen, Wasserwellen, Schallwellen. Ja wir werden, so verrückt es auch klingt, sogar Wellen kennenlernen, die ohne einen materiellen Träger auskommen (elektromagnetische Wellen wie z. B. Licht, Wärme-, Röntgenstrahlung, Radiowellen).

> Alle **fortschreitenden Wellen** transportieren Energie mit einer gewissen Geschwindigkeit, ohne daß dabei Materietransport stattfindet.

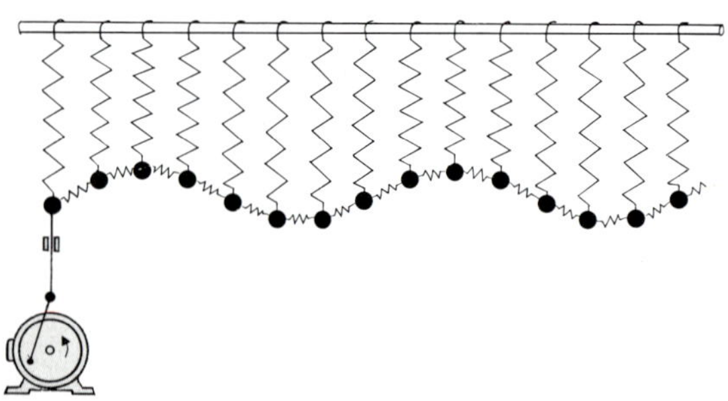

Abb. 136.1 Entstehung einer sinusförmigen Welle

Die Ausbreitung von Wellen

Wir untersuchen im folgenden die Ausbreitung von Wellen, die mit einer festen Frequenz erzeugt werden. Die einfache Pendelkette eignet sich ohne weitere Vorkehrungen nicht für diese Untersuchung, da an ihrem Ende die Welle wieder zurückläuft und so die Beobachtungen stört. Wir benutzen eine Torsionswellenmaschine, bei der die zurücklaufende Welle durch eine abgestufte Dämpfung der Schwinger am Ende der Kette unterdrückt wird.

Versuch 4: Die Torsionswellenmaschine wird mit einem Motor konstanter Drehzahl und einem Exzentermechanismus sinusförmig erregt. Alle Oszillatoren werden nacheinander von der Schwingung erfaßt. Es breitet sich eine sinusförmige Welle aus.

Abb. 136.2 zeigt schematisch den Ablauf des Vorgangs anhand von Momentaufnahmen, die im gleichen zeitlichen Abstand vorgenommen wurden. Man erkennt daran die **räumliche und die zeitliche Periodizität der sinusförmigen Welle:** Die Erregung, die sinusförmig in der Zeit erfolgt, breitet sich sinusförmig im Raum aus.

Die räumliche Periodizität äußert sich im Momentbild darin, daß sich die Welle nach einer konstanten Strecke genau wiederholt. Wir können die Welle durch die Angabe einer **Wellenlänge** kennzeichnen, den Abstand zweier benachbarter, sich entsprechender Schwingungszustände, z. B. zwischen zwei Maxima oder Minima. Schwingt an zwei verschiedenen Orten

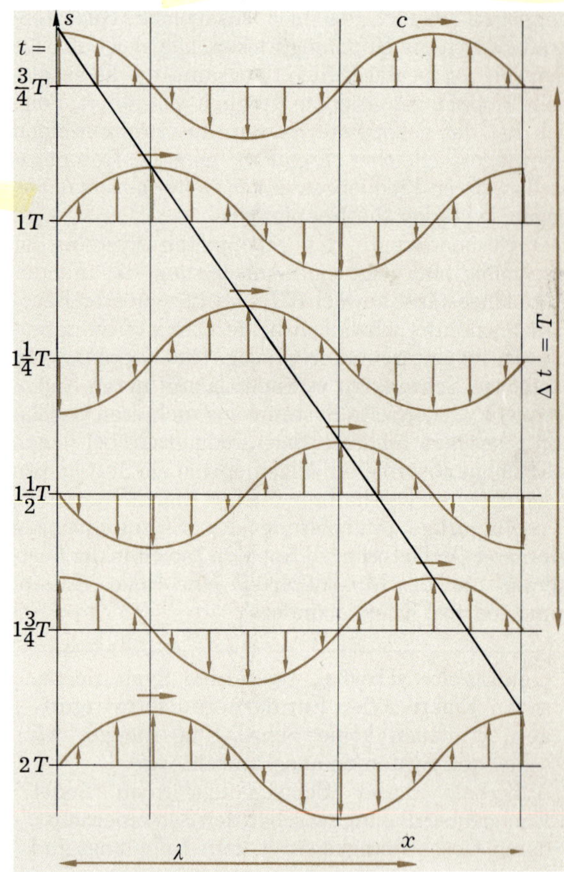

Abb. 136.2 Ausbreitung einer Welle

die Welle mit der gleichen Amplitude und in die gleiche Richtung, so sind die beiden Schwingungszustände phasengleich. Die **Phase** einer Welle kennzeichnet somit den jeweiligen Schwingungszustand.

Sehr gut

> Die **Wellenlänge** λ ist der konstante Abstand zwischen zwei benachbarten Schwingungszuständen gleicher Phase.

Greift man einen Ort heraus, dann erkennt man, daß sich dort die Schwingung nach der Schwingungsdauer T wiederholt. Innerhalb dieser Zeit hat sich die Welle weiterbewegt, und zwar genau um eine Wellenlänge. Nicht das Medium ist weitergewandert, sondern ein bestimmter Schwingungszustand, z. B. ein Wellenberg, hat sich in dieser Zeit T um die Strecke λ durch das Medium geschoben. Damit können wir die Geschwindigkeit c angeben, mit der sich eine sinusförmige Welle ausbreitet.

$$c = \frac{\Delta x}{\Delta t} = \frac{\lambda}{T} \qquad \text{oder mit } f = \frac{1}{T}$$

$$c = \lambda \cdot f\,.$$

Diese an einer sinusförmigen Welle definierte Größe bezeichnet man als **Phasengeschwindigkeit,** d. h. als die Geschwindigkeit, mit der sich ein bestimmter Schwingungszustand ausbreitet. Sie stellt zugleich die Geschwindigkeit dar, mit der sich die Energie im Medium ausbreitet, falls c nicht von f abhängt.

> Die **Phasengeschwindigkeit** c einer Welle ist das Produkt aus Wellenlänge und Frequenz:
>
> $$c = \lambda \cdot f\,.$$

Die Wellengleichung

Zur Beschreibung der Wellengleichung müssen wir einen Ausdruck finden, der die **doppelte Periodizität des Wellenvorganges** im Raum und in der Zeit richtig beschreibt. Die Auslenkung s hängt sowohl von dem betrachteten Ort x als auch vom jeweiligen Zeitpunkt t ab. Es gilt $s = s(x, t)$. Die zeitliche Periodizität z. B. des ersten Schwingers in der Kette bei $x = x_1$ können wir durch eine sinusförmige Schwingung beschreiben:

$$s(x_1, t) = s_m \sin(2\pi f t).$$

Breitet sich die Welle in positiver x-Richtung aus, dann wird ein Schwinger am Ort $x_2 > x_1$ um die Zeit Δt später von dieser Schwingung erfaßt. Dort gilt folgendes Weg-Zeit-Gesetz:

$$s(x_2, t) = s_m \cdot \sin 2\pi f\,(t - \Delta t).$$

Der Abstand $\Delta x = x_2 - x_1$ wird von einer mit der Phasengeschwindigkeit c nach rechts laufenden Welle im Zeitintervall $\Delta t = \Delta x / c$ zurückgelegt.

$$s\,(x_2, t) = s_m \cdot \sin 2\pi f \left(t - \frac{\Delta x}{c}\right).$$

Mit $f = 1/T$ und $c = \lambda / T$ ergibt sich:

$$s(x_2, t) = s_m \cdot \sin 2\pi \left(\frac{t}{T} - \frac{\Delta x}{\lambda}\right).$$

Wählt man nun $x_1 = 0$ und $x_2 = x$, so erhalten wir eine mathematische Beschreibung der Wellenbewegung.

> **Auslenkung einer in positiver x-Richtung fortschreitenden Welle:**
>
> $$s(x, t) = s_m \cdot \sin 2\pi \left(\frac{t}{T} - \frac{x}{\lambda}\right).$$

Für einen bestimmten festgehaltenen Zeitpunkt beschreibt diese Gleichung die Auslenkung eines beliebigen Punktes als Funktion von x (Momentbild einer Welle). Betrachten wir dagegen einen im Abstand x vom Erreger schwingenden Punkt, so stellt die Gleichung die Auslenkung dieses Punkts als Funktion von t dar (Oszillogramm einer Schwingung). Sehr gut

Beispiel: *Eine Seilwelle* ($f = 10$ Hz) *breitet sich mit* 2 m/s *aus. Zur Zeit* $t = 0$ *herrscht im Koordinatenursprung die maximale Auslenkung von* 10 cm. *Wie groß ist die Auslenkung nach* 2 s *im Abstand* 3 m*?*

Die Wellenlänge beträgt $\lambda = c/f = 0{,}2$ m. *Da für* $t = 0$ *und* $x = 0$ *maximale Auslenkung auftritt, müssen wir einen Phasenwinkel* $\varphi_0 = \pi/2$ *hinzufügen, der diese Anfangsbedingung richtig wiedergibt. Die Gleichung lautet daher*

$$s(x, t) = 0{,}1\,\text{m} \cdot \sin\left[2\pi\left(\frac{t}{0{,}1\,\text{s}} - \frac{x}{0{,}2\,\text{m}}\right) + \frac{\pi}{2}\right].$$

Einsetzen von $t_1 = 2$ s *und* $x_1 = 3$ m *ergibt folgende Auslenkung:*

$$s(x_1, t_1) = 0{,}1 \cdot \sin\left[2\pi\,(20 - 15) + \frac{\pi}{2}\right]\text{m} = 0{,}1\,\text{m}\,.$$

Obige Gleichung wurde nur unter der Annahme hergeleitet, daß das Medium harmonische, sinusförmige Schwingungen ausführt, und daß die Erregung bei einer bestimmten Frequenz f sich mit der *Phasengeschwindigkeit c* ausbreitet. Sie gilt daher universell für alle Wellenphänomene, bei denen elastische Kopplungskräfte im Medium eine Rolle spielen (z. B. Seilwellen, Schallwellen). Die „Wellengleichung“ beschreibt ebenfalls die Ausbreitung von elektromagnetischen Wellen (Rundfunk, Radar, Wärmestrahlung, Licht).

Da die Welle sowohl vom Ort als auch von der Zeit sinusförmig abhängt, genügt sie einerseits der Differentialgleichung einer harmonischen Schwingung: Die 2. Ableitung der Auslenkung nach der Zeit ist der negativen Auslenkung proportional:

$$\frac{d^2 s}{d t^2} \sim -s\,.$$

Andererseits ist aber auch die 2. Ableitung von s nach dem Ort x der Auslenkung selbst proportional:

$$\frac{d^2 s}{d x^2} \sim -s\,.$$

Die 2. Ableitung nach der Zeit und die 2. Ableitung nach dem Ort sind bei der Wellenbewegung über das Quadrat der Ausbreitungsgeschwindigkeit miteinander verkoppelt (vgl. Aufgabe 5, S. 141).

11.3 Wellen in 1–3 Dimensionen

Wir wollen möglichst viele Typen von Wellen, die in der Natur vorkommen, erfassen und vergleichen dazu etwas systematischer die Eigenschaften von Wellen, die sich in 1, 2 oder 3 Raumdimensionen ausbreiten.

Eindimensionale Wellen

Versuch 5: Erzeugen Sie auf einer an langen Fäden aufgehängten Schraubenfeder („Slinky“) Wellen! Welche Typen lassen sich anregen?

Neben **Querwellen** (**Transversalwellen**) können sich auch **Längswellen** (**Longitudinalwellen**) entlang der Feder ausbreiten (Abb. 138.1).

Bei der Transversalwelle stehen Auslenkungs- und Geschwindigkeitsvektoren der Oszillatoren des Mediums senkrecht auf der Ausbreitungsrichtung, bei der Longitudinalwelle sind sie parallel zur Ausbreitungsrichtung.

Wir kommen von der Transversalwelle zu einer Longitudinalwelle, indem man alle Querauslenkungen in Längsrichtung klappt. Auf diese Weise erhält man ein Momentbild einer Longitudinalwelle (Abb. 138.3). Man erkennt, daß anstelle der Auslenkungen in positiver und negativer Richtung nunmehr **Verdichtungen und Verdünnungen** über das Medium laufen. In dieser **Dichtewelle** verändert sich die Dichte der Teilchen periodisch mit dem Ort und der Zeit.

Die Schwankungen der Dichte können wir uns zustande gekommen denken durch **Druckschwankungen.** Dort, wo die Dichte groß ist, muß auch ein großer Druck vorliegen. Im Dichteminimum herrscht auch ein Druckminimum. Longitudinalwellen können somit als **Kompressionswellen** aufgefaßt werden.

Die Geschwindigkeit, mit der die einzelnen Oszillatoren um ihre Ruhelage schwingen, bezeichnet man als Schnelle, um sie von der Ausbreitungsgeschwindigkeit der Welle zu unterscheiden. Wir erhalten ein Momentanbild der Schnelle in der Longitudinalwelle, indem wir wieder von der Querwelle ausgehen und die Vektoren der Transversalgeschwindigkeit in Längsrichtung kippen (Abb. 138.3). Dort, wo die Teilchen eng beisammen sind, im Druckmaximum, herrscht auch ein Schnellemaximum. Im Druckminimum herrscht ein Schnelleminimum. Hier sind Teilchenschnelle und Ausbreitungsgeschwindigkeit der Welle entgegengesetzt gerichtet.

> Bei **Longitudinalwellen** breiten sich Druckschwankungen wellenförmig aus. Der Druck und die Schnelle, die Geschwindigkeit der Oszillatoren um ihre Ruhelage, sind phasengleich.

Mechanische Querwellen können nur dann angeregt werden, wenn auch Kräfte in Querrichtung übertragen werden können. Im Festkörper können sich somit Longitudinal- wie auch Transversalwellen ausbreiten. Da Flüssigkeiten und Gase nur elastische Kräfte in Längsrichtung ausüben können, breiten

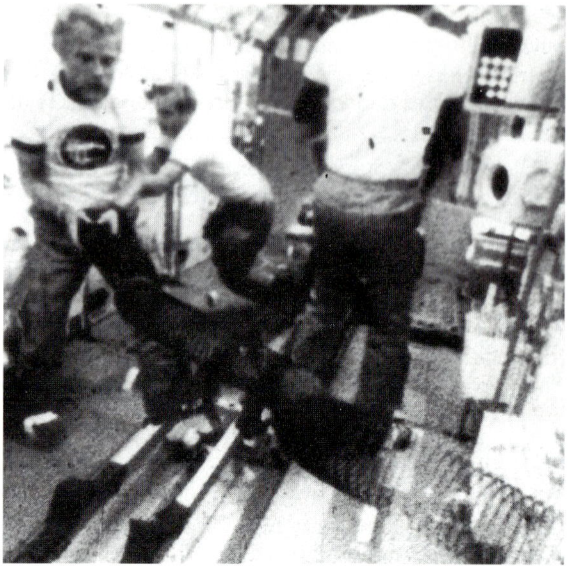

Abb. 138.1 Untersuchung von Quer- und Längswellen auf einer Schraubenfeder (sog. Slinky) unter Schwerelosigkeit während der D 1-Mission (Experimentvorschlag von Wilfried Kuhn)

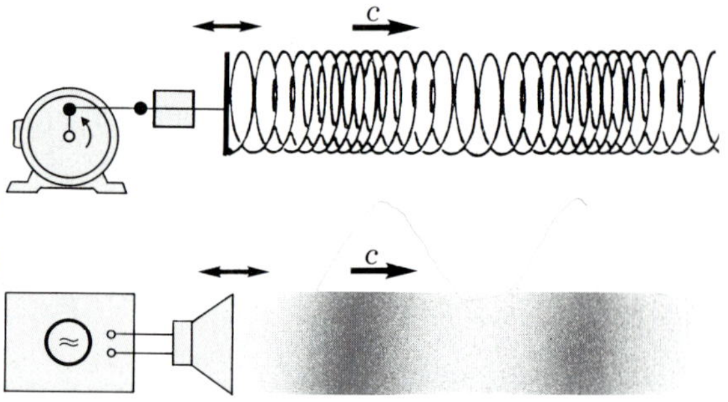

Abb. 138.2 Bei Longitudinalwellen pflanzen sich Verdichtungen und Verdünnungen fort. Beispiele: Longitudinalwellen einer Feder und Schallwellen in Luft

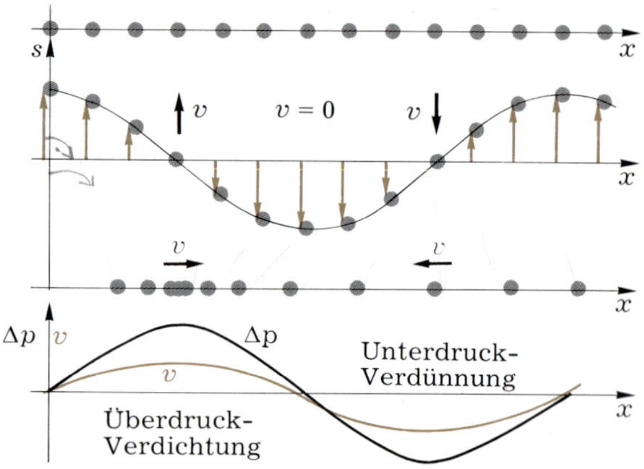

Abb. 138.3 Von der Transversalwelle zur Longitudinalwelle. Indem die Querauslenkungen und Quergeschwindigkeiten um die Ruhelagen um 90° gedreht werden, erhält man Dichte bzw. Druck- sowie Schnelleverteilung in einer Longitudinalwelle

sich dort im Volumen auch nur Longitudinalwellen aus.
Schallwellen sind daher Longitudinalwellen. Beim Schall werden Schwingungen z. B. von einer Lautsprechermembran oder unseren Stimmbändern auf die Luftmoleküle übertragen, die dabei verdichtet oder verdünnt werden. Schallwellen sind Kompressionswellen. Schallwellen breiten sich in drei Raumrichtungen aus. Die Anregung einer ebenen Schallwelle, die sich in einer Richtung entlang einer Röhre ausbreitet, und den Zusammenhang mit Longitudinalwellen zeigt Abb. 138.2. Bei den in Natur und Technik vorherrschenden Wellenerscheinungen handelt es sich um zwei oder zumeist um dreidimensionale Wellen.

Zweidimensionale Wellen
Das bekannteste Beispiel einer zweidimensionalen Energieausbreitung sind die **Wasserwellen.** Ihre Bedeutung liegt für uns jedoch nicht in der Möglichkeit des Energietransportes, von der Wellenreiter Gebrauch machten, sondern darin, daß sie sich leicht in allen Größen herstellen und gut beobachten lassen.
Wie entstehen nun Wasserwellen? Um die Bewegung der einzelnen Wasserteilchen zu demonstrieren, führen wir folgenden Versuch durch.
Versuch 6: Wir füllen einen schmalen, langen, seitlich mit Glasfenstern versehenen Trog halb mit Wasser, vermengen dieses mit Aluminiumflittern, erzeugen an einer Schmalseite Wellen und beobachten nun bei schrägem Lichteinfall in verdunkeltem Raum entweder direkt oder auf fotografischem Wege die Bewegung einzelner Flitter.
Die Abb. 139.2 zeigt ein auf diese Weise entstandenes fotografisches Negativ. Die Belichtungszeit betrug eine Schwingungsdauer. Wir erkennen, daß die einzelnen Wasserteilchen Kreisbewegungen ausführen. Wie hierdurch das Profil einer Wasserwelle entsteht, zeigt in schematischer Darstellung Abb. 140.1. Die ausgezogenen Kreisbögen sind die vom Beginn der Wellenbewegung bis zu dem dargestellten Moment durchlaufenen Bahnen einzelner an der Oberfläche befindlicher Wasserteilchen.
Die Wasserwelle ist also keine reine Querwelle. Sie hat auch kein sinusförmiges Profil. Abb. 140.1 zeigt schmale Wellenberge und breite Wellentäler.
Die für die Fortbewegung von Wasserwellen verantwortlichen rücktreibenden Kräfte und Kopplungskräfte sind nicht ganz so einfach wie bei den bisher behandelten Beispielen zu übersehen. Eine ungestörte Flüssigkeitsoberfläche ist eben. Für diesen Zustand sorgt einmal die Schwerkraft – ein höher gelegenes Wasserteilchen fällt durch sein Gewicht, also aufgrund seiner höheren Lageenergie, auf das Niveau der übrigen zurück –, und zum anderen die Oberflächenspannung; sie sorgt für eine möglichst kleine, also ebene Oberfläche. Bei großen Meereswellen, sogenannten Schwerewellen, überwiegt der Einfluß der Schwerkraft, bei den kleinen Kräusel- oder Kapillarwellen derjenige der Oberflächenspannung als rücktreibende Kraft.
Brandungswellen demonstrieren in eindrucksvoller Weise, welche Energie in Wasserwellen transportiert wird. Dabei ist der interessante Effekt der **Aufsteilung** einer Wellenfront zu beobachten: Es entstehen meterhohe Brandungswellen, obwohl draußen auf hoher See unter Umständen nur eine geringe Dünung vorhanden ist, d. h. eine Wellenbewegung mit geringer Amplitude und großer Wellenlänge.
Dieser Effekt der Amplitudenvergrößerung hängt mit der Geschwindigkeitsverminderung der gegen den Strand heranrollenden Wellen zusammen. In Ufernähe gelangt die Welle in zunehmend seichteres Wasser. Da sich ihre Ausbreitungsgeschwindigkeit mit

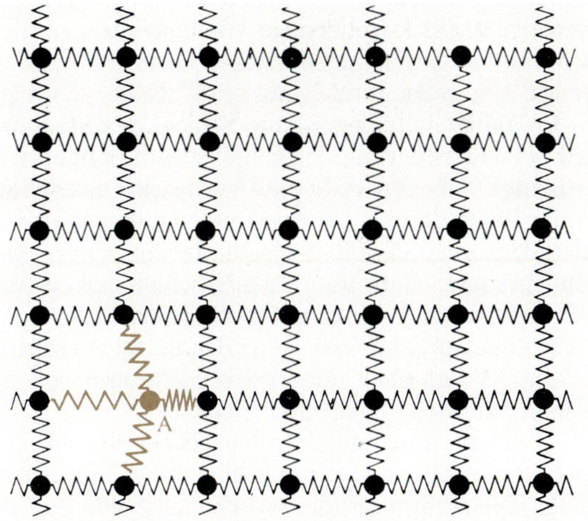

Abb. 139.1 In einem Gitter von Oszillatoren, die mit elastischen Federn gekoppelt sind, können sich Längs- und Querwellen ausbreiten. In diesem Gittermodell lassen sich die Schwingungsmöglichkeiten der Atome eines Festkörpers veranschaulichen

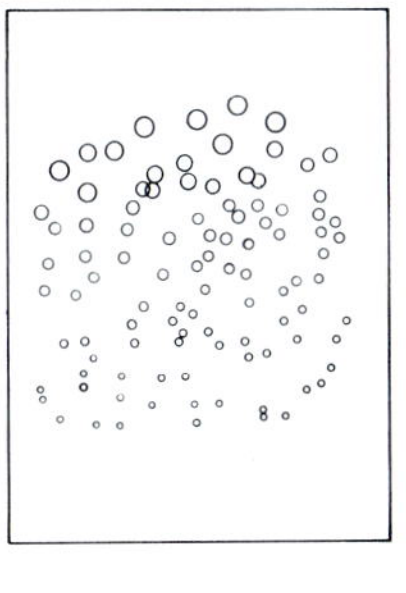

Abb. 139.2 Wasserwellen – Die Lieblingswellen der Physiker beim Studium der Ausbreitung und der Überlagerung von Wellen. a) Hier durchdringen sich zwei Wellenfelder, ohne sich zu stören. b) Kreisbewegung kleiner Aluminiumflitter in einer fortschreitenden Wasserwelle

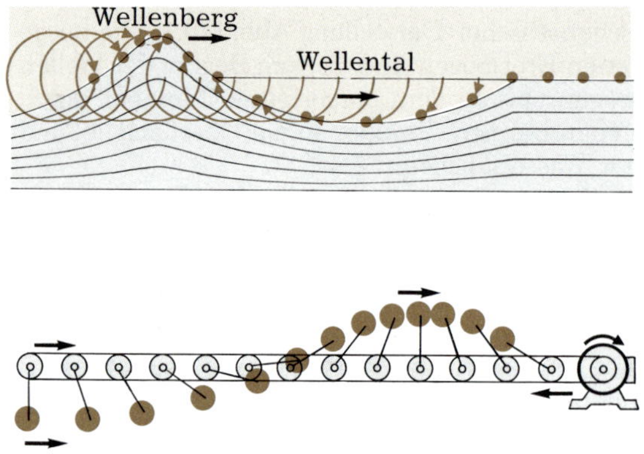

Abb. 140.1 a) Bei einer Wasserwelle kommt es zu einer Abweichung von der Sinusform, da die Teilchen kreisende Bewegungen ausführen
b) Modellversuch zur Ausbreitung von Oberflächenwellen in Flüssigkeiten

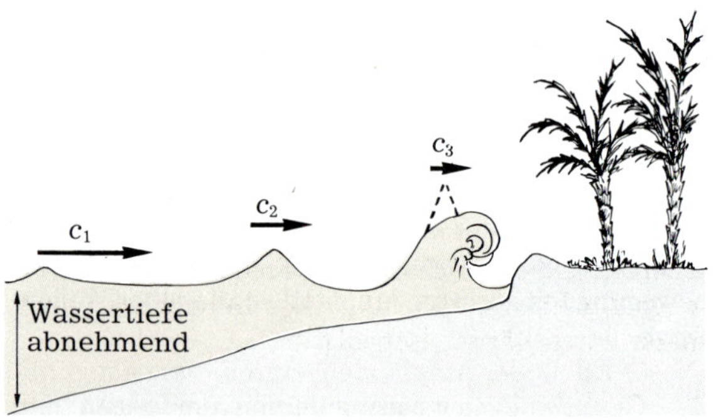

Abb. 140.2 Bei der Aufsteilung der Brandungswellen wirken zwei gegenläufige Effekte zusammen: Verminderung der Wellenlänge durch tiefenabhängige Verlangsamung der Welle und Erhöhung der Amplitude infolge Energieerhaltung

abnehmender Wassertiefe verringert, wird die Welle dadurch abgebremst.
Dies kommt daher, weil auch noch in einer gewissen Tiefe, die in der Größenordnung der Wellenlänge liegt, Wasserteilchen von der Welle erfaßt werden und die oben beschriebene Kreisbewegung ausführen. Die Welle reibt gewissermaßen am Grund und wird so verlangsamt. Wegen $c = \lambda f$ muß entsprechend einer Abnahme von c auch eine Abnahme der Wellenlänge erfolgen.
Bei der Verkürzung der Wellenlänge muß aber die in dem Wellenberg steckende Energie nach dem Energiesatz erhalten bleiben. Das geht nur, wenn die Verringerung der Wellenlänge mit einer Erhöhung der Amplitude einhergeht. Die Welle steilt auf, wenn sie gegen den Strand anläuft und überschlägt sich schließlich, sobald der untere Teil völlig zum Stillstand gekommen ist.

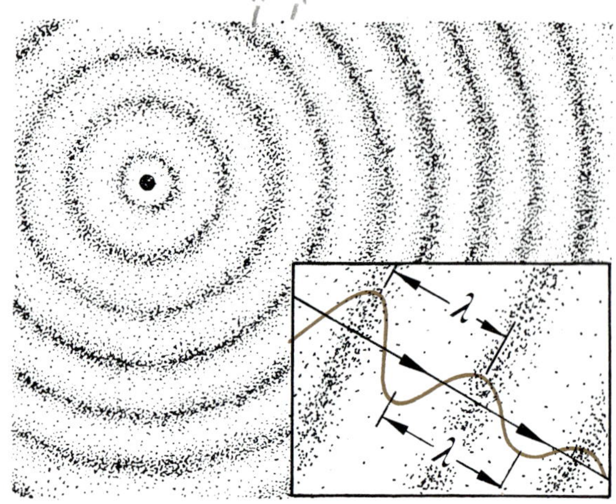

Abb. 140.3 Die Abbildung veranschaulicht die momentane Verteilung der Luftmoleküle in der Umgebung einer Schallquelle. Eine grafische Darstellung der Druckunterschiede zu einem bestimmten Zeitpunkt in Abhängigkeit vom Ort ergibt eine Wellenlinie mit abnehmender Amplitude

Dreidimensionale Wellen

Im täglichen Leben spielen Schallwellen eine herausragende Rolle. Die von einer Schallquelle nach allen Seiten sich fortpflanzenden Verdichtungen und Verdünnungen bilden innerhalb ein und desselben homogenen, d. h. überall gleichartigen Mediums konzentrische Kugelschalen um ihren Ausgangspunkt, da die Ausbreitungsgeschwindigkeit dieser Längsstörungen in jeder Richtung die gleiche ist.
Abb. 140.3 veranschaulicht die momentane Verteilung der Luftmoleküle in einem solchen „Wellenfeld“. Die einzelnen Masseteilchen des Mediums, durch das sich der Schall ausbreitet, führen dabei Schwingungen um eine Ruhelage in Richtung der Kugelradien aus – ebenso, wie sich die einzelnen Windungen der Feder bei Längswellen nur in Richtung der Federachse hin und her bewegten.
Derartige exakt kugelförmige Wellenfronten können auch nur von einem kugelförmigen Erreger ausgehen, der wie eine pulsierende, „atmende“ Kugel schwingt. Die an die Kugel angrenzende Schicht des Mediums wird bei Vergrößerung der Kugel zusammengepreßt, verdichtet; dabei entsteht ein Überdruck. Die nachfolgende Verkleinerung der Kugel erzeugt entsprechend einen Unterdruck. Diese Zustände des Über- bzw. Unterdruckes eilen mit Schallgeschwindigkeit von dem Zentrum der Störung fort nach außen.
Hochtonlautsprecher erzeugen angenähert ein solches Wellenfeld, das aber nur in den Halbraum vor der Lautsprecherbox abgestrahlt wird.
Bei einer sich ausbreitenden Kugelwelle verteilt sich die Energie auf eine immer größer werdende Kugelschale. Die Energie E, die pro Fläche A und Zeit Δt durch die Schale hindurchtritt, muß mit zunehmendem Radius der Schale, d. h. mit größer werdendem Abstand vom Erreger, kleiner werden. Diese Größe nennt man Energiestromdichte oder Intensität $I = E/(A \cdot \Delta t)$. Da die Fläche proportional zu r^2 zunimmt, muß die Intensität mit $1/r^2$ abnehmen.

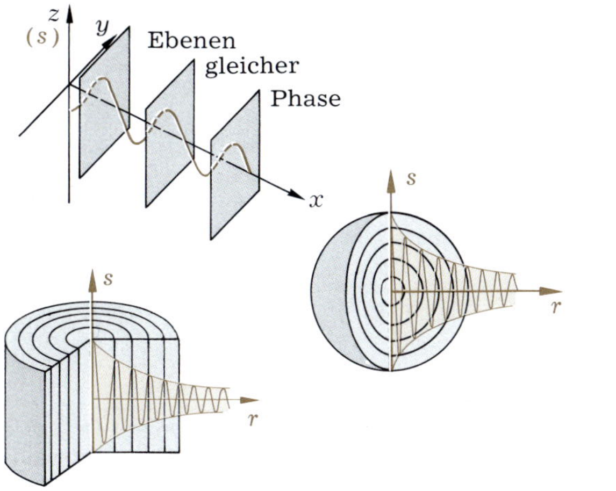

Abb. 141.1 Beispiele für räumliche Wellen: a) ebene Wellen, b) Zylinderwellen, c) Kugelwellen. Nur bei den ebenen Wellen ist die Amplitude vom Abstand zum Erreger unabhängig!

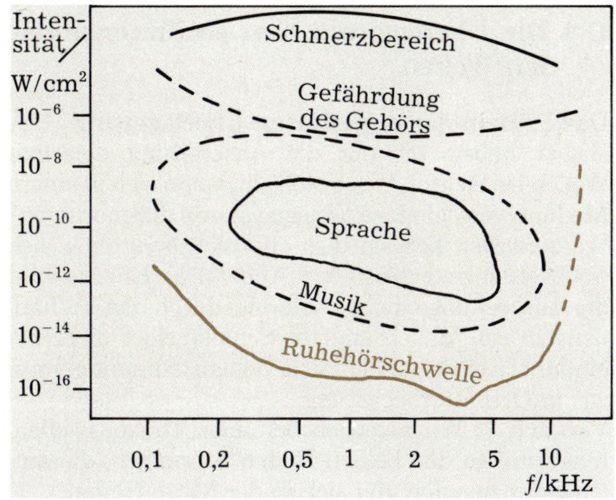

Abb. 141.2 Verlauf der Ruhehörschwelle beim Menschen. Der gesamte nutzbare Bereich der Schallintensitäten von der Hörschwelle bis zur Schmerzgrenze beträgt etwa 12 Größenordnungen.

Die **Intensität I von Kugelwellen,** die von einem punkt- oder kugelförmigen Erreger ausgehen, nimmt mit dem Quadrat der Entfernung vom Erregerzentrum ab.

In Luft pflanzt sich Schall mit einer Geschwindigkeit von ca. 330 m/s fort. Unser Trommelfell wird durch die eintreffenden Schallwellen in erzwungene Schwingungen versetzt. Die durch Schall verursachten Veränderungen des Luftdrucks sind recht gering. Ein lauter Schrei z. B. führt in der Nähe des Schreienden zu Schwankungen des Druckes von 10^{-4} bis 10^{-5} bar. Unser Ohr vermag noch Druckschwankungen in der Größenordnung von 10^{-10} bar wahrzunehmen.

Können wir Atome hören?

Die Intensität, die wir damit an der Hörschwelle gerade noch wahrnehmen können, liegt bei 10^{-16} Watt/cm². Dies entspricht einer Energie von 10^{-16} Joule, die pro Sekunde auf das ca. 1 cm² große Trommelfell auftrifft. Ein unvorstellbar geringer Wert, mit dem unser Gehör an atomare Größenordnungen heranreicht. Wäre die Empfindlichkeit auch nur geringfügig größer, würden wir das Auftreffen der Luftmoleküle auf das Trommelfell als beständiges Rauschen hören.

Wir können also beinahe das „Gras wachsen" hören. Das Rauschen infolge der Temperaturbewegung von Atomen ist allgegenwärtig und beschränkt die Genauigkeit eines jeden Meßgeräts, denn der Nullpunkt ist nicht fest, sondern schwankt um so mehr, je empfindlicher das betreffende Meßgerät ist.

Die Natur hat also beim Gehör im Rahmen der Evolution ein akustisches Meßgerät entwickelt und dessen Empfindlichkeit bis an die Grenze des physikalisch Machbaren vorangetrieben. Der Mensch steht, was die Empfindlichkeitsgrenze angeht, auch jenen Tieren nicht nach, denen man gemeinhin ein extrem gutes Gehör nachsagt (z. B. Katzen, Eulen, Fledermäuse). Auch hier kann das Hörvermögen nicht die durch die Physik gegebenen prinzipiellen Grenzen unterschreiten. Eine weitere Herabsetzung der Hörschwelle ist nur dann möglich, wenn auch weniger Störsignale das Gehör erreichen. Dazu muß der hörbare Frequenzbereich eingeschränkt werden. Gewisse Fledermäuse hören daher nur in einem schmalen Frequenzband extrem gut (88,2 kHz). Beim Menschen liegt der empfindlichste Frequenzbereich zwischen 2–4 kHz (s. Abb. 141.2). Der Bereich wird auch zuerst durch Lärm geschädigt.

Aufgaben:

1. Eine Lichterkette ist als Lauflicht geschaltet. Zwei benachbarte Lampen sind 10 cm auseinander. Eine Gruppe von je 4 Lampen ist eingeschaltet, dazwischen sind 4 Lampen dunkel. Die Welle soll sich längs der Lichterkette mit 4 m/s ausbreiten. Mit welcher Frequenz werden die einzelnen Lampen geschaltet?

2. Eine Seilwelle wird durch folgende Wellengleichung beschrieben:

$$s(x, t) = 0{,}2 \text{ m} \cdot \sin\,(100 \text{ s}^{-1} \cdot t - 20 \text{ m}^{-1}\, x)\ .$$

a) Wie groß sind Frequenz, Wellenlänge und Ausbreitungsgeschwindigkeit?
b) Zu welchen Zeiten wird ein Punkt bei $x = 5$ m maximal positiv ausgelenkt?
c) Mit welcher maximalen Geschwindigkeit schwingt das Seil um seine Ruhelage?

3. Das menschliche Gehör nimmt Frequenzen von ca. 20 Hz bis 16 kHz wahr. Welchen Wellenlängen entspricht dieser Bereich?

4. Sichtbares Licht hat Wellenlängen zwischen 800 nm (rotes Licht) und 400 nm (blaues Licht). Welchen Frequenzen entspricht dies?

5. Differenzieren Sie die Gleichung $s(x, t) = s_m \cdot \sin\ 2\pi\,(t/T - x/\alpha)$ bei konstantem Ort zweimal nach der Zeit sowie bei konstanter Zeit zweimal nach dem Ort. Stellen Sie eine Beziehung zwischen beiden Ableitungen her! Die resultierende Differentialgleichung heißt Wellengleichung.

11.4 Die Überlagerung von eindimensionalen Wellen

Das Prinzip der ungestörten Überlagerung

Bisher haben wir nur die Ausbreitung einzelner Wellen betrachtet. Was geschieht, wenn sich in einem Medium verschiedene Wellensysteme durchdringen? Wasserwellen können dies offensichtlich, ohne sich wechselseitig zu stören (vgl. Abb. 142 a). Ebenso wird die Ausbreitung einer Schallwelle durch das Vorhandensein von Wellen anderer Schallquellen nicht beeinflußt. Ein Flügel klingt als Soloinstrument ebenso wie in Orchesterbegleitung.

Versuch 7: Wir erzeugen bei einer Torsionswellenmaschine an den beiden Enden Störungen, die aufeinander zulaufen und sich in der Mitte treffen.

Zwei gleichsinnige Störungen verstärken sich bei ihrem Zusammentreffen in der Mitte, zwei gleichgroße gegensinnige Störungen löschen sich beim wechselseitigen Durchdringen aus (Abb. 142 b). Nach ihrer Passage sind beide Wellen in ihrer ursprünglichen Form wieder vorhanden. Anders als der Zusammenprall zweier Autos erfolgt die Durchdringung zweier Wellen ohne irgend ein bleibendes Zeichen, daß eine solche Begegnung stattgefunden hat. Es gilt das folgende Prinzip:

Überlagerungsprinzip (Superpositionsprinzip):
Es gibt keine Wechselwirkung zwischen Wellen in einem elastischen Medium. Die Wellen passieren einander, ohne sich zu stören.
An der Überlagerungsstelle ergibt sich die resultierende Amplitude der Welle aus der vektoriellen Addition der Einzelamplituden.

Die **Gültigkeit des Superpositionsprinzips** bei einem linearen Zusammenhang zwischen Kraft und Auslenkung ist leicht einzusehen. Bei einer Störung wirkt auf das Teilchen, über das die Welle hinwegwandert, eine Kraft, durch die es ausgelenkt wird. Beim Vorhandensein mehrerer Kräfte erhält man die resultierende Gesamtkraft durch vektorielle Addition der Einzelkräfte. Es leuchtet ein, daß auch die durch die Kräfte verursachten Auslenkungen sich vektoriell addieren. Das gilt natürlich nur, wenn die Kraft der Auslenkung exakt proportional ist, das heißt beim **Vorliegen eines linearen Kraftgesetzes.**

Die Besonderheit des linearen Kraftgesetzes hat den harmonischen Oszillator ausgezeichnet. Nur die lineare rücktreibende Kraft führt zu harmonischen sinusförmigen Schwingungen. Ebenso gibt es **harmonische, sinusförmige Wellen** nur, wenn die einzelnen Oszillatoren des Mediums bei Auslenkungen aus der Ruhelage einem linearen Kraftgesetz gehorchen. Nur in einem solchen Medium durchdringen sich beliebige Wellenformen, ohne sich zu stören.

Die uns gut bekannten Wasserwellen sind keine harmonischen Wellen! Ihre Beschreibung ist alles andere als einfach!

Wo steckt die Energie bei vollständiger Auslöschung?

Betrachten wir die Überlagerung zweier entgegengesetzt gleicher Wellenberge, die in Abb. 142 b über ein Seil laufen, so muß uns verwundern, wie nach der Auslöschung der beiden Wellenberge in Teilbild c) die ursprünglichen Wellen neu scheinbar aus dem Nichts entstehen können. Die Welle ist doch offenbar völlig

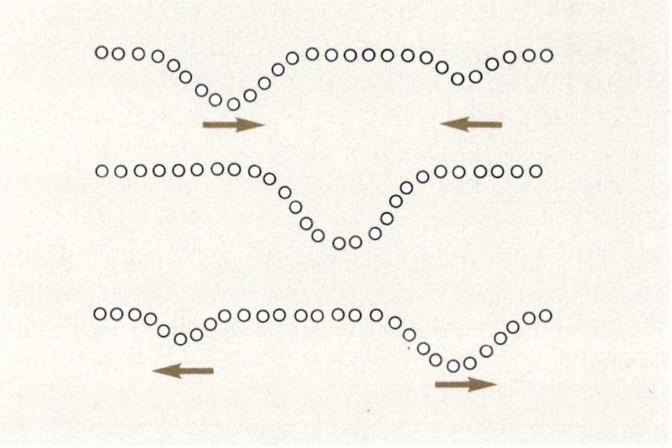

Abb. 142 a Überlagerung zweier gegeneinander laufender gleichsinniger Störungen bei der Wellenmaschine

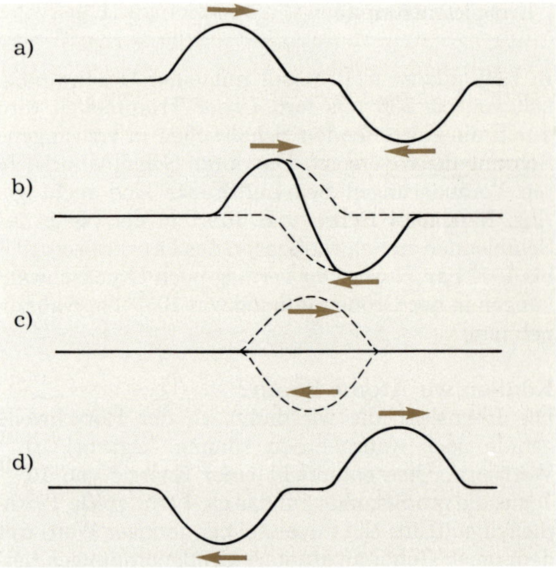

Abb. 142 b Überlagerung zweier gegeneinander laufender entgegengesetzt gleicher Störungen bei einer Seilwelle

verschwunden. Wo steckt im Seil, das zu diesem Zeitpunkt überall die Amplitiude Null hat, die Information, daß zwei entgegengesetzt gleiche Wellen darüber laufen?

Die Auflösung dieses Rätsels liegt in der Natur der Momentaufnahme! Sie gibt natürlich nur die Position und nicht die Geschwindigkeit des Seils wieder. Tatsächlich ist das Seil in der Auslöschungszone in heftiger Bewegung begriffen. Links bewegt es sich nach unten, rechts nach oben. Daraus entwickeln sich wieder die beiden Wellen. In diesem Moment liegt die gesamte Energie der beiden Wellen als Bewegungsenergie vor.

11.5 Anwendungen des Superpositionsprinzips

Das Superpositionsprinzip, das wir bisher nur an der Überlagerung einzelner Wellenberge beobachtet haben, führt bei der Überlagerung von Wellen zu einer Reihe von interessanten Erscheinungen. Wellen können sich verstärken oder völlig auslöschen, je nachdem, wie sie relativ zueinander schwingen. Diese Erscheinung heißt **Interferenz.**

1. Verstärkung und Auslöschung von Wellen: Konstruktive und destruktive Interferenz

Wir betrachten zunächst die Überlagerung von 2 Wellen gleicher Frequenz und gleicher Amplitude, die in die gleiche Richtung laufen und die in der gleichen Ebene schwingen. Beide Wellen sollen exakt im Gleichtakt verlaufen, so daß immer die Wellenberge sowie die Wellentäler zusammenfallen. Dabei verstärken sich die Wellen in ihrer Wirkung. Die Amplituden verdoppeln sich; es tritt **konstruktive Interferenz** auf (Abb. 143.1 a). Bewegen sich die Wellen in einem solchen Abstand, daß Wellenberg mit Wellental zusammentreffen, dann löschen sich die beiden Wellen vollständig aus. Es findet **destruktive Interferenz** statt (Abb. 143.1 a).

Die für Verstärkung oder Auslöschung maßgebende Größe ist der Abstand, mit dem die beiden Wellen hintereinander herlaufen. Diese Strecke bezeichnet man als **Gangunterschied** Δs. Allgemein gilt:

Konstruktive Interferenz bei:

$$\Delta s = n \cdot \lambda.$$

Destruktive Interferenz bei:

$$\Delta s = (2n + 1) \cdot \frac{\lambda}{2}$$

mit

$$n = 0, 1, 2, 3, \ldots$$

Versuch 8: Wir demonstrieren die Interferenz zweier in die gleiche Richtung laufender Wellen mittels Seilwellen, die sich an dem Knotenpunkt zweier Seile vereinigen. Die gleich- oder gegenphasige Erregung der Wellen erfolgt am einfachsten mittels zweier Lautsprecher.

Treffen die beiden Wellen mit Gangunterschied Null im Knoten ein, dann verstärkt sich dessen Amplitude. Bei einem Gangunterschied von einem ungeradzahligen Vielfachen von $\lambda/2$, den wir durch gegenphasiges Schwingen der Erreger erzeugen, bleibt der Knoten in Ruhe.

2. Schwebung

Nun untersuchen wir die Überlagerung von 2 Wellen gleicher Amplitude, gleicher Ausbreitungsrichtung und gleicher Schwingungsebene, jedoch mit verschiedener Frequenz.

Das Ergebnis dieser Überlagerung läßt sich grafisch leicht ermitteln. Wegen der unterschiedlichen Wellenlänge kommt es abwechselnd zur konstruktiven und destruktiven Interferenz. Dieses periodische Auf- und Abschwellen der Lautstärke des gemeinsamen Tons bezeichnet man als **Schwebung.** Abb. 143.3 zeigt die Schwebung als Amplitudenschwankung in der Momentaufnahme eines räumlichen Wellenfeldes. Betrachtet man einen bestimmten Punkt auf der x-Achse, dann läuft hier eine Welle mit zeitlich auf- und abschwellender Amplitude vorbei. Wir können diese Schwebung der Amplitude in der Zeit gut mit Schallwellen demonstrieren und als Schwebungston hörbar machen.

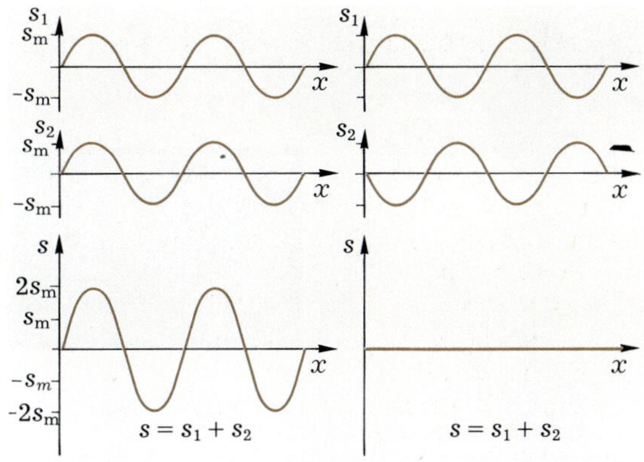

Abb. 143.1 a) Bei einem Gangunterschied $\Delta s = 0$ kommt es zu konstruktiver Interferenz (Verstärkung der Wellen 1 und 2). b) Bei $\Delta s = \lambda/2$ tritt destruktive Interferenz auf (Vollständige Auslöschung)

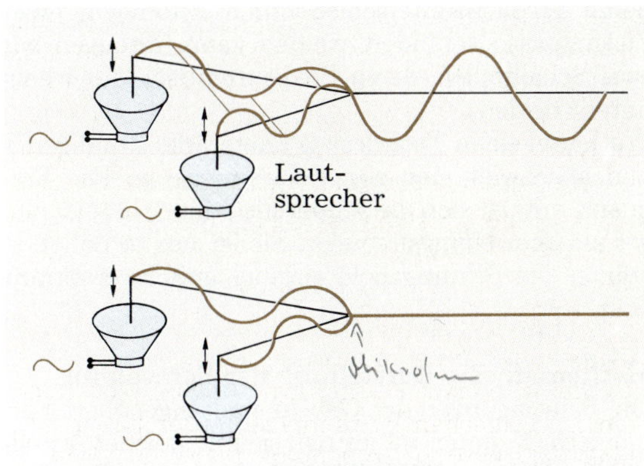

Abb. 143.2 Konstruktive Interferenz bei Seilwellen

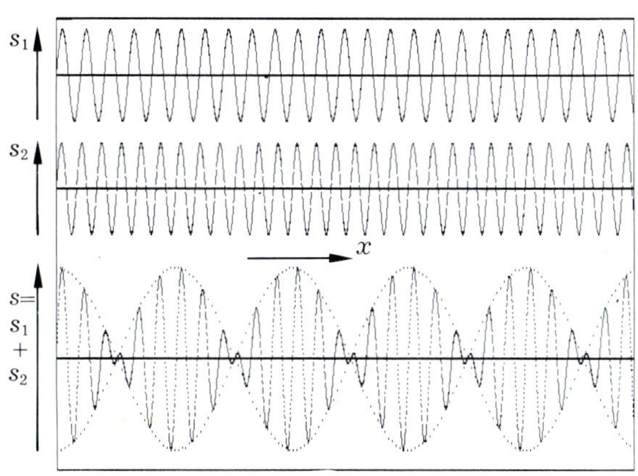

Abb. 143.3 Schwebungen bei Überlagerung zweier Wellen, deren Frequenzen sich wie 5 : 6 verhalten

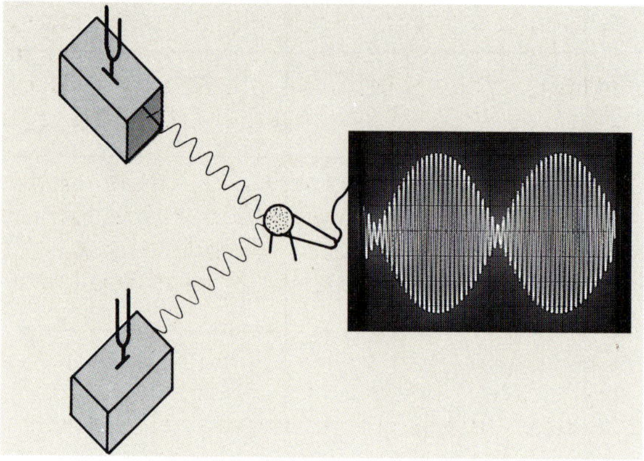

Abb. 144.1 Schwebungen bei der Überlagerung von Stimmgabelschwingungen

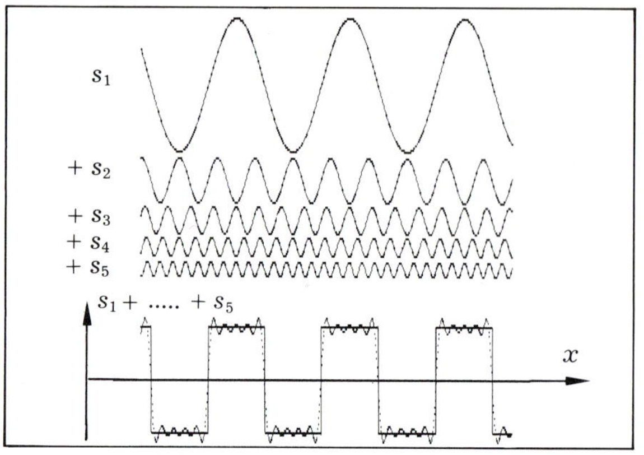

Abb. 144.2 Aufbau einer rechteckigen Welle aus 5 sinusförmigen Teilwellen

Versuch 9: Mit Hilfe zweier gleicher Stimmgabeln, deren Frequenzunterschied durch Anbringen einer Zusatzmasse verändert werden kann, erzeugen wir zwei Schallwellen, deren Frequenzen sich nur wenig unterscheiden.
Wir hören einen Ton, dessen Lautstärke ständig auf- und abschwillt, den sog. Schwebungston. Die Frequenz, mit der sich die Amplitude ändert, bezeichnen wir als Schwebungsfrequenz. Sie ist um so höher, je stärker die Stimmgabeln gegeneinander verstimmt sind.

Mathematische Darstellung der Schwebung
Die Schwingungen der Gabeln sind angenähert harmonisch. Nehmen wir an, daß sie mit gleicher Amplitude und Phase zu schwingen beginnen und ihre Frequenzen f_1 und f_2, also die Kreisfrequenzen $\omega_1 = 2\,\pi\, f_1$ und $\omega_2 = 2\,\pi\, f_2$ betragen. Das Weg-Zeit-Gesetz ihrer Schwingungen lautet dann

$$s_1 = s_{\mathrm{m}} \sin \omega_1 t \text{ und } s_2 = s_{\mathrm{m}} \sin \omega_2 t.$$

Als Überlagerung der Schwingungen ergibt sich:

$$s = s_1 + s_2 = s_{\mathrm{m}} (\sin \omega_1 t + \sin \omega_2 t).$$

Mit dem Additionstheorem des Sinus erhalten wir:

$$s = 2\, s_{\mathrm{m}} \cos \frac{\omega_1 - \omega_2}{2}\, t \cdot \sin \frac{\omega_1 + \omega_2}{2}\, t.$$

Diese Gleichung beschreibt eine Schwingung der Amplitude $2\, s_{\mathrm{m}}$ mit der mittleren Frequenz

$$f_{\mathrm{m}} = \frac{f_1 + f_2}{2}.$$

Diese wird mit einer niederfrequenten Cosinusschwingung multipliziert. Ihre Amplitude wird im Takt einer Cosinusschwingung vergrößert und verkleinert. Man sagt auch, die Schwingung ist moduliert. Die Frequenz der Modulation beträgt $(f_1 - f_2)/2$. Da wir eine positive Amplitude nicht von einer negativen unterscheiden können, hören wir ein doppelt so schnelles Auf- und Abschwellen der Lautstärke. Wir hören eine Schwebungsfrequenz, die genau der Differenzfrequenz $f_1 - f_2$ entspricht. Mit Hilfe von Schwebungen lassen sich daher Frequenzen sehr genau vergleichen.

3. Aufbau von beliebigen Schwingungsformen aus Sinusschwingungen: Fourier-Synthese.
Wir untersuchen nun, was geschieht, wenn wir sinusförmige Wellen gleicher Ausbreitungs- und Schwingungsrichtung und verschiedener Amplitude und Frequenz überlagern. Dies gäbe, wenn wir beliebige Frequenzen zuließen, ein heilloses Durcheinander. Als Zusatzbedingung wollen wir fordern, daß die Frequenzen nur ganzzahlige Vielfache einer Grundfrequenz f_0 sein sollen.

> Die Frequenzen $f_{\mathrm{n}} = n\, f_0$ bezeichnet man als Harmonische der Grundfrequenz f_0.

(Rechner-)Versuch 10: Stellen Sie die Überlagerung von harmonischen Wellen grafisch dar! Wählen Sie dazu folgende Welle:

$$y = \sin x - \tfrac{1}{3} \sin 3\,x + \tfrac{1}{5} \sin 5\,x - \tfrac{1}{7} \sin 7\,x\,.$$

Sie besteht nur aus ungeradzahligen Harmonischen, deren Amplitude mit $1/n$ abnimmt.
Überlagern Sie jeweils bis zur 3., 5., 7. usw. Harmonischen!
Abb. 144.2 zeigt das überraschende Ergebnis. Je mehr Teilwellen wir überlagern, desto besser nähert sich das Ergebnis einer Rechteckwelle an.
Wir können die überhaupt nicht sinusförmig aussehende Rechteckwelle aus einer Überlagerung von Sinuswellen zusammensetzen. Dies ist ein spezielles Beispiel für einen Satz, der von *J. B. Fourier,* einem französischen Mathematiker, gefunden wurde.

> **Satz von Fourier:**
> Jede beliebige periodische Funktion läßt sich eindeutig aus Sinus- und Cosinusschwingungen zusammensetzen.

Wir können diesen Satz auch umkehren und argumentieren, daß eine Rechteckwelle nicht nur aus einer einzigen Welle, sondern aus vielen harmonischen Teilwellen zusammengesetzt ist, deren Fre-

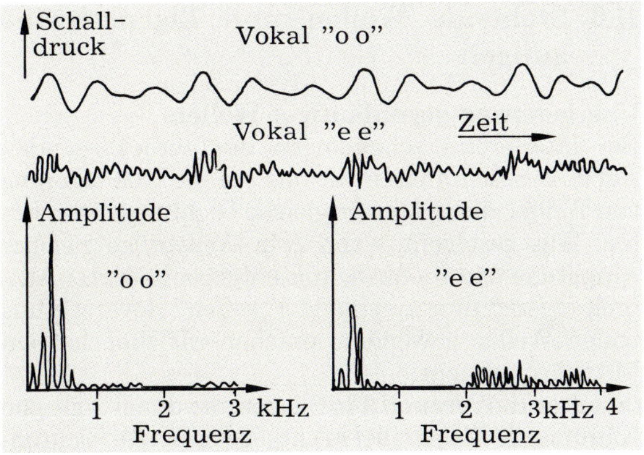

Abb. 145.1 Schwingungsformen und Spektrum der Vokale e und o

quenz ein ganzzahliges Vielfaches einer Grundfrequenz ist. Man sagt:

> Ein beliebiger periodischer Vorgang ist durch ein **Spektrum von Frequenzen** gekennzeichnet.

Dieses **Spektrum** läßt sich grafisch darstellen, indem man über der Frequenzachse den jeweiligen Amplitudenwert als Linie aufträgt. Man erhält so eine neue Möglichkeit, Wellen zu beschreiben. Hat das Spektrum nur eine einzige Linie, dann handelt es sich um eine reine Sinuswelle.

Daß in einer Rechteckwelle mehr als nur eine einzige Frequenz vorhanden ist, können wir heraushören, denn unser Gehör analysiert tatsächlich das Spektrum von Schallwellen.

Versuch 11: Wir benutzen zwei Funktionsgeneratoren mit angeschlossenem Lautsprecher zur Erzeugung von Schallwellen. Wir vergleichen den Klang eines Sinus- und eines Rechtecktones gleicher Frequenz und gleicher Amplitude.

Da die Frequenz beider Töne gleich ist, empfinden wir deren Tonhöhe als gleich. Die Rechteckschwingung klingt wesentlich voller als der Sinuston, da sie noch Harmonische enthält, die unser Gehör heraushört und die zur Beurteilung der Lautstärke und der Klangfarbe herangezogen werden. Obwohl wir wegen der Ganzheit des Klangbildes nicht jede Harmonische einzeln heraushören, sind die Harmonischen wirklich vorhanden. Wir können uns davon im folgenden Versuch überzeugen:

Versuch 12: Stellen sie den Rechteckgenerator auf 200 Hz und fahren Sie mit dem Sinusgenerator die Frequenz durch.

Man hört nicht nur bei der Grundfrequenz f_0 einen Schwebungston. Auch bei allen ungeradzahligen Vielfachen der Grundfrequenz sind Schwebungen deutlich zu vernehmen. Hier stimmt die Frequenz des Sinustones mit der Frequenz der Harmonischen überein, aus denen sich die Rechteckschwingung zusammensetzt.

Die Zerlegung von Tönen nach dem Fourierschen Satz ist somit mehr als ein mathematischer Kniff!

Die Harmonischen, mit denen wir im Rechnerexperiment eine Rechteckwelle zusammensetzten, sind real und hörbar! Diese Harmonischen spielen für die Beurteilung der **Klangfarbe** von Musikinstrumenten eine zentrale Rolle.

Mit unserem Gehör können wir die Harmonischen mehr oder weniger gut trennen. Unser Gehör zerlegt also eine Welle in die verschiedenen Frequenzen, aus denen sie sich nach dem Satz von *Fourier* zusammensetzt. Man sagt:

> Das Gehör arbeitet als Frequenzanalysator (**Fourier-Analysator**) und zerlegt eine Schallwelle in ihre Frequenzbestandteile (Spektrum).

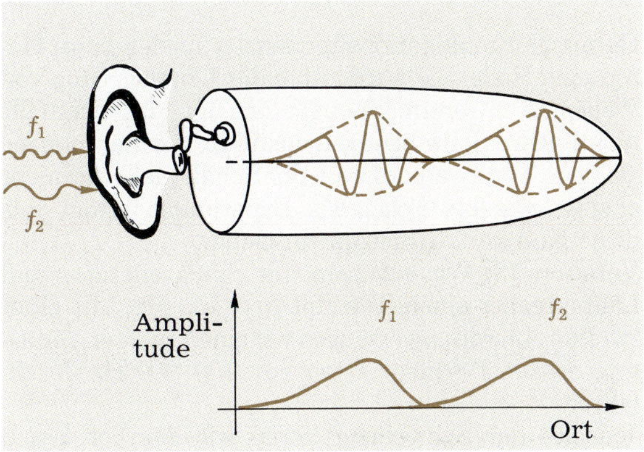

Abb. 145.2 Schematischer Aufbau des Gehörs: Im Innenohr, einem schneckenartigen, hier gestreckt gezeichneten Organ, wird der Schall in seine Frequenzbestandteile zerlegt

Grenzen des Superpositionsprinzips

Das Prinzip der ungestörten Überlagerung ist für die Informationsübertragung mit Wellen außerordentlich wichtig. Es gilt insbesondere auch für die in der Nachrichtentechnik wichtigen elektromagnetischen Schwingungen wie z. B. für Licht- oder Radiowellen. Nur weil dieses Prinzip erfüllt ist, kann man mit einer einzigen Glasfaser oder einem Kabel eine Vielzahl von Wellen verschiedener Frequenz parallel übertragen und wieder voneinander trennen, ohne daß es zu einem „Wellensalat“ kommt.

Diese ungestörte Überlagerung, wie wir sie von Schallwellen kennen, trifft nur in beschränktem Umfang für unser Hören zu. Hier kann es durchaus vorkommen, daß ein sehr lauter Ton einen leisen stört und ihn soweit „verdeckt“, daß dieser nicht mehr gehört wird. Im Bereich der Wahrnehmung gilt das Superpositionsprinzip nur eingeschränkt.

Bei mechanischen Wellen verliert das Superpositionsprinzip seine Gültigkeit beim Vorliegen seines nichtlinearen Kraftgesetzes. Zwei Wellen mit verschiedenen Frequenzen f_1 und f_2 können dann so miteinander wechselwirken, daß neue Frequenzen, sog. Kombinationsfrequenzen der Form $2\,f_1 - f_2$, $3\,f_1 - 2\,f_2$ oder allgemein $f_{komb} = m\,f_1 \pm n\,f_2$ mit $m, n \in \mathbb{N}$ entstehen.

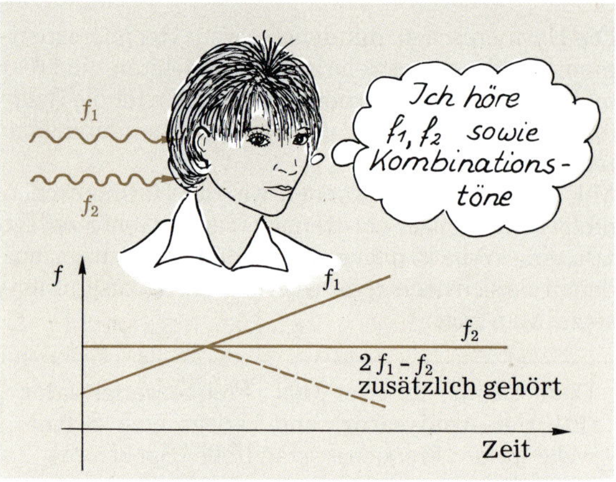

Abb. 146.1 Hörbarkeit neuer Töne: Kombinationstöne

Derartige Kombinationsfrequenzen spielen beim Hören eine Rolle. Sie werden bei der Überlagerung von Wellen in unserem Innenohr erzeugt, das ebenfalls nichtlineare Schwingungen ausführt. Wir nehmen sie als neue Töne wahr, die von der Schallquelle gar nicht erzeugt werden. Folgendes Experiment bringt uns diese **Kombinationstöne** zu Gehör.

Versuch 13: Wir erzeugen mit Sinusgenerator und Lautsprecher einen Ton mit $f_1 = 400$ Hz. Mit einer zweiten Anordnung erzeugen wir einen zweiten Sinuston, dessen Frequenz f_2 wir von 400–900 Hz durchfahren.

Jenseits der Schwebung hören wir deutlich einen sirenenartigen Ton, dessen Frequenz nach unten geht, obwohl wir nur einen konstanten und einen aufwärts gleitenden Ton erzeugen. Durch Schwebung mit einem dritten Ton läßt sich zeigen, daß diese neue Frequenz durch $f_{\text{komb}} = 2\ f_1 - f_2$ gegeben ist (Abb. 146.1). Derartige Kombinationsfrequenzen werden zwar subjektiv wahrgenommen, sie sind aber keineswegs nur das Produkt unserer Einbildung. Sie liegen als tatsächliche Schwingung im Innenohr vor. Kombinationstöne spielen in der Musik für die Wahrnehmung von Konsonanz und Dissonanz, für den Wohl- oder den Mißklang von Klängen, eine besondere Rolle. Unser Harmonieempfinden ist somit das Produkt anharmonischer, also nichtlinearer Prozesse.

Aufgaben:

1. Zeigen Sie anhand der Auslenkungsgleichung einer Welle, daß aus zwei gegeneinander laufenden Wellen gleicher Amplitude eine stehende Welle entsteht, bei welcher der Abstand zwischen zwei Knoten $\lambda/2$ beträgt!
2. Für sinusförmige Wellen ist die Intensität proportional zum Quadrat der Amplitude. Wie hängt die Amplitude mit dem Abstand r vom Erreger zusammen a) bei einer ebenen Welle, b) bei einer Zylinderwelle, c) bei einer Kugelwelle?
3. Wir hören am empfindlichsten im Frequenzbereich von 2–4 kHz. Warum klingt eine Blaskapelle immer dünner und vor allem „blecherner", je weiter sie entfernt ist?
4. Eine Schallwelle kommt genau von rechts. Für welche Frequenzen schwingen Ihre beiden Trommelfelle gegenphasig?

11.6 Stehende Wellen und Eigenschwingungen

Überlagerung gegenläufiger Wellen

Bei Interferenzerscheinungen des zurückliegenden Kapitels beschränkten wir uns auf die Überlagerung von Wellen, die sich in die gleiche Richtung ausbreiteten. Was geschieht, wenn zwei Wellenzüge gleicher Amplitude und Frequenz mit entgegengesetzter Ausbreitungsrichtung aufeinander treffen? Bevor wir uns realen Wellen zuwenden, machen wir zunächst ein Modellexperiment.

(Freihand-)Versuch 14: Blicken Sie durch 2 gleiche Kämme, die Sie parallel in entgegengesetzte Richtungen verschieben. Das Gesichtsfeld wird abwechselnd hell und dunkel.

Fassen wir die Lücken des Kamms als Wellenberge und die Zinken als Wellentäler auf, so ergibt sich eine Veranschaulichung des Interferenzvorganges zweier gegeneinander laufender Wellen: Im zeitlichen Wechsel tritt konstruktive und destruktive Interferenz auf (Verstärkung und vollständige Auslöschung der Wellen).

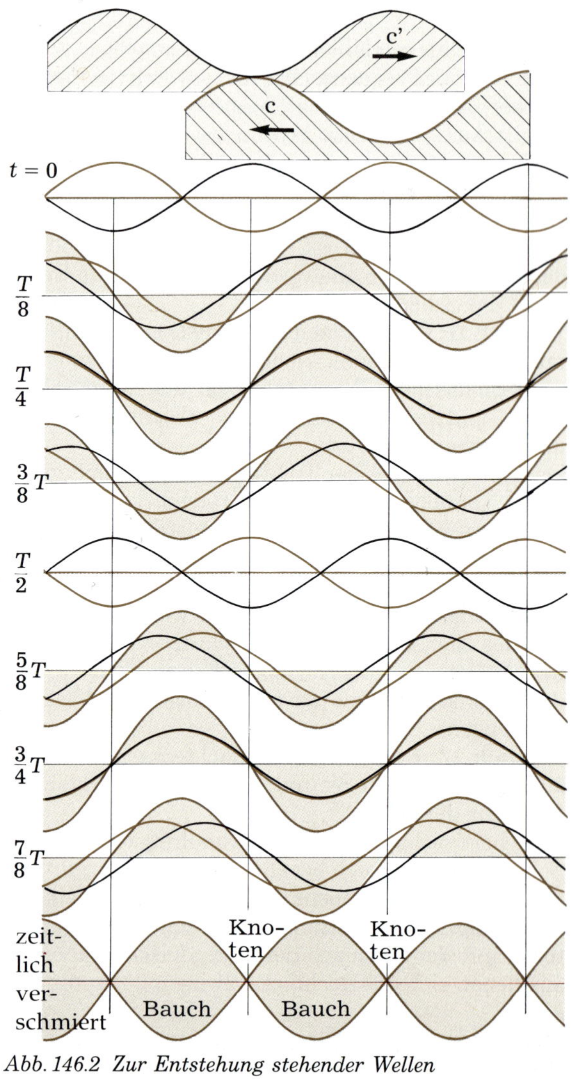

Abb. 146.2 Zur Entstehung stehender Wellen

Abb. 146.2 zeigt mit einer Abfolge von Momentaufnahmen zweier gegeneinander laufender Wellen diesen Vorgang deutlicher. Innerhalb einer Schwingungsperiode kommt es zweimal vor, daß Wellenberge auf Täler treffen wobei vollständige Auslöschung erfolgt. Dazwischen kommt es zu maximaler Verstärkung. Das entstehende Interferenzmuster ist erstaunlicherweise ortsfest, obwohl die beiden Wellen, die es zustande bringen, fortlaufende Wellen sind.

Die Stellen maximaler Amplitude treten also immer am gleichen Ort auf. Dazwischen liegen Punkte, an denen das Medium dauernd in Ruhe ist. Dies erkennt man deutlicher, wenn man eine Überlagerung vieler einzelner Momentaufnahmen oder eine länger belichtete Aufnahme betrachtet.

Die Stellen, an denen das Medium am heftigsten schwingt, nennt man **Schwingungsbäuche.** Die dazwischen liegenden Punkte, die immer in Ruhe sind, heißen **Knoten.** Das **ortsfeste Interferenzbild aus Schwingungsknoten und Bäuchen,** das aus zwei gegeneinander laufenden Wellen entsteht, bezeichnet man als **stehende Welle.**

Der Abstand zweier benachbarter Knoten oder Bäuche beträgt eine halbe Wellenlänge. Stehende Wellen können demnach zur Messung der Wellenlänge genutzt werden. Rechts und links von einem Knoten schwingt die Welle gegenphasig.

Was ist aus dem Energiestrom geworden, der von den beiden fortlaufenden Wellen in entgegengesetzte Richtungen transportiert wurde? Im Gegensatz zur fortlaufenden Welle findet in der stehenden Welle kein Energietransport statt – die stehende Welle nagelt gewissermaßen die Energie räumlich fest. In den Knoten ist die Energie immer Null. In den Bäuchen findet dauernd eine Umwandlung zwischen kinetischer und potentieller Energie statt.

> Bei der Überlagerung von zwei gegeneinander laufenden Wellen gleicher Amplitude und Frequenz entsteht eine **stehende Welle** mit ortsfesten Schwingungsknoten und Bäuchen. Der Abstand zweier benachbarter Knoten bzw. Bäuche beträgt $\lambda/2$. In einer stehenden Welle findet kein Energietransport statt.

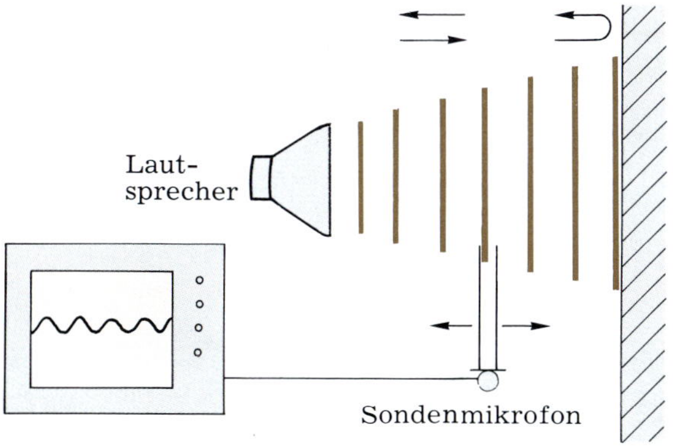

Abb. 147.1 Erzeugung von stehenden Schallwellen durch Reflexion an einer Wand

Erzeugung von stehenden Wellen durch Reflexion

Stehende Wellen lassen sich bei allen Wellenerscheinungen beobachten. Die einfachste Art stehende Wellen zu erzeugen, ist es, die Wellen an einem Hindernis zu reflektieren.

Versuch 15: Wir stellen einen Lautsprecher in ca. 2 m Abstand senkrecht vor einer Wand auf, erzeugen eine Schallwelle im kHz Bereich und messen die Amplitude des Wellenfeldes zwischen Lautsprecher und Wand über ein Mikrofon mit angeschlossenem Oszilloskop aus (Abb. 147.1). Die Frequenz bestimmen wir mittels Frequenzzähler.

Fährt man das Schallfeld mit dem Mikrofon ab, so zeigt das Oszilloskop in Abhängigkeit vom Abstand zur Wand minimale bzw. maximale Amplituden an. Zwischen Lautsprecher und Wand hat sich eine stehende Welle mit Bäuchen und Knoten ausgebildet, weil die ankommende und die von der Wand reflektierte Schallwelle interferieren. Wir können aus dem Knotenabstand leicht die Wellenlänge der Schallwellen ermitteln.

Messung der Wellenlänge und der Ausbreitungsgeschwindigkeit von Schallwellen

Bei einer Frequenz $f = 1{,}6$ kHz finden wir einen Abstand von 10 cm zwischen zwei benachbarten Knoten. Die Wellenlänge beträgt somit $\lambda = 20$ cm. Die **Schallgeschwindigkeit** ist damit

$$c = \lambda \cdot f = 0{,}2 \cdot 1600 \text{ m/s} = 320 \text{ m/s}.$$

Der theoretische Wert bei 0 °C beträgt $c = 331$ m/s.

Reflexion von Wellen an einem harten und einem weichen Abschluß

Daß es bei Schallwellen zur Reflexion kommt, wenn sie auf ein Hindernis treffen, dessen Dichte viel größer als die von Luft ist, können wir leicht einsehen. Die Luftmoleküle laufen gegen die „harte“ Wand an und bauen ein Druckpolster auf, weil sie sich infolge des Hindernisses nicht weiter bewegen können. Im Endeffekt werden die anlaufenden Luftteilchen wie Tennisbälle reflektiert, die Welle kehrt ihre Richtung um. Direkt an der Wand sind die Luftmoleküle in Ruhe. Dort ist also immer ein Auslenkungsknoten und ein Druckbauch.

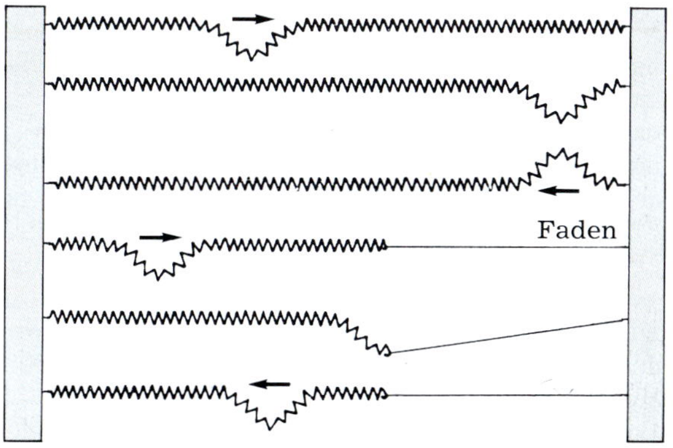

Abb. 147.2 Reflexion einer Querstörung an einem festen und einem losen Ende

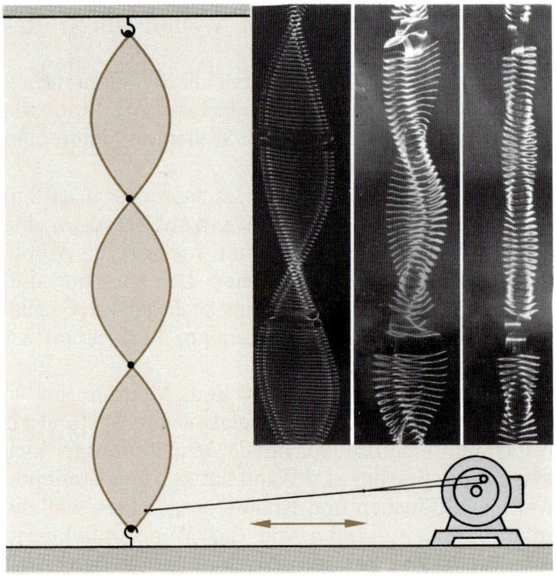

Abb. 148.1 Erzeugung von stehenden Querwellen. Bei hinreichender Länge des Wellenträgers kann man stehende Wellen von Hand anregen. Der Einschub zeigt verschiedene Querwellen

Einen entsprechenden Vorgang können wir bei Transversalwellen etwa auf einer Wellenmaschine beobachten, wenn wir das Ende der Oszillatorenkette festhalten.

Versuch 16: Bei einer Wellenmaschine befestigen wir den letzten Oszillator und lassen dann eine Querstörung gegen das „feste Ende" laufen.

Erwartungsgemäß wird die Störung reflektiert, die Richtung der Auslenkung kehrt sich dabei um, ein Wellenberg kommt als Wellental zurück und umgekehrt (Abb. 148.1).

Halten wir nun das Ende nicht fest, sondern lassen den letzten Oszillator frei schwingen, dann tritt bei diesem weichen Abschluß ebenfalls Reflektion der Welle auf, jedoch kommt hier ein Berg immer als Berg und ein Wellental immer als Tal zurück.

Die Beobachtungen lassen sich folgendermaßen deuten. Ist der letzte Schwinger festgehalten, so kann er keine Querbewegung ausführen. Auch der vorletzte kann nicht vollständig z.B. nach oben ausschwingen, weil ihn der letzte zurückhält. Das gilt in geringerem Maß auch für den Zweitletzten usw. Insgesamt ist eine nach unten gerichtete Kraft vorhanden. Die Welle läuft so zurück, als hätten wir sie durch einen Schlag nach unten neu gestartet.

Ist das Ende dagegen frei, so schwingt es ungehindert aus. Dieser Zustand maximaler Auslenkung des Endes ist Ausgangspunkt der zurücklaufenden Welle. Diese startet ebenso, als hätten wir das Ende mit einem Ruck nach oben angeregt.

Die Umkehr der Schwingungsrichtung können wir auch als eine Änderung der Phase φ der Welle um 180° auffassen. Wir fassen das Ergebnis so zusammen:

Bei der Reflexion von Wellen an einem festen Ende findet ein Phasensprung $\Delta\varphi = 180°$ statt. Erfolgt die Reflexion an einem losen Ende, ist $\Delta\varphi = 0°$.

Stehende Wellen als Eigenschwingungen

Versuch 17: Wir regen ein Seil, das nach Abb. 148.2 zwischen zwei festen Enden eingespannt ist, periodisch an und variieren dabei die Erregerfrequenz.

Wir finden verschiedene Erregerfrequenzen, bei denen sich stehende Wellen auf dem Seil ausbilden können. Diese unterscheiden sich durch die Zahl der Knoten und durch die Wellenlänge, die durch den doppelten Knotenabstand bestimmt ist.

Wir können diese stehenden Wellen auch als ganz ausgezeichnete Schwingungszustände des Seiles auffassen, bei denen keine Energie über das Seil transportiert wird. Einen solchen Schwingungszustand bezeichnet man auch als **Eigenschwingung** (vgl. 10.1), die dazugehörige Frequenz als **Eigenfrequenz.**

Da die stehenden Wellen infolge der festen Einspannung des Seiles an den Enden immer Knoten aufweisen müssen, können wir immer nur solche Eigenschwingungen anregen, bei denen ein ganzzahliges Vielfaches von $\lambda/2$ auf der Seillänge genau Platz hat.

Es gilt also bei beidseitiger fester Einspannung:

$$l = n \cdot \lambda/2, \qquad n = 1, 2, 3 \ldots$$

bzw.

$$\lambda = \frac{2l}{n}.$$

Mit $c = \lambda \cdot f$ können wir daraus die Eigenfrequenzen berechnen:

$$f = \frac{c}{\lambda} = \frac{c}{2l} \cdot n.$$

Eine stehende Welle bildet sich also aus, wenn die Frequenz ein ganzzahliges Vielfaches einer Grundfrequenz

$$f_0 = \frac{c}{2l}$$ ist.

Derartige Eigenschwingungen sind vor allem bei Musikinstrumenten bedeutsam. Ein Saiteninstrument besteht im wesentlichen aus einem wie oben eingespannten „Seil". Regt man die Saite durch Zupfen oder Streichen an, so schwingt sie i. a. nicht nur in der Grundschwingung, sondern es werden auch immer ganzzahlige Vielfache der Grundschwingung, also Harmonische, angeregt. Das gleiche gilt auch für schwingende Luftsäulen z. B. in Orgelpfeifen.

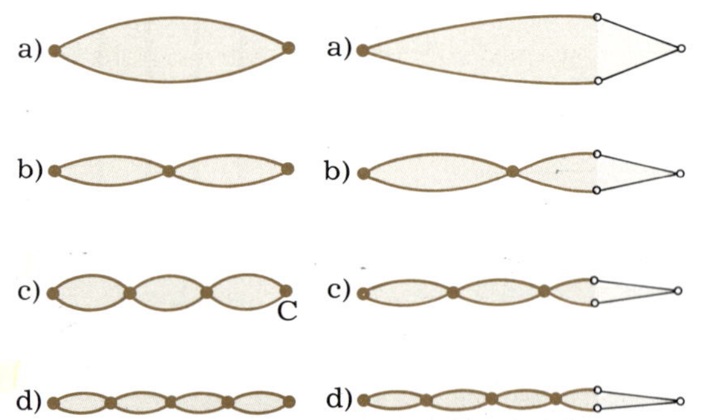

Abb. 148.2 Stehende Querwellen bei festem und losem Ende

Stehende Longitudinalwellen in Luft

Versuch 18: Ein Lautsprecher regt die Luftsäule in einem Glasrohr zu Schwingungen an (Kundtsches Rohr, Abb. 149.1). Am gegenüberliegenden Ende des Rohres lassen sich verschiedene Abschlußbedingungen einstellen. Es ist entweder offen (freies Ende) oder durch einen verschiebbaren Kolben abgeschlossen. Im Rohr befindet sich Korkmehl. Bei geeigneten Frequenzen bilden sich im Rohr stehende Wellen aus. Das Korkmehl gerät in regelmäßigen Abständen in heftige Bewegung.

Hat das Rohr zwei offene Enden, so bilden sich dort bei Resonanz Bewegungsbäuche aus; die Schnelle der Luftmoleküle ist maximal. Diese Randbedingung läßt sich nur erfüllen, wenn im Rohr eine ganze Zahl halber Wellenlängen untergebracht werden kann (Abb. 149.2 a). Es gilt $n \cdot \lambda/2 = l$. Mit $c = \lambda \cdot f$ ergeben sich daraus die Eigenfrequenzen:

$$f_n = n \cdot \frac{c}{2l} \qquad n = 1, 2, 3 \ldots$$

Ist dagegen ein Ende durch einen Stempel verschlossen (festes Ende), so liegt hier immer ein Schnelleknoten vor. Da das andere Ende offen ist, passen nur ungeradzahlige Vielfache von Viertelwellenlängen in das Rohr $(2n-1) \cdot \lambda/4 = l$ (Abb. 149.2 b). Daraus ergeben sich folgende Eigenfrequenzen:

$$f_n = (2n-1) \cdot \frac{c}{4l} \qquad n = 1, 2, 3 \ldots$$

Selbstorganisierte Schwingungen bei Orgelpfeifen

Zur Erzeugung ungedämpfter Schwingungen ist, wie wir in 9.5 erkannt haben, ein schwingungsfähiges System sowie Rückkopplung nötig. Diese sorgt bei der Orgel dafür, daß der kontinuierliche Luftstrom des Blasebalgs automatisch im richtigen Takt angezapft wird. Am unteren Ende der Orgelpfeife wird ein Luftstrahl gegen eine Schneide geblasen. Ein solcher Strahl ist instabil und verwirbelt (vgl. aufsteigender Zigarettenrauch). Dabei wird periodisch die Luftsäule in der Pfeife angeregt. Sie wirkt als Resonator. Per Rückkopplung steuert deren Eigenschwingung wiederum die Wirbelbildung. Welche Eigenschwingungsformen der Luftsäule entstehen, hängt davon ab, ob es sich um eine offene oder geschlossene (gedackte) Pfeife handelt (Abb. 149.2).

In der schmalen Orgelpfeife sind stehende Wellen nur in Längsrichtung bedeutsam. Die möglichen Schwingungsformen sind stets harmonische Oberschwingungen: Sie sind ganzzahlige Vielfache der Grundschwingung. Grund- und Oberschwingungen zusammen sind immer wohlklingend (konsonant). Das trifft auch auf die Harmonischen einer Saitenschwingung zu. Bei zweidimensionalen schwingenden Medien (z. B. Trommeln, Becken) können die möglichen Eigenfrequenzen in einem beliebigen Zahlenverhältnis zueinander stehen. Ihr Klang kann daher durchaus auch dissonant sein. Besonders interessant ist dabei das Phänomen des Schlagtons der Glocke: Die wahrgenommene Tonhöhe eines Glockenklangs muß nicht einer physikalischen Schwingungsfrequenz der Glocke entsprechen (s. Lehrerband).

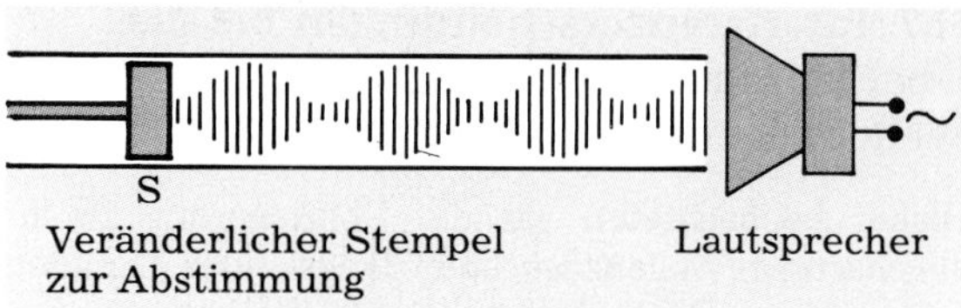

Abb. 149.1 Ein Lautsprecher erzeugt in einem Rohr stehende Wellen. Schnellebäuche und Schnelleknoten werden mit Korkmehl nachgewiesen (Kundtsches Rohr)

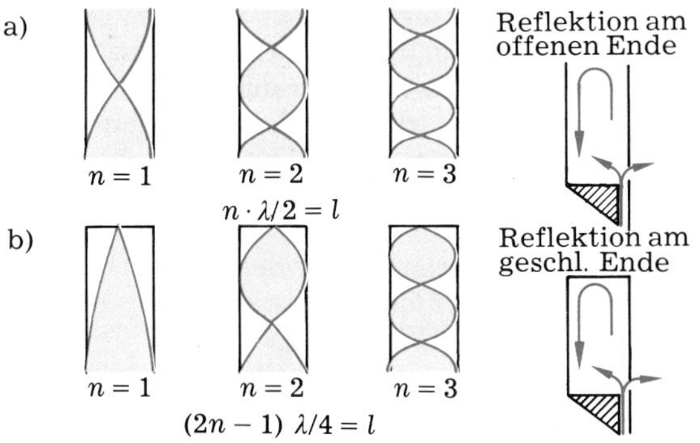

Abb. 149.2 Eigenschwingungen der Luftsäule in offenen bzw. gedackten Orgelpfeifen [= beidseitig (a) sowie einseitig offenes (b) Rohr]

Aufgaben:

1. In meiner Badewanne bin ich Kapitän! Erklären Sie bitte, warum es auch weniger stimmbegabten Hobbysängern gelingt, beim Singen im häuslichen Bad ein ansehnliches Stimmvolumen vor allem bei tiefen Tönen zu erreichen?
2. Ein Badezimmer hat die folgenden Abmessungen: Länge: 3,50 m, Breite: 2,20 m, Höhe: 2,50 m. Geben Sie allgemein an, welche Eigenschwingungen möglich sind. Welches sind die Frequenzen der möglichen Grundschwingungen? Wie ändern sich diese Frequenzen, wenn die in der Längsrichtung des Zimmers angebrachte Tür geöffnet wird?
3. Orgelpfeifen stehen wohlgeordnet nach Länge nebeneinander. Auch bei einer Kinderschar bringt man oft den Vergleich mit Orgelpfeifen. Berechnen Sie, in welchem Verhältnis die Längen von 12 Pfeifen zueinander stehen müssen, welche die Töne einer wohltemperierten Oktave spielen!
4. Eine offene Orgelpfeife spielt den Kammerton a (440 Hz). Wie groß ist ihre Länge? Welcher Ton entsteht, wenn man sie oben abschließt?
5. Die Geschwindigkeit, mit der sich Biegewellen in einer Metallplatte ausbreiten, beträgt 1000 m/s. Rechnen Sie die 5 niedrigsten Frequenzen aus, bei der eine rechteckige Metallplatte von 50 cm Länge und 40 cm Breite in Resonanz gerät, wenn diese Platte
   a) rundum an den Rändern fest eingespannt ist,
   b) im Zentrum befestigt ist,
   c) sowohl im Zentrum als auch an den Rändern fest eingespannt ist!
6. Der sog. Corruga-Heuler, ein geriffeltes Kunststoffrohr, das man herumschleudert, gerät ins Tönen. Welche Eigenfrequenzen sind bei einem 75 cm langen Rohr möglich? Es handelt sich dabei um die Naturtonreihe, die man auch bei Post- und Jagdhörnern anregen kann.

11.7 Interferenzerscheinungen bei der Überlagerung zwei- und dreidimensionaler Wellenzüge

Bisher beobachteten wir die Überlagerung zweier gleichartiger Wellenzüge stets längs einer Geraden oder in einem Punkt des Raumes. Im folgenden untersuchen wir nun die Veränderung ganzer Wellenfelder, die durch die Überlagerung zwei- und dreidimensionaler Wellenzüge entstehen.

Versuch 18: Wir erzeugen in einer Wellenwanne zwei Kreiswellen (s. Abb. 150.2) gleicher Frequenz und Amplitude, indem wir zwei starr miteinander verbundene Metallstifte in gleichen Zeitabständen in die Wasseroberfläche eintauchen. Die so entstehenden Wellenzüge nennt man **kohärent** (cohaerere, lat.; zusammenhängen).

Durch die Überlagerung der beiden Kreiswellen entsteht die in Abb. 150.2 fotografierte Interferenzerscheinung (vgl. auch Abb. 150.4).

Eine ähnliche Erscheinung erhält man durch einen Modellversuch, zu dem man Klarsichtblätter mit aufgedruckten Kreiswellen verwendet (am Buchende beigelegt).

Versuch 19: Wir legen zwei dieser Blätter so übereinander, daß die Mittelpunkte der Kreissysteme um einige Millimeter gegeneinander verschoben sind.

Deutet man etwa die dunklen Ringe der Klarsichtblätter als Wellenberge, die durchsichtigen als Wellentäler, so sind die bei dem Modellversuch entstehenden nach außen breiter werdenden dunklen Streifen offenbar Orte, in denen Wellenberge mit Wellentälern zusammentreffen, d.h. übereinander liegen. Was bedeutet das für den Fall richtiger Wellen, wie wir sie bei dem Versuch mit der Wellenwanne vor uns haben?

Die Amplituden zweier sich überlagernder Wellen addieren sich. Treffen Wellenberg und Wellental zusammen, so heben sie sich in ihrer Wirkung auf. Die Wasseroberfläche bleibt an diesen Stellen in Ruhe. Strenggenommen gilt dies natürlich nur für den Fall gleicher Amplituden von Wellenberg und -tal. Bei verschiedenen Amplituden tritt eine entsprechende Schwächung ein. So erklären sich die grauen Streifen in Abb. 150.2. Dort bleibt die Wasseroberfläche (fast) unbewegt. Sie entsprechen den dunklen Streifen in

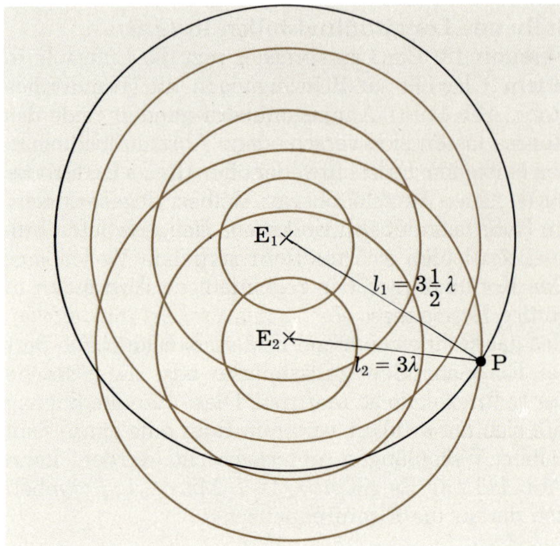

Abb. 150.3 Zur Interferenz zweier Wellenzüge. Die braunen Kreise sollen Wellenberge, der schwarze Kreis ein Wellental symbolisieren. Die übrigen Täler wurden nicht eingezeichnet

dem Modellversuch. Man nennt diese wellenfreien Gebiete **Interferenzminima.**

Warum verändern die Interferenzminima nicht mit der Zeit ihre Lage? Das läßt sich mit Hilfe der Abb. 150.3 erklären: In P sei die Wasseroberfläche ständig in Ruhe. Das setzt voraus, daß die von E_1 und E_2 ausgehenden kohärenten Wellen sich in P stets mit entgegengesetzten Schwingungszuständen treffen. Das ist immer dann der Fall, wenn sich die Strecken l_1 und l_2 in ihrer Länge um $\frac{1}{2}\lambda; \frac{3}{2}\lambda \ldots \frac{(2n+1)}{2}\lambda \; (n = 0; 1; 2; \ldots)$ unterscheiden. Da die Differenz dieser Strecken zeitlich konstant bleibt, ändert sich auch nicht die Lage der Minima.

Zwischen zwei Interferenzminima findet eine deutliche Wellenbewegung statt. In diesen als Interferenzmaxima bezeichneten Streifen verstärken sich die beiden Kreiswellen, da sich die von ihnen zurückgelegten Wege l_1 und l_2 um ein ganzzahliges Vielfaches von λ unterscheiden, also stets zwei Wellenberge bzw. -täler zusammentreffen.

Abb. 150.1 Kreiswelle

Abb. 150.2 Überlagerung zweier Kreiswellen

Abb. 150.4 Die abgebildeten Interferenzen entstanden durch die in gleicher Phase schwingenden Flügel einer Biene, die in einen Teich fiel. (Sie wurde gerettet!)

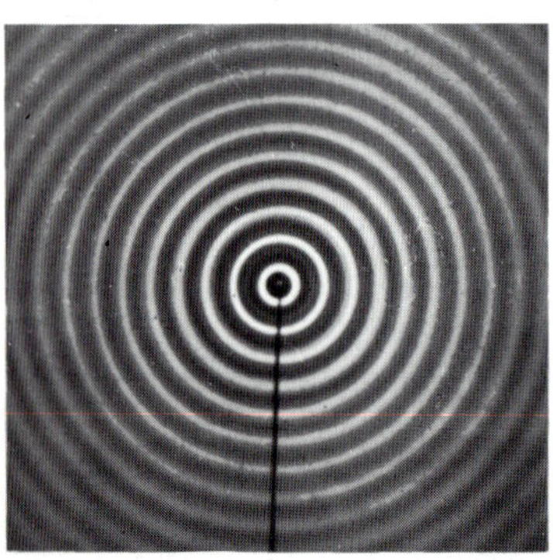

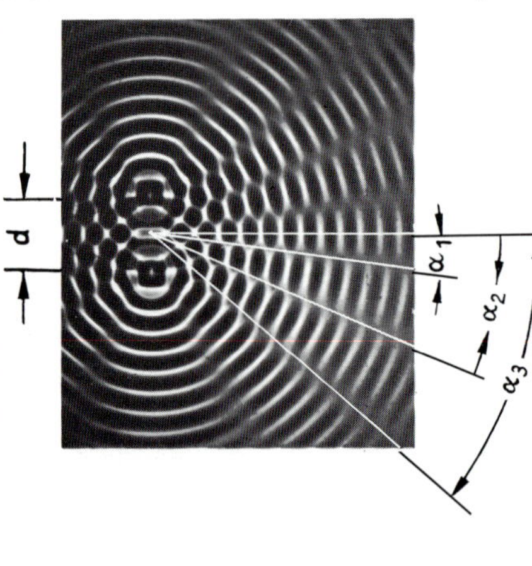

Mathematische Beschreibung der Phänomene

Versuch 20: Wir untersuchen durch langsames Verschieben der Klarsichtblätter, wie die Entfernung der Wellenzentren mit Dichte und Zahl der Interferenzstreifen zusammenhängt.

Wir beobachten, daß mit zunehmender Entfernung der Wellenzentren Dichte und Zahl der Streifen wachsen. Auch ihre Richtung ändert sich. Sie läßt sich durch den Winkel α kennzeichnen, den die Streifen mit dem Lot auf $\overline{E_1 E_2} = d$ bilden (Abb. 151.1).

Um die Interferenzerscheinungen zur Bestimmung von Wellenlängen nutzen zu können, suchen wir eine quantitative Beziehung zwischen den Größen λ, d und α.

Für das erste Interferenzminimum galt $l_1 - l_2 = \lambda/2$. Nach dem Sinussatz ergibt sich aus Abb. 151.1 die folgende Beziehung.

$$\frac{\sin\alpha}{\sin\gamma} = \frac{\lambda}{2d}.$$

Ist e groß gegenüber d, so ist der Winkel $\sphericalangle E_1AE_2 = \gamma$ ungefähr 90°. Wir können dann näherungsweise $\sin\gamma = 1$ setzen (s. Aufg. 1). damit ist:

$$\sin\alpha = \frac{\lambda}{2d}. \tag{1}$$

α gibt also für $e \gg d$ die Richtung des ersten Interferenzminimums an.

Das erste Interferenzmaximum erhält man entsprechend für einen Wegunterschied $\overline{E_1A} = \lambda$: für den zugehörigen Winkel β gilt also $\sin\beta = \lambda/d$.

Entsprechend findet natürlich für einen Wegunterschied $\overline{E_1A}$ von $\frac{3}{2}\lambda; \frac{5}{2}\lambda; \ldots; \frac{2n+1}{2}\lambda$ Schwächung und für einen Wegunterschied $\overline{E_1A}$ von $2\lambda;\ 3\lambda;\ \ldots;\ n\lambda$ Verstärkung statt.

> Bei der Überlagerung zweier kohärenter Kreiswellen entstehen ortsfeste Interferenzstreifen. Ihre Lage läßt sich durch die Winkel α_n und β_n beschreiben, die sie mit dem Mittellot der Strecke $\overline{E_1 E_2}$ bilden. Für die **Interferenzminima** gilt:
>
> $$\sin\alpha_n = \frac{2n+1}{2}\cdot\frac{\lambda}{d}. \tag{2}$$
>
> Für die **Interferenzmaxima** gilt:
>
> $$\sin\beta_n = n\cdot\frac{\lambda}{d}, \quad (n = 0; 1; 2; 3; \ldots) \tag{3}$$

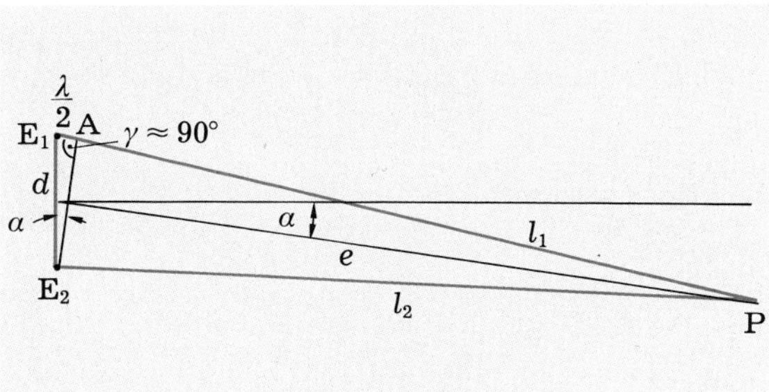

Abb. 151.1 Zur Interferenz zweier Wellenzüge

Beispiel: *Wir prüfen die theoretisch entwickelten Gleichungen (2) und (3) anhand der Abb. 150.2 nach. Der Abb. 150.2 entnehmen wir $\lambda \approx 2$ mm und $d = 7{,}7$ mm. Für die drei ersten Minima ergäbe sich nach (2): $\alpha_1 \approx 7{,}5°$; $\alpha_2 \approx 23°$; $\alpha_3 \approx 40{,}5°$. Diese drei Winkel sind in der Abb. 150.2 eingezeichnet. Man erkennt, daß ihre Schenkel etwa mit den Mittellinien der ersten drei Interferenzstreifen zusammenfallen (s. auch Aufg. 2).*

Durch folgende Überlegung läßt sich die Zahl n der Interferenzminima in einer Hälfte des Wellenfeldes berechnen:

Für die *Minima* gilt:

$$\sin\alpha = \left(n + \tfrac{1}{2}\right)\cdot\frac{\lambda}{d}.$$

Wegen $\sin\alpha \leqq 1$ folgt hieraus:

$$\left(n + \tfrac{1}{2}\right)\cdot\frac{\lambda}{d} \leqq 1 \text{ oder } n \leqq \frac{d}{\lambda} - \tfrac{1}{2}. \tag{4}$$

Beispiel: *Setzen wir die Zahlen des obigen Beispiels in diese Ungleichung ein, so finden wir für n*

$$n \leqq \frac{7{,}7}{2} - 0{,}5 \approx 3{,}4.$$

Da n ganz sein muß, ist $n = 3$.

$n = 0$ liefert das 1. Minimum (2), also gibt es in unserem Falle 4 Minima (vgl. Abb. 150.2).

Interferenz von Schallwellen

Versuche mit Schallwellen – als Beispiel für eine Interferenz zweier Kugelwellen – ermöglichen eine experimentelle Prüfung der Gleichungen (2) und (3).

Versuch 21: Zwei Kleinlautsprecher S werden in Reihe an einen Tonfrequenzgenerator G geschaltet. Ein Mikrofon M in Verbindung mit einem Meßgerät ermöglicht das Aufsuchen der Minima und Maxima der Lautstärke (Abb. 151.2).

Die Minima und Maxima der Lautstärke sind auch direkt mit dem Ohr festzustellen. Schaltet man die störende Reflexion des Schalles an den Zimmerwänden aus, indem man die Versuche im Freien oder in einem Tonstudio wiederholt, so zeigen sich die Unterschiede in der Lautstärke besonders deutlich.

Sowohl bei Wasser- als auch bei Schallwellen bildet sich bei jeder Entfernung der beiden Wellenzentren auf deren Verbindungslinie eine stehende Welle aus.

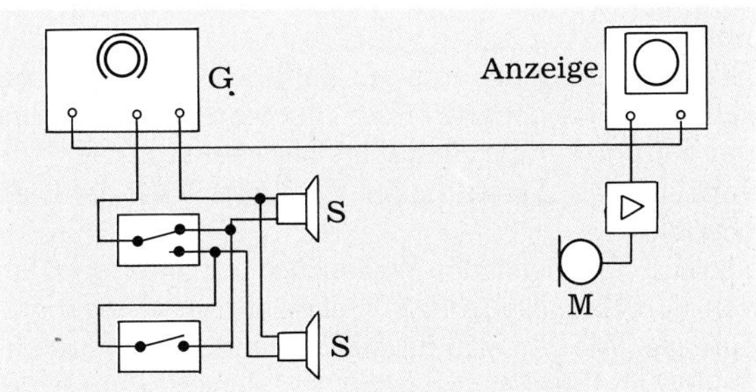

Abb. 151.2 Versuch zur Interferenz von Schallwellen

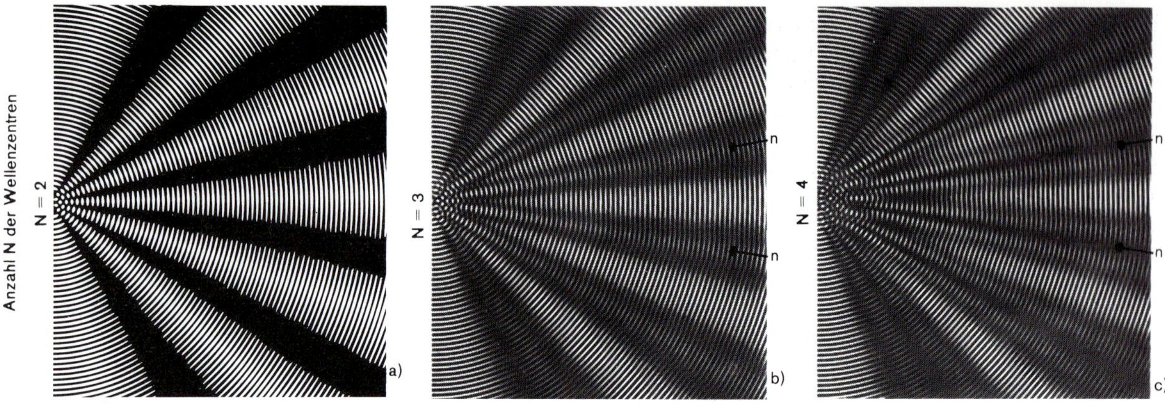

Abb. 152.1 a, b, c Diese Interferenzerscheinungen erhält man in der Wellenwanne mit 2, 3 bzw. 4 Tauchkörpern bei sehr hoher Frequenz, d. h. sehr kleiner Wellenlänge, besser jedoch durch sorgfältiges Übereinanderlegen einer entsprechenden Anzahl von Klarsichtblättern mit aufgedruckten Kreiswellen (s. Buchende). Alle Wellenzentren müssen in gleichen Abständen auf einer Geraden liegen

Interferenz mehrerer kohärenter Wellenzüge

Versuch 22: Wir fügen zu zwei Erregerzentren in der Wellenwanne noch weitere hinzu, so daß alle im gleichen Abstand auf einer Geraden liegen.

Es zeigt sich, daß Zahl und Richtung der bei zwei Zentren entstandenen Maxima erhalten bleiben, diese lediglich schärfer begrenzt, d. h. schmaler werden, während zwischen ihnen schwächere neue Interferenzstreifen auftreten (Abb. 152.1 a, b, c). Diese Erscheinung kann man durch sorgfältiges Aufeinanderlegen von 2, 3 oder 4 Klarsichtblättern beobachten, wobei die Zentren der Kreise alle im gleichen Abstand (einige mm) auf einer Geraden liegen müssen.

Die Abb. 152.2 a läßt erkennen, weshalb die Richtung der Maxima erhalten bleibt. Ist der Wegunterschied zwischen den Wellenzügen, die von A und B nach P laufen, λ oder ein ganzzahliges Vielfaches von λ, verstärken sie sich also in P, so gilt dies auch für den von C ausgehenden Wellenzug und für alle weiteren Wellenzüge, deren Zentren sich in gleichem Abstand auf

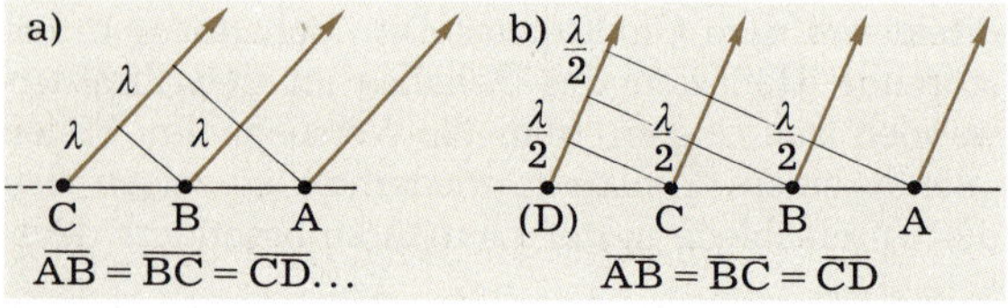

Abb. 152.2 a, b Zur Interferenz mehrerer Wellenzüge, deren äquidistante Wellenzentren auf einer Geraden liegen

der Verlängerung der Geraden AB anschließen (vgl. Aufg. 4).

Eine Erklärung der mit der Zahl der Wellenzentren zunehmenden Schärfe erfolgt erst bei der Behandlung des Gitters. Für die Richtung dieser nun schärfer hervortretenden „Hauptmaxima" gilt also auch die Gleichung (3).

Die sich überlagernden Wellenzüge transportieren die von den Erregern in den Wellenzentren abgegebene Energie. Wie läßt sich das Verschwinden dieser Energie in den Interferenzminima mit dem Energieerhaltungssatz in Einklang bringen?

> In den Punkten der Wasseroberfläche oder des Raumes, in denen sich die beiden Wellenzüge gegenseitig „auslöschen", wird ihre **Energie** nicht vernichtet, sondern nur räumlich anders verteilt: sie konzentriert sich auf die Streifen stärkster Bewegung, die Interferenzmaxima.

Aufgaben:

1. Berechnen Sie γ und sin γ für den Fall, daß sich die Höhe des gleichschenkligen Dreiecks AE_2P zur Grundseite AE_2 verhält wie 10 : 2 bzw. 100 : 2 (Abb. 151.1)! Vergleichen Sie den durch die Näherung $\gamma = 90°$ entstehenden Fehler mit dem zu erwartenden Meßfehler!
2. Prüfen Sie die Gleichungen 2; 3; 4 durch Modellversuche mit Klarsichtblättern! Untersuchen Sie auch die Fälle $d = \lambda$ und $d < \lambda$!
3. Entwickeln Sie Gleichungen für die Lage der Interferenzstreifen, indem Sie den Sinus durch leicht meßbare Strecken ersetzen!
4. Begründen Sie geometrisch, weshalb bei mehreren äquidistanten Wellenzentren die Richtung der Maxima erhalten bleibt (Abb. 152.2 a)! Erklären Sie das Auftreten des Nebenmaximum bei n (Abb. 152.1 b und 152.2 b) und der Nebenminima an derselben Stelle (Abb. 152.1 c)!

Beugung – Huygenssches Prinzip

Bisher betrachteten wir freie Wellen. Sie konnten sich in jeder Richtung ungehindert ausbreiten. Die Wellen in unserer Umgebung, z. B. Wasser- oder Schallwellen, treffen aber auf vielfältige Hindernisse. Wie wird ihr Lauf durch diese beeinflußt?

Versuch 23: Wir erzeugen in der Wellenwanne geradlinige Wellen durch eine periodisch in das Wasser tauchende gerade Leiste. Den Wellen stellen wir verschiedene Hindernisse in den Weg, die über den Wasserspiegel hinausragen.

Wir beobachten auch im Schattenraum der Hindernisse schwache Wellenbewegung (Abb. 153.2 a; b). Verkleinern wir den Spalt der Abb. b, so entsteht hinter dem Spalt ein Wellenfächer mit deutlichen Maxima und Minima (Abb. 153.2 c). Ist der Spalt klein im Vergleich zur Wellenlänge (Abb. 153.2 d), so wirkt er wie der Erreger in Abb. 150.1. Der Spalt ist jetzt Ausgangspunkt eines Wellenzuges, einer sogenannten **Elementarwelle.** Offenbar ist also jeder Punkt einer Welle als Ausgangspunkt einer Elementarwelle zu betrachten, denn jeder Punkt der Wasseroberfläche vollführt ja Schwingungen mit der gleichen Frequenz, kann also als ein Wellenzentrum angesehen werden. Wie ist dann aber Ordnung in diese Vielfalt von Elementarwellen zu bringen?

Da jedes schwingende Wasserteilchen mit Verzögerung Nachbarteilchen zum Schwingen bringt, müssen wir die Phasenbeziehung benachbarter Teilchen berücksichtigen. Untersuchen wir zuerst einmal die Elementarwellen, die von den Punkten zwischen den Spaltgrenzen A und B ausgehen. Die Abb. 153.1 stellt den Zeitpunkt dar, in dem schon zwei gerade Wellen, also zwei Berge und zwei Täler über die Spaltpunkte hinweggewandert sind. Die in diesen Spaltpunkten befindlichen Masseteilchen haben also alle zwei volle Schwingungen ausgeführt und dadurch einen Wellenzug der Länge 2 λ ausgesandt. Das Ergebnis ist in Abb. 153.1 für 13 Spaltpunkte gezeichnet (Berge schwarz, Täler braun).

Die Abbildung zeigt, daß die Einhüllende aller Wellenberge mit derjenigen aller Wellentäler wieder eine neue gerade Welle gleicher Wellenlänge bildet. Man erkennt auch, daß sich die Elementarwellen bei ihrer Ausbreitung quer zur Fortpflanzungsrichtung gegenseitig aufheben, da hier Berge und Täler gleichmäßig verteilt sind. Daher kommen nur die Einhüllenden zur Auswirkung. Man sieht das, wenn man das Buch schräg haltend die Abb. 153.1 von der Schmalseite aus betrachtet. An den Enden der Einhüllenden, jenseits der strichlierten Bündelgrenze, verlaufen die einzelnen Wellenberge bzw. -täler noch so nahe beieinander, daß sie sich gegenseitig verstärken. Dadurch reichen die Wellenfronten bis in den Schattenraum hinein, wie es die Abb. 153.2 erkennen läßt. Man spricht von **Beugung** der Wellen um ein Hindernis oder an einem Spalt.

Die Deutung der Wellenphänomene durch das Zusammenwirken von Elementarwellen geht auf den holländischen Physiker *Chr. Huygens* (1629–1695) zurück.

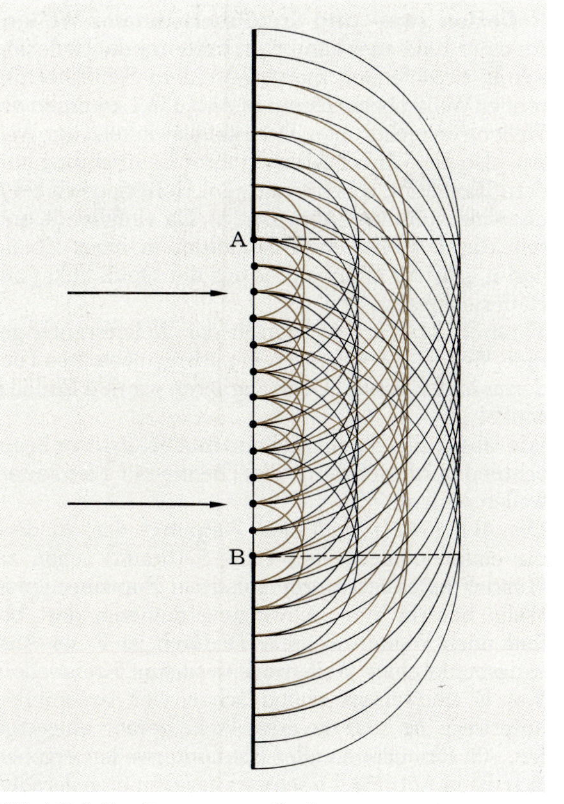

Abb. 153.1 Zur Beugung am Spalt

> Jeder Punkt eines Wellenfeldes ist Ausgangspunkt einer Elementarwelle. Die Wellenfronten entstehen als Einhüllende benachbarter Elementarwellen **(Huygenssches Prinzip).**

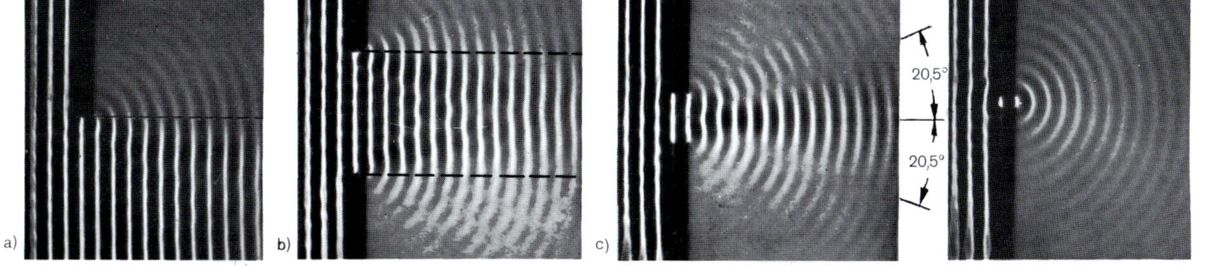

Abb. 153.2 Verhalten geradliniger Wasserwellen beim Durchgang durch einen Spalt

Reflexion zwei- und dreidimensionaler Wellen

An einer Kaimauer kann man mitunter die Reflexion schräg einlaufender, meist von einem Schiff herrührender Wellen beobachten. In Abb. 154.1 kommen die Wellen von rechts oben. Der Einfallswinkel α der Wellen, also der Winkel zwischen ihrer Laufrichtung und dem Einfallslot, scheint mit dem Reflexionswinkel β übereinzustimmen (Abb. 154.2 a). Da einfallende und reflektierte Welle sowie Einfallslot in einer Ebene liegen, gilt hier offenbar das aus der Optik bekannte Reflexionsgesetz.

Versuch 24: Wir erzeugen in der Wellenwanne gerade Wellen, die wir gegen ein schräg gestelltes Hindernis laufen lassen. Dabei variieren wir den Einfallswinkel.

Wie lassen sich die hierbei und in Abb. 154.1 zu beobachtenden Muster durch die Theorie der Elementarwellen erklären?

Die Abb. 154.2 b stellt den Zeitpunkt dar, zu dem die einfallenden Wellen 1 bis 5 (braun) schon an Punkt F reflektiert wurden. Jede in F ankommende Welle bewirkt eine Schwingung des sich dort befindenden Wasserteilchens. Dadurch ist F der Ausgangspunkt eines Wellenzuges von fünf Kreiswellen. Von E sind entsprechend schon vier Kreiswellen unterwegs. In A ist die erste Welle gerade eingetroffen. Als Einhüllende aller Elementarwellen ergeben sich die in Abb. 154.2 b schwarz gezeichneten geraden Wellen.

Reflexion von Schallwellen

Natürlich gilt das Reflexionsgesetz auch für Schallwellen. Die bekannteste Erscheinung ist das Echo; hier werden die Schallwellen an Mauern, fernen Felswänden oder Waldrändern reflektiert. Bei bekannter Entfernung dieser Hindernisse kann man mit Hilfe einer Stoppuhr einen Näherungswert für die Schallgeschwindigkeit erhalten. Häufiger ist jedoch die Verwendung des Echos bei bekannter Schallgeschwindigkeit zur Entfernungsbestimmung (Echolot in der Schiffahrt). Jeder Autofahrer kennt die Reflexion des eigenen Fahrgeräusches an einzelnen Bäumen, Masten und Häuserfronten. Der in Abb. 154.3 a dargestellte Freihandversuch zeigt die Reflexion des Schalles bei schrägem Auftreffen.

Abb. 154.1 Interferenz einer Wasserwelle mit der am Ufer reflektierten

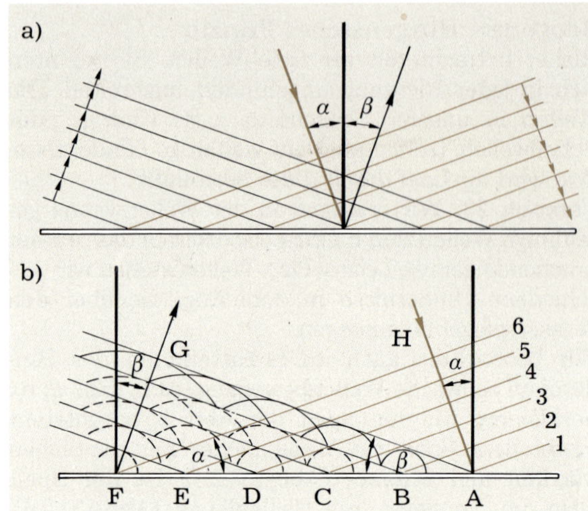

Abb. 154.2 a, b Zur Reflexion gerader Wellen

Auch hier gilt das Reflexionsgesetz. Bekannt sind die mit elliptischem Grundriß gebauten Flüstergewölbe (z. B. die St.-Pauls-Kirche in London). Alle von einem der Brennpunkte F_1 und F_2 (Abb. 154.3 b) ausgehenden Wellen werden an der Ellipse so reflektiert, daß sie durch den anderen Brennpunkt laufen. Die in F_1 geflüsterten Worte kann man daher nur hören, wenn man sich in F_2 befindet.

Versuch 25: In einer ovalen Wanne können wir die ungefähre Lage der Brennpunkte leicht finden. Wir lassen Wassertropfen dort auf die Wasseroberfläche fallen, wo wir einen Brennpunkt vermuten. Je genauer wir ihn treffen, desto deutlicher schwingt die Oberfläche im zweiten Brennpunkt mit.

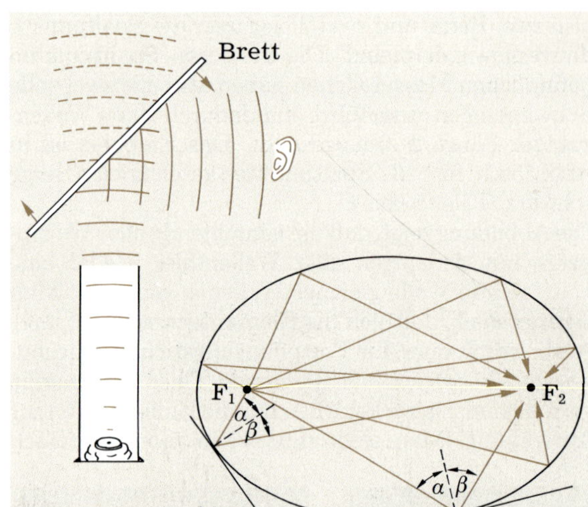

Abb. 154.3 a Reflexion von Schallwellen. Die Schallquelle ist eine auf Watte in einem Standzylinder liegende Taschen- oder Armbanduhr

Abb. 154.3 b Reflexion von Schallwellen in einem Raum mit elliptischem Grundriß. Die von F_1 ausgehenden Schallwellen werden alle nach F_2 reflektiert, da für jeden Punkt der Ellipse der Einfallswinkel α gleich dem Reflexionswinkel β ist.

Doppler-Effekt.

Bewegen sich Schallsender und Schallempfänger relativ zueinander, so registriert der Empfänger eine Frequenzänderung. Wir erleben diese Veränderung der Tonhöhe, wenn wir mit dem Wagen an einer läutenden Glocke vorbeifahren oder ein Motorrad auf der Landstraße schnell an uns vorbeifährt.

Wir wollen versuchen, einige Sonderfälle dieses von *Christian Doppler* im Jahre 1842 entdeckten und nach ihm benannten Doppler-Effektes mathematisch zu beschreiben.

Bewegen wir uns mit der Geschwindigkeit v auf eine mit der Frequenz f tönende Glocke zu, dann laufen wir den Wellenfronten entgegen. Diese haben jetzt *relativ* zu uns die Geschwindigkeit $c + v$. Der Beobachter empfängt daher die Frequenz:

$$f_1 = \frac{c+v}{\lambda}; \text{ wegen } c = f \cdot \lambda \text{ gilt:}$$

$$f_1 = f \cdot \left(1 + \frac{v}{c}\right). \quad (5)$$

Entfernen wir uns von der Glocke, so gilt entsprechend:

$$f_2 = f\left(1 - \frac{v}{c}\right). \quad (6)$$

Es ist also $f_1 > f > f_2$.

Wir haben bisher angenommen, daß die Schallquelle relativ zu der umgebenden Luft ruht. Bei bewegter Schallquelle (Motorrad) drängen sich die Wellen in Bewegungsrichtung zusammen, d. h. λ wird kleiner; in entgegengesetzter Richtung wächst λ (vgl. Abb. 155.1). Der ruhende Beobachter B_1 hört also bei dem entgegenkommenden Motorrad einen höheren Ton als der ruhende Beobachter B_2 bei dem sich entfernenden Motorrad.

In diesem Fall ergibt sich ein etwas anderer mathematischer Zusammenhang. Es macht einen Unterschied, ob der Wellenerreger oder der Beobachter sich relativ zum Medium (Luft) bewegen (s. Aufg. 3).

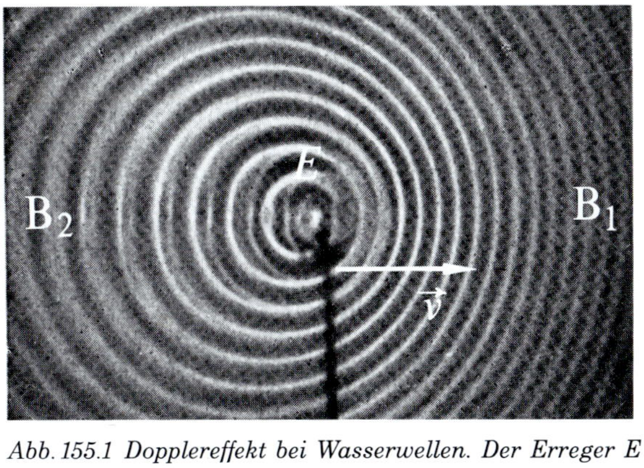

Abb. 155.1 Dopplereffekt bei Wasserwellen. Der Erreger E (Bildmitte) bewegt sich nach rechts. Dadurch registriert der Beobachter B_1 eine erhöhte, der Beobachter B_2 eine erniedrigte Frequenz

Orientierung durch Echolot

Durch Kenntnis der Gesetze der Schallausbreitung begreifen wir, weshalb sich einige Tiere durch Aussendung von Ultraschall orientieren können.

1938 wies der amerikanische Wissenschaftler *D. R. Griffin* durch Versuche mit Tümmlern und vor allem mit Fledermäusen nach, daß diese Tiere hochfrequente Schallwellen – sogenannten **Ultraschall** – auszusenden vermögen. Treffen diese Schallwellen auf ein Hindernis, so werden sie je nach Größe und Beschaffenheit des Hindernisses zurückgeworfen. Die sehr empfindlichen Ohren etwa der Fledermäuse vermögen dieses schwache Echo aufzufangen und richtig zu deuten. Sie erkennen an der Laufzeit des zurückgeworfenen Schalles die Entfernung, an der Frequenzänderung den Bewegungszustand *(Dopplereffekt)*, und an der für verschiedene Frequenzen unterschiedlichen Reflexion die Beschaffenheit des reflektierenden Hindernisses.

Eine Fledermaus vermag auf diese Weise ein Objekt von der Größe einer Mücke wahrzunehmen. Die angestellten Versuche zeigen eindeutig, daß weder der von der Mücke ausgesandte Schall noch der Geruchssinn der Fledermaus hierbei eine Rolle spielen. Mit großer Geschicklichkeit umflogen diese Tiere dünne Drähte, die man in einem verdunkelten Raum ausspannte. Ein empfindliches Mikrofon registrierte hierbei den für uns nicht hörbaren Ultraschall, den die Fledermäuse erzeugten. Erstaunlich ist die vor allem auch bei Tümmlern beobachtete Fähigkeit, Gegenstände gleicher Größe dem Material nach unterscheiden zu können und zwischen den verschiedenen Echos das sie interessierende herauszuhören. Man ist versucht, diese Art der Wahrnehmung im übertragenen Sinn mit „Sehen" zu bezeichnen. Griffin wirft die Frage auf, ob man nicht durch entsprechende Sende- und Empfangsgeräte für Ultraschall blinden Menschen einen wertvollen Ersatz für den verlorenen Gesichtssinn schaffen könnte. Bisher interessierte man sich jedoch mehr für die militärische Verwendung dieser Forschungsergebnisse. So wurde das schon im letzten Krieg benutzte Sonarsystem für die Ortung von U-Booten entwickelt.

Weshalb eignet sich Ultraschall, also Schallwellen mit sehr kleiner Wellenlänge, besonders gut zur Orientierung durch Echo?

Versuch 26: Wir lassen in der Wellenwanne gerade Wellen gegen verschiedene Hindernisse laufen und verändern dabei die Wellenlänge.

Bei diesen Versuchen erkennen wir, daß nur dann eine deutliche Reflexion der Wellen am Hindernis stattfindet, wenn die Wellenlänge klein im Vergleich zu den Ausmaßen des Hindernisses ist. Fledermäuse senden z. B. Schallwellen mit einer Frequenz 150 kHz.

Ist die Länge der Schallwellen von der Größenordnung des Hindernisses oder größer, so wird die Schallausbreitung durch das Hindernis wenig oder gar nicht beeinflußt. Die Wellen werden um das Hindernis herumgebeugt, wie die Versuche in der Wellenwanne zeigten.

Sehr gut

Aufgaben:

1. Zeigen Sie mit Hilfe kongruenter Dreiecke, daß $\alpha = \beta$ ist (Abb. 154.2)! An welcher Stelle dieses geometrischen Beweises benutzen wir die Theorie der Elementarwellen?
2. Warum berühren die äußeren Kreiswellen um jeden der Punkte B bis F die Gerade AG (Abb. 154.2)?
3. Zeigen Sie, daß die Frequenzänderungen bei ruhendem Beobachter und bewegter Schallquelle durch die folgenden Gleichungen beschrieben werden:

$$f_1 = f \cdot \frac{c}{c - v} \text{ und } f_2 = f \cdot \frac{c}{c + v}.$$

4. Berechnen Sie die Wellenlänge für Töne der folgenden Frequenzen: 50 Hz; 440 Hz (Kammerton a); 1 kHz; 20 kHz (Hörschwelle); 80 kHz (Fledermaus)!
5. Warum hören wir ein Motorrad, wenn zwischen ihm und uns ein Haus steht? – Weshalb klingt ferner Donner dumpf? – Erklären Sie das Fehlen der hellen, hochfrequenten Töne bei entfernter Radiomusik. – Nennen Sie weitere Beispiele für Beugung und Reflexion von Schallwellen!

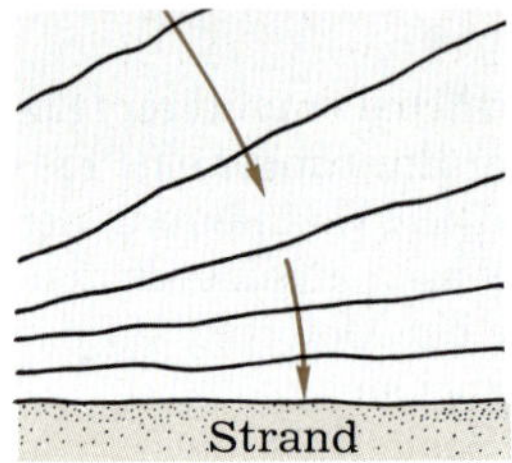

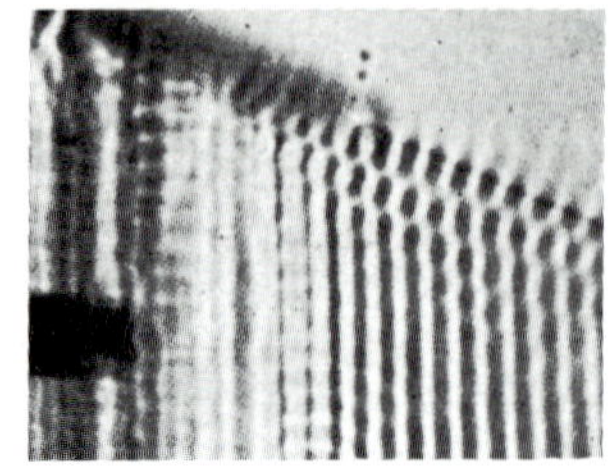

Abb. 156.2 Einschwenkende Brandungswellen
Abb. 156.3 Totalreflexion von Wasserwellen

Abb. 156.4 Brechung von Wasserwellen

Brechung

Die Abb. 156.2 zeigt eine uns allen bekannte Erscheinung: Brandungswellen, die sich, unabhängig von ihrer Richtung auf offener See, der Küste anpassen; d. h. sie schwenken langsam auf die Küstenrichtung ein. Was kann die Ursache dieses allmählichen Einschwenkens sein? Es liegt nahe, die abnehmende Wassertiefe für dieses Verhalten verantwortlich zu machen. Die Wellen werden an ihrem linken Ende, mit dem sie zuerst auf flachere Stellen stoßen, durch Reibung der unteren Wasserschichten am Boden gebremst. Da sich der rechte Wellenteil noch im tiefen Wasser befindet, bewegt er sich schneller. Auf diese Weise vollführt die ganze Welle eine Schwenkung um ihr linkes Ende. Dies müßte sich an einem Modellversuch in der Wellenwanne beobachten lassen.

Versuch 27: Wir verringern teilweise die Wassertiefe durch eine auf den Boden der Wanne gelegte Glasplatte. Die Abb. 156.4 läßt deutlich eine plötzliche Richtungsänderung, eine sogenannte **Brechung** der Wellen erkennen. Gleichzeitig sehen wir, daß die Wellenlänge λ über der Glasplatte kleiner als im tiefen Wasser ist. Da die Frequenz in jedem Punkte der Wasseroberfläche die gleiche geblieben ist – denn nirgendwo stauen sich Wellen –, muß wegen $c = f \cdot \lambda$ die Fortpflanzungsgeschwindigkeit c proportional λ abgenommen haben.

Wie hängt nun die Richtungsänderung bei der Brechung einer Welle mit der Änderung der Fortpflanzungsgeschwindigkeit zusammen? Wir wollen versuchen, diese Frage unter Zuhilfenahme der Theorie der Elementarwellen quantitativ zu beantworten.

Die in Abb. 156.1 gezeichneten braunen bzw. schwarzen Geraden seien die Wellenberge der einfallenden bzw. gebrochenen Wellen, α der Einfalls- und β der Brechungswinkel. In dem Gebiet W_1 sei das Wasser tiefer, also die Geschwindigkeit c_1 größer als in dem Gebiet W_2. In dem dargestellten Moment sind über den Punkt F schon die Wellen 1 bis 5 mit der Wellenlänge λ_1 hinweggewandert und haben dadurch fünf von F ausgehende Kreiswellen der kleineren Wellenlänge λ_2 erzeugt.

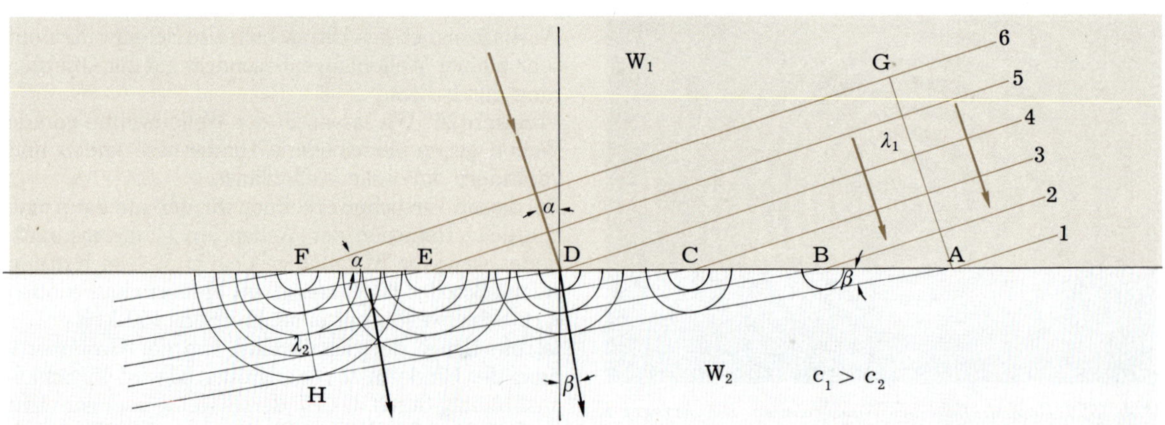

Abb. 156.1 Zur Brechung gerader Wellen

In der Zeit Δt, in der die Welle 1 in W_1 von G bis A gewandert ist, hat sie in W_2 den Weg $\overline{FH}$ zurückgelegt. In W_1 ist die Fortpflanzungsgeschwindigkeit

also $c_1 = \frac{\overline{GA}}{\Delta t}$, in W_2 ist sie $c_2 = \frac{\overline{FH}}{\Delta t}$. Es ist also:

$$\frac{c_1}{c_2} = \frac{\overline{GA}}{\overline{FH}}.$$

Da $\overline{GA} = \overline{FA} \cdot \sin\alpha$ und $\overline{FH} = \overline{FA} \cdot \sin\beta$, ist:

$$\frac{c_1}{c_2} = \frac{\sin\alpha}{\sin\beta}. \tag{7}$$

Die in dieser Gleichung enthaltenen Aussagen bezeichnet man als das **Brechungsgesetz.** Das Bemerkenswerteste an diesem Ergebnis ist, daß der Quotient der Sinuswerte des Einfalls- und des Brechungswinkels konstant, d. h. vom Einfallswinkel unabhängig ist. Weiter folgt, daß für $c_1 \gtreqless c_2$ auch $\alpha \gtreqless \beta$ ist. Ist $c_1 > c_2$, so kann wohl α, nicht aber β alle Werte zwischen 0° und 90° annehmen (s. Aufg. 1).
Da $c_1 = f \cdot \lambda_1$ und $c_2 = f \cdot \lambda_2$ ist, läßt sich obige Gleichung (1) auch in folgender Form schreiben:

$$\frac{\lambda_1}{\lambda_2} = \frac{\sin\alpha}{\sin\beta}.$$

Da wir von der Voraussetzung, daß sich die Welle von dem Gebiet W_1 in das Gebiet W_2 bewegt, bei unseren Überlegungen keinen Gebrauch machten, muß die abgeleitete Formel auch für den Fall gelten, daß die Welle in der umgekehrten Richtung läuft.
Was geschieht dann aber, wenn wir β größer wählen, als es das Ergebnis der Aufgabe 1 erlaubt?
Da $\sin\alpha$ nicht größer als 1 sein kann, gibt es in diesem Fall der Rechnung nach keinen Brechungswinkel α. Aber auch dem Experiment nach gibt es einen solchen nicht. Dies zeigt die Abb. 156.3. In den oberen Tiefwasserbereich dringen keine Wellen ein; die von links kommenden Wellen werden an der Grenzlinie zurückgeworfen. Dieses Phänomen bezeichnet man als **Totalreflexion.**

Aufgaben:

1. Wie groß kann β höchstens werden, wenn $c_1 > c_2$ ist?
2. Bei dem Übergang einer Welle von dem Flachwasser- in den Tiefwasserbereich wird sie an der Grenzlinie beschleunigt. Woher stammt die hierzu nötige Energie? (Anleitung: Bedenken Sie die Bedeutung von m in $W_K = mv^2/2$!)
3. Motorradrennen! Die hochgezüchteten Maschinen besitzen eine Drehzahl von 18 000 Umdrehungen in der Minute. Auf der Geraden erreichen sie eine Geschwindigkeit von 240 km/h. Welche Frequenz hören Sie, wenn die Rennfahrer genau auf Sie zukommen?
4. Rotes Licht besitzt eine Wellenlänge von 700 nm, grünes von 500 nm. Ein Autofahrer, der eine rote Ampel überfahren hat, möchte seiner gerechten Strafe entgehen und behauptet vor Gericht, infolge des Doppler-Effektes habe er die rote Ampel beim Herannahen grün leuchten gesehen. Der Richter, der in seinem Physikunterricht nicht aufgepaßt hat, bestellt einen Gutachter. Das sind Sie! Ihr Gutachten bitte! Leider können wir es nicht mit den bei Rechtsstreiten üblichen Honoraren vergüten.
5. Manche Fledermausarten orten bei ihren Beutetieren nicht nur die Richtung der Echos, sie bestimmen auch die Relativgeschwindigkeit zwischen sich und der ersehnten Mahlzeit. Dazu nutzen sie den Doppler-Effekt aus. Die Fledermaus sendet nicht nur kurze Schreie im Ultraschall-Bereich, sondern länger dauernde Sinustöne aus. Deren Echo erreicht die Fledermaus mit einer Frequenzverschiebung Δf, falls zwischen ihr und dem jeweiligen Reflektor eine Relativgeschwindigkeit Δv besteht.
Die Frequenz des Sinustones beträgt 90 kHz. Der Jäger fliegt mit 10 m/s, der Gejagte versucht mit 3 m/s zu entkommen. In welchem Frequenzbereich muß die Fledermaus genau hinhören, um die Beute zu orten?
6. Welche Frequenzverschiebung mißt ein Radargerät, wenn ein PKW mit 50 km/h sich von diesem entfernt. Wie groß ist die relative Meßgenauigkeit $\Delta f/f$ dieser Methode bei einer Frequenz von 10 GHz?
7. Leiten Sie die Formel für die Dopplerverschiebung in Aufgabe 5 aus der folgenden Betrachtung über stehende Wellen her!
Zwischen Sender (Frequenz f_0) und ruhendem Reflektor können sich stehende Wellen ausbilden. Welche Bedingungen müssen erfüllt sein, damit ein Empfänger, der sich in dem Wellenfeld dazwischen befindet, ein Maximum anzeigt? Überlegen Sie, mit welcher Frequenz sich die Anzeige ändert, wenn sich der Reflektor mit der Geschwindigkeit v auf die Quelle zu oder von ihr weg bewegt!
8. Zwei Lautsprecher haben einen Abstand von 1,65 m. In welchen Richtungen kann man bei den folgenden Frequenzen $f_0 = 20$ Hz, $f_1 = 200$ Hz, $f_2 = 2000$ Hz deutliche Lautstärkeminima hören?

Basiswissen Schwingungen und Wellen

Schwingungen
Bei einer **harmonischen Schwingung** ist die Beschleunigung immer der Auslenkung aus der Ruhelage proportional. Es gilt ein lineares Kraftgesetz.
Beispiel: Bewegungsgleichung eines Masse-Feder-Systems
(m: Masse, D: Federkonstante):

$$m \cdot \vec{a} = -D \cdot \vec{s}.$$ ↑ S. 107

Bei linearem Kraftgesetz entsteht immer eine harmonische (sinusförmige) Schwingung.

Weg-Zeit-Gesetz einer sinusförmigen Schwingung, die bei $t = 0$ mit $s = 0$ startet:

$$s(t) = s_m \sin(\omega t) = s_m \sin(2\pi f t).$$

Es gilt:

$\omega = \sqrt{\dfrac{D}{m}}$ bei einem Federpendel. ↑ S. 108

$\omega = \sqrt{\dfrac{g}{l}}$ bei einem Schwerependel der Länge l. ↑ S. 112

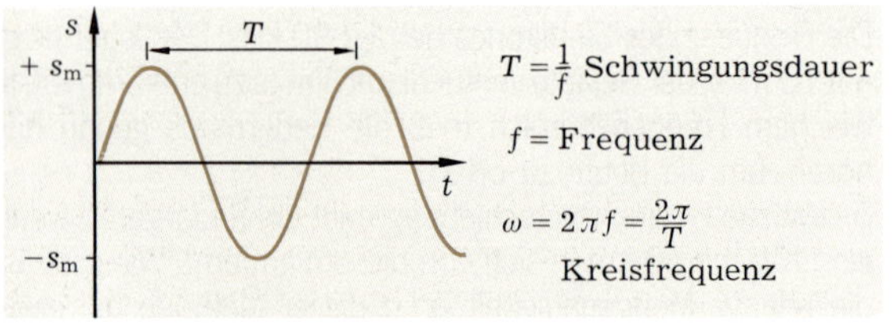

Energieerhaltungssatz bei der harmonischen Schwingung eines Masse-Feder-Systems:

$$\tfrac{1}{2} m v^2 + \tfrac{1}{2} D s^2 = E_{ges} = \text{const.}$$ ↑ S. 109

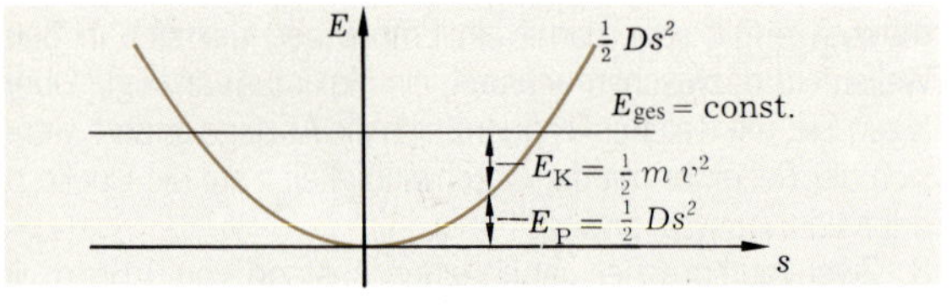

Bei der **Überlagerung** der Schwingungen mit den Frequenzen f_1 und f_2 entsteht eine **Schwebung** mit der Frequenz

$$f = \frac{f_1 - f_2}{2}$$ ↑ S. 144

Wellen
Gleichung der Auslenkung einer nach rechts in positive x-Richtung fortschreitenden Welle:

$$s(x,t) = s_m \sin\left[2\pi f\left(t - \frac{x}{c}\right)\right] = s_m \sin\left[2\pi\left(\frac{t}{T} - \frac{x}{\lambda}\right)\right].$$

Phasengeschwindigkeit der Welle: $c = \lambda \cdot f$. ↑ S. 137

Überlagerung (Interferenz) von Wellen:
- *Konstruktive Interferenz* (Verstärkung) bei Gangunterschied $\Delta s = n \cdot \lambda$ ↑ S. 143
- *Destruktive Interferenz* (Auslöschung) bei Gangunterschied $\Delta s = (2n+1)\,\lambda/2$. ↑ S. 143

Überlagerung von Kreis- und Kugelwellen
Bei der Überlagerung zweier Kreis- bzw. Kugelwellen um E_1 und E_2 entstehen
Interferenzminima für $\Delta l = (2n+1)\dfrac{\lambda}{2}$
Interferenzmaxima für $\Delta l = n \cdot \lambda$.
Die Richtung der Interferenzstreifen läßt sich durch den Winkel α_n beschreiben, den die Streifen mit dem Lot der Strecke $\overline{E_1 E_2}$ bilden. Es ist:

$$\sin \alpha_n = \frac{\Delta l}{d} \quad (n = 0; 1; 2; 3; \ldots).$$ ↑ S. 151

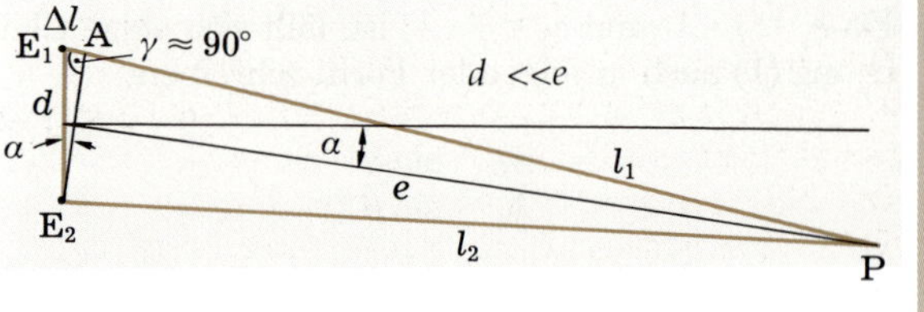

Prinzip von Huygens
Jeder Punkt eines Wellenfeldes ist Ausgangspunkt einer Elementarwelle. Die Wellenfronten entstehen als Einhüllende benachbarter Elementarwellen.
↑ S. 153

Stehende Wellen sind ortsfeste räumliche Schwingungsmuster, die durch Überlagerung zweier gegeneinander laufender Wellen gleicher Amplitude und gleicher Frequenz entstehen.
Der Abstand zweier benachbarter Schwingungsknoten oder Schwingungsbäuche einer stehenden Welle beträgt immer eine halbe Wellenlänge.
Bei einem begrenzten Medium, auf dem sich eindimensionale Wellen ausbreiten, sind die möglichen Eigenfrequenzen stets ganzzahlige Vielfache einer Grundfrequenz. ↑ S. 146

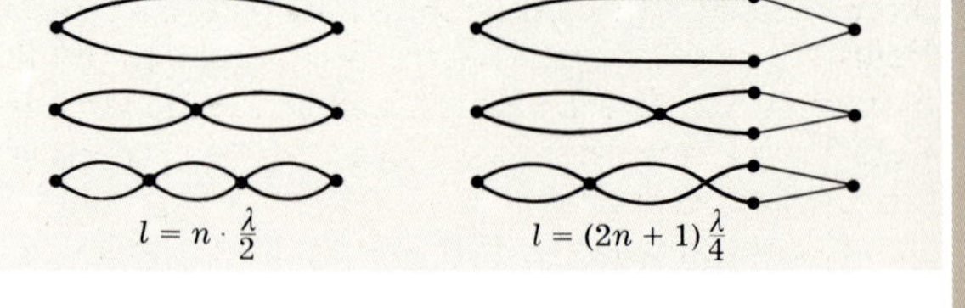

Ordnung und Chaos können bei Bewegungen in der Mechanik nebeneinander auftreten: ↑ S. 125
- stark kausale Systeme zeigen lineares Fehlerwachstum
- schwach kausale, chaotische Systeme sind durch exponentielles Fehlerwachstum gekennzeichnet.

Elemente der Thermodynamik

12. Wärmelehre

12.1 Mechanische Wärmetheorie

Innere Energie und atomistischer Aufbau der Materie

Die Newtonsche Mechanik ist ein tragfähiges Begriffsgebäude, das mit wenigen Begriffen (Ort, Zeit, Masse, Kraft, Energie, Impuls, ...) eine Fülle von Erscheinungen quantitativ beschreibt. Häufig jedoch sind diese Beschreibungen nur näherungsweise gültig, sie stellen Idealisierungen dar. So findet man bei der Beschreibung mechanischer Vorgänge oft die Einschränkung „von Reibungsverlusten wird dabei abgesehen". Es ist auch notwendig, neben den mechanischen Energieformen „kinetische" und „potentielle Energie" z. B. noch die „innere Energie" einzuführen, damit der Energiesatz erfüllt wird. Einem Anwachsen der inneren Energie entspricht eine Steigerung der Temperatur des Körpers.

Die Newtonsche Mechanik hätte eine viel größere Tragweite, wenn auch diese Erscheinungen durch sie verstanden werden könnten. Dies gelingt, wenn wir die **atomistische Struktur** der beteiligten Körper in die Betrachtung mit einbeziehen.

Reibung tritt stets auf, wenn man z. B. zwei sich berührende Körper gegeneinander verschiebt. Die an den Berührflächen entstehende Reibungskraft können wir auf zwischenmolekulare Kräfte zurückführen.

Um dies zu verstehen, greifen wir zunächst ein Oberflächenteilchen heraus und verfolgen sein Verhalten während der Bewegung. Zuerst wird das Oberflächenteilchen auf Grund der zwischenmolekularen Kräfte aus seiner Lage stärker ausgelenkt und schnellt zurück, wenn die Rückstellkraft größer wird als die gegenseitige Anziehungskraft. Es kann dann wieder eine „Bindung" mit den anderen Teilchen eingehen. Ständig werden solche Bindungen unterbrochen und neu gebildet. Vorgänge dieser Art spielen sich während der Bewegung in großer Zahl an der gesamten Oberfläche ab.

Wir erkennen aber noch etwas weiteres: An den Teilchen wird mechanische Arbeit verrichtet, da sie aus ihrer Gleichgewichtslage stärker ausgelenkt werden. Beim Zurückschnellen haben sie deshalb auch eine höhere maximale kinetische Energie. Den Energiezuwachs können wir durch die Zunahme der mittleren kinetischen Energie beschreiben.

Von dieser stärkeren Bewegung der Teilchen können wir nichts sehen. Dazu sind die Teilchen zu klein. Wir verspüren aber bei geriebenen Körpern eine Temperaturerhöhung. Im atomistischen Bild entspricht ihr eine verstärkte Bewegung der Teilchen, also eine erhöhte mittlere kinetische Energie. Wenn wir den reibenden Körper im ganzen betrachten, so sprechen wir von der Erhöhung der **inneren Energie.**

Diese Beschreibungsweise ist noch nicht vollständig. Im festen Körper sind die Teilchen nämlich durch starke Kräfte gebunden. Will man die Bindung lockern, was z. B. beim Schmelzen geschieht, so müssen die Teilchen gegen diese Kräfte voneinander entfernt werden. Man muß Arbeit verrichten, also Energie zuführen: Dadurch erhöht sich die potentielle Energie, ohne daß sich die mittlere kinetische Energie ändert. Zusammenfassend können wir sagen:

> Die **innere Energie** ist die Summe aus potentieller und kinetischer Energie der Teilchen, und die Temperatur ist bestimmt durch die mittlere kinetische Energie der Teilchen. Dies ist der Grundgedanke der **mechanischen (oder kinetischen) Wärmetheorie.**

Die Wärmelehre und die Mechanik entwickelten sich bis ins 19. Jh. hinein parallel zueinander. Im Laufe des 19. Jh. entstand dann die mechanische Wärmetheorie, in der die Begriffe und Gesetze der Wärmelehre auf die Grundgesetze der Mechanik zurückgeführt werden.

Angesichts der Vielzahl der beteiligten Teilchen sind innerhalb der mechanischen Wärmetheorie nur **statistische Aussagen** möglich. Man spricht deshalb auch von der **statistischen Physik.** Im Kapitel 13.3 werden wir dies am Beispiel der kinetischen Gastheorie genauer darlegen. Die statistische Physik wurde in der zweiten Hälfte des 19. Jh. von *Ludwig Boltzmann* (1844–1906), *James C. Maxwell* (1831–1879) und *J. Willard Gibbs* (1839–1903) entwickelt und ist ein entscheidender Teil der heutigen Physik geworden.

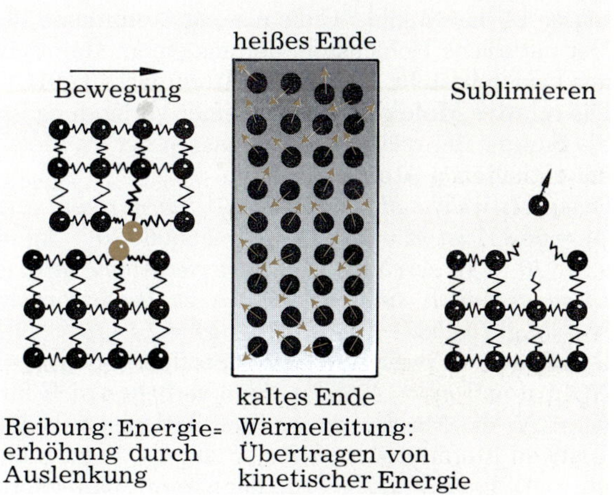

Abb. 159.1 Wärmevorgänge im Teilchenbild

Masse und Anzahl der Teilchen

Um quantitative Aussagen machen zu können, müssen nähere Angaben über die Teilchen selbst vorliegen, also z. B. über ihre Masse oder über die Zahl der Teilchen in einer vorgegebenen Menge Materie. Solche Angaben benötigt man in der statistischen Wärmelehre.

Die Masse von Atomen oder Molekülen kann mit modernen physikalischen Methoden (**Massenspektroskopie**) sehr genau ermittelt werden. Die Teilchenmassen sind unvorstellbar klein. Für das Wasserstoffatom, dem leichtesten aller existierenden Atome, findet man z. B.: $m(\mathrm{H}) = 1{,}673\,559 \cdot 10^{-27}$ kg.

Da der Umgang mit solch kleinen Teilchenmassen sehr unhandlich ist, verwendet man den Begriff der **atomaren Masseneinheit** (engl. unit), wählt aber nicht das Wasserstoffatom, sondern das ca. 12mal schwerere Kohlenstoffisotop $^{12}\mathrm{C}$. Die hochgestellte „12" gibt die **Massenzahl** A einer Atomsorte an, also die Anzahl der Protonen (Z) und Neutronen (N) im Atomkern. Die Zahl der Protonen ist zugleich die Anzahl der positiven Kernladungen. Daher heißt sie auch **Kernladungszahl.** Zur Kennzeichnung einer Atomsorte schreibt man die Werte von A und Z an das Elementsymbol E an: $^{A}_{Z}\mathrm{E}$. Uns interessiert hier nur die Massenzahl.

Zu jedem Element gibt es Atome mit verschiedenen Massen, die sich aber chemisch nicht voneinander unterscheiden. So gibt es noch die Atomsorte $^{13}\mathrm{C}$, die rund 13 mal so schwer ist wie das Wasserstoffatom. Die verschiedenen Atomsorten (Nuklide) eines Elements nennt man **Isotope.** Es gilt:

1 u = 1/12 der Masse eines Atoms des Kohlenstoffnuklids $^{12}\mathrm{C}$,

$1\ \mathrm{u} = 1{,}6606 \cdot 10^{-27}$ kg.

Man benutzt ferner den Begriff der **relativen Atommasse** A_r. Darunter versteht man den Quotienten aus der Masse eines Atoms zur atomaren Masseneinheit

$$A_\mathrm{r} = \frac{\text{Masse eines Atoms}}{\mathrm{u}}.$$

Das Kohlenstoffisotop $^{12}\mathrm{C}$ hat danach die Atommasse 12, das Nuklid $^{13}\mathrm{C}$ die relative Atommasse 13. Der natürliche Kohlenstoff, der aus einem Gemisch aus beiden besteht, die relative Atommasse 12,011.

Die **relative Molekülmasse** M_r einer Verbindung ist die Summe der relativen Atommassen der im Molekül enthaltenen Atome.

Beispiel: *Welche Masse haben 10^6 Eisenatome? Mit $A_\mathrm{r} = 55{,}847$ ist $m = 55{,}847 \cdot 10^6 \cdot 1{,}6606 \cdot 10^{-27}$* kg = *$9{,}27 \cdot 10^{-20}$* kg. *Auch die Frage, wieviel Atome in 10* g *Eisen enthalten sind, ist einfach zu beantworten: $N = 10$* g*: $(55{,}587 \cdot 1{,}6606 \cdot 10^{-24}$* g*$) = 1{,}1 \cdot 10^{23}$.*

Betrachten wir zwei verschiedene Stoffportionen $m_1 = N_1 A_{\mathrm{r}1}$ u und $m_2 = N_2 A_{\mathrm{r}2}$ u, dann verhalten sich für $N_1 = N_2$ die Massen dieser Stoffportionen wie die relativen Atommassen: $m_1/m_2 = A_{\mathrm{r}1}/A_{\mathrm{r}2}$. Setzt man $m_1 = A_{\mathrm{r}1}$ g, $m_2 = A_{\mathrm{r}2}$ g, ..., dann kann man sofort die Stoffportionen angeben, welche die gleiche Anzahl von Teilchen enthalten. Wasserstoff hat die relative Atommasse 1,008, Helium 4,0026, Eisen 55,847 und Schwefel 32,064. Demnach bestehen 1,008 g Wasserstoff, 4,0026 g Helium, 55,847 g Eisen oder 32,064 g Schwefel aus der gleichen Anzahl von Atomen. Nun hat ein Wasserstoffatom die Masse $1{,}67 \cdot 10^{-27}$ kg. Daher beträgt die Zahl der Teilchen in 1,008 g Wasserstoff:

$$\frac{1{,}008 \cdot 10^{-3}\ \mathrm{kg}}{1{,}67 \cdot 10^{-27}\ \mathrm{kg}} = 6 \cdot 10^{23}.$$

Diese riesige Zahl kann sich niemand vorstellen. Es wäre hoffnungslos, wollte man eine Stoffportion dadurch bestimmen, daß man die in ihr enthaltenen Teilchen abzählte. Man muß eine größere Zähleinheit schaffen, um eine Stoffportion durch ihre Teilchenzahl zu charakterisieren. In ähnlicher Weise geht man ja auch in anderen Bereichen vor. Ein Beispiel hierfür ist die astronomische Einheit „Lichtjahr". 1 Lichtjahr ist die Strecke, die ein Lichtsignal in einem Jahr zurücklegt. In Kilometern angegeben (1 Lj $\approx 9{,}5 \cdot 10^{12}$ km), ist diese Entfernung unvorstellbar.

Zur Angabe von Teilchenzahlen ist es zweckmäßig, als Vergleichszahl die Zahl der Atome in 12 g des Nuklids $^{12}\mathrm{C}$ zu wählen. Die zugehörige physikalische Größe heißt **Stoffmenge** mit dem Zeichen ν.

> Ein Körper besitzt die **Stoffmenge 1 mol,** wenn er ebenso viele Teilchen (Moleküle, Atome, Ionen, Elektronen usw.) enthält wie 12 g des Nuklids $^{12}\mathrm{C}$, nämlich **$6{,}022 \cdot 10^{23}$ Teilchen.**

Nach dem Vorhergehenden gilt:
1 mol eines Stoffs mit der relativen Atommasse A_r bzw. relativen Molekülmasse M_r **hat die Masse A_r g bzw. M_r g.**

Die Teilchenzahl pro 1 mol, $6{,}022 \cdot 10^{23}$, beschreibt man durch die physikalische Größe N_A, die nach dem italienischen Physiker *Amedeo Avogadro* (1776–1856) als **Avogadrosche Konstante** bezeichnet wird. Ist N die Zahl der Teilchen eines Körpers der Stoffmenge ν, so gilt: $N = N_\mathrm{A} \cdot \nu$.

> **Avogadrosche Konstante:** $N_\mathrm{A} = \dfrac{N}{\nu}$.
>
> $N_\mathrm{A} = 6{,}022 \cdot 10^{23}\ \mathrm{mol}^{-1}$.

Aufgaben:

1. Ein silberner Löffel wiegt 65 g. Wieviel Silberatome enthält er bei einem Feingehalt von 800 (800‰)? ($A_\mathrm{r} = 107{,}9$ g)
2. Barium hat eine relative Atommasse von 137,34 und eine Dichte von 3,8 g/cm^3. Man berechne den Durchmesser von Bariumatomen bei kugelförmigen Atomen. (Barium hat ein kubisch raumzentriertes Gitter.)
3. Ein Wassermolekül hat eine Masse von ungefähr $3 \cdot 10^{-26}$ kg. Schätzen Sie ab, wie viele Wassermoleküle in einen Fingerhut hineinpassen!

12.2 Allgemeine Gasgleichung – ideale Gase

Empirische Gasgesetze

Ziel der statistischen Physik ist es, makrophysikalische Erscheinungen und Gesetze mikrophysikalisch zu deuten. Besonders einfach ist das Verhalten der Gase zu beschreiben. Bevor wir uns der Frage nach einer geeigneten mikrophysikalischen Theorie zuwenden, wollen wir die empirisch überprüfbaren Zusammenhänge darstellen.

Für eine Reihe von Gasen (z. B. Stickstoff, Luft Kohlendioxid) kennen wir bereits solche einfachen Zusammenhänge. Das **Boyle-Mariottesche Gesetz** $p \cdot V =$ konst., das für konstante Temperaturen gilt, gehört dazu; ebenso der Zusammenhang zwischen absoluter Temperatur T und dem Volumen V, wobei der Druck konstant gehalten werden muß: $T \sim V, p = \text{const.}$ Das ist übrigens die **Definitionsgleichung für die absolute Temperatur,** mit deren Hilfe die Skala eines **Gasthermometers** gewonnen werden kann. Zur Festlegung benötigt man noch bestimmte, leicht herstellbare Fixpunkte, die Temperatur des schmelzenden Eises (0 °C) und die Temperatur des siedenden Wassers (100 °C), jeweils beim Normdruck $p_n = 1{,}01325$ bar. Die absolute Temperatur T (Einheit Kelvin) erhält man aus der Celsiusskala durch die Zahlenwertgleichung:

$$\frac{T}{\text{K}} = \frac{\vartheta}{°\text{C}} + 273{,}15\,.$$

Es gelten also die Beziehungen:

$$1)\ V \sim \frac{1}{p},\ T = \text{const.},$$

$$2)\ V \sim T,\ p = \text{const.}$$

Beide Beziehungen können wir durch eine einzige ersetzen:

$$V \sim T/p \text{ oder } Vp/T = \text{const.}$$

> Für eine gegebene Menge eines idealen Gases hat der Quotient pV/T in jedem Zustand denselben Wert: $$\frac{p_1 V_1}{T_1} = \frac{p_2 V_2}{T_2} = \ldots = \text{const.}$$

Aus dieser Gleichung folgt die Proportionalität zwischen Druck p und Temperatur T, wenn $V = \text{const.}$ Diese Aussage können wir empirisch prüfen.

Versuch 1: Eine Luftmenge befindet sich in einem abgeschlossenen Glasgefäß, an das ein u-förmiges Quecksilbermanometer angeschlossen ist (Abb. 161.1). Dieses besteht im wesentlichen aus einem flexiblen Kunststoffschlauch, der mit einem Quecksilbervorratsgefäß verbunden ist. Durch Heben oder Senken des Vorratsgefäßes können Druck und Volumen der zu untersuchenden Luftmenge variiert werden. Damit auch die Temperatur des eingeschlossenen Gases geändert werden kann, ist das Meßrohr von einem Mantelrohr umgeben, durch das Wasser unterschiedlicher Temperatur geleitet werden kann. Zur Messung der Temperatur dient ein Thermoelement, das durch einen durchbohrten Stopfen im Mantelgefäß in das Wasser eingeführt ist. Gemessen wird zuerst $p = f(T)$

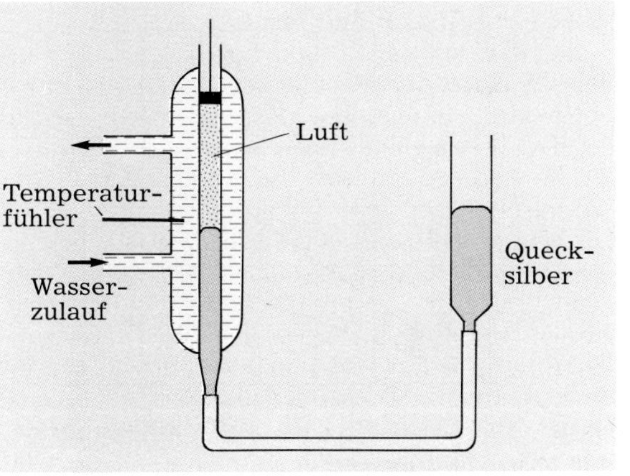

Abb. 161.1 Gerät zur experimentellen Überprüfung der Gasgesetze

bei verschiedenen Volumenwerten V_1, V_2, V_3, anschließend auch noch $V = f(p)$ bei verschiedenen Temperaturen T_1, T_2, T_3.

Am Manometer wird jeweils nur der Überdruck abgelesen. Den in der Luftmenge herrschenden Druck erhält man durch Addition des Luftdrucks. Die Messungen werden grafisch dargestellt (Abb. 162.1).

Die erste Folge von Meßreihen liefert einen proportionalen Zusammenhang zwischen p und T. Die bei konstanter Temperatur erhaltenen Meßpunkte im p-V-Diagramm ordnen sich um Hyperbeln. V ist demnach zu p umgekehrt proportional. Dies ist das bekannte Gesetz von *Boyle-Mariotte.*

Universelle Gasgleichung

Der Quotient pV/T bleibt also für eine bestimmte Gasportion unverändert. Ein Gas, das in allen Druck- und Temperaturbereichen der Gleichung $pV/T =$ const. folgt, nennt man **ideales Gas.** Das Verhalten realer Gase entspricht dieser Beziehung näherungsweise. Die Näherung ist um so besser, je weiter der Zustand des Gases vom Verflüssigungspunkt entfernt ist.

Um Gase vergleichen zu können, müssen wir eine Bezugsgröße vereinbaren. Betrachteten wir z. B. stets Gasportionen derselben Masse m, dann ergäbe sich wegen der unterschiedlichen Dichte ϱ_n der einzelnen Gase bei **Normbedingungen** ($T_n = 273{,}15$ K und $p_n = 1{,}01325$ bar. Der Index n weist auf Normbedingungen hin.) für jedes Gas ein anderes Normvolumen $V_n = m/\varrho_n$. Der Quotient $p_n \cdot V_n/T_n$ bekäme für jedes Gas demnach einen anderen Wert. Beziehen wir dagegen auf das gleiche Volumen (z. B. 1 Liter), dann sind zwar die Massen der zu vergleichenden Gasmengen verschieden, der Quotient $p_n \cdot V_n/T_n$ ist aber für alle Gase gleich groß und von der chemischen Beschaffenheit der Gase unabhängig. Hier hilft uns noch das **Avogadrosche Gesetz** weiter:

> Gleiche Volumina gasförmiger Körper enthalten bei gleichem Druck und gleicher Temperatur die gleiche Anzahl Teilchen.

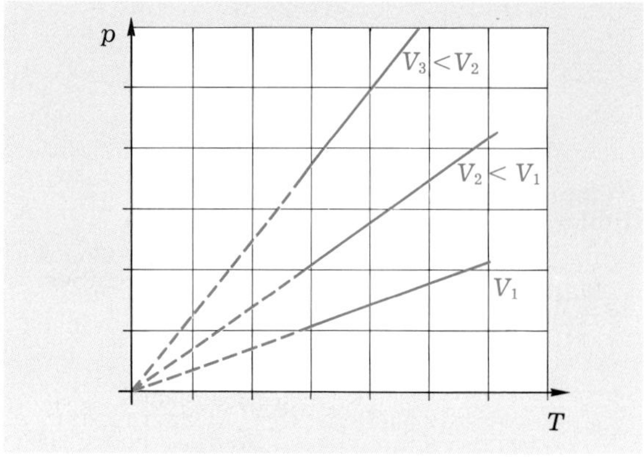

Abb. 162.1 a T-p-Diagramm

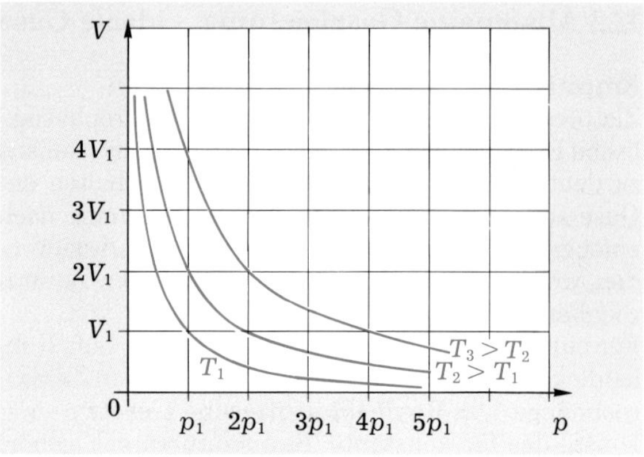

Abb. 162.1 b p-V-Diagramm

Wenn wir also auf gleiches Volumen beziehen, dann liegt dieselbe Teilchenzahl zugrunde. Daher ist es zweckmäßig, nicht z. B. 1 Liter oder 1000 Liter zu nehmen, sondern das Volumen, das 1 mol eines idealen Gases einnimmt. Dieses beträgt 22,414 Liter. Eine Gasmenge mit der Stoffmenge ν hat das **Molvolumen** $V_m = V/\nu$, also gilt: $p \cdot V_m = RT$.
Die Konstante $R = pV_m/T$ ist von allen individuellen Stoffeigenschaften unabhängig. Sie heißt **universelle Gaskonstante.** Bei p_n und T_n ist $V_m = V_{mn}$, d. h.:

$$R = \frac{p_n \cdot V_{mn}}{T_n} = \frac{1{,}01325\,\text{bar} \cdot 22{,}414 \cdot 10^{-3}\,\text{m}^3\,\text{mol}^{-1}}{273{,}15\,\text{K}} = 8{,}314\ \text{JK}^{-1}\,\text{mol}^{-1}.$$

Mit der universellen Gaskonstanten erhalten wir:

> Für ideale Gase gilt die **universelle Gasgleichung:**
>
> $$p \cdot V_m = RT \text{ oder } p \cdot V = \nu \cdot RT\,.$$

Beispiel 1: *Eine Hochdruck-Sauerstoff-Flasche mit dem Fülldruck $p_1 = 200$ bar wird bei der Temperatur $\vartheta_1 = 20\,°C$ angeliefert. Sie bleibt in der prallen Sonne stehen, dabei steigt die Temperatur der Stahlflasche auf $\vartheta_2 = 60\,°C$ an. Der Prüfdruck der Stahlflasche beträgt 300 bar. Besteht Gefahr?*
Da das Volumen konstant ist, können wir schreiben:

$$p_2 = \frac{p_1 \cdot T_2}{T_1} = \frac{200\,\text{bar} \cdot 333\,\text{K}}{293\,\text{K}} \approx 227\ \text{bar}.$$

Beispiel 2: *Welche Masse hat bei $\vartheta = 20°$ C die Sauerstoffmenge im Beispiel 1, wenn das Volumen $V_1 = 50$ l beträgt?*
Wir berechnen nach der Gasgleichung zunächst die Stoffmenge ν:

$$\nu = \frac{p_1 \cdot V_1}{R \cdot T_1} = \frac{200 \cdot 10^5\,\text{N}\,\text{m}^{-2} \cdot 50 \cdot 10^{-3}\,\text{m}^3}{8{,}3 \cdot \text{N}\,\text{m}\,\text{K}^{-1}\,\text{mol}^{-1} \cdot 293\,\text{K}} = 4{,}1 \cdot 10^2\,\text{mol}.$$

Mit $M_r = 32$ ergibt sich die Masse eines Mols zu 32 g; *also beträgt die Sauerstoffmasse:* 32 g $\cdot$ 4,1 $\cdot$ 10^2 mol $\approx$ 13 kg.

Beispiel 3: *Welches Volumen V_2 nimmt die Sauerstoffmenge ein, wenn das Gas sich auf $p_3 = 1$ bar bei $\vartheta = 25\,°C$ ausdehnt?*

$$\frac{p_1 V_1}{T_1} = \frac{p_3 V_3}{T_3} \Rightarrow V_3 = \frac{p_1 V_1}{T_1} \cdot \frac{T_3}{p_3} =$$

$$\frac{200\ \text{bar} \cdot 50\ \text{l} \cdot 298\ \text{K}}{293\ \text{K} \cdot 1\ \text{bar}} = 10171\ \text{l} \approx 10{,}2\ \text{m}^3.$$

Aufgaben:

1. Man zeichne das p-V-Diagramm eines idealen Gases, das bei 300 K und einem Druck von 1 bar ein Volumen von 1 cm^3 einnimmt für die Temperaturen $T_1 = 300$ K und $T_2 = 600$ K!
2. Man bestimme das Molvolumen eines idealen Gases bei 3 bar und 400 K!
Man berechne das Molvolumen von Eisen ($A_r = 55{,}85$, $\varrho = 7{,}869$ g/cm^3 bei 20 °C)!
3. Zwei gasgefüllte verschlossene Glaskolben stehen über eine dünne Rohrleitung so in Verbindung, daß ein Druck-, aber kein Temperaturausgleich stattfinden kann. Das eine Gefäß wird in siedendes Wasser, das andere in Eiswasser eingetaucht. Es stellt sich ein Druck von 1000 mbar ein. Anschließend wird der Vorgang umgekehrt, jetzt beträgt der Druck nur 800 mbar. Das zuerst in Eiswasser eingetauchte Gefäß hat ein Volumen von 1 l. Man berechne aus diesen Daten das Volumen des anderen Gefäßes! (Die Gefäßausdehnung kann vernachlässigt werden.)
4. Luft von Atmosphärendruck ($p_1 = 1$ bar) wird in einem dicht schließenden Kühlschrank von 25 °C auf 5 °C abgekühlt. Die Tür des Kühlschrankes sei 0,8 m hoch und 0,5 m breit.
a) Mit welcher Kraft wird die Tür infolge des höheren äußeren Luftdrucks zugedrückt?
b) Mit welcher Kraft muß man ziehen, um die Tür zu öffnen, wenn der Türgriff 5 cm vom Rand entfernt ist?
5. Bei 15 °C ist der Überdruck in einem Autoreifen 1,50 bar. Um wieviel nimmt der Druck zu, wenn sich die Luft im Autoreifen um 30 K erwärmt?
6. Ein Kessel mit 200 l enthält CO bei $p_1 = 2{,}5$ bar und der Temperatur 20 °C. Welche Masse hat die Gasmenge? Der Kessel wird auf 80 °C erwärmt. Wie groß ist der Enddruck? Wieviel Kilogramm CO müßte abgelassen werden, um bei 80 °C wieder 2,5 bar zu erhalten?
7. Zeigen Sie: Bei gleicher Temperatur und gleichem Druck verhalten sich die relativen Molekülmassen zweier Gase wie ihre Dichten!

12.3 Kinetische Gastheorie

Mechanisches Modell eines einatomigen idealen Gases

Welche atomistische Vorstellung sollen wir uns von einem idealen Gas machen, einem Gas also, das in allen Temperaturbereichen die universelle Gasgleichung exakt erfüllt? Würde man für die Gasteilchen ausdehnungslose Massenpunkte annehmen, dann wäre tatsächlich bei $T = 0$ K auch das Volumen $V = 0$. Massenpunkte können jedoch keine elastischen Stöße untereinander ausüben, ohne die weder die Wärmeleitung noch die Diffusion verstanden werden können.

Gäbe es nämlich keine Stöße der Teilchen untereinander, dann müßte die Diffusion wegen der hohen mittleren Teilchengeschwindigkeiten sehr schnell vor sich gehen. In Wirklichkeit aber kann sie stundenlang dauern. Zum Verständnis dieser Vorgänge müssen wir also auch elastische Stöße der Teilchen untereinander zulassen.

Das atomistische Modell muß so beschaffen sein, daß einerseits die Gasgleichung in einem möglichst weiten Temperaturbereich erfüllt wird, andererseits aber auch elastische Stöße untereinander möglich sind, das Teilchenvolumen also nicht Null sein darf.

Beiden Forderungen können wir nachkommen, wenn das Gas hinreichend verdünnt ist, die Teilchendichte demnach gering ist. Wir werden deshalb zu folgenden **Grundannahmen** für ein **mechanisches Modell eines einatomigen idealen Gases** geführt:

1. Die Teilchendichte des Gases ist gering, d. h. im Mittel sind die Abstände der Teilchen zueinander groß gegen ihr eigenes Volumen.
2. Außer im Augenblick des Zusammenstoßes üben sie keinerlei anziehende oder abstoßende Kräfte aus.
3. Beim Zusammenstoß von Gasteilchen untereinander oder mit Wänden gelten die Gesetze des elastischen Stoßes.
4. Es gilt das Prinzip der Unordnung, d. h. keine Geschwindigkeitsrichtung ist bevorzugt.

Zur Veranschaulichung der Vorgänge können wir uns nach unserer Modellvorstellung ein **makroskopisches Modell** anfertigen, das fast alle geforderten Eigenschaften annähernd besitzt.

Versuch 1: Wir füllen eine flache projizierbare Kammer mit elastischen Glaskugeln, welche die Atome darstellen sollen (Abb. 163.1). Durch die Bodenplatte, die von einem Elektromotor mit Exzenter zu Schwingungen unterschiedlicher Frequenz angeregt werden kann, werden die Kugeln in ungeordnete Bewegung versetzt. Belasten wir den Deckel der Kammer, der frei beweglich ist, mit verschiedenen Gewichtsstücken und verändern die Zahl der Glaskugeln, so erkennen wir, daß

1. die Stöße einer genügend großen Zahl von Teilchen den Stempel nahezu in derselben Höhe halten können;
2. bei heftiger Bewegung der Teilchen (Schwingungsfrequenz der Bodenplatte wird erhöht) das Volumen des Modellgases größer wird;

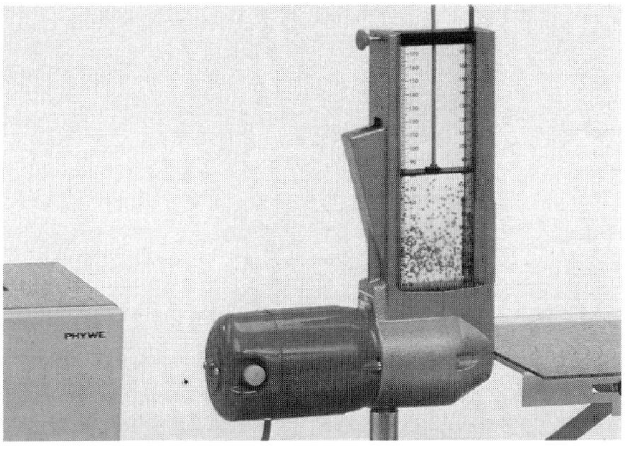

Abb. 163.1 Der Druck entsteht durch Stöße

3. mit zunehmender Belastung das Volumen des Modellgases kleiner wird.

Diese Versuche veranschaulichen den Druck eines Gases als Folge der beim Aufprall zahlreicher Teilchen auf die Gefäßwand übertragenen Impulse und die Abhängigkeit des Volumens von Temperatur und äußerem Druck. Die Versuche machen aber auch deutlich, daß von einer zeitlich konstanten Kraft des Gases auf die Stempelfläche nicht mehr die Rede sein kann. Wäre nun für jedes Teilchen in jedem Augenblick sein Impuls bekannt, dann wäre die Berechnung des Drucks selbst mit modernen Mitteln (Computern) bei der ungeheuer großen Teilchenzahl ein hoffnungsloses Unterfangen. Wegen dieser großen Teilchenzahl sind aber statistische Überlegungen möglich. Dabei interessiert nicht das Einzelschicksal eines Teilchens, sondern das Gesamtverhalten aller Teilchen. Um Aussagen über dieses Gesamtverhalten zu erhalten, sind auch nicht mehr die Kenntnisse der Einzelwerte nötig, sondern **Häufigkeitsverteilungen** und **Mittelwerte.**

Berechnung des Gasdrucks

Um die Rechnung möglichst übersichtlich zu gestalten, betrachten wir einen einfachen Fall: Alle Teilchen haben den *gleichen Geschwindigkeitsbetrag* und bewegen sich senkrecht auf die Wand zu bzw. von ihr weg. Ein Teilchen mit der Nummer i wird elastisch reflektiert, die Impulsänderung beträgt dann:

$$\vec{p}_i{}' - \vec{p}_i = 2\, m_i\, \vec{v}_i .$$

Der Stoß erfolge in der Zeit Δt, hierzu gehört eine mittlere Kraft:

$$\bar{F}_i = \frac{|\Delta \vec{p}_i|}{\Delta t} = \frac{2\, m_i v_i}{\Delta t} .$$

Dies ist der Beitrag eines einzigen Teilchens. $\bar{F}$ bedeutet, daß man den zeitlichen Verlauf der Kraft in der Zeitspanne Δt ersetzt durch eine mittlere Kraft $\bar{F}$ von konstantem Betrag.

Nun treffen ja nicht alle Teilchen zu gleicher Zeit auf. Zur Berechnung des Druckes müssen wir aber viele Teilchen berücksichtigen. Deshalb betrachten wir ein Zeitintervall τ, in dem viele Stöße erfolgen.

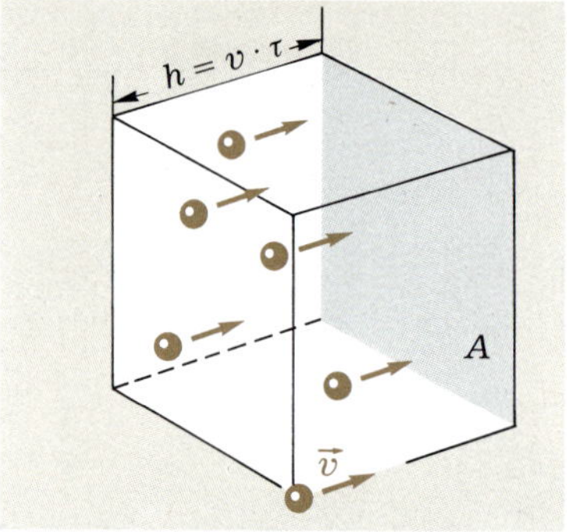

Abb. 164.1 a Zur Berechnung des Gasdrucks

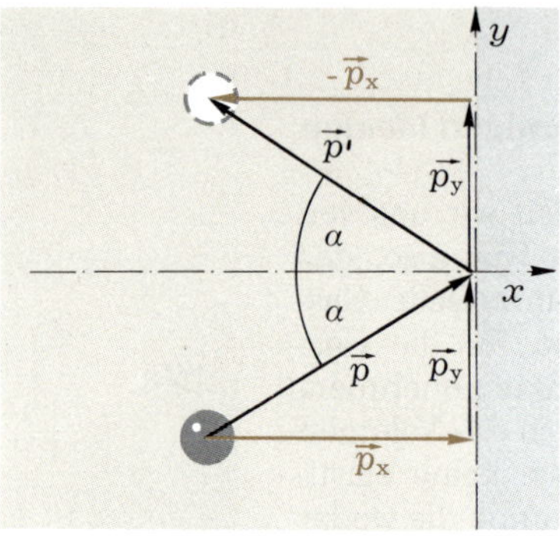

Abb. 164.1 b Nur $\vec{p}_x$ überträgt einen Impuls auf die Wand

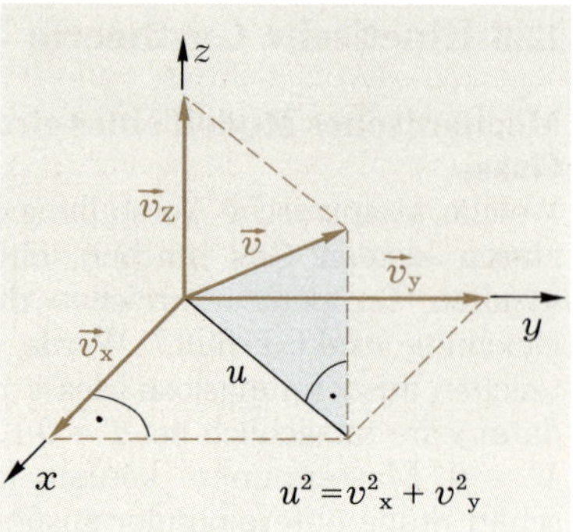

Abb. 164.1 c Zusammensetzung der Komponentenzahl zu v^2

In diesem Zeitintervall τ erreichen dann alle Teilchen die Wand, welche sich in dem in Abb. 164.1 a gekennzeichneten Volumenanteil befinden. Dieser Teil hat die Höhe $h = v \cdot \tau$, also bei der Grundfläche A das Volumen $V = A \cdot v \cdot \tau$.

Für die weitere Rechnung müssen wir eine Annahme machen über die Verteilung der Teilchen im gesamten Raum. Gleiche Dichte bedeutet mikrophysikalisch, daß „im Mittel" die Teilchen gleichmäßig verteilt sind. Die Zahl der Teilchen im Gesamtvolumen sei N, dann ist im Mittel der Quotient $n = N/V$, die sogenannte **Teilchendichte,** eine Konstante.

Mit diesem Begriff können wir angeben, wieviel Teilchen in der Zeit τ auf die Wand auftreffen. Es sind dies

$$N_\tau = \tfrac{1}{2}\frac{N}{V} A \cdot v \cdot \tau .$$

Der Faktor 1/2 kommt dadurch zustande, daß die Hälfte der Teilchen sich auf die Wand zu bewegt, die andere Hälfte von ihr weg. Anderenfalls wäre eine Gleichverteilung der Teilchen nicht gewährleistet. Der gesamte in der Zeit τ übertragene Impuls ist demnach:

$$|\Delta \vec{p}| = 2\, m\, v \cdot \tfrac{1}{2} n\, v\, \tau \cdot A .$$

Die Indizes können wir weglassen, da es hier nicht auf die Numerierung ankommt und alle Teilchen die gleiche Masse besitzen. Dividiert man durch τ, dann wird die mittlere Kraft jetzt auf das gesamte Zeitintervall τ bezogen, der Beitrag eines jeden einzelnen Teilchens ist damit berücksichtigt: $\bar{F} = m v^2\, n A$. Für den Druck erhält man: $p = m n v^2$.

Wir verfeinern jetzt das Modell und lassen auch *unterschiedliche Geschwindigkeitsbeträge* zu.

Wir nehmen an, daß sich im Volumen V insgesamt N Teilchen befinden, und zwar N_1 Teilchen mit dem Geschwindigkeitsbetrag v_1, N_2 Teilchen mit dem Geschwindigkeitsbetrag v_2 usw. Es gilt dabei $N = N_1 + N_2 + \ldots + N_k$. Jedes Teilchen überträgt auf die Wand einen Impuls in der Zeit τ. Um den gesamten Impuls zu erhalten, müssen wir die Einzelbeträge aufsummieren. Wir erhalten analog den vorhergehenden Überlegungen für den Betrag der mittleren Kraft:

$$\bar{F} = \frac{m}{V}(N_1 v_1^2 + \ldots + N_k v_k^2) \cdot A .$$

Nach Erweitern mit N und Division durch A:

$$\frac{\bar{F}}{A} = \frac{N m}{V}\left(\frac{N_1 v_1^2 + \ldots + N_k v_k^2}{N}\right).$$

Der Term in der Klammer stellt den Mittelwert aller vorkommenden Geschwindigkeitsquadrate dar. Bezeichnen wir ihn mit $\overline{v^2}$, dann erhält man für den Druck $p = m n \overline{v^2}$, also eine Beziehung, die genau der unter 1. abgeleiteten entspricht, nur ist das Geschwindigkeitsquadrat ersetzt durch das **mittlere Geschwindigkeitsquadrat.**

Als letzten Schritt zur Verbesserung unseres Modells erlauben wir *alle möglichen Geschwindigkeitsrichtungen.* Auch hier betrachten wir zunächst ein einzelnes Teilchen. Stößt dieses unter dem Winkel α auf eine Gefäßwand, so wird es im Idealfall wieder unter dem Winkel α reflektiert (Abb. 164.1 b). Die Impulsänderung ist:

$$\vec{p}' - \vec{p} = -\vec{p}_x + \vec{p}_y - (\vec{p}_x + \vec{p}_y) = -2\,\vec{p}_x .$$

Auf die Wand wird demnach ein Impuls vom Betrage $2\, m v_x$ übertragen. Die zur Wand parallelen Komponenten liefern keinen Beitrag, so daß wir das mittlere Geschwindigkeitsquadrat ersetzen können durch das mittlere Quadrat der Geschwindigkeitskomponenten in x-Richtung, also durch $\overline{v_x^2}$. Für den Druck ergibt sich $p = m n \overline{v_x^2}$. Wie hängt aber $\overline{v_x^2}$ mit $\overline{v^2}$ zusammen? Ein Teilchen habe die Geschwindigkeit $\vec{v}$ mit den Komponenten $\vec{v}_x$, $\vec{v}_y$, $\vec{v}_z$, dann besteht nach Pythagoras der Zusammenhang (Abb. 164.1 c) $v^2 = v_x^2 + v_y^2 + v_z^2$.

Da keine Geschwindigkeitsrichtung bevorzugt ist, kommt eine nach links gerichtete Geschwindigkeit ebenso oft vor wie eine nach rechts gerichtete Geschwindigkeit. Das bedeutet, daß die mittleren Geschwindigkeitsquadrate übereinstimmen:

$$\overline{v_x^2} = \overline{v_y^2} = \overline{v_z^2} .$$

Also gilt:

$$\overline{v^2} = \overline{v_x^2} + \overline{v_y^2} + \overline{v_z^2} = 3\,\overline{v_x^2} \text{ und } \overline{v_x^2} = \tfrac{1}{3}\overline{v^2} .$$

Wir setzen diesen Wert in $p = m n \overline{v_x^2}$ ein und erhalten:

$$p = \tfrac{1}{3} n m \overline{v^2} .$$

Wir gingen von der stark vereinfachten Annahme aus, daß alle Teilchen den gleichen Geschwindigkeitsbetrag haben und sich senkrecht auf die Wand zu bewegen. Berücksichtigt man die Tatsache, daß alle möglichen Geschwindigkeitsrichtungen vorkommen müssen, dann wird das Quadrat der Geschwindigkeit ersetzt durch das mittlere **Geschwindigkeitsquadrat.** Läßt man außerdem alle Richtungen zu, dann muß der Faktor 1/3 hinzugefügt werden.

> Für den Druck eines idealen Gases gilt:
> $$p = \frac{1}{3} n m \overline{v^2}.$$

Mit $n = N/V$ erhalten wir:

$$p \cdot V = \frac{1}{3} N m \overline{v^2}.$$

Das Produkt Nm ist die unveränderliche Gesamtmasse, und das mittlere Geschwindigkeitsquadrat $\overline{v^2}$ *ist für eine bestimmte Temperatur als konstant anzusehen. Die Gleichung stellt also für* $T =$ konst. das Boyle-Mariottesche Gesetz dar.

Kinetische Deutung der Temperatur

In der Gleichung $pV = \frac{1}{3} N m \overline{v^2}$ bedeutet das Produkt $m\overline{v^2}$ den doppelten Wert der mittleren kinetischen Energie eines Teilchens: $2\,\overline{E}_{\text{kin}} = m \cdot \overline{v^2}$. Wir setzen dies in die Gleichung ein und erhalten:

$$pV = \frac{2}{3} N \overline{E}_{\text{kin.}}\,.$$

Durch Vergleich mit der Zustandsgleichung $pV = \nu R T$ lesen wir ab:

$$\frac{2}{3} N\overline{E}_{\text{kin.}} = \nu R T, \text{ mit } N = \nu \cdot N_A \text{ folgt } \overline{E}_{\text{kin.}} = \frac{3}{2}\frac{R}{N_A} \cdot T.$$

N_A und R sind universelle Naturkonstanten, also ist auch ihr Quotient eine Konstante. Die universelle Konstante $k = R/N_A$ führt einen besonderen Namen. Sie heißt Boltzmann-Konstante.

> **Boltzmann-Konstante:** $k = \frac{R}{N_A}$.
>
> $$k = 1{,}38\ 10^{-23}\ \text{J} \cdot \text{K}^{-1}$$

Damit ergibt sich:

> Die absolute Temperatur ist der mittleren kinetischen Energie der Teilchen proportional:
> $$\overline{E}_{\text{kin.}} = \frac{3}{2}\, k\, T.$$

Mit dieser kinetischen Deutung der Temperatur werden die Aussagen bestätigt, die wir bereits in Kap. 13.1 gemacht haben. Außerdem erhält der absolute Nullpunkt einen physikalischen Sinn: Die mittlere kinetische Energie der Teilchen ist bei $T = 0$ K Null.

Gleichverteilung der Energie

Für die mittlere kinetische Energie eines Teilchens gilt:

$$\frac{1}{2} m \overline{v^2} = \frac{1}{2} m \overline{v_x^2} + \frac{1}{2} m \overline{v_y^2} + \frac{1}{2} m \overline{v_z^2} = \frac{3}{2} kT.$$

Nach dem Prinzip der Unordnung sind alle Geschwindigkeitsrichtungen völlig gleichwertig. Dies bedeutet:

$$\overline{v_x^2} = \overline{v_y^2} = \overline{v_z^2}. \text{ Auf } \frac{1}{2} m \overline{v_x^2} \text{ entfällt } \frac{1}{2} kT.$$

Damit ist zum Ausdruck gebracht, daß jedes Teilchen (Atom) drei voneinander unabhängige Bewegungsmöglichkeiten besitzt. Man sagt auch: Jedes Teilchen besitzt drei **Freiheitsgrade** der translatorischen Bewegung. Die Angabe „f Freiheitsgrade" bedeutet, daß zur Beschreibung einer Momentfotografie f Zahlenangaben nötig sind.

> Auf jeden Freiheitsgrad entfällt die mittlere thermische Energie:
> $$\overline{E}_{\text{kin.}} = \frac{1}{2} kT.$$

Die Statistik, die auf diesem **Gleichverteilungssatz** beruht, heißt **Boltzmannsche Statistik.**
Beispiel: *Wie groß ist das mittlere Geschwindigkeitsquadrat für Heliumatome bei Zimmertemperatur* $T =$ *293 K? Es ist* $m\overline{v^2}/2 = 3\ kT/2$ *und*

$$\overline{v^2} = \frac{3\ kT}{m} = \frac{3 \cdot 1{,}38 \cdot 10^{-23}\ \text{JK}^{-1} \cdot 293\ \text{K}}{4 \cdot 1{,}6606 \cdot 10^{-27}\ \text{kg}} \approx$$

$$= 182 \cdot 10^4\ \text{m}^2/\text{s}^2.$$

Ziehen wir die Wurzel aus $\overline{v^2}$, *so haben wir auch einen Orientierungswert für die mittlere Geschwindigkeit:* $13{,}5 \cdot 10^2$ m/s $= 1{,}3$ km/s.
(Anmerkung: Die Theorie liefert für die mittlere Geschwindigkeit den Term $v = \sqrt{8\ kT/\pi m}$.*)*

Aufgaben:

1. Das Volumen einer Gasmenge sei bei 0 °C 1 cm³. Wie groß ist die Teilchenzahl bei einem Druck von 10^{-4} mbar?
2. Die Zahl der Teilchen in 1 cm³ beträgt bei 0 °C im Endvakuum einer Ölvakuumpumpe immerhin noch 10^{12}. Wie groß ist der erreichte Enddruck?
3. Kann man einem einzelnen fliegenden Atom eine Temperatur zuordnen?
4. Berechnen Sie für die einatomigen Gase He, Ar und Ne die gesamte kinetische Energie sämtlicher Atome eines Mols bei Normalbedingungen! Warum ist dieser Wert für alle idealen Gase gleich?
5. Leiten Sie mit Hilfe der Gleichung $p = \frac{1}{3} n m \overline{v^2}$ das Gesetz von Avogadro her!
6. In einer Hohlkugel bewege sich ein Gasteilchen mit der Geschwindigkeit v. Wieviel Stöße werden in einer Sekunde auf die Wandung ausgeübt?

12.4 Allgemeiner Energiesatz

Energie bleibt erhalten

Bereits in der Mechanik hatten wir festgestellt, daß eine Maschine, die dauernd Energie in Form von Arbeit abgibt, ohne daß sich ihr Energievorrat verringert oder die Energieabnahme durch eine entsprechende Energiezufuhr ausgeglichen wird, unmöglich ist. Man bezeichnet eine solche Maschine als **Perpetuum mobile erster Art.** Die Erfahrung zeigt, daß die Konstruktion eines Perpetuum mobile auch dann nicht möglich ist, wenn zusätzlich zu mechanischen Hilfsmitteln noch beliebige thermische, elektrische oder chemische Vorgänge hinzugenommen werden. Diese Ausdehnung des Energieerhaltungssatzes auf alle Bereiche der Physik wurde im 19. Jahrhundert vorgenommen. An seiner Formulierung waren viele bedeutende Physiker beteiligt.

Der deutsche Arzt *Robert Mayer* (1814–1878) wandte als erster den Energiesatz auf alles Geschehen in der Natur an. *Hermann von Helmholtz* (1821–1894) hat in seiner Schrift „Über die Erhaltung der Kraft" (1847) systematisch die universale Bedeutung des Energiesatzes dargestellt. In England waren neben *J. P. Joule* (1818–1889) besonders *Thomson* (1824–1907) und *William John Rankine* (1820–1872) an der Verbreitung der neuen Ideen beteiligt. In Deutschland wandte *R. Clausius* (1822–1888) den Energiesatz auf elektrostatische und thermoelektrische Erscheinungen an. So hat sich in kurzer Zeit der Energiesatz zu einem den Gesamtbereich der Naturwissenschaft umfassenden Prinzip entwickelt.

Das **Prinzip von der Erhaltung der Energie** können wir folgendermaßen formulieren:

> Bei einem **abgeschlossenen System,** in dem sich beliebige mechanische, thermische, elektrische, chemische oder sonstige physikalische Vorgänge abspielen, **bleibt die vorhandene Gesamtenergie konstant:**
>
> $$E_1 + E_2 + E_3 + \ldots\ldots = \text{const.}$$
>
> Ist das System nicht abgeschlossen, so ist die Zunahme bzw. Abnahme der Gesamtenergie des Systems gleich der Summe der von außen zugeführten und bzw. nach außen abgeführten Energien.

Der 1. Hauptsatz der Wärmelehre

Im Kapitel 13.1 haben wir bereits mit Hilfe des Begriffs „innere Energie" den Energiesatz auf eine allgemeinere Grundlage gestellt. Das Energieprinzip können wir nun dazu benutzen, diese neue Energieform definitorisch zu erfassen. Wir haben sie bisher nur mikrophysikalisch beschrieben.

Um die innere Energie quantitativ zu erfassen, betrachten wir z. B. eine Gasmenge, der Energie nur in Form mechanischer Arbeit zugeführt oder entzogen werden kann (Abb. 166.1). Ein solches System bezeichnet man als **adiabates System** (adiábatos,

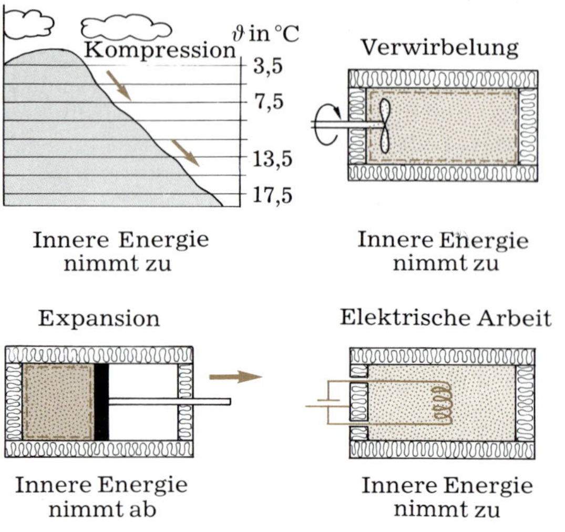

Abb. 166.1 Beispiele für adiabatische Zustandsänderungen

gr.: undurchlässig). Den Zustand der Gasmenge können wir nun z. B. durch Betätigung eines Rührers in einen neuen Gleichgewichtszustand überführen, der durch eine höhere innere Energie gekennzeichnet ist, da sich die mittlere kinetische Energie der Teilchen erhöht hat. Dies veranlaßt zu folgender Vereinbarung:

Jedem Körper schreiben wir eine **innere Energie** U zu. Wird diesem Körper nur Energie in Form von Arbeit W zugeführt, dann gilt:

$$\Delta U = U_2 - U_1 = W_{ad}.$$

Wird Arbeit nach außen abgegeben, so ist $W_{ad} < 0$, ebenso ΔU: Die innere Energie verringert sich.

Dieselbe Wirkung wie beim Verwirbeln erzielt man durch Zufuhr von elektrischer Arbeit mit Hilfe eines elektrischen Widerstandes (Abb. 166.1). Mechanische Reibungsarbeit betrachten wir deshalb als äquivalent der elektrischen Arbeit und sprechen in beiden Fällen von Arbeit, die von einem System aufgenommen oder abgegeben wird.

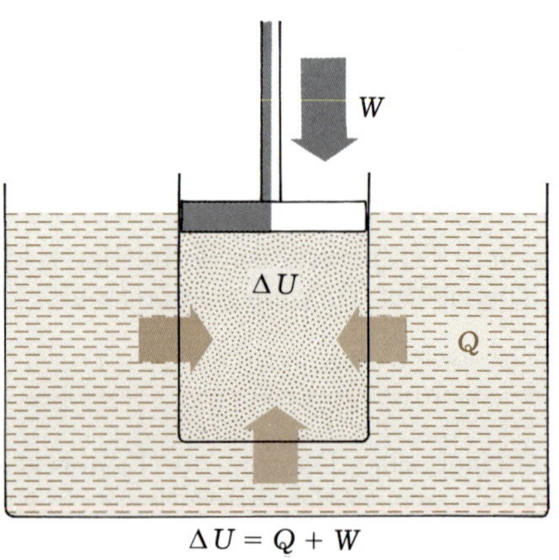

Abb. 166.2 Änderung der inneren Energie durch Wärme und Arbeit

Allerdings werden damit noch nicht alle Vorgänge, bei denen auch ohne Zufuhr oder Abgabe von Arbeit eine Änderung der inneren Energie des Systems eintritt, beschrieben. Ein Kochtopf wird durch die heiße Herdplatte aufgeheizt, Zimmerluft erwärmt sich beim Kontakt mit den Heizkörpern, steigt auf und verteilt sich gleichmäßig im Raum.
Auch hier halten wir am Energieprinzip fest. Wir müssen eine von der Arbeit verschiedene Energieform einführen, die hier während des Prozesses an das betrachtete System abgegeben oder von diesem nach außen abgeführt wird. Diese Energieform, die durch Leitung oder Strahlung übertragen wird, nennen wir **Wärme.**
Für die beschriebenen Beispiele bedeutet dies: Die innere Energie des Kochtopfs und der im Kontakt mit dem Heizkörper stehenden Zimmerluft erhöht sich durch Zufuhr von Wärme.
Die Wärme können wir demnach durch die Änderung der inneren Energie erfassen. Wenn gleichzeitig Arbeit am Prozeß beteiligt ist, müssen wir diese ebenfalls berücksichtigen (Abb. 166.2). Der Anteil von ΔU, der auf die Energieform „Wärme" entfällt, ist dann gegeben durch die Differenz $\Delta U - W$. Hierbei rechnen wir die Wärme ebenso wie die Arbeit positiv, wenn sie dem System zugeführt wird. Die Wärme ist definiert durch die Gleichung $Q = \Delta U - W$.
Formen wir nach ΔU um, so erhalten wir:
$\Delta U = Q + W$. Diese Form des Energieerhaltungssatzes bezeichnet man auch als den **1. Hauptsatz der Wärmelehre.**

> **1. Hauptsatz der Wärmelehre:** Die **Änderung der inneren Energie** ΔU eines Systems ist gleich der Summe aus der bei einem beliebigen Prozeß umgesetzten **Wärme** und der dabei bei dem Prozeß verrichteten **Arbeit:**
>
> $$\Delta U = Q + W.$$
>
> Zugeführte Wärmen und Arbeiten werden positiv gerechnet.

Danach werden zwei Arten der Energieübertragung unterschieden, nämlich eine **Energieübertragung durch Wärme oder durch Arbeit** (Abb. 167.1).
Der Energiesatz ist eine Bilanzgleichung. Er zeigt, wie die Energieformen miteinander verknüpft sind, nicht aber, wie schnell sich die Energieformen ineinander umwandeln. Nützlichkeit und Tragweite des ersten Hauptsatzes werden wir noch an vielen Beispielen kennenlernen. Wärme und Arbeit sind keine Zustandsgrößen wie z. B. Druck und Temperatur.
Die Energieübertragung durch Wärme können wir auch atomistisch deuten. Bei der Wärmeleitung stoßen die im Mittel schnelleren, also energiereicheren Teilchen des heißeren Körpers auf die im Mittel langsameren, also energieärmeren Teilchen des kälteren Körpers. Sie geben dabei einen Teil ihrer kinetischen Energie ab, verrichten demnach an den langsameren Teilchen mechanische Arbeit.

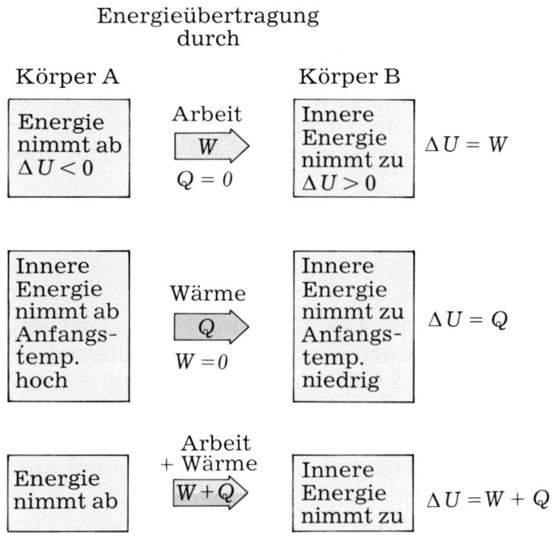

Abb. 167.1 Schematische Darstellung der Energieübertragung durch Wärme oder Arbeit

Diese wiederum können ihre Energie weitergeben an im Mittel energieärmere Teilchen des kälteren Körpers, so daß allmählich alle Teilchen eine Energieerhöhung erfahren. Die Übertragung von Wärme bedeutet also im Teilchenbild Übertragung von kinetischer Energie.
Beispiel 1: *Ein Gas wird bei konstanter Temperatur (isotherm) komprimiert. Obwohl hier mechanische Arbeit zugeführt wird, ändert sich die innere Energie nicht* ($\Delta U = 0$)*. Wie ist das zu verstehen?*
Während der Kompression (Zufuhr mechanischer Arbeit) wird gleichzeitig Wärme an die Umgebung abgegeben. Diese muß nach dem Energiesatz ebenso groß sein wie die zugeführte mechanische Arbeit, denn nur dann bleibt die Summe der Energien des Gesamtsystems (Gasmenge und Umgebung) konstant.
Beispiel 2: *Ein Meteorit von* 1000 t *Masse schlage mit einer Geschwindigkeit von* 70 km/s *auf die Erde auf. Um welchen Betrag erhöht sich die innere Energie des Systems Erde–Meteorit?*
Hier ist $Q = 0$*. Nach dem 1. Hauptsatz ist dann* $\Delta U = W$*. Die kinetische Energie beträgt* $m v^2/2$.

$$\Delta U = m v^2/2 = 0{,}5 \cdot 10^6\,\text{kg}\,70^2 \cdot 10^6\,\text{m}^2\,\text{s}^{-2} = 245 \cdot 10^{13}\,\text{J}$$
$$\approx 2{,}5 \cdot 10^{15}\,\text{J} = 2{,}5\,\text{PJ}.$$

Wärmekapazitäten

Der Topf auf dem Herd ist – streng genommen – kein System mit $W = 0$. Es wird zwar keine mechanische Arbeit zugeführt, jedoch abgegeben. Das Volumen der Flüssigkeit bleibt nicht konstant, da die Wassermenge mit der Atmosphäre in Verbindung steht. Das Wasser dehnt sich nun bei Temperaturerhöhung gegen den konstanten äußeren Luftdruck aus und verrichtet dabei **Volumenänderungsarbeit.** Diese Energie geht an die Atmosphäre verloren. Wir erkennen, daß die zum Erwärmen eines Körpers um ΔT notwendige Energie davon abhängt, ob dieser sich dabei ausdehnt oder nicht. Man unterscheidet deshalb zwei Sonderfälle: Erwärmung bei konstantem Volumen und Erwärmung bei konstantem Druck. Ist $p = \text{const.}$, dient nur ein Teil der zugeführten Energie zu einer Erhöhung der inneren Energie, der Rest wird als Volumenänderungsarbeit an die Umgebung abgegeben.

Zur Charakterisierung des Energiebedarfs eines Körpers, d.h. der Energie, die nötig ist, um seine Temperatur um ΔT zu erhöhen, definiert man die folgenden Größen:

Unter der **Wärmekapazität eines Körpers bei konstantem Volumen** versteht man den Quotienten aus der Erhöhung ΔU der inneren Energie und der zugehörigen Temperaturerhöhung ΔT:

$C_v = \Delta U / \Delta T$, wobei $V = \text{const.}$

Die **Wärmekapazität C_p eines Körpers bei konstantem Druck** ist definiert als Quotient aus der gesamten Energie $\Delta U + W$ und der zugehörigen Temperaturerhöhung ΔT:

$C_p = (\Delta U + W) / \Delta T$, wobei $p = \text{const.}$

Da sich die meisten Körper beim Erwärmen ausdehnen, ist in der Regel $C_p > C_v$.

Bezieht man die zugeführten Energien nicht nur auf die Temperaturerhöhung, sondern bei homogenen Körpern auch auf die Masse, so ergeben sich Materialkonstanten, die man als **spezifische Wärmekapazitäten** bezeichnet:

$$c_v = \frac{C_v}{m}; \quad c_p = \frac{C_p}{m}.$$

Experimentell bestimmt man in der Regel c_p, da bei der Bestimmung von c_v bei flüssigen oder festen Körpern sehr große Kräfte auftreten können. Während bei Gasen c_v und c_p deutlich verschieden sind, unterscheiden sich für feste und flüssige Stoffe die Werte von c_v und c_p wegen der geringen Ausdehnung nur sehr wenig.

In der nachfolgenden Tabelle sind die spezifischen Wärmekapazitäten einiger Gase zusammengestellt (für den Temperaturbereich um 20 °C).

	c_p in $\text{J}\,\text{g}^{-1}\,\text{K}^{-1}$	c_v in $\text{J}\,\text{g}^{-1}\,\text{K}^{-1}$
Argon (Ar)	0,544	0,331
Helium (He)	5,234	3,224
Neon (Ne	1,047	0,628
Sauerstoff (0_2)	0,917	0,657
Stickstoff (N_2	1,047	0,741
Wasserstoff (H_2)	14,319	10,174

Wird einem System die Energie nur in Form von Wärme zugeführt, dann gilt für den **Zusammenhang zwischen zugeführter Wärme und Temperaturerhöhung:**

$Q = c_v \, m \, \Delta T$ bei konstantem Volumen und
$Q = c_p \, m \, \Delta T$ bei konstantem Druck.

Bei Kenntnis der Stoffkonstanten c_p und c_v ist es deshalb möglich, Wärmen experimentell über die gemessenen Temperaturänderungen zu ermitteln. Umgekehrt kann man mit Hilfe der angegebenen Beziehungen die Wärmen errechnen, die zu einer bestimmten Temperaturänderung (Erwärmung oder Abkühlung) führen. Letzteres ist z. B. in der Heizungs- bzw. Kältetechnik von Bedeutung.

Beispiel: *In einer Waschmaschine soll* 10 l *Wasser* ($c_w = 4{,}2\ \text{J}\,\text{g}^{-1}\,\text{K}^{-1}$) in 20 min von *15 °C auf 95 °C gebracht werden. Wie groß muß die Leistung der Elektroheizstäbe sein?*

$P = 4{,}2\ \text{kJ}\ \text{kg}^{-1}\ \text{K}^{-1} \cdot 10\ \text{kg}\ 80\ \text{K} : 60 \cdot 20\ \text{s} = 2{,}8\ \text{kW}.$

Aufgaben:

1. Ein kühles Bier wird mit 8 °C serviert. Im Magen wird es auf Körpertemperatur erwärmt. Welche Energie ist für 0,5 l Bier nötig? Der Heizwert von Bier beträgt 188 kJ/100 g. Welchen Bruchteil dieser in Bier gespeicherten chemischen Energie braucht der menschliche Organismus zum Aufwärmen des Biers im Magen?
2. Wie groß ist die Temperaturdifferenz zwischen der Temperatur des Wassers oben und am Fuße eines 90 m hohen Wasserfalls, wenn wir annehmen, daß die kinetische Energie des herabstürzenden Wassers beim Aufprall vollständig in innere Energie umgewandelt wird?
3. Begründen Sie, weshalb die kinetische Energie eines Körpers vom Bezugssystem abhängt!
4. Heizöl hat einen spezifischen Heizwert von 11,2 kWh/kg und eine Dichte von $\varrho = 0{,}9\ \text{kg/dm}^3$. Ein Haus habe im Winter einen Wärmebedarf von 14 kW. Wieviel Liter Öl werden an einem Wintertag verbrannt, wenn die Energie zu 45% ausgenutzt wird?
5. Nach dem Lüften eines Zimmers erwärmt sich die frische Luft durch das Mauerwerk sehr rasch und es ist bald wieder wohlig warm. Man sagt, das Mauerwerk habe die Wärme gespeichert. Ist das richtig?
6. Welche Energie ist erforderlich, um die Luft in einem Zimmer mit den Innenmaßen $l = 6$ m, $b = 4$ m und $h = 2{,}5$ m um 10 K zu erwärmen? Man vergleiche den errechneten Wert mit der Energie, die zur Erwärmung des Mauerwerks der Wände, des Bodens und der Decke um die gleiche Temperaturstufe erforderlich ist! (Mittlere Dichte: $\varrho = 2500\ \text{kg/m}^3$. Dicke des Mauerwerks jeweils 0,25 m, mittlere spezifische Wärmekapazität $c = 1{,}26\ \text{J}\,\text{g}^{-1}\,\text{K}^{-1}$.)
7. Bringt man eine Schaumstofftapete in einem Zimmer an, so kann die Temperatur bei abgestellter Heizung über Nacht um mehrere Grade stärker absinken als ohne die Dämmschicht. Wie ist das zu verstehen?
8. Sonnenenergie steht zwar zur Verfügung, aber ungleichmäßig über das Jahr verteilt. Eine Wassermenge von 90 m^3 diene als Energiespeicher. Wieviel Energie wird benötigt, um das Wasser um 30 °C zu erwärmen? Wie lange reicht diese Energie zur Heizung eines Hauses bei einer erforderlichen Heizleistung von 20 kW?
9. Beim Aufheizen bzw. Abkühlen eines Zimmers ändert sich die Temperatur an jeder Stelle des Raumes. Für die Behaglichkeit ist der zeitliche Verlauf der Oberflächentemperatur der Wände von entscheidender Bedeutung. Besonders deutlich zeigt sich dies beim kurzzeitigen Lüften eines Zimmers im Winter. Welche Rolle spielt dabei die Wärmekapazität der Wand? Ist es hiernach günstiger, eine Wärmedämmschicht innen oder außen anzubringen?

12.5 Zweiter Hauptsatz

Reversible Prozesse

Bei allen Prozessen spielt der Energieerhaltungssatz eine regulierende Rolle. Vorgänge, bei denen keine Reibung auftritt, zeichnen sich durch eine besondere Eigenschaft aus: Sie lassen sich zeitlich umkehren. Zwei Beispiele sollen dies verdeutlichen.

Versuch 1: Wir betrachten den Stoß von zwei Billardkugeln. Ihre Geschwindigkeiten vor dem Stoß seien $\vec{v}_1$ bzw. $\vec{v}_2$. Nach dem Stoßprozeß sollen ihnen die Geschwindigkeiten $\vec{u}_1$ bzw. $\vec{u}_2$ zukommen. Diesen Stoßvorgang zeichnen wir auf einen Film (Videoband) auf und führen ihn anschließend jemand vor, der den wirklichen Ablauf des Experimentes nicht gesehen hat. Den Film lassen wir einmal rückwärts und einmal vorwärts ablaufen.

Fragen wir nun den Zuschauer, welche Ablaufrichtung des Filmes denn nun dem wirklichen Ablauf des Experimentes entspräche, dann ergibt sich die bemerkenswerte Tatsache, daß er bei diesem Prozeß nicht entscheiden kann, wie der wirkliche Ablauf des mechanischen Experimentes war.

Hätten wir dagegen das Versprühen von kleinen Flüssigkeitsteilchen gefilmt und diesen Film rückwärtslaufend vorgeführt, dann könnte der Zuschauer sehr wohl diese Umkehr der Ablaufrichtung als nicht real existierend erkennen. Er würde nämlich den ihm absurd erscheinenden Vorgang, daß statistisch verteilte Flüssigkeitströpfchen sich entschließen, alle auf den Austrittspunkt der Sprühdose und in diese zurückzuwandern, als nicht real bezeichnen.

Kehren wir zum ersten Vorgang zurück. Mit der Umkehrung des Filmablaufs haben wir die Begriffe „vor dem Stoß" bzw. „nach dem Stoß" vertauscht und dementsprechend den Stoßprozeß jetzt durch die Geschwindigkeiten $-\vec{u}_1$ bzw. $-\vec{u}_2$ gekennzeichnet (Abb. 169.1). Wenn wir das Rückwärtslaufen des Filmes nun allgemein als Umkehr der Zeitrichtung ansehen, dann können wir feststellen:

> Bei mechanischen Stoßprozessen steht die Zeitumkehr im Einklang mit den mechanischen Gesetzen, d. h sie entspricht einem physikalisch realen Prozeß.

Versuch 2: Noch eindrucksvoller läßt sich dies zeigen, wenn wir die Schwingung eines ungedämpften Pendels aufzeichnen. Hier stimmt sogar das zeitliche Spiegelbild genau mit dem ursprünglichen physikalischen Vorgang überein. Das „Laufbild" ändert sich nicht, wenn wir den Film vorwärts oder rückwärts laufen lassen.

In diesem Sinne können wir dynamische Vorgänge zeitlich umkehrbar und daher die Gesetze der Dynamik als symmetrisch bezüglich der Zeit bezeichnen.

Die **Symmetrie bezüglich der Zeit** gehört zu den fundamentalen physikalischen Einsichten. Sie gilt in der Mechanik, der Elektrodynamik, der Relativitätstheorie, Quantenmechanik und mit gewissen Einschränkungen auch in der Theorie der Elementarteilchen.

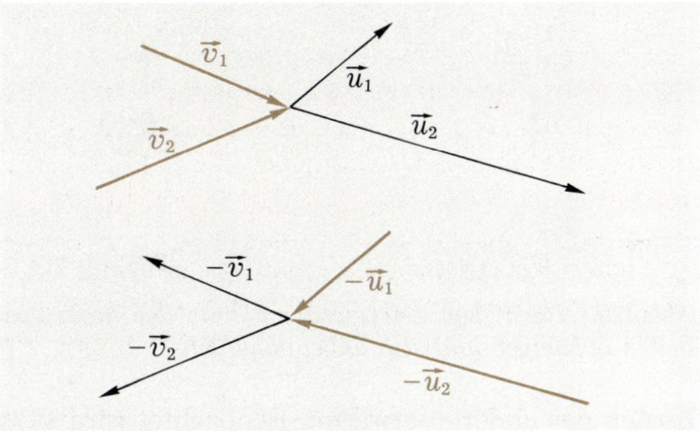

Abb. 169.1 Stoß von Billardkugeln a), zeitliche Umkehrung des Vorgangs b)

Wir müssen allerdings bedenken, daß sich die Überlegungen nur auf sehr abstrakte Vorgänge beziehen, die man von den realen Prozessen unterscheiden muß. In vielen Fällen ist aber eine große Annäherung an die Reversibilität möglich, z. B. dort, wo die Energieverluste klein sind im Verhältnis zur Gesamtenergie. Bei nicht vorhandener oder vernachlässigbarer Reibung würde also der Anfangszustand wieder hergestellt ohne eine bleibende Veränderung in der Umgebung. Solche Vorgänge heißen **reversibel.** Reversible Prozesse sind folgendermaßen definiert:

> Ein Prozeß heißt **reversibel,** wenn ein System, in dem der Prozeß abgelaufen ist, wieder in seinen Anfangszustand gebracht werden kann, ohne daß irgendwelche Änderungen in der Umgebung zurückbleiben.

Reversible Prozesse sind Idealisierungen, bei denen – wie die beiden Beispiele gezeigt haben – durch das Fehlen von Reibung oder anderer Effekte keinerlei Energieverluste auftreten. Sie bilden deshalb die Norm zur Beurteilung von Realprozessen.

Irreversible Prozesse

Am Beispiel des Versprühens von Flüssigkeitsteilchen haben wir einen Vorgang kennengelernt, der nicht reversibel ist. Nicht reversibel ist auch die **Wärmeleitung.**

Ein Gefäß sei durch eine wärmeleitende Wand in zwei Teile unterteilt. In den einen Teil denken wir uns warmes Wasser gefüllt, in den anderen Teil kaltes. Das ganze Gefäß sei gut wärmeisoliert, von außen soll keine Wärme zuströmen können. Nach einer gewissen Zeit werden die beiden Temperaturen sich ausgeglichen haben: Das kalte Wasser hat sich auf Kosten des warmen Wassers erwärmt. Der umgekehrte Vorgang, daß die eine Flüssigkeit noch wärmer wird, die andere noch kälter, tritt aber nicht auf. Der Energieerhaltungssatz würde einem solchen hypothetischen Vorgang nicht widersprechen. Es kommt in der Natur nicht vor, daß von zwei sich berührenden Körpern mit gleicher Temperatur der eine sich von selbst auf

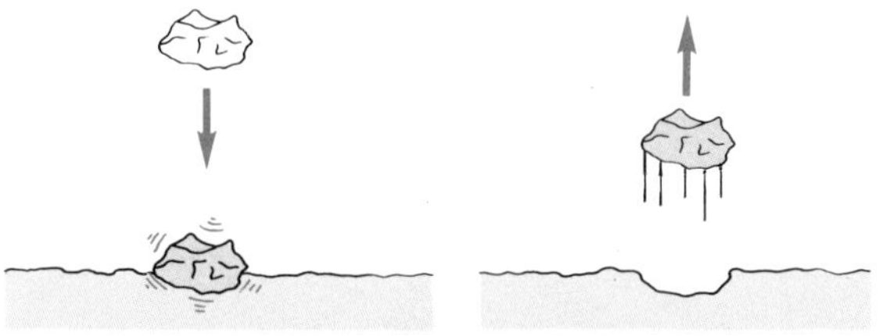
Abb. 170.1 Nach dem Energiesatz könnte der Stein vom Boden aufsteigen und sich dabei abkühlen

Kosten des anderen erwärmt. Beobachtet wird stets nur Temperaturausgleich.

> Die Wärmeleitung erfolgt von selbst stets vom Körper höherer Temperatur zum Körper niederer Temperatur. Sie ist irreversibel.

Ein fallender Stein schlägt auf den Boden auf und bleibt dort liegen. Energetisch handelt es sich um eine Umwandlung von kinetischer Energie in innere Energie, der Stein erwärmt sich durch den Aufschlag. Die innere Energie steckt in der Bewegung der Moleküle.
Wäre es möglich, daß sich der gleiche Prozeß rückwärts abspielt? Dann müßte ein auf dem Boden liegender Stein in die Luft aufsteigen und sich dabei etwas abkühlen (Abb. 170.1). Die Newtonsche Mechanik verbietet einen solchen Vorgang nicht. Die elastischen Stöße zwischen den Molekülen sollten, wie alle elastischen Stöße in der Newtonschen Mechanik, vorwärts wie rückwärts ablaufen können. So ist es durchaus denkbar, daß die Moleküle des Steins und des ihn tragenden Untergrundes einmal zufällig gerade so zusammenstoßen, daß sie einen gemeinsamen Impuls nach oben haben und der Stein tatsächlich aufsteigt. Der zeitlich gespiegelte Vorgang zu dem tatsächlich ablaufenden ist in Übereinstimmung mit den Gesetzen der Newtonschen Mechanik. Dennoch hat noch niemand einen auf dem Boden liegenden Stein gesehen, der von selbst aufsteigt.

Der Pfeil der Zeit
Das Gemeinsame aller dieser Prozesse ist, daß sie nur in einer Richtung verlaufen; sie sind irreversibel. Die Irreversibilität bedingt also eine **Auszeichnung einer bestimmten Zeitrichtung,** d. h. eine Asymmetrie bezüglich der Zeit und damit einen Unterschied zwischen Vergangenheit und Zukunft. Die vielfältigen Erfahrungen können wir folgendermaßen zusammenfassen:

> Alle von selbst ablaufenden Prozesse sind irreversibel.

Diesen Sachverhalt bezeichnet man als **zweiten Hauptsatz,** für den es verschiedene äquivalente Formulierungen gibt. Zwei weitere wollen wir im folgenden Abschnitt kennenlernen.

Beim Kühlschrank erfolgt der Energieübergang vom kälteren Körper (Kühlschrankinneres, Speisen) an den wärmeren (Kühlschlangen an der Rückwand). Das Entscheidende bei diesem Prozeß ist nun, daß er nicht von selbst abläuft, sondern nur unter Zuführung von Arbeit aufrechterhalten wird. Dieser Energiebedarf, der von dem elektrisch angetriebenen Verdichter aufgebracht wird, macht einen Sachverhalt deutlich, den wir folgendermaßen beschreiben können.
Durch eine äußere Einwirkung läßt sich bei einem irreversiblen Vorgang der ursprüngliche Zustand wieder herstellen. So können wir einen herabgefallenen Körper hochheben, Verformungen rückgängig machen, gelöste Stoffe auskristallisieren, Gase trennen. In allen Fällen ist dies nicht ohne Energieaufwand möglich, es bleibt dadurch eine Veränderung der Umgebung zurück. Um diesen Erfahrungen gerecht zu werden, gibt man dem **zweiten Hauptsatz** eine andere Fassung:

> Es gibt keinen periodischen Vorgang, der nichts weiter bewirkt als Abkühlung eines Körpers und Verrichten einer mechanischen Arbeit.

Stellen wir uns vor, es gäbe einen solchen Vorgang, dann wäre zum Betreiben eines Kühlschranks oder einer Wärmepumpe keine Energie nötig. Man könnte die dem Innenraum und den Speisen entzogene Wärme in mechanische Arbeit umwandeln und zum Verdichten des Arbeitsmittels verwenden, wobei wieder derselbe Energiebetrag als Wärme an die Umgebung abgeführt wird. Der Innenraum wäre kühler, der Außenraum wärmer. Sonst hätte sich nichts verändert. Der Vorgang könnte wiederholt werden. Ließe sich ein solcher Prozeß realisieren, dann wäre er für die menschliche Gesellschaft von großer Bedeutung. Man könnte dann nämlich eine Maschine konstruieren, die z. B. die ungeheure Energie des Meerwassers „kostenlos“, d. h. ohne zusätzlichen Energieaufwand direkt in nutzbare, mechanische Arbeit verwandelt, indem man dem Meerwasser Wärme entzieht, um damit Dampfkessel von Dampfturbinen zu heizen. Alle Energieprobleme wären somit umweltschonend gelöst.
Die Maschine käme einem Perpetuum mobile gleich. Man bezeichnet deshalb eine derartige Maschine als **Perpetuum mobile zweiter Art.** Der zweite Hauptsatz der Wärmelehre läßt sich demnach auch folgendermaßen aussprechen:

> **Ein Perpetuum mobile zweiter Art ist unmöglich.**

Der zweite Hauptsatz beruht ebenso wie der Satz von der Unmöglichkeit eines Perpetuum mobile erster Art auf der Zusammenfassung eines vielfältigen Beobachtungsmaterials. Bisher wurde kein Phänomen gefunden, das ihm widerspricht.

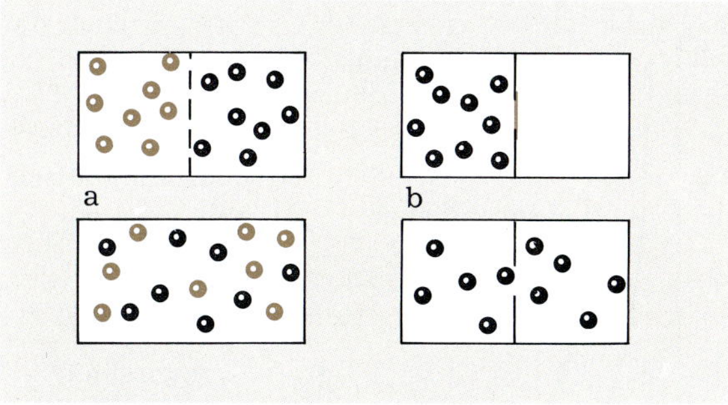

Abb. 171.1 Modellversuch zur Diffusion

Irreversibilität und Wahrscheinlichkeit
Die Diffusion zweier Gase ist irreversibel. Wir wollen uns mit Hilfe eines Modellversuchs eine Vorstellung von dieser Diffusion machen.
Versuch 3: In einen flachen Kasten, der durch eine Zwischenwand in zwei Hälften geteilt ist, bringen wir in jede Hälfte der Reihe nach jeweils 1, 2, 5, 10 weiße und 1, 2, 5, 10 rote Kugeln. Wir versetzen den Kasten in rotierende Bewegungen und entfernen die Zwischenwand (Abb. 171.1 a).
Während bei jeweils zwei Kugeln durchaus einmal der Fall eintritt, daß alle roten Kugeln wieder in der einen, alle weißen Kugeln wieder in der anderen Hälfte sind, ist dies bei jeweils 10 Kugeln sehr selten zu beobachten, bei 100 Kugeln träte dieses Ereignis noch seltener ein. Der Zustand der völligen Durchmischung ist also bei der Diffusion der wahrscheinlichere. Ist nur eine Gasart vorhanden, so verteilen sich die Teilchen dieses Gases gleichmäßig über den ganzen Raum (Abb. 171.1b).
Um diesen statistischen Hintergrund deutlich zu machen, wollen wir anhand eines Gedankenversuchs die Wahrscheinlichkeit für das Eintreten eines bestimmten Zustandes berechnen. Wir denken uns das Gas im Volumen V_1 eingesperrt (Abb. 171.2 a). Nach Entfernung der Zwischenwand verteilen sich die Moleküle gleichmäßig auf das größere Volumen V_2. Die Frage ist nun, mit welcher Wahrscheinlichkeit der extreme Fall eintreten kann, daß sich alle Moleküle wieder im Volumen V_1 versammeln.
Der Einfachheit halber gehen wir zunächst einmal nur von einem Molekül aus.
Unter der Wahrscheinlichkeit w einer bestimmten Verteilung der Teilchen auf den Raum versteht man den Quotienten aus der Anzahl der zu dieser Verteilung gehörigen günstigen Fälle und der Anzahl der überhaupt möglichen Fälle. Denken wir uns den Kasten mit dem Volumen V_2 halbiert, so kann das Molekül sich entweder in dem einen oder in dem anderen Teil aufhalten. Die Zahl der möglichen Fälle ist demnach 2 (Abb. 171.2 b). Die Wahrscheinlichkeit w, das Molekül in einer bestimmten Kastenhälfte anzutreffen, ist 1/2. Bei einer Dreiteilung des Volumens ergäbe sich die Wahrscheinlichkeit 1/3. Das Teilvolumen V_1 sei der μte Teil von V_2:

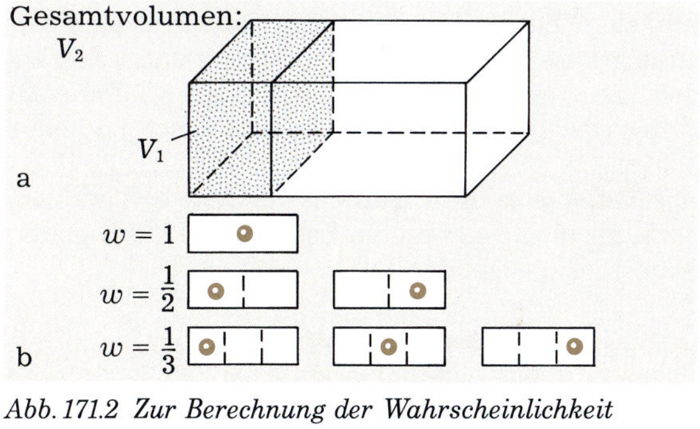

Abb. 171.2 Zur Berechnung der Wahrscheinlichkeit

$$V_1 = \frac{1}{\mu} V_2 .$$

Die Wahrscheinlichkeit dafür, daß das Molekül im Volumen V_1 anzutreffen ist, beträgt $w = 1/\mu$. Bei zwei Molekülen ist die Wahrscheinlichkeit, daß sich die beiden Moleküle im Volumen V_1 befinden, durch das Produkt der Einzelwahrscheinlichkeiten gegeben $w = (1/\mu)^2$. Hat die Gasmenge die Stoffmenge ν, so sind $N = \nu N_A$ Moleküle in V_2. Die Wahrscheinlichkeit dafür, daß alle Moleküle in V_1 sind, ist dann:

$$w = \left(\frac{1}{\mu}\right)^N = \left(\frac{V_1}{V_2}\right)^N .$$

Die Zahl w ist wegen der großen Teilchenzahl N unvorstellbar klein. Wir betrachten zur Verdeutlichung dieses Sachverhaltes folgendes Zahlenbeispiel:
Es seien $V_2 = 1\,\text{cm}^3$ und $V_1 = 0{,}5\,\text{cm}^3$. Die Zahl der Moleküle sei $N = 1000$ (Hochvakuum). Dann ist mit $2^{10} \approx 10^3$:

$$w = \left(\frac{1}{2}\right)^{1000} = 2^{-1000} \approx 10^{-300}.$$

Es ist demnach extrem unwahrscheinlich, daß sich das Gas von selbst wieder in das Ausgangsvolumen zurückzieht.
Wir können die obige Erkenntnis auch folgendermaßen aussprechen:

> Die Einseitigkeit bei irreversiblen Abläufen besteht, atomistisch betrachtet, in dem Übergang aus einem Zustand geringerer in einen Zustand größerer Wahrscheinlichkeit.

Aufgaben:
1. Geben Sie einige Beispiele für irreversible Prozesse aus der alltäglichen Erfahrung!
2. Welche Energieumwandlungen treten bei Reibung auf?
3. Wirft man zwei Münzen, so gibt es vier Möglichkeiten, wie sich Zahl (Z) und Adler (A) anordnen. Schreiben Sie alle Möglichkeiten in einer Tabelle auf! Wir bezeichnen zwei Würfe („Zustände") als geordnet, wenn beide Münzen Zahl oder Adler zeigen. Wieviel Möglichkeiten gibt es bei fünf Münzen? Mit welcher Wahrscheinlichkeit wird ein geordneter Zustand (nur A oder Z) geworfen? Wieso veranschaulicht dieses Beispiel, warum wir normalerweise sagen, daß ein geordneter Zustand in einen ungeordneten übergeht und nicht umgekehrt?

12.6 Die mathematische Fassung des zweiten Hauptsatzes

Mögliche und unmögliche Prozesse

Wir haben erfahren, daß gewisse Zustandsänderungen in der Natur nicht vorkommen, obwohl sie nach dem Energieerhaltungssatz zulässig wären. Es gibt also mögliche und unmögliche Prozesse. Wir brauchen nun ein Kriterium, das uns eine solche Einteilung erlaubt. Sehr einfach sind die Verhältnisse bei idealen Gasen zu überblicken. In Abb. 172.1 sind zwei Isothermen (Zustandsänderungen konstanter Temperatur) angegeben.

Dehnt sich eine abgeschlossene Gasmenge isotherm aus, das Volumen V_1 vergrößert sich auf das Volumen V_2, dann durchläuft die Gasmenge alle Zustände auf der Isothermen zwischen 1 und 2 in kontinuierlicher Folge. Das Gas verrichtet dabei Arbeit, nimmt aber auch Energie in Form von Wärme auf, denn sonst könnte die Temperatur nicht konstant bleiben. Ohne Wärmeaufnahme nämlich verringerte sich die innere Energie um genau den Betrag der abgegebenen mechanischen Arbeit, und die Temperatur würde sinken. Bei völliger Isolation (adiabatische Expansion) entstammt die abgegebene Energie dem Vorrat an innerer Energie (farbige Kurve in Abb. 172.1). Dieser Vorgang ist auch umkehrbar (ad. Kompression).

Da man mit Hilfe dieser adiabatischen Expansion bzw. Kompression die Einteilung nach möglichen oder unmöglichen Prozessen vornehmen kann, wollen wir sie etwas genauer darstellen. Die Gleichung für die Isotherme lautet: $pV = \text{konst.}$ oder $p \sim \frac{1}{V}$. Die farbige Kurve fällt steiler ab als die Isotherme. Dies könnte ebenfalls durch eine Potenzfunktion beschrieben werden, z. B. durch $p \sim \frac{1}{V^\varkappa}$ mit $\varkappa > 1$. Theoretische Überlegungen zeigen in der Tat, daß die farbige Kurve durch die Gleichung $pV^\varkappa = \text{konst.}$ wiedergegeben werden kann, wobei $\varkappa$ durch das Verhältnis der spezifischen Wärmekapazitäten bestimmt ist ($\varkappa = c_p/c_v$) und für Luft den Wert 1,4 annimmt.

Betrachten wir einen Zustand 1 auf der Kurve, dann können wir von 1 aus durch eine reversible adiabatische Expansion nur Zustände erreichen, die auf der Kurve liegen, z. B. die Zustände 2 oder 5. Niemals kommen wir aber rein adiabatisch zu Zuständen $\left(V_1; \frac{1}{2}\, p_1\right)$, die unterhalb der Kurve liegen. Ist Reibung beteiligt, erreichen wir bei gleichem Endvolumen V_2 nicht den Druck p_2, sondern z. B. den etwas höheren Druck p_2', denn die Reibungsarbeit führt bei adiabatisch geschlossenen Wänden zu einer Temperaturerhöhung und damit auch zu einer Druckerhöhung.

Führt man einer thermisch isolierten Gasmenge bei konstantem Volumen mit einem Rührwerk Reibungsarbeit zu, dann erhöht sich die innere Energie. Dadurch steigen Druck und Temperatur der Gasmenge und wir erreichen den Zustand 1' im p-V-Diagramm (Abb. 172.1).

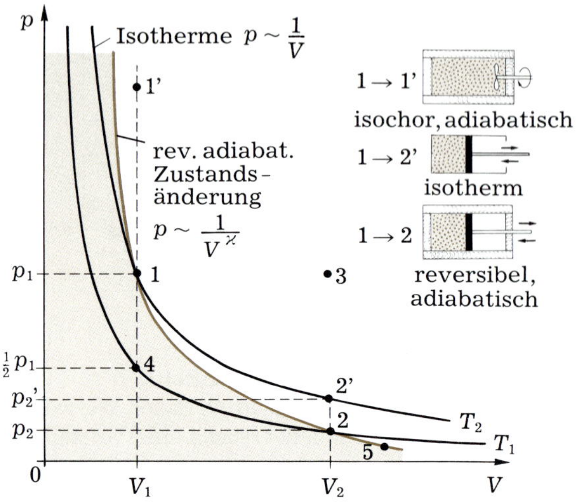

Abb. 172.1 Zustandsänderung idealer Gase

Die Beispiele machen den folgenden Sachverhalt deutlich:

> Durch eine adiabatische Zustandsänderung eines idealen Gases, d. h. ohne Beteiligung von Wärme, kann man von einem vorgegebenen Zustand aus nicht alle Zustände erreichen. Erreichbar sind nur die Zustände, die oberhalb oder auf der zugehörigen adiabatischen Zustandslinie liegen. Alle Zustände unterhalb dieser Kurve sind adiabatisch nicht erreichbar.

Der Begriff Entropie – Entropiesatz

Mit Hilfe der im vorhergehenden Abschnitt beschriebenen Eigenschaft adiabatischer Prozesse bei idealen Gasen kann man die **Irreversibilität von Zustandsänderungen** quantitativ erfassen, d. h. durch eine physikalische Größe kennzeichnen. Sie hat den Namen **Entropie** (tropein, gr. wenden). Es ist zweckmäßig, diese physikalische Größe (Symbol S) so festzulegen, daß sie bei reversiblen adiabaten Prozessen gleich bleibt, bei irreversiblen adiabaten Prozessen jedoch zunimmt

Damit ist es möglich, Ordnung in eine Vielfalt von Prozessen zu bringen. Bei Kenntnis der Entropien zweier Zustände 1 und 2 eines adiabaten Systems läßt sich entscheiden, ob der Prozeß reversibel, irreversibel oder sogar unmöglich ist. In Abb. 172.1 sind vier verschiedene Zustände 1, 2, 3, 4 eines idealen Gases herausgegriffen. Diesen vier herausgegriffenen Zuständen 1, 2, 3, 4 eines idealen Gases können wir demnach Entropiewerte zuordnen, für die gilt: $S_1 = S_2$; $S_3 > S_2$; $S_4 < S_1$.

Als Entropie könnte man das Produkt $pV^\varkappa$ wählen, denn für die ausgewählten Zustände 1, 2, 3, 4 gelten nämlich die folgenden Beziehungen:

$$\begin{aligned} &\text{für 2 und 1: } p_2 V_2^\varkappa = p_1 V_1^\varkappa;\\ &\text{für 3 und 1: } p_3 V_3^\varkappa > p_1 V_1^\varkappa;\\ &\text{für 4 und 1: } p_4 V_4^\varkappa < p_1 V_1^\varkappa. \end{aligned}$$

Unsere Überlegungen beziehen sich nur auf adiabatische Zustandsänderungen idealer Gase. Die zu definierende Größe soll aber auch auf andere Systeme anwendbar sein. Die Größe, die die geforderte Eigenschaft hat, ist folgendermaßen definiert:

> Geht ein System vom Zustand 1 über in den Zustand 2, so ist die **Änderung der Entropie** bei reversiblen Prozessen gegeben durch den Quotienten aus der bei der Temperatur T umgesetzten Wärme Q und der Temperatur T:
>
> $$\Delta S = \frac{Q_{\text{rev}}}{T}.$$

Die Definitionsgleichung gilt nur für reversible Prozesse. Steht dies nicht im Widerspruch zu der Aussage, die Größe S sei als Maß für Irreversibilität geeignet? Hier macht man sich die Tatsache zunutze, daß die Größe S eine sogenannte Zustandsgröße ist, deren Änderung nur vom Anfangs- und Endzustand, nicht aber von der Art des Übergangs abhängig ist. Daher kann man einen irreversiblen Prozeß, z. B. die Verwirbelung eines Gases, ersetzen durch einen berechenbaren reversiblen Ersatzprozeß mit gleichem Anfangs-und Endzustand und mit Hilfe dieser Definitionsgleichung z. B. die Entropieänderung für eine isotherme reversible Zustandsänderung eines idealen Gases berechnen.
Man erhält die folgende Gleichung, die wir ohne Herleitung mitteilen wollen:

> Geht ein ideales Gas vom Zustand 1 in den Zustand 2 über, so beträgt die Entropieänderung:
>
> $$\Delta S = \frac{k\,N}{\varkappa - 1} \ln \frac{p_2 V_2^{\varkappa}}{p_1 V_1^{\varkappa}}.$$
>
> (k: Boltzmannsche Konstante, N: Teilchenzahl)

Mit dieser Gleichung können wir nun leicht den Nachweis führen, daß die Entropie S die verlangten Eigenschaften hat.
Setzt man in die Gleichung die zu den einzelnen Zuständen gehörenden Werte $p_i V_i^{\varkappa}$ ein, so erhält man für den Übergang 2 → 1 die Änderung der Entropie $\Delta S = 0$, für den Prozeß 3 → 1 ist $\Delta S > 0$ und für 4 → 1 gilt $\Delta S < 0$. Das bedeutet im ersten Fall gleichbleibende Entropie, im zweiten Fall Entropiezunahme und im letzten Fall Entropieabnahme.
Beschränken wir uns auf adiabate Systeme, dann ist der Übergang 2 → 4 unmöglich, der Übergang 1 → 3 irreversibel und der Übergang 1 → 2 reversibel (Abb. 173.1). Damit können wir zusammenfassend feststellen:

> Bei irreversiblen adiabaten Prozessen nimmt die Entropie stets zu. Es ist $\Delta S > 0$.
> Ist der adiabate Prozeß reversibel, so bleibt die Entropie konstant: $\Delta S = 0$.

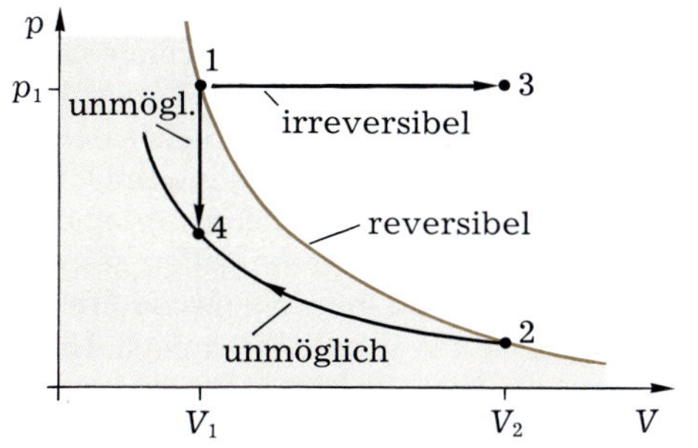

Abb. 173.1 Mögliche und unmögliche Prozesse

Dies ist die **mathematische Formulierung des zweiten Hauptsatzes.** Will man den zweiten Hauptsatz auch auf nichtadiabate Systeme anwenden, dann faßt man das in Frage kommende System mit allen anderen Systemen, mit denen es Wärme austauscht, zu einem adiabaten Gesamtsystem zusammen. Für nichtadiabate Teilsysteme kann die Entropie bei einem entsprechenden Prozeß durchaus auch abnehmen.
Die Änderung der Gesamtentropie eines adiabaten Systems setzt sich additiv aus den Entropieänderungen der Teilsysteme zusammen.
Damit ist es gelungen, eine mathematische Formulierung des Sachverhalts zu gewinnen, daß in der Natur alle von selbst ablaufenden Vorgänge eine bestimmte Richtung haben. Alle Vorgänge, die zwar nach dem Energieerhaltungssatz zulässig, aber mit einer Abnahme der Gesamtentropie verbunden wären, werden durch den zweiten Hauptsatz ausgeschlossen.
Die Entropie erweist sich damit neben der Energie als einer der wichtigsten Begriffe der ganzen Physik. Die Eigenschaften dieser beiden Begriffe kommen in den folgenden einprägsamen Formulierungen zum Ausdruck:

> Energie kann weder erzeugt noch vernichtet werden. Entropie kann nicht vernichtet, sondern nur erzeugt werden.

Der zweite Hauptsatz läßt auch die folgende Aussage zu:

> In einem abgeschlossenen System finden so lange Zustandsänderungen statt, bis die Entropie einen Höchstwert erreicht hat.

Wenden wir den Energieerhaltungssatz und diese Erkenntnis auf das ganze Weltall an, so können wir unter der Voraussetzung, daß es sich um ein **abgeschlossenes System handelt,** sagen:

> Die Energie des Weltalls ist konstant;
> die Entropie des Weltalls strebt einem Maximum zu.

Beide Formulierungen, die in klarer und kurzer Ausdrucksweise den Inhalt der beiden Hauptsätze zum Ausdruck bringen, stammen von *R. Clausius*.
Bei allen Prozessen in unserer natürlichen und technischen Umwelt wird keine Energie „verbraucht", sondern es wird stets eine Energieform in eine andere umgewandelt. Die in den Brennstoffen gespeicherte chemische Energie wird in mechanische Arbeit, elektrische Energie oder Wärme umgewandelt. Die potentielle Energie des Wassers wird in Wasserkraftwerken in elektrische Energie umgesetzt und diese wiederum z. B. in Haushaltsgeräten in mechanische Arbeit oder Wärme. Alle diese Prozesse sind irreversibel. Unser Ziel muß sein, möglichst reversibel zu arbeiten, Irreversibilitäten zu vermeiden. Das bedeutet aber nichts anderes, als daß die Entropieproduktion gering gehalten werden muß.

> Sinnvoller Energieeinsatz bedeutet möglichst geringe Entropieproduktion.

Entropie und Wahrscheinlichkeit
In Kap. 13.5 fanden wir für die Wahrscheinlichkeit w, daß sich alle Teilchen des Volumens V_2 in dem Teilvolumen V_1 zusammenfinden, den Term $w=(V_1/V_2)^N$. Hieraus folgt durch Logarithmieren:

$$\ln w = N \ln \frac{V_1}{V_2} = -N \ln \frac{V_2}{V_1}\,.$$

Der rechte Term dieser Gleichung enthält nur die den Anfangs- und Endzustand bestimmenden Größen, wobei $T=$ konst. Nahezu denselben Term erhält man für die Entropieänderung ΔS einer reversibel durchgeführten, isothermen Zustandsänderung. Für den Übergang vom Zustand 1 nach 2 gilt nämlich:

$$\Delta S = \frac{k N}{\varkappa - 1} \ln \frac{p_2 V_2^{\varkappa}}{p_1 V_1^{\varkappa}}\,.$$

Bei konstanter Temperatur T ist laut Gasgesetz $p_1 V_1 = p_2 V_2$, also können wir für $p_2 V_2^{\varkappa}/p_1 V_1^{\varkappa}$ den einfacheren Term $(V_2/V_1)^{\varkappa-1}$ setzen und für die Entropieänderung erhalten wir:

$$\Delta S = k N \ln \frac{V_2}{V_1}\,.$$

Zusammen mit Gleichung erhalten wir: $\Delta S = -k \ln w$.

> Geht ein abgeschlossenes System von selbst vom Zustand 1 in den Zustand 2 über und ist w die Wahrscheinlichkeit für das Eintreten des von selbst ablaufenden umgekehrten Prozesses, so gilt:
> $$S_2 - S_1 = -k \ln w\,.$$

Wir haben diese fundamentale Gleichung an einem speziellen Beispiel hergeleitet. Sie gilt ganz allgemein und wurde von *Ludwig Boltzmann* gefunden.

Beispiel: *In unserem Zahlenbeispiel in Kap. 12.5 war der Prozeß 2 → 1 mit* $w \approx 10^{-300}$ *extrem unwahrscheinlich. Die Entropieänderung für den Prozeß 1 → 2 beträgt* $S_2 - S_1 = -k \ln 2^{-1000} = +1000\, k \ln 2 > 0$. *Dieser Prozeß ist demnach mit einer Entropievermehrung verbunden. Dagegen wäre für den umgekehrten Prozeß* $S_1 - S_2 = k \ln w$ *negativ, also in einem abgeschlossenen System nicht möglich.*
Der Satz von der Vermehrung der Gesamtentropie in einem abgeschlossenen adiabatischen System ist also gleichbedeutend mit dem Satz, daß ein System von selbst nur vom unwahrscheinlicheren in den wahrscheinlicheren Zustand übergeht.
Diese **atomistische Deutung der Entropie** läßt auch noch eine etwas andere Interpretation des zweiten Hauptsatzes zu. Schauen wir uns die verschiedenen Makrozustände in den beiden behandelten Beispielen an, so stellen wir unterschiedliche Ordnungszustände fest. Einer völligen Trennung in rote und weiße Kugeln oder einer Konzentration der Kugeln auf eine Kastenhälfte schreiben wir einen höheren Grad von Ordnung zu als einer gleichmäßigen Verteilung. Natürlich sind in allen Fällen die Kugeln (Teilchen) in irgendeiner Weise angeordnet. Wir betrachten aber einen Zustand als geordnet, wenn er uns zusätzliche Informationen vermittelt. So ist die Lokalisierung in einer Kastenhälfte eine zusätzliche Information über die Teilchen, das gleiche trifft für die Entmischung zweier Teilchensorten zu. Den **Entropiesatz** können wir deshalb auch folgendermaßen formulieren:

> In einem adiabatisch abgeschlossenen System kann die molekulare Unordnung nur zunehmen oder konstant bleiben, nicht aber abnehmen.

Das höchste Maß an Ordnung erhalten wir für $w = 1$, dann ist $\Delta S = \ln 1 = 0$.

Aufgaben:
1. Eine Apfelsine beginnt zu faulen. Vermehrt sich dann ihre Entropie?
2. Gilt für die Entropie ein Erhaltungssatz?
3. In einem gut isolierten Gefäß sind 150 g Wasser von 18 °C. Nun werden 100 g Wasser von 25 °C hinzugegossen ($c = 4{,}19\ \mathrm{J g^{-1} K^{-1}}$). Berechnen Sie die Zunahme der Entropie! Bei der Berechnung kann von mittleren Temperaturen ausgegangen werden.
4. Eine Wassermenge von 100 g verdampft, wird also in 100 g Dampf von 100 °C übergeführt. Wie groß ist die Entropieänderung?
5. Ein Mol eines idealen Gases wird bei konstantem Volumen so erwärmt, daß sich der Druck verdoppelt. Welche Entropieänderung erfährt das Gas? ($\varkappa = 1{,}4$)
6. Eine 20 l-Heliumkanne ist mit siedendem Helium gefüllt (4,2 K). Das Helium verdampft innerhalb einer Woche. Wie groß sind die aufgenommene Wärme und die Entropieänderung des Heliums, wenn sich das Helium sofort nach dem Verdampfen wie ein ideales Gas verhält? (Dichte des flüssigen Heliums: 0,129 g/cm^3; Verdampfungsenergie: 82,5 J/mol.)

12.7 Wärme- und Verbrennungskraftanlagen

Zum konventionellen und technisch ausgereiften Bestand der Energietechnik gehört die Umwandlung der inneren (chemischen) Energie eines fossilen Energieträgers (Kohle, Öl, Gas) durch **Wärmekraftmaschinen** und **Verbrennungskraftmaschinen** in mechanische Energie. Die chemische Energie der eingesetzten Energieträger wird bei der Verbrennung in innere Energie der entstehenden Gase verwandelt. In der Wärmekraftanlage geben die Verbrennungsgase Energie als Wärme an den Arbeitsstoff der Wärmekraftmaschine ab und erhöhen dessen innere Energie. Der Arbeitsstoff durchläuft einen **Kreisprozeß.** Hierbei wird nach einem Energieaustausch mit der Umgebung der Anfangszustand des Arbeitsstoffs wiederhergestellt. Die Nutzarbeit dieses Prozesses kann zum Antrieb eines Generators dienen. Bei den Verbrennungskraftanlagen dagegen sind die Verbrennungsgase selbst das Arbeitsmittel, das an die Umgebung abgeführt wird. Das Arbeitsmittel durchläuft dabei keinen Kreisprozeß. Beiden ist gemeinsam, daß die innere Energie der Verbrennungsgase nur zum Teil in Nutzarbeit verwandelt wird. Ein großer Teil der Energie wird nutzlos an die Umgebung (Kühlwasser, Luft) abgeführt.
Zur Beschreibung des „Gütefaktors" von Energieumwandlungen, wie sie sich z. B. in einer Wärmekraftanlage oder Verbrennungskraftanlage abspielen, dient der Begriff des **Wirkungsgrades.** Dabei interessiert man sich nicht für alle ausgetauschten Energieformen, sondern nur für die, auf die es jeweils ankommt.

> Unter dem **Wirkungsgrad** versteht man den Quotienten aus dem Betrag der abgegebenen nutzbaren Energie und dem Betrag der aufgenommenen Energie.

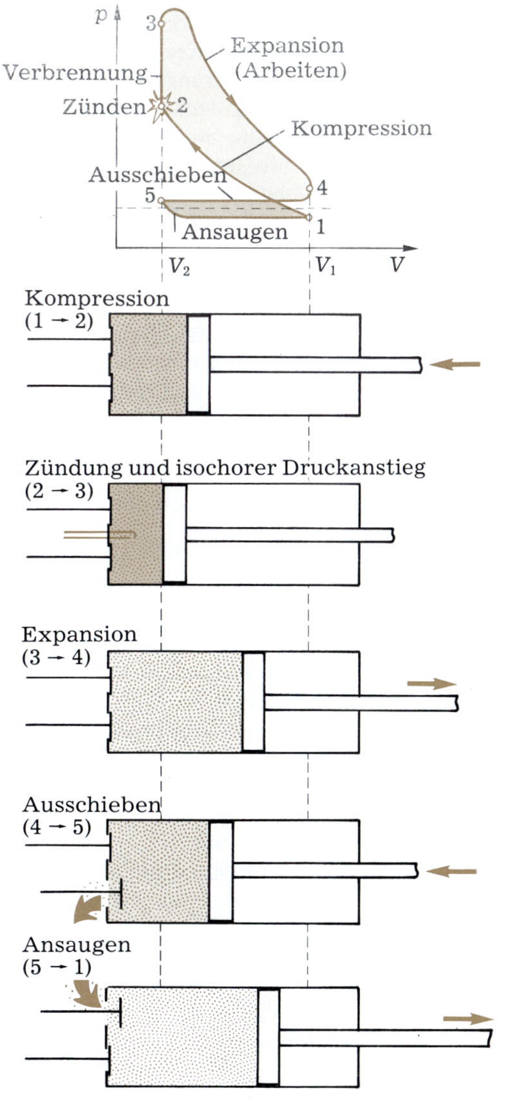

Abb. 175.1 Prinzipieller Ablauf der Ottoprozesse

Bei einer Verbrennungskraftmaschine dient das Verbrennungsgas zugleich als Arbeitsmedium. Wir betrachten diesen Vorgang zunächst beim **Ottomotor.** Der Kolben stößt nach der Expansion (Arbeitstakt) die Verbrennungsgase ins Freie, saugt anschließend neues Gas in den Zylinder und verdichtet dieses. Der Prozeß läßt sich in einem p-V-Diagramm gut verfolgen. Abb. 175.1 zeigt die prinzipielle Wirkungsweise.
Am Ende des Ansaughubes schließt das Ventil, es folgt die Kompression. Die Kompressionsarbeit wird fast vollständig in innere Energie des Kraftstoff-Luft-Gemisches umgesetzt, ein Teil wird in Form von Wärme an den Zylinder und an den Kolben abgegeben. Die Temperatur des Gasgemisches steigt auf ca. 500 °C. Die Temperatursteigerung hängt von dem **Verdichtungsverhältnis** $\varepsilon = V_1/V_2$ ab und darf nicht zu groß sein, um Selbstzündung (Klopfen) zu vermeiden. Treibstoffe mit hoher Klopffestigkeit (Superbenzin) erlauben eine größere Verdichtung. Der Zündpunkt (Z) liegt vor dem oberen Totpunkt. Damit gewinnt man Zeit für die Verbrennung. Die Verbrennungsgeschwindigkeit beträgt 15 m/s bis 30 m/s. Während das Gemisch verbrennt, rückt der Kolben bis zum oberen Totpunkt vor und beginnt den Rückweg. Durch die Verbrennung steigt die Temperatur an (bis etwa 2300 °C) verbunden mit einem Druckanstieg; das Gas besitzt jetzt eine hohe innere Energie. Nun beginnt der eigentliche Arbeitstakt, das Gas expandiert und verrichtet dabei mechanische Arbeit. Vor Erreichen des unteren Totpunktes öffnet bereits das Auslaßventil, damit genügend Zeit für das Ausschieben der Verbrennungsgase besteht. Die nächste Vorwärtsbewegung schiebt die Rauchgase aus dem Zylinder. Der Druck beim Ausschieben der Abgase ist größer als der Umgebungsdruck p_u, der Ansaugdruck ist kleiner. Der Arbeitstakt muß demnach neben der Nutzarbeit noch genügend Energie liefern für das Ausschieben, Ansaugen und die Kompression des neuen Gemisches.

Zur theoretischen Behandlung des Ottomotors benutzt man einen **Vergleichs-Kreisprozeß,** der die beschriebenen Zustandsänderungen möglichst gut darstellt. Zur Vereinfachung denken wir uns also ein geschlossenes System ohne Stoffaustausch (Ansaugen des Bezindampf-Luft-Gemisches, Ausstoßen der Abgase) mit der Umgebung.
Im oberen Totpunkt muß dem Arbeitsmedium Energie als Wärme zugeführt werden. Dies entspricht der Verbrennung. Im unteren Totpunkt wird dem Medium Energie in Form von Wärme entzogen, was der Zufuhr des frischen Benzin-Luft-Gemisches gleichkommt. Der Energieaustausch erfolgt bei konstantem Volumen (isochor). Expansion und Kompression sollen ohne Wärmeaustausch mit der Umgebung, also adiabatisch erfolgen. Dieser idealisierte Prozeß ist in Abb. 176.1 wiedergegeben. Ansaugen und Ausschieben entfallen bei diesem geschlossenen Prozeß.

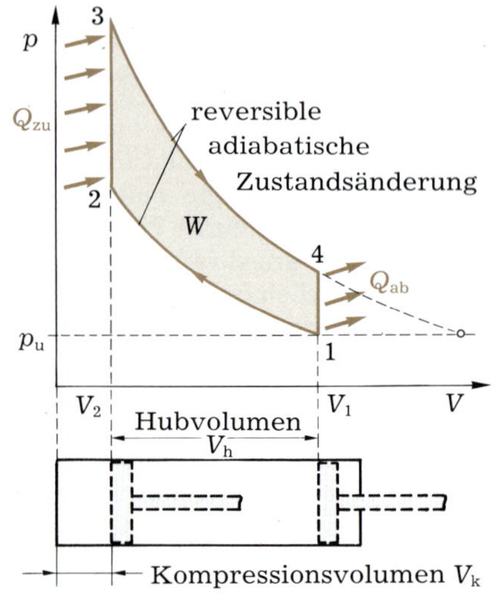

Abb. 176.1 Vergleichs-Kreisprozeß für den Ottomotor

Maximaler Wirkungsgrad von Wärmekraftmaschinen

Den idealisierten Vergleichsprozeß für den Ottomotor kennzeichnen vier Merkmale:
1. Der Anfangszustand der Maschine wird in periodischer Folge wieder hergestellt.
2. Der periodische Vorgang (Kreisprozeß) vermittelt den Wärmeübergang von einem heißen zu einem kalten Körper.
3. Nur ein Teil der aufgenommenen Wärme wird in mechanische Arbeit verwandelt.
4. Die mechanische Arbeit wird durch die Zustandsänderung eines Arbeitsstoffes (Gas) erzeugt.

Diese Merkmale sind allen Wärmekraftmaschinen gemeinsam.
Wir können nun die **Arbeitsweise der Wärmekraftmaschinen** durch folgendes Schema kennzeichnen. Der Arbeitsstoff nimmt bei hoher Temperatur T_1 die Wärme Q_1 auf. Ein Teil dieser Wärme wird in die mechanische Arbeit W umgewandelt. Der Rest Q_2 wird ohne Arbeitsverrichtung bei der niedrigen Temperatur T_2 abgegeben. Wärmeaufnahme und Wärmeabgabe wollen wir symbolisch dadurch kennzeichnen, daß wir den Arbeitsstoff mit zwei Energiespeichern in Berührung bringen. Sie sollen so groß sein, daß sich ihre Temperatur durch den Wärmeentzug bzw. die Wärmezufuhr nicht merklich ändert (Abb. 176.2). Um den höchstmöglichen Wirkungsgrad zu erreichen, müssen wir jegliche Irreversibilitäten ausschließen. Dies bedeutet aber: Die Änderung der Gesamtentropie muß Null sein ($\Delta S = 0$). Der **Wirkungsgrad** beträgt:

$$\eta = \frac{W}{Q_1} = \frac{Q_1 + Q_2}{Q_1} = \frac{Q_1 - |Q_2|}{Q_1}.$$

Das Arbeitssystem gibt bei der niedrigen Temperatur T_2 die Wärme $Q_2 = T_2\,\Delta S_2$ an das Energiereservoir II ab. Wegen der geforderten **Reversibilität** gilt $\Delta S_1 + \Delta S_2 = 0$, also:

$$\Delta S_1 = -\Delta S_2.$$

Als Wirkungsgrad ergibt sich demnach:

$$\eta = \frac{T_1\,\Delta S_1 + T_2\,\Delta S_2}{T_1\,\Delta S_1} = \frac{T_1 - T_2}{T_1} = 1 - \frac{T_2}{T_1}.$$

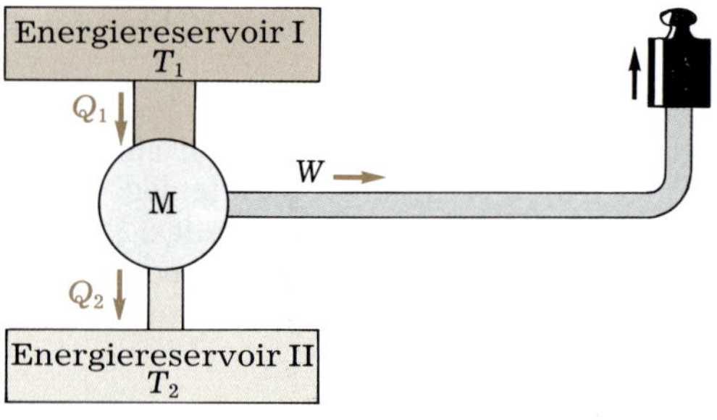

Abb. 176.2 Schema einer Wärmekraftmaschine

Für den **Wirkungsgrad einer Wärmekraftmaschine,** die bei der hohen Temperatur T_1 Wärme aufnimmt und bei der niedrigen Temperatur T_2 an die Umgebung Wärme abgibt, gilt:

$$\eta \leqq 1 - \frac{T_2}{T_1}.$$

Das Gleichheitszeichen gilt nur für den Grenzfall der Reversibilität.

Bei Wärmekraftmaschinen ist die untere Grenze für T_2 gegeben durch die Umgebungstemperatur, die bei etwa 300 K liegt. Große Wirkungsgrade können deshalb nur durch hohe Arbeitstemperaturen T_1 erzielt werden. Diese wiederum werden begrenzt durch die verwendeten Werkstoffe und durch Erfordernisse der Sicherheit. Setzt man $T_1 = 1000$ K, dann ist $\eta = 1 - 300/1000 = 0{,}7$.
Die sogenannte Abwärme bei Wärmekraft- und Verbrennungskraftmaschinen ist also kein Planungsfehler, sondern eine Folge der beiden Hauptsätze der Wärmelehre (s. a. S. 183 f).

Wärmepumpen

Kehrt man den Prozeß einer Wärmeenergiemaschine um, läßt ihn also rückwärts laufen, dann kehren sich auch die Energieströme um. Die Maschine nimmt bei niedriger Temperatur Wärme aus dem Reservoir II auf und führt bei hoher Temperatur eine größere Wärmemenge an das Energiereservoir I ab. Die Differenz dieser beiden Wärmen ist die zugeführte mechanische Arbeit. Die Maschine arbeitet als Wärmepumpe.

Die prinzipielle Wirkungsweise einer nach dem Kühlschrank-Prinzip arbeitenden Wärmepumpe zeigt Abb. 177.1. Wir beginnen beim Verdampfer. Das Arbeitsmittel verdampft bei konstantem Druck und dehnt sich dabei aus. Während dieses Vorgangs nimmt das Arbeitsmittel aus der Umgebung die Wärme Q_2 auf (Verdampfungsenergie), anschließend wird das gasförmige Arbeitsmittel adiabatisch komprimiert. Druck und Temperatur steigen an. Das Arbeitsmittel wird danach isobar zusammengedrückt. Es verflüssigt sich und gibt die Wärme Q_1 an die Umgebung (Heizungssystem) ab. Durch eine adiabatische Expansion verdampft wieder ein Teil, so daß der Ausgangsdruck wieder erreicht wird. Bei dem ganzen Prozeß wird die Arbeit $W = |Q_1| - Q_2$ zugeführt.

Für die Anwendung wichtig ist nun, daß mit einem kleinen Energieaufwand W ein Vielfaches davon als Nutzwärme abgegeben wird, wie aus dem Energieflußdiagramm in Abb. 177.1 zu ersehen ist.

Die Nutzwärme setzt sich aus der aufgewandten Energie und aus der Wärme zusammen, die aus der Umgebung (Luft, Wasser, Erdreich) gewonnen wird. Um die Güte einer solchen Maschine zu kennzeichnen, benutzt man die **Leistungszahl** ε.

> Unter der **Leistungszahl** einer Wärmepumpe versteht man den Quotienten aus abgegebener Wärmemenge $|Q_1|$ und zugeführter mechanischer Arbeit $W = |Q_1| - Q_2$:
> $$\varepsilon = \frac{Q_1}{|Q_1| - Q_2}\,.$$

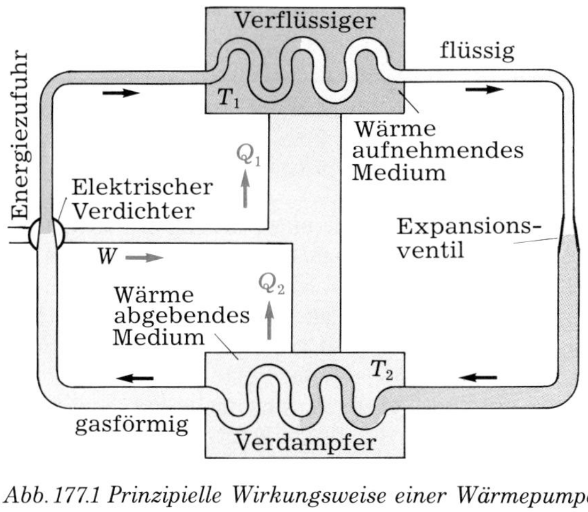

Abb. 177.1 Prinzipielle Wirkungsweise einer Wärmepumpe

Auch für eine **ideal arbeitende Wärmepumpe** muß wegen der Reversibilität die Änderung der Gesamtentropie Null sein. In ähnlicher Weise wie bei den Wärmekraftmaschinen ergibt sich daher für die **Leistungszahl** ε der Wert:

$$\varepsilon = \frac{T_1}{T_1 - T_2}\,.$$

Eine Wärmepumpe arbeitet um so wirtschaftlicher, je kleiner die Temperaturdifferenz ist. Als Heizelemente für ein Einfamilienhaus kommen deshalb nur solche in Frage, die bei niedriger Temperatur arbeiten (Fußbodenheizung, großflächige Radiatoren).

In Zukunft erhalten die Wärmepumpen eine zunehmende Bedeutung. Nur an den relativ wenigen kalten Tagen, das sind in der Bundesrepublik Deutschland im Mittel etwa 30 Tage, müßte man eine mit Öl oder anderen Brennstoffen betriebene Zusatzheizung benutzen.

Beispiel: *Nehmen wir an, im Winter stünde kaltes Flußwasser zur Verfügung von* 275 K. *Die Zimmertemperatur soll* 293 K (= 20 °C) *betragen. Für eine ideal arbeitende Wärmepumpe betrüge die Leistungsziffer:*

$$\varepsilon = \frac{293}{293-275} \approx 16{,}3\,.$$

Für 1 kWh *erhielte man demnach* 16,3 kWh. *Diese Leistungszahlen werden in der Praxis nicht erreicht.*

Heutige Wärmepumpen arbeiten mit einer Leistungszahl zwischen 3 und 4. Höhere Leistungszahlen zwischen 7 und 8 werden durchaus für möglich gehalten und angestrebt.

Zur Beurteilung der Wirtschaftlichkeit und des Energiebedarfs bzw. der Energieverschwendung muß man auch hier den Gesamtwirkungsgrad heranziehen. Danach sind elektrisch betriebene Wärmepumpen als Heizelemente zwar bequem, energetisch günstiger ist aber der Antrieb mit einem Gas- oder Dieselmotor. Günstig ist es auch, wenn eine Anlage gleichzeitig zum Kühlen und zum Heizen benutzt wird.

Aufgaben:

1. Welches ist der größtmögliche thermische Wirkungsgrad a) einer Dampfturbine, bei welcher der Wasserdampf mit einer Temperatur von 500 °C eintritt und der Abdampf bei 30 °C austritt, b) einer Gasturbine mit $\vartheta_1 = 700$ °C und $\vartheta_2 = 250$ °C, c) eines Dieselmotors mit $\vartheta_1 = 2600$ °C und $\vartheta_2 = 500$ °C?
2. Welche Verschlechterung des thermischen Wirkungsgrades müßte man in Kauf nehmen, wenn man bei der Dampfturbine von Aufg. 1 die Abdampftemperatur auf 130 °C heraufsetzte, um die Energie zum Heizen zu verwenden (Fernwärme)?
3. Ein Raum soll mit Hilfe einer Wärmepumpe geheizt werden (Raumtemperatur 20 °C). Die Wärme soll einem Bach (5 °C) entnommen werden. Wie groß ist die (ideale) Leistungsziffer?
4. Begründen Sie, weshalb der Mensch bezüglich seines Energieumsatzes, der auf chemoelektrischer Basis erfolgt, nicht mit einer Wärmekraftmaschine verglichen werden kann!

12.8 Entropie und Strukturbildung

Entropiesatz und biologische Strukturen

Das Leben auf der Erde wird weitgehend durch den Zustrom an Sonnenenergie bestimmt. Demgegenüber kann die aus dem Erdinnern und den Gezeiten stammende Energie in der Gesamtbilanz vernachlässigt werden. Von der pro Zeiteinheit eingestrahlten Energie werden 30 % reflektiert, die restlichen 70 % strahlt die Erde wieder in den Weltraum zurück, aber erst nachdem die Energie viele Umformungen erfahren hat. Nur ein verschwindend geringer Teil, nämlich 0,02 % gehen über die Fotosynthese in den Aufbau von Pflanzen und damit auch in die Ernährung und in den Energiehaushalt von Tier und Mensch.

Praktisch wird die gesamte eingestrahlte Energie auch wieder abgegeben. Man kann sagen: Die Erde nimmt Wärme bei hoher Temperatur (Temperatur der Sonnenoberfläche) auf und gibt die gleiche Wärme bei niedriger Temperatur (Temperatur der Erdoberfläche) wieder ab. Dies bedeutet eine nahezu vollständige Energieentwertung, die aber vielfältig genutzt wird. Pflanzen, Flüsse und das gesamte Wettergeschehen werden durch den Zufluß an hochwertiger Sonnenenergie aufrechterhalten.

Mit der Energieentwertung ist ein Zuwachs an Entropie verbunden. *Wie läßt sich aber dann die Entstehung des Lebens erklären?* Lebewesen weisen ein hohes Maß an biologischer Ordnung auf. Entropiezunahme bedeutet nach der statistischen Interpretation des 2. Hauptsatzes jedoch größere Unordnung.

Kann der offensichtliche Widerspruch zwischen der Existenz der in unserer Umwelt uns auf Schritt und Tritt begegnenden sich selbst organisierenden Ordnungsstrukturen und dem theoretischen Konzept der klassischen Thermodynamik im Rahmen der Physik aufgelöst werden?

Man hat zeitweise viel Scharfsinn darauf verwandt, das schwierige Problem mit Hilfe von recht mysteriösen Mechanismen zu lösen. Diese „Als-ob-Dämonen" wirkenden Gegenspieler des 2. Hauptsatzes sollen Kenntnis über den Zustand (z. B. Geschwindigkeit und Energie) der Moleküle haben und dann in der Lage sein, diese so zu sortieren, daß dabei mehr Ordnung, d.h. eine Verminderung der Entropie eintritt. Eine „Überlistung" des 2. Hauptsatzes könnte z. B. so erfolgen, daß man in einem Gasbehälter eine Trennwand mit einer „Türklappe" einbaut, die von einem geheimnisvollen Mechanismus so betätigt wird, daß jedesmal, wenn ein schnelles Molekül aus der rechten Kastenhälfte (Abb. 178.1) auf die Klappe zufliegt, diese schnell geöffnet wird, während für langsame Molekühle die Klappe verschlossen bleibt. Auf der linken Seite der Klappe verfährt man gerade umgekehrt. Auf diese Weise entsteht mehr Ordnung; denn es sammeln sich nach einiger Zeit die langsamen Moleküle in der rechten und die schnellen Moleküle in der linken Kastenhälfte. Aus der ursprünglichen homogenen Temperaturverteilung im Behälter bildet sich durch diesen Mechanismus eine Temperaturdifferenz aus. Diese Überlegung geht auf Maxwell zurück. Deshalb bezeichnet man den listigen Betätiger der Türklappe als **Maxwells Dämon.**

Abb. 178.1 Maxwellscher Dämon sortiert Teilchen nach ihrer Geschwindigkeit

Man kann natürlich Maschinen bauen, die Temperaturdifferenzen herstellen, aber diese Verminderung der Entropie gibt es nicht umsonst.

Strukturbildung, d.h. Geburt und Werden, verlangt eine **Verminderung der Entropie.** Die Tatsache, daß in einem abgeschlossenen System eine solche Entropieverminderung wegen des 2. Hauptsatzes nicht eintreten kann, verweist uns auf die Betrachtung von **Nicht-Gleichgewichtssystemen,** die mit der Außenwelt in Verbindung stehen.

Selbstorganisation und raumzeitliche Strukturbildung

Hinsichtlich der Strukturbildung besteht ein grundsätzlicher Unterschied zwischen **Gleichgewichts- und Nicht-Gleichgewichtssystemen.** Ein bekanntes Beispiel für die Ausbildung von Strukturen im Gleichgewicht aus dem anorganischen Bereich sind Kristalle. Bei ihnen sind die einzelnen Atome oder Gitterbausteine in regelmäßigen Mustern angeordnet. Sie entstehen aus gesättigten Lösungen durch Abkühlung, indem den ungeordneten Bewegungen der Moleküle von außen her Energie entzogen wird. Der geordnete Zustand ist durch Entzug von Wärme gleichsam „eingefroren".

Läuft jedoch eine Reaktion in einem **offenen System** ab, d. h. werden Ausgangsstoffe zu- und Endprodukte abgeführt, dann bilden sich hier Strukturen keineswegs durch Abkühlen aus, sondern gerade erst durch eine ständige Energie- und Materialzufuhr.

In den letzten Jahren ist es gelungen, solche **Nicht-Gleichgewichts-** oder **dissipative Strukturen** (energiezerstreuende Strukturen) zu finden, die ihre Ordnung durch ständige Energiezufuhr von außen aufrechterhalten.

Die beiden Fälle von Strukturbildung unterscheiden sich grundsätzlich hinsichtlich der Entropiebilanz.

Bei einer **Gleichgewichtsstruktur** in einem abgeschlossenen System ist die **Gesamtentropie des Systems ein Maximum.** Sie ändert sich zeitlich nicht mehr. Jede Störung, die das System aus dem Gleichgewichtszustand entfernt, erzeugt sofort eine rücktreibende Kraft, die dafür sorgt, daß das System wieder in den Gleichgewichtszustand zurückkehrt. Für den Fall der Gleichgewichtsstruktur gilt demnach

$\Delta S = 0$. Außerhalb des thermodynamischen Gleichgewichts ist $\Delta S > 0$.

Bei *offenen,* d. h. **Nicht-Gleichgewichts-Systemen ändert sich dagegen die Entropie zeitlich.** Fließt Energie mit der Entropie S_{Ein} in das System hinein und Energie mit der Entropie S_{Aus} aus dem System heraus, so ist die Entropieproduktion S_{ex} aufgrund des Kontaktes (Energie- und Stoffaustausch) des Systems mit der Umgebung (Abb. 2):

$$\frac{\Delta S_{ex}}{\Delta t} = \frac{S_{Ein} - S_{Aus}}{\Delta t} .$$

Bezeichnet man die *Entropieproduktion* des dissipativen Systems als „innere Entropie" S_{in}, dann gilt für die zeitliche Änderung der Gesamtentropie ΔS:

$$\frac{\Delta S}{\Delta t} = \frac{\Delta S_{in}}{\Delta t} + \frac{\Delta S_{ex}}{\Delta t} .$$

Da im Innern eines dissipativen Nichtgleichgewichtssystems irreversible Prozesse ablaufen, ist stets:

$$\frac{\Delta S_{in}}{\Delta t} > 0 .$$

Der Anteil $\Delta S_{ex}/\Delta t$ der Gesamtentropieproduktion kann größer, kleiner oder gleich Null sein. Null ist er in einem abgeschlossenen System. Dies ist im Einklang mit dem 2. Hauptsatz:

$$\frac{\Delta S}{\Delta t} = \frac{\Delta S_{in}}{\Delta t} > 0 .$$

Ist der Anteil $\Delta S_{ex}/\Delta t$ aber negativ, so kann er unter Umständen den anderen stets positiven Anteil $\frac{\Delta S_{in}}{\Delta t}$ betragsmäßig überwiegen, so daß die Gesamtentropieproduktion negativ ist (Abb. 179.1). In diesem Fall wächst der Ordnungszustand des Systems. Dagegen nimmt der Ordnungszustand der Umgebung ab.

Sind bei chemischen Prozessen die Konzentrationen Schwankungen unterworfen, so zeigt sich das System im stationären Zustand stabil gegen solche *Fluktuationen.* Das gilt auch für biologische Strukturen. Der stationäre Zustand ist gekennzeichnet durch:

$$\frac{\Delta S}{\Delta t} = \frac{\Delta S_{in}}{\Delta t} + \frac{\Delta S_{ex}}{\Delta t} = 0 .$$

Daraus folgt:

$$\frac{\Delta S_{ex}}{\Delta t} = - \frac{\Delta S_{in}}{\Delta t} < 0 .$$

Das bedeutet:

> Die Ordnungsstrukturen in einem dissipativen Nichtgleichgewichtssystem können nur dann stabilisiert werden, wenn die Entropieproduktion negativ ist; man kann auch sagen, wenn dauernd negative Entropie zugeführt wird.

Nichtgleichgewichtsstrukturen bilden sich, wenn ständiger Energie- und Sauerstoffaustausch mit der Umgebung garantiert ist. Während also bei Prozessen nahe des Gleichgewichtszustandes durch Energiezufuhr (Temperaturerhöhung) Ordnung zerstört wird,

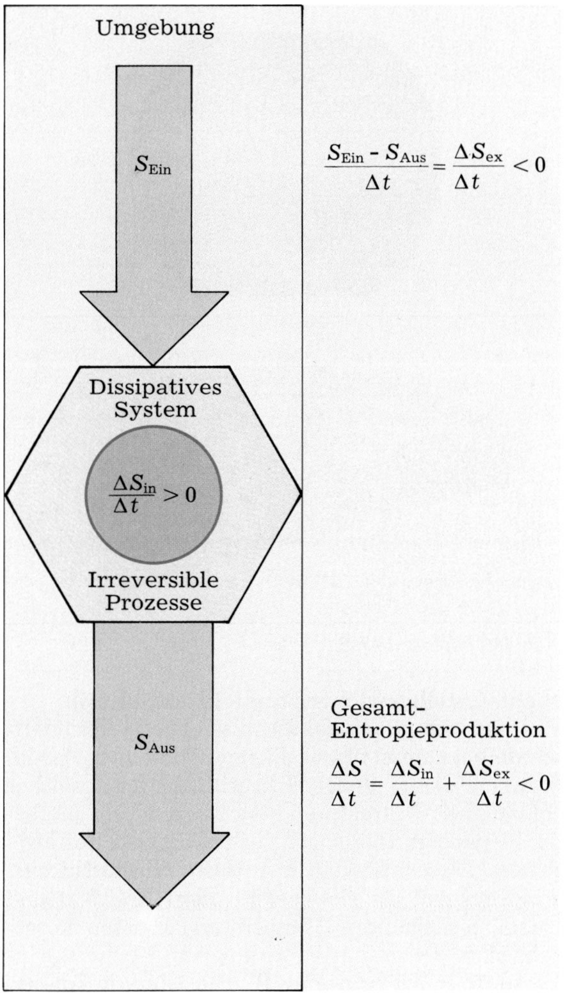

Abb. 179.1 Schematische Darstellung eines offenen Systems

ist bei biologischen Systemen, sehr weit vom thermodynamischen Gleichgewicht entfernt, die Energiezufuhr gerade Voraussetzung für die Aufrechterhaltung der biologischen Struktur.

Bei einem von der Umwelt isolierten biologischen System stirbt die Ordnung ab, weil nach einer gewissen Zeit nur noch relativ einfache chemische Prozesse ablaufen können.

Damit wird erkennbar, daß der anfangs des Kapitels genannte Widerspruch nur scheinbar besteht. Lebende Wesen sind durch die Aufnahme von Energie in der Lage, sich in eine Richtung zu entwickeln, die dem Prozeß zunehmender Entropie genau entgegengesetzt ist. *Erwin Schrödinger* formulierte dies so: Jedes Lebewesen überlebt „durch die kontinuierliche Aufnahme von negativer Entropie aus seiner Umwelt ... Wovon ein Organismus sich ernährt, ist negative Entropie; er saugt fortwährend Ordnung aus seiner Umwelt auf."

Mit der Bildung von Organismen ist eine geringe lokale Entropieabnahme mit einem viel größeren Anwachsen der Entropie des Universums gekoppelt. Die kleinste Pflanze erhält ihre eigene Ordnung nur aufrecht auf Kosten einer größeren Unordnung in ihrer Umgebung.

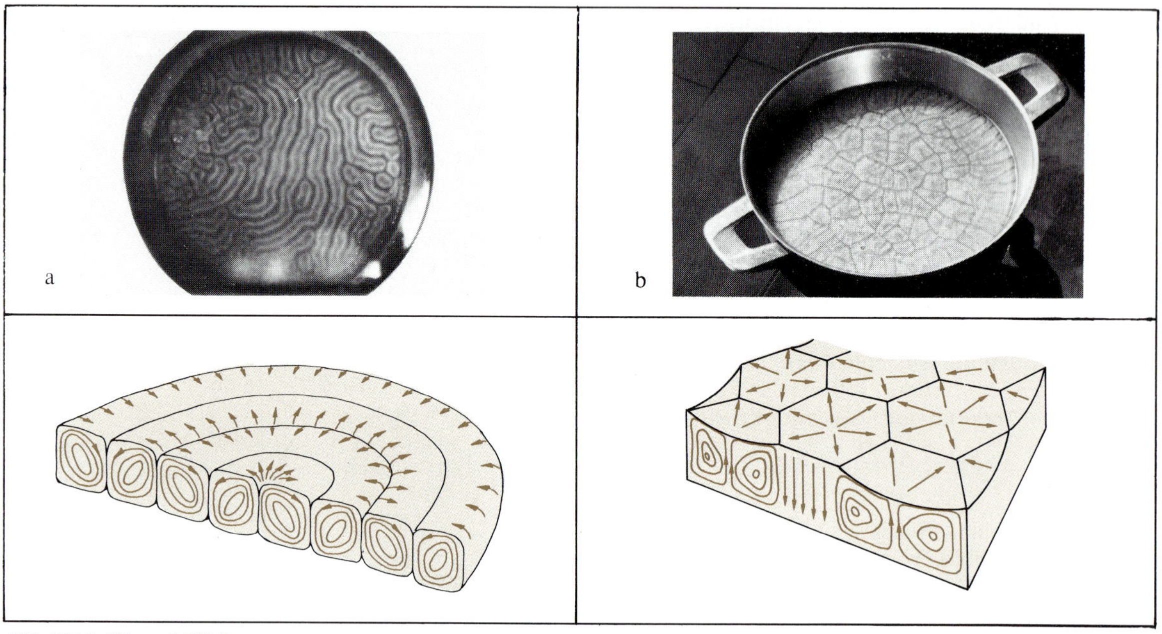

Abb. 180.1 Bénard-Effekt

Nicht-Gleichgewichtssyteme in der Physik
Wir beginnen mit einem schon seit der Jahrhundertwende bekannten physikalischen Phänomen, das im Rahmen dieser neuen Betrachtungsweise solcher „dissipativer" Strukturen eine besondere methodische Bedeutung erlangt hat. Es ist dies der **Bénard-Effekt.** Dieser Effekt tritt in Gas- und Flüssigkeitsschichten auf, die gleichzeitig einem Kraftfeld und einem gegenläufigen Temperaturgradienten ausgesetzt sind.

Versuch 1: Wir bringen z. B. eine Glyzerin-Wasser-Mischung in ein flaches Gefäß und erzeugen einen Temperaturgradienten durch Erwärmen an der Unterseite.

Die entstehenden Dichteunterschiede bewirken eine nach oben gerichtete Auftriebskraft. Dem Auftrieb entgegengerichtet ist die Schwerkraft. Sie bewegt die oberen kälteren Flüssigkeitsschichten nach unten.

Nach der klassischen thermodynamischen Betrachtungsweise würde man erwarten, daß die Bewegung statistisch, also völlig regellos erfolgt. Die Entropie nimmt zu. Überraschenderweise beobachtet man jedoch keine chaotische Bewegung, sondern die Ausbildung eines wohlgeformten Bewegungsmusters (Abb. 180.1), eine sogenannte zelluläre Strömung. Es können sich verschiedene Muster ausbilden. Die Flüssigkeit kann sich walzenförmig bewegen. Eine derartige Rollenströmung bewirkt z.B. auch die Ausbildung regelmäßiger Wolkenstrukturen.

Ein sehr eindrucksvolles Bild ergibt sich, wenn die Flüssigkeitsbewegung ein Bienenwabenmuster annimmt. Wie ist eine solche spontane Strukturbildung zu verstehen?

Im thermodynamischen Gleichgewicht (oder in der Nähe) sollte die Entropie des Systems ein Maximum annehmen. Es wäre demnach ein völlig regelloser Wärme- und Stofftransport zu erwarten.

Offensichtlich ist unser System nicht im Gleichgewicht. Wir haben ein thermodynamisch nicht abgeschlossenes System, bei dem ständig Energie in Form von Wärme zugeführt, das System durchläuft und wieder als Wärme abgeführt wird.

Diese dauernde Energie- bzw. Entropiezufuhr ist für die Musterbildung durch die zelluläre Strömung notwendig; zusätzlich spielen Rückkopplungseffekte eine Rolle.

Ein anderes Beispiel ist der **Laser.** Hier wird *kohärentes* Licht, das einem *höheren Ordnungszustand* entspricht, durch Energiezufuhr erzwungen. Der Laser ist wie die biologische Zelle ein offenes System, das mit der Umwelt ständig Energie austauscht (vgl. S. 121).

Ein faszinierendes Experiment zur Simulation einer Selbstorganisation ist die Video-Rückkopplung. Dazu richtet man in einem abgedunkelten Raum die Kamera auf ihren eigenen Monitor. Bewegt man vor der Kamera die Hand oder zündet ein Streichholz an, dann sieht man, wie aus einem anfänglichen chaotischen Durcheinander von tanzenden Bildern überraschenderweise *spontan* Ordnungsstrukturen (z. B. kohärente Muster von Streifen, Wellen oder Spiralen) entstehen. Manche Formen stabilisieren sich für eine bestimmte Zeit, ein anderes Mal zeigen sie rhythmische Schwingungen. Die Videorückkopplung, bei der die Kamera gleichsam in ihr eigenes Innenleben hineinblickt, simuliert uns den Prozeß der Selbstorganisation, bei welchem aus dem Chaos Ordnungsstrukturen entstehen. Mit diesem *Modell-Experiment* kann man die komplexe Dynamik der Selbstorganisation in ganz unterschiedlichen, aber *strukturanalogen* physikalischen, chemischen und biologischen Systemen untersuchen (vgl. Kap. 9.9).

12.9 Synergetik

Das *Gemeinsame* beim *Bénard*-Effekt, dem Entstehen kohärenten Laserlichtes und anderer *Selbstorganisationsprozesse* von Ordnung wie z. B. zeitliche Oszillationen mit ganz charakteristischem Farbumschlag („chemische Uhren") bzw. die Ausbildung chemischer Musterbildung (Konzentrationswellen) bei bestimmten chemischen Prozessen (Musterbeispiel ist die „Belousov-Zhabotinski-Reaktion) oder biologischen Vorgängen *besteht darin, daß in solchen Nichtgleichgewichtssystemen bei Energiezufuhr Ordnung nicht zerstört, sondern erzeugt wird.* Dies geschieht durch einen „Wettbewerb" konkurrierender Prozesse, wobei die „Selektion" durch eine für diese Systeme charakteristische Größe, den sogenannten **Ordnungsparameter** geregelt wird. Er prägt gewissermaßen dem System seinen „Willen" auf. Beim Laser ist es ein sich ausprägender spezieller Wellenzug, der die lichtaussendenden Atome gleichsam „versklavt" und damit als Ordnung stiftender Parameter wirkt.

Die Bedeutung des Ordnungsparameters kann man sich durch eine in einer W-förmigen Energiemulde hin- und herrollende Kugel veranschaulichen. Abb. 181.1 zeigt die Energie in Abhängigkeit vom Ordnungsparameter.

Ihre jeweilige Lage symbolisiert die Vertikalgeschwindigkeit der erhitzten Flüssigkeit beim *Bénard*-Effekt. So ist bei der erhitzten Flüssigkeit der Ruhezustand – veranschaulicht durch die Lage der Kugel auf dem Maximum des Berges – instabil. Ein neuer Ordnungszustand (bzw. Musterbildung) der Flüssigkeit, in den das System mit endlicher Vertikalgeschwindigkeit übergehen kann, ist durch die Lage der Kugel im Minimum des Energietales symbolisiert. Bei der rollenden Kugel kann die W-förmige Kurve direkt als potentielle Energie aufgefaßt werden. Bei *strukturanalogen* Selbstorganisationsprozessen ist die W- förmige Potentialkurve als Energie des Systems zu interpretieren. Dieses „Gebirge" – aufgebaut durch die verschiedenen Wettbewerbsformen ist *symmetrisch.* Modellmäßig betrachtet, muß sich die Kugel beim Übergang vom labilen (instabilen) ins stabile Gleichgewicht zwischen der linken und rechten Mulde „entscheiden". Ebenso *(analog)* verhält es sich bei unseren Nichtgleichgewichtssystemen (z. B. *Bénard*- Effekt). Die „Wahl" des Systems zwischen zwei völlig gleichberechtigten Zuständen bezeichnet man als **Symmetriebrechung.** Das sich selbst organisierende System tastet durch spontane Schwankungen des Ordnungsparameters *(Fluktuationen)* ständig seine energetisch günstigsten Ordnungszustände ab. **Symmetriebrechungen** treten auch in hochkomplizierten biologischen Systemen, etwa dem menschlichen Gehirn auf.

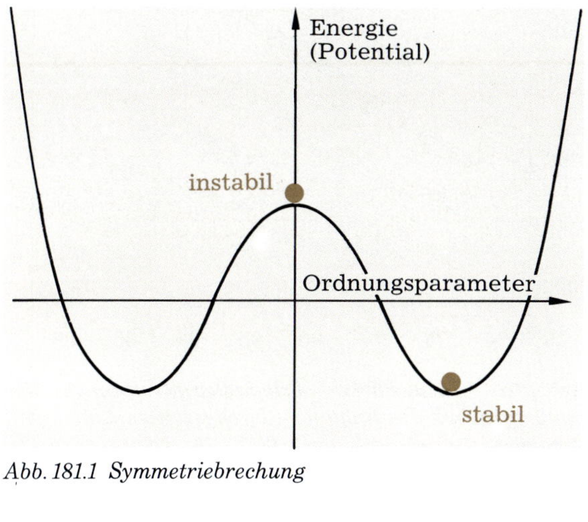

Abb. 181.1 Symmetriebrechung

Wir haben gesehen, daß gerade mit Hilfe des Entropiebegriffs die Entstehung geordneter Strukturen aus dem Chaos, die der durch den zweiten Hauptsatz geforderten Zunahme der Unordnung bei Entropievermehrung zu widersprechen scheint, verständlich wird. Damit erweist sich die **Entropie als ein Schlüsselbegriff heutiger Naturwissenschaft.**

Die Selbstorganisationsprozesse in ganz verschiedenen Phänomenbereichen durch eine *strukturanaloge Betrachtungsweise* aus den gleichen Grundprinzipien heraus zu verstehen, bezeichnet man als **Synergetik** (Lehre von dem Zusammenwirken). Eine mit der Synergetik eng verbundene neuartige Betrachtungsweise ist durch Bezeichnung **„Ordnung und Chaos"** bzw. **„Nichtlineare Systeme"** schlagwortartig gekennzeichnet.

Ein repräsentatives Beispiel für ein mechanisches nichtlineares System haben wir in Kap. 9.6 bei der Behandlung des Drehschwingers (Pohlsches Rad) mit Unwucht kennengelernt. Die grafische Darstellung der potentiellen Energie in Abhängigkeit vom Drehwinkel (Abb. 125.1) zeigt den *analogen* symmetrischen Verlauf wie bei Abhängigkeit der Energieform von Nichtgleichgewichtssystemen vom jeweiligen Ordnungsparameter. In diesem Sinne kann auch dieses *mechanische Analogon* zur Veranschaulichung synergetischer Zusammenhänge beitragen.

Bei der Behandlung der *Planetenbewegung* in Kap. 8.8 haben wir gesehen, wie kleine Störungen einen *deterministischen Weg ins Chaos* bewirken.

Ganz allgemein vermitteln uns diese **neuen Betrachtungsweisen** (methodischen Konzepte) die tiefgehende Einsicht, daß wir rein *kausalanalytischen Methoden durch ganzheitliche Betrachtungsweisen unter besonderer Berücksichtigung des Systemdenkens komplementär zu ergänzen haben,* um die „Sprache der Natur" *(Galilei)* zu verstehen. Dieser neue „Dialog mit der Natur" ist Titel und Inhalt des bekannten Buches von *Prigogine,* der das neue Denken der Physik dort in größeren Zusammenhängen aufzeigt. Vielleicht ist es auch nicht ganz aussichtslos, über solche ganzheitlichen Betrachtungsweisen der Natur eine Brücke zwischen den Natur- und Geisteswissenschaften, für die jene auf *ganzheitliches Verstehen* gerichtete („hermeneutische") Sicht gerade charakteristisch ist, zu schlagen und die Kluft zwischen den „zwei Kulturen" *(B. C. P. Snow)* zu überwinden.

13. Energiespartechnik – Nutzung der Sonnenenergie

Probleme der gegenwärtigen Energiewirtschaft
Eines der am besten gesicherten Prinzipien der Physik ist der Energieerhaltungssatz. Wieso kann man dann aber von „Energieverlust" und „Energieverschwendung" sprechen? Weshalb soll man Energie sparen, wenn sie ohnehin erhalten bleibt?
Es ist richtig, daß Energie nicht verloren geht; aber ihr Nutzwert für uns nimmt durch irreversible Umwandlungen ab (s. S. 169 f.).
So wird durch Verbrennung von Öl die Zimmerluft erwärmt. Die ständig durch Fenster und Wände nach außen fließende Energie ist zwar noch vorhanden, aber für uns wertlos. Auch die elektrische Energie, die den Motor eines Staubsaugers treibt, verwandelt sich in nicht mehr nutzbare Wärme. Diese bei jeder Nutzung von Energie stattfindende **Energieentwertung,** die man meist als „Energieverbrauch" (richtiger: Minderung hochwertiger Energie) bezeichnet, widerspricht also nicht dem Energieerhaltungssatz.
Sie erklärt aber auch nicht, weshalb es heute immer dringender wird, Energie zu sparen und Sonnenenergie zu nutzen, obwohl noch genügend Energie preiswert angeboten wird.
Unser derzeitiger Verbrauch an primären Energieträgern wie Kohle, Öl, Gas und Uran schafft vor allem zwei Probleme:
Erstens sind die Vorräte dieser Energieträger endlich. Die Aussagen zu ihrer Reichweite sind ebenso unsicher wie die Prognosen über den zukünftigen Energieverbrauch (Tab. 182.1 und Abb. 182.1). Besonders die Reichweite von Natururan ist schwierig zu bestimmen, da der Beitrag der Kernenergie am globalen Primärenergieverbrauch recht gering ist. Die Schätzungen ihres Anteils liegen für 1987 zwischen 2,1 % ([24]) und 5,2 % ([18], S. 463).
Sollte Kernenergie andere Energieträger in nennenswertem Umfang ersetzen, müßte die Zahl der Kernkraftwerke drastisch steigen, was die Reichweite von Uran reduzierte.
Auch die Frage, welche Energievorräte in Zukunft abbauwürdig sind, läßt sich wegen der unsicheren Prognosen über die Preisentwicklung von Energieträgern heute noch nicht beantworten.

Tab. 182.1 Reichweite verschiedener Energieträger (Stand 1986)

Wirtschaftlich gewinnbare Vorräte in Mrd. t SKE (Welt)		Verbrauch 1986 (Welt) in TWa	Reichweite in Jahren
Kohle:	782,3	3,1	252
Öl:	155,6	4,2	37
Gas:	121,8	2,1	58

Quelle: Weltenergiekonferenz; Oil and Gas Journal

Wenn wir das Lebensrecht kommender Generationen in unsere Überlegungen mit einbeziehen, müssen wir uns schon jetzt Gedanken über die Entwicklung einer Energieversorgung machen, die ohne fossile Brennstoffe und Uran auskommt. Eine solche Entwicklung beansprucht einige Jahrzehnte. So benötigten z. B. Entwicklung und Ausbau der Kernenergie (ohne Entsorgung) etwa 40 Jahre, um heute zum Primärenergieverbrauch nur wenige Prozente beizutragen.
Das zweite immer deutlicher werdende Problem ist die fortschreitende Zerstörung unseres Lebensraums durch einen recht sorglosen Umgang mit der zur Verfügung stehenden Energie. Schwierigkeiten bereiten uns die bei Verbrennung fossiler Energien entstehenden Schadstoffe, vor allem die sich anbahnende **Klimakatastrophe** durch die steigende **CO_2-Konzentration in der Atmosphäre** (s. Kap. 28.7) als auch die Endlagerung der gefährlichen und langlebigen radioaktiven Abfälle. Für diese gibt es weltweit noch kein funktionierendes Entsorgungskonzept.
Wollen wir nicht das Risiko der Schadstoffproduktion bei der Verbrennung fossiler Energieträger durch das Risiko der Anhäufung gefährlichen Atommülls und des Mißbrauchs spaltbaren Materials ersetzen, so müssen wir nach alternativen Konzepten der Energieversorgung suchen.
Als kurz- und mittelfristige Lösungen bieten sich eine effektivere und umweltschonendere Nutzung vorhandener Energiequellen sowie Techniken der **Energieeinsparung** an (13.1 u. 2). Hierdurch gewinnen wir Zeit für die Entwicklung einer Energieversorgung, die als Primärenergie – direkt oder indirekt – die stets nachfließende **Sonnenenergie** nutzt.

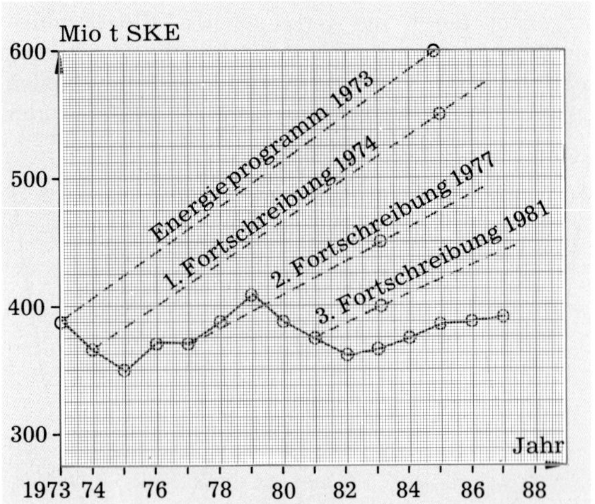

Abb. 182.1 Tatsächlicher Primärenergieverbrauch der Bundesrepublik Deutschland (durchgezogene Linie) und Prognosen (strichliert); nach [8], S. 16, ergänzt nach [7], S. 807

13.1 Energieeinsparung bei Wärmekraftwerken

Die Arbeitsweise und das Energieflußdiagramm eines Dampfkraftwerkes entnimmt man der Abb. 183.1. Wir erkennen, daß die größten Verluste durch die Kondensation des Dampfes im Kondensator entstehen. Die Kondensation ist nötig, da hierdurch erst das Druckgefälle entsteht, durch das der Dampf beschleunigt und so die Turbine angetrieben wird. Für den Wirkungsgrad eines Wärmekraftwerks gilt:

$$\eta \leqq \frac{T_1 - T_2}{T_1},$$

wobei T_1 die Dampftemperatur vor Eintritt in die Turbine und T_2 die Umgebungstemperatur ist (S. 176).

Beispiel: *Bei dem Kernkraftwerk Biblis beträgt T_1 etwa 540 K, T_2 im Mittel 300 K. Daraus ergibt sich $\eta \leqq 0{,}44$, d. h. die Primärenergie kann höchstens zu 44 % ausgenutzt werden. Wegen weiterer Wärme- und Reibungsverluste (s. Abb. 183.1) liegt der in der Praxis erreichbare Wirkungsgrad meist weit unterhalb dieses Idealwertes. Er beträgt im Falle Biblis etwa 33 %.*

Das in den Fluß zurückgeleitete Kühlwasser darf aus ökologischen Gründen nicht wärmer als etwa 30 °C sein. Es wird durch die Kondensationswärme des Dampfes um 5–10 °C aufgeheizt. Eine stärkere Aufheizung verhindert man durch einen entsprechend starken Kühlwasserstrom. Er beträgt z. B. bei Biblis je Block etwa 60 m^3 in der Sekunde. Bei zu starker Erwärmung des Kühlwassers schickt man es vor der Wiedereinleitung in den Fluß über die Kühltürme (Abb. 183.1 a). Dort verdunsten stündlich ca. 3000 m^3 Wasser und senken durch ihre Verdunstungskälte die Temperatur des Kühlwassers.

Der Abb. 183.1 b entnehmen wir, daß bei der Erzeugung elektrischer Energie in Dampfkraftwerken etwa 60 bis 70 % der Primärenergie, als Abwärme entwertet, an die Umgebung abgegeben werden. Eine Energietechnik, bei der 2/3 der eingesetzten Energie als nutzlose Abwärme die Umwelt belasten, kann nicht befriedigen. Auf S. 176 sahen wir nun, daß der durch die Abwärme in Wärmekraftwerken entstehende Verlust kein konstruktionsbedingter Mangel, sondern eine Folge der beiden Hauptsätze der Wärmelehre ist. Müssen wir uns also mit diesem Verlust abfinden?

Sicher nicht, denn die Abwärme kann man nur dann als Verlust bezeichnen, wenn sie nicht genutzt wird. Wir definierten den Wirkungsgrad von Wärmeenergiemaschinen als den Quotienten aus Nutzenergie und eingesetzter Primärenergie (S. 175). Durch die Nutzung der Abwärme ließe sich also der Betrag der Nutzenergie und somit der Wirkungsgrad steigern. Wie läßt sich das technisch realisieren?

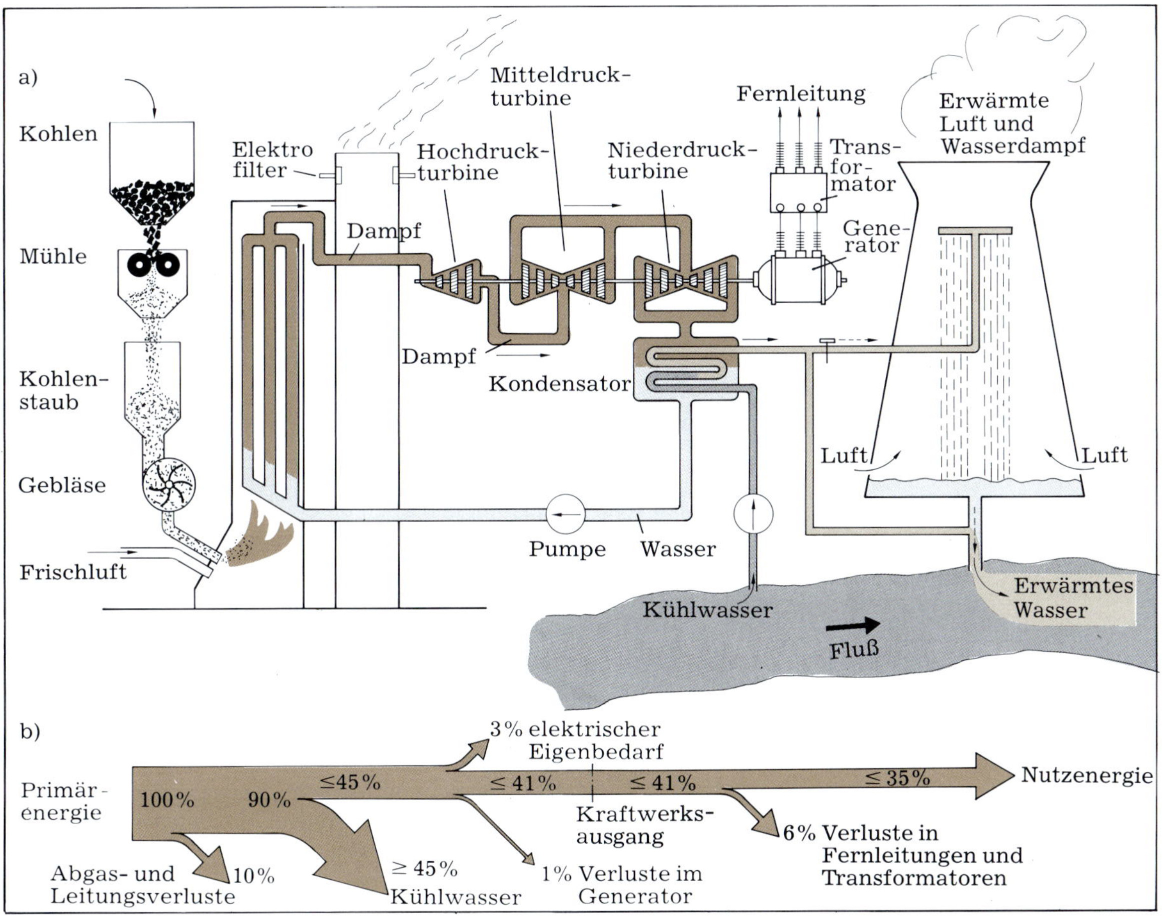

Abb. 183.1 Aufbau (a) und Energieflußdiagramm (b) eines Dampfkraftwerkes

Abb. 184.1 Blockheizkraftwerk in Albstadt (MAN)

Eine der wichtigsten Alternativen zu den besprochenen Dampfkraftwerken, die nur elektrische Energie anbieten, besteht in der Technik der **Wärme-Kraft-Kopplung,** also z. B. in **Heizkraftwerken,** die gleichzeitig elektrische Energie und Wärme liefern.
Kühlwasser, das sich nicht über 30°C erwärmen darf, eignet sich nicht zum Heizen. Deshalb verlangsamt man in Heizkraftwerken den Kühlmittelfluß. Dadurch heizt sich das Kühlwasser im Kondensator stärker auf. Bei einer Kühlwassertemperatur von 100 bis 130 °C kann man die Abwärme entweder direkt oder über Wärmetauscher in ein Fernwärmenetz einspeisen. Wegen der höheren Temperatur bleibt jetzt auch der Dampfdruck hinter der Turbine größer, das Druckgefälle also kleiner. Dadurch wird weniger elektrische Energie erzeugt. Trotzdem steigt der auf die gesamte Nutzenergie bezogene Wirkungsgrad der Anlage, da ja jetzt auch ein großer Teil der Abwärme genutzt wird. Man bezeichnet diese Heizkraftwerke als **Gegendruckanlagen,** weil der Druck im Kondensator größer als der Außendruck ist.
Während bei Gegendruckanlagen das Verhältnis von elektrischer Energie zu Heizenergie weitgehend festliegt, können sich die **Entnahme-Kondensationskraftwerke** dem wechselnden Bedarf an Strom und Wärme anpassen. Bei ihnen entnimmt man Heißdampf schon zwischen den einzelnen Turbinenstufen. Am Ende der Hoch- und Mitteldruckturbine (Abb. 183.1) zweigt man Prozeßdampf für die Industrie ab. Am Ende der Niederdruckturbinen entnimmt man je nach Bedarf den Dampf zu Heizzwecken. Seine Wärme wird über Wärmetauscher in ein Fernwärmenetz eingespeist.
Die beschriebenen Heizkraftwerke arbeiten mit einem Wirkungsgrad zwischen 70 und 80 %, während bei Dampfkraftwerken ohne Abwärmenutzung – und das sind die meisten – der Wirkungsgrad 30 bis 40 % beträgt.

Noch sparsamer arbeiten die kleineren **Blockheizkraftwerke (BHKW)** (Abb. 184.1). Sie werden mit Erdgas, seltener mit Dieselkraftstoff betrieben. In ihnen erzeugen Verbrennungsmotore, ebenso wie in Kraftfahrzeugen oder Schiffen, mechanische Energie und Wärme. Während aber der Wirkungsgrad eines Automotors nur 15–25 % beträgt, da im Wesentlichen nur seine mechanische Energie genutzt wird, arbeiten die Motore eines BHKW mit Wirkungsgraden bis 90 %. Wie bei Heizkraftwerken wird auch hier die Steigerung des Wirkungsgrades vor allem durch die Nutzung der Abwärme erreicht. Die gesamte mechanische Energie der Motoren wird – bis auf Reibungsverluste – über Generatoren in elektrische Energie umgewandelt. Die gesamte im Motorblock erzeugte und in den Abgasen enthaltene Wärme wird teils durch Wärmetauscher, teils durch Wärmepumpen der Anlage entzogen und in ein Wärmeversorgungsnetz (Nahwärmenetz) eingespeist.
Blockheizkraftwerke können flexibel auf Schwankungen des Bedarfs an Strom und Wärme reagieren. Sie bestehen aus mehreren Motoren, die unabhängig voneinander betrieben werden (Abb. 184.1). Bei erhöhtem Wärmebedarf kann der Motor anstelle des Generators oder zusätzlich zu diesem eine Wärmepumpe antreiben, die die Umgebungswärme oder die in der Motorhalle noch enthaltene Abwärme zum Heizen nutzt. Die Motoren sind serienmäßig mit Dreiwege-Katalysatoren ausgestattet. Durch den Anschluß an das Wärmenetz des BHKW fallen viele private Heizanlagen fort, die vorher noch wesentlich zur Luftbelastung beitrugen.
In den Sommermonaten verwendet man die in BHKW erzeugte Wärme, in Absorptionskältemaschinen zur Kälteerzeugung und Klimatisierung von Räumen.

13.2 Zentrale und dezentrale Energieversorgung

Die zentrale, großtechnische Umwandlung der Primärenergie in elektrische Energie bzw. Fernwärme erfordert für deren Verteilung lange, leistungsfähige, technisch und finanziell aufwendige **Fernleitungsnetze.** In der Elektrizitätswirtschaft entfallen etwa 50% der gesamten Gestehungskosten auf Bau und Unterhalt des Leitungsnetzes. Lange Leitungswege bedingen erhöhte Energieverluste, die bei elektrischer Energie 5 bis 8% betragen, bei der Fernwärme meist höher liegen.

Diesen Negativa bei der Energieversorgung durch Großkraftwerke stehen betriebswirtschaftliche Vorteile gegenüber. So sinken mit zunehmender Größe der einzelnen Anlage nicht nur deren Baukosten je MW Leistung, sondern auch die zur Bedienung je MW nötige Zahl an Arbeitskräften, da sich Maßnahmen zur Automation und Rationalisierung bei Großkraftwerken eher lohnen (Abb. 185.1).

Eine dezentrale, „kommunalisierte" Energieversorgung kann z. B. aus einem System kleinerer Heizkraft- und Blockheizkraftwerke bestehen. Beispiele hierfür findet man in Heidenheim, Flensburg, Rottweil, Hanau ... Diese Anlagen erzeugen elektrische Energie und Wärme dort, wo sie auch benötigt werden. Dadurch fallen aufwendige Fernleitungsnetze und die durch sie entstehenden Transportverluste fort. Die Verteilung der Energie geschieht in diesem Fall durch im Boden liegende Kabel und isolierte Wärmeleitungen. Die Primärenergie Gas wird durch unterirdische Druckgasleitungen praktisch verlustfrei zu den Heizkraft- und Blockheizkraftwerken geleitet. Das spart nicht nur Energie, sondern schont auch die Landschaft. Vor allem aber ermöglicht ein dezentrales Versorgungskonzept die wirtschaftliche Nutzung der Abwärme. Man schätzt, daß sich durch einen entsprechenden Ausbau der Wärme-Kraft-Kopplung bis zum Jahr 2000 etwa 25% der sonst benötigten Primärenergie einsparen ließen ([3], S. 124).

Weshalb wird die Nutzung der Abwärme nicht bei allen Wärmekraftwerken eingeplant?

Große Wärmekraftwerke liegen meist weit ab von Siedlungen, die sie mit Heizwärme versorgen könnten. Die Kosten der dadurch langen Fernwärmeleitungen, die wegen der größeren Leistung auch einen großen Durchmesser benötigen, betragen je nach Lage zwischen 3000 und 6000 DM/m. Berücksichtigt man noch die durch Wärmeverluste und Unterhalt des Leitungsnetzes verursachten Kosten, so ist der Transport von Heizwärme durch Fernwärmeleitungen bis zum städtischen Verteiler etwa 70mal so teuer wie der Transport von Gas durch Ferngasleitungen zu städtischen Heizkraft- und Blockheizkraftwerken ([3], S. 124).

Hinzu kommt, daß das Auskoppeln von Heizwärme auf Kosten der Stromproduktion geht. Für Elektrizitätswerke gibt es bei dem Verkauf elektrischer Energie keine Konkurrenz, wohl aber auf dem Wärmemarkt. Daher ist es in Anbetracht der hohen Investitions- und

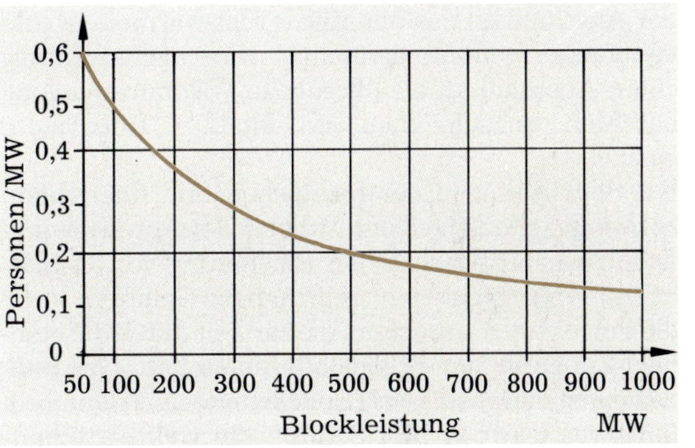

Abb. 185.1 Personalbedarf je MW Blockleistung. Aus ([4], S. 16)

Unterhaltskosten eines Fernwärmenetzes für Großkraftwerke betriebswirtschaftlich meist rentabler, auf die Nutzung der Abwärme zu verzichten.

Aber nicht nur betriebswirtschaftliche Gründe sprechen bei großen Wärmekraftwerken gegen das Auskoppeln von Heizwärme. Solange kein Verbundnetz für Fernwärme existiert, gibt es in diesem Fall auch keine sichere Wärmeversorgung. So könnte z. B. das Kernkraftwerk in Biblis mit seinen 2600 MW Leistung durch seine Abwärme eine Stadt wie Worms ausreichend mit Heizwärme versorgen. Das gleiche leisteten auch 50 über die Stadt verteilte Blockheizkraftwerke mittlerer Leistung, die ihre Heizwärme in ein gemeinsames Nahwärmenetz einspeisten. Während es aber unwahrscheinlich ist, daß im Winter 50 BHKW gleichzeitig ausfallen, ist die Abschaltung eines Großkraftwerkes wegen eines Störfalles durchaus üblich, – und für einen Ausfall dieser Größenordnung gäbe es dann keinen Ersatz.

Großtechnische Anlagen zur Energieversorgung benötigen Planungs- und Bauzeiten in der Größenordnung von 10 Jahren. Um Fehlinvestitionen zu vermeiden, beauftragt man wirtschaftswissenschaftliche Institute mit der Erstellung von **Bedarfsprognosen.** Mit Hilfe dieser Prognosen entwirft die jeweilige Bundesregierung ein **Energieprogramm.** Die Abb. 182.1 zeigt den Unterschied zwischen dem vorausgeschätzten und dem tatsächlichen Verbrauch an Primärenergie. Diese Unsicherheit in der Einschätzung zukünftigen Bedarfs an Energie spricht eher für kleine, beliebig erweiterbare Anlagen mit kurzen Bauzeiten, die bei Blockheizkraftwerken etwa 8 bis 10 Monate betragen. Wie wir sahen, können sich diese Anlagen wechselndem Bedarf leicht anpassen.

Eine dezentrale Energieversorgung findet man trotz der genannten Vorzüge erst bei wenigen Kommunen. Das hat einmal rechtliche Gründe. Langfristige Konzessionsverträge zwischen den Energieversorgungsunternehmen (EVU) und den Kommunen verhindern oft eine Eigenversorgung der Kommunen und hemmen so den Ausbau der Wärme-Kraft-Kopplung ([6], S. 203 f; [9], S. 83 f).

Zum anderen verursacht die Umstellung in der Energieversorgung Kosten durch den Kauf des Leitungs-

netzes und den Bau neuer Anlagen. Zusätzlich müßte der Anschluß an das öffentliche Heizwärmenetz subventioniert werden; denn man wird nicht freiwillig einen Anschluß an die öffentliche Wärmeversorgung bezahlen, solange man ein intaktes Heizsystem besitzt.
Bei dem Abwägen der rechtlichen und finanziellen Schwierigkeiten, die einer Nutzung der Abwärme und dadurch einer beachtlichen Einsparung von Primärenergie entgegenstehen, muß man die Gefahren sowie die Folgekosten bedenken, die zur Zeit durch die ständige Zunahme der Schadstoffe entstehen. Die Bundesforschungsanstalt für Landeskunde und Raumordnung vergleicht in [19], S. 169 f, die volkswirtschaftlichen Kosten der Umweltbelastung durch unsere derzeitige Wärmeversorgung mit den Kosten, die durch die Nutzung der Abwärme und den Ausbau eines Fernwärmenetzes entstünden und kommt zu der Einschätzung, daß die „Umweltschadenskosten" wesentlich höher liegen als die Investitionskosten für den Ausbau der Wärme-Kraft-Kopplung und der Wärmeleitungsnetze.

Aufgaben:
1. Welche Möglichkeiten der Energieeinsparung und der effektiveren Nutzung von Öl, Gas oder elektrischer Energie sehen Sie
a) bei der Raumheizung (s. hierzu auch S. 168 und Bd. I, S. 211 u. 342 f),
b) bei Haushaltsgeräten,
c) im Verkehrssektor (s. [6], S. 186 f),
d) in der Abfallwirtschaft?
2. Die Enquete-Kommission des Deutschen Bundestages „Zukünftige Kernenergie-Politik" hat vier mögliche Konzepte zur Energieversorgung entworfen, zwei mit und zwei ohne Nutzung der Kernenergie ([10], S. 7-6). Die Konzepte mit Kernenergienutzung benötigen teils mehr, teils ebensoviel fossile Brennstoffe wie die Konzepte ohne Kernenergienutzung. Dafür setzen Letztere verstärkt auf den Ausbau der Wärme-Kraft-Kopplung und der Energiespartechnik.
Weshalb gibt es Ihrer Meinung nach kein Energieversorgungskonzept mit Kernenergienutzung *und* verstärktem Ausbau der Spartechnik?
Hinweise: Nach [6], S. 208, entfielen von 1981–1985 von den zur Verfügung stehenden Gesamtaufwendungen für Energieforschung und -entwicklung auf die Kernenergienutzung 57,6 %, Abwärmenutzung und Fernwärme 1,9 %, Spartechnik in Haushalten, Industrie, Verkehr 3,1 % (Weitere Hinweise zu den Kosten der verschiedenen Konzepte findet man in [11], Kap. 6).
3. Orientieren Sie sich über den Stand des Ausbaus und die Erfahrungen mit der Fernwärmeversorgung der Stadt Flensburg (Anschrift: Stadtwerke Flensburg; Postfach 2751; 239 Flensburg)!

13.3 Nutzung der Sonnenenergie

Energiespartechniken, vor allem die in 13.1 geschilderte bessere Nutzung der Primärenergie durch Wärme-Kraft-Kopplung, sind kurzfristig zu realisieren, da technisch ausgereifte Systeme und energiesparende Geräte schon heute zur Verfügung stehen. Sie stellen allerdings keine endgültige Lösung des Energieproblems dar; denn die Vorräte der zu ihrem Betrieb nötigen fossilen Brennstoffe sowie des Uran sind begrenzt (S. 182). Je nach Inanspruchnahme dieser Vorräte führt das früher oder später zu Verknappungen und drastischen Preissteigerungen.
Daher ist es nötig, schon *vor* Erschöpfung dieser Vorräte die Technik einer Energieversorgung zu entwickeln, die es uns erlaubt, anstelle der begrenzten und unseren Lebensraum gefährdenden Energieträger die unerschöpfliche und umweltschonende Sonnenenergie zu nutzen. Eine solche Entwicklung beansprucht einige Jahrzehnte. Deshalb hat der sparsame Umgang mit den fossilen Brennstoffen nicht nur die Aufgabe, die Luftbelastung zu vermindern; er muß auch den Zeitraum schaffen, den wir für eine schrittweise Umstellung unserer Energieversorgung auf die Nutzung der Sonnenenergie benötigen.
Das Angebot an Sonnenenergie übertrifft den derzeitigen Weltenergiebedarf etwa um das 10 000fache. Da sich diese Energie aber stets auf die halbe Oberfläche der Erde verteilt, ist die Energiedichte im Vergleich zur Energiedichte von Großkraftwerken recht gering.
Das ist jedoch kein Hinderungsgrund für ihre intensive Nutzung. Dort, wo Dächer von Wohnhäusern und anderen Gebäuden zur Verfügung stehen, entspricht dem dezentralen Angebot an Sonnenenergie auch eine dezentrale Nachfrage, die durch kleine auf Dachflächen installierte Anlagen zur Nutzung der Sonnenwärme oder zur Erzeugung von Solarstrom zumindest teilweise zu befriedigen ist.
Zentrale, großtechnische Anlagen, vor allem zur Erzeugung solaren Wasserstoffs, plant man dagegen in Ländern mit starker Sonneneinstrahlung und landwirtschaftlich nicht nutzbaren Wüsten- und Ödlandflächen. Auf diese Weise könnten Länder, die jetzt vom Ölexport oder von Entwicklungshilfe leben, dann Wasserstoff als vielseitig verwendbaren Energieträger exportieren, während die Industrienationen die hierzu nötige Technik liefern.
Im folgenden werden einige Möglichkeiten zur dezentralen Nutzung der Sonnenenergie beschrieben. Dabei verzichten wir auf die Behandlung der indirekt durch Sonnenenergie betriebenen Wind- und Wasserkraftanlagen (s. hierzu [6], S. 105 f und 141 f).

Niedertemperaturwärme durch Sonnenenergie
Über die Hälfte des gesamten Endenergieverbrauchs der Bundesrepublik wird für die Erzeugung von Niedertemperaturwärme, also von Wärme unter 100 °C, verwendet. In den Haushalten liegt der Anteil noch höher. Hier entfallen zwischen 70 und 80 % des Endenergieverbrauchs auf die Hausheizung und etwa 10 %

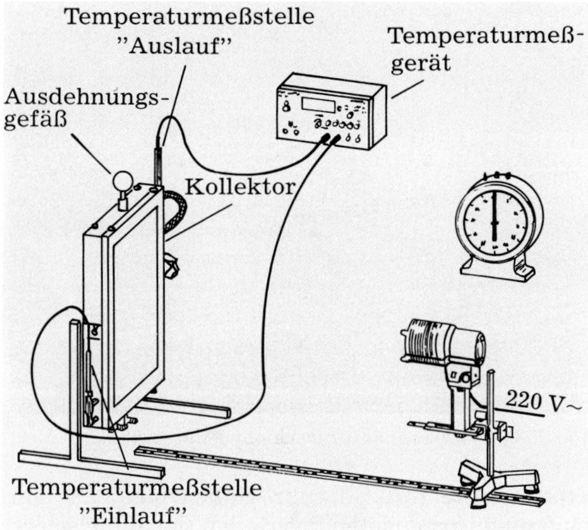

Abb. 187.1 Versuche mit einem Sonnenkollektor

auf die Warmwasserbereitung. Diesem Bedarf an Niedertemperaturwärme, also an niederwertiger Energie, steht ein Angebot an fast ausschließlich hochwertiger Energie in Form von Kohle, Öl, Gas und elektrischer Energie gegenüber. In der Möglichkeit, dieses Mißverhältnis zwischen den Wertigkeiten der Energien in Angebot und Nachfrage schrittweise abzubauen, liegt ein beachtliches Einsparpotential an hochwertigen Energieträgern.

Als **passive Nutzung der Sonnenenergie** zur Unterstützung der Raumheizung bezeichnet man eine klimagerechte Bauweise, die z. B. durch verglaste Vorbauten nach Süden in Verbindung mit entsprechenden Blenden die schräg einfallende Wintersonne nutzt und im Sommer durch aufsteigende Warmluft für Luftbewegung und Kühlung sorgt (s. [6], S. 74 f).

Eine Möglichkeit der sparsamen Nutzung hochwertiger Energieträger zu Heizzwecken erkannten wir schon in der Verwendung von **Elektro-,** vor allem aber von **Gas-, oder Dieselwärmepumpen** (S. 177), die die Umgebungswärme, also letztlich auch Sonnenenergie nutzen.

Ein Gerät zur **aktiven Nutzung der Sonnenenergie** ist der **Sonnenkollektor.** Hochwertige Energie benötigt man nur zu seiner Herstellung. Die **Energierückflußzeit,** das ist die Zeit, in der die Anlage soviel Energie liefert, wie zu ihrer Herstellung verbraucht wurde, liegt bei modernen Kollektoren je nach der geographischen Lage zwischen 1,5 und 3 Jahren; ihre Lebensdauer wird mit etwa 15 Jahren angegeben ([20], S. 9).

Versuch 1: Bestimmen Sie mit einem Modellkollektor (Abb. 187.1) oder mit einem selbstgebauten Kollektor (s. [6], S. 59) die Erwärmung des Wassers im Kollektor durch die Sonne oder eine Halogenlampe in Abhängigkeit von Auftreffwinkel, Bestrahlungsdauer und Kühlung durch einen Luftstrom.

Einfache Sonnenkollektoren (Flachkollektoren) mit mattschwarzer Absorberoberfläche absorbieren die auf sie treffende Strahlung, erwärmen sich dadurch und strahlen entsprechend ihrer Temperatur langwellige Wärmestrahlen ab, für die die Glasabdeckung undurchlässig ist (s. **Treibhauseffekt,** S. 374). Dadurch erwärmt sich der Kollektorinnenraum und über Wärmeleitung auch die Glasabdeckung. Die hierdurch eintretenden Wärmeverluste lassen sich entscheidend verringern, wenn man den Absorber mit bestimmten Metalloxidschichten überzieht, die sein Absorptionsvermögen nicht verändern, aber das Emissionsvermögen für langwellige Wärmestrahlen stark herabsetzen. Diese selektive Beschichtung führt zu einer Steigerung des Wirkungsgrades um 30 bis 50 %.

Da die Luftschicht zwischen Absorber und Glasabdeckung die Wärme leitet und so zu Wärmeverlusten führt, hat man **Vakuumröhren-Kollektoren** entwickelt. Sie sind in der Herstellung teurer. Dafür erreichen sie Wirkungsgrade bis 50 %, was einer Einsparung an Kollektorfläche gleichkommt. Für die Montage von Sonnenkollektoren eignen sich vor allem nach Süden geneigte Dachflächen oder Südfassaden (Abb. 187.2).

In einem Langzeittest verschiedener Solarkollektoren, den der TÜV Bayern 1985/86 ausführte ([20], S. 8 f), erwiesen sich die meisten Anlagen als „gebrauchstauglich" und „mit anderen Energieträgern im Wärmepreis vergleichbar". Für einen täglichen Warmwasserbedarf zwischen 200 und 300 l wird eine Kollektorfläche von 5 bis 8 m^2 empfohlen. Bei dem Test wurden, über ein Jahr gemittelt, für die verschiedenen Kollektortypen folgende Energieerträge gemessen:

Kollektor mit mattschwarzem Absorber . . .	340 kWh/m^2 a
Kollektor mit selektiver Beschichtung	425 kWh/m^2 a
Vakuumröhren-Kollektor	550 kWh/m^2 a

Vor Anschaffung einer Solaranlage sollte man für eine gute Wärmedämmung des Gebäudes sorgen. Die Bedeutung dieser Maßnahme ersieht man aus der Tatsache, daß ein nicht wärmegedämmmter Altbau während einer Heizperiode etwa die sechsfache

Abb. 187.2 Sonnenkollektoren an einem Wohnhaus in Holland

Abb. 188.1 Solarrechner

Abb. 188.2 Solarzellenkraftwerk auf Pellworm

Menge an Brennstoff wie ein nach schwedischer Norm wärmegedämmtes Haus gleicher Größe verbraucht. Nach Schätzungen der Prognos AG in Basel ([2], S. 9) könnte man in der Bundesrepublik durch Gebäudeisolierung ca. 18% des gesamten Endenergieverbrauchs einsparen.

Nach ausreichender Isolation sollte eine Solaranlage so dimensioniert sein, daß zumindest in den Sommermonaten, in denen der Wirkungsgrad der Öl- oder Gasheizungen wegen der verlustreichen Stillstandzeiten besonders niedrig ist, keine anderen Heizsysteme benötigt werden. Im Winter kann die Solaranlage durch die Vorwärmung des Brauchwassers Heizenergie einsparen.

Im Sommer und vor allem in der Übergangszeit bewährt sich zunehmend die Beheizung öffentlicher Schwimmbäder durch Sonnenkollektoren. Hierbei übernimmt das Beckenwasser gleichzeitig die Funktion des Wärmespeichers und des beheizten Raumes.

Elektrische Energie durch Sonnenlicht

Eine besonders interessante und zukunftsträchtige Nutzung der Sonnenenergie ist die *direkte* Umwandlung des Sonnenlichts in elektrische Energie mit Hilfe von Solarzellen bzw. aus diesen zusammengesetzten Solargeneratoren. Die Abb. 188.1 und 188.2 lassen die vielfältigen Anwendungsmöglichkeiten dieser als **Photovoltaik** bezeichneten Energietechnik erahnen: Solargeneratoren mit wenigen Milliwatt Leistung liefern anstelle von Batterien Taschenrechnern die nötige Energie; ein 300 kW-Solarzellenkraftwerk versorgt auf der Nordseeinsel Pellworm das Kurzentrum mit elektrischer Energie und speist den nicht benötigten Solarstrom in das öffentliche Netz ein.

Solargeneratoren sind durch Glasabdeckung und entsprechende Rahmung leicht gegen Witterungseinflüsse zu schützen. Da sie zudem keine sich bewegende, dem Verschleiß unterworfene Teile benötigen, besitzen sie eine hohe Lebensdauer, die von den Herstellerfirmen mit 20 bis 30 Jahren angegeben wird. Die **Energierückflußzeit** betrug 1986 etwa 3 bis 4 Jahre, soll sich aber nach Mitteilung der Siemens AG ([21], S. 17) noch bis auf wenige Monate senken lassen.

Experimente mit Silizium-Solarzellen. Die am häufigsten verwendeten Solarzellen sind großflächige Silizium-Dioden, deren n-leitende Schicht so dünn ist, daß Licht bis zu dem p-n-Übergang eindringen und dort durch Paarbildung zusätzliche Ladungsträger erzeugen kann. Die hierbei stattfindenden Vorgänge werden im Kap. Halbleiterphysik beschrieben. Hier beschränken wir uns auf einige Experimente, die die Funktionsweise von Solarzellen und ihre technischen Verwendungsmöglichkeiten aufzeigen.

Versuch 2: Wir bauen die Schaltung nach Abb. 189.1 auf und messen die Leistung der Solarzelle unter verschiedenen Versuchsbedingungen:

1. Wir bestrahlen die Zelle ohne Filter ($r \approx 50$ cm; $R_L = 100\ \Omega$) und beobachten die Veränderung der Leistung während 1 bis 2 Minuten.
2. Wir verhindern durch verschiedene Filter (Glas; Folie; Küvette mit Wasser; ...) bzw. durch Vergrößern von r die Erwärmung der Zelle und messen die Leistung in Abhängigkeit von R_L .
3. Wir messen die Leistung bei festem R_L in Abhängigkeit des Winkels, unter dem das Licht auf die Zelle trifft.
4. Wir variieren die Bestrahlungsstärke z. B. durch Verändern von r und messen bei offenem Schalter die Leerlaufspannung U_0 bei geschlossenem Schalter und überbrücktem R_L den Kurzschlußstrom I_K.
5. Wir messen die Zellenleistung im Freien zu verschiedenen Tageszeiten und bei unterschiedlichem Wetter.

Die Abb. 189.2 und 189.3 zeigen einige typische Kennlinien, die sich bei diesen Messungen ergeben. Wir erkennen, daß die Leerlaufspannung U_0 bei zunehmender Beleuchtungsstärke S steil ansteigt und sich dem Grenzwert von etwa 0,6 V nähert, während die Stromstärke I_0 linear mit S wächst. Wir sehen ferner, daß die Leistung mit zunehmender Zellentemperatur etwas nachläßt.

Durch Reihenschaltung von Zellen läßt sich die Spannung und durch Parallelschaltung, also Vergrößerung der Zellenfläche, die Stromstärke erhöhen. Die Abb. 189.4 zeigt vier aus einzelnen Zellen zusammengesetzte **Solargeneratoren** mit einer Gesamtleistung von maximal 140 W. Durch Reihen- und Parallelschaltung von Solargeneratoren, sog. Moduln, kann man eine Solaranlage je nach Bedarf an elektrischer Energie beliebig erweitern.

Der Wirkungsgrad einzelner Zellen liegt zur Zeit zwischen 10 und 15 %, der ganzer Anlagen mit entsprechender Spannungsaufbereitung zwischen 6 und 9 %, bei steigender Tendenz.

Dezentrale Energieversorgung durch photovoltaische Anlagen. Die durch die Sonne auf der Erdoberfläche bewirkte Bestrahlungsstärke beträgt maximal 1000 W/m². Über ein Jahr, Tag und Nacht gemittelt führt das in unseren Breiten zu einem Wert von etwa 110 bis 150 W/m². Wegen dieser geringen Leistungsdichte kommt eine Energieversorgung durch photovoltaische Großkraftwerke in unseren Breiten kaum in Frage. Da aber sowohl Angebot als auch Bedarf an Sonnenenergie dezentral auftreten, wäre es ohnehin sinnlos, Sonnenenergie in Großkraftwerken zu sammeln, um sie dann anschließend als elektrische Energie wieder verlustreich zu verteilen. Naheliegender erscheint eine dezentrale Nutzung der Sonneneinstrahlung, bei der man die elektrische Energie dort erzeugt, wo sie auch gebraucht wird und zu der man keine zusätzlichen Flächen benötigt.

Als Beispiel für diese Art der Energieversorgung sei die vom Fraunhofer-Institut in Freiburg entwickelte Solaranlage auf dem Dach eines Münchner Wohnhauses genannt. Auf einer Dachfläche von 50 m² erzeugt sie im Jahr 4000 bis 5000 kWh. Dieser Betrag reicht aus, um den Bedarf eines Vier-Personen-Haushalts an elektrischer Energie zu decken. Da man aber nicht nur elektrische Energie braucht, wenn gerade die Sonne scheint, benötigt man **Energiespeicher,** auf die man nachts oder in sonnenarmen Zeiten zurückgreifen kann.

Drei Methoden der Speicherung werden zur Zeit erprobt:

1. Man lädt mit dem tagsüber nicht benötigten Solarstrom Batterien auf. Das ist, vor allem dann, wenn die jahreszeitlichen Schwankungen ausgeglichen werden sollen, nicht ganz billig. Ein Beispiel für diese Art der Speicherung zeigt Abb. 190.1. Der Einbau der Solaranlage mit Energiespeicher war in diesem Fall preiswerter als ein nachträglicher Netzanschluß über eine Entfernung von 5 km.

2. Falls Netzanschluß vorhanden, ist es am einfachsten, das Netz als Speicher zu verwenden, indem man über einen Wechselrichter die nicht selbst verbrauchte elektrische Energie in das Netz einspeist. Nachts und zu sonnenarmen Zeiten entnimmt man dann wieder dem Netz die benötigte Energie. Diese Netzankopplung wird z. B. in dem Münchner Solarhaus sowie in der Anlage auf Pellworm erprobt. In USA wurde schon 1978 die Einspeisung und Vergütung privat erzeugten Solarstroms gesetzlich geregelt (PURPA-Gesetz, [9], S. 304 f). Seit dem 1. 1. 1991 sind auch bei uns die Elektrizitätswerke verpflichtet, privat erzeugten Solarstrom abzunehmen und zu vergüten.

3. Bei einer dritten Methode erzeugt man mit nicht benötigtem Solarstrom auf elektrolytischem Wege Wasserstoff, der sich auf verschiedene Weise spei-

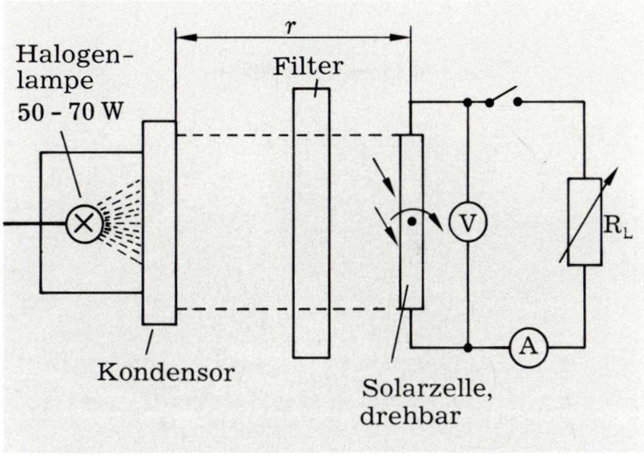

Abb. 189.1 Messung der Leistung einer Solarzelle

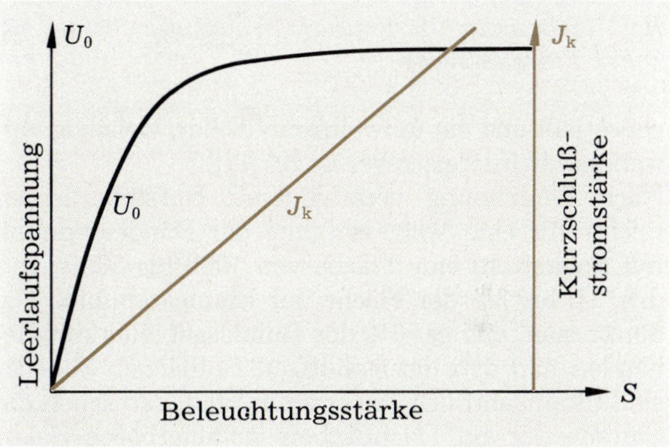

Abb. 189.2 Leerlaufspannung und Kurzschlußstrom als Funktion der Beleuchtungsstärke S

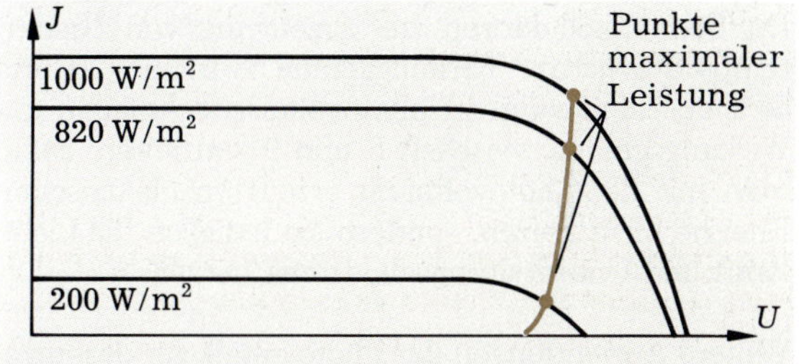

Abb. 189.3 U/I-Kennlinien einer Solarzelle; Parameter: Beleuchtungsstärke S

Abb. 189.4 Solargenerator

Abb. 190.1 Solaranlage der Berggaststätte „Rappenecker Hof" (Schwarzwald). Entwurf: Fraunhofer Institut für Solare Energiesysteme

chern läßt und ein umweltfreundlicher, vielseitig verwendbarer Energieträger ist (s. [17]).
Nach Berechnung verschiedener Herstellerfirmen reichte für eine Vollversorgung der Bundesrepublik mit Solarstrom eine Fläche von 4000 bis 5000 km^2, d. h. 1,6 bis 2 % der Fläche der Bundesrepublik. Bedenkt man, daß ca. 6 % des Bundesgebietes mit Gebäuden und den dazugehörigen Hofflächen bedeckt sind (Stat. Jahrbuch), so erkennt man, daß schon die Summe der auf Dachflächen installierbaren Solargeneratoren einen ernstzunehmenden Beitrag zu unserer Energieversorgung leisten könnte (s. Aufg. 1 und 2).
Da Sonnenkollektoren zur Erzeugung von Niedertemperaturwärme Wirkungsgrade zwischen 30 und 50 % besitzen, während photovoltaische Anlagen mit Wirkungsgraden zwischen 6 und 9% arbeiten, sollte man mit der photovoltaisch erzeugten elektrischen Energie nicht heizen, sondern sie lediglich für Licht, Kraft und Unterhaltungselektronik nutzen.

Weitere Anwendungen der Photovoltaik zur dezentralen Energieversorgung sowie Betrachtungen zu ihrer Wirtschaftlichkeit findet man z. B. in [6], S. 140, in [11], Kap. 6, in [16], S. 75 und in [23], S. 36.

Sonnen-Wasserstoff-Wirtschaft
Die Tatsache, daß gerade in Ländern mit erhöhter Sonneneinstrahlung große, nicht genutzte Wüsten- und Ödlandflächen existieren, legt den Gedanken nahe, in diesen Gegenden größere photovoltaische Kraftwerke zu errichten. Mit der in solchen Kraftwerken gewonnenen elektrischen Energie ließe sich auf elektrolytischem Wege Wasserstoff erzeugen, den man entweder verflüssigt in Tankschiffen oder durch Pipelines zu den jeweiligen Verbrauchern transportieren kann. Die Umwandlung des Wasserstoffs wieder in elektrische Energie z. B. durch gasgetriebene BHKW oder in Brennstoffzellen ist heute schon Stand der Technik. Ebenso kann man mit Wasserstoff heizen und in Verbindung mit Metallhydridspeichern auch Kraftfahrzeuge antreiben ([6], S. 159 f). Die Deutsche Forschungs- und Versuchsanstalt für Luft- und Raumfahrt (DFVLR) schätzt, daß etwa 2,5 % der globalen Wüsten-und Ödlandflächen ausreichten, um mit Hilfe solar erzeugten Wasserstoffs den gesamten Weltenergiebedarf zu decken (s. [14], S. 15), ohne daß hierbei nennenswert Schadstoffe an die Umwelt abgegeben werden. Bei derart energiewirtschaftlich und ökologisch günstigen Prognosen über eine solche Sonnen-Wasserstoff-Wirtschaft ist es nicht verwunderlich, daß sich Industrie und Forschung für Entwicklung und Erprobung entsprechender Anlagen interessieren. Beispielhaft seien hier zwei vom BMFT geförderte Projekte vorgestellt:
1. Die DFVLR baut in Zusammenarbeit mit Saudiarabien in der Nähe von Riad ein 100 kW-Solarzellenkraftwerk zur Erzeugung solaren Wasserstoffs (s. [14], S. 13 f).
2. In Neuenburg vorm Wald (Oberpfalz) bauen die Bayernwerke in Zusammenarbeit mit den Firmen MBB, Linde und Siemens auf einer Fläche von 5 ha ein 500-kW-Solarzellenkraftwerk, ebenfalls zur Erzeugung solaren Wasserstoffs.
In beiden Projekten sollen verschiedene Typen von Solarzellen und Methoden der Elektrolyse erprobt sowie die Techniken der Wasserstoffspeicherung und der Anwendungen dieses umweltfreundlichen Energieträgers weiter entwickelt werden.
Überlegungen zur Wirtschaftlichkeit solarer Energiesysteme. Der von photovoltaischen Pilotprojekten gelieferte Solarstrom ist heute noch recht teuer. So kostet die in Pellworm erzeugte elektrische Energie bei Berücksichtigung der Baukosten der Anlage von 11,3 Mio DM und einer Lebensdauer von 15 Jahren ca. 2 DM/kWh. Die Hersteller (AEG) rechnen jedoch im Falle von Großserienfertigung mit Preissenkungen bis zu 0,30 DM/kWh in wenigen Jahren. Im Gegensatz zu den steigenden Anlagekosten bei herkömmlichen Kraftwerken sanken die Preise photovoltaischer Anlagen in 12 Jahren von 100 DM/W auf etwa 20 DM/W ([23], S. 49) und nehmen ständig weiter ab. Da zudem Aufwendungen für Brennstoff und Entsorgung bei Solaranlagen entfallen, rechnet man schon für die nahe Zukunft mit wirtschaftlich arbeitenden Anlagen (s. [17], S. 130; [23], S. 37).
Man sollte die Kosten umweltschonender Energiesysteme auch mit den Kosten vergleichen, die durch Umweltschäden entstehen. Während man z. B. für Entwicklung und Herstellung dezentral zu nutzender Sonnen-Wasserstoff-Systeme für die Bundesrepublik mit jährlichen Investitionen von etwa 50 Mrd. DM rechnet ([16], S. 81), schätzt eine Untersuchung des Wissenschaftszentrums Berlin die Folgekosten von Umweltschäden in der Bundesrepublik alleine für das Jahr 1985 auf etwa 160 Mrd. DM ([22]).

Aufgaben:
1. 1986 betrug die Netzhöchstlast, das ist die höchste Leistung, die man dem Netz abverlangte, 54 652 MW. Berechnen Sie die Fläche in km^2 und in Prozent der Fläche der Bundesrepublik (250 000 km^2), die man benötigte, um diese Leistung durch Solargeneratoren bereitzustellen! Nehmen Sie

eine mittlere Bestrahlungsstärke von 130 W/m^2 und einen Wirkungsgrad von 8 % an!

2. Berechnen Sie, wieviel kWh ein Solargenerator von 1 m^2 im Jahr liefert ($S = 130\ W/m^2$; $\eta = 8\ \%$)! Wieviel m^2 Dachfläche benötigen Sie, um den Bedarf Ihrer Familie an elektrischer Energie zu decken?

3. In Fota Island (Irland) erzeugt ein 919 m^2 großer Solargenerator auf einem unter 45° nach Süden geneigten Dach einer Schaffarm pro Jahr ca. 60 000 kWh ([15], S. 168). Berechnen Sie die kWh je m^2 bezogen auf die Generator- bzw. Landfläche!

4. Die auf die Landfläche bezogene Leistungsdichte des Generatorfeldes beträgt im Fall der Aufg. 3 77 W/m^2 und bei dem Kraftwerk in Pellworm (Abb. 188.2) nur 11 W/m^2. Wie erklären Sie sich das? Welche Konsequenz hat das für eine Energieversorgung durch Solargeneratoren?

Spezielle Literatur zu Kapitel 13:

[1] Krause/Bossel/Müller-Reißmann: Energiewende. Fischer, Frankfurt 1980

[2] Mitteilungen aus der Arbeitsmarkt- und Berufsforschung. 13. Jg./1980, W. Kohlhammer

[3] bild der wissenschaft. 9/82. Deutsche Verlagsanstalt, Stuttgart

[4] Bockris/Justi: Wasserstoff – Energie für alle Zeiten. Udo Pfriemer Verlag, München 1980

[5] Physik in unserer Zeit. 1/82. Verlag Chemie. Weinheim

[6] Kreß/Mikelskis/Müller-Arnke/Reichenbacher: Energie. Diesterweg/Sauerländer. Frankfurt 1984

[7] Elektrizitätswirtschaft 19/86. Verlags- und Wirtschaftsgesellschaft der Elektrizitätswerke mbH, Frankfurt

[8] Traube/Ullrich: Billiger Atomstrom? Rowohlt, Reinbeck 1982

[9] Hennicke/Johnson/Kohler/Seifried: Die Energiewende ist möglich. 2. Aufl. S. Fischer, Frankfurt 1985

[10] Deutscher Bundestag: Zukünftige Kernenergie-Politik. In der Reihe „Zur Sache", Presse- und Informationszentrum, Bundeshaus Bonn, 1980

[11] Meyer-Abich/Schefold: Die Grenzen der Atomwirtschaft, C. H. Beck, München 1986

[12] Sonnenenergie & Wärmepumpe. 1/87. Sonnenenergie Verlags-GmbH. Ebersberg

[13] Spektrum der Wissenschaft. 6/87. Spektrum d. Wissenschaft Verlagsges. Heidelberg

[14] DFVLR-Nachrichten Nov. 86. Deutsche Forschungs-und Versuchsanstalt für Luft- und Raumfahrt; Wissenschaftliches Berichtswesen, Köln

[15] BMFT: Statusbericht Photovoltaik. Deutsche Gesellsch. für Sonnenenergie, München 1984

[16] bild der wissenschaft. 4/87. Deutsche Verlagsanstalt, Stuttgart

[17] Winter/Nitsch (Hrsg.): Wasserstoff als Energieträger. Springer. Berlin, Heidelberg, New York, Tokyo 1986

[18] Zwischenbericht der Enquete-Kommission „Vorsorge zum Schutz der Erdatmosphäre"; Bonn 1988

[19] Hartmut Euler: Umweltverträglichkeit von Energieversorgungssystemen. Bundesanstalt für Landeskunde und Raumordnung. Bonn 1984

[20] Sonnenenergie & Wärmepumpe. 2/87. Sonnenenergie Verlags-GmbH, Ebersberg

[21] Sonnenenergie, Zeitschrift für regenerative Energiequellen und Energieeinsparung, München: 6/86.

[22] Leipert: Folgekosten des Wirtschaftsprozesses und volkswirtschaftliche Gesamtrechnung; IIUG im Wissenschaftszentrum, Berlin 1988

[23] bild der wissenschaft. 7/88. Deutsche Verlagsanstalt, Stuttgart

[24] Esso AG. (Hrsg.): Energistik 87. Hamburg 1988

Literatur zur Mechanik

Bishop, R.: Schwingungen in Natur und Technik, Teubner-Verlag Stuttgart 1985

Chalmers, A. F.: Wege der Wissenschaft, Springer Verlag, Berlin, Heidelberg 1986

Crombie, A. C.: Von Augustinus bis Galilei, Verlag Kiepenheuer und Witsch, Köln 1959

Davies, P.: Prinzip Chaos, C. Bertelsmann Verlag, München 1988

Dürr, H.-P.: Das Netz des Physikers, Naturwissenschaftliche Erkenntnisse in der Verantwortung, C. Hanser-Verlag, München 1988

Ekeland, I.: Das Vorhersehbare und das Unvorhersehbare, Harnack-Verlag, München 1985, Ullstein-Verlag 1989 (TB)

Epstein, L. C.: Relativitätstheorie – anschaulich dargestellt, Birkhäuser-Verlag, Basel 1985

Fischer, K.: Galileo Galilei, C. H. Beck-Verlag, München 1983

Genz, H.: Symmetrie Bauplan der Natur, Piper Verlag, München 1987

Gerlach, W., List, M.: Johannes Kepler, Leben und Werk, Piper Verlag, München 1987

Gleick, J.: Chaos – die Ordnung des Universums, Droemer-Knaur-Verlag, München 1988

Haken, H.: Erfolgsgeheimnisse der Natur-Synergetik, Deutsche Verlagsanstalt, Stuttgart 1981, Ullstein-Verlag 1988 (TB)

Hoffmann, B.: Einsteins Ideen, Spektrum der Wissenschaft-Verlagsgesellschaft, Heidelberg 1988

Jantsch, E.: Die Selbstorganisation des Universums, dtv, München 1986 (TB)

Kanitscheider, B.: Das Weltbild Albert Einsteins, C. H. Beck-Verlag, München 1988

Kanitscheider, B.: Wissenschaftstheorie der Naturwissenschaft, Sammlung Göschen (TB), W. de Gruyter-Verlag, Berlin 1987

Koestler, A.: Die Nachtwandler, Scherz-Verlag, Stuttgart 1980

Koyré, A.: Von der geschlossenen Welt zum unendlichen Universum, Suhrkamp Verlag, Frankfurt 1980 (TB)

Krafft, F.: Das Selbstverständnis der Physik im Wandel der Zeit, Verlag Physik, Weinheim 1982 (taschentext)

Küppers, B.-O.: Ordnung aus dem Chaos, Piper Verlag, München 1987

Kunick, A., Steeb, W.-H.: Chaos in dynamischen Systemen, B. I. Wissenschafts-Verlag, Mannheim 1986

Nicolis, G., Prigogine, J.: Die Erforschung des Komplexen, Piper Verlag, München 1987

Peitgen, H.-O., Richter, P. H.: The Beauty of Fractals, Springer Verlag, Berlin, Heidelberg 1988

Peitgen, H.-O., Saupe, D.: The Science of Fractal Image, Springer Verlag, Berlin, Heidelberg 1988

Prigogine, J., Stengers, J.: Dialog mit der Natur – Neue Wege naturwissenschaftlichen Denkens, Piper Verlag, München 1980

Prigogine, J.: Vom Sein zum Werden, Piper Verlag, München 1987

Schaefer, G.: Information und Ordnung, Aulis Verlag Deubner, Köln 1984

Sambursky, S.: Das physikalische Weltbild der Antike, Artemis Verlag, Zürich 1965

Saunders, P. T.: Katastrophentheorien, F. Vieweg-Verlag, Braunschweig 1986

Schwinger, J.: Einsteins Erbe, Spektrum der Wissenschaft-Verlag, Heidelberg 1987

Seifritz, W.: Wachstum, Rückkopplung und Chaos, C. Hanser-Verlag 1987

Sexl, R.: Was die Welt zusammenhält, Deutsche Verlagsanstalt, Stuttgart 1983, Ullstein-V984 (TB)

Teller, E.: Energie für ein neues Jahrtausend, Ullstein-Verlag, Berlin 1987

Trefil, J.: Reise in das innere der Dinge, Birkhäuser Verlag, Basel 1984

van der Waerdern, B. L.: Die Astronomie der Griechen, Wissenschaftliche Buchgesellschaft, Darmstadt 1988

von Weizsäcker, C. F.: Bewußtseinswandel, C. Hanser-Verlag, München 1988

Wickert, J.: Isaac Newton, Piper Verlag, München 1983

Basiswissen Wärme

Gasgesetze

Gesetz von Avogadro: Gleiche Volumina gasförmiger Körper enthalten bei gleichem Druck und gleicher Temperatur die gleiche Anzahl Teilchen (Atome oder Moleküle).

Ideales Gas: In allen Druck- und Temperaturbereichen ist der Quotient pV/T konstant.
Für ideale Gase gilt die **universelle Gasgleichung:** $pV = \nu RT$ mit $R = 8{,}314\ \mathrm{JK^{-1}\ mol^{-1}}$. ↑ S. 162

Kinetische Gastheorie: Grundannahmen für ein einatomiges ideales Gas:
1. Große mittlere Abstände der Teilchen (gegenüber der eigenen Ausdehnung).
2. Keine Kräfte zwischen den Teilchen (außer beim Stoß).
3. Der Stoß von Gasteilchen erfolgt elastisch.
4. Es gilt das Prinzip der Unordnung.

Gasdruck:

$$p = \frac{1}{3}\frac{N}{V} m \overline{v^2}.$$ ↑ S. 165

N = Teilchenzahl
$\overline{v^2}$ = mittleres Geschwindigkeitsquadrat

Mittlere Energie der Teilchen:

$$\bar{E}_{\mathrm{kin}} = \frac{3}{2} kT.$$ ↑ S. 165

Boltzmannsche Konstante
$k = R/N_A = 1{,}38 \cdot 10^{-23}\mathrm{JK^{-1}}$.
Mittlere thermische **Energie pro Freiheitsgrad**

$$\bar{E}_{\mathrm{kin}} = \frac{1}{2} kT.$$ ↑ S. 165

Energie und Entropie
Erster Hauptsatz der Wärmelehre

Änderung der inneren *Energie*		zugeführte *Wärme*		zugeführte *Arbeit*
ΔU	=	Q	+	W

Zugeführte Wärme und Arbeiten werden positiv gezählt. ↑ S. 167

Spezifische Wärmekapazitäten ↑ S. 168
bei *konstantem Volumen* *konstantem Druck*

$$c_v = \frac{\Delta U}{m \Delta T} \qquad c_p = \frac{\Delta U + W}{m \Delta T}$$

Wärme und Temperaturerhöhung

$Q = c_v\, m \Delta T$ bei konstantem Volumen

$Q = c_p\, m \Delta T$ bei konstantem Druck. ↑ S. 168

Reversibilität
Ein Prozeß heißt reversibel, wenn der Anfangszustand wiederhergestellt werden kann, ohne daß irgendwelche Änderungen in der Umgebung zurückbleiben.

Entropie
Die Entropie ist ein Maß für die Irreversibilität. Die Änderung ΔS der Entropie ist bei reversibel geführten Prozessen gegeben durch den Quotienten aus der bei der Temperatur T umgesetzten Wärme Q und der Temperatur T:

$$\Delta S = \frac{Q_{\mathrm{rev}}}{T}.$$ ↑ S. 173

Zweiter Hauptsatz (äquivalente Formulierungen)
Alle von selbst ablaufenden Prozesse sind irreversibel.
Bei irreversiblen adiabaten Prozessen nimmt die Entropie stets zu. Es ist $\Delta S > 0$. Ist der adiabate Prozeß reversibel, so bleibt die Entropie konstant: $\Delta S = 0$.
In einem abgeschlossenen System finden solange Zustandsänderungen statt, bis die Entropie einen Höchstwert erreicht hat.
Es gibt keinen periodischen Vorgang, der nichts weiter bewirkt als Abkühlung eines Körpers und Verrichten einer mechanischen Arbeit. ↑ S. 172

Entropie und Wahrscheinlichkeit
Bei irreversiblen Prozessen geht das System stets in einen Zustand größerer Wahrscheinlichkeit über. Diese ist, atomistisch gesehen, gekennzeichnet durch ein höheres Maß an Unordnung. ↑ S. 171

Wärme- und Verbrennungskraftmaschinen
Maximaler Wirkungsgrad (Wärmeaufnahme bei der Temperatur T_1, Wärmeabgabe bei T_2):

$$\eta \leqq 1 - \frac{T_2}{T_1}.$$ ↑ S. 176

Das Gleichheitszeichen gilt nur für den Grenzfall der Reversibilität.

Leistungszahl ε einer ideal arbeitenden **Wärmepumpe:**

$$\varepsilon = \frac{T_1}{T_1 - T_2}.$$ ↑ S. 177

(Wärmeabgabe bei T_1, Wärmeaufnahme bei T_2).

Energiespartechnik bei Kraftwerken ↑ S. 183
Der Wirkungsgrad von Wärmekraftwerken liegt zwischen 30–40%. Durch Wärme-Kraft-Kopplung läßt sich der Gesamtwirkungsgrad auf 70–90% erhöhen. Die Technik findet man in
– Gegendruckanlagen, ↑ S. 184
– Entnahmekondensationskraftwerken, ↑ S. 184
– Blockheizkraftwerken. ↑ S. 184

Nutzung der Sonnenenergie
Sonnenkollektoren erzeugen aufgrund des *Treibhauseffektes* (↑ S. 187) Niedertemperaturwärme. Solarzellen (↑ S. 188) wandeln die Sonnenenergie direkt in elektrische Energie um. Sie eignen sich zur dezentralen sowie zur großtechnischen Energieversorgung.

Anhang

A 1 Elektrische Ladung

A 1. Ladungstrennung

Gehen wir in einer Wohnung mit Kunststoffußboden oder mit Teppichboden umher und berühren die Türklinke oder einen anderen Metallkörper, dann kommt es häufig zu einem nicht erwarteten leichten elektrischen Schlag. Dabei haben wir keinerlei Kontakt zur elektrischen Installation.
Schallplatten sind staubanziehend. Durch einfaches Wischen läßt sich der Staub meistens nicht entfernen, da sich beim Abwischen die Schallplatte *elektrisch aufgeladen* hat. In ähnlicher Weise haften in Druckereien Papierstapel aneinander bzw. Textilfasern in Verarbeitungsmaschinen. Auch Magnetplatten und Magnetbänder dürfen nicht statisch aufgeladen sein, da eine Entladung zur Verfälschung der gespeicherten Daten führen kann.
Häufig stellen wir beim Kämmen von frischgewaschenem Haar fest, daß zwischen Haar und Kamm elektrische Kräfte wirken.
Versuch 1: Wir reiben einen Kamm mit einem Stück Fell. Nach dem Reiben ziehen beide Körper — Kamm und Fell — kleine Papierschnitzel an. Sowohl der Kamm als auch das Fell werden durch das Reiben elektrisch geladen (Abb. A 1.1).
Versuch 2: Wir untersuchen die gegenseitige Beeinflussung geladener Stäbe.
Zwei Kunststoffstäbe werden mit einem Wolltuch gerieben und einander angenähert (Abb. A 1.2).
Der drehbar aufgehängte Kunststoffstab wird abgestoßen.
In einem weiteren Experiment wird der aufgeladene Kunststoffstab dem geladenen Glasstab genähert. Der drehbar aufgehängte Glasstab wird durch den geladenen Kunststoffstab angezogen.
Wir wollen jetzt die Ladungstrennung beim Reiben unseres Kammes mit dem Fell näher betrachten. Die vorher ungeladenen, d. h. elektrisch neutralen Körper Kamm und Fell werden durch das Reiben aneinander entgegengesetzt geladen; der eine Körper *elektrisch positiv,* der andere *elektrisch negativ.*
Wir wollen überlegen, welche Veränderungen im Kamm bzw. Fell beim Reiben stattfinden.
Genaue Untersuchungen haben ergeben, daß die ungeladene (neutrale) Materie aus zwei Arten von Ladungen besteht, die sich im Normalfall gegenseitig kompensieren, so daß keine elektrische Wirkung feststellbar ist. Erst durch eine Störung des Gleichgewichts der beiden Ladungsarten tritt die Elektrizität bzw. Ladung nach außen in Erscheinung.
Träger der elektrischen Ladung sind die Atome.

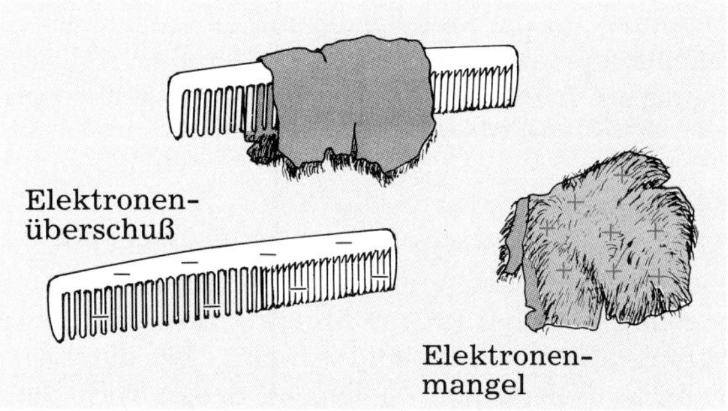

Abb. A 1.1 Ladungstrennung beim Reiben eines Kammes mit einem Fell

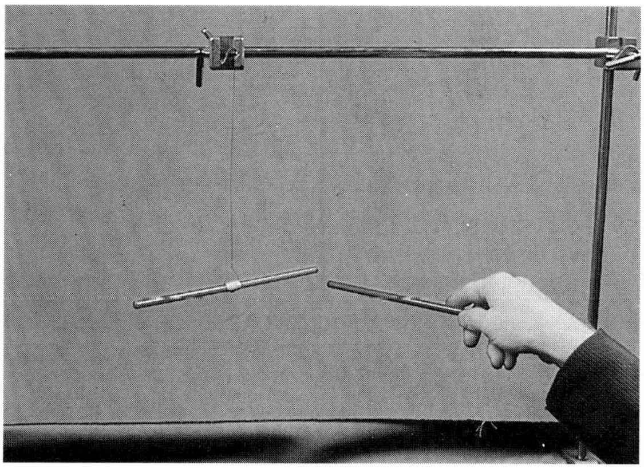
Abb. A 1.2 Gegenseitige Beeinflussung geladener Stäbe

Diese können wir uns aufgebaut denken aus dem Atomkern und der Atomhülle. Den Kern sehen wir als den Träger der positiven Ladung an; die Elektronen der Atomhülle sind die Träger der negativen Elektrizität. Normalerweise sind Atome elektrisch neutral. Beim Reiben des Kamms mit dem Fell werden beide Körper in so engen Kontakt gebracht, daß Elektronen von dem einen Körper auf den anderen übergehen. Der Kamm besitzt demnach einen Überschuß an Elektronen, er ist negativ geladen. Dagegen besitzt der andere Körper (das positiv geladene Fell) einen Mangel an Elektronen.

In der Natur treten **zwei Arten von elektrischen Ladungen** auf. Körper mit Elektronenmangel bezeichnen wir als elektrisch positiv, Körper mit Elektronenüberschuß als elektrisch negativ geladen. Elektrisch geladene Körper üben aufeinander Kräfte aus. Dabei stoßen sich gleichnamig geladene Körper ab, ungleichnamig geladene Körper ziehen sich an.

A 1.2 Nachweis und Messung der Ladung

Elektroskop

Die Aufladung eines Körpers können wir mit Hilfe eines Elektroskops nachweisen (Abb. A 2.1).
Das Elektroskop besteht aus einem Metallgehäuse, in das ein Metallstab hineinragt, der von einem Kunststoffkörper gehalten wird und an dessen unterem Ende ein zweiter beweglicher Metallstab befestigt ist. Berühren wir die Metallplatte mit einem geladenen Körper, so laden sich die beiden Metallstäbe gleichnamig auf und stoßen sich demnach ab: Wir beobachten einen Ausschlag des Elektroskops.

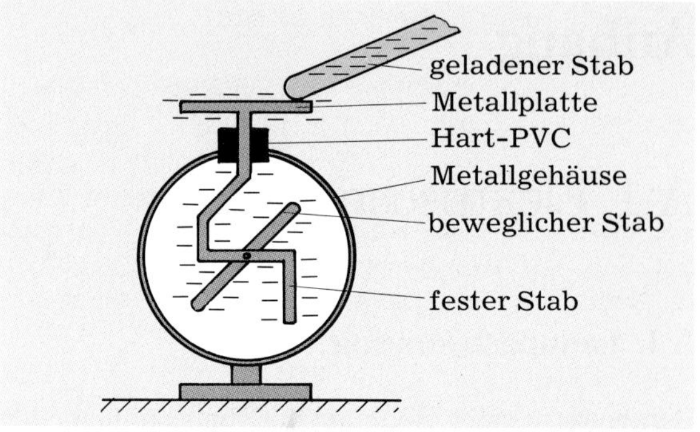

Abb. A 2.1 Aufbau und Funktionsweise eines Elektroskops

Meßverstärker

Meßverstärker messen im allgemeinen Spannungen, bei denen nur sehr geringe Ströme fließen. Der Meßverstärker kann auch zur Messung sehr schwacher Stromstärken benutzt werden, wenn diese durch eingebaute Widerstände fließen, an denen nach dem Ohmschen Gesetz die Spannung $U = R\,I$ abfällt.
Zur Ladungsmessung wird parallel zum Eingang des Spannungsverstärkers ein Kondensator mit großem „Fassungsvermögen" geschaltet, der die Ladung aufnimmt und über den die zu messende Ladung nur sehr langsam abfließt und dabei nachgewiesen wird. Die Stromstärke ist so gering, daß sie elektronisch verstärkt werden muß.
Während beim Elektroskop die zu messende Ladung auf den beiden Stäben des Gerätes praktisch erhalten bleibt, fließt sie beim Meßverstärker langsam ab. Allerdings erfolgt bei guten Meßverstärkern die Kondensatorentladung so langsam, daß die Meßanzeige hinreichend lange erhalten bleibt und sich auch Ladungen addieren lassen.

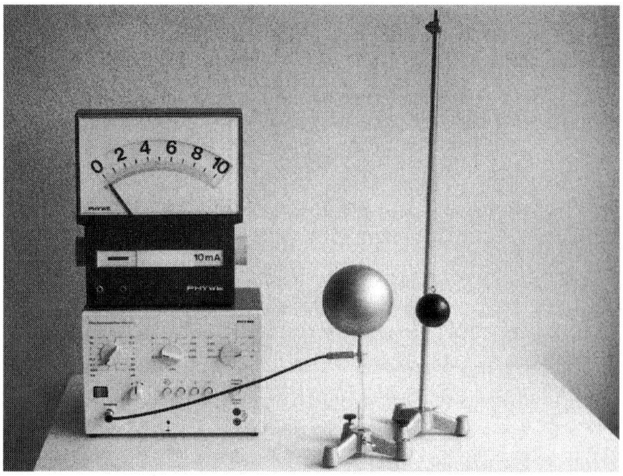

Abb. A 2.2 Ladungsmessung mit dem Meßverstärker

Versuch 3: Wir laden eine isoliert gehalterte Konduktorkugel mit Hilfe eines Bandgenerators oder Hochspannungsnetzgerätes auf. Dann halten wir die geladene Kugel gemäß Abb. A 2.2 an eine zweite Konduktorkugel, die über ein abgeschirmtes Kabel mit einem Gleichstrommeßverstärker verbunden ist. Am Verstärkerausgang ist ein Drehspulmeßinstrument angeschlossen, das zum Nachweis der Ladung dient. Wir stellen fest, daß die gemessene Ladung von der am Netzgerät eingestellten Spannung abhängig ist. Je größer die Spannungswerte sind, desto größer sind auch die am Meßverstärker nachgewiesenen Ladungen.

Ballistisches Galvanometer

Für quantitative Ladungsmessungen eignet sich auch das ballistische Galvanometer. Das Gerät ist im Prinzip ein Drehspulinstrument mit einer Schwingungsdauer von einigen Sekunden. Fließt durch das ballistische Galvanometer ein konstanter Strom, so stellt sich ein fester Zeigerausschlag ein, der ein Maß für die Stromstärke ist.
Ist die Dauer des Stromflusses kurz gegen die Schwingungsdauer des Galvanometers, dann reagiert dieses mit einem Stromausschlag, der ein Maß für die fließende Ladung Q darstellt.

Aufgaben:

1. Ein Elektroskop ist aufgeladen. Wenn Sie die Metallplatte (Abb. A 2.1) anhauchen, so geht der Ausschlag zurück. Erklären Sie diesen Effekt!
2. Ein Elektroskop ist negativ aufgeladen und zeigt einen entsprechenden Ausschlag. Sie berühren den Plattenteller mit einem positiv geladenen Körper. Wie verhält sich der Zeigerausschlag? Diskutieren Sie verschiedene Fälle, je nachdem, ob die positive oder negative Ladung überwiegt!
3. Der Wasserstrahl einer Dusche erzeugt in seiner Umgebung eine Aufladung der Luft. Auch in der Nähe eines Wasserfalls erfolgt eine solche Aufladung. Erläutern Sie dieses Phänomen!
4. Erläutern Sie anhand der Aufladung eines Menschen beim Kämmen der Haare die folgende Aussage: **„In einem abgeschlossenen System ist die Ladungssumme konstant"** (Satz von der Erhaltung der elektrischen Ladungsmenge). Geben Sie hierzu weitere Beispiele an!
5. Wie können Sie bei einem elektrisch geladenen Körper feststellen, ob dieser Körper elektrisch positiv oder negativ geladen ist?
6. Zwei Metallkugeln sind unterschiedlich stark negativ geladen. Wie können Sie feststellen, welche der Kugeln stärker geladen ist?
7. Ungeladene Gegenstände wie z. B. Staubteilchen werden von einer geladenen Kugel angezogen. Geben Sie eine Erklärung!
8. Ändert sich die Masse eines Körpers, wenn Sie ihn elektrisch laden?

A 1.3 Strom ist bewegte Ladung

Fragt man, was eigentlich beim elektrischen Strom „strömt“, dann zeigt sich, daß „Ladung“ transportiert wird. Diesen Sachverhalt wollen wir mit den folgenden Experimenten demonstrieren.

Versuch 4: In Abb. A 3.1 sind zwei Glimmlampen mit den Polen einer Spannungsquelle verbunden. Es fließt zunächst kein Strom, da der Stromkreis zwischen den beiden Lampen unterbrochen ist. Berühren wir das linke Lämpchen mit einer isoliert gehaltenen Metallkugel, so blitzt es kurz am linken Draht der Glimmlampe auf und die Kugel wird aufgeladen. Anschließend führen wir die Kugel an die rechte Glimmlampe. Auch diese leuchtet beim Berühren am linken Draht kurz auf. Die Ladung fließt von der Kugel über die Glimmlampe in die Spannungsquelle zurück.

Versuch 5: In einem weiteren Experiment transportieren wir mit einer Kugel Ladungsportionen in schneller Folge von einer Glimmlampe zur anderen. Die Lampen leuchten häufiger auf. Verbinden wir schließlich die beiden Glimmlampen durch ein Kabel und einen Widerstand, so fließt die zunächst „löffelweise“ transportierte Ladung dauernd durch die Glimmlampen. Diese leuchten beide gleich hell.

Wir können die Ergebnisse unserer Versuche wie folgt zusammenfassen:

> Aus einer Spannungsquelle können **elektrische Ladungen** „portionsweise“ entnommen werden.
> Bei der Entnahme und Rückgabe der Ladungsportionen fließt ein **elektrischer Strom.**

Versuch 6: Wir verbinden zwei parallel zueinander stehende Metallplatten (Plattenkondensator) kurzzeitig mit den Polen einer Hochspannungsquelle. Mit Hilfe von zwei Elektroskopen können wir die Aufladung beider Platten nachweisen. Dann bringen wir einen zwischen den Platten aufgehängten, metallisierten Tischtennisball mit einer Platte in Berührung. Der Ball pendelt solange zwischen den Kondensatorplatten hin und her, bis beide weitgehend entladen sind.

Versuch 7: Bei gleichbleibender Plattenanordnung wie in Versuch 6 werden beide Platten mit den Polen einer Hochspannungsquelle verbunden, die eingeschaltet wird. Mit Hilfe des Meßverstärkers können wir über die Messung der Stromstärke die pro Sekunde zwischen den Platten transportierte Ladung messen. Der metallisierte Tischtennisball pendelt jetzt unaufhörlich zwischen beiden Platten hin und her (Abb. A 3.2).

Aus unseren Versuchen folgt:
Getrennte Ladungen streben einen Ladungsausgleich an. Die Elektronen fließen über einen Leiter von der negativ geladenen Platte zur positiven. Der Vorgang der Ladungstrennung wird durch den Ladungsausgleich wieder rückgängig gemacht. Dabei fließt ein elektrischer Strom.

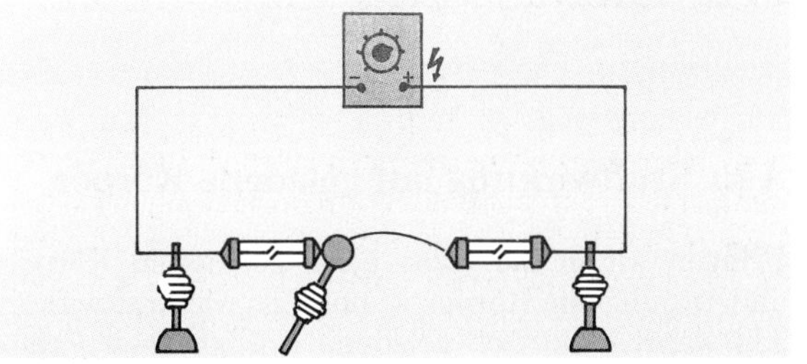
Abb. A 3.1 Elektrische Ladung kann portionsweise transportiert werden

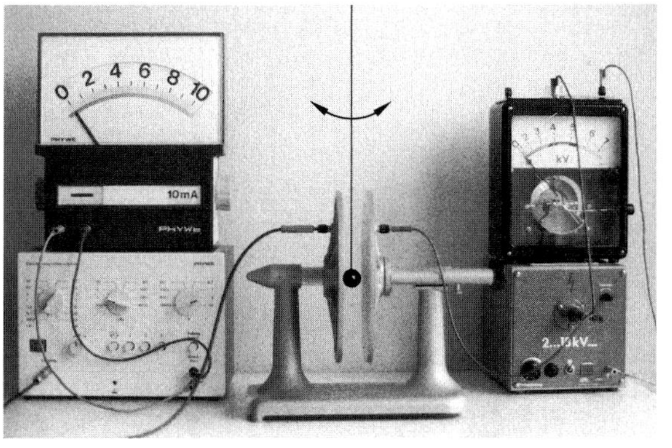

Abb. A 3.2 Nachweis des Ladungstransportes mit einem Meßverstärker

Pendelt der Tischtennisball zwischen den zwei Kondensatorplatten, so erfolgt der Ladungsausgleich gewissermaßen in Portionen und über einen längeren Zeitraum. Die Stromstärke I ist gering. Überbrücken wir beide Platten mit einem Draht, so fließt die gesamte Ladung Q in kürzester Zeit von einer Platte zur anderen. Folglich fließt für kurze Zeit ein elektrischer Strom großer Stärke.

Gleichgültig ob ein Strom in kurzer Zeit mit großer Stärke oder in längerer Zeit mit geringer Stromstärke fließt, stets muß unter der Voraussetzung der gleichen Anfangsbedingungen die gleiche Ladungsmenge Q von der einen Platte zur anderen transportiert werden.

> Unter der **Stromstärke** I verstehen wir den Quotienten aus der transportierten Ladung Q und der zum Transport benötigten Zeit t:
> $$I = \frac{Q}{t}.$$

Die Einheit der elektrischen Stromstärke heißt 1 A **(Ampere).**

Nach der Gleichung $Q = I \cdot t$ erhalten wir dann für die Ladung Q die abgeleitete Einheit 1 As (Amperesekunde). Für Amperesekunde wurde die Bezeichnung **Coulomb** eingeführt: 1 C = 1 As.

A 2. Elektrisches Feld

A 2.1 Kraftwirkung auf geladene Körper

Bringen wir in die Nähe eines geladenen Körpers andere geladene Körper, so nehmen wir Kraftwirkungen wahr. Elektrisch geladene Körper üben Kräfte aufeinander aus. Die folgenden Experimente sollen zur Untersuchung dieser Kräfte dienen.

Versuch 1: Wir befestigen Seidenpapierstreifen mit Tesafilm auf der Kugelhaube eines Bandgenerators. Nach Aufladen des Generators streben die *Streifen radial von der Kugelhaube weg.*

Versuch 2: Eine positiv geladene Styroporkugel (Probeladung) hängt an einem dünnen Faden und wird der gleichnamig geladenen Kugelhaube des Bandgenerators angenähert. Wir beobachten in der Umgebung der Kugelhaube wie die Styroporkugel abgestoßen wird (Abb. A 4.1). Laden wir die Styroporkugel negativ auf, so wird sie von der positiven Kugelhaube angezogen. Die Größe der Pendelauslenkung gibt uns eine Abschätzung für den Betrag der abstoßenden bzw. anziehenden Kraft.

In jedem Punkt der Umgebung der geladenen Kugelhaube wirkt auf unsere Probeladung eine Kraft, deren Betrag und Richtung gemessen werden kann. Die Ladung auf der Kugelhaube des Bandgenerators ist offenbar über eine Entfernung hinweg mit der geladenen Styroporkugel – also unserer Probeladung – in Wechselwirkung getreten. Von der geladenen Kugelhaube geht eine Kraftwirkung aus, die mit zunehmender Entfernung von ihr abnimmt.

Ähnliche Beobachtungen wie im letzten Experiment haben wir bereits bei der Untersuchung der gegenseitigen Beeinflussung geladener Stäbe (vgl. S. A 1) gemacht.

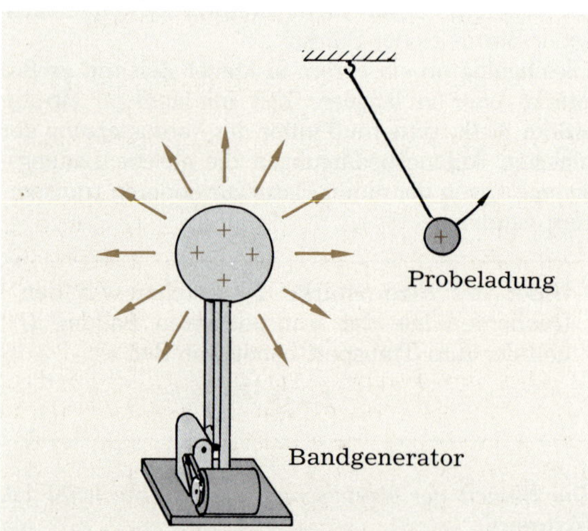

Abb. A 4.1 Kraftwirkung zwischen der geladenen Kugelhaube des Bandgenerators und einer geladenen Styroporkugel

Unsere bisherigen Experimente lassen zwei Deutungen zu:

1. Nach der **Fernwirkungstheorie** wirkt die elektrische Ladung Q_1 der Kugelhaube des Bandgenerators direkt und sofort auf die Probeladung Q_2. Hierbei bleibt die Frage ungeklärt, wie die Kraft den Raum zwischen den beiden Ladungen Q_1 und Q_2 ohne Zwischenmedium überbrückt. Da man nachweisen kann, daß die von uns beobachtete Kraftwirkung auch im Vakuum vorhanden ist, können wir davon ausgehen, daß diese Kraftwirkung ohne die Vermittlung eines materiellen Zwischenmediums zustandekommt.
2. Zur Deutung der Kraftübertragung von einer Ladung auf eine andere entwickelten *Maxwell* und *Faraday* eine **Nahewirkungstheorie. Danach besitzt jede elektrische Ladung in ihrer Umgebung ein elektrisches Feld.**

In diesem Feld erfährt eine Probeladung eine Kraft. Maßgebend für diese Kraft ist die Struktur des Feldes am Ort der Probeladung.

Das elektrische Feld ist also das nichtmaterielle Medium, das die „Vermittlungsrolle" zwischen Ladungen übernimmt.

Wir fassen zusammen:

> In dem Raum um einen elektrisch geladenen Körper existiert ein **elektrisches Feld.** Im elektrischen Feld werden auf Ladungen Kräfte ausgeübt.

Aufgrund der bisherigen Experimente und ihrer Ergebnisse können wir noch nicht entscheiden, ob mit einem elektrisch geladenen Körper eine „wirkliche" Veränderung des Raumes verbunden ist. Die Bezeichnung „Feld" für die „Wirkung" eines geladenen Körpers könnte auch lediglich eine „Sprachregelung" ohne physikalische Bedeutung darstellen. Zur Beantwortung dieser wichtigen Frage müssen wir noch weitere Eigenschaften des elektrischen Feldes kennenlernen.

Heimversuch 1: Bauen Sie mit Hilfe von Streichholzschachtel, Stecknadel und Trinkhalm ein „elektrisches Karussell" und führen Sie selbst Versuche damit aus. Halten Sie z. B. eine geriebene Kunststoff-Folie an den Trinkhalm!

Heimversuch 2: Bauen Sie sich ein einfaches Elektroskop und führen Sie damit einige einfache Versuche durch. Halten Sie z. B. eine mit einem Wolltuch geriebene Kunststoffolie, einen geladenen Glas- oder Kunststoffstab an das Elektroskop. Erklären Sie Ihre Beobachtungen.

A 2.2 Kraftwirkung auf ungeladene Körper

Wir wollen die Frage untersuchen, ob Körper, die im elektrischen Feld eine Kraftwirkung erfahren, stets geladen sein müssen.

Versuch 3: Ein Tischtennisball, der mit einer Metallschicht überzogen ist, wird nach Abb. A 4.1 an einem Perlonfaden aufgehängt. Der Tischtennisball ist ungeladen. Wir nähern ihm eine größere Metallkugel, die am negativen Pol einer Hochspannungsquelle aufgeladen wurde. Der Tischtennisball wird angezogen, obwohl er ungeladen ist. Wie können wir uns diese Beobachtung erklären?

In der Metallschicht des Tischtennisballs befinden sich frei bewegliche Elektronen, die von der negativ geladenen Metallkugel abgestoßen werden. Durch diese Ladungstrennung erscheint die Oberfläche des Tischtennisballs positiv geladen und der Ball wird somit von der negativ geladenen Halbkugel angezogen.

Obwohl in Isolatoren keine frei beweglichen Ladungen vorhanden sind, verschieben sich auch in diesen Körpern positive und negative Ladungen in entgegengesetzter Richtung, wenn der Isolator in ein elektrisches Feld gebracht wird.

Auch gibt es Stoffe, wie z. B. das Wasser, bei denen die Moleküle nach außen zwei verschieden geladene Ladungsschwerpunkte besitzen. Einen Körper mit zwei Ladungsschwerpunkten bezeichnen wir als **elektrischen Dipol.** Infolge der Wärmebewegung sind die Dipole üblicherweise nicht orientiert.

> Die Ladungstrennung in der Nähe eines elektrisch geladenen Körpers bezeichnen wir als **elektrische Influenz.**
> Unter dem Einfluß eines elektrischen Feldes werden in Isolatoren elektrische Dipole gebildet, die sich im Feld ausrichten.

Aufgaben:

1. Nähern wir einem ungeladenen Elektroskop eine geladene Kugel, so beobachten wir bereits vor der Berührung der Kugel mit dem Elektroskop einen Zeigerausschlag. Dieser geht bei Entfernung der geladenen Kugel wieder zurück. Erklären Sie diesen Vorgang!
2. Einem ungeladenen Elektroskop wird ein negativ geladener Körper angenähert. Es zeigt sich ein Ausschlag des Elektroskops. Dieser verschwindet nach kurzer Berührung mit dem Finger. Nun wird der geladene Körper entfernt; der Ausschlag erscheint wieder. Erklären Sie diesen Vorgang und bestimmen Sie die Ladung des Elektroskops.

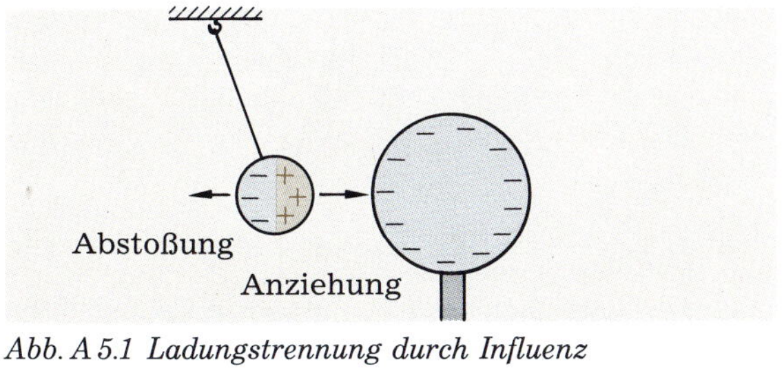

Abb. A 5.1 Ladungstrennung durch Influenz

A 2.3 Feldlinienbilder

In einer Glasschale befindet sich eine Metallscheibe, die positiv aufgeladen wird. Auf einer dünnen Ölschicht schwimmen Grießkörner, die sich zu einem strahlenförmigen Gebilde ordnen (Abb. A 5.2). Jedes Grießkorn ist ein elektrischer Dipol, der sich im elektrischen Feld der geladenen Metallscheibe radial ausrichtet – nämlich entlang der Wirkungslinie der Kraft auf elektrische Ladungen.

Folglich erhalten wir eine Kette von Dipolen, die alle in Richtung der wirkenden Kraft ausgerichtet sind und damit auch in Richtung des elektrischen Feldes zeigen. Die Kette von Grießkörnerdipolen können wir uns durch gedachte Linien ersetzt denken, die wir als **elektrische Feldlinien** bezeichnen. Die Anordnung der Grießkörner vermittelt uns eine Vorstellung von der Struktur des elektrischen Feldes in der Umgebung der geladenen Scheibe. Sehen wir von zufälligen Schwankungen der Dichte der Grießkörner ab, so läßt sich die strahlenförmige Anordnung der Linien skizzieren.

Denken wir uns den Scheibenradius soweit verkleinert, daß er als vernachlässigbar klein angesehen werden kann, so können wir vom elektrischen Feld einer „punktförmigen Ladung", einer sogenannten **Punktladung,** sprechen (Abb. A 5.2).

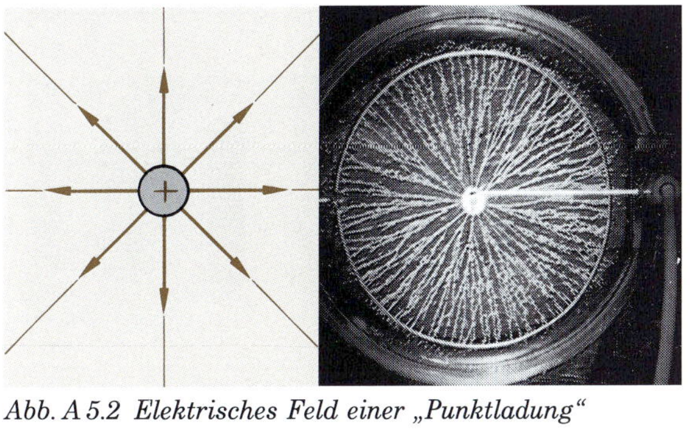

Abb. A 5.2 Elektrisches Feld einer „Punktladung"

> Von einer Punktladung aus verlaufen die Feldlinien in radialer Richtung.

Mit den Feldlinien haben wir eine sehr nützliche Vorstellungs- und **Veranschaulichungshilfe** für das elektrische Feld gefunden. *Feldlinien sind gedachte Linien, deren Tangentialrichtung in jedem Punkt des Feldes die Richtung der dort wirkenden Kraft auf eine positive Probeladung angibt.* Wir vereinbaren, daß die Feldlinien von positiven Ladungen ausgehen und auf negativen enden. Die gedachten Linien dürfen nicht mit ihren Veranschaulichungshilfen (Grießkörner-Ketten) verwechselt werden (Abb. A 6.1).

Mit Hilfe des Öl-Grießkörner-Gemisches können wir auch die Feldlinien anderer Ladungsverteilungen veranschaulichen:

Zwei kreisförmige Platten, jeweils mit einem Pol des Bandgenerators verbunden, ergeben ein Bild nach Abb. A 6.1.

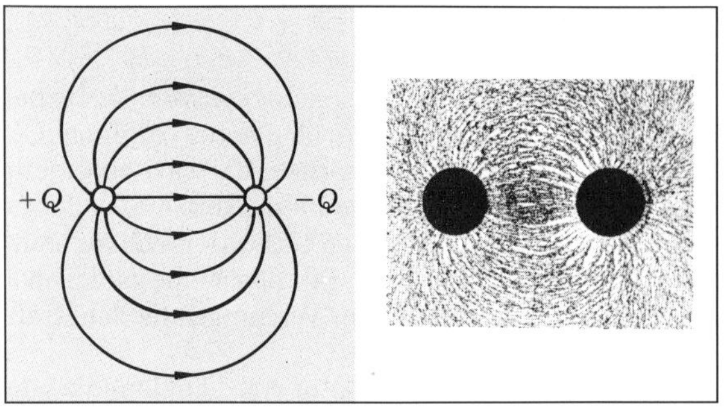

Abb. A 6.1 Feldlinienbild zweier ungleichnamiger Ladungen

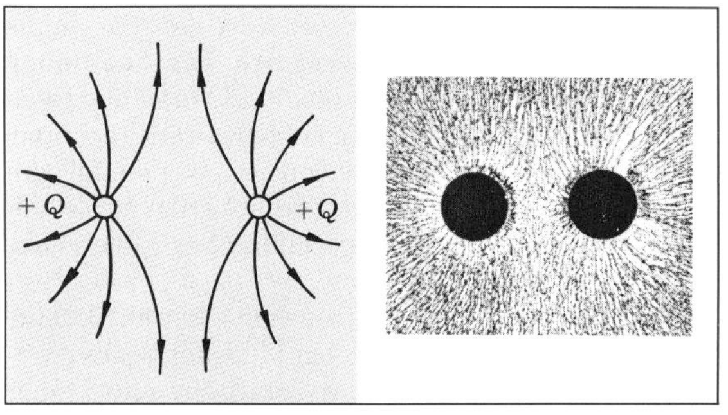

Abb. A 6.2 Elektrisches Feld gleichnamig geladener Kugeln

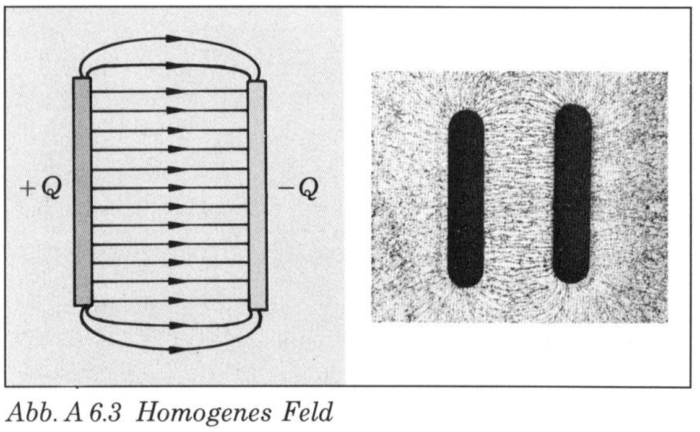

Abb. A 6.3 Homogenes Feld

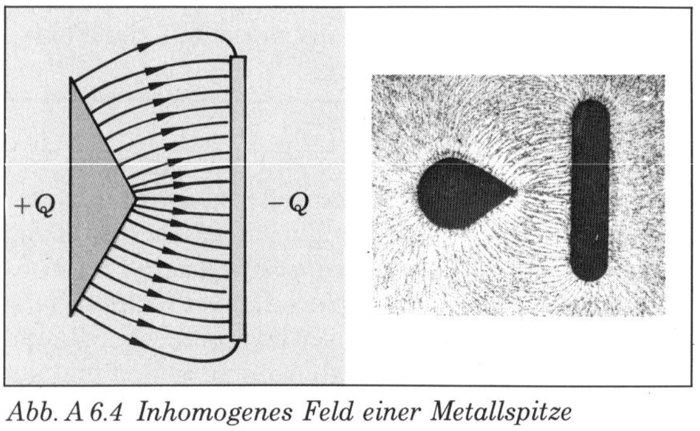

Abb. A 6.4 Inhomogenes Feld einer Metallspitze

Abb. A 6.2 zeigt das Feldlinienbild zweier gleichnamiger Ladungen. Die Feldlinien spreizen sich voneinander ab; gleichnamige Ladungen stoßen sich ab. Abb. A 6.3 zeigt das Feld zwischen zwei ungleichnamig geladenen Metallplatten. Im Innern dieser Anordnung – sie wird als **Plattenkondensator** bezeichnet – verlaufen die Feldlinien parallel.

Ein elektrisches Feld, in dem die Richtung der Kraft auf eine Probeladung und der Betrag dieser Kraft in allen Punkten gleich ist, heißt **homogen.**
Im Übergangsgebiet zwischen Innen- und Außenraum des Kondensators verliert das Feld seine Homogenität: Feldlinien wölben sich nach außen und wir sprechen von einem **inhomogenen Feld.** Auch das Feld in der Umgebung einer Punktladung ist inhomogen. Richtung und Betrag der Kraft ändern sich von Punkt zu Punkt.
In Abb. A 6.4 wird das Feldlinienbild zwischen einer leitenden Spitze (Metalldreieck) und einer gegenüberliegenden Metallplatte dargestellt. In der Umgebung der Metallspitze liegen die Feldlinien besonders dicht.

Feldlinienverlauf an der Leiteroberfläche.
Wir wollen jetzt den Feldlinienverlauf an der Oberfläche eines Leiters genauer betrachten. Alle unsere Feldlinienbilder vermitteln den Eindruck, daß die Feldlinien senkrecht aus den Leiteroberflächen austreten. Wir wollen nun zeigen, daß unsere Vermutung richtig ist:
Bekanntlich sind Ladungen auf Leitern frei beweglich. Wir nehmen an, die in einem Punkt P der Leiteroberfläche beginnende Feldlinie stünde nicht senkrecht auf der Leiteroberfläche (Abb. A 6.5). Dann stünde auch die auf die Ladung wirkende Kraft $\vec{F}$ nicht senkrecht auf dem Leiter. Wir könnten dann diese Kraft in eine Komponente $\vec{F}_t$ tangential zum Leiter und eine Komponente $\vec{F}_s$ senkrecht zur Leiteroberfläche zerlegen. Infolge der Tangentialkomponente würde die Ladung in der Leiteroberfläche dann so lange verschoben, bis die Kraft $\vec{F}$ senkrecht auf dieser Fläche stünde.

Aufgabe:
Bringen wir mit einer kleinen Konduktorkugel Ladungen in einen isoliert stehenden Metallbecher **(Faradaybecher)**, so bleibt das Innere des Bechers feldfrei. Erklären Sie diesen Effekt.

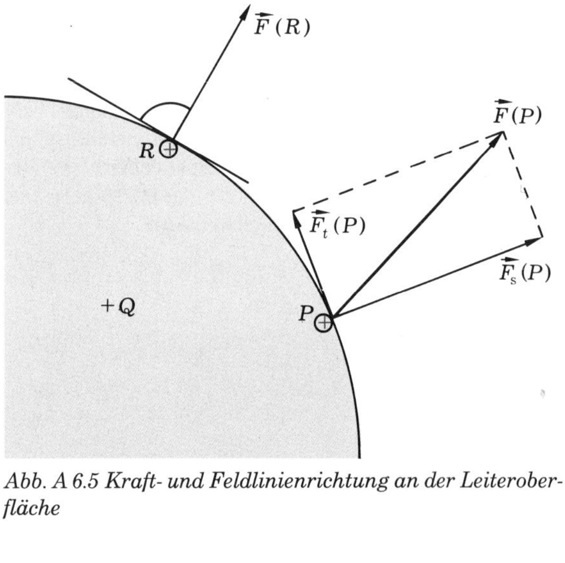

Abb. A 6.5 Kraft- und Feldlinienrichtung an der Leiteroberfläche

A 2.4 Elektrische Feldstärke

Nachdem wir elektrische Felder mit Hilfe von Feldlinienbildern veranschaulicht haben, wollen wir nun diese Felder auch quantitativ beschreiben. Wir haben bereits gezeigt, daß auf geladene Körper im elektrischen Feld eine Kraft wirkt. Bringen wir eine Probeladung q in das homogene Feld eines Plattenkondensators, so können wir vermuten, daß der Betrag der Probeladung, die Ladungsmenge Q auf den Platten und der Plattenabstand d diese Kraft beeinflussen. Wir wollen unsere Vermutung mit dem nachfolgend beschriebenen Experiment überprüfen.

Versuch 3: Ein mit einer dünnen Metallschicht überzogener Tischtennisball wird bifiliar an dünnen Nylonfäden genau in der Mitte zwischen den geladenen Platten eines Plattenkondensators aufgehängt. Der ungeladene Probekörper erscheint im Feld keine Kraft zu erfahren (Abb. A 7.1).

Bringen wir mit einer zweiten Kugel eine Ladung q auf den Tischtennisball, so wird dieser ausgelenkt. Berühren wir dann den Probekörper von unten mit einer gleich großen, ungeladenen und isoliert gehaltenen Metallkugel, so wird die Auslenkung des Tischtennisballs halbiert. Entladen wir die zweite Kugel und berühren den Probekörper erneut, so wird die Auslenkung wieder halbiert.

Der Tischtennisball wird jeweils gerade so weit ausgelenkt, bis die durch das elektrische Feld bewirkte Kraft und die durch das Gewicht des Balles hervorgerufene rücktreibende Kraft gleiche Beträge haben: $F_{el} = F_{rück}$.

Durch die Berührung mit der isoliert gehaltenen Metallkugel haben wir die Ladung unseres Probekörpers wiederholt halbiert. Da beim Pendel für kleine Auslenkungen die rücktreibende Kraft proportional zur Auslenkung ist, können wir aus unserer Beobachtung schließen, daß sich mit der Ladung des Probekörpers auch die vom Feld auf ihn ausgeübte Kraft wiederholt halbiert.

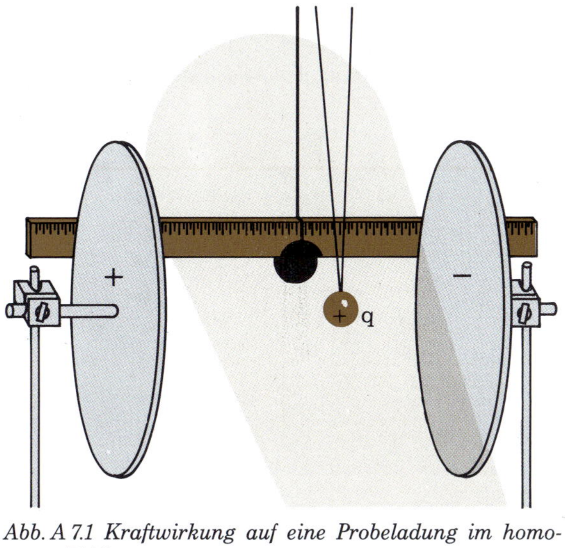

Abb. A 7.1 Kraftwirkung auf eine Probeladung im homogenen Feld

Damit erhalten wir als Ergebnis:

> Der Betrag der Kraft $\vec{F}$ im elektrischen Feld auf einen Probekörper ist zu dessen Ladung q proportional.

Unser Ergebnis besagt, daß die Kraft $\vec{F}$ auf den geladenen Probekörper zur eindeutigen Beschreibung der Stärke eines Feldes nicht geeignet ist, da diese Kraft vom Betrag der Ladung q abhängt. Der Quotient aus der elektrischen Kraft $\vec{F}$ und der Probeladung q ist dagegen unabhängig von der in das Feld gebrachten Ladung. Wir untersuchen, ob der Quotient $\vec{F}/q$ vom Plattenabstand d der Kondensatorplatten abhängt.

Versuch 4: Wir benutzen die gleiche Anordnung wie in Versuch 3 und beobachten die Auslenkung des geladenen Tischtennisballes während wir den Plattenabstand verändern bzw. die Kondensatorplatten seitlich gegeneinander verschieben. Solange sich der Tischtennisball im homogenen Kondensatorfeld befindet, ändert sich seine Auslenkung nicht. Erst im inhomogenen Randfeld des Kondensators wird die Auslenkung geringer und damit auch die dort wirkende Feldkraft $\vec{F}$ kleiner.

Der Quotient $\vec{F}/q$ stellt folglich eine Größe dar, mit der sich das elektrische Feld in jedem betrachteten Punkt beschreiben läßt.

> Die **elektrische Feldstärke** $\vec{E}$ in einem Punkt P wird durch
>
> $$\vec{E} = \frac{\vec{F}}{q}$$
>
> definiert, wobei $\vec{F}$ die Kraft bedeutet, die auf die Probeladung q wirkt.

Die elektrische Feldstärke $\vec{E}$ wird beschrieben durch einen Vektor, der die Richtung der Kraft $\vec{F}$ auf eine (positiv angenommene) Probeladung q hat. Aus unserer Festlegung folgt:

$$[E] = 1\ \text{N/C}.$$

Beispiele für elektrische Feldstärken

Im Gas einer Leuchtstofflampe	70 N/C
Elektrisches Feld der Erde (Mittelwert am Erdboden)	130 N/C
Auf freiem Feld unter einer Hochspannungsleitung (380 kV)	$2 \cdot 10^3$ N/C
Im Aufenthaltsbereich eines E-Werkes	$6 \cdot 10^3$ N/C
An der Oberfläche eines metallischen Leiters	$2 \cdot 10^4$ N/C
Bei einem Gewitter unmittelbar vor dem Blitzeinschlag	10^5–10^6 N/C
Durchschlag in trockener Luft	$3 \cdot 10^6$ N/C

Elektrofeldmeter

Die Messung der elektrischen Feldstärke über die Kraftwirkung auf eine Probeladung ist sehr umständlich und ungenau. Deshalb benutzt man häufig zur direkten Messung das **Elektrofeldmeter** (Abb. A 8.1).

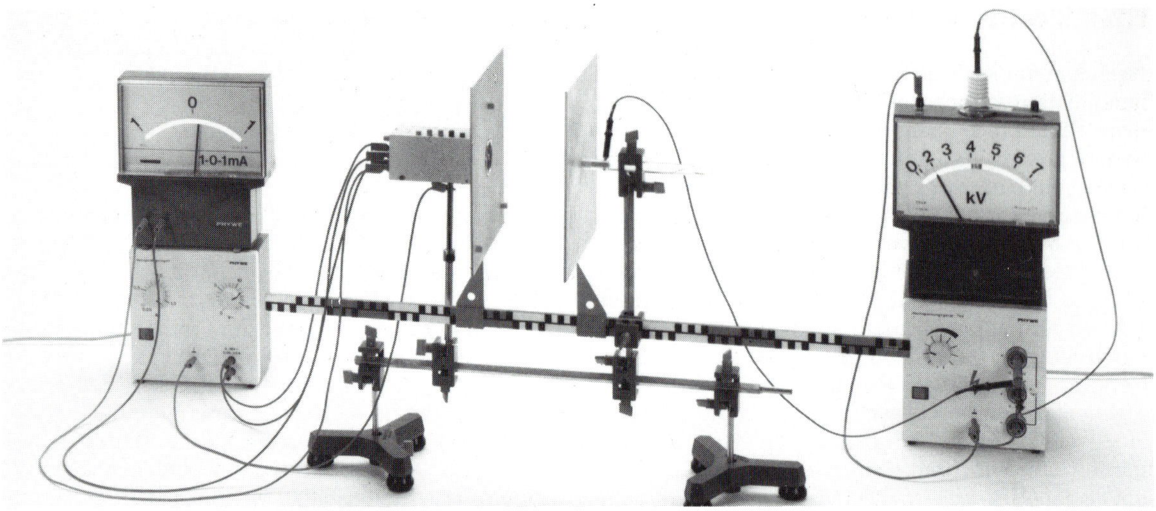

Abb. A 8.1 Messung der elektrischen Feldstärke mit einem Elektrofeldmeter

Das Meßprinzip dieses Gerätes beruht auf der Tatsache, daß ein elektrisches Feld an der Oberfläche eines Leiters Ladungen influenziert.

Elektrisches Feld als Vektorfeld

Den elektrischen Zustand in einem Punkt P beschreiben wir mit Hilfe eines dem Punkt P zugeordneten Feldstärkevektors $\vec{E}$. In jedem Punkt eines homogenen elektrischen Feldes ist der Vektor $\vec{E}$ nach Betrag und Richtung derselbe. Dagegen ändert sich in inhomogenen Feldern der Feldstärkevektor meist von Punkt zu Punkt.

Das elektrische Feld ist also beschreibbar durch ein *Vektorfeld;* jedem seiner Punkte P ist ein Vektor $\vec{E}$ (P) der elektrischen Feldstärke eindeutig zugeordnet.

Abb. A 8.2 zeigt, wie wir durch Zeichnen einer Anzahl von Feldstärkevektoren die Struktur eines elektrischen Feldes anschaulich machen können.

Superposition elektrischer Felder

Kann ein räumliches Gebiet gleichzeitig Träger mehrerer elektrischer Felder sein, die von verschiedenen Punktladungen Q_1, Q_2 ... Q_n erzeugt werden?

Um diese Frage zu klären, versuchen wir, die Kraftwirkung auf eine Probeladung q im Feld zweier verschieden geladener Punktladungen $+Q_1$ und $-Q_2$ anzugeben. Die Punktladung $+Q_1$ wirkt mit der Kraft $\vec{F}_1$ auf die Probeladung, von $-Q_2$ aus wirkt die Kraft $\vec{F}_2$ auf q. Da die beiden Kräfte $\vec{F}_1$ und $\vec{F}_2$ gleichzeitig an q angreifen, erhalten wir die resultierende Kraft $\vec{F}$ auf diese Ladung aus der vektoriellen Addition der beiden Kräfte: $\vec{F} = \vec{F}_1 + \vec{F}_2$.

Aus $\vec{F} = \vec{E} \cdot q$ folgt dann auch:

$$\vec{E} = \vec{E}_1 + \vec{E}_2 \qquad \text{(Abb. A 8.3).}$$

Entsprechend erhalten wir die resultierende Feldstärke, wenn sich die Felder zweier gleichnamiger Ladungen überlagern (Abb. A 8.4).

Superpositionsprinzip: Die von mehreren verteilten Ladungen erzeugten elektrischen Feldstärken in einem Punkt können vektoriell zum resultierenden Feldstärkevektor addiert werden.

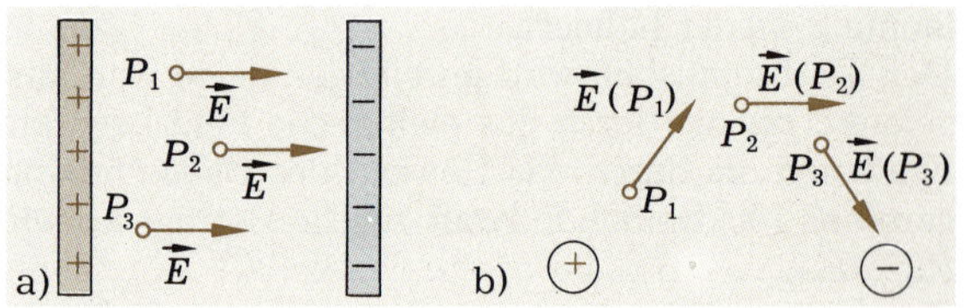

Abb. A 8.2 Elektrisches Feld als Vektorfeld: a) homogen; b) inhomogen

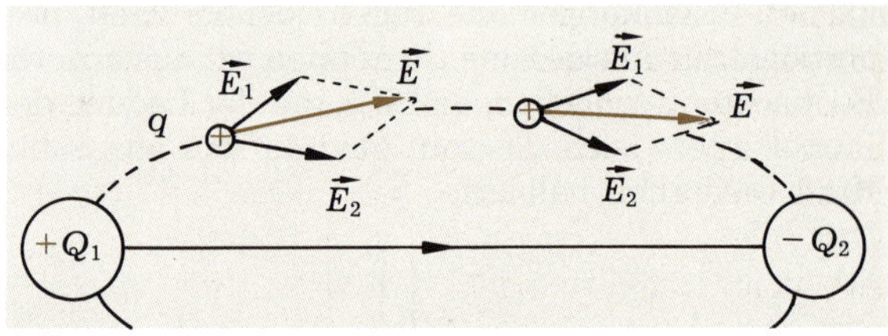

Abb. A 8.3 Überlagerung der Felder zweier verschiedener Punktladungen

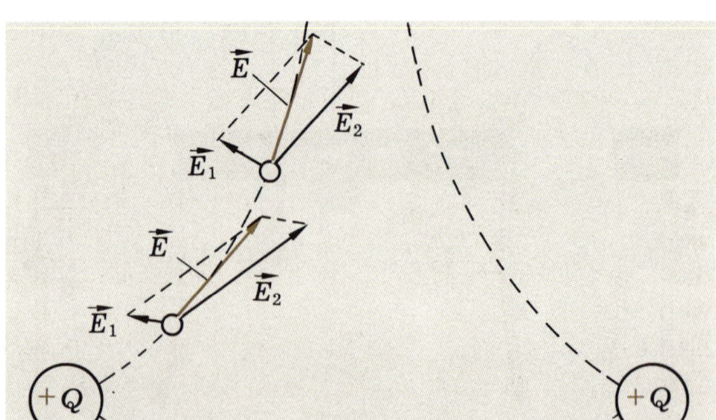

Abb. A 8.4 Überlagerung der Felder zweier gleichnamiger Punktladungen

A 2.5 Energie im elektrischen Feld

Bringen wir einen kleinen Wattebausch mit der positiven Platte eines Plattenkondensators in Berührung, so wird die Watte ebenfalls positiv geladen. Da sich gleichnamig geladene Körper abstoßen, bewegt sich der Wattebausch im Inneren des Plattenkondensators von der positiven Platte weg zur negativen Platte hin. Diesen Vorgang wollen wir in einem *Gedankenversuch* in einzelnen Abschnitten nacheinander untersuchen (Abb. A 9.1).
Beim Berühren der positiv geladenen Platte wird der Wattebausch eine Ladungsmenge Q aufnehmen. Auf die Ladung wirkt eine Kraft vom Betrag:

$$F = Q \cdot E\,.$$

Der Wattebausch wird sich unter dem Einfluß dieser Kraft – zumindest näherungsweise – entlang einer Feldlinie bewegen. Längs des gesamten Weges ändert sich weder der Betrag noch die Richtung der Kraft. Zur Bewegung des Wattebausches muß Arbeit verrichtet werden. Da $\vec{F}$ in Wegrichtung wirkt, ist die Arbeit über die Weglänge d gegeben durch $W = F \cdot d = (Q \cdot E) \cdot d$.

> Die Bewegung der Ladung Q entlang des gesamten Weges d (Abstand der Platten) erfordert die Arbeit:
>
> $$W = Q \cdot E \cdot d\,.$$

Mit der Aufladung des Plattenkondensators ist eine Speicherung der Energie verbunden. Aus diesem *Reservoir an Arbeitsvermögen* ist während der Bewegung des Wattebausches der Betrag $W = Q \cdot E \cdot d$ entnommen worden. Um diesen Anteil hat sich das Arbeitsvermögen des Kondensators vermindert.
In unserem Gedankenversuch wollen wir den Wattebausch kurz vor dem Eintreffen auf der negativen Platte aufhalten und ihn wieder zurückbewegen. Jetzt muß gegen die auf ihn wirkende Kraft $F = Q \cdot E$ Arbeit aufgebracht werden. Erreichen wir die positive Platte, so ist die gesamte Arbeit $W = Q \cdot E \cdot d$ von außen her dem Kondensator wieder zugeführt worden. Diesen Vorgang können wir uns an dem *„Schwerefeld“* der Erde analog veranschaulichen (Abb. A 9.1).
Infolge der Gewichtskraft $\vec{F}_g$ fällt ein Stein von Punkt 1 nach Punkt 2. Die Beschleunigungsarbeit, die dabei verrichtet wird, ist gleich der Hubarbeit $W = F_g \cdot h$. Halten wir den Stein im Punkt 2 auf und bringen ihn wieder an den Ausgangspunkt zurück, so muß gegen die Kraft $\vec{F}_g$ diese Hubarbeit W wieder aufgebracht werden.
Es besteht zwischen dem Stein im Schwerefeld und dem Wattebausch im elektrischen Feld folgende Analogie:
Im Schwerefeld verliert der Stein an potentieller Energie den Betrag $W = F_g \cdot h$. Ähnlich verliert auch der Wattebausch an potentieller Energie; nämlich den Betrag $W = Q \cdot E \cdot d$, wenn er sich im elektrischen Feld

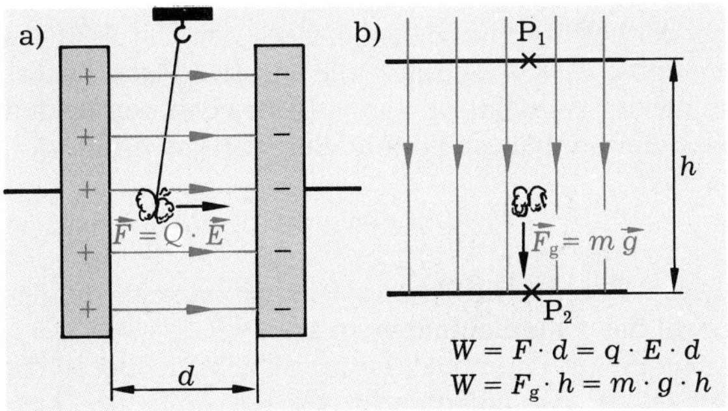

Abb. A 9.1 Potentielle Energie eines geladenen Körpers im elektrischen Feld bzw. eines Körpers im Schwerefeld: a) elektrisches Feld; b) Schwerefeld

von der positiven zur negativen Platte bewegt. Diese potentielle Energie ist jeweils in Bewegungsenergie umgewandelt worden. Bei einem Aufprall des Steins im Punkt 2 bzw. des Wattebausches auf der negativen Platte geht diese Bewegungsenergie in innere Energie über.

A 2.6 Potential und Spannung

Bei unserem Gedankenexperiment in A 2.5 haben wir gezeigt, daß die potentielle Energie einer Ladung wächst, wenn sie unter Arbeitsaufwand im elektrischen Feld bewegt wird. Folglich können wir jedem Punkt des Kondensatorfeldes eine potentielle Energie zuordnen, die der Wattebausch mit der Ladung $+Q$ gegenüber der positiv geladenen Kondensatorplatte besitzt, wenn er von dieser Platte zum Punkt P transportiert wurde. Die so gefundene Feldgröße ist allerdings von der Größe der transportierten Ladung $+Q$ abhängig und somit zur eindeutigen Beschreibung des elektrischen Feldes ungeeignet. Der Quotient W/Q jedoch ist unabhängig von der transportierten Ladung. Dieser Quotient stellt eine weitere Möglichkeit zur Beschreibung des elektrischen Feldes dar.

> Der Quotient aus potentieller Energie W und Ladung Q wird als **elektrisches Potential** φ bezeichnet:
>
> $$\varphi = \frac{W}{Q}\,.$$

Jedem Punkt des elektrischen Feldes kann ein Potentialwert φ zugeordnet werden.
Während wir bisher das elektrische Feld vektoriell durch die Feldstärke $\vec{E}$ beschrieben und uns dabei auf die Kraftwirkung des Feldes bezogen haben, ist das elektrische Potential φ eine skalare Größe.
Aus der Mechanik wissen wir, daß der Nullpunkt der potentiellen Energie willkürlich festgelegt werden kann. Das Potential φ stellt den Quotienten aus der Energie W und der Probeladung Q dar. Daher muß auch der Nullpunkt des Potentials durch eine Vereinbarung festgelegt werden. Zur Vereinfachung wollen

wir der positiven Kondensatorplatte der Abb. A 9.1 das Potential $\varphi_1 = 0$ zuordnen, die negative Platte besitzt dann das Potential $\varphi_2 = E \cdot d$. Zwischen den beiden Kondensatorplatten besteht dann der *Potentialunterschied*

$$\Delta \varphi = E \cdot d \, .$$

Diese **Potentialdifferenz** ist unabhängig von der Wahl des Potentialnullpunktes.
Je größer die Potentialdifferenz ist, desto größer ist die Arbeit W, die aufgebracht werden muß, um eine bestimmte Probeladung Q von einer Platte zur anderen zu bewegen; desto mehr Energie wird aber auch frei, wenn sich eine Ladung von einer Platte zur anderen im elektrischen Feld bewegt. Je größer die Potentialdifferenz ist, desto stärker ist das Bestreben der Ladungen auf beiden Platten, sich auszugleichen.
Für ein beliebiges elektrisches Feld erhalten wir den Potentialunterschied $\Delta \varphi_{1,2}$ zwischen zwei Punkten P_1 und P_2, indem wir die Überführungsarbeit $\Delta W_{1 \to 2}$ für eine Probeladung Q durch den Betrag der Probeladung dividieren:

$$\Delta \varphi_{1,2} = \frac{\Delta W_{1 \to 2}}{Q} \, .$$

Den Potentialunterschied bzw. die Potentialdifferenz zwischen zwei Punkten eines elektrischen Feldes hat man als **Spannung** definiert.

> Die elektrische **Spannung** U zwischen zwei Punkten P_1 und P_2 ist gleich der Potentialdifferenz $\Delta \varphi_{1,2}$ zwischen diesen Punkten. Es gilt:
>
> $$U_{1,2} = \frac{\Delta W_{1 \to 2}}{Q} = \Delta \varphi_{1,2} \, .$$

Die letzte Gleichung zeigt uns, daß die elektrische Spannung genau wie das Potential ein Skalar ist und eine abgeleitete Größe darstellt:

$$[U] = 1 \text{ J/C} = 1 \text{ VAs/As} = 1 \text{ V}.$$

Die Einheit der elektrischen Spannung ist 1 V (Volt).

Bei einer Spannung $U = 1$ V zwischen den Platten eines Plattenkondensators wird bei der Bewegung der Ladung 1 C die Arbeit $W = 1$ J frei oder es muß diese Arbeit aufgebracht werden. Wird für den beschriebenen Vorgang die Zeit $t = 1$ s benötigt, so beträgt die **Leistung** P:

$$P = \frac{W}{t} = \frac{1 \text{ J}}{1 \text{ s}} = 1 \text{ V} \cdot \text{A} = 1 \text{ W (Watt)}.$$

Aus unseren bisherigen Überlegungen folgt weiter:

> Liegt an einem Plattenkondensator mit dem Plattenabstand d die Spannung U zwischen den Platten an, so beträgt die *Feldstärke des homogenen Feldes im Innern des Kondensators:*
>
> $$E = \frac{U}{d} \, .$$

Mikrochip		wenige mV
Antennenspannung		0,1 mV
Nervenzellen		70 mV
Batteriezellen		1,5 V
Taschenlampenbatterie		4,5 V
Akku im Auto		12 V
Netzspannung im Haushalt		230 V
Drehstromnetz		400 V
Fahrspannung der Bundesbahn		15 kV
Hochspannung im Farbfernsehgerät		25 kV
Hochspannungs leitungen bis	380 kV	800 kV

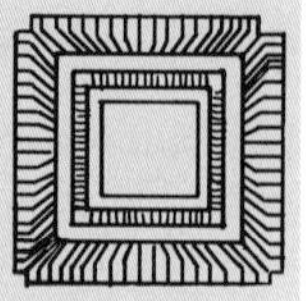

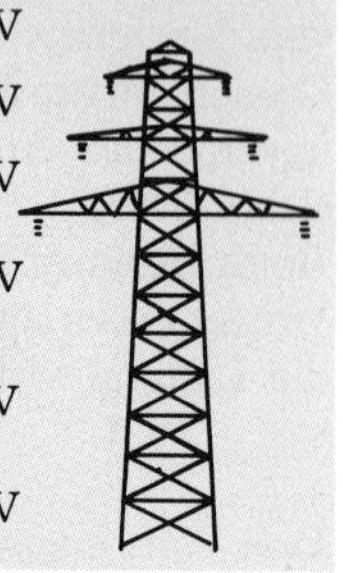

Abb. A 10.1 Beispiele für Spannungen

Aus der Gleichung $E = U/d$ erhalten wir für die *elektrische Feldstärke die Einheit* 1 V/m. Diese läßt sich leicht in die bisher von uns verwendete Einheit 1 N/C umformen.
Die Beschreibung des elektrischen Feldes durch das Potential ist der Feldbeschreibung mit Hilfe der elektrischen Feldstärke gleichwertig. Die elektrische Feldstärke ist ein Vektor und beschreibt die Kraft pro Ladung, das Potential als skalare Größe gibt dagegen eine Aussage über die potentielle Energie pro Ladung. Über die Messung der Spannung ist die Bestimmung der Potentialdifferenz zwischen zwei Punkten leicht durchführbar.
Zum Abschluß dieses Abschnitts wollen wir noch zwei Beispielaufgaben betrachten.

1. Beispiel: *An einem Plattenkondensator ist die Spannung* $U = 1000$ V *angelegt. Auf eine Probeladung* $q = 10^{-9}$ C *wirkt eine Kraft* $F = 5 \cdot 10^{-4}$ N. *Bestimmen Sie die Feldstärke und den Plattenabstand!*
Lösung:

$$E = \frac{F}{q} = \frac{5 \cdot 10^{-4} \text{ N}}{10^{-9} \text{ C}} = 5 \cdot 10^{5} \frac{\text{N}}{\text{C}} = 5 \cdot 10^{5} \frac{V}{m} \, .$$

Aus $d = \dfrac{U}{E}$ *erhalten wir* $d = \dfrac{10^3 \text{ V}}{5 \cdot 10^5 \text{ V/M}} = 0{,}002$ m .

Aufgaben:
1. Berechnen Sie die Kraft $\vec{F}$ auf eine Probeladung $q = 3 \cdot 10^{-9}$ C im elektrischen Feld eines Plattenkondensators mit dem Plattenabstand $d = 6$ cm bei $U = 1$ kV!
2. An einen Plattenkondensator wird eine Spannung $U = 1500$ V gelegt. Auf eine Probeladung $q = 2 \cdot 10^{-9}$ C wirkt im Kondensator eine Kraft $F = 5 \cdot 10^{-4}$ N.
a) Bestimmen Sie die Feldstärke und den Plattenabstand.
b) Wie groß sind Feldstärke und Plattenabstand, wenn die Kraft auf die Probeladung doppelt so groß ist?
3. In ein homogenes Feld der Feldstärke $E = 3{,}5 \cdot 10^5$ V/m wird die Ladung $Q = 5 \cdot 10^{-9}$ C gebracht.
a) Berechnen Sie die Kraft, die auf diese Ladung wirkt.
b) Welche Überführungsarbeit wird verrichtet, wenn die Ladung entgegen der Feldrichtung 3 cm bewegt wird?

A 2.7 Flächenladungsdichte

Im homogenen elektrischen Feld des Plattenkondensators ist die elektische Feldstärke $\vec{E} = \vec{F}/q$ in jedem Punkt dem Betrag und der Richtung nach gleich. Was geschieht, wenn wir senkrecht zu den elektrischen Feldlinien eine Metallplatte in dieses Feld bringen? Im elektrischen Feld wirkt auf jede Probeladung q die Kraft $\vec{F} = q \cdot \vec{E}$. Diese Kraft wirkt auch auf die Leitungselektronen einer Metallplatte. Infolge dieser Kraft werden die Ladungen auf der Metallplatte im elektrischen Feld getrennt. *Diese Ladungstrennung unter dem Einfluß eines elektrischen Feldes haben wir als* **elektrische Influenz** *bezeichnet.*

Versuch 9: Zwischen den Platten eines Plattenkondensators mit dem Plattenabstand d liegt die Spannung U. Wir bringen in das Innere des Kondensators zwei aufeinanderliegende Metallplättchen, die wir an Isolierstäben halten. Ziehen wir die Plättchen im Feld auseinander, so sind sie mit verschiedenen Vorzeichen geladen (Abb. A 11.1). Mit Hilfe eines Meßverstärkers können wir die *„Influenzladung"* messen. Trennen wir dagegen die Metallplatten erst außerhalb des Feldes, so läßt sich keine Ladung mehr nachweisen. Verdoppeln wir bei unserem Versuch die Fläche der Metallplättchen (Fläche $A \to 2\,A$), so verdoppelt sich bei der Trennung der Metallplättchen im Feld auch die „Influenzladung" $(Q \to 2\,Q)$.

Der Quotient Q/A ist konstant, unabhängig davon, an welcher Stelle wir die Metallplättchen in das homogene Feld des Plattenkondensators bringen. Q/A gibt uns ein Maß dafür, wie „dicht" die „Influenzladung" auf den Metallplättchen sitzt.

> Unter der **Flächenladungsdichte** σ einer über die Fläche A gleichmäßig verteilten Ladung Q verstehen wir den Quotienten:
>
> $$\sigma = \frac{Q}{A}\,.$$

Die Einheit der Flächenladungsdichte ist $1\,\mathrm{C/m^2}$. Im feldstärkefreien Raum gilt $\sigma = 0\,\mathrm{C/m^2}$.

Versuch 10: Wir bestimmen die Flächenladungsdichte der felderzeugenden Ladung auf den Kondensatorplatten.

Unter der Voraussetzung, daß wir an die Kondensatorplatten die gleiche Spannung wie in Versuch 9 anlegen, erhalten wir für die Kondensatorplatten die gleiche Flächenladungsdichte wie für die „Influenzladung" auf den Metallplättchen.

Bisher haben wir die elektrische Feldstärke durch die Kraftwirkung auf eine Probeladung definiert. Wir können jetzt vermuten, daß auch ein Zusammenhang zwischen der Flächenladungsdichte σ auf den Kondensatorplatten und der Feldstärke $\vec{E}$ des Kondensatorfeldes besteht.

Versuch 11: An die Platten eines Plattenkondensators der Plattenfläche A legen wir die Spannung U. Anschließend entladen wir den Kondensator über einen Meßverstärker und bestimmen die Ladung Q

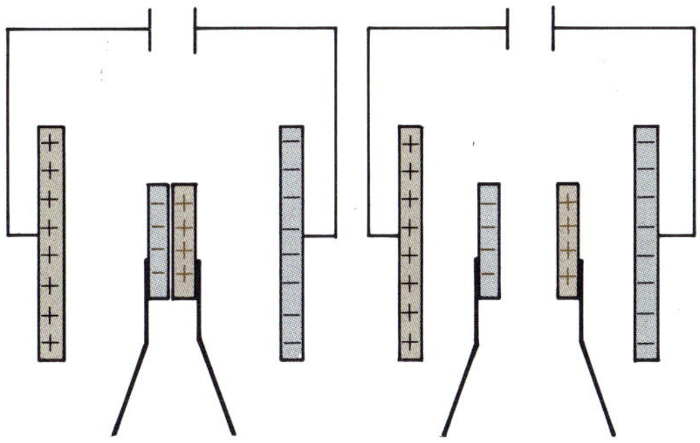

Abb. A 11.1 Zur Bestimmung der Flächenladungsdichte

auf den Kondensatorplatten (Abb. A 11.2). Variieren wir die Spannung am Kondensator und bestimmen jeweils die Flächenladungsdichte auf den Kondensatorplatten, so ist diese der Spannung U und damit auch nach $E = U/d$ der elektrischen Feldstärke proportional.

Bei angeschlossener Spannungsquelle vergrößern wir jetzt den Plattenabstand d. Da jetzt U konstant ist, sinkt die Feldstärke E. Auch in diesem Fall ändert sich die Flächenladungsdichte der felderzeugenden Ladung proportional zur Feldstärke.

Messen wir die Flächenladungsdichte σ als Funktion des Betrages der Feldstärke E mit $E = U/d$, so finden wir den folgenden Zusammenhang zwischen Flächenladungsdichte σ und elektrischer Feldstärke $\vec{E}$:

> Die Flächenladungsdichte σ ist dem Betrag der elektrischen Feldstärke $\vec{E}$ proportional:
>
> $$\sigma = \varepsilon_0 \cdot E\,.$$
>
> Der Proportionalitätsfaktor wird als **elektrische Feldkonstante** ε_0 bezeichnet.

Messungen der Flächenladungsdichte und der elektrischen Feldstärke im Vakuum ergeben:

$$\varepsilon_0 = 8{,}85419 \cdot 10^{-12}\,\frac{\mathrm{C}}{\mathrm{Vm}}\,.$$

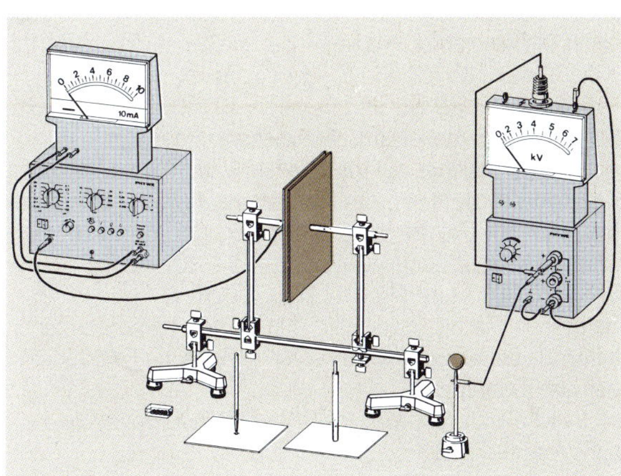

Abb. A 11.2 Versuchsaufbau zur Bestimmung des Zusammenhangs zwischen Flächenladungsdichte und Feldstärke

Nachdem wir den Zahlenwert der elektrischen Feldkonstanten kennen, können wir den obigen Zusammenhang dazu benutzen, um die Feldstärke zu ermitteln:
Wird auf einem Flächenstück die Flächenladungsdichte σ influenziert, so ist dort der Betrag der elektrischen Feldstärke:

$$E = \frac{\sigma}{\varepsilon_0} .$$

Wir können also durch Messung der im elektrischen Feld influenzierten Flächenladungsdichte die elektrische Feldstärke mit Hilfe des *Influenz-Elektrofeldmeters* bestimmen (vgl. S. A 8). So kann z. B. das elektrische Feld in der Umgebung einer geladenen Bandgenerator-Kugel in jedem Punkt des Physikraumes mit einem Influenz-Elektrofeldmeter nachgewiesen und der Betrag der Feldstärke gemessen werden.
Um die Gleichung $E = \sigma/\varepsilon_0$ auch in vektorieller Form schreiben zu können, ordnen wir der influenzierten Flächenladungsdichte einen Vektor zu, den wir als **elektrische Verschiebungsdichte** $\vec{D}$ bezeichnen. Dieser Vektor hat den Betrag von σ und die gleiche Richtung wie die Feldstärke $\vec{E}$. Wir erhalten die

Grundgleichung des elektrischen Feldes:

$$\vec{D} = \varepsilon_0 \cdot \vec{E} .$$

Die elektrische Verschiebungsdichte ist der elektrischen Feldstärke proportional.

Aufgaben:

1. Bestimmen Sie den Betrag der elektrischen Verschiebungsdichte D in einem homogenen elektrischen Feld, wenn auf einer Influenzplatte mit einer Fläche A von 200 cm^2 eine Influenzladung Q von $1{,}5 \cdot 10^{-10}$ C hervorgerufen wird!
2. Welche Influenzladung trägt eine Influenzplatte mit dem Flächeninhalt von 500 cm^2, die von einem homogenen elektrischen Feld mit der elektrischen Verschiebungsdichte $D = 2{,}5 \cdot 10^{-7}$ C/m^2 senkrecht durchsetzt wird?
3. Um die elektrische Feldkonstante ε_0 zu bestimmen, wird ein kreisförmiger Plattenkondensator ($r = 0{,}1$ m) jeweils durch Anlegen einer Spannung von 2 000 V aufgeladen und nach anschließender Trennung von der Spannungsquelle über einen Meßverstärker entladen. Der Meßverstärker mißt folgende Ladungen: $Q_1 = 1{,}8 \cdot 10^{-8}$ C bei $d_1 = 3$ cm; $Q_2 = 10^{-8}$ C bei $d_2 = 5$ cm und $Q_3 = 7 \cdot 10^{-9}$ C bei $d_3 = 8$ cm. Bestimmen Sie die elektrische Feldkonstante!
4. Ein inhomogenes elektrisches Feld wird mit Influenzplatten der Plattenfläche $A = 5$ cm^2 ausgemessen. In verschiedenen Bereichen des Feldes ergeben sich folgende Werte der elektrischen Verschiebungsdichte: $D_1 = 5 \cdot 10^{-7}$ C/m^2; $D_2 = 8 \cdot 10^{-7}$ C/m^2 und $D_3 = 1{,}1 \cdot 10^{-6}$ C/m^2.
Berechnen Sie die jeweils auf den Platten hervorgerufenen Influenzladungen und die (mittlere) elektrische Feldstärke in den drei Bereichen!
b) Welche Kraft wirkt auf jede Seite der Influenzplatte und auf die gesamte Platte?

A 2.8 Coulombsches Gesetz

Auf S. A 1 haben wir experimentell gezeigt, daß gleichnamig geladene Körper sich abstoßen und ungleichnamig geladene Körper sich anziehen. Über den Betrag dieser elektrischen Kraft, auch **Coulomb-Kraft** genannt, haben wir bisher keine Aussage gemacht. Dies wollen wir nun nachholen!
Wir können eine Aussage über die Kraft $\vec{F}$ auf eine Ladung q im elektrischen Feld $\vec{E}$ einer anderen Punktladung Q machen. Es gilt: $\vec{F} = q \cdot \vec{E}(r)$, wobei r der Abstand der beiden Ladungsmittelpunkte bedeutet. Da in der Umgebung einer **Punktladung** die elektrischen Feldlinien radial verlaufen, benötigen wir folglich eine Aussage über die **elektrische Feldstärke im radialen Feld.**
Versuch 12: Mit Hilfe eines Influenz-Elektrofeldmeters messen wir den Betrag der elektrischen Feldstärke in der Umgebung einer geladenen Kugel. Unser Meßgerät muß hierbei stets so gehalten werden, daß die elektrischen Feldlinien die Metallplättchen, auf denen die Influenzladungen erzeugt werden, senkrecht durchsetzen.
Bei Verdoppelung des Abstandes r – vom Mittelpunkt der felderzeugenden Ladung Q aus gemessem – reduziert sich der Betrag der Feldstärke auf ein Viertel, bei Verdreifachung von r vermindert sich E auf ein Neuntel etc. (Abb. A 13.2). Wir vermuten daher:

$$E(r) \sim \frac{1}{r^2} .$$

Diese Vermutung wollen wir nun weiter überprüfen.
Versuch 2: Wir laden eine isoliert aufgestellte Metallkugel durch kurzzeitiges Berühren mit dem positiven Pol einer Spannungsquelle (Abb. A 13.1 a) und messen mit dem Meßverstärker die von der Kugel aufgenommene Ladung Q. Die isolierten, ungeladenen Halbkugeln werden der geladenen Kugel soweit angenähert, bis sie diese als Hohlkugel umschließen, ohne sie zu berühren. Die äußere Oberfläche der Hohlkugel ist durch elektrische Influenz positiv geladen, während die Innenseite die entgegengesetzte Ladung trägt (Abb. A 13.1 b).
Erden wir nun die Hohlkugel auf der Außenseite, so fließen die auf der äußeren Oberfläche sitzenden positiven Influenzladungen ab. Wir können nun mit Hilfe des Meßverstärkers nachweisen, daß die auf der Hohlkugel verbleibende Ladung genauso groß ist wie die Ladung auf der inneren Kugel, aber entgegengesetztes Vorzeichen besitzt.
Ist r_K der Radius der Hohlkugel, so beträgt die Flächenladungsdichte der influenzierten Ladung:

$$\sigma = \frac{Q}{4\pi \cdot r_K^2} .$$

In einem *Gedankenexperiment* können wir um die felderzeugende geladene Kugel metallische Kugelschalen mit verschiedenen Radien r legen. Immer gilt für die Flächenladungsdichte die Beziehung:

$$\sigma = \frac{Q}{4\pi \cdot r^2} .$$

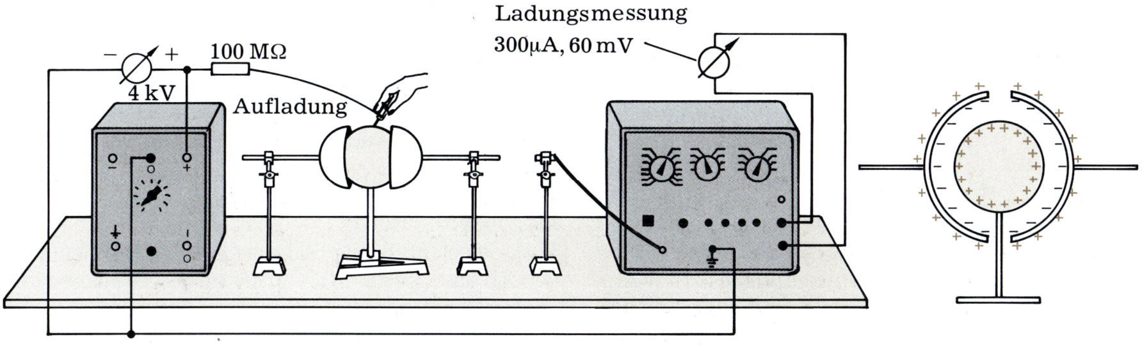

Abb. A 13.1 a) Influenzversuch mit Halbkugeln nach Cavendish b) Ladungsverteilung beim Influenzversuch

In der unmittelbaren Umgebung der Probeladung q dürfen wir ein Kugelhaubenstück als eben ansehen. Somit erhalten wir mit $\sigma = \varepsilon_0 \cdot E$ für die Feldstärke im radialen elektrischen Feld:

> Der Betrag der elektrischen Feldstärke E im **Radialfeld einer Punktladung** ist proportional zur Ladung Q und umgekehrt proportional zum Quadrat des Abstandes r von der Ladung:
> $$E(r) = \frac{1}{4\pi\varepsilon_0} \cdot \frac{Q}{r^2}.$$

Für die Kraft F auf eine Probeladung q im Abstand r von der felderzeugenden Ladung Q gilt dann:

$$F(r) = q \cdot E(r) = \frac{1}{4\pi\varepsilon_0} \cdot \frac{Q \cdot q}{r^2}.$$

Bezeichnen wir die felderzeugende Ladung mit Q_1 und die Probeladung mit Q_2, so gilt das

> **Coulombsches Gesetz:**
> Zwei punktförmige Ladungen Q_1 und Q_2 wirken mit einer Kraft $F(r)$ aufeinander, die dem Produkt der beiden Ladungen direkt proportional und dem Quadrat ihrer Entfernung umgekehrt proportional ist:
> $$F(r) = \frac{1}{4\pi\varepsilon_0} \cdot \frac{Q_1 \cdot Q_2}{r^2}.$$

Die **Coulomb-Kraft** zeigt in Richtung der Verbindungslinie der beiden Punktladungen (bzw. Kugelmitten) und ist je nach dem Vorzeichen der Ladungen entweder anziehend oder abstoßend. Der Proportionalitätsfaktor $\frac{1}{4\pi\varepsilon_0}$ hat in Luft angenähert den Wert $9 \cdot 10^9 \frac{\text{Nm}^2}{\text{C}^2}$; d. h. zwei ungleichmäßig geladene Körper mit einer Ladung von je 1 C üben im Abstand von 1 m aufeinander eine anziehende Kraft von $9 \cdot 10^9$ N aus. Diese Kraft von fast 10 Milliarden Newton entspricht der Gewichtskraft eines Berges von mehr als 100 m Höhe bzw. der Gewichtskraft der Cheopspyramide. Wir ersehen daraus, daß eine Ladungsmenge von 1 C für unseren Erfahrungsbereich sehr groß ist und wir

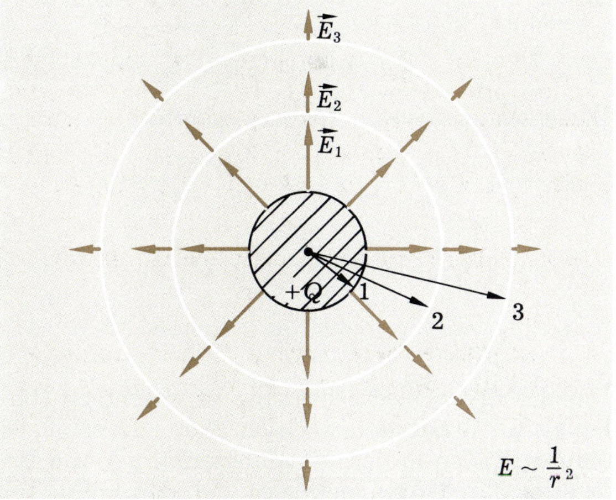

Abb. A 13.2 Elektrische Feldstärke $\vec{E}$ im Radialfeld

Kräfte zwischen wesentlich kleineren Ladungen einfach nachweisen können.

Wir haben das Coulombsche Gesetz aus den Vorstellungen der elektrischen Feldtheorie entwickelt. *Charles Augustin Coulomb* (1736–1806) ging einen anderen Weg. Er stellte das Gesetz über die Kraftwirkung elektrischer Ladungen in Analogie zu dem 100 Jahre vorher durch *Newton* entdeckte Gravitationsgesetz auf (vgl. S. 94).

Dieses Gesetz besagt, daß sich zwei „punktförmige" Massen m_1 und m_2 mit einer Kraft anziehen, die dem Produkt der beiden Massen direkt proportional und dem Quadrat ihrer Entfernung umgekehrt proportional ist.

Beispiel 1: *Eine Konduktorkugel besitzt die Ladung $Q_1 = 5 \cdot 10^{-8}$ C. In ihrer Nähe hängt isoliert ein ungeladener Tischtennisball mit versilberter Oberfläche. Die Mittelpunkte der Kugeln befinden sich gleich hoch über dem Boden und haben den Abstand $r = 15$ cm voneinander.*

Wie hoch ist die horizontale Anfangsbeschleunigung des Tischtennisballs, wenn auf ihn die Ladung $Q_2 = 2 \cdot 10^{-8}$ C gebracht wird und seine Masse $m = 10$ g ist?

Lösung: Die Kugeln verhalten sich elektrisch wie Punktladungen im Abstand r. Folglich wirkt zwischen ihnen die Coulombkraft:

$$F_{el} = \frac{1}{4\,\pi\,\varepsilon_0} \cdot \frac{Q_1 \cdot Q_2}{r^2}.$$

Mit dieser Kraft wird der Tischtennisball von der Konduktorkugel weg beschleunigt. Die Beschleunigung erhalten wir mit Hilfe der Grundgleichung der Mechanik: $F = m \cdot a$

$$a = \frac{F_{el}}{m} = \frac{1}{4\,\pi\,\varepsilon_0} \cdot \frac{Q_1 \cdot Q_2}{r^2} \cdot \frac{1}{m}$$

$$a = 4 \cdot 10^{-2}\,\frac{\text{m}}{\text{s}^2}.$$

Beispiel 2: *Zwei kleine Kugeln mit den Massen* $m_1 = m_2 = 1$ g *tragen die negativen Ladungen* $Q_1 = Q_2 = 10^{-9}$ C. *Vergleichen Sie die elektrische Wechselwirkungskraft mit der Gravitationskraft!*

Lösung: $$F_{el} = \frac{1}{4\,\pi\,\varepsilon_0} \cdot \frac{Q_1 \cdot Q_2}{r^2}.$$

$$F_{grv} = G \cdot \frac{m_1 \cdot m_2}{r^2} \qquad \text{(vgl. S. 94)}$$

Wir bilden den Quotienten und erhalten:

$$\frac{F_{el.}}{F_{grv.}} = \frac{1}{4\,\pi\,\varepsilon_0\,G} \cdot \frac{Q_1 \cdot Q_2}{m_1 \cdot m_2}$$

$$= \frac{10^{-18}\,\text{A}^2\,\text{s}^2}{4\,\pi\,\varepsilon_0\,G \cdot 10^{-6}\,\text{kg}^2}$$

$$= 1{,}35 \cdot 10^8.$$

Die elektrische Wechselwirkung ist wesentlich stärker als die Gravitationswechselwirkung. Dennoch ist die Gravitation in unserer Alltagserfahrung von Bedeutung. Der Grund hierfür ist, daß der größte Teil der uns umgebenden Materie elektrisch neutral ist und nur ein geringer Überschuß bzw. Mangel an Ladung auftritt. Außerdem beträgt die Erdmasse etwa $6 \cdot 10^{24}$ kg!

Beispiel 3: *Atomkerne bestehen aus Protonen und Neutronen. Wir wollen den Betrag der elektrostatischen Abstoßungskräfte zwischen zwei Protonen in einem Atomkern berechnen. Dabei beträgt der Abstand zwischen zwei Protonen etwa* $r = 5 \cdot 10^{-15}$ m *und die Ladung eines Protons* $Q = 1{,}602 \cdot 10^{-19}$ C. *Außerdem bestimmen wir noch die Masse eines Körpers, den diese Kraft im Schwerefeld der Erde an der Erdoberfläche tragen könnte.*

Lösung: Wir berechnen den Betrag der elektrostatischen Abstoßungskraft mit Hilfe des Coulombschen Gesetzes.

$$F_e = \frac{1}{4\,\pi\,\varepsilon_0} \cdot \frac{Q^2}{r^2} = 8{,}9875 \cdot 10^9\,\frac{\text{Nm}^2}{\text{C}^2} \cdot \frac{(1{,}602 \cdot 10^{-19}\,\text{C})^2}{25 \cdot 10^{-30}\,\text{m}^2}$$

$$F_e \approx 9{,}2\ \text{N}.$$

Mit Hilfe der Grundgleichung der Mechanik $F = m \cdot a$ *berechnen wir mit* $a = g = 9{,}81\ \text{m/s}^2$ *die Masse, die diese abstoßende Kraft an der Erdoberfläche tragen könnte. Aus* $F = F_e = m \cdot g$ *folgt:*

$$m = \frac{F_e}{g} = \frac{9{,}2\ \text{N}}{9{,}81\ \text{m/s}^2} = 0{,}94\ \text{kg}.$$

Die abstoßende Kraft zwischen zwei Protonen ist folglich so groß, daß sie fast das Gewicht von 1 kg Materie tragen könnte. Ein Kilogramm Materie enthält aber $6{,}023 \cdot 10^{26}$ Protonen und Neutronen. Folglich wirken in den Atomkernen starke elektrostatische Kräfte, die diese Kerne zu sprengen versuchen. Da die meisten Atomkerne aber stabil sind, müssen die *Kernkräfte,* die den Kern zusammenhalten, noch stärker sein.

Aufgaben:

1. a) Berechnen Sie im Feld einer positiv geladenen Kugel ($r = 2{,}5$ cm; $Q_1 = 9 \cdot 10^{-12}$ C) die elektrische Feldstärke in den Punkten P_1 und P_2, die $r_1 = 4{,}6$ cm und $r_2 = 10$ cm vom Kugelmittelpunkt entfernt sind!
b) Bestimmen Sie die Spannung zwischen P_1 und P_2!
c) Welche Kraft wirkt jeweils in den Punkten P_1 und P_2 auf eine positive Ladung $Q_2 = 3 \cdot 10^{-12}$ C?
d) Welche Arbeit muß verrichtet werden, um die Ladung Q_2 im Feld der Ladung Q_1 von P_2 nach P_1 zu verschieben?

2. a) Wie groß ist die elektrische Feldstärke in 30 cm Entfernung von einer punktförmigen Ladung $Q_1 = 10^{-8}$ C?
b) Welche Kraft erfährt dort eine zweite, gleich große Ladung?
c) Welche Ladung Q_2 müßten wir in 15 cm Entfernung von Q_1 bringen, wenn die anziehende Kraft $F = 10^{-2}$ N betragen soll?

3. a) Die geladene Kugel eines Bandgenerators trägt eine Ladung $Q = 1{,}5 \cdot 10^{-6}$ C. Bestimmen Sie die Feldstärke in 50 cm Entfernung vom Kugelmittelpunkt!
b) Welche Kraft erfährt dort eine Probeladung von $q = 1 \cdot 10^{-12}$ C?
c) Welche Ladung wird in 50 cm Entfernung von Q auf einer kreisförmigen Metallplatte mit dem Durchmesser $d = 10$ cm influenziert, wenn die Plattenmitte senkrecht zu den elektrischen Feldlinien steht?
d) Welche Ladung wird auf einer Kugel influenziert, welche die gesamte Generatorkugel umfaßt?

4. a) Wie groß ist die Gesamtladung der Erde an der Erdoberfläche, wenn dort die elektrische Feldstärke $E = 130$ V/m gemessen wird und die Erde als vollkommene Kugel mit gleicher Ladungsverteilung an der Oberfläche betrachtet wird? Der Erdradius beträgt $r = 6370$ km.
b) Warum ist es unmöglich, mit einem z. B. 2 m breiten Stecker ein Elektrogerät mit der elektrischen Energie des Erdfeldes zu betreiben?
c) Welche Ladung müßte auf dem Mond aufgebracht werden, um die zwischen Erde und Mond wirkenden Gravitationskräfte zu kompensieren?
Die Mondmasse beträgt $7{,}3 \cdot 10^{22}$ kg; die Erdmasse ist 81 mal so groß.

5. a) Zwei gleiche Kugeln von je $1{,}3 \cdot 10^{-2}$ N Gewichtskraft sind an je einem 0,45 m langen, oben an demselben Punkt befestigten Faden aufgehängt und tragen gleiche Ladungen. Die Kugelmittelpunkte haben einen Abstand von 15 cm. Bestimmen Sie die Ladung jeder Kugel!
b) Wie verändern sich die Auslenkungen beider Kugeln, wenn die Ladung der linken Kugel verdoppelt wird?
c) Die Masse der linken Kugel ist doppelt so groß wie die der rechten. Bestimmen Sie die Abstände der Kugeln vom Lot des Aufhängepunktes, wenn beide Kugeln die gleiche Ladung tragen!

A 3. Kondensatoren

A 3.1 Kapazität des Plattenkondensators

Verbinden wir einen Plattenkondensator mit einer Spannungsquelle der Spannung U, so erhält die eine Platte ebensoviel zusätzliche Elektronen, wie von der anderen Platte abgezogen werden. Auf der einen Platte befindet sich dann die Ladung $+Q$, auf der anderen die Ladung $-Q$. Wir sagen: *„Der Kondensator enthält die Ladung Q“.*
Wovon hängt diese Ladung Q ab?
Tragen die Platten des Kondensators die Ladungen $+Q$ und $-Q$, so herrscht im Innern des Kondensators die elektrische Feldstärke:

$$E = \frac{1}{\varepsilon_0} \cdot \frac{Q}{A}.$$

Ist U die Spannung zwischen den Kondensatorplatten und d deren Abstand, so erhalten wir mit $E = U/d$

$$Q = \varepsilon_0 \cdot \frac{A}{d} \cdot U.$$

Folglich ist die Ladungsmenge, die ein Plattenkondensator aufnehmen kann, abhängig von der Plattenfläche A, dem Plattenabstand d und der angelegten Spannung U. Werden Plattenfläche und Plattenabstand nicht verändert, so ist die Ladung Q auf den Platten zur angelegten Spannung proportional. Dieses Ergebnis wollen wir mit Hilfe eines Experimentes noch einmal bestätigen.
Versuch 1: Wir messen gemäß Abb. A 15.1 in einer Versuchsreihe die Ladung Q bei Veränderung der Spannung U.
Unsere Meßergebnisse bestätigen, daß mit zunehmender Spannung U die Ladung Q im gleichen Verhältnis steigt: also $Q \sim U$ ist.
Der Quotient Q/U ist für eine bestimmte Plattenanordnung konstant. Er gibt an, welche Ladungsmenge bei einer bestimmten Spannung im Kondensator gespeichert werden kann.

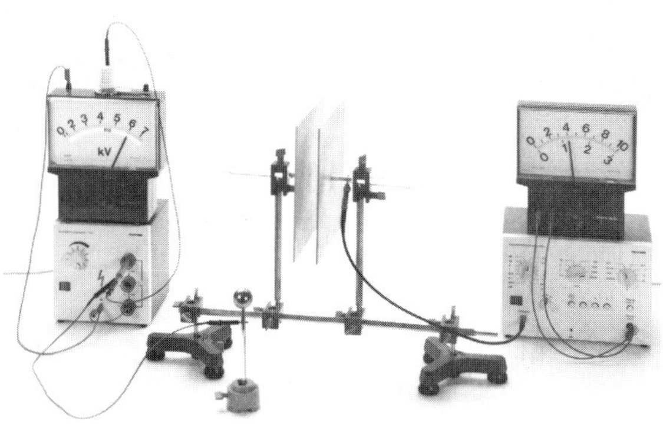

Abb. A 15.1 Zusammenhang zwischen Ladung und Spannung beim Plattenkondensator

Unter der **Kapazität** C eines Kondensators verstehen wir den Quotienten aus der Ladung Q und der Spannung U:

$$C = \frac{Q}{U}.$$

Hier bedeutet C die *Kapazität.* Da die Einheit 1 Coulomb mit C abgekürzt wird, ist auf die unterschiedliche Schreibweise dieses Buchstabens zu achten!
Die Einheit der Kapazität ist 1 C/V = 1 F *(Farad).*
Bei technisch nutzbaren Kondensatoren wird die Kapazität in Bruchteilen der Einheit 1 F angegeben:

1 mF (Millifarad) = 10^{-3} F
1 µF (Mikrofarad) = 10^{-6} F
1 nF (Nanofarad) = 10^{-9} F
1 pF (Pikofarad) = 10^{-12} F

Aus der Gleichung $Q = (\varepsilon_0 \cdot A/d) \cdot U$ folgt für die Kapazität C des Plattenkondensators:

Die **Kapazität des Plattenkondensators** ist zu der Plattenfläche A und dem Kehrwert des Plattenabstandes d proportional:

$$C = \varepsilon_0 \cdot \frac{A}{d}.$$

Die letzte Gleichung gilt nur unter der Voraussetzung, daß das Kondensatorfeld noch genügend homogen ist; d. h. der Plattenabstand muß klein gegen den Plattendurchmesser sein.

Aufgaben:
1. a) Welche Kapazität hat ein Plattenkondensator mit dem Plattenabstand $d = 5$ mm, wenn die kreisförmigen Platten einen Durchmesser von $2\,r = 16$ cm haben?
b) Welche Ladung nimmt jede Platte auf, wenn die Spannung $U = 1$ kV angelegt wird?
c) Bestimmen Sie die elektrische Feldstärke!
d) Berechnen Sie die Flächenladungsdichte!
e) Mit welcher Kraft ziehen sich die Platten an?
f) Bestimmen Sie die Influenzladung auf einer Metallplatte der Fläche $A = 20$ cm^2, die senkrecht zu den Feldlinien in das Feld gehalten wird!
2. **Kugelkondensator:** Im Innern einer metallischen Hohlkugel mit dem Radius r_2 befindet sich zentrisch eine geladene Metallkugel mit Radius r_1.
a) Zeigen Sie, daß auch beim Kugelkondensator die Ladung proportional zur angelegten Spannung ist und bestimmen Sie den Proportionalitätsfaktor C!
b) Wie ändert sich die Kapazität C, wenn der Radius der Hohlkugel gegen unendlich strebt?

A 3.2 Plattenkondensator mit Dielektrikum

Bisher haben wir nur elektrische Felder im luftgefüllten Raum bzw. Vakuum untersucht. Unsere Ergebnisse gelten daher nur für diese Sonderfälle. Wir wollen nun untersuchen, wie sich das elektrische Feld eines Plattenkondensators ändert, wenn wir einen Isolator in dieses Feld bringen.

Versuch 2: Wir bringen einen Isolator, in diesem Fall auch **Dielektrikum** genannt, in das elektrische Feld eines Plattenkondensators.

Wir beobachten ein Absinken der Spannung bei konstanter Ladung. Wie ist diese Beobachtung zu erklären?

In Isolatoren sind zwar keine frei verschiebbaren Ladungen vorhanden, dennoch haben diese Stoffe bedeutenden Einfluß auf elektrostatische Felder. Bei manchen Stoffen, wie z. B. bei Wasser und Äthylalkohol, sind die Moleküle **elektrische Dipole,** bei denen die *Schwerpunkte von positiven und negativen Ladungen nicht zusammenfallen.* Außerhalb eines elektrischen Feldes sind die Dipole infolge der Temperaturbewegung regellos orientiert. Innerhalb eines Feldes richten sich die Dipole längs der Feldlinien aus (Abb. A 16.1).

Aber auch bei Isolatoren, deren Moleküle keine Dipole sind, verschieben sich positive und negative Ladungen in entgegengesetzter Richtung unter dem Einfluß eines elektrischen Feldes. Der positiven Kondensatorplatte steht somit eine Schicht negativer Ladungen der Moleküle des Dielektrikums gegenüber und entsprechend der negativen Platte eine positive Ladungsschicht (Abb. A 16.2).

Deshalb endet ein Teil der von der positiven Platte ausgehenden Feldlinien an der negativen Schicht des Dielektrikums und beginnt neu in der positiven Schicht. Nur wenige Feldlinien durchsetzen den Isolator; das Kondensatorfeld wird durch das Dielektrikum geschwächt.

Bringen wir einen Isolator in ein elektrisches Feld, so verringert sich die Feldstärke vom ursprünglich vorhandenen Wert E auf

$$E^* = \frac{E}{\varepsilon_r}.$$

Die Materialkonstante ε_r heißt relative Dielektrizitätskonstante.

Beispiele für Dielektrizitätskonstanten

Stoff	ε_r
Luft	1,0006
Glas	4 bis 15
Porzellan	6
Wasser (Dipole)	81
Papier	1,2 bis 3
Äthylalkohol (Dipole)	26
Keramik mit Ba, Sr, Ti	10 000

Materialien mit hoher Dielektrizitätskonstanten sind für den Bau von Kondensatoren wichtig. Infolge des Dielektrikums sinkt bei gleicher Ladung die Spannung am Kondensator auf den Wert:

$$U = E^* \cdot d = \frac{E \cdot d}{\varepsilon_r} = \frac{1}{\varepsilon_r} \frac{Q \cdot d}{\varepsilon_0 \cdot A}.$$

Bringen wir einen Isolator in das elektrische Feld eines Plattenkondensators, so wird dessen Kapazität vergrößert:

$$C = \frac{Q}{U} = \varepsilon_0 \cdot \varepsilon_r \cdot \frac{A}{d}.$$

Aufgaben:

1. a) Welche Kapazität hat ein Plattenkondensator aus zwei kreisförmigen Metallplatten vom Radius 6 cm, die sich in 2 mm Abstand gegenüberstehen?

b) Welche Ladung nimmt der Kondensator auf, wenn die Spannung $U = 500$ V angelegt wird?

c) Wie groß sind die elektrische Feldstärke und die Flächenladungsdichte im Feld zwischen den Platten?

d) Wie ändern sich Ihre Ergebnisse, wenn zwischen die Kondensatorplatten Porzellan gebracht wird?

2. An einem Plattenkondensator ($d = 2{,}7$ mm) der Kapazität $C = 50$ nF wird eine Spannung U von 300 V angelegt.

a) Welche Ladung nimmt der Kondensator auf? Berechnen Sie die Feldstärke im homogenen Teil des Feldes.

b) Wir verdoppeln bei angeschlossener Spannungsquelle den Plattenabstand. Wie verändern sich Spannung, Feldstärke und Kapazität?

c) Wir trennen den Kondensator von der Spannungsquelle und verdoppeln dann den Plattenabstand. Welche Auswirkungen auf Spannung, Feldstärke und Kapazität treten nun ein?

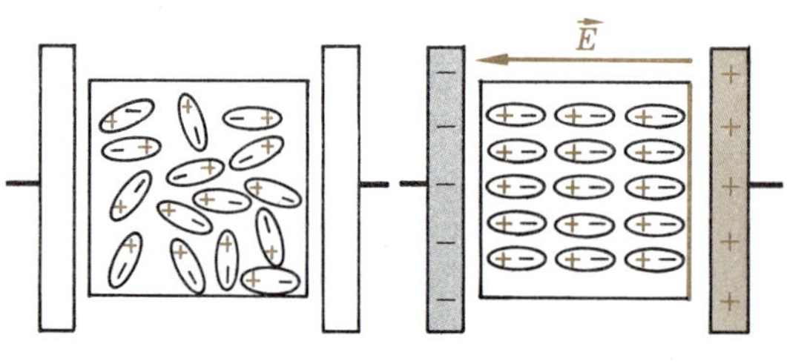

Abb. A 16.1 Ladungsverteilung bei Isolatoren unter dem Einfluß eines elektrischen Feldes

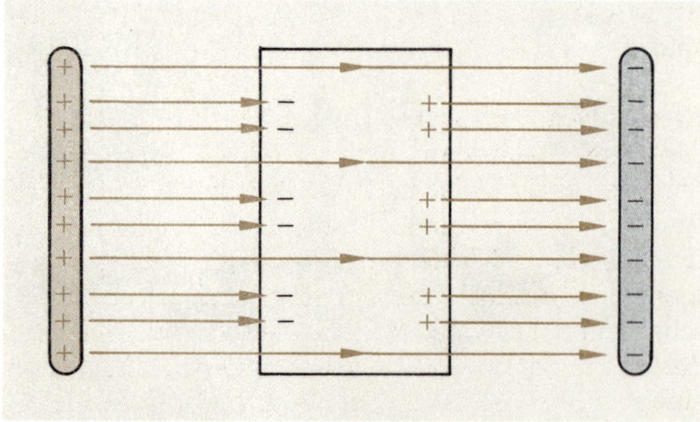

Abb. A 16.2 Elektrisches Feld eines Plattenkondensators mit einem Dielektrikum

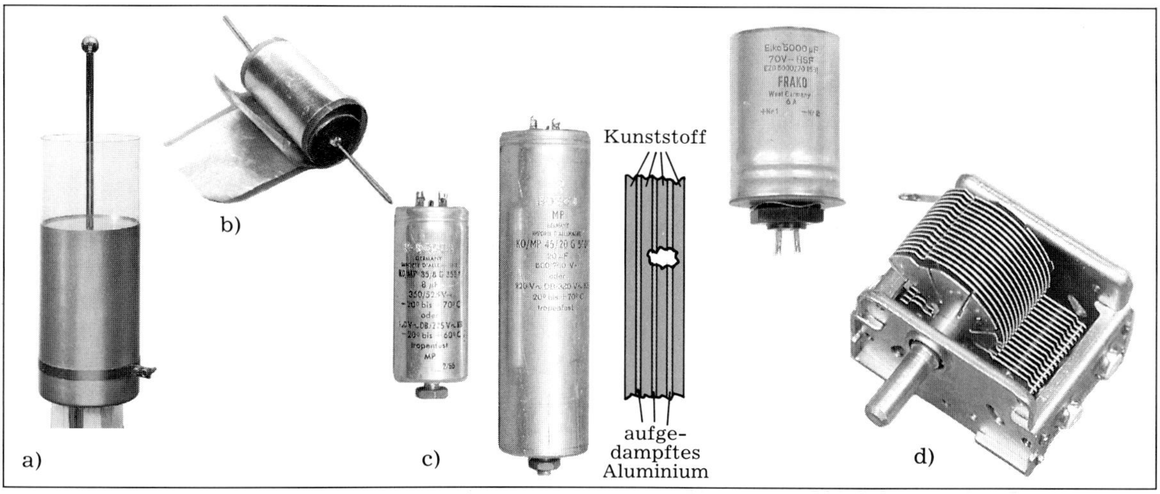

Abb. A 17.1 Verschiedene technische Kondensatoren: a) Leidener Flasche; b) Wickelkondensator; c) Elektrolytkondensator; d) Drehkondensator

A 3.3 Technische Kondensatoren

Leidener Flasche (Abb. A 17.1 a)
Die ersten Kondensatoren waren die Leidener Flaschen aus dem 18. Jahrhundert. Ein Glaszylinder ist innen und außen zu je zwei Drittel mit Stanniolpapier umwickelt. Der innere Teil ist mit einer Metallkugel verbunden. Beim Aufladen der Kugel wird die innere Hülle der Flasche mitgeladen. Gleichzeitig wird eine gleich große Ladungsmenge mit entgegengesetztem Vorzeichen auf der äußeren Hülle influenziert. Zwischen den beiden Hüllen befindet sich isolierendes Glas als Dielektrikum.

Wickelkondensator (Abb. A 17.1 b)
Ein dünner (imprägnierter) Papierstreifen von etwa 0,1 mm Dicke trennt zwei dünne Aluminiumschichten voneinander. Diese Schichten stellen die beiden Kondensatorplatten dar. Mit Hilfe eines weiteren Papiers oder einer Kunststoffolie läßt sich die Anordnung auf engstem Raum aufwickeln. Eine Sonderform dieses Kondensatortyps ist der MP-Kondensator. Auf dem Papierdielektrikum ist eine außerordentlich dünne Metallschicht (z. B. Aluminium) aufgedampft. Kommt es beim MP-Kondensator zu einem Überschlag, so verbrennt durch den Lichtbogen die Metallschicht stärker als das Dielektrikum. Dadurch wird die defekte Stelle wieder isoliert. Der Kondensator „heilt" sich selbst.

Elektrolytkondensator (Abb. A 17.1 c)
Als Kondensatoren mit höheren Kapazitäten verwendet man häufig Elektrolytkondensatoren. Die positive Elektrode besteht aus Aluminium, während die negative aus einem Elektrolyten besteht, der über einen metallischen Anschluß nach außen geführt wird. Zwischen den Elektroden wird bei der Herstellung eine dünne Oxidschicht elektrolytisch aufgebaut. Sie liefert eine sehr hohe Kapazität auf kleinem Raum. Wird dieser Kondensator falsch gepolt, so wird die Oxidschicht zerstört. Explosionsgefahr!

Drehkondensator (Abb. A 17.1 d)
Außer den bereits beschriebenen Kondensatortypen werden in der Technik oft Kondensatoren mit variabler Kapazität benötigt. Drehkondensatoren bestehen aus zwei Plattensystemen, die gegeneinander verdreht werden können. Da die Fläche der gegenüberliegenden Platten proportional zum Drehwinkel ist, besteht auch eine Proportionalität zwischen Drehwinkel und Kapazität.
Drehkondensatoren befinden sich z. B. in älteren Rundfunkgeräten. Dort dienen sie zur genauen Abstimmung auf den zu empfangenden Sender.

Aufgaben:

1. Eine Leidener Flasche hat den mittleren Durchmesser 6 cm und ist in der Grundfläche ganz und an den Seiten 30 cm hoch mit Stanniol belegt. Welche Ladung nimmt sie bei 60 kV auf, wenn das Glas 3 mm dick ist und die Dielektrizitätszahl $\varepsilon_r = 6$ ist?
2. Ein Blockkondensator besteht aus zwei zusammengewickelten Stanniolstreifen, von denen jeder eine Fläche von 8 m^2 besitzt. Das Dielektrikum besteht aus Papier der Dicke $d = 0{,}03$ mm ($\varepsilon_r = 2{,}5$). Bestimmen Sie die Kapazität und die Ladung des Kondensators, wenn eine Spannung von 150 V angelegt wird. Bei welcher Spannung trägt der Kondensator eine Ladung von 10^{-5} C?
3. Wie lang müssen zwei 4 cm starke Stanniolstreifen eines Blockkondensators der Kapazität 1 nF sein, wenn sich zwischen den Streifen Papier der Dicke $d = 0{,}04$ mm ($\varepsilon_r = 2$) befindet?
4. Ein Drehkondensator besitzt 20 feste und 19 drehbare Platten, die halbkreisförmig sind und einen Radius von 4 cm besitzen. Wie groß ist die maximale Kapazität des Drehkondensators, wenn der Plattenabstand $d = 1{,}5$ mm beträgt?
5. Der Radius der inneren Kugel eines Kugelkondensators beträgt 5 cm, der Innenradius der Außenkugel 30 cm. Die Innenkugel ist positiv geladen und trägt eine Ladung $Q = 5 \cdot 10^{-8}$ C.
Bestimmen Sie die Kapazität dieses Kondensators, wenn sich zwischen den Kugeln Luft bzw. Wasser befindet!

A 3.4 Schaltung von Kondensatoren

Bei der Ladungsmessung mit dem Meßverstärker wird parallel zum Eingang des Verstärkers ein Kondensator *parallel* geschaltet, dessen Kapazität C_M groß ist gegen die unbekannte Kapazität C_x des Kondensators, auf dem sich die zu messende Ladung Q_x befindet. Wird diese Ladung dem Meßverstärker zugeführt, so ist die Spannung an beiden Kondensatoren gleich. Aus $Q = C \cdot U$ folgt dann, daß die Ladungen auf den beiden Kondensatoren sich genauso verhalten wie ihre Kapazitäten:

$$U = \frac{Q}{C_M} = \frac{Q_x}{C_x} \quad \text{bzw.} \quad \frac{Q_x}{Q} = \frac{C_x}{C_M}.$$

Wenn C_x sehr viel kleiner als C_M ist, fließt praktisch die gesamte Ladung Q_x auf den Meßkondensator und kann nachgewiesen werden.
Um die unbekannte Kapazität C_x eines Kondensators zu bestimmen, können wir diesen in Serie schalten mit einem Kondensator, dessen Kapazität C_0 bekannt ist. Legen wir an diese *Serienschaltung* eine Spannung U an, so liegen an den Kondensatoren die Teilspannungen U_0 und U_x. Da beide Kondensatoren die gleiche Ladung Q besitzen, gilt:

$$Q = C_x \cdot U_x = C_0 \cdot U_0$$

oder umgeformt:

$$\frac{C_x}{C_0} = \frac{U_0}{U_x}.$$

Dabei muß die Messung der Teilspannungen mit einem statischen Voltmeter erfolgen, dessen Kapazität sehr klein gegen C_x und C_0 ist.
In unseren Beispielen haben wir Kondensatoren zusammengeschaltet. Schalten wir mehrere Kondensatoren zusammen, so ergibt sich stets eine bestimmte Gesamtkapazität. Die Grundtypen jeder Zusammenschaltung von Kondensatoren sind **Parallel-** und **Reihenschaltung.**
Parallelschaltung: Wird an zwei parallel geschalteten Kondensatoren mit den Kapazitäten C_1 und C_2 die Spannung U angelegt (Abb. A 18.1 a), so liegt an jedem Kondensator die gleiche Spannung U und die Kondensatoren tragen die Ladungen Q_1 und Q_2. Sollen die beiden Kondensatoren durch einen Kondensator der Kapazität C ersetzt werden, so müssen die Platten des Ersatzkondensators die Ladungen vom Betrag $Q = Q_1 + Q_2$ aufnehmen. Somit gilt:

$$Q = C_1 \cdot U + C_2 \cdot U = (C_1 + C_2) \cdot U.$$

Da auch am Ersatzkondensator die Spannung U anliegt, folgt:

$$C = C_1 + C_2.$$

> Bei der **Parallelschaltung von Kondensatoren** ist die Gesamtkapazität gleich der Summe der Einzelkapazitäten. Für n parallel geschaltete Kondensatoren gilt:
>
> $$C = C_1 + C_2 + C_3 + \ldots + C_n.$$

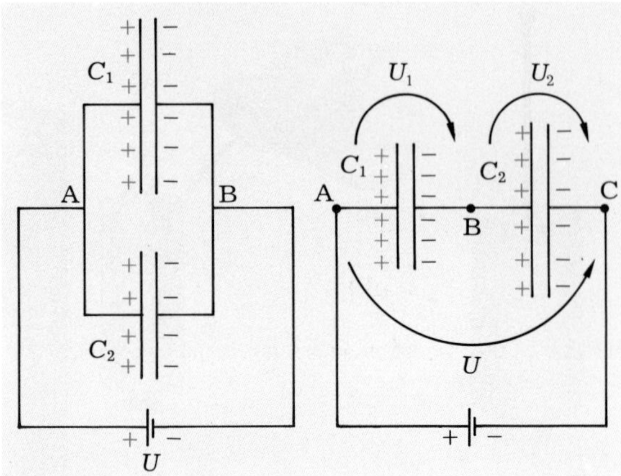

Abb. A 18.1 Parallelschaltung (a) und Reihenschaltung (b) von Kondensatoren

Die Parallelschaltung von Kondensatoren erhöht stets die Kapazität; die Kapazität des Ersatzkondensators ist größer als die Kapazität jedes einzelnen der parallel geschalteten Kondensatoren.
Reihenschaltung: Bei der Reihenschaltung von Kondensatoren (Abb. A 18.1 b) fließt in jedem Kondensator derselbe Ladestrom, d.h. jeder Kondensator nimmt die gleiche Ladung Q auf. Diese Ladung muß auch der Ersatzkondensator aufnehmen, der die hintereinander geschalteten Kondensatoren ersetzen soll. An jedem Kondensator liegt eine bestimmte Teilspannung an; die Summe dieser Teilspannungen ergibt die Gesamtspannung U:

$$U = U_1 + U_2 = \frac{Q}{C_1} + \frac{Q}{C_2} = \frac{Q}{C}.$$

Folglich erhalten wir für die Ersatzkapazität bei der Reihenschaltung von zwei Kondensatoren:

$$\frac{1}{C} = \frac{1}{C_1} + \frac{1}{C_2}.$$

> Bei der **Reihenschaltung von Kondensatoren** ist der Kehrwert der Gesamtkapazität gleich der Summe der Kehrwerte der Einzelkapazitäten.
> Es gilt:
>
> $$\frac{1}{C} = \frac{1}{C_1} + \frac{1}{C_2} + \frac{1}{C_3} + \ldots + \frac{1}{C_n}.$$

Die Kapazität des Ersatzkondensators bei der Reihenschaltung ist kleiner als jede Einzelkapazität.
Beispiel: *Drei Kondensatoren* ($C_1 = C_2 = C_3 = 1\,\text{nF}$) *können auf vier verschiedene Arten zusammengeschaltet werden. Gesucht ist für jede mögliche Schaltung die Gesamtkapazität!*
Lösung:
a) *Serienschaltung (Abb. A 18.1 b)*

$$\frac{1}{C} = \frac{1}{C_1} + \frac{1}{C_2} + \frac{1}{C_3} = 3\ (\text{nF})^{-1} \quad \text{d.h. } C = 0{,}33\ \text{nF}.$$

b) *Parallelschaltung (Abb. A 18.1 a)*

$$C = C_1 + C_2 + C_3 = 3\ \text{nF}.$$

c) Zwei Kondensatoren in Serie, einer dazu parallel

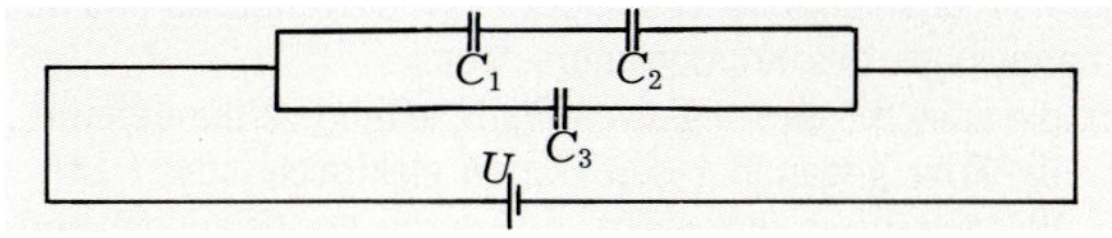

Für die Serienschaltung von C_1 und C_2 gilt:

$$\frac{1}{C_s} = 2\ (\mathrm{nF})^{-1}; \quad C_s = 0{,}5\ \mathrm{nF}.$$

Parallel zu dieser Serienschaltung ist C_3 *geschaltet:*

$$C = C_s + C_3 = 1{,}5\ \mathrm{nF}\ .$$

d) Die Kondensatoren C_1 *und* C_2 *sind parallel; dazu* C_3 *in Serie.*

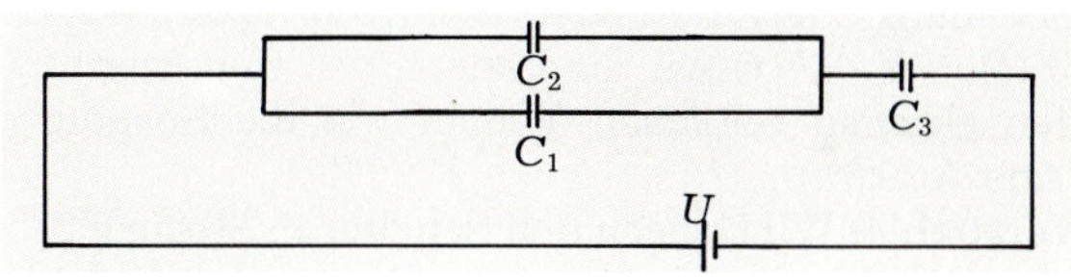

Ergebnis: $C = 0{,}67$ nF
Rechnen Sie nach!

Aufgaben:

1. Es stehen drei gleiche Kondensatoren von je 5 μF zur Verfügung. Welche Gesamtkapazitäten lassen sich durch beliebige Parallel- oder Hintereinanderschaltung dieser Kapazitäten herstellen? Welche Spannung liegt jeweils an jedem Kondensator, wenn die Spannungsquelle 100 V liefert?
2. Sie haben vier gleiche Kondensatoren mit jeweils einer Kapazität von $2 \cdot 10^{-9}$ F zur Verfügung. Mit welcher Schaltung können Sie mit diesen Kondensatoren eine Gesamtkapazität von 5 μF herstellen?
3. Bestimmen Sie die kleinste und die größte Gesamtkapazität, die man aus 5 Kondensatoren der Kapazitäten 1 nF; 5 nF; 10 nF; 20 nF; 50 nF erhalten kann!

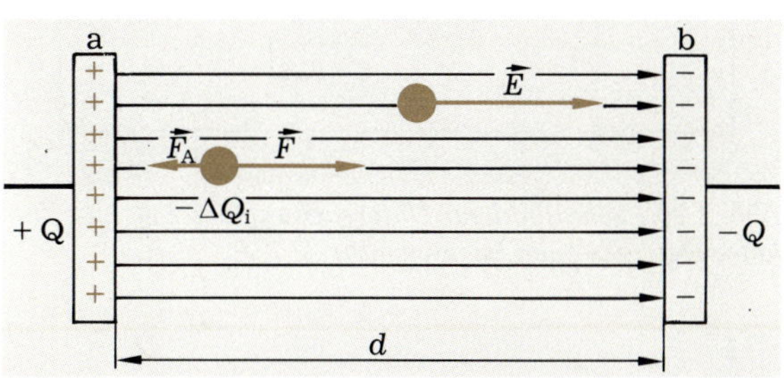

Abb. A 19.1 Aufladung eines Kondensators durch Ladungstransport zwischen den Platten

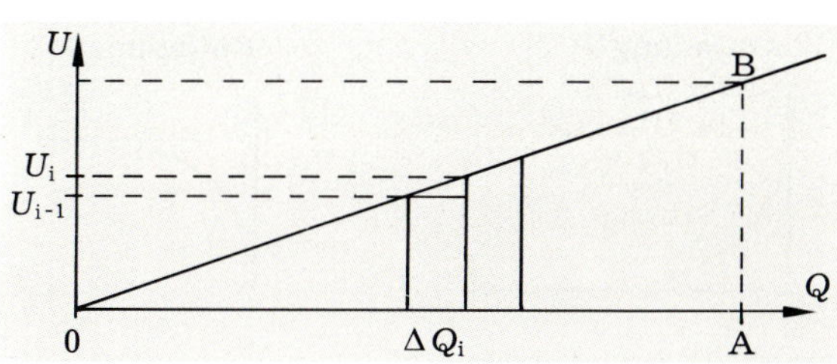

Abb. A 19.2 Zur Herleitung der Energie eines geladenen Kondensators

A 3.5 Energie des geladenen Kondensators

Zum Aufladen eines Kondensators ist Arbeit erforderlich. Diese Arbeit wird von der angeschlossenen Spannungsquelle aufgebracht. Wir wollen nun die zum Aufbau des Kondensatorfeldes notwendige Arbeit berechnen.

Wird an einem Kondensator der Kapazität C die Spannung U angelegt, so nehmen die Kondensatorplatten während des Aufladens gemäß $Q = C \cdot U$ die Ladungen $\pm\ Q$ auf. Diese werden durch die Zuleitungen transportiert. Zur Vereinfachung können wir nun für die Aufladung des Kondensators annehmen, daß die Gesamtladung Q in n gleichgroßen Teilladungen $\Delta\ Q_i$ auf den Kondensator gebracht wird. Dabei stellen wir uns vor, daß negative Ladungen $\Delta\ Q_i$ aus der linken Kondensatorplatte herausgelöst und zur rechten Platte transportiert werden (Abb. A 19.1). Dabei erfolgt der Transport dieser Ladungen $\Delta\ Q_i$ längs einer Feldlinie gegen die zur positiven Platte gerichtete Anziehungskraft $\vec{F}_A$.

Ist U_i die Spannung, auf die der Kondensator durch die bereits transportierten Teilladungen aufgeladen ist, dann beträgt die Arbeit $\Delta\ W_i$ zur Überführung einer weiteren Teilladung $\Delta\ Q_i$:

$$\Delta\ W_i = \Delta\ Q_i \cdot E_i \cdot d = \Delta\ Q_i \cdot \frac{U_i}{d} \cdot d = \Delta\ Q_i \cdot U_i\ .$$

In Abb. A 19.2 sind die Teilarbeiten $\Delta\ W_i$ als Rechteckflächen $\Delta\ Q_i \cdot U_i$ dargestellt.

Je feiner wir die Unterteilung der Ladung machen, desto mehr nähert sich die Summe aller Rechteckflächen dem Flächeninhalt des Dreiecks OAB an. Dieser Flächeninhalt beträgt:

$$W_{ges} = \tfrac{1}{2} \cdot \overline{OA} \cdot \overline{AB} = \tfrac{1}{2}\ Q \cdot U = \tfrac{1}{2}\ C \cdot U^2\ .$$

Die **Arbeit zum Aufladen eines Kondensators** ist:

$$W = \frac{1}{2}\ Q \cdot U = \frac{1}{2}\ C \cdot U^2 = \frac{1}{2} \cdot \frac{Q^2}{C}\ .$$

Diese als Arbeit zugeführte **Energie wird nach dem Feldkonzept im elektrischen Feld** zwischen den Kondensatorplatten gespeichert.

Beispiel: *Ein Plattenkondensator mit der Plattenfläche* $A = 0{,}6\ \mathrm{m}^2$ *und dem Plattenabstand* $d_1 = 3$ mm *wird mit der Spannung* $U = 600$ V *aufgeladen und dann von der Spannungsquelle abgetrennt.*

a) Wie groß ist die vom Kondensator aufgenommene Ladung?

b) Welche Feldstärke herrscht im Innern des Plattenkondensators?

c) Der Abstand der Kondensatorplatten wird auf $d_2 = 5$ mm *vergrößert. Welche Arbeit wird hierzu benötigt? Welche vereinfachenden Einschränkungen müssen wir machen?*

d) Wie groß ist die Kraft, mit der sich die Platten anziehen?

Lösung:

a) $$Q = C \cdot U = \varepsilon_0 \cdot \frac{A}{d} \cdot U$$

$$Q = 8{,}8542 \cdot 10^{-12}\ \text{As V}^{-1}\ \text{m}^{-1} \cdot \frac{0{,}6\ \text{m}^2}{3 \cdot 10^{-3}\ \text{m}} \cdot 600\ \text{V}$$

$$Q = 1{,}06 \cdot 10^{-6}\ \text{C}\ .$$

b) $$E = \frac{U}{d} = \frac{600\ \text{V}}{0{,}003\ \text{m}} = 200\,000\ \text{V/m}\ .$$

Zum Vergleich: Die Feldstärke unter einer 380 kV-Hochspannungsleitung liegt um zwei Zehnerpotenzen niedriger (vgl. S. A 7).

c) Die aufzuwendende Arbeit ergibt sich aus der Differenz der Feldenergie nach und vor dem Auseinanderziehen der Platten. Dabei bleibt die Ladung Q erhalten und es gilt:

$$W_1 = \frac{1}{2} \cdot \frac{Q^2}{C_1} \quad \text{und} \quad W_2 = \frac{1}{2} \cdot \frac{Q^2}{C_2}\ .$$

$$W = W_2 - W_1 = \frac{Q^2}{2}\left(\frac{1}{C_2} - \frac{1}{C_1}\right) = \frac{Q^2}{2\,\varepsilon_0\,A}\,(d_2 - d_1)$$

$$W = 2{,}1 \cdot 10^{-4}\ \text{Ws}\ .$$

Tatsächlich ist beim Auseinanderziehen der Platten die Arbeit wegen der auftretenden Reibungsarbeit wesentlich größer!

d) Die zum Auseinanderziehen der Platten notwendige mechanische Arbeit (ohne Reibung) beträgt:

$$W = \vec{F} \cdot \vec{s} = F\,(d_2 - d_1)\ .$$

Wir erhalten durch Vergleich:

$$F = \frac{1}{2\,\varepsilon_0} \cdot \frac{Q^2}{A}\ .$$

Mit $Q = C \cdot U$ und $C = \varepsilon_0 \cdot A/d$ ergibt sich:

$$F = \frac{1}{2} \cdot \varepsilon_0 \cdot A \cdot \frac{U^2}{d^2} = \frac{1}{2} \cdot \varepsilon_0\,E^2 \cdot A$$

$$F = 0{,}1\ \text{N}\ .$$

Aufgaben:

1. Ein Kondensator hat die Kapazität $C = 10$ pF. Welche elektrische Feldenergie wird in ihm gespeichert, wenn die Spannung $U = 200$ V angelegt wird?
2. Welche Kapazität müßte ein Kondensator haben, der bei 110 V Spannung die gleiche Energie wie ein Bleiakkumulator von 6 V und 24 Ah speichert?
3. Zu einem geladenen Kondensator der Kapazität C wird ein ungeladener der gleichen Kapazität parallel geschaltet. Dabei soll keine Ladung verloren gehen. Wie ändern sich Spannung und Energie?
Erklären Sie den „Energieverlust"!
4. Ein Plattenkondensator der Kapazität $C = 5$ nF besitzt eine Ladung $Q = 2 \cdot 10^{-8}$ C. Welche mechanische Arbeit muß verrichtet werden, um den Plattenabstand des Kondensators bei unveränderter Ladung zu verdoppeln?
5. Zwei Kondensatoren mit den Kapazitäten $C_1 = 10$ nF und $C_2 = 50$ nF werden in Serie geschaltet. Berechnen Sie den Energieinhalt jedes Kondensators, wenn die Serienschaltung an eine Spannungsquelle von 5 kV angeschlossen wird!
6. Zwischen die Platten eines Kondensators schieben wir eine dünne Aluminiumfolie. Wie ändern sich die Kapazität und der Energieinhalt des Kondensators, wenn
a) die Folie mit der negativen Platte leitend verbunden wird,
b) die Folie gegenüber den Platten elektrisch isoliert ist?
c) Wie ändern sich Kapazität und Energie des geladenen Kondensators, wenn statt der Aluminiumfolie eine Glasplatte verwendet wird? ($\varepsilon_r = 2{,}5$).

A 3.6 Auf- und Entladevorgang beim Kondensator

Versuch 3: Wir laden einen Kondensator über einen Widerstand auf und registrieren mit einem Oszilloskop oder t-y-Schreiber den zeitlichen Verlauf der Spannung $U(t)$ am Kondensator (Abb. A 20.1). Wegen $Q(t) = C \cdot U(t)$ hat die Ladung des Kondensators den gleichen zeitlichen Verlauf wie die Spannung (Abb. A 20.2 a).

Versuch 4: Wir bringen den Schalter in Stellung 2–3 und entladen den Kondensator. Dieser wirkt jetzt als Quelle abnehmender Spannung, die den Strom durch die Widerstände R_2 und R_3 bewirkt. Abb. A 20.2 a zeigt auch den zeitlichen Verlauf der Spannung bzw. der Ladung beim Entladevorgang.

Versuch 5: Durch Abgriff über den Widerstand R_3 erhalten wir einen dem Auf- bzw. Entladestrom $I(t)$ proportionalen Spannungsverlauf: $U_R(t) = R \cdot I(t)$. Abb. A 20.2 b zeigt das Stromstärke-Zeit-Diagramm für den Kondensator.

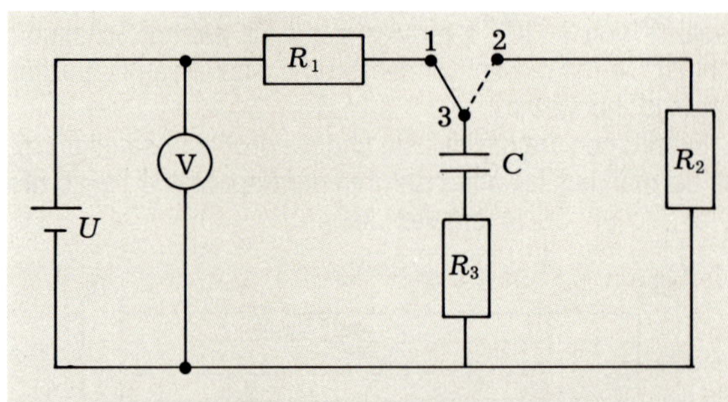

Abb. A 20.1 Schaltbild zur Untersuchung des Auf- und Entladevorganges beim Kondensator

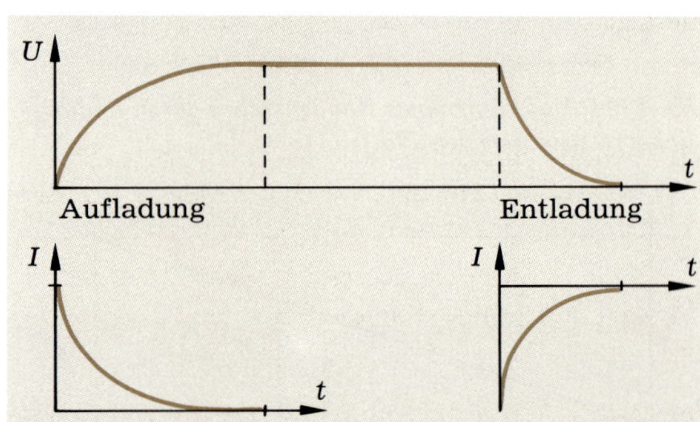

Abb. A 20.2 Spannungsverlauf U (t) bzw. Ladung Q (t) beim Auf- bzw. Entladen eines Kondensators. b) Stromstärke-Zeit-Diagramm zum Auf- und Entladevorgang

A 4. Bewegung geladener Teilchen im elektrischen Feld

Ein elektrisches Feld übt auf geladene Teilchen die Kraft $\vec{F} = Q \cdot \vec{E}$ aus. Infolge dieser Kraft werden bewegliche Ladungsträger im Feld beschleunigt und es entsteht ein Transport von Ladungen, ein elektrischer Strom. In den folgenden Abschnitten wollen wir den Ladungstransport in verschiedenen Medien (Flüssigkeiten, Metallen, Halbleitern, Gasen und im Vakuum) genauer untersuchen.

A 4.1 Elektrizitätsleitung in Flüssigkeiten

Fließt ein Strom durch einen **Elektrolyten** (Säure, Lauge, Salzlösung oder Salzschmelze), dann werden an der negativ geladenen Elektrode – *Kathode* genannt – positive Wasserstoff- oder Metallionen abgeschieden. Zur positiv geladenen *Anode* wandern Sauerstoff-, Chlor- oder andere negativ geladene *Ionen.*

Die Stromleitung durch Flüssigkeiten beruht auf der Wanderung von Ionen. Die Ionenwanderung unter dem Einfluß eines elektrischen Feldes und die damit verbundene stoffliche Veränderung des Elektrolyten bezeichnen wir als Elektrolyse.

Versuch 1: Wir füllen einen Hofmannschen Apparat (Abb. A 21.1) mit verdünnter Schwefelsäure und legen an die Platinelektroden eine Gleichspannung an. Infolge des elektrischen Feldes zwischen Anode und Kathode wandern die positiven Wasserstoffionen zur Kathode und werden als *Kationen* bezeichnet. Dort entladen sie sich und es bildet sich Wasserstoffgas. Zur Anode wandern die negativ geladenen SO_4^{2-}-Ionen *(Anionen)*; dort entsteht letztlich Sauerstoff.

Bei gleichem Druck und gleicher Temperatur ist die Masse eines Gases zu seinem Volumen proportional. Folglich können wir durch Messung der Gasvolumina in beiden Schenkeln des Hofmannschen Apparates die entstandenen Gasmengen messen. Wir finden:

$$m \sim I, \text{ falls } t = \text{const.}$$
$$m \sim t, \text{ falls } I = \text{const.}$$

Hieraus folgt durch Zusammenfassen:

$$m \sim I \cdot t \text{ bzw. } m \sim Q\,.$$

> **1. Faradaysches Gesetz:** Die bei der Elektrolyse eines Elektrolyten abgeschiedene Masse m ist proportional zur transportierten elektrischen Ladung Q:
> $$m \sim Q \text{ bzw. } m = \ddot{A} \cdot Q\,.$$
> $\ddot{A}$: Proportionalitätsfaktor.

Versuch 2: Wir schalten in einem Stromkreis mehrere Elektrolyte (z. B. Kupfersulfatlösungen) verschiedener Konzentrationen und verschiedener Temperatur in Serie. Nach einer bestimmten Zeit messen

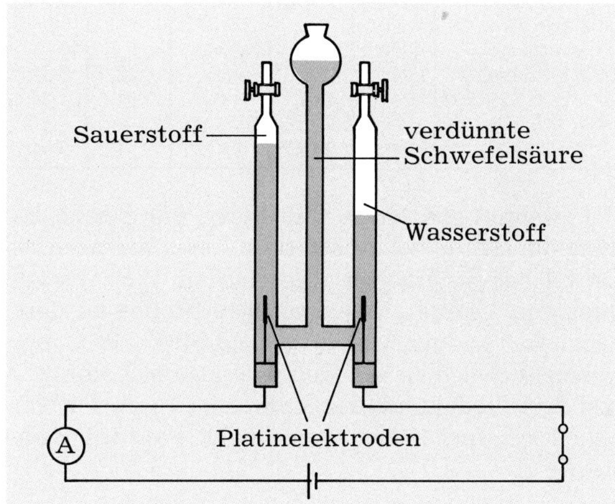

Abb. A 21.1 Elektrolyse mit dem Hofmannschen Apparat

wir mit einer Differenzwaage die an der Kathode abgeschiedenen Kupfermengen.

Die an der Kathode abgeschiedene Kupfermenge ist in allen Gefäßen gleich; sie ist also von der Temperatur der Lösung und auch deren Konzentration unabhängig. Sie ist weiter von der Form und dem Material der Elektroden und der Gefäßform unabhängig. Da durch die Serienschaltung die Stromstärke in jedem Elektrolyten gleich ist, hängt die abgeschiedene Stoffmenge nur von dem Betrag der transportierten Ladung Q ab.

Abschließend wollen wir untersuchen, ob die abgeschiedene Stoffmenge von der Art des Stoffes abhängt.

Versuch 3: Schalten wir mehrere Elektrolytgefäße mit verschiedenen Substanzen hintereinander, dann fließt durch jede Elektrolytzelle die gleiche Ladung. Dennoch sind die aus verschiedenen Elektrolyten abgeschiedenen Stoffmengen nicht gleich.

Die abgeschiedenen Stoffmengen verhalten sich wie die elektrochemischen Äquivalente.

Den in der Gleichung $m = \ddot{A} \cdot Q$ benutzten Proportionalitätsfaktor $\ddot{A}$ bezeichnen wir als das *elektrochemische Äquivalent* des abgeschiedenen Stoffes. Messen wir die abgeschiedene Stoffmenge in mg, so erhalten wir für das elektrochemische Äquivalent die Einheit 1 mg/C.

Wie in der Chemie üblich, wollen wir die verschiedenen Stoffe nicht durch ihre Massen, sondern durch die Zahl ihrer Teilchen – die Stoffmenge – ausdrücken. Die Stoffmenge 1 Kilomol eines beliebigen Elementes enthält immer $6{,}022 \cdot 10^{26}$ Teilchen bzw. Atome (vgl. S. 160).

Aus der nachfolgenden Tabelle erkennen wir, daß bei einwertigen Ionen und einem Ladungstransport von $9{,}6485 \cdot 10^7$ C gerade die Teilchenmenge 1 kmol abgeschieden wird.

Tabelle: Bestimmung der Faraday-Konstanten

Element	Wasserstoff	Sauerstoff	Silber	Kupfer	Aluminium
Wertigkeit z	1	2	1	2	3
$\ddot{A}$ in mg/C	0,0105	0,0832	1,118	0,329	0,0932
Relative Molekularmasse	1,008	16	107,9	63,5	27
$\ddot{A}$ in 10^{-8} kmol/C	1,04	0,52	1,04	0,52	0,345
$\ddot{A} \cdot z$ in 10^{-8} kmol/C	1,04	1,04	1,04	1,04	1,04
$F=(\ddot{A} \cdot z)^{-1}$ in 10^7 C/kmol	9,6485	9,6485	9,6485	9,6485	9,6485

Bei zweiwertigen Ionen wird durch die gleiche Ladung die Hälfte, bei dreiwertigen Ionen nur noch ein Drittel der Stoffmenge abgeschieden. Zur Abscheidung von 1 kmol eines z-wertigen Stoffes ist demnach eine Ladung von $Q = z \cdot 9{,}6485 \cdot 10^7$ C notwendig. Folglich ist der Quotient aus der Ladung Q und dem Produkt aus der Stoffmenge v und der Wertigkeit z immer konstant und heißt **Faraday Konstante** F.

2. Faradaysches Gesetz: Die von derselben Ladung abgeschiedenen Mengen verschiedener Stoffe verhalten sich wie ihre chemischen Äquivalente. Für die **Faraday-Konstante** gilt:

$$F_c = \frac{Q}{v \cdot z} = \frac{1}{\ddot{A} \cdot z}.$$

Wir können jetzt z. B. mit Hilfe der angegebenen Tabelle bestimmen, welche Silbermenge in einer Sekunde von einem Strom der Stärke 1 A aus einer Silbernitratlösung ($AgNO_3$) abgeschieden wird; nämlich 1,118 mg. Diese Beziehung wurde früher benutzt, um mittels der elektrolytischen Abscheidung die Einheit der elektrischen Stromstärke zu definieren.

Der Stoffmenge 1 kmol einwertiger Stoffe entspricht jeweils die gleiche Anzahl von Atomen, nämlich $6{,}023 \cdot 10^{26}$. Die Ladung von $9{,}6485 \cdot 10^7$ C wird gerade von dieser Zahl Atome transportiert. Nehmen wir an, daß alle Atome die gleiche Ladung besitzen, so müssen wir jedem die Ladung

$$e = \frac{F_c}{N_A} = \frac{9{,}6485 \cdot 10^7 \text{ C/kmol}}{6{,}023 \cdot 10^{26} \cdot 1/\text{kmol}} = 1{,}602 \cdot 10^{-19}\text{ C}$$

zuschreiben.

Da ein z-wertiges Ion die Ladung $Q = z \cdot e$ trägt, benötigen wir für den Transport der Ladung $9{,}6485 \cdot 10^7$ C entsprechend nur den z-ten Teil von Ionen. Diese besitzen als Ladungen immer nur Vielfache der Elementarladung; Zwischenwerte treten nicht auf.

Diese Beobachtungen brachten *Helmholtz* 1881 auf den Gedanken, daß vielleicht nicht nur die Materie, sondern auch die elektrische Ladung eine atomistische Struktur besitzt. Wir vermuten:

Es gibt eine kleinste Ladungsmenge, die **Elementarladung** $e = 1{,}602 \cdot 10^{-19}$ C.

A 4.2 Millikan Versuch

Die Frage, ob der bei der Elektrolyse gefundene Wert für die Elementarladung wirklich die kleinste existierende Ladungsmenge ist oder ob sie nur einen Mittelwert der Ladungen aller einwertigen Ionen darstellt, ist allein mit den Experimenten der Elektrolyse nicht entscheidbar.

Die erste direkte Messung der Elementarladung gelang Millikan im Jahr 1910 durch die Messung der Ladungen von Öltröpfchen. Wir wollen uns nun das Prinzip des Millikan-Versuchs klar machen.

Versuch 4: In einen Kondensator mit horizontalen Platten bringen wir Öltröpfchen, die durch Zersprühen bzw. Bestrahlung mit einem radioaktiven Präparat ionisiert sind. Unter dem Einfluß des Gravitationsfeldes sinken die Tröpfchen nach unten. Legen wir zwischen die Kondensatorplatten ein elektrisches Feld (Abb. A 22.1), so können wir mit Hilfe eines Mikroskopes die Bewegung der Tröpfchen beobachten.

Trägt ein Tröpfchen die Ladung Q, dann wirkt im elektrischen Feld des Plattenkondensators, dessen Feldstärke durch die angelegte Spannung U und dem Abstand d der Platten sich zu $E = U/d$ bestimmt, die Kraft:

$$F = Q \cdot E = Q \cdot \frac{U}{d}.$$

Durch Variation der Spannung läßt sich erreichen, daß die elektrische Kraft der Gewichtskraft $F_g = m \cdot g$ des Teilchens entgegengesetzt gleich ist, wenn wir den Auftrieb vernachlässigen. Es gilt dann

$$m \cdot g = Q \cdot \frac{U}{d}$$

oder für die *„spezifische Ladung“* des Tröpfchens:

$$\frac{Q}{m} = \frac{g \cdot d}{U}.$$

Bestrahlen wir das Teilchen von außen, so erfolgt eine Aufladung. Messen wir dann für das gleiche Teilchen eine Folge von spezifischen Ladungswerten

$$\frac{Q_1}{m}, \frac{Q_2}{m}, \frac{Q_3}{m}, \ldots \frac{Q_n}{m},$$

so ergibt sich, daß diese Werte im Verhältnis kleiner ganzer Zahlen stehen. Folglich sind alle Ladungen Q_n ganzzahlige Vielfache einer kleinsten Ladung,

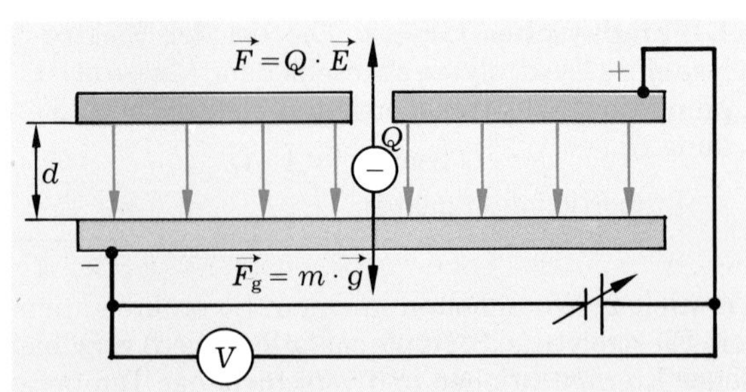

Abb. A 22.1 Millikan-Versuch (schematische Darstellung)

der Elementarladung:

$$Q_n = Z \cdot e .$$

Die Masse m des Öltröpfchens läßt sich über dessen Dichte ϱ bestimmen:

$$m = \frac{4}{3} \pi \cdot r^3 \cdot \varrho .$$

Somit erhalten wir für diese Ladung des Tröpfchens:

$$Q = \frac{4 \pi \cdot r^3 \cdot \varrho \cdot g \cdot d}{3 \cdot U} .$$

Die experimentellen Schwierigkeiten des *Millikan*-Versuches bestehen darin, die Masse des Öltröpfchens genau zu bestimmen. Dazu müßten wir – Kugelform des Tröpfchens vorausgesetzt – mit dem Mikroskop seinen Radius messen. Dies ist aber wegen der Brownschen Bewegung und der Kleinheit der Tröpfchen nur schwer möglich.
Genauere Werte für die Elementarladung ergeben sich, wenn der Tröpfchenradius indirekt aus den Sink- und Steiggeschwindigkeiten des Tröpfchens im Kondensator ermittelt wird.

Aufgaben:

1. Wie lange muß ein konstanter Strom mit der Stromstärke $I = 0{,}5$ A fließen, damit aus einer wäßrigen Kupfersulfatlösung 2 g Kupfer abgeschieden werden?

2. Bei der Elektrolyse von Silbernitrat wurde in einer bestimmten Zeit die Masse $m = 50$ mg Silber abgeschieden.
a) Wie viele positive Ionen sind dabei zur Kathode gewandert? ($A_{Ag} = 107{,}87$ g).
b) Wie groß ist die von den Silberionen transportierte Gesamtladung Q?

3. Ein Strom der Stärke $I = 1$ A scheidet bei Normalbedingungen in einer Knallgaszelle 0,174 cm^3 Knallgas in jeder Sekunde ab. Durch die Zelle fließt 85 s lang ein Strom von 1,5 A.
a) Welche Ladungsmenge wird transportiert?
b) Wieviel Knallgas entsteht dabei?

4. Durch eine Knallgaszelle fließt periodisch 0,5 s lang der Strom von 1,8 A; jeweils durch eine Pause von 1,5 s unterbrochen. Nach welcher Zeit hat sich 1 cm^3 Knallgas gebildet?

5. Ein negativ geladenes Öltröpfchen mit der Ladung $Q = 3{,}2 \cdot 10^{-19}$ C und dem Radius $r = 3 \cdot 10^{-7}$ m schwebt im Feld eines *Millikan*-Kondensators mit dem Plattenabstand $d = 2$ mm. Die Dichte des Öls beträgt 950 kg/m^3.
a) Geben Sie Richtung und Betrag der Kräfte an, die auf das Öltröpfchen wirken. ($r = 9 \cdot 10^{-7}$ m).
b) Bestimmen Sie die Spannung zwischen den Kondensatorplatten!

6. Ein Öltröpfchen mit dem Radius $r = 10^{-3}$ mm trägt drei Elementarladungen und befindet sich im vertikalen, homogenen Feld eines *Millikan*-Kondensators mit dem Plattenabstand $d = 0{,}5$ cm.
a) Welche Spannung muß zwischen den Platten liegen, damit das Öltröpfchen schwebt?
b) Wie muß die Spannung verändert werden, wenn das Öltröpfchen zwei weitere Elementarladungen aufnimmt und wieder schweben soll? ($\varrho_{Öl} = 950$ kg/m^3).

A 4.3 Erzeugung freier Elektronen – Glühelektrischer Effekt

Bewegung freier Elektronen im elektrischen Feld

Wir wollen nun die Kraftwirkung des elektrischen Feldes auf freie Elektronen im Vakuum untersuchen. Diese Untersuchungen sind von besonderer *technischer Bedeutung*, weil wir damit ein Verständnis für elektronenoptische Vorgänge in einer Kathodenstrahlröhre (z. B. Oszilloskop, Fernseh-Bildröhre) erhalten.
Alle Stoffe sind aus Atomen aufgebaut. Diese bestehen aus einem positiv geladenen Kern und einer negativ geladenen Elektronenhülle. In Isolatoren sind die Elektronen fest an den Atomkern gebunden, in Metallen dagegen sind die Leitungselektronen frei verschiebbar. Um ein Elektron aus der Metalloberfläche heraus zu lösen, muß gegen die elektrostatische Anziehungskraft zwischen dem Elektron und dem positiven Metallgitter eine Arbeit verrichtet werden, die sogenannte **Austrittsarbeit.** Bei hinreichend hohen Temperaturen ist die kinetische Energie eines Teiles der Leitungselektronen ausreichend, um die Bindungskräfte in der Metalloberfläche zu überwinden. Solche Elektronen können aus der Metalloberfläche austreten. Wir bezeichnen diese Erscheinung als **glühelektrischen Effekt.**
Versuch 5: In einer evakuierten Glasröhre erhitzen wir durch Strom einen geeigneten Metalldraht, Glühkathode genannt. Diese wird mit dem negativen Pol einer Spannungsquelle verbunden. Der Glühkathode gegenüber befindet sich eine zweite Elektrode, die positive Anode. Wir bezeichnen eine solche Zweielektrodenröhre als **Glühdiode.**
Ein in den Stromkreis geschaltetes Amperemeter (Abb. A 24.1) zeigt uns, daß durch das Vakuum der Glühdiode ein Ladungstransport stattfindet. Falls der Ladungstransport in der Glühdiode auf die aus der Metalloberfläche austretenden freien Elektronen zurückführbar ist, müßte dieser behindert werden, wenn wir an der Röhre die Spannung umpolen. Dies bestätigt der folgende Versuch.
Versuch 6: Wir verbinden die geheizte Elektrode mit dem positiven Pol und die ungeheizte mit dem negativen Pol einer Spannungsquelle. Das Amperemeter zeigt keinen Stromfluß an.

> Infolge der aus der geheizten, negativ geladenen Metalloberfläche austretenden Elektronen findet im Vakuum ein Ladungstransport statt.

Eine wichtige technische Anwendung findet der glühelektrische Effekt in den Elektronenröhren. Dabei wirkt die Diode als **Gleichrichter.** Sie läßt Strom nur dann durch, wenn die geheizte Elektrode negativ ist. Bei umgekehrter Polung sperrt sie den Stromdurchgang, weil dann die aus der geheizten Elektrode austretenden Elektronen nicht gegen die negative Gegenelektrode anlaufen können.

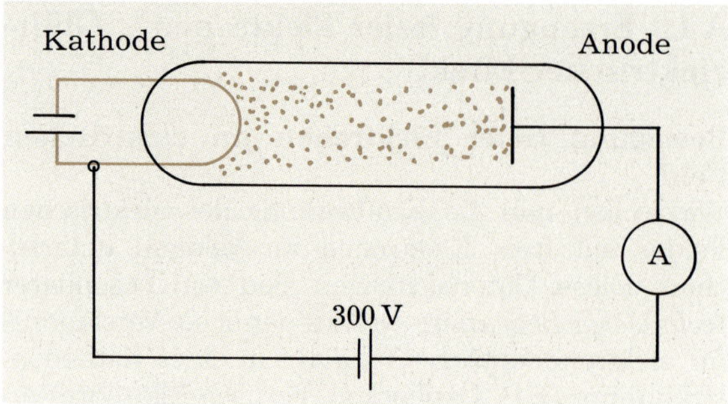

Abb. A 24.1 Glühdiode bzw. Glühkathodenröhre

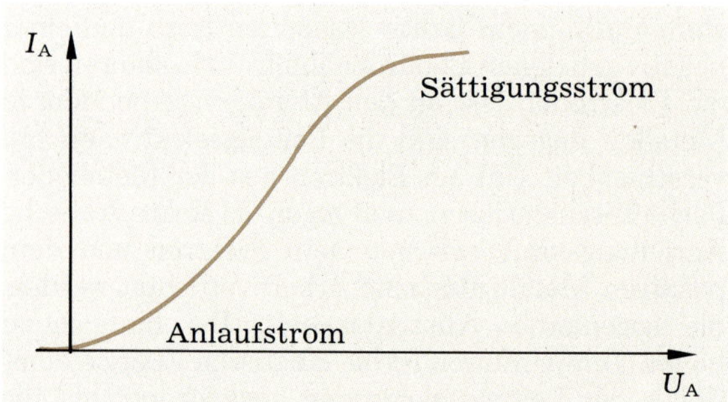

Abb. A 24.2 U_A–I_A-Kennlinie der Glühdiode

Versuch 7: Bei geheizter Kathode messen wir den Anodenstrom in Abhängigkeit von der Anodenspannung bei einer Diode.
Abb. A 24.2 zeigt die U_A–I_A-*Kennlinie* der Glühdiode.

Triode

Neben der Kathode und der Anode besitzt die Triode eine weitere Elektrode, das Gitter. Mit dem Gitter läßt sich der Elektronenstrom zwischen Kathode und Anode steuern. Wir können die Steuerwirkung untersuchen, wenn wir zwischen Anode und Kathode eine feste Spannung legen und die Spannung zwischen Kathode und Gitter variieren. Abb. A 24.3 zeigt die Steuerkennlinie der Triode. Trioden werden in der Regel mit einer schwach negativen Gittervorspannung betrieben. Damit wird dem elektrischen Feld zwischen Kathode und Anode ein entgegengesetzt orientiertes Feld zwischen Kathode und Gitter überlagert.

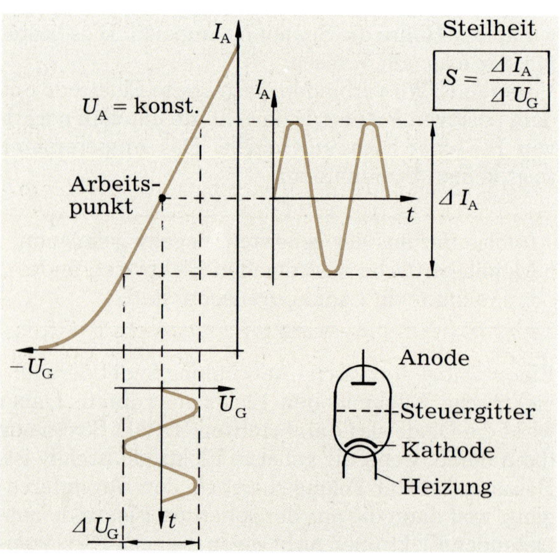

Abb. A 24.3 Steuerkennlinie der Triode

Trioden können zur Spannungsverstärkung benutzt werden. Zunächst wird durch geeignete Wahl der Gittervorspannung der Arbeitspunkt im geradlinigen Teil der Kennlinie festgelegt. Wird dann zusätzlich zwischen Gitter und Kathode eine Wechselspannung gelegt, so wird durch diese Spannung der Anodenstrom gesteuert. Dabei bewirkt bereits eine kleine Änderung der Gitterspannung eine große Änderung des Anodenstroms. *Als Steilheit S der Triode bezeichnet man das Verhältnis der Anodenstromänderung ΔI_A zur Gitterspannungsänderung ΔU_G:*

$$S = \frac{\Delta I_A}{\Delta U_G}.$$

Durch einen Arbeitswiderstand im Ausgangskreis (Abb. A 24.4) läßt sich die Stromänderung des Anodenstroms in eine Spannungsänderung umwandeln. *Den Quotienten $\Delta U_A/\Delta U_G$ bezeichnet man als Verstärkungsfaktor V der Triode.*
Trioden sind heute als Verstärkerröhren weitgehend durch Transistoren ersetzt worden. Nur bei hohen Leistungen, wie z. B. der Hochspannungsgleichrichtung in Fernsehgeräten oder beim Betrieb von Sendeanlagen, sind Elektronenröhren noch gebräuchlich.

Aufgaben:

1. Bei der Glühdiode zeigt ein empfindliches Strommeßgerät bereits ohne Anodenspannung bei geheizter Kathode einen geringen Strom an.
a) Wie ist dieser Effekt zu erklären?
b) Gilt für die Glühdiode das Ohmsche Gesetz? Geben Sie eine Begründung für den Verlauf der Kennlinie in Abb. A 24.2
c) Zeichnen Sie die Kennlinie der Glühdiode, wenn an die geheizte Röhre eine sinusförmige Wechselspannung angelegt wird!
2. Bestimmen Sie die Phasenlage des Ausgangssignals im Vergleich zum Eingangssignal bei einem Verstärker mit einer Triode, wenn die Kathode der gemeinsame Bezugspunkt für das Ein- und Ausgangssignal ist!
3. Warum wählt man den Arbeitspunkt einer Triode auf dem linearen Teil der Kennlinie in Abb. A 24.3?
4. Begründen Sie, warum bei einer Triode mit abnehmender Gitterspannung die U_A–I_A-Kennlinien nach rechts verschoben werden!

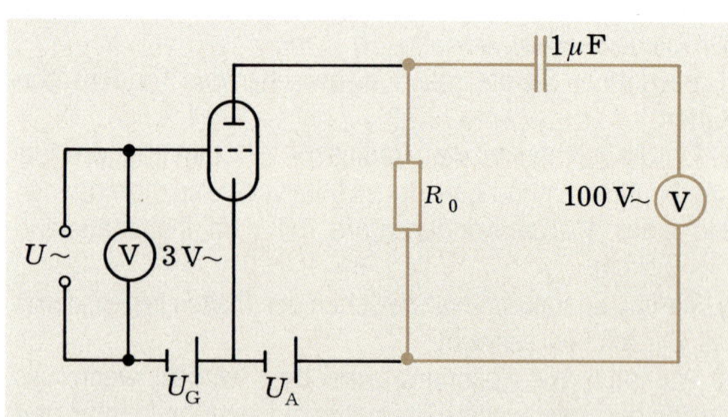

Abb. A 24.4 Triode als Verstärker

A 4.4 Elektronen im homogenen elektrischen Feld

Bewegung von Elektronen parallel zu den Feldlinien

Betrachten wir ein Elektron der Masse m_e und der Ladung e, dann gilt:

$$F = m_e \cdot a \text{ und } F = e \cdot E \text{ also } m_e \cdot a = e \cdot E .$$

Das Elektron wird im homogenen elektrischen Feld beschleunigt. Für den Betrag der Beschleunigung gilt:

$$a = \frac{e}{m_e} \cdot E = \text{const.}$$

Das Elektron führt also eine *gleichmäßig beschleunigte Bewegung* aus. Für den zurückgelegten Weg (in y-Richtung) gilt daher:

$$y = \tfrac{1}{2}\, a \cdot t^2 .$$

Durchlaufen die aus der Glühkathode einer Elektronenröhre austretenden Elektronen die Beschleunigungsspannung U, so besitzen sie die kinetische Energie:

$$W_{\text{kin}} = \tfrac{1}{2} \cdot m_e \cdot v^2,$$

die gleich der Überführungsarbeit $W_{\text{el}} = e \cdot U$ ist.
In der Atom- und Kernphysik werden Energien meist nicht in Joule, sondern in *Elektronenvolt* angegeben.

> 1 **Elektronenvolt** (1 eV) ist die Energie, die ein Elektron beim Durchlaufen der Spannung 1 V im Vakuum erhält:
>
> $$1 \text{ eV} = 1{,}602 \cdot 10^{-19} \text{ C} \cdot 1 \text{ V} = 1{,}602 \cdot 10^{-19} \text{ J} .$$

Aus $W_{\text{kin}} = W_{\text{el}}$ d.h. $\frac{1}{2} m_e v^2 = e \cdot U$ erhalten wir folgende Beziehung für die Geschwindigkeit eines Elektrons:

$$v = \sqrt{2 \cdot \frac{e}{m_e} \cdot U} .$$

Für Teilchen der Ladung Q und der Masse m, die durch die Spannung U beschleunigt werden, gilt:

$$v = \sqrt{2 \cdot \frac{Q}{m} \cdot U} .$$

Beispiel: *Ein aus der Glühkathode einer Elektronenröhre austretendes Elektron durchläuft eine Anodenspannung von 300 V. Wir wollen die Geschwindigkeit und die kinetische Energie berechnen, die das Elektron beim Durchlaufen dieser Spannung erhält.*
Lösung:

$$v = \sqrt{2 \cdot \frac{e}{m_e} \cdot U}$$

$$= \sqrt{2 \cdot \frac{1{,}602 \cdot 10^{-19} \text{ C}}{9{,}109 \cdot 10^{-31} \text{ kg}} \cdot 300 \text{ V}} \approx 1{,}03 \cdot 10^7 \, \frac{\text{m}}{\text{s}}$$

$$W_{\text{kin}} = \tfrac{1}{2}\, m_e \cdot v^2 = 4{,}806 \cdot 10^{-17} \text{ J} = 300 \text{ eV} .$$

Es ist zu beachten, daß ab einer Geschwindigkeit von etwa $3 \cdot 10^7$ m/s die Masse nicht mehr als konstant betrachtet werden darf, sondern geschwindigkeitsabhängig ist. In diesem Fall müssen wir mit einem relativistischen Ansatz (vgl. Kap. 27) rechnen.

Bewegung von Elektronen senkrecht zu den Feldlinien

Wir lassen in der in Abb. A 26.1 gezeigten Entladungsröhre Elektronen senkrecht zur Feldrichtung in das elektrische Feld eines eingebauten Plattenkondensators eintreten. Hat das Elektron die Anfangsgeschwindigkeit v_0, *so überlagert sich der gleichförmigen horizontalen Bewegung eine gleichmäßig beschleunigte vertikale „Fallbewegung“*, analog zu den Erscheinungen beim waagrechten Wurf im Schwerefeld der Erde. In y-Richtung besitzt das Elektron die konstante Beschleunigung

$$a_y = \frac{F}{m} = \frac{e \cdot E_y}{m} = \frac{e}{m} \cdot \frac{U_y}{d} .$$

Die Bewegung des Elektrons wird beschrieben durch

$$x = v_0 \cdot t \qquad \text{und} \qquad y = \frac{1}{2}\, a_y \cdot t^2 = \frac{1}{2} \cdot \frac{e \cdot E_y}{m_e}\, t^2 .$$

Eliminieren wir aus diesen Gleichungen t, so erhalten wir die Gleichung der Bahnkurve, die die Bewegung des Elektrons im vertikalen elektrischen Feld beschreibt:

$$y = \frac{e \cdot E_y}{2 \cdot m_e \cdot v_0^2} \cdot x^2 ,$$

d. h.

$$y \sim x^2 .$$

Die Bahnkurve eines geladenen Teilchens, das senkrecht zu den Feldlinien in das elektrische Feld eines Kondensators einfliegt, ist ein Parabelbogen. Dieser ist je nach dem Vorzeichen der Teilchenladung und der Kondensatorpolung nach oben oder unten gekrümmt. Außerhalb des Kondensators geht die Bahnkurve in die Parabeltangente über.
Hat der Kondensator die Länge l und der Auffangschirm den Abstand s von der Austrittsstelle des Teilchens aus dem Kondensator, so trifft ein Elektron den Schirm im Punkt D (Abb. A 26.2).
Der Punkt D auf dem Leuchtschirm hat die Koordination $(x_D; y_D)$ mit $x_D = l + s$ und $y_D = y_K + y^*$.

Dabei ist $y_K = \dfrac{e \cdot E}{2 \cdot m_e \cdot v_0^2} \cdot l^2$ die Ablenkung des Elektrons im Kondensator und y^* außerhalb. Da das geladene Teilchen außerhalb des Kondensators sich gleichförmig fortbewegt, legt es in der Zeit $t^* = \dfrac{s}{v_0}$ die Strecke $y^* = v_y^* \cdot t^*$ zurück.

Mit $v_y^* = a_y \cdot t = a_y \cdot \dfrac{l}{v_0} = \dfrac{e}{m_e} \cdot \dfrac{U_y}{d} \cdot \dfrac{l}{v_0}$ folgt für y^*:

$$y^* = \frac{e}{m_e} \cdot \frac{U_y}{d} \cdot \frac{l}{v_0} \cdot \frac{s}{v_0} .$$

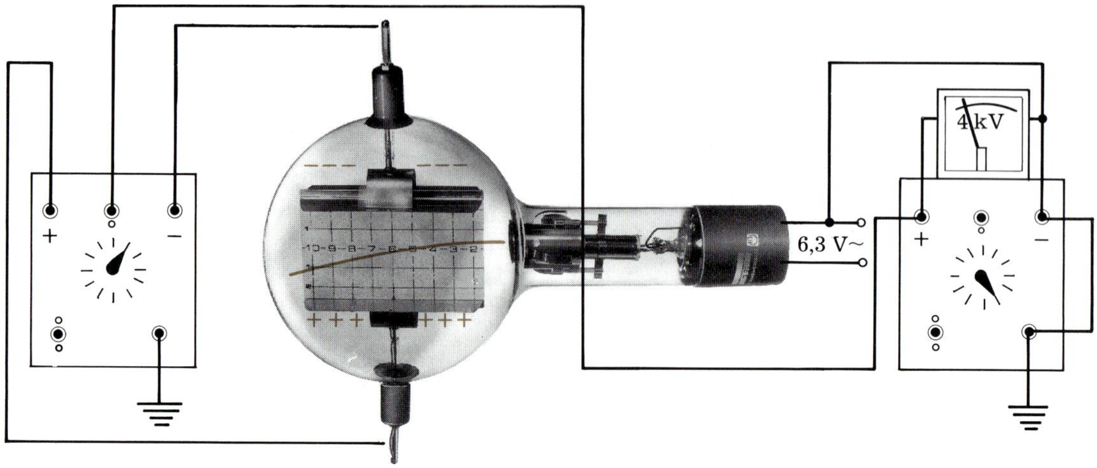

Abb. A 26.1 Elektronenstrahl-Ablenkröhre

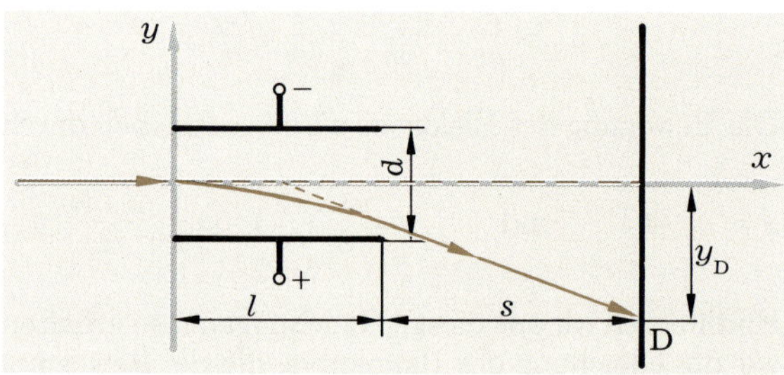

Abb. A 26.2 Elektronenstrahl-Ablenkröhre; schematische Darstellung zur Rechnung

Folglich beträgt die Koordinate y_D:

$$y_D = \frac{e \cdot U_y}{m_e \cdot d \cdot v_0^2} \cdot l \cdot \left(\frac{l}{2} + s\right).$$

> Die Ablenkung des Elektrons im elektrischen Querfeld ist zur anliegenden Ablenkspannung proportional.

Aufgaben:

1. Elektronen der Masse $m = 9{,}1 \cdot 10^{-31}$ kg werden parallel zu den Feldlinien durch eine Spannung von 2000 V beschleunigt. Berechnen Sie für diese Elektronen Energie, Geschwindigkeit und Impuls!

2. Ein Elektron tritt mit der kinetischen Energie $W_{kin} = 2{,}5 \cdot 10^{-18}$ J parallel zu den Feldlinien in ein homogenes Feld ein.
a) Welche Geschwindigkeit hat das Elektron vor dem Einfliegen in das elektrische Feld?
b) Welche Potentialdifferenz durchläuft das Elektron, wenn es nach dem Verlassen des Feldes die halbe Geschwindigkeit bzw. gerade die Geschwindigkeit Null hat?

3. Eine Quelle liefert Elektronen unbekannter Energie. Diese treten parallel zu den Feldlinien in ein elektrisches Feld, dessen Potentialdifferenz verändert werden kann. Nach dem Durchlaufen dieses Gegenfeldes treffen die Elektronen auf einen Leuchtschirm.
Wie groß ist die mittlere Eintrittsgeschwindigkeit der Elektronen, wenn diese bei einer Gegenspannung von 315 V gerade den Leuchtschirm nicht mehr erreichen?

4. Ein Elektron mit der Geschwindigkeit $v_0 = 5 \cdot 10^6$ m/s wird senkrecht zu den Feldlinien in das homogene Feld eines Plattenkondensators geschossen. Der Kondensator hat eine Länge von $l = 6$ cm; der Plattenabstand d beträgt 2 cm.
a) Berechnen Sie die Ablenkung auf einem 15 cm entfernten Leuchtschirm, wenn die Spannung an den Kondensatorplatten 25 V beträgt!
b) Wie groß müßte die Kondensatorspannung U gewählt werden, damit das Elektron den Kondensator gerade nicht mehr verläßt? Hängt diese Spannung vom Eintrittspunkt des Elektrons in das Feld ab?

5. In einer Elektronenstrahl-Ablenkröhre (Abb. A 26.1) werden Elektronen mit der Anodenspannung $U_A = 1{,}5$ kV beschleunigt.
a) Mit welcher Geschwindigkeit treten die Elektronen senkrecht zu den Feldlinien in das homogene Feld eines Plattenkondensators ein, nachdem sie das durch die Spannung U_A bewirkte elektrische Feld durchlaufen haben?
b) Zeigen Sie, daß die Elektronen im Kondensator eine Parallelbahn durchfliegen!
c) Welche Spannung muß an den Platten des Ablenkkondensators liegen, wenn bei einer Plattenlänge von $l = 3$ cm und einem Plattenabstand von $d = 1{,}5$ cm die Ablenkung der Elektronen 7° betragen soll?

6. In einer Elektronenröhre beträgt die Spannung zwischen den Ablenkplatten 50 V. Die rechteckigen Platten haben eine Länge von $l = 3{,}5$ cm und ihr Abstand beträgt $d = 2{,}5$ mm.
a) Bestimmen Sie die Feldstärke des homogenen elektrischen Feldes!
b) Ein aus der Glühkathode austretendes Elektron durchläuft die Anodenspannung $U_A = 1{,}2$ kV. Wie groß ist die Geschwindigkeit des Elektrons?
c) Das Elektron tritt senkrecht zu den Feldlinien in ein homogenes elektrisches Feld ein. Wie groß sind die Beschleunigung und die Kraft, die das Elektron erfährt? Bestimmen Sie die Gesamtablenkung des Elektrons auf einem Leuchtschirm, der sich 25 cm hinter den Ablenkplatten befindet!
d) Wie groß ist die Gesamtablenkung auf dem Leuchtschirm, wenn sowohl die Ablenkspannung als auch die Beschleunigungsspannung verdoppelt werden?

A 4.5 Das Oszilloskop

Die Ablenkung von Elektronenstrahlen in einem elektrischen Feld wurde von dem Physiker *Karl Ferdinand Braun* (1850–1918) zur Messung von Spannungen oder Stromverläufen in Abhängigkeit von der Zeit verwendet. In der nach ihrem Erfinder benannten **Braunschen Röhre** werden die aus der Glühkathode austretenden Elektronen zur Anode hin beschleunigt. Diese besteht aus einer Metallscheibe mit einer kreisförmigen Öffnung in der Mitte. Infolge ihrer Trägheit fliegt ein Teil der Elektronen durch die Anodenöffnung und trifft auf einen Leuchtschirm. Um möglichst viele Elektronen durch das Loch in der Anode zu lenken, wird die Kathode mit einem schwach negativ geladenen Metallzylinder *(Wehneltzylinder)* umgeben. (Abb. A 27.1). Hinter der Anode kann der gebündelte Elektronenstrahl mit Hilfe zweier Ablenkkondensatoren in horizontaler und vertikaler Richtung abgelenkt werden.

Braunsche Röhren werden in jedem Fernsehgerät und in Oszilloskopen verwendet.

Wie das Oszilloskop eine Wechselspannung aufzeichnet, können wir mit Hilfe der Abb. A 27.2 erklären. Die mit der Zeit t gleichmäßig ansteigende Spannung U_x für die Horizontalablenkung führt den Elektronenstrahl mit konstanter Geschwindigkeit vom linken zum rechten Rand des Leuchtschirms. Ist er dort angekommen, so kippt die Spannung U_x wieder auf den Ausgangswert zurück. U_x wird daher auch *Kippspannung* genannt. Den zeitlichen Verlauf der Kippspannung zeigt Abb. A 27.2. Der Elektronenstrahl folgt dieser Änderung ohne merkliche Verzögerung und beginnt erneut von links nach rechts zu wandern.

Wird U_x abgeschaltet und eine Wechselspannung an die Vertikalplatten gelegt, so sehen wir eine senkrechte Linie auf dem Schirm (Abb. A 27.2). Der Leuchtpunkt bewegt sich zwischen den Punkten 2 und 4 hin und her.

Erst wenn wir U_x und U_y gleichzeitig einschalten, wird die Wechselspannung richtig aufgezeichnet. Zur Verdeutlichung ordnen wir den Punkten 1, 2, 3 und 4 die Punkte 1′; 2′; 3′; 4′ zu.

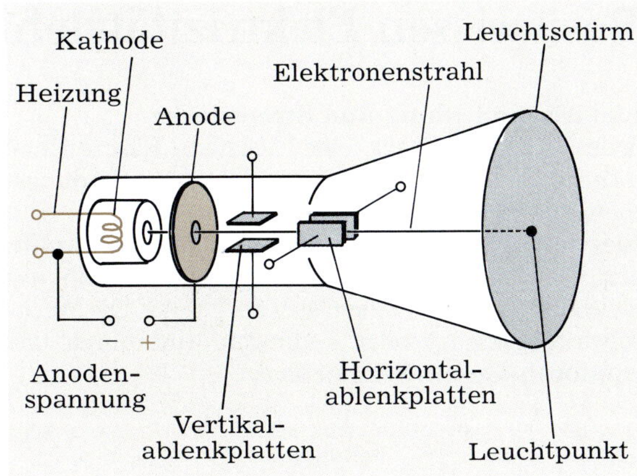

Abb. A 27.1 Aufbau einer Braunschen Röhre

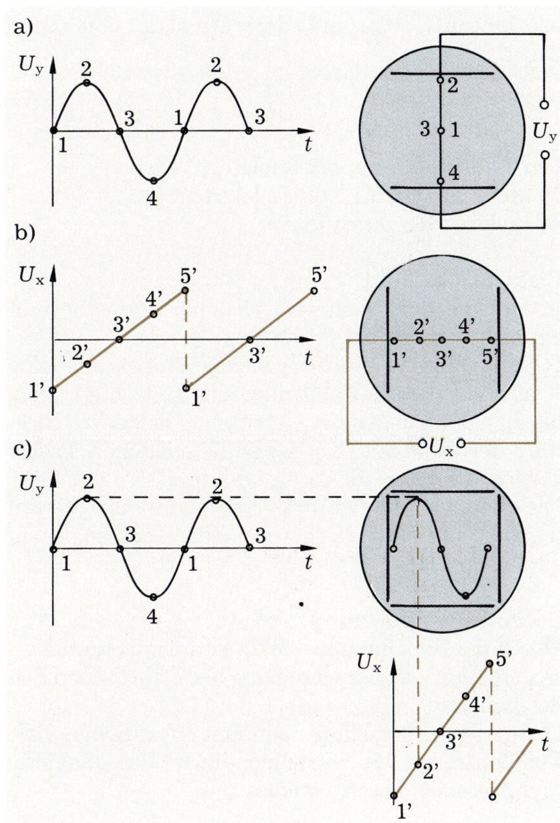

Abb. A 27.2 Aufzeichnung einer Wechselspannung mit dem Oszilloskop

Triggern:

An den Vertikalplatten der Braunschen Röhre liegt eine Wechselspannung, die Kippspannung als Horizontalablenkung ist zunächst Null. Auf dem Leuchtschirm beobachten wir eine senkrechte Linie. Dann erhöhen wir stufenweise die Frequenz der Horizontalablenkung. Stimmen die Frequenzen der angelegten Wechselspannung und der Kippspannung nicht überein, so ist das Bild auf dem Oszilloskopenschirm ständig in Bewegung; das Bild „läuft". Durch Korrektur am Zeitbasisregler kann das Bild zum Stillstand gebracht werden. Da in der Praxis Frequenzen nur sehr selten exakt übereinstimmen, müßte ständig eine Korrektur des Bildes durch Regelung am Zeitbasisgenerator erfolgen. Deshalb besitzt das Oszilloskop eine *getriggerte Zeitablenkung,* bei der jeder Sägezahn alleine abgerufen wird. Immer dann, wenn die zu messende Vertikalspannung einen bestimmten Schwellenwert erreicht, startet der Zeitbasisgenerator und erzeugt einen vollständigen Sägezahnimpuls, der den Leuchtfleck einmal über den Bildschirm bewegt. Auf dem Leuchtschirm wird ein *Oszillogramm* aufgezeichnet. Bei veränderter Schwellenspannnung wird der Zeitbasisgenerator in einem anderen Punkt gestartet. Die einzelnen Kurvenzüge eines periodischen Vorganges – wie z. B. der angelegten Wechselspannung – werden exakt übereinander gezeichnet. Es entsteht der Eindruck eines „stehenden Bildes".

Basiswissen Elektrizitätslehre I

Elektrische Ladung und Stromstärke
Jedes Elektron trägt eine negative **Elementarladung.** Dies ist die kleinste elektrische Ladungsmenge. ↑ S. A 21 f.
Elektrisch geladene Körper üben aufeinander Kräfte aus. Gleichartig geladene Körper stoßen sich ab, ungleichartig geladene ziehen sich an. ↑ S. A 1. Die Wechselwirkungskraft zweier Ladungen wird durch das **Coulomb-Gesetz** beschrieben:

$$F_{\text{Coul}} = \frac{1}{4\,\pi\,\varepsilon_0} \cdot \frac{Q_1 \cdot Q_2}{r^2}. \qquad \uparrow \text{S. A 13}$$

Elektrischer Strom ist bewegte Ladung.
Unter der Stromstärke verstehen wir den Quotienten aus der transportierten Ladung Q und der benötigten Zeit t:

$$I = \frac{Q}{t}. \qquad \uparrow \text{S. A 3}$$

Der **Ladungstransport** erfolgt in
- Metallen durch Leitungselektronen
- Elektrolyten durch Ionen

Elektrisches Feld
In der Umgebung elektrisch geladener Körper besteht ein elektrisches Feld. ↑ S. A 4 f.
In ihm erfahren elektrisch geladene Probekörper eine Kraft. **Elektrische Feldlinien** sind gedachte Linien, die für jeden Punkt eines elektrischen Feldes die Richtung der Kraft auf einen positiv geladenen Probekörper angeben. ↑ S. A 5.
Die **elektrische Feldstärke** $\vec{E}$ in einem Punkt P wird durch $\vec{E} = \vec{F}/Q$ festgelegt, wobei $\vec{F}$ die Kraft ist, die auf eine Probeladung Q wirkt. ↑ S. A 7.

Potential – Spannung
Durch die Beziehung $\varphi = W/Q$ wird das Potential als skalare Größe zur Beschreibung des elektrischen Feldes definiert.
Unter der elektrischen Spannung U zwischen zwei Punkten P_1 und P_2 verstehen wir die Potentialdifferenz zwischen diesen Punkten:

$$U = \varphi_1 - \varphi_2 = \Delta\,\varphi. \qquad \uparrow \text{S. A 9.}$$

In allen elektrostatischen Feldern ist die **Überführungsarbeit** $\Delta\,W_{1\to 2}$ zwischen zwei Punkten vom Überführungsweg der Ladung unabhängig. Deshalb ist in elektrostatischen Feldern die Spannung zwischen zwei Punkten eindeutig bestimmt. ↑ S. A 10.

Influenz und Flächenladungsdichte
Als Influenz bezeichnen wir die Änderung der Ladungsverteilung auf einem Körper durch die Einwirkung eines elektrischen Feldes. ↑ S. A 5 u. A 11.
Unter der Flächenladungsdichte σ einer über die Fläche A gleichmäßig verteilten Ladung Q verstehen wir den Quotienten $\sigma = Q/A$. ↑ S. A 11.

Die elektrische Feldstärke E an einem Plattenkondensator mit dem Plattenabstand d und der anliegenden Spannung U ist:

$$E = \frac{U}{d} \qquad \uparrow \text{S. A 10}$$

Die **elektrische Verschiebungsdichte** $\vec{D}$ ist ein Vektor, der den *gleichen Betrag wie die Flächenladungsdichte* σ hat und die gleiche Richtung wie die elektrische Feldstärke $\vec{E}$ besitzt. ↑ S. A 12.

Grundgleichung des elektrischen Feldes:

$$\vec{D} = \varepsilon_0 \cdot \vec{E} \qquad \uparrow \text{S. A 12}$$

$\varepsilon_0 = 8{,}85419 \cdot 10^{-12}$ C/Vm heißt **elektrische Feldkonstante.**

Kapazität
Der Quotient aus Ladung Q und Spannung U gibt an, welche Ladungsmenge bei einer bestimmten Spannung im Kondensator gespeichert werden kann:

$$C = \frac{Q}{U}. \qquad \uparrow \text{S. A 15}$$

Beim Plattenkondensator ist die **Kapazität** C abhängig von der Fläche A der Platten und dem Plattenabstand d:

$$C = \varepsilon_r \cdot \varepsilon_0 \cdot \frac{A}{d}. \qquad \uparrow \text{S. A 16}$$

Energie des geladenen Kondensators
Beim Aufladen eines Kondensators wird Arbeit verrichtet. Diese Arbeit ist als **elektrische Feldenergie** im Raum zwischen den Kondensatorplatten gespeichert:

$$W = \frac{1}{2}\,C \cdot U^2 = \frac{1}{2} \cdot \frac{Q^2}{C}. \qquad \uparrow \text{S. A 19}$$

Bewegung von freien Elektronen im elektrischen Feld
In Richtung der elektrischen Feldlinien werden Elektronen beschleunigt bzw. durch ein Gegenfeld abgebremst. ↑ S. A 23.
1 eV ist die Energie, die ein Elektron beim Durchlaufen der Spannung 1 V im Vakuum erhält. ↑ S. A 25.
Bewegen sich die Elektronen senkrecht zu den Feldlinien, so erfahren sie eine Ablenkung, die zur Ablenkspannung proportional ist. ↑ S. A 26.
Die Ablenkung von Elektronenstrahlen in elektrischen Feldern wird im **Kathodenstrahloszilloskop** zur Messung von Spannungen oder Strömen in Abhängigkeit von der Zeit verwendet. ↑ S. A 27.

Freisetzung von Elektronen aus Metalloberflächen
Elektronen können aus Metalloberflächen austreten:
- durch den glühelektrischen Effekt, ↑ S. A 23
- durch Feldemission, d. h. durch große Feldstärken bzw. Feldkräfte.

Sachwort- und Namenverzeichnis

Bildquellenverzeichnis

H. N. Abrams, Inc., New York: 2.1
AEG, Hamburg: 188.2
Prof. Dr. G. Born, Krefeld: 76.3
Verlag C. J. Bucher GmbH, München: 45.1
Verlag K. Desch, München (Griffin, Vom Echo zum Radar): 140.3
Deutsche Forschungs- u. Versuchsanstalt DFVLR, Köln: 77.1
dpa, Deutsche Presse Agentur GmbH, Hamburg: 71.1
DRUsolar, Ulft: 187.2
Dunlop Slazenger, Hanau: 109.1
Elwe Lehrsysteme GmbH, Cremlingen: 8.1
Prof. Dr. M. Euler, Pattensen: 47.1; 48.1; 118.1; 124.2; 130.1/2; 132.1/3; 133.1/2; 134.3; 143.3; 144.1/2; 145.1
Fraunhofer Institut für Solare Energiesysteme, Freiburg: 190.1
Prof. Furrer, TU Berlin: 138.1
Gesellschaft für Regelungstechnik u. Simulationstechnik GmbH, Darmstadt: 62.1; 67.1
Herzog August Bibliothek, Wolfenbüttel: 87.1
Prof. Dr. G. Hochmuth, Leipzig: 78.1; 79.1
Verlag Hölder-Pichler-Tempsky, Wien,
- Schreiner, Lehrb. d. Physik, 2. Tl.: A 5/A 6
Institut für Geschichte der Physik d. Uni Frankfurt: 85.2; 91.1; 92.1
K. Kreß, Frankfurt: 106.2; 106.3; 139.2; 148.1; 150.4
Leybold-Heraeus GmbH & Co., Köln: 11.3; 82.1; A 26.1
H. Lochhaas, Roßdorf: 71.3; 72.1
Prof. Dr. K. Luchner, München: 129.1
MAN, München: 184.1
Mauritius, Mittenwald: 76.2 (Gontschorff)
Physikalisch-Technische Bundesanstalt, Braunschweig: 4.2; 30.1
Phywe AG, Göttingen: 31.2; 74.1; 81.1; 83.3; 117.3; 163.1; A 11.2; A 15.1
Planetarium der Wilhelm-Foerster-Sternwarte e.V., Berlin-Steglitz: 86.1 a
I. Polastri/G. Druwe, Braunschweig: 109.1; 121.2; 126.2; 188.1
Prof. Dr. Klaus Schäfer, Kassel: 64.1
Siemens Solar GmbH, Bergisch Gladbach: 189.4; 190.1
Sven Simon, Essen: 2.2
Springer-Verlag, Heidelberg
- Pohl: 150.1/2; 152.1; 153.1; 154.1; 155.1
Westermann-Foto, H. Buresch, Braunschweig: 96.1; 107.2, A 17.1
Zefa, Düsseldorf: 134.1 (Dr. James)
K.-H. Zwittlinger, Norheim: A 2.2; A 3.2; A 8.1
Titelfoto: H.-O. Peitgen, P. H. Richter, The Beauty of Fractals, Springer-Verlag, Berlin 1986
Grafiken: H. Römisch/H. H. Steinmann/I. Polastri: 1.1; 3.1; 17.2; 20.3; 24.1; 25.2; 26.1; 28.2; 29.1; 31.4; 37.1; 38.1/2; 39.1; 40.1; 61.1
Zeichnungen: Technisch-Grafische Abteilung, Westermann, Braunschweig
Layout und Herstellung: Dirk von Lüderitz

Interferenzmodell nach Pohl

Mit Hilfe zweier Kreissysteme lassen sich die auf S. 150 f. behandelten Interferenzerscheinungen veranschaulichen und die abgeleiteten Gleichungen durch Modellversuche nachprüfen. Hierzu bringt man das Kreissystem dieser Seite mit dem eines Klarsichtblattes zur Deckung. Dann verschiebt man das lose Blatt langsam so, daß der Mittelpunkt der Kreise auf der Geraden II und der Rand des Kreissystems auf der Skala I bleiben, an der man den Abstand d der Mittelpunkte abliest. Weiter ist $\lambda = 0{,}2$ cm und $e = 11$ cm. Die Abstände der Interferenzstreifen von der Mittelsenkrechten auf $\overline{E_1E_2}$ bestimmt man mit Hilfe der Skala III (s. Aufg. 3, S. 152).

Um die Wirkungsweise des Gitters zu demonstrieren (Abb. 152.1), legt man mehrere Klarsichtblätter so an den Anschlag I, daß die „Wellenzentren" alle in gleichem Abstand d auf der Geraden II liegen.